普通高等教育“十一五”国家级规划教材
普通高等教育农业农村部“十四五”规划教材
普通高等教育农业农村部“十三五”规划教材
全国高等农林院校“十三五”规划教材

园林苗圃学

第三版

李永华 主编

中国农业出版社
北 京

内 容 提 要

《园林苗圃学》（第三版）集园林苗木培育与经营管理知识为一体，融入先进的培育技术与理念，共12章。阐述了园林树木种质资源，园林苗圃的区划与建设，园林树木的种实生产，园林树木的播种繁殖、营养繁殖，苗木管理与大苗培育，化学除草，苗木质量评价与出圃，设施育苗，园林苗圃的经营管理，对常见园林树木的繁殖、培育及景观应用进行了重点介绍。

本教材将园林苗木基础理论与应用技术有机结合，内容新颖，信息量大。可供高等院校园林、园艺、风景园林等专业教学使用，同时对园林苗圃从业人员具有较大参考价值。

第三版编审人员

主　编　李永华

副主编　杨秀清　张开明　叶要妹

编　者　（按姓名笔画排序）

王　宁（河南科技大学）

叶要妹（华中农业大学）

刘艺平（河南农业大学）

刘　威（东北农业大学）

李永华（河南农业大学）

李厚华（西北农林科技大学）

杨秀清（山西农业大学）

张开明（河南农业大学）

贺　丹（河南农业大学）

唐洁芳（河南农业大学）

葛　伟（北京农学院）

熊忠华（贵州大学）

审　稿　何松林（河南科技学院）

郭晋平（山西农业大学）

第一版编写人员

主　编 苏金乐（河南农业大学）

副主编 韩有志（山西农业大学）

芦建国（南京林业大学）

参　编 张彦广（河北农业大学）

闫永庆（东北农业大学）

孔德政（河南农业大学）

叶要妹（华中农业大学）

傅松玲（安徽农业大学）

杨远庆（贵州大学）

柳振亮（北京农学院）

第二版编审人员

主　编　苏金乐

副主编　韩有志　孔德政　闫永庆

编　者（按姓名笔画排序）

孔德政（河南农业大学）

叶要妹（华中农业大学）

刘艺平（河南农业大学）

闫永庆（东北农业大学）

苏金乐（河南农业大学）

李永华（河南农业大学）

杨远庆（贵州大学）

张彦广（河北农业大学）

赵和文（北京农学院）

徐小牛（安徽农业大学）

韩有志（山西农业大学）

审　稿　何松林（河南农业大学）

郭晋平（山西农业大学）

第三版前言

绿色发展理念融入生产生活，经济发展与生态改善良性互动，园林绿化在生态环境保护和建设方面的作用举足轻重。现代园林绿化以绿色植物作为主要材料，园林绿化产业的发展也是产业结构转型的重要方向，园林苗木产业面临着新的发展机遇。园林苗木培育理论与技术是高等院校园林、园艺、风景园林等专业的重要教学内容，苗木企业及从业人员对园林苗木培育新技术的掌握也更加迫切。

《园林苗圃学》第二版自 2010 年 1 月出版以来，已在全国 30 多所高等院校中使用。随着园林科技水平的不断提高，园林苗木培育技术不断更新，新的园林苗木种类不断出现，教材部分内容已经跟不上市场发展，亟须进一步修订，以适应创新型人才和创业型人才培养的需求。

《园林苗圃学》第三版增添了园林树木种质资源与化学除草等新的章节，将现代育苗技术和理论，如人工种子、营养钵育苗、控根容器育苗、大方块芽接等最新技术，园林树木种子休眠与解除等理论，以市场需求为导向的苗木标准化生产以及园林苗圃管理实例等纳入教材。

教材集园林苗木培育与经营管理知识为一体，可作为园林、园艺、风景园林等专业的本科生教材，也可供苗圃场、育苗专业户参考。全书共分 12 章，计划总学时 40～60。编者具体分工如下：

李永华——第一章　绪论

贺　丹——第二章　园林树木种质资源

王　宁——第三章　园林苗圃的区划与建设

杨秀清——第四章　园林树木的种实生产

熊忠华——第五章　园林树木的播种繁殖

叶要妹——第六章　园林树木的营养繁殖

葛　伟——第七章　苗木管理与大苗培育

唐洁芳——第八章　化学除草

李厚华——第九章　苗木质量评价与出圃

刘艺平——第十章　设施育苗

刘　威——第十一章　园林苗圃的经营管理

张开明——第十二章　常见园林树木的繁殖与培育

教材由李永华教授统稿。河南科技学院何松林教授、山西农业大学郭晋平教授审稿。编写过程中河南农业大学林学院教师给予了许多指导和帮助，在此一并致谢。

限于作者水平，谬误和不足之处在所难免，尚希不吝批评指正。

编　者

2019年8月

第一版前言

本教材是教育部“面向21世纪高等农林教育教学内容和课程体系改革计划”项目的研究成果。本教材针对21世纪对园林专业人才培养的需求，吸纳国内外同类教材的精华和近几年有关研究成果，结合多所高等农林院校的教学经验和生产实践，将传统育苗技术与高新育苗技术相结合。同时注意了我国南北气候、土壤、植物和生产方式的差异，反映了当前国内外园林苗木繁育的新技术、新成果。该教材适用于园林、观赏园艺、园艺等专业的本科生、专科生，也可作为苗圃场、育苗专业户的参考书籍。全书共分10章，计划总学时40～60。编写者具体分工如下：

苏金乐——第一章　绪论

张彦广——第二章　园林苗圃的区划与建设

韩有志——第三章　园林树木的种实生产

杨远庆——第四章　苗木的播种繁殖

叶要妹——第五章　苗木的营养繁殖

柳振亮——第六章　园林树木的大苗培育

傅松玲——第七章　园林苗木质量评价与出圃

孔德政——第八章　设施育苗

闫永庆——第九章　园林苗圃的经营管理

芦建国——第十章　常见园林树木的繁殖与培育

全书由苏金乐教授统稿。

编写过程中，河南农业大学林学园艺学院园林系教师给予了许多指导和帮助，在此一并致谢。

限于作者水平，错误和不足之处，尚希不吝批评指正。

编　者

2003年1月

第二版前言

随着城市化进程的加快，人们对环境质量提出了更高要求，在全国各地积极开展创建园林城市、森林城市、旅游城市、绿化模范城市等活动的形势下，社会对园林苗木的需求不断增加，对园林苗木的质量要求越来越高。园林苗木培育理论与技术在高等院校园林、园艺、林学等专业的教学中显得尤为重要，花农对园林苗木培育新技术的掌握也更加迫切。

《园林苗圃学》自2003年6月出版以来，已在全国30多所高等院校使用。随着园林科技水平的不断提高，新的园林苗木培育理论和技术不断涌现，教材部分内容已经跟不上行业发展，亟须进一步修订，以适应创新型人才和创业型人才培养的需求。

《园林苗圃学》第二版吸纳了近几年的园林苗木科研成果和先进生产技术经验，将现代育苗理论和技术如种子活力的生理基础、组培育苗、工厂化育苗、无土栽培育苗，大树移植技术，植物生长调节剂、抗蒸腾剂、保水剂的使用等最新方法、新技术的应用，市场经济条件下园林苗圃经营管理知识以及当前常见园林植物的繁殖与培育等纳入教材。

教材集园林苗木培育与经营管理知识为一体，可作为园林、园艺、林学等专业的本科生教材，也可供苗圃场、育苗专业户参考。全书共分10章，计划总学时40～60。编者具体分工如下：

苏金乐——第一章　绪论

张彦广——第二章　园林苗圃的区划与建设

韩有志——第三章　园林树木的种实生产

杨远庆——第四章　苗木的播种繁殖

叶要妹——第五章　苗木的营养繁殖

赵和文——第六章　苗木管理与大苗培育

徐小牛——第七章　苗木质量评价与出圃

孔德政、刘艺平——第八章　设施育苗

闫永庆——第九章　园林苗圃的经营管理

李永华——第十章　常见园林植物的繁殖与培育

教材由苏金乐教授统稿。河南农业大学何松林教授、山西农业大学郭晋平教授审稿。编写过程中河南农业大学林学院教师给予了许多指导和帮助，在此一并致谢。

限于作者水平，谬误和不足之处在所难免，尚希不吝批评指正。

编　者

2009年11月

目　录

第三版前言
第一版前言
第二版前言

第一章　绪论 …… 1

第一节　园林苗圃在园林绿化、美化和环境保护中的地位和作用 …… 1
第二节　园林苗木生产现状和发展趋势 …… 4
第三节　园林苗圃学的主要内容和教学目标 …… 5
思考题 …… 6

第二章　园林树木种质资源 …… 7

第一节　园林树木种质资源的概念与特点 …… 7
一、园林树木种质资源的概念 …… 7
二、我国园林树木种质资源的特点 …… 8
第二节　园林树木种质资源的分类与保存 …… 10
一、园林树木种质资源的分类 …… 10
二、园林树木种质资源的保存 …… 12
第三节　园林树木种质资源的利用与创新 …… 13
一、园林树木种质资源利用的重要性 …… 13
二、园林树木种质资源的引种 …… 14
三、园林树木种质资源的创新 …… 19
四、品种登录、审定与保护 …… 22
思考题 …… 23

第三章　园林苗圃的区划与建设 …… 24

第一节　园林苗圃的类型及其特点 …… 24
一、按园林苗圃面积划分 …… 24
二、按园林苗圃所在位置划分 …… 24
三、按园林苗圃育苗种类划分 …… 25
四、按园林苗圃经营期限划分 …… 25
第二节　园林苗圃建设的可行性分析与合理布局 …… 25
一、园林苗圃建设的可行性分析 …… 25
二、园林苗圃建设的合理布局 …… 28

第三节　园林苗圃的规划设计 …… 28
一、园林苗圃规划设计的准备工作 …… 28
二、园林苗圃用地的划分和面积计算 …… 29
三、园林苗圃的规划设计 …… 30
四、园林苗圃设计图的绘制和设计说明书编写 …… 35
第四节　园林苗圃的建设施工 …… 36
一、水、电、通信的引入和建筑工程施工 …… 36
二、苗圃道路工程施工 …… 37
三、灌溉工程施工 …… 37
四、排水工程施工 …… 37
五、防护林工程施工 …… 38
六、土地整备工程施工 …… 38
第五节　园林苗圃技术档案的建立 …… 38
一、建立园林苗圃技术档案的意义 …… 38
二、园林苗圃技术档案的建立 …… 38
思考题 …… 41

第四章　园林树木的种实生产 …… 42

第一节　园林树木的结实规律 …… 42
一、园林树木的种实 …… 42
二、种实的形成 …… 43
三、结实年龄与结实周期性 …… 45
四、影响园林树木开花结实的因素 …… 46
第二节　园林树木种实生产 …… 49
一、母树林 …… 50
二、种子园 …… 50
三、采穗圃 …… 52
四、植物人工种子 …… 52
第三节　园林树木的种实采集与调制 …… 53
一、种实采集 …… 54
二、种实调制 …… 59
第四节　园林树木种子活力的生理基础 …… 61
一、种子活力 …… 61
二、种子化学成分 …… 63
三、种子活力差异及其原因 …… 64
四、种子劣变与修复 …… 65
第五节　园林树木种子贮藏与运输 …… 66
一、种子贮藏原理 …… 66
二、种子寿命 …… 69
三、常用种子贮藏方法 …… 69
四、其他种子贮藏技术 …… 70

五、种子运输 …… 71
第六节 园林树木种子的品质检验 …… 72
一、种子品质检验的相关概念 …… 73
二、净度分析 …… 74
三、种子含水量测定 …… 74
四、种子重量测定 …… 74
五、种子优良度测定 …… 75
六、种子健康状况测定 …… 75
七、发芽测定 …… 75
八、生活力测定 …… 78
九、种子真实性鉴定 …… 79
十、无性繁殖材料的品质检验 …… 79
十一、种子质量检验结果及质量检验管理 …… 79
第七节 园林树木种子休眠与解除 …… 80
一、种子休眠的类型和成因 …… 80
二、解除种子休眠的途径 …… 82
思考题 …… 87
第五章 园林树木的播种繁殖 …… 88
第一节 播种繁殖的意义与特点 …… 88
一、播种繁殖的意义 …… 88
二、播种繁殖的特点 …… 88
三、适宜播种繁殖的主要园林树种 …… 89
第二节 整地做床 …… 89
一、整地 …… 89
二、土壤处理 …… 90
三、做床和做垄 …… 90
第三节 播种前的种子处理 …… 92
一、种子精选 …… 92
二、种子消毒 …… 92
三、种子催芽与接种 …… 93
第四节 播种育苗技术 …… 93
一、播种时间 …… 93
二、苗木密度和播种量的计算 …… 94
三、单位面积总播种行的计算 …… 97
四、播种方法 …… 97
五、播种技术要点 …… 98
六、容器播种育苗 …… 100
第五节 播种苗的发育特点 …… 101
一、播种苗的年生长发育特点 …… 101
二、留床苗的年生长发育特点 …… 103

第六节 播种苗的田间管理 …… 104
一、出苗前圃地管理 …… 104
二、苗期管理 …… 105
思考题 …… 110

第六章 园林树木的营养繁殖 …… 111

第一节 扦插繁殖 …… 112
一、扦插成活原理 …… 112
二、影响插穗生根的因素 …… 114
三、促进插穗生根的技术 …… 119
四、扦插时期 …… 120
五、插穗的选择及剪截 …… 121
六、扦插的种类及方法 …… 122
七、扦插后的管理 …… 126
八、扦插育苗常用技术 …… 126
九、扦插繁殖实例 …… 129
第二节 嫁接繁殖 …… 131
一、嫁接的意义和作用 …… 131
二、嫁接成活的原理与过程 …… 134
三、影响嫁接成活的因素 …… 134
四、砧木和接穗的相互影响及砧木、接穗的选择 …… 136
五、嫁接的准备工作 …… 137
六、嫁接方法 …… 138
七、嫁接后管理 …… 144
八、核桃大方块芽接技术 …… 144
第三节 分株繁殖 …… 146
一、分株时期 …… 146
二、分株方法 …… 146
第四节 压条、埋条繁殖 …… 147
一、压条繁殖 …… 147
二、埋条繁殖 …… 148
思考题 …… 150

第七章 苗木管理与大苗培育 …… 151

第一节 苗木移植 …… 151
一、移植意义和移植成活的基本原理 …… 151
二、移植的时间、次数和密度 …… 152
三、移植过程和技术措施 …… 154
第二节 苗木的整形修剪 …… 159
一、整形修剪的意义 …… 159
二、整形修剪的时间和方法 …… 160

第三节 园林苗圃的灌溉与排水 …… 163
一、灌溉 …… 163
二、排水 …… 165
第四节 园林苗圃的土肥管理 …… 165
一、土壤耕作 …… 165
二、连作与轮作 …… 167
三、间作套种 …… 169
四、施肥 …… 169
第五节 各类大苗培育技术 …… 185
一、落叶乔木大苗培育技术 …… 185
二、落叶小乔木大苗培育技术 …… 185
三、落叶灌木大苗培育技术 …… 186
四、落叶垂枝类大苗培育技术 …… 186
五、常绿乔木大苗培育技术 …… 187
六、常绿灌木大苗培育技术 …… 188
七、攀缘植物大苗培育技术 …… 188
第六节 园林苗圃主要病虫害防治 …… 188
一、病虫害综合防治技术 …… 189
二、常见苗木病害及防治 …… 190
三、常见苗木虫害及防治 …… 198
思考题 …… 203

第八章 化学除草 …… 204

第一节 苗圃杂草的特点与分类 …… 204
一、苗圃杂草及其危害 …… 204
二、苗圃杂草的特点 …… 204
三、苗圃杂草的分类 …… 205
四、常见苗圃杂草 …… 206
第二节 化学除草剂的特点与主要剂型 …… 212
一、化学除草剂的特点 …… 212
二、化学除草剂的分类 …… 214
三、化学除草剂的选择性 …… 215
四、化学除草剂的主要剂型 …… 215
五、常用除草剂简介 …… 216
第三节 化学除草剂的应用技术 …… 219
一、除草剂的施用方法 …… 219
二、除草剂的合理用药量 …… 220
第四节 影响除草剂药效的环境因素与使用注意事项 …… 221
一、影响除草剂药效的环境因素 …… 221
二、化学除草的注意事项 …… 223
思考题 …… 225

第九章　苗木质量评价与出圃 …… 226
第一节　园林苗木产量与质量调查 …… 226
一、苗木调查的目的和要求 …… 226
二、调查区的划分 …… 226
三、抽样方法 …… 226
四、样地数量及形状 …… 227
五、苗木产量和质量的调查方法及计算 …… 229
六、苗木年龄表示方法 …… 230
第二节　园林苗木质量标准与评价 …… 230
一、形态指标 …… 231
二、生理指标 …… 231
三、苗木活力指标 …… 233
第三节　苗木出圃 …… 234
一、苗木的掘取 …… 234
二、苗木分级与出圃规格 …… 236
第四节　苗木检疫与消毒 …… 236
第五节　苗木包装与运输 …… 237
一、苗木包装 …… 237
二、苗木运输 …… 238
第六节　苗木假植与贮藏 …… 238
一、苗木假植 …… 238
二、苗木低温贮藏 …… 239
思考题 …… 239
第十章　设施育苗 …… 240
第一节　工厂化育苗 …… 240
一、工厂化育苗概述 …… 240
二、工厂化育苗设施 …… 241
三、植物工厂化生产技术 …… 245
第二节　组培育苗 …… 247
一、植物组织培养概况 …… 247
二、植物组织培养的分类和应用 …… 248
三、植物组织培养的基本设备和操作 …… 251
四、组培育苗新技术 …… 257
第三节　无土栽培育苗 …… 259
一、无土栽培育苗的发展 …… 259
二、水培育苗 …… 260
三、固体基质育苗 …… 264
四、月季无土栽培实例 …… 272
第四节　容器育苗 …… 274

一、容器育苗概述 …… 274
二、育苗容器 …… 274
三、营养土的配制 …… 275
四、容器育苗技术 …… 277
五、控根容器育苗技术 …… 278
六、双层容器育苗技术 …… 279
思考题 …… 280

第十一章　园林苗圃的经营管理 …… 281

第一节　园林苗圃经营的内涵与类型 …… 281
一、园林苗圃经营的内涵 …… 281
二、园林苗圃经营的类型 …… 282
第二节　园林苗圃的市场风险与规避 …… 283
一、经营风险的特征 …… 283
二、经营风险的来源 …… 284
三、苗圃经营的市场风险规避策略 …… 287
第三节　园林苗木的市场营销 …… 288
一、产品消费环境分析 …… 289
二、园林苗木的市场营销 …… 291
第四节　园林苗圃的管理 …… 296
一、园林苗圃的组织管理 …… 296
二、园林苗圃的经济管理 …… 299
三、园林苗圃的计划与周年生产管理 …… 307
四、苗圃经营手册实例 …… 310
思考题 …… 312

第十二章　常见园林树木的繁殖与培育 …… 313

第一节　常绿乔木类苗木的繁殖与培育 …… 313
一、雪松 …… 313
二、白皮松 …… 314
三、云杉 …… 314
四、桧柏 …… 315
五、广玉兰 …… 316
六、深山含笑 …… 316
七、樟树 …… 317
八、榕树 …… 318
九、杜英 …… 318
十、棕榈 …… 319
十一、女贞 …… 319
十二、黑松 …… 320
十三、油松 …… 320

十四、赤松 …… 321
十五、日本五针松 …… 321
十六、枇杷 …… 322
十七、罗汉松 …… 322
第二节 落叶乔木类苗木的繁殖与培育 …… 323
一、银杏 …… 323
二、水杉 …… 324
三、白玉兰 …… 324
四、鹅掌楸 …… 325
五、二球悬铃木 …… 325
六、七叶树 …… 326
七、栾树 …… 327
八、枫杨 …… 327
九、国槐 …… 328
十、合欢 …… 329
十一、元宝枫 …… 329
十二、白蜡 …… 330
十三、刺楸 …… 330
十四、柽柳 …… 331
十五、榔榆 …… 331
十六、山楂 …… 332
十七、海棠花 …… 333
十八、黄栌 …… 333
十九、五角枫 …… 334
二十、朴树 …… 335
二十一、石榴 …… 335
二十二、榉树 …… 336
二十三、三角槭 …… 337
二十四、紫叶李 …… 337
二十五、红花槐 …… 338
第三节 常绿灌木类苗木的繁殖与培育 …… 338
一、含笑 …… 338
二、桂花 …… 339
三、石楠 …… 340
四、山茶 …… 340
五、杜鹃 …… 341
六、红花檵木 …… 342
七、珊瑚树 …… 342
八、小叶蚊母树 …… 343
九、茉莉 …… 343
十、南天竹 …… 344
十一、六月雪 …… 344

十二、胡颓子 …… 345
十三、叶子花 …… 345
十四、九里香 …… 346
十五、齿叶冬青 …… 346
十六、铺地柏 …… 347
第四节　落叶灌木类苗木的繁殖与培育 …… 347
一、蜡梅 …… 347
二、梅 …… 348
三、金丝桃 …… 349
四、月季 …… 349
五、棣棠 …… 350
六、樱花 …… 350
七、牡丹 …… 351
八、连翘 …… 352
九、紫丁香 …… 352
十、锦带花 …… 353
十一、紫荆 …… 353
十二、紫薇 …… 354
十三、迎春 …… 354
第五节　绿篱、地被类苗木的繁殖与培育 …… 355
一、海桐 …… 355
二、绣线菊 …… 356
三、冬青卫矛 …… 356
四、紫叶小檗 …… 357
五、水蜡树 …… 357
六、金叶女贞 …… 358
七、锦鸡儿 …… 359
八、枸骨 …… 359
九、木槿 …… 359
十、火棘 …… 360
第六节　藤本类苗木的繁殖与培育 …… 361
一、木香 …… 361
二、紫藤 …… 361
三、爬山虎 …… 362
四、凌霄 …… 363
五、扶芳藤 …… 363
六、忍冬 …… 364
七、洋常春藤 …… 364
第七节　竹类苗木的繁殖与培育 …… 365
一、毛竹 …… 365
二、刚竹 …… 366
三、孝顺竹 …… 366

四、菲白竹 …… 367
五、佛肚竹 …… 367
六、慈竹 …… 368
七、阔叶箬竹 …… 368
思考题 …… 369

附表 …… 370
附表一　主要园林树种开始结实年龄、开花期、种子成熟期与质量标准 …… 370
附表二　主要园林树种的种实成熟采集、调制与贮藏方法 …… 376
附表三　林木种子质量分级表（GB 7908—1999） …… 383

主要参考文献 …… 388

第一章
绪　论

[**本章提要**] 阐述城市园林绿化是城市公用事业、环境建设和国土绿化事业的重要组成部分，园林苗木是园林绿化建设的物质基础，园林苗圃是专门培育园林苗木的场所；园林苗圃学是为园林苗木培育提供科学理论依据和先进技术支撑的一门应用科学；介绍园林苗圃学的主要内容和任务。

随着社会的发展，人类赖以生存的环境乃至整个自然生态环境系统不断发生变化，特别是随着工业化和城市化程度不断提高，人们向城市集中聚居，城市中工业和人口高度集中，空气质量下降。我国的自然资源和环境容量已接近警戒值，长期积累的环境问题也亟待解决，当前迫切地需要低排放、低消耗、改善环境的绿色发展。

久居闹市的人们渴望亲近自然。城市不仅需要气势磅礴的高楼大厦、纵横交错的立交桥、五彩缤纷的霓虹灯，还需要蓝天、碧水、绿树、鲜花。因此，加快城市园林绿化，改善城市生态环境，美化居民生活环境，日益显得重要。随着人们生态环境意识的增强，园林绿化作为城市环境建设和环境保护的重要组成部分，有了更大、更快的发展。城市公园、动物园、街道广场绿地等公园绿地、生产绿地、防护绿地、附属绿地等各类城市绿地已成为城市规划和建设中不可缺少的组成部分。其中，园林苗圃是城市绿地系统的一部分，是城市园林绿化建设中最基本的基础设施。如何科学合理地建设和经营管理园林苗圃，应用最先进的科学技术和方法，源源不断地为城市绿化提供多样性的优质种苗，成为城市园林绿化建设中非常迫切的一项重要内容。园林苗木产业的发展也迎来了一个新时代。

第一节　园林苗圃在园林绿化、美化和环境保护中的地位和作用

城市园林绿化是城市公用事业、环境建设和国土绿化事业的重要组成部分。一个优美、清洁、文明的现代化城市离不开绿化，运用城市绿化手段，借助绿色植物向城市输入自然因素，净化空气、涵养水源、防治污染，调节城市小气候，对于改善城市生态环境，美化生活环境，增进居民身心健康，促进城市物质文明和精神文明建设，

具有十分重要的意义。城市绿化的水平和质量，已成为评价城市环境质量、风貌特点、发达程度和文明水平的重要标志。园林苗圃是园林绿化苗木的生产基地，可为城市绿地建设提供大量的园林绿化苗木，是城市园林绿化建设事业的重要保障。

衡量城市绿化水平的主要指标有人均公共绿地面积、绿化覆盖率和绿地率。人均公共绿地面积是指城市中居民平均每人占有公共绿地的数量；绿化覆盖率指城市绿化种植中的乔木、灌木、草坪地被等所有植被的垂直投影面积占城市总面积的百分比；绿地率是指城市中各类绿地面积占总建成面积的百分比。研究认为，一个地区的森林覆盖率至少应在30%，才能起到改善生态环境的作用。由于城市中工业和人口高度集中，从大气中氧气与二氧化碳的平衡问题考虑，城市居民人均公共绿地面积应达到30～40m^2，才能形成良好的生态环境和居民生存环境。联合国教科文组织"人与生物圈计划"认为，城市中人均公共绿地面积要达到60m^2。国外不少城市已达到或接近这一要求，如华沙和堪培拉的人均公共绿地面积均超过70m^2，绿地率在50%以上。瑞典首都斯德哥尔摩人均公共绿地面积达到80.3m^2，美国规划的人均公共绿地指标为40m^2，英国为25m^2。

党中央、国务院高度重视城市园林绿化工作，相关部门认真贯彻《国务院关于加强城市绿化建设的通知》等文件精神，积极推动城市园林绿化建设与发展，各级城市人民政府对城市园林绿化建设的认识不断提高，投入不断加大，管理不断加强，园林绿化行业得到了快速发展。我国自1992年开始在全国范围内开展创建国家园林城市活动，2016年住房和城乡建设部规定国家园林城市的绿化覆盖率要达到36%，建成区绿地率要达到31%，人均公共绿地面积要达到8～9m^2，城市公园绿地服务半径覆盖率要达到80%。到2017年，全国共有国家园林城市352个、国家园林县城291个、国家园林城镇66个，北京、合肥、珠海、杭州、深圳、中山、大连、青岛、上海、郑州、洛阳等获得"国家园林城市（县城）"称号。建设部于1992年在全国范围内开展创建"国家生态园林城市"活动，与国家园林城市评比中侧重城市的园林绿化指标不同，"国家生态园林城市"的评估更注重城市生态环境质量，增加了衡量一个地区生态保护、生态建设与恢复水平的综合物种指数，本地植物指数，建成区道路广场用地中透水面积的比重，城市热岛效应程度，公众对城市生态环境的满意度等评估指标，对城市绿化水平提出了更高的要求，城市的绿化覆盖率要达到40%，建成区绿地率要达到35%，人均公共绿地面积要达到10～12m^2，城市公园绿地服务半径覆盖率要达到90%。截止到2017年，住房和城乡建设部已命名徐州、苏州、珠海、南宁、宝鸡、杭州、许昌、昆山、寿光、常熟、张家港11个城市为国家生态园林城市。在不断加大城市园林绿化建设力度的同时，各地根据城市地域特点，深入挖掘城市历史、文化底蕴，建设了一大批高水平、高质量的公园绿地，如北京市的奥林匹克森林公园等。

为了进一步贯彻落实党中央、国务院关于城市生态环境建设、坚持走可持续发展道路的方针政策，提高我国城市生态环境质量，进一步促进全国经济、社会的可持续发展，2016年住房和城乡建设部修订的《国家园林城市标准》规定，城市道路绿化普及率、达标率分别在95%和80%以上，市区干道绿化带面积不少于道路总用地面积的25%。新建居住小区绿化面积占总用地面积的30%以上，辟有休息活动园地；

旧居住区改造，绿化面积不少于总用地面积的25%。市内各单位重视庭院绿化美化，全市“花园单位”占60%以上。公园设计要突出植物景观，绿化面积应占陆地总面积的70%以上。《城市绿化条例》2017年修订版明确指出，城市公共绿地和居住区绿地的建设，应当以植物造景为主，选用适合当地自然条件的树木花草，并适当配置泉、石、雕塑等景物，充分展示城市历史文化风貌。城市大环境绿化扎实开展，效果明显，形成城郊一体的优良环境，按照城市卫生、安全、防灾、环保等要求建设防护绿地，城市周边、城市功能分区交界处建有绿化隔离带。由此可见，城市园林绿化事业的发展还有巨大潜力，对园林绿化材料的需求量很大。

城市园林绿化既带有地域特征，又具有很强的艺术性。不同地域的气候相差悬殊，适生植物种类存在很大差别。城市园林绿化的骨干树种和基调树种多是城市所在地的特色树种，城市绿化的地方特征十分明显，因而，与城市所在地环境条件相对应的园林苗圃建设极为重要。此外，由于城市环境条件的特殊性，可以使一些外来植物种生存下来，因此，城市园林绿化中可以适当引进外来植物种，与当地植物种科学和艺术地进行配置。这就要求在园林苗圃中繁殖和培育引进的植物种，为当地城市提供园林绿化材料。尤其值得注意的是，绿化中不仅要尽可能地配置各种植物种，而且要选择多种多样的苗木类型和苗木造型，使城市装扮得更加美丽，创造更加宜人的生存环境。所有这些都需要有专门的园林苗圃，不断培育和提供丰富多样的满足各种要求的园林绿化材料。

城市绿地多种多样，各绿地常具有独特的小气候和土壤环境条件，同时在城市绿化建设中对各类绿地的绿化要求又有很大差别。这些独特性和差别，对园林绿化材料提出了更高要求，也使园林苗圃在园林绿化中的地位显得更为重要。城市园林绿化不仅要起到丰富城市景观、美化城市、给人以美的感受、增进人们的身心健康的作用，还要起到净化空气、减轻污染、改善城市生态环境的作用。2017年住房和城乡建设部颁布的《城市绿地分类标准》（CJJ/T 85—2017）将城市建设用地内的绿地大致分为4类：①公园绿地，城市中向公众开放的，以游憩为主要功能，兼具生态、景观、文教和应急避险等功能，有一定游憩和服务设施的绿地；②防护绿地，用地独立，具有卫生、隔离、安全、生态防护功能，游人不宜进入的绿地，主要包括卫生隔离防护绿地、道路及铁路防护绿地、高压走廊防护绿地、公用设施防护绿地等；③广场用地，以游憩、纪念、集会和避险等功能为主的城市公共活动场地；④附属绿地，附属于各类城市建设用地（除“绿地与广场用地”）的绿化用地。不同类别的城市绿地，无论从生态环境条件方面，还是从绿化目的的具体要求方面，都需要丰富多样的绿化苗木。如形式多样的公园，有地形变化，也有水旱变化，形成了复杂多样的生态空间，可为多种多样的园林植物提供生存环境；机关、学校、医院、陵园等不同性质的单位，对绿化苗木的观赏要求各不相同，需要用不同的苗木进行绿化；工厂绿地会因具体的产品类型和生产工艺对绿化植物种类提出抗粉尘、抗 SO_2 等不同要求。

由上可见，为了美化城市环境，不断调节和改善城市生态环境，城市园林绿化中不仅需要数量足够的园林苗木供应，而且需要丰富多样的苗木种类。《国家园林城市标准》要求，园林植物引种、育种工作成绩显著，培育和应用一批适应当地条件的具有特性、抗性的优良品种。城市常用的园林植物以乡土树种为主，物种数量不低于

150种（西北、东北地区80种）。园林苗圃是专门为城市园林绿化定向繁殖和培育各种各样的优质绿化材料的基地，是城市园林绿化的重要基础。园林苗圃可以通过培育苗木，引种、驯化苗木，以及推广苗木等推动城市园林绿化的发展，园林苗圃的建设也应当适应城乡绿化发展的需要。同时，园林苗圃本身也是城市绿地系统的一部分，具有公园功能，可形成亮丽的风景线，丰富城市园林绿化内容。因而，园林苗圃在城市园林绿化、美化和环境保护中具有非常突出的地位和作用。

第二节　园林苗木生产现状和发展趋势

园林苗木是园林绿化建设的物质基础，园林苗木的生产能力和状况在一定程度上左右着城市园林绿化的进程和发展方向，必须有足够数量的优质苗木才能保证城市园林绿化事业的顺利发展。1958年我国召开的第一次全国城市绿化会议上提出："苗圃育苗是城市绿化的首要条件和基础，必须加强苗圃建设，大力育苗保证供应"，要求全国城市发展绿化用苗圃，普遍植树，给城市增添绿色。1979年6月，国家城乡建设环境保护部城市建设总局发布了《关于加强城市园林绿化工作的意见》，明确指出："苗圃是园林绿化建设的基础，绿化城市必须苗木先行。苗圃是苗木的生产基地，每个城市都应有足够的苗圃。1985年以前，要基本实现苗木自给。各城市要根据绿化规划的要求，制定育苗计划，做到有计划和按比例地生产和供应苗木。"该《意见》还明确指出："苗圃要逐渐走向专业化、工厂化，实行科学育苗，要积极采用新技术、新设备，以较短的时间多育苗、育好苗。城市绿化树种，要考虑多方面功能，注意选用乡土树种作为骨干树种；常绿树与落叶树，观赏树与经济树，一般树与名贵树，要兼顾搭配，合理育苗。"1982年2月，国务院按照全国人大《关于开展全民义务植树运动的决议》的要求，制定了《关于开展全民义务植树运动的实施办法》，提出园林部门对城市绿地要严加保护，要努力搞好规划设计和苗木培育等各项具体工作。1992年国务院颁布的《城市绿化条例》以及随后诸多省市人民政府颁发的有关城市绿化的条例和办法等，均指出园林苗圃为城市绿地系统的一部分，并强调城市园林苗圃要适应城市绿化发展的需要，逐步实现城市绿化苗木自给。2005年建设部颁布的《国家园林城市标准》规定，城市生产绿地总面积要占城市建成区面积的2%以上，城市各项绿化美化工程所用苗木自给率达80%以上，出圃苗木规格、质量符合城市绿化工程需要。《国家园林城市系列标准》2016年修订版对绿化苗木的使用提出了更高的要求，本地木本植物指数要达到0.8，城市建成区绿化覆盖面积中乔、灌木所占比率要达到60%。因此，在当今的城市建设及今后的城市发展中，园林绿化不断需要大量的种苗，园林苗圃将对城市园林绿化起到举足轻重的作用。

近年来园林苗圃的数量与日俱增，园林苗圃的快速发展，园林苗木的大量繁殖和培育，促进了城市园林绿化的持续发展。组培苗工厂化生产基地的建设，组培繁育技术及先进的生物技术在苗木快速繁育中的应用，人工种子和种子大粒化技术，保护地育苗、全自控的育苗温室、容器育苗、无土育苗等现代育苗技术的应用，新型轻质育苗基质的应用以及全自动装播扦插生产线的应用等，大大提高了园林苗木培育水平，丰富了苗木种类，提高了苗木质量。双容器栽培系统是一套崭新的现代化苗圃生产系统，具有一次性投入大、管理技术水平要求高、效益大的特点，是我国苗圃业未来的发展方向。随着国民经济建设的发展和人民物质文化生活水平的不断提高，人们对园林绿化的要求亦将越来越高，不仅要求城市园林绿化的快速发展，而且要求形成丰富多彩的园林绿化景色和城市景观。对苗木数量、种类和质量提出了更高的要求，使园林苗圃的建设和苗木的生产经营面临巨大的挑战。一方面，现有的园林苗圃及其园林苗木的生产还不能满足飞速发展的城市绿化的要求，城市绿化的苗木自给率还很低，不得不大量调运外来苗木。结果，往往由于外来苗木不能很好地适应城市当地的气候和土壤环境条件，以及长途运输对苗木的不良影响，导致苗木成活率和保存率低，绿化成本增高，绿化效果降低。另一方面，不少园林苗圃的苗木质量得不到有效保障，生产的苗木规格、苗木种类和苗木造型等不能满足当地城市园林绿化的需求。

全世界观赏植物有数万种，目前在园林绿地中常用的约 6 000 种。中国的观赏植物资源极为丰富，现有的观赏植物达 3 000～4 000 种。但从目前的城市园林绿化情况看，绝大多数观赏植物只栽培在植物园中，而在其他绿地中应用的观赏植物不过数百种，进一步开发利用园林绿化资源的潜力极大。特别是通过园林苗圃的定向培育，积极进行多样性苗木生产，挖掘潜在的绿化资源，将极大地丰富城市园林绿化色彩，发挥多样性的绿化功能，提高城市园林绿化的整体水平。

截止到 2017 年，全国绿化苗木种植面积达上万公顷的有 11 个省份，种植面积总和为 391 744.7hm^2，占全国绿化苗木总种植面积的 86.5%。我国园林绿化事业经过 30 多年的高速发展，园林苗木在生产规模、种类与品种、规格及品质等方面已达相当水平。在市场经济体制下，城市园林绿化的市场需要常常制约着园林苗圃的发展规模和方向，决定着园林苗木的生产，同时，园林苗木的生产经营和推广又决定了园林绿化的品种水平。园林苗圃建设和苗木生产应当主动适应城市园林绿化发展的需求，靠市场求发展，向市场要效益，实现高新技术和实用手段相结合，增强园林苗圃的竞争实力。园林苗木的生产既要立足国内和当地城市建设的客观实际，又要充分借鉴国外的和其他地区的先进经验和技术；既要充分发挥当地的优势，大力开发和利用当地植物种质资源，生产具有地方特色的苗木种类，又要加强新品种和新类型苗木的培育和推广，大力繁育市场紧俏的珍贵苗木，积极开展多样性的苗木生产。做到苗木种类多样性、地域性与苗木生产的特色性有机结合，实现低成本、多品种类型、多样化的可持续的园林苗木生产，以保证不断为城市绿化建设提供品种丰富、品质优良，且具有良好适应性的绿化苗木。

第三节 园林苗圃学的主要内容和教学目标

园林苗圃学是研究园林苗木的培育理论和生产应用技术的一门应用科学。园林苗圃学理论建立在植物学、树木学、土壤学、农业气象学、植物遗传育种学、生态学、植物生理学、植物保护学和市场营销学等众多学科的基础上。因此，为了更好地了解和掌握园林苗圃学理论与技术，应当掌握相关的各门学科的知识。园林苗圃学的主要内容包括：园林树木种质资源、园林苗圃的区划与建设、园林树木的种实生产、园林树木的播种繁殖和营养繁殖、苗木管理与大苗培育、化学除草、苗木质量评价与出圃、设施育苗、园林苗圃的经营管理以及常见园林植物的繁殖与培育等。

园林苗圃学的教学目标是使学生掌握园林苗木培育科学理论和先进技术，将理论与实际应用相结合，培育技术与经营管理相结合，以持续地为城市园林绿化提供品种丰富、品质优良的绿化苗木。同时培养具有科学的苗木经营意识和先进市场理念，懂得相关植物造景专业知识的技术型管理人才。具体地可归纳为如下几方面：

①根据城市园林绿化的发展需要和自然环境条件特点，研究园林苗圃的特点及其合理布局，进行园林苗圃工程设计。

②论述园林树木的结实规律，了解园林树木结实的生理基础，为种实的采集、加工、贮藏、运输以及种实品质的检验提供理论依据和具体的技术措施。

③根据播种繁殖苗和营养繁殖苗的发育特点，阐明培育园林苗木的基本方法和技术要点。依据苗木生长发育的生理生态学特性，提出苗圃灌溉排水和土肥调控技术，以及大苗的定向培育管理技术。介绍工厂化育苗、组织培养育苗、无土栽培育苗及容器育苗等设施育苗新技术。

④根据苗木的形态特征、生理生态及遗传学特性，评价园林苗木的质量，提出苗木检疫、包装、运输的关键技术环节。

⑤结合苗木培育的理论和实际应用，简要介绍具有代表性的园林树种的生物学特点及其苗木培育的关键技术。

⑥分析园林苗圃的组织管理、经济管理、市场营销，进行效益和风险评价，探讨园林苗圃经营管理模式。

⑦以市场需求为导向，苗木种类实施差异化、精品化，制定严格的生产技术管理规程，以保证苗木质量。

思考题

1. 怎样理解园林苗圃与园林苗圃学？

2. 按照我国《城市绿地分类标准》（CJJ/T 85—2017），城市绿地分为哪些类型？

3. 与国家园林城市标准相比，国家生态园林城市标准有哪些提高？

4. 目前我国园林苗木产业存在的问题有哪些？需要采取哪些对策来促进我国园林苗木产业的健康发展？

5. 针对不同规模的园林苗圃，其苗木生产如何做到差异化、精细化？

第二章 园林树木种质资源

［**本章提要**］园林树木种质资源是园林苗圃发展的基础之一，本章从园林树木种质资源的概念入手，在介绍我国园林树木种质资源特点的基础上，讲述园林树木种质资源的分类与保存、利用与创新，包括引种与培育的原理、方法，植物新品种登录与保护的基本程序等。

丰富而优良的园林植物材料是园林绿化美化的物质基础，它们通常又可被称为园林植物种质资源，是生物遗传资源的重要组成部分。园林植物一般分为木本植物（园林树木）与草本植物（园林花卉）两大类，园林苗木的繁殖与生产实际上就是对园林树木资源的开发与利用。苗圃内苗木生产的品质与丰富度是决定苗圃发展方向与速度的主要因素之一，在决定苗圃的四大基石（品种、技术、资材与营销）中，品种即种质资源发挥着最重要的作用。苗圃生产与管理的主要目的之一即生产出受市场欢迎的优质苗木，而树木种质资源是这一切的根本。因此，对园林树木种质资源的了解与掌握，是进行苗木生产与发展苗圃产业的必要前提。

第一节　园林树木种质资源的概念与特点

一、园林树木种质资源的概念

种质资源又称遗传资源，是具有一定种质或基因的生物类型，是蕴藏在植物各品种、品系、类型、野生种中和近缘植物中的全部遗传物质的总称，指生物体亲代遗传给子代的遗传物质，常常包含了物种与基因两个层面。根据《中华人民共和国种子法》（以下简称《种子法》）第74条，种质资源是指选育新品种的基础材料，包括植物的栽培种、野生种的繁殖材料以及利用上述繁殖材料人工创造的各种植物的遗传材料。因此，新培育的推广品种、重要的遗传材料以及野生近缘植物，都属于种质资源的范围。本章论述的园林树木种质资源，主要指的是可用来进行苗木生产的、具有绿化美化功能的木本植物资源，常常包括园林乔木、灌木、木质藤本及竹类。园林树木种质资源包括野生的种质资源和栽培的种质资源两部分，可以是植物分类学中分类的基本单位“种”及“种”下的亚种、变种和变型，也可以是人工培育而成的品种或品系。园林植物种质资源是园林植物育种的材料，园林植物的种质资源越丰富，培育新品种的可能性就越大。从苗圃生产的角度讲，任何一种园林树木种质资源，都是可以用于繁殖与生产，具有相对稳定一致的观赏性状，并能够产生经济效益的生产资料。它们是苗圃苗木生产的对象与内容，在苗木产业不断发展、市场竞争越来越激烈的情况下，对树木种质资源能否很好地掌控，常常成为苗木生产与苗圃经营能否取得成效并能否持续发展的关键之一。我国拥有丰富的园林植物种质资源，虽然在城市绿化中利用的只是极少部分，但是这部分种质资源异常丰富，更何况我国还有很多优良的野生植物种质资源没有得到利用，这些都是园林苗圃进一步选择优良苗木的宝贵财富。

二、我国园林树木种质资源的特点

1. 种类繁多，资源丰富，分布集中 我国被称为“园林之母”，园林树木资源非常丰富，是世界上重要的生物多样性中心之一，拥有丰富的野生植物资源，同时我国中部和西部山区及附近平原，被苏联植物学家瓦维洛夫认为是栽培植物最早和最大的独立起源中心，有着极其多样的温带和亚热带植物。我国有 35 000 多种高等植物，许多是北半球其他地区早已灭绝的古老孑遗植物。我国被子植物总数为世界第三，仅次于巴西和马来西亚，其中有 200 多个特有属，17 000 多个特有种。我国也是很多观赏植物的世界分布中心，如蜡梅属（*Chimonanthus*）3 种、泡桐属（*Paulownia*）7 种、银杏属（*Ginkgo*）1 种、芍药属（*Paeonia*）7 种全分布在我国；山茶属（*Camellia*）全世界有 220 种，我国就有 195 种，占 88.6%；油杉属（*Keteleeria*）12 种，我国就有 10 种，占 83%；丁香属（*Syringa*）30 种，我国有 25 种，占 83%；刚竹属（*Phyllostachys*）50 余种，我国有 44 种，约占 88%；槭属（*Acer*）全世界有 200 余种，我国有 150 种，约占 75%；椴树属（*Tilia*）50 种，我国有 35 种，占 70%；木犀属（*Osmanthus*）40 种，我国有 27 种，占 67.5%；杜鹃属（*Rhododendron*）全世界约有 960 种，我国有 630 多种，占 63%。我国不仅是许多著名园林花木的分布中心，而且也特产许多著名的园林植物，如银杏（*Ginkgo biloba*）、水杉（*Metasequoia glyptostroboides*）、银杉（*Cathaya argyrophylla*）、水松（*Glyptostrobus pensilis*）、珙桐（*Davidia involucrata*）等。我国的园林树木资源丰富，但是在城市应用中，一般大城市绿化树种仅有 200～300 种，而中小城市只有 100 种左右，显然，我国园林树种资源可利用的空间相当大，这为苗木产业的发展提供了机会。我国幅员辽阔、气候温和以及地形变化多样、自然生态环境复杂，形成了极为丰富的野生植物资源；同时伴随着悠久的栽培历史而孕育出独特的“园林文化”以及创造出种类繁多、各具特色的栽培变种与地方品种，从而形成了我国园林树木种质资源独有的特点与特色，这是发展我国特色苗木产业的重要基础。

2. 园林树木栽培品种及类型丰富 我国花卉栽培的历史有 3 000 多年，我国原产和栽培历史悠久的花卉常具有变异广泛、类型丰富、品种多样的特点。

我国名花数量多、品种丰富，世界少有。如梅花，其枝条有直枝、垂枝和曲枝等变异类型，花有洒金、台阁、绿萼、朱砂、纯白、深粉等变异类型，早在宋代就已有杏梅类的栽培品种，以后形成的品种达到 400 多个，其品种丰富、姿态各异，在木本花卉中是很少见的。

3. 园林树木优良，遗传品质突出　我们的祖先不仅驯化栽培与应用了许多生态与景观效果皆优的树种，如侧柏（*Platycladus orientalis*）、梧桐（*Firmiana simplex*）、垂柳（*Salix babylonica*）、榆树（*Ulmus pumila*）、臭椿（*Ailantus altissima*）等，更是通过人工选育，创造出了大批色彩多样、馨香醉人、形态奇特、花期长且多季开花的以"花"传世的著名花木，使我国园林苗木资源具有了观赏性状丰富、抗性与适应性突出的优点。

多季开花的种与品种多，主要表现为一年四季或三季开花不断，这是培育周年开花新品种的重要基因资源及难得的育种材料。四季开花的有四季桂（*Osmanthus fragrans* 'Semperflorens'）、米兰（*Aglaia odorata*）、香水月季（*Rosa odorata*）、四季玫瑰（*Rosa rugosa* 'Semperflora'）等；月季花、'常春'二乔玉兰（*Magnolia* × *soulangeana* 'Semperflorens'）、'宫粉二度'梅（*Armeniaca mume* 'Gongfen Erdu'）、'傲霜'牡丹（*Paeonia suffruticosa* 'Ao Shuang'）、月季石榴（*Punica granatum* 'Nana'）、四季丁香（*Syringa microphylla*）等，均在春、秋两季开花或春、夏、秋三季开花；而紫薇（*Lagerstroemia indica*）、扶桑（*Hibiscus rosa - sinensis*）等花期长达1～3个月，有效地延长了园林植物的观赏期，提高了栽培应用的价值。

早花种类及品种多，早花类的植物多在冬季或早春较低温度条件下开花，这是一类培育低能耗花木品种的重要基因资源与育种的材料，具有重要的经济价值。我国早春开花的植物有梅花（*Armeniaca mume*），其花粉可在0～2℃萌发，在6～8℃可完成受精过程。早春低温开花的花卉还有蜡梅（*Chimonanthus praecox*）、迎春（*Jasminum nudiflorum*）、山桃（*Amygdalus davidiana*）、瑞香（*Daphne odora*）、玉兰（*Magnolia denudata*）、木兰（*Magnolia liliflora*）、蜡瓣花（*Corylopsis sinensis*）、连翘属（*Forsythia*）、报春花属（*Primula*）、春兰（*Cymbidium goeringii*）、冬樱花（*Cerasus majestica*）、点地梅属（*Androsace*）、芫花（*Daphne genkwa*）等。

香花植物种类多，如"国色天香"的牡丹（*Paeonia suffruticosa*）、"暗香浮动"的梅花，以及桂花（*Osmanthus fragrans*）、蜡梅、米兰（*Aglaia odorata*）、茉莉（*Jasminum sambac*）、栀子（*Gardenia jasminoides*）、瑞香和含笑（*Michelia figo*）等，这些花木无不以香著称，成为非常重要的香花资源。

特殊花色者多，黄色种类或品种是培育黄色花系列品种的重要基因来源。很多科或属的植物缺少黄色的种，因此黄色的种和品种被世界各国视为极为珍贵的植物资源，而我国有很多重要的黄色基因资源。如我国的金花茶（*Camellia chrysantha*）及其相关的黄色的山茶花种类有20余种，如今的黄色山茶花品种'黄河'（*Camellia japonica* '*Yellow River*'）就是从我国流入美国的。黄色的梅花'黄香梅'在我国宋代就已存在，是极为珍贵的品种，现在我国的安徽仍有黄色的梅花品种。黄色花的植物还有黄牡丹（*Paeonia delavayi*）、大花黄牡丹（*Paeonia ludlowii*）、蜡梅、黄色的香水月季（*Rosa odorata*）、黄色的月季花（*Rosa chinensis*）以及黄花蜀葵和新培育的黄花玉兰等，这些黄色的花卉资源对我国乃至世界花木新品种育种起到了重要作用。

具特异观赏性状者较多，如罗汉松（*Podocarpus macrophyllus*）因其成熟种子恰如身披"袈裟"（红色假种皮）的小罗汉而倍添魅力；珙桐在盛开之时，因硕大的白色苞片展开，如满树振翅飞翔的万千鸽子，成为誉满全球的名花嘉木。我国花木栽培的历史达数千年，花卉遗传多样性极为丰富，奇异品种多，主要表现在：①变色类品种。如月季品种‘姣容三变’在我国1 000多年前就已产生，该品种在一天之中有三种花色的变化，粉白色、粉红色至深红色，我国还有牡丹、木槿（*Hibiscus syriacus*）、荷花（*Nelumbo nucifera*）、石榴（*Punica granatum*）、扶桑、木芙蓉（*Hibiscus mutabilis*）、蜀葵（*Alcea rosea*）等变色品种。②台阁类型品种。这类品种是花芽分化时产生的特殊变异类型，形成一花之中又完全包含一朵花（花中有花）的特征，形似“亭台”在花的中央。这类品种在梅花中较为多见，比较著名的有‘绿萼台阁’‘台阁宫粉’等，牡丹、芍药（*Paeonia lactiflora*）、桃花（*Amygdalus persica*）、麦李（*Cerasus glandulosa*）等也有大量台阁品种。③天然龙游品种。如龙游梅、龙游桑等。④枝条天然下垂的品种。如垂枝梅、垂枝桃、垂枝榆等。⑤微型与巨型种类。如微型品种小月季等，株高仅10～20cm，四季开花；高大植物如巨花蔷薇（*Rosa odorata* var. *gigantea*），其藤蔓长可达25m，花径12cm左右，大树杜鹃（*Rhododendron protistum* var. *giganteum*），株高超过20m，干径达150cm。

抗性强的种类和品种多，我国原产的紫薇具有抗寒、抗白粉病和抗空气污染的能力，在我国的栽培分布达到华北地区，是此属中最为耐寒的种类。西北原产的疏花蔷薇（*Rosa laxa*）与现代月季杂交得到的能耐－35℃的新品种既是一种观赏植物，又是一种芳香植物，同时也是很重要的水土保持植物，具有极强的抗寒、抗旱、耐湿及保持水土的能力。北方园林中常见的杨、柳、榆、槐、椿都是很耐旱的园林树种，如果能够有针对性地开展一些优选或者专门的育种工作，这些土生土长的树木资源肯定会使我们的园林绿化更为节约、高效。此外，还有紫丁香（*Syringa oblata*）、胡枝子（*Lespedeza bicolor*）、锦鸡儿（*Caragana sinica*）等，都是具有很强的耐旱性、值得推广应用的园林植物。我国原产的山杏（*Armeniaca sibirica*）、山桃等均具有很强的抗寒性，用其与梅花进行远缘杂交育种，培育出的新品种具有较强的抗寒性，在西北、华北地区均能正常越冬而无冻害。山茶花（*Camellia japonica*）在我国最北分布于山东的青岛，是山茶属中最抗寒的种类。我国的榆类、板栗（*Castanea mollissima*）曾挽救了大批欧美的同类树种，如榆树（*Ulmus pumila*）对榆腐烂病（荷兰病）有很强的抗性，是北美榆树抗病育种的主要基因资源。

总之，无论是从花期、花色、花型、花香等形态观赏性状来说，还是从抗旱、抗寒、耐热、抗病等生理生态学性状来讲，我国园林树木的种质资源都非常丰富而富有特色。不过可以肯定的是，现在已经发现和被利用的种质资源只是我国植物资源宝库中很少的一部分，大量的且更加优异、独特的种质资源还需要进一步开发利用。

第二节 园林树木种质资源的分类与保存

一、园林树木种质资源的分类

园林树木是指在园林中栽培应用的木本植物（woody plant）。木本植物是指根和茎增粗生长形成大量的木质部，且细胞壁多数也木质化的坚固的植物，其木质部发达，茎坚硬，多年生。从植物学角度出发，木本植物依形态不同，分为乔木（tree）、灌木（shrub）和半灌木（half-shrub）3类。乔木主要是指高大直立，高度在6m以上的树木，其主干明显，分枝部位较高，如松类、杉类、枫杨（*Pterocarya stenoptera*）、樟树（*Cinnamomum camphora*）等，有常绿乔木（evergreen tree）和落叶乔木（deciduous tree）之分。灌木是指比较矮小，高度在6m以下的树木，其分枝部位靠近茎的基部，如茶（*Camellia sinensis*）、月季、木槿等，有常绿灌木和落叶灌木之分。半灌木植物为多年生植物，仅茎的基部木质化，而上部为草质，冬季枯萎，如牡丹。从树木种质资源利用与苗木生产的实际出发，园林苗木可按树种的生物学特性（主要是生长习性或者生活型）分为乔木、灌木、藤本和竹类4种基本的苗木资源类型。

1. 乔木 乔木指树身高大的木本植物，由根部发生独立的主干，树干和树冠可明显区分，且通常高达6m至数十米。又可依其高度而分为伟乔（30m以上）、大乔（20～30m）、中乔（10～20m）、小乔（6～10m）等4级。乔木按冬季或旱季落叶与否又分为落叶乔木和常绿乔木。常为单干型苗木，主要用作行道树、庭荫树、独赏树、防护树等。但是，有关乔木与灌木的区分，很难制定一个严格的标准，对于那些树体高度未达到6m标准，但却明显有粗壮主干或干型的树木，常常也认为其是乔木。

2. 灌木 灌木指那些没有明显的主干、呈丛生状态的比较矮小的木本植物，一般可分为观花、观果、观枝干等几类，多年生。一般为阔叶植物，也有一些针叶植物是灌木，如刺柏。其中树体矮小且茎干自地面生出多数，无明显主干而呈丛生状的称为丛生型灌木；枝与干均匍地生长、与地面接触部位可生出不定根而呈匍匐状的称为匍地型灌木，可用作绿篱、绿雕塑、地被植物、林下与屋基种植等。一些丛生型灌木，当生长年代久远时，也可能形成高大的中央主干，其高度也可能超过一般灌木，但仍然视其为灌木。

3. 藤本 藤本指茎部细软，植物体细长，不能直立，只能依附别的植物或支持物（如树、墙等）通过缠绕或攀缘向上生长的植物。藤本植物依照其茎的结构，可以分为木质藤本［如葡萄（*Vitis vinifera*）］和草质藤本［如牵牛（*Pharbitis nil*）］；根据其攀爬的方式，可以分为缠绕藤本［如白花银背藤（*Argyreia pierreana*）、紫藤（*Wisteria sinensis*）等］、吸附藤本［如常春藤（*Hedera nepalensis* var. *sinensis*）、凌霄（*Campsis grandiflora*）、地锦（*Parthenocissus tricuspidata*）等］、卷须藤本［如葡萄、铁线莲（*Clematis florida*）等］和攀缘藤本［如单叶省藤（*Calamus simplicifolius*）］。还有一种特殊的藤本蕨类植物，并不依靠茎攀爬，而是依靠不断生长的叶子，逐渐覆盖攀爬到依附物上。

4. 竹类 竹类（常称竹子）是禾本科多年生木质化植物，是我国园林中常见的植物类型，也常作为园林苗木大量生产，因此可以看作是乔木、灌木和藤本之外的另一类特殊的园林苗木资源。

在苗木生产与园林应用中，有时为了追求特殊的观赏效果，常常人为地将一些灌木培养成为乔木或乔木状，如树状的月季、木槿、丁香、紫薇，甚至紫藤有时也可培育成树状；有些树木在通常情况下为灌木，或在园林中作为灌木应用，但在适宜的环境中自然生长，也可以成为小乔木或中等乔木，这可能需要数十年甚至上百年的时间，如山茶属与杜鹃属的某些植物。

园林树木除了按照生物学特性分类之外，还可按季相、叶形、观赏效果等分类。

按照季相可分为常绿树和落叶树。

按照叶形可分为针叶树和阔叶树。常绿针叶树有雪松、白皮松、华山松、云杉等；常绿阔叶树有石楠、大叶女贞、广玉兰、冬青等；落叶针叶树有水杉、落叶松等；落叶阔叶树有杨树、柳树、槐、法桐、栾树等。

按照观赏效果可分为观叶植物、观花植物、观果植物和观干植物。观叶植物中观绿色叶的植物有油松、白皮松、雪松等；春色叶植物有臭椿、五角枫、黄连木等；秋色叶植物有银杏、白蜡、黄栌、柿树等；常色叶植物有红枫、紫叶小檗、金叶女贞、红花檵木等；双色叶植物有银白杨、胡颓子等；斑叶植物有变叶木等。观花植物中春花类植物有迎春、连翘、樱花、碧桃、丁香等；夏花类植物有凌霄、紫薇、木槿、石榴等；秋花类植物有菊花、桂花等；冬花类植物有蜡梅等。观果植物有金银忍冬、柿树、海棠花、平枝栒子、石榴、山楂、火棘等。观干植物有棣棠、红瑞木、梧桐、白皮松等。

二、园林树木种质资源的保存

园林树木种质资源的保存是指在适宜条件下储存种质及基因载体，使其保持生活力、遗传变异度和适当的数量。种质资源保存的方式多种多样，常用的有就地保存、易地保存和离体保存 3 种方式。

1. 就地保存 就地保存又称原地保存，即使种质资源在原来所处的生态系统中，不经迁移而采取措施就地加以保护的做法。

母树林是指天然林或种源清楚的优良人工林，建立母树林是保存园林苗木的途径之一，可以选择优良苗木作为母树林长期保存。

种子园是指由优树无性系或家系建立起来的，以生产优质种实为目的的人工林分。种子园内繁殖材料的遗传基础好，各种基因及其频率能长期保持相对稳定。对于那些分布范围窄且现存资源不多或遗传变异不大的树种，可以将基因保存和种子园的建立结合起来，采取分树种建立种子园的做法，因为这些树种的基因资源只能采取单株收集的办法，并且采穗比采种更能保持基因原型，所以在建立保存林时，要有目的地把同一单株的不同分株隔离，避免自交，以满足种子园和基因保存两方面的要求。大部分树种种子园的建设可通过嫁接技术进行。一方面可缩短生育期，及早取得种子；另一方面可通过接穗上生成的枝条繁殖具有相同基因型频率的第二代种子园，作为育种资源进行利用，实现保存的连续性。作良种繁育用的种子园，要求具有较高的种子产量和较好的遗传品质，这就需要对其留优伐劣，保留重要性状，剔除不良性状，发展成为改良代种子园，使其基因频率受到人为改变。

2. 易地保存 易地保存又称迁地保存，是将种质材料迁出自然生长地，集中改种在国家（或地方）建立的林木种质资源库、林木良种基地（种子园、采穗圃）、优树收集区、基因保存林、植物园及树木园等处保存。首先应了解繁殖系统、树种生物学特性和栽培技术以及种子贮藏方法，这是易地保存的前提。对于珍稀的园林树木，当就地保存无法成活时，可以提前收集珍稀树木的种子或其他繁殖材料，暂时贮藏起来或是建立原址外保存林。

3. 离体保存

（1）设备保存 设备保存是将种质资源的种子、花粉、芽、根或枝条等繁殖材料与母体分离，利用设备进行贮藏保存。这种保存方法适用于就地保存、易地保存有一定困难或有特殊价值的树木种质资源，其优点是所占空间小，所需的人力资源少（但一次性投入较大），而又能较好地保护物种及其遗传的多样性。但种质资源已脱离了自然环境，对它们的保护仅能维持它们从自然采集时所停留的进化阶段。

（2）**种子贮藏**　种子是一种最主要的种质材料。贮藏种子的目的在于延长种子寿命，保护种子活力，保持种子活力强度并保存植物所固有的种质（基因）。种子的贮藏寿命与种子含水量及贮藏温度密切相关。根据种子的贮藏特性，一般把种子分为顽拗型种子和正统型种子 2 种类型。顽拗型种子（如漆树科、无患子科、桑科等热带树种）不适宜于干燥环境中贮藏，通常这类种子需在潮湿的环境如湿沙中保存，以延长寿命；正统型种子则可以在干燥、低温条件下贮藏。

影响种子长期贮藏的环境因素主要有温度、空气相对湿度、光、CO_2 及高能射线等。据研究，在 0～50℃范围内，贮藏温度每降低 5℃，种子寿命可延长 1 倍；当温度高于 50℃，种子就会受到损害；0℃以下的贮藏温度对十分干燥的种子不会产生大的伤害，但当种子含水量较高时，就会造成死亡。空气相对湿度与种子含水量有密切关系，而含水量直接影响到种子的寿命。当种子含水量在 4%～14%时，含水量每减少 1%，种子寿命便可增加 1 倍，如果种子含水量超过 14%，则易受到真菌、细菌的侵染，缩短种子寿命。在超干燥条件下贮藏，对有些植物种子（如油料种子）较适宜，有些植物种子则不适宜。在长期贮藏中，氧气含量低、CO_2 含量高对贮藏有利。光和高能射线对种子贮藏是不利的。因此种子贮藏时应尽量在低温、干燥、黑暗的环境条件下。

（3）**组织培养**　组织培养用来保存那些不产生种子或虽然能产生种子，但种子的寿命短或不能在低温、干燥条件下贮藏的林木种质资源。在组织培养条件下，树木种质的保存有以下 2 种形式：①培养物的反复继代培养；②超低温保存，即将原生质体、细胞、组织器官或花粉经处理后，放入液氮（－196℃）中保存。使用时取出材料，经过一定解冻程序，原生质体、细胞或组织器官可通过组织培养诱导分化，形成再生植株；花粉可以用于授粉。在这种低温下，植物细胞的生命代谢已处于完全停滞状态，因此，整个保存过程不会使细胞或组织发生遗传变异，也不会使植物细胞丧失全能性及形态建成的功能，所以这种方法对保存树木种质资源，尤其是珍稀濒危物种有着十分重要的意义。

第三节　园林树木种质资源的利用与创新

一、园林树木种质资源利用的重要性

种质资源是园林植物育种的物质基础。随着社会的不断发展，经济水平的不断提高，人们对观赏植物的要求也越来越高，需要发掘更多、更新奇的园林植物种质资源，并对园林植物育种不断提出新的要求，使多样性的园林植物品种资源提供优质丰富的园林植物绿化、美化、香化环境。我国园林苗木生产所面对的是科技高速发展、市场竞争激烈、国际交流日趋频繁的现状，园林树木的创新就成为市场的主要竞争力。培育或引进优良新品种（种）进行繁殖生产，开发出新的树木产品占领市场，是园林苗圃行业发展的要求。而新产品的开发，本质上就是种质资源的开发与利用，除

了必须应用新的知识与技术外，还必须遵守相关的法律法规以及行业规范。

园林树木种质资源的利用具有重要的意义，有些植物不仅具有较高的观赏性状，还具有修复生态环境的功能。近年来，由于环境污染日益加剧，通过植物来改善、修复生态环境也成为研究的热点。具有改善环境作用的园林树木也越来越受到重视，急需园林苗木生产企业培育和生产这类观赏性好、适应性强、抗逆性强的园林植物资源。

园林树木种质资源在园林植物的育种工作中非常重要。由于种质资源的开发利用受到科技水平和人们认识的局限，需要充分利用现有的技术，开发观赏特性更加丰富的苗木，以满足社会和经济发展的需求。在我国，利用园林植物种质资源进行育种的企业逐渐增多，例如，某公司在生产月季、绣球等木本花卉的同时，注重种质资源的引进和育种，培育了大量的月季新品种，这些新品种已远销韩国、日本和澳大利亚等国。

1. 种质资源是园林植物育种工作的物质基础 育种目标的实现，与有关的园林植物种质资源密切相关。

2. 种质资源的利用是不断发展园林植物的主要动力 我国具有丰富的园林植物种质资源，但是在城市绿化中利用的只是少部分，还有很多优良的野生园林植物种质资源没有得到利用，而这些资源是将来园林植物发展所必需的，要使园林植物育种工作有所突破，就需要发掘更多的园林植物种质资源来供人们研究、利用。

3. 种质资源的利用是园林景观不断发展的要求 随着经济的不断发展和人们欣赏水平的提高，大众对园林景观的要求也不断提高，需要发掘更多的园林植物种质资源，对园林植物新品种的培育也不断提出新的要求。

4. 种质资源的利用是苗圃发展的需要 苗圃的发展需要有新品种的支持，尤其是具有自主知识产权的新品种。一个苗圃经营的好坏，生产技术和成本控制很重要，同时拥有较多的园林植物新品种权会使苗圃在苗木市场竞争中处于非常有利的位置。

二、园林树木种质资源的引种

任何一种树种都有一定的自然分布范围，这是树种在长期进化过程中自然形成的。某一地区天然分布的树种或者已引种多年且在当地一直表现良好的外来树种称为乡土树种（indigenous tree species），当这些树种被栽种到自然分布区以外时称为外来树种（exotic tree species）。将一种植物从现有的分布区域（野生植物）或栽培区域（栽培植物）人为地迁移到其他地区种植的过程，也就是从外地引进本地尚未栽培的新的植物种类、类型和品种称为引种（introduction），这是树木种质资源（遗传资源）在其使用范围内的迁移，是遗传资源利用的一种形式。

与育种相比，引种是一种相对而言成本低、见效快的资源开发与利用的途径，尤其是园林树木的引种长期受到国内外的普遍重视。园林树木的引种是指将野生或栽培的园林树木的种子、植株或植株的一部分从其自然分布区或栽培区迁入异地进行栽培的过程，其目的是增加迁入地区园林树木的种类和扩大引进园林树木的栽培区，以满足园林绿化对树种多样性和园林苗木生产对新优产品的需求，同时可为种质资源保存、新品种选育与苗木生产发展奠定基础。

（一）引种时应考虑的因素

不同树种及其品种与基因型对生态环境的适应能力各不相同，而自然界环境条件的高度复杂性与多样性，使人们不可能用试验的方法测定某一树种或基因型的全部适应范围。不同园林树种或基因型在适应反应和范围上有差异，在引种过程中会有不同的引种表现，这就奠定了园林树木能够不断地被引种的基础。长期实践证明，引种的成败并不是偶然现象，除了必须遵循树种生长、繁殖的基本规律外，还与植物遗传学、植物地理学、植物生态学以及栽培管理技术有关。

1. 重视引种树木的经济表现和观赏价值 大量的引种实践表明，外来植物在新地区的经济性状表现，往往和其在原产地时的表现是相似的，这是选择引种植物的重要依据。如月季‘梅朗口红’在原产地具有耐寒性与适应性强、抗病性好的特性，引种在我国北京地区后仍具有上述优点。矮紫杉引种在北京后，耐寒性强，生长较慢，但其枝叶繁茂，终年常绿，适用于岩石园或作盆景栽培，其表现的特性仍是在原产地就已存在的。

2. 比较植物原产地和引种地区的气候条件 引种不同气候带的植物时，特别要注意对原产地和引种地区生态条件的比较，正确掌握植物与环境关系的客观规律，特别是气候因素的相似性。一般来说，在不同国家、不同地区之间远距离引种，如果原产地与引进地生态环境，尤其是气候因素一致或相似，这种引种是在树种适应范围内的迁徙，引种容易成功。德国慕尼黑大学林学家迈依尔（H. M. Mayr）教授在《欧洲外地园林树木》（1906）和《在自然历史基础上的林木培育》（1909）两本专著中，论述了气候相似论（theory of climatic analogues）的观点，他指出："木本植物引种成功的最大可能性是树种原产地和新栽培区气候条件有相似的地方。"这种气候相似的理论，至今仍然被广泛接受与应用，对避免引种的盲目性有重要指导意义。例如我国南方地区广泛引栽的火炬松，原分布区在美国，北自特拉华州和马里兰州，南至佛罗里达州，西至得克萨斯南部，遍布大西洋和墨西哥湾的沿海平原和丘陵地区。分布区气候湿润，年降水量 1 016～1 520mm；夏季炎热，冬季温和，7 月平均温度 23.9～37.8℃，1 月平均温度 2.2～17.2℃，分布区北部和西部偶尔出现－23.3℃低温，无霜期 6～10 个月。这一气候条件与我国南方的亚热带地区气候相似，因此，火炬松引种到我国亚热带地区表现较好。如果从生态条件差异大的地区引种，则不易成功。我国东部的森林从南到北，大致可分为热带季雨林带、亚热带常绿落叶阔叶混交林带、暖温带落叶阔叶林带、温带针阔叶混交林带、寒温带针叶林带等五大林带。在同一林带内引种，成功的可能性就很大；在不同的林带间引种，则较难成功。

但是，气候相似论在强调气候对树木生长的限制作用的同时，忽视了环境中其他因素的综合作用，以及树木随气候环境变化而产生的适应性变化，即低估了树木被驯化的可能性和人类驯化树木的能力。换句话讲，气候相似不是绝对的，在气候条件有差异的地区间引种，有时也能成功，在引种地甚至可能比原产地生长更好。这种现象可能是因为园林树木与其他各种生物一样，体内都存在一种适应性进化的机制。

3. 植物引种的主要生态因子 在特定环境的长期影响下，植物形成了对某些生态因子的特定需要与适应能力，成功的引种是在植物的适应范围内满足其对生态环境的需要。树木是多年生植物，引种必须经受引种地年气候变化以及长期周期性气候变化的考验，而这些条件不可能人工控制或调节。由于各种生态因子总是综合地作用于树木，而不同的生态因子并非都具有同样重要的作用，在一定时间、地点条件下，或在树木生长发育的特定阶段，这些综合性生态因子中肯定有某一因子起主导作用，是决定引种成败的关键因素。因此，对原产地与引种地综合生态因子与主导生态因子的比较分析，是引种的重要工作内容之一。影响植物引种的主要生态因子有温度、光照、降水、湿度、土壤酸碱度和结构等，引种时除对植物原产地生态环境进行综合分析外，还应对影响植物生长发育的主要因子进行分析。

温度是影响植物生存的重要因子。引种过程中，首先应考虑原产地与引种地的年平均温度对比情况，若年平均温度相差过大，引种就很难成功。此外，还应考虑最冷月与最热月平均温度、积温、极限温度（最低、最高温度）及持续时间、季节交替特点、无霜期等，这些因素也是影响引种驯化成功的限制因子。通常冬季气温过低或夏季气温不足限制树种北移，而冬季或夏季气温过高限制树种南移。不适宜的温度对外来树种的不利影响，首先是不能满足树木正常生长发育对温度的需求，临界温度是树木能忍受的最高、最低温度的极限，尤其是冬季极限低温，会造成外来树种冻害与死亡；其次是外来树种虽然能够生存，但由于温度条件不适合，会影响生长发育与开花结实，从而无法达到应有的观赏应用价值。

光照是一切绿色植物光合作用的能源，直接地影响着植物的生长发育。植物的生长发育需要一定比例的昼夜交替，即所谓的光周期现象，不同植物对光周期的要求是不同的，只有在适合的光周期下，植物才能正常开花结实。长日照植物喜光，短日照植物耐阴，引种时必须注意这些特点。在我国，从低纬度向高纬度地区引种，如南树北移，由于受长日照影响，秋季来临时，有些南方树种继续生长，易被冻死；而当植物从高纬度向低纬度地区引种驯化时，如北树南移，又因日照由长变短，树木会出现两种情况，一种是树木提前封顶，缩短了生长期，使正常的生命活动受到抑制，一旦遇到南方夏季酷热就会产生不良后果；另一种是不适当地延长了生长期，造成植物二次生长，由于二次生长枝条木质化程度低，易遭受冻害，从而使引种不成功。

水分是维持植物生存的必要条件。植物的一切生命活动都需要水，有时降水、湿度比温度和光照更为重要。其他的因素还包括风力大小、土壤条件，以及引种方式与栽培技术等，这些不同的因子对园林树木引种均有影响。

4. 植物引种的生态历史和生态型 仅仅分析引种植物目前的分布范围，并比较原产地与引种地生态条件的差异，还不能全面确定该植物的潜在能力和可能的适应范围。植物的现代自然分布区只是在一定的地质时期，特别是最近一次冰川时期形成的。植物的生态历史越复杂，它适应的潜力和范围可能越大。例如我国特有的水杉，据古生物学的研究，在地质年代中，它不光在我国大部分地区有分布，在第四季冰川时期之前曾广泛分布于世界各地，只是后来气候变化使大多数地区的水杉灭绝了。1946年我国在川东、鄂西与湖南龙山县边境发现少量遗存水杉，欧美许多国家都进行了引种栽培，且都生长良好，表明由于生态历史条件的原因，水杉具有广泛的适应性和较大的遗传潜力。

许多花卉自然分布范围都比较广，同一种植物如果长期生活在截然不同的生态环境中，常常会形成不同的生态型。所谓生态型就是指在同一种（或变种）范围内的植物在生物特性、形态特征与解剖结构上形成与当地主要生态条件相适应的植物类型。同一种植物由于生态型的差异而具有各不相同的抗寒性、抗旱性、抗涝性、抗病虫性等特征。如在我国藏南地区狭域分布的大花黄牡丹，已被引种栽培到欧洲、北美洲与大洋洲的许多国家，而这些地区的综合气候条件并非与原产地完全相似，但引种植物有时可能还比在原产地生长得更好。

在植物引种时，如将同一种植物的多种生态型同时引入一个地区进行栽培，从中选出最适宜的生态型，那么这种植物在引种地区引种成功的可能性就会增大。例如河南驻马店地区曾将原产地分别是福建和广西的毛竹同时进行引种栽培，结果发现广西毛竹引种效果比福建毛竹好。一般来讲，地理位置上距离较近的地区，其生态条件的总体差异也就较小，所以，在引种时，从离引入地区最近的分布边缘区采种，容易使引种获得成功。例如，杭州植物园引种云锦杜鹃，该品种一般分布在海拔 800m 以上的山地，而在浙江天台山方广寺海拔 450m 的山地也有生长，显然，引种低海拔的云锦杜鹃进入杭州植物园就比引种高海拔生态型成功的概率要大些。对园林树木而言，许多情况下引种的对象是栽培品种，它们常是在苗圃中经过营养繁殖建立的无性系群体，不同品种间的各种差异可能会非常显著，因此，在引种前应掌握有关该品种育种、繁殖与栽培应用等各方面的资料，调查它在生长、抗性与观赏性方面的表现以及市场推广情况，结合引种地的实际情况与需要制订正确的引种计划。

（二）引种的程序和措施

园林树木的引种是一个复杂而系统的综合工作，首先应在引种之前开展充分的调查研究，明确引种对象与目的，选择生态型与原产地，制订引种计划，收集引种材料。然后通过各种途径进行引种驯化，育苗繁殖，并对引种植物的生物学特性进行观察研究，了解其适应性及有关的栽培技术措施等，完成引种工作，实现引种效益。

1. 树种选择与引种材料收集筛选　以苗木生产为目标的园林树种的引种，首先要考虑园林绿化行业与苗木产业发展的实际需要，选择绿化效果好、观赏价值高与市场发展潜力大的树种或品种；然后再对上述各种影响引种成败的因素进行分析，重点对拟引种对象的适应性及原产地的自然条件进行综合考查论证；最后确定引进的生态型与原产地，制订引进计划的具体内容，开始收集引种材料。例如，北京市植物园新优植物种苗中心针对北京市现有植物存在的问题，确定了以下几方面的引种驯化目标：①引进耐寒性花灌木；②注重彩叶植物的引种驯化；③引进常绿地被植物；④引进开花大乔木；⑤注重可在夏天开花的植物的引进。

植物种类繁多，性状各异。引种驯化前，首先根据育种目标了解种的分布范围和种内变异类型，根据引种驯化原理进行分析，筛选出适合引进的植物种类。通过交换、购买、赠送或考察收集的方式获取引种材料，收集的方法可以是专门组织人员采集，也可以委托采集与交换，现在越来越多的园林植物可以通过商业购买的途径获得。采集或收集野生资源时，一定要遵守原产地或原产国有关植物保护的法律或规定；收集或购买栽培植物时，应按市场经济的规律签署正式合同，涉及品种权等知识产权保护的问题要有明确说明，以免被骗遭受损失或产生不必要的纠纷。种子与果实是园林树木引种最常用的引种材料，从优良健壮的植株上采集饱满充实的成熟种子，然后进行调制、保存。而植物活体材料的收集，要以保证成活为前提。插穗与接穗采集后，要立即用蜡密封切口并进行防水包装，及时将其运输或带回到引种地进行繁殖；完整植株的挖掘应在休眠期或展叶前进行，尽量减少对根系的损伤，同时进行适宜的包装并及时运输，有条件的最好选用容器苗，可保证移栽成活率，为引种成功奠定基础。

2. 种苗检疫与登记编号 与其他生物引种一样，园林树木的引种也有传入病虫害的可能，因此，需严格执行国家有关动植物检疫的规定，对引种材料按规定与程序进行报审，并经检疫合格后方可引进。这是园林树木引种程序中不可或缺的一个环节，也是保证引种安全的必要措施。国内外在这方面都有许多惨痛的教训，例如，云杉卷叶蛾由云杉引种而传入美国，造成了巨大的损失。因此引种时，必须对新引进的植物材料进行严格的检疫。此外，还要通过特设的检疫苗圃隔离种植，以便进一步发现新的病虫害和杂草，及时采取措施。

对引进的植物材料进行登记、编号与记载，是引种过程中非常重要的工作环节。登记的主要内容包括：名称、来源、材料种类（插穗、球茎、种子、苗木等）和数量、寄送单位和人员、收到日期及收到后采取的处理措施等。同时还应包括引种对象的各种性状特征以及在原产地的表现等相关内容。

3. 引种试验 新引进的品种在推广之前，必须进行引种试验，以确定其优劣和适应性。试验时应当以当地具有代表性的优良品种作为对照。试验的一般程序如下：

（1）**种源试验** 种源试验指对同一种植物分布区中不同地理种源提供的种子或苗木进行的栽培对比试验。通过种源试验可以了解植物不同生态型在引进地区的适应情况，以便从中选取适应性强的生态型进行进一步的引种驯化试验。在引种初始阶段，对于表现很好的材料，可能由于栽培处理失当或管理措施不到位，很好的引种材料刚开始表现并不理想，可以延长观察试验的年限、改进栽培管理措施。由于树木的生长周期较长，一般必须经过 2 年以上的生长，树种的本性才有可能逐渐表现出来，从而才能初步筛选出表现优良的树种或品种进行进一步观察研究。

（2）**评价试验** 经过种源试验后，对生长表现优良、有潜在价值的种类进行对比试验与区域化试验，通过综合的评价，选出适合推广应用的种类，确定其适生条件与范围。

（3）**推广试验** 引种试验往往是由少数科研和教学单位进行的，没有经过实践的考验。因此，园林苗圃一般在引种初试成功后就着手进行扩繁，同时积累并总结繁殖经验与技术，一方面为进一步的评价试验提供材料，另一方面为尽早确立适合本地气候与本单位条件的繁殖工艺流程、推广应用优良苗木提供种苗与技术保障，实现引种服务生产、促进生产的目标。

4. 引种栽培技术措施 引种必须注意与栽培技术的配合，以避免因栽培技术的不恰当否定新引进品种的价值。常用的栽培技术主要体现以下几方面：

（1）**播种期和栽植密度** 由于南北方日照长短不同，当植物从南向北引种时，可适当延期播种，这样做可缩短植物的生长期，增强植物组织的充实度，提高抗寒能力。反之，由北向南引种时，可提早播种以延长植株在长日照下的生长期并增加生长量。

在栽植密度上，可通过簇播和适当密植使植株形成相互保护的群体，以提高由南向北引种植物的抗寒性。当从北向南引种时，则要适当增大株行距，以利于植物生长。

（2）**苗期管理**　当从南向北引种植物时，在生长季后期，应适当减少浇水，以控制植株生长，促进枝条木质化，从而提高植物的抗寒性，同时应少施氮肥，适当增施磷肥、钾肥，也有利于促进组织木质化，提高抗寒性。当从北向南引种植物时，为了延迟植株的封顶时间，提高越夏能力，应该多施氮肥和追肥，增加灌溉次数。

（3）**光照处理**　对于从南向北引种的植物，在苗期遮去早、晚光，进行8～10h短日照处理，可使植物提前形成顶芽，缩短生长期，增强越冬抗寒能力。而对于从北向南引种的植物，可采用长日照处理以延长植物生长期，从而提高生长量，增强越夏抗热能力。除此之外，还有土壤pH调节、遮阴、防寒、种子处理等技术措施。

（三）引种需要注意的问题

引种在给人类带来一定经济利益的同时，也会产生一些问题。因此，在保证引种成功的同时，应该注意以下几个问题：

1. 引种与引进繁殖技术相结合　尽管各种园林树木的基本繁殖规律与原理是相同的，但是不同树种或品种的具体繁殖技术可能有很大差异，有些关键技术环节可能是经过反复试验研究或长期总结才得以掌握的，如果等引种成功后再研究繁殖技术，不仅会延迟引种效益的发挥，同时会丧失种苗生产参与市场竞争的宝贵机遇。因此，引种与引进繁殖技术相结合，是引种工作尤其是从国外引种时首先要解决的问题。

2. 引种与育种相结合　与育种结合是引种可持续地发挥价值的主要途径。引种增加了当地树种多样性与进行遗传改良的种质资源，换言之就是丰富了育种材料。因此，引种一开始就要注意选择具有遗传多样性的种源以及优良性状的无性系品种，引进后一方面要从中进行优选，另一方面可与乡土树种进行杂交育种，有目的地改良乡土品种。

3. 引种的生态安全　引种在给人类带来丰厚利益的同时，也带来了严重的问题，如病虫害和杂草危害，对引入地区的生态环境造成了危害，导致当地物种多样性减少。严把检疫审批关，常鸣生态安全钟，是引种工作必须严格执行的程序与长期坚持的准则。

三、园林树木种质资源的创新

种质资源的创新在这里是指园林树木新优品种的育种，它是园林苗圃创新功能的内容之一。各种植物育种的方法，如诱变育种、倍性育种、分子育种、植物细胞工程育种等，都可以在园林树木中应用，但最常用的方法是选择育种、杂交育种和分子育种。

（一）选择育种

1. 选择育种的概念和意义　选择育种简称选种，是指从自然界中挑选符合人们需要的群体和个体，通过比较、鉴定和繁殖等过程，以改进园林植物群体的遗传组成或从中选出营养系品种。

选择育种不仅是独立培育优良品种的手段，也是引种、杂交育种、倍性育种、辐射育种等育种方法中不可缺少的环节，它贯穿于育种工作的每一个步骤中。例如原始材料的研究、杂交亲本的选配、杂种后代以及其他非常规手段所获得的变异类型的处理等，都离不开选择育种。对许多园林植物来讲，与其他育种措施相比，选择育种还具有所需时间短、见效快的特点。作为使用最早的培育新品种的方法，选种为人类的文明发展与社会进步做出了不朽贡献，尤其是我国古代在园林植物选种方面，取得了举世公认的巨大成就，许多传统的名花嘉木都是通过选种而很早就形成了大量的优良品种，如牡丹、梅花、山茶、月季、石榴等。时至今日，选种仍然因其方法简单、效果显著而在国内外普遍应用。

在园林植物栽培史上，最初的人工选择育种是无意识进行的，但是随着生产的发展与科学技术水平的提高，今天的选种已经成为一种有计划、有目标的完全主动的育种活动，因此，确定选种目标是事关成败的首要问题。目前在园林树木中，选种目标可以概括为两个方面的内容：其一是改良观赏性状，如株型和干型、花型、花色、芳香、花期、叶色等；其二是改良栽培生物学性状，如抗逆性、抗病性、抗寒性、抗旱性、耐热性、生长势等。具体到每一种树木中，可能面临的问题并不完全一样，因此选种的目标自然也应因种而异。

2. 选种的方法与步骤 选种的方法主要有实生选种与芽变选种两种。实生选种是指从天然授粉产生的种子播种后形成的实生苗中，通过选择、对比获得新品种的方法；芽变选种则是通过选择并确定符合育种目标的芽变（发生在植物芽分生组织中的一种体细胞突变）获得新品种的方法。

从实生苗群体中选择优良单株或变异个体，通过嫁接、扦插等繁殖后形成无性系品种，是园林树木选种最通行的方法，一个完整的选种过程，一般应包括初选、复选与决选等基本程序与步骤。初选一般是根据选育目标、通过形态性状的判断对选择对象进行目测预选，将符合要求的植株进行编号并做明显标记，在一段时期内对预选植株进行观察记录，对记录材料进行整理，确定初选植株；复选是对初选植株通过繁殖形成营养系，在选择苗圃里进行比较，也可以结合生态试验和生产试验，复选出优良变异的过程；决选是根据选种单位提供的完整资料和实物，对入选品系进行评定决选，审查鉴定并明确为可在生产中推广应用的新品种的过程。

芽变是植物产生新变异的来源之一，它增加了植物的种质资源，丰富了植物类型，既可为杂交育种提供新的种质资源，又可直接从中选出优良的新品种。由于许多优良的芽变可直接通过无性繁殖保持，并可作为品种推广，所以被广泛应用于园林花卉育种中。许多花卉都有发生芽变的特性，例如月季品种‘良辰’来自品种‘刺美’的芽变，‘贵妃醉酒’原是花色水红的月季品种，由其产生的芽变品种‘红妃醉酒’的花色变得更为浓艳，更受人们喜爱。总之，芽变选种不仅在历史上起到品种改良的作用，而且在现今国内外都受到了很大的重视。

（二）杂交育种

杂交育种是指将基因型不同的园林树种或品种进行交配或结合形成杂种，通过培育、选择，最终获得新品种的方法。它是培育植物新品种的主要途径，是近代育种最重要的方法之一。杂交是基因重组的过程，通过杂交可以把亲本双方控制不同性状的有利基因综合到杂种个体上，使杂种个体不仅综合双亲的优良性状，而且在生长势、抗逆性、生产力等方面超越其亲本，从而获得某些性状都更符合要求的新品种。因此，它比单纯的选择育种更富于创造性和预见性。例如，当前世界上广泛栽培的杂种香水月季，就是综合了欧洲蔷薇和中国月季多个亲本的优良特性，而育成的四季开花又芳香的优良品种。此外，杂交育种若与其他育种方法相结合，如引种、倍性育种、诱变育种等，常会取得更好的效果。例如，日本通过杂交育种、花药培养等方法，选育出草原龙胆中型花、复色品种，还育成用种子繁殖的百合新品种。当前，杂交育种仍是培育苗木新品种最主要的方法和有效途径。

1. 杂交育种目标与亲本选配　确定育种目标是杂交育种的第一要务，育种目标必须从苗木生产和园林绿化的实际需要出发，目标要规定得具体、有针对性、重点突出，使育种工作有目的地进行。一般一次杂交育种只要求解决一个重点问题。目前世界上园林苗木的主要育种目标有改良花色、花型、芳香、株型、叶色，提高抗病虫、抗干旱、抗寒、耐热能力，具有早花、晚花、四季开花特性等。目标确定以后，就要根据目标收集有关的原始材料，从中选择合适的材料作为杂交亲本。杂交亲本的选择应该满足以下要求：①选择的亲本具备育种目标所要求的目标性状；②选用地理上起源较远、生态型差别较大和亲缘关系较远的材料作为亲本进行杂交；③应选择当地的推广品种作为亲本之一；④应选择遗传力强、一般配合力好的材料为亲本；⑤应选择子房发育健全、结实性强的种类作母本，而以花粉多、育性正常的作父本；⑥选择的亲本双方杂交亲和性要好，杂交亲和性又称为杂交可配性，是指杂交取得有生命力的杂种种子的概率。一般情况下，远缘杂交是获得优良杂种、培育新品种的有效手段。如美人梅（*Prunus*×*blireana* ‘Meiren’）是紫叶李（*Prunus cerasifera* f. *atropurpurea*）与宫粉型梅花品种杂交产生的，集母本紫叶李的紫叶与抗寒性以及父本宫粉型梅重瓣大花的特点于一身；‘金阁’牡丹（*Paeonia suffruticosa* ‘Jin Ge’）是用黄牡丹与传统牡丹杂交产生的，金黄色的重瓣大花就是双亲性状组合的结果。

2. 杂交育种的方法与技术　杂交育种的方法指在选择适宜杂交材料的基础上，通过去雄、套袋、适时授粉，最终获得杂交种子的过程。具体步骤包括：①母株和花朵的选择。根据育种目标的要求，选择生长健壮、开花结实正常的优良单株作为母株。②去雄和套袋。杂交前需将花蕾中未成熟的花药除去，以保证父本的花粉能够被授粉。去雄后应立即套袋以免其他花粉干扰，风媒花可用纸袋，虫媒花可用细纱布袋。③授粉。待柱头分泌黏液或发亮时，即可授粉。为确保授粉成功，最好在两三天内重复授粉2～3次，授粉工具可为毛笔、棉球等。④种子采收。杂交后注意观察，当柱头萎蔫后可除去套袋，在种子成熟时及时采收，采收时要挂好标签。⑤采后工作。种子采收后要及时脱粒、贮藏或播种。

3. 杂种的选育程序　杂交获得杂种后代后，需对其进行培育、选择与鉴定，才能得到新品种，所以说获得杂种种子与杂种苗仅仅是选育品种的开始。一般园林树木从杂交种子播种到实生苗开花并表现出各种稳定的性状特征，通常需要较长的时间，同时需要占用大量的人力与物力，因此杂种苗的早期鉴定与选择成为选育工作中很复杂的一个环节，利用各种分子标记进行辅助选择的技术正在受到越来越多的重视。

与其他植物育种一样，园林树木杂种选育的程序包括了选育、试验与推广应用3个阶段。选育阶段是指杂交获得的杂种苗经过初选后进入选育圃，并以亲本或其他参照品种做对照，开花后再经复选，选出目标性状优良的单株，并进行必要的扩繁，为下一个阶段做好准备。试验阶段要进行比较试验和区域试验，是评选品种的决定性阶段，可弥补选育圃中观察结果的局限性，能对供试植株类型做出科学的分析与判断，这实际就是对候选新品种进行对比、研究、鉴定，决选出新品种的过程。推广应用是为尽快形成新品种、新品系，对选出的优良杂种采取适当的繁殖方法，如组织培养法，迅速增加繁殖系数并进行推广的过程。在有条件的地方，可利用温室创造杂种生长发育所需要的条件，提高育种效率。

（三）分子育种

分子育种是指不经过有性过程，运用分子生物学的先进技术，将外源目的基因或DNA片段通过载体或者直接导入受体植物细胞，使遗传物质重新组合，经细胞复制增殖，新的基因在受体细胞中表达，最后从转化细胞中筛选有价值的新类型构成工程植株，从而创造新品种的一种定向育种新技术。分子育种实质上是基因工程技术在园林植物育种上的应用，是一种新的培育新品种的方法。

植物分子育种是随着20世纪70年代基因工程的发展而产生的一门新技术，通过抑制或增强内源基因，或者导入外源基因而定向改造特定性状且不丧失原有性状，大大缩短了新品种选育的时间。传统的育种方法，如杂交育种、选择育种等，在植物种质资源比较贫乏时，很难再获得突破性成就，而植物分子育种的发展为改良和修饰花卉性状提供了巨大潜力，并为创造新、优、特园林植物品种提供了快捷途径。近年来，分子育种一直是花卉育种研究的热点，并在植物花色、花型、株型、生长发育、香味、采后保鲜等方面取得了重要进展。目前已获得基因转化体系和转化植株的植物有月季、菊花、香石竹、非洲菊、杜鹃花、连翘等。

四、品种登录、审定与保护

品种登录、审定与保护是园林植物育种工作的延续，也是新品种投入生产或面向市场的重要环节。其中品种登录是对育种成果的发表，品种审定是对新品种各种性状的鉴定，品种保护主要是保护育种者的权益。三者分别从学术、行政和法律等方面，对新品种及其育种者进行评价和保护。

1. 品种登录 品种登录是由国际园艺学会及其下属的国际命名与登录委员会认定植物品种权并建立各种栽培植物的品种登录系统的过程，同时负责对某种（类）登录权威的审批。品种登录的主要作用是防止品种名称混乱，便于在全世界进行交流，因此对学术研究与生产应用都有重要意义。但是，品种登录与学术水平以及商业利益并没有必然的联系，它的作用具体体现在：①对育种者来说，品种被登录就是被正式发表，育成的品种及其性状描述将被整个育种界和学术界公认；②对于育种界来说，品种登录年报是研究品种的基础材料，如可了解新品种的来源、历史、性状等，也是相关育种者培育新品种的前提；③国际登录权威公布所有被认可在世界上合法流通的该种（类）的品种和品种群目录。

2. 品种审定 为了保护并合理利用种质资源，规范品种选育和种子生产、经营、使用行为，维护品种选育者和种子生产者、经营者、使用者的合法权益，提高种子质量水平，推动种子产业化进程，促进种植业和林业的发展，我国于2000年7月8日在第九届全国人民代表大会常务委员会第十六次会议上通过了《中华人民共和国种子法》（2015年修订）。该法规对种质资源保护、品种选育与审定、种子生产、种子经营、种子使用、种子质量、种子进出口和对外合作、种子行政管理、相应的法律责任进行了明文规定。品种审定实际是把育种者通过决选的品种再进一步通过国家认定的机构或权威专业委员会对其优良性状进行鉴定，从行政管理上确定品种的优良地位，以便于推广应用。对符合申报条件的品种，可向全国品种审定委员会或专委会提交申报材料，然后由专委会根据审定标准进行品种审定，最后由全国品种审定委员会颁发审定合格证书。对于真正有推广应用价值的园林树木新品种可申请品种保护，切实保护育种者（单位）的合法权益。

3. 品种保护　植物品种保护也称“植物育种者权利”，是授予植物新品种培育者对其品种享有排他的独占权利，是知识产权的一种形式，在我国受《中华人民共和国植物新品种保护条例》的保护。

申请植物品种权的植物新品种应该属于国家植物新品种保护名录中列举的植物属或种，国家林业局已于1999年、2000年、2002年、2004年、2013年、2016年先后发布了6批国家林木植物新品种保护名录（林业部分），其中就包括园林树木。授予品种权的植物新品种应该具备新颖性、特异性、一致性和稳定性，并具有适当的名称。品种权的申请与批准都必须遵照一定的程序进行，具体由国家林业和草原局植物新品种保护办公室负责实施。品种权的保护期限自授权之日起，藤木（藤本植物）、林木、果树和观赏树木为20年，其他植物为15年。品种权人应于授权当年开始缴纳年费，并且按照审批机关的要求提供用于检测的该品种的繁殖材料。审批机关将对品种权依法予以保护。

总之，植物新品种的培育是苗木产业发展与拓展市场的根本要求。我国的苗木生产中优良的苗木基本上都靠引进外来的树种进行生产，自己培育的新品种则较少。主要的原因一是育种难度大，周期长，需要大量的人力和物力支持，一般的苗木生产企业达不到这种要求；二是新品种培育之后，我国的新品种保护机制尚不完善，育种者的权益得不到相应的保证；三是苗木产业在我国的发展时期还比较短暂，缺乏专业的技术人员及管理理念。随着苗木产业的发展与市场经济的成熟，培育新品种必将成为苗圃经营管理的重要工作之一。

1. 园林苗木种质资源的概念是什么？
2. 我国园林苗木种质资源的特点有哪些？
3. 园林苗木种质资源可分为哪几类？
4. 园林苗木种质资源的保存方式有哪些？
5. 园林苗木种质资源的利用方法有哪些？
6. 试述园林植物引种的程序。
7. 园林苗木种质资源的创新有哪些方法？
8. 杂交育种的方法与技术是什么？
9. 试述植物品种登录的作用。

第三章
园林苗圃的区划与建设

［**本章提要**］园林苗圃建设是城市绿化建设的重要组成部分。本章主要介绍园林苗圃的类型，圃地选址应考虑的自然条件和社会经济条件，园林苗圃的合理布局，圃地各种生产用地和辅助用地的划分，园林苗圃规划设计的内容和苗圃建设施工的主要项目，及建立园林苗圃技术档案的要求和内容。

第一节　园林苗圃的类型及其特点

随着国民经济的高速增长和城市化进程的加快，以及全社会对环境建设的日益重视，园林绿化建设对苗木的需求量增长迅速，社会经济结构也发生了重大变化，园林苗圃建设呈现出多样化的发展趋势，其类型、特点各有不同。

一、按园林苗圃面积划分

按照园林苗圃面积的大小，可划分为大型苗圃、中型苗圃和小型苗圃。

1. 大型苗圃　大型苗圃面积在 $20hm^2$ 以上。生产的苗木种类齐全，如乔木和花灌木大苗、露地草本花卉、地被植物和草坪，拥有先进的设施和大型机械设备，技术力量强，常承担一定的科研和开发任务，生产技术和管理水平高，生产经营期限长。

2. 中型苗圃　中型苗圃面积为 $3\sim20hm^2$。生产苗木种类多，设施先进，生产技术和管理水平较高，生产经营期限长。

3. 小型苗圃　小型苗圃面积为 $3hm^2$ 以下。生产苗木种类较少，规格单一，经营期限不固定，往往随市场需求变化而更换生产苗木种类。

二、按园林苗圃所在位置划分

按照园林苗圃所在位置可划分为城郊苗圃和乡村苗圃（苗木基地）。

1. 城郊苗圃　城郊苗圃位于市区或郊区，能够就近供应所在城市绿化用苗，运输方便，且苗木适应性强，成活率高，适宜生产珍贵的和不耐移植的苗木，以及露地花卉和节日摆放用盆花。

2. 乡村苗圃（苗木基地）　乡村苗圃（苗木基地）是随着城市土地资源紧缺和城

市绿化建设迅速发展而形成的新类型，现已成为供应城市绿化建设用苗的重要来源。由于土地成本和劳动力成本低，适宜生产城市绿化用量较大的苗木，如绿篱苗木、花灌木大苗、行道树大苗等。

三、按园林苗圃育苗种类划分

按照园林苗圃育苗种类可划分为专类苗圃和综合性苗圃。

1. 专类苗圃　专类苗圃面积较小，生产苗木种类单一。有的只培育一种或少数几种要求特殊培育措施的苗木，如专门生产果树嫁接苗、月季嫁接苗等；有的专门从事某一类苗木的生产，如针叶树苗木、棕榈苗木等；有的专门应用组织培养技术生产组培苗等。

2. 综合性苗圃　综合性苗圃多为大、中型苗圃，生产的苗木种类齐全，规格多样化，设施先进，生产技术和管理水平较高，经营期限长，技术力量强，往往将引种试验与开发工作纳入其生产经营范围。

四、按园林苗圃经营期限划分

按照园林苗圃经营期限可划分为固定苗圃和临时苗圃。

1. 固定苗圃　固定苗圃规划建设使用年限通常在10年以上，面积较大，生产苗木种类较多，机械化程度较高，设施先进。大、中型苗圃一般都是固定苗圃。

2. 临时苗圃　临时苗圃通常是在接受大批量育苗合同订单，需要扩大育苗生产用地面积时设置的苗圃。经营期限仅限于完成合同任务，以后往往不再继续生产经营园林苗木。

第二节　园林苗圃建设的可行性分析与合理布局

园林苗圃建设是城市绿化建设的重要组成部分，是确保城市绿化质量的重要条件之一。为了以最低的经营成本培育出符合城市绿化建设要求的优良苗木，在进行园林苗圃建设之前，需要对其经营条件和自然条件进行综合分析。

一、园林苗圃建设的可行性分析

（一）园林苗圃的经营条件

1. 交通条件　建设园林苗圃要选择交通方便的地方，以便于苗木的出圃和育苗物资的运入。在城市附近设置苗圃，交通都相当方便，主要应考虑在运输通道上有无空中障碍或低矮涵洞，如果存在这类问题，必须另选地点。乡村苗圃（苗木基地）距离城市较远，为了方便快捷地运输苗木，应当选择在等级较高的省道或国道附近建设苗圃，过于偏僻和路况不佳，不宜建设园林苗圃。

2. 电力条件　园林苗圃所需电力应有保障，在电力供应困难的地方不宜建设园林苗圃。

3. 人力条件　培育园林苗木需要的劳动力较多，尤其在育苗繁忙季节需要大量临时用工。因此，园林苗圃应设在靠近村镇的地方，以便于调集人力。

4. 周边环境条件 园林苗圃应远离工业污染源，防止工业污染对苗木生长产生不良影响。

5. 销售条件 从生产技术方面考虑，园林苗圃应设在自然条件优越的地点，但同时也必须考虑苗木供应的区域。将苗圃设在苗木需求量大的区域范围内，往往具有较强的销售竞争优势。即使苗圃自然条件不是十分优越，也可以通过销售优势加以弥补。因此，应综合考虑自然条件和销售条件。

（二）园林苗圃的自然条件

1. 地形、地势及坡向 园林苗圃应建在地势较高的开阔平坦地带，便于机械耕作和灌溉，也有利于排水防涝。圃地坡度一般以1°～3°为宜，在南方多雨地区，选择3°～5°的缓坡地对排水有利，坡度大小可根据不同地区的具体条件和育苗要求确定。在质地较为黏重的土壤上，坡度可适当大些；在沙性土壤上，坡度可适当小些。如果坡度超过5°，容易造成水土流失，降低土壤肥力。地势低洼、风口、寒流汇集、昼夜温差大等地形，容易产生苗木冻害、风害等灾害，严重影响苗木生产，不宜选作苗圃地。

在山地建立园林苗圃时，必须选择国家和地方政策法规允许的宜耕坡地，修筑水平梯田，进行园林苗木生产。在山地育苗，由于坡向不同，气象条件、土壤条件差别较大，会对苗木生长产生不同的影响。南坡背风向阳，光照时间长，光照度大，温度高，昼夜温差大，湿度小，土层较薄。北坡与南坡情况相反。东、西坡向的情况介于南坡与北坡之间。但东坡在日出前到中午的较短时间内会形成较大的温度变化，而下午不再接受日光照射，因此对苗木生长不利；西坡由于冬季常受到寒冷的西北风侵袭，易造成苗木冻害。我国地域辽阔，气候差别很大，栽培的苗木种类也不尽相同，可依据不同地区的自然条件和育苗要求选择适宜的坡向。北方地区冬季寒冷，且多西北风，最好选择背风向阳的东南坡中下部作为苗圃地，对苗木顺利越冬有益。南方地区温暖湿润，常以东南坡和东北坡作为苗圃地，而南坡和西南坡光照强烈，夏季高温持续时间长，对幼苗生长影响较大。山地苗圃包括不同坡向的育苗地时，可根据所育苗木生态习性的不同，进行合理安排。如在北坡培育耐寒、喜阴的苗木种类，而在南坡培育耐旱、喜光的苗木种类，既能够减轻不利因素对苗木的危害，又有利于苗木正常生长发育。

2. 土壤条件 苗木生长所需的水分和养分主要来源于土壤，植物根系生长所需要的氧气、温度也来源于土壤，所以，土壤对苗木的生长，尤其是对苗木根系的生长影响很大。因此，选择苗圃地时，必须认真考虑土壤条件。土层深厚、土壤孔隙状况良好的壤质土（尤其是沙壤土、轻壤土、中壤土），具有良好的持水保肥和透气性能，适宜苗木生长。沙质土壤肥力低，保水力差，土壤结构疏松，在夏季日光强烈时表土温度高，易灼伤幼苗，带土球移植苗木时，因土质疏松，土球易松散。黏质土壤结构紧密，透气性和排水性较差，不利于根系生长，水分过多易板结，土壤干旱易龟裂，实施精细的育苗管理作业有一定的困难。因此，选择适宜苗木生长的土壤，是建立园林苗圃、培育优良苗木必备的条件之一。

根据多种苗木生长状况来看，适宜的土层厚度应在50cm以上，含盐量应低于0.2%，有机质含量应不低于2.5%。在土壤条件较差的情况下建立园林苗圃，虽然可以通过不同的土壤改良措施克服各种不利因素，但苗圃生产经营成本将会增大。

土壤酸碱度是影响苗木生长的重要因素之一，一般要求园林苗圃土壤的 pH 在 6.0～7.5 之间。不同的园林植物对土壤酸碱度的要求不同，有些植物适宜偏酸性土壤，有些植物适宜偏碱性土壤，可根据不同的植物进行选择或改良。

3. 水源及地下水位 培育园林苗木对水分供应条件要求较高，建立园林苗圃必须具备良好的供水条件。水源可划分为天然水源（地表水）和地下水源。将苗圃设在靠近河流、湖泊、池塘、水库等水源附近，修建引水设施灌溉苗木，是十分理想的选择。但应注意监测这些天然水源是否受到污染和污染的程度如何，避免水质污染对苗木生长产生不良影响。在无地表水源的地点建立园林苗圃时，可开采地下水用于苗圃灌溉。这需要了解地下水源是否充足，地下水位的深浅，地下水含盐量高低等情况。如果在地下水源情况不明时选定了苗圃地，可能会给苗圃的日后经营带来难以克服的困难。如果地下水源不足，遇到干旱季节，则会因水量不足造成苗木干旱。地下水位很深时，打井开采和提水设施的费用增高，因此会增加苗圃建设投资。地下水含盐量高时，经过一定时期的灌溉，苗圃土壤含盐量升高，土质变差，苗木生长将受到严重影响。因此，苗圃灌溉用水其水质要求为淡水，水中含盐量一般不超过 0.1%，最多不超过 0.15%。

地下水位对土壤性状的影响也是必须考虑的一个因素。地下水位过高，土壤孔隙被水分占据，导致土壤通透性差，使得苗木根系生长不良；土壤含水量高，地上部分易发生徒长现象，而秋季停止生长较晚，容易发生苗木冻害；当气候干旱，蒸发量大于降水量时，土壤水分以上行为主，地下水携带其中的盐分到达表土层，继而随土壤水分蒸发，使土壤中的盐分越积越多，造成土壤盐渍化；在多雨季节，土壤中的水分下渗困难，容易发生涝害。相反，地下水位过低，土壤容易干旱，势必要求增加灌溉次数和灌水量，使育苗成本增加。

适宜的地下水位应为 2m 左右，但不同的土壤质地，有不同的地下水临界深度，沙质土为 1～1.5m，沙壤土至中壤土为 2.5m 左右，重壤土至黏土为 2.5～4.5m。地下水位高于临界深度，容易造成土壤盐渍化。

4. 气象条件 地域性气象条件通常是不可改变的，因此，园林苗圃不能设在气象条件极端的地域。高海拔地域年平均气温过低，大部分园林苗木的正常生长受到限制。年降水量小、通常无地表水源、地下水供给也十分困难的气候干燥地区，不适宜建立园林苗圃。经常出现早霜冻和晚霜冻，以及冰雹多发地区，会因不断发生灾害，给苗木生产带来损失，也不适宜建立园林苗圃。某些地形条件，如地势低洼、风口、寒流汇集处等，经常形成一些灾害性气象条件，对苗木生长不利，虽然可以通过设立防护林减轻风害，或通过设立密集的绿篱防护带阻挡冷空气的侵袭，但这样的地点毕竟不是理想之地，一般不宜建立园林苗圃。总之，园林苗圃应选择气象条件比较稳定、灾害性天气很少发生的地区。

5. 病虫害和植被情况 在选择苗圃用地时，需要进行专门的病虫害调查，了解圃地及周边的植物感染病害和发生虫害情况。如果圃地环境病虫害曾严重发生，并且未能得到治理，则不宜在该地建立园林苗圃，尤其对园林苗木有严重危害的病虫害需格外警惕。

另外，苗圃用地是否生长着某些难以根除的灌木杂草，也是需要考虑的问题之一。如果不能有效控制苗圃杂草，对育苗工作将产生不利影响。

二、园林苗圃建设的合理布局

进入21世纪以来，园林苗木生产的市场化已经基本取代了计划经济模式，由园林部门统一规划建设城市园林苗圃的情况不复存在。曾经隶属于政府部门，如园林、林业、交通、水利水电等部门的园林苗圃，均已改为独立经营的企业单位，不少大型工矿企业和一些绿化工程公司也建立了自己的苗圃，更多的私营个体苗圃遍布于城郊与乡村。在这样的形势下，如果没有一个科学合理的布局，就难以建立园林苗木的供需平衡，特别是在过度竞争的情况下，会造成大量的人力、物力和土地资源浪费。

园林苗圃的布局包括位置、数量、面积三个方面。

城郊苗圃应分布于城市近郊，乡村苗圃（苗木基地）应靠近城市，以育苗地靠近用苗地最为合理，这样可以降低运输成本，提高成活率。

大城市通常在市郊设立多个园林苗圃，一般应考虑设在城市不同的方位。中、小城市主要考虑在城市绿化重点发展的方位设立园林苗圃。

城郊园林苗圃总面积应占城区面积的2%～3%。按一个城区面积1 000hm^2的城市计算，建设园林苗圃的总面积应为20～30hm^2。如果设立一个大型苗圃，即可基本满足城市绿化用苗需要；如果设立2～3个中型苗圃，则应分散设于城市郊区的不同方位。

目前，由于城市土地成本较高，城郊园林苗圃总面积下降幅度较大，同时由于交通条件日臻完善，苗木运输时间大大缩短，因此，在一定的区域内，如果城郊苗圃不能满足城市绿化需求，可考虑发展乡村苗圃（苗木基地）。乡村苗圃（苗木基地）的设立，应重点考虑生产苗木所供应的区域范围不宜过大。在乡村建立园林苗圃最好是相对集中，即形成园林苗木生产基地，这样对于资金利用、技术推广和产品销售十分有利。

第三节 园林苗圃的规划设计

一、园林苗圃规划设计的准备工作

1. 踏勘 由设计人员会同施工人员、经营管理人员以及有关人员到已确定的圃地范围内进行踏勘和调查访问工作，了解圃地的现状、地权地界、历史、地势、土壤、植被、水源、交通、病虫害、草害、有害动物，以及周围环境、自然村落等情况，并提出规划的初步意见。

2. 测绘地形图 地形图是进行苗圃规划设计的基本材料。进行园林苗圃规划设计时，首先需要测量并绘制苗圃的地形图。地形图比例尺为1∶500～1∶2 000，等高距为20～50cm。对于苗圃规划设计直接有关的各种地形、地物都应尽量绘入图中，重点是高坡、水面、道路、建筑等。

目前，测绘部门已有现成的1∶10 000或1∶20 000的地形图，由于地形、地物的变化，需要将现有的地形图按比例进行放大、修测，使其成为设计用图。

3. 土壤调查　了解圃地土壤状况是合理区划苗圃辅助用地和生产用地不同育苗区的必要条件。进行土壤调查时，应根据圃地的地形、地势、指示植物分布，选定典型地区，分别挖掘土壤剖面，进行详细观察记载和取样分析。一般野外观察记载的有关项目主要包括土层厚度、土壤结构、松紧度、新生体、酸碱度、土壤质地、石砾含量、地下水位等；采集土样后进行的室内分析，主要包括土壤有机质、速效养分（氮、磷、钾）含量、机械组成、pH、含盐量、含盐种类等项目的测定。通过野外调查与室内分析，全面了解圃地土壤性质，重点搞清苗圃地土壤类型、分布、肥力状况，并在地形图上绘出土壤分布图。

4. 气象资料的收集　掌握当地气象资料不仅是进行苗圃生产管理的需要，也是进行苗圃规划设计的需要。如各育苗区设置的方位、防护林的配置、排灌系统的设计等，都需要气象资料作依据。因此，有必要向当地气象部门详细了解有关气象资料，如物候期、早霜期、晚霜期、晚霜终止期、全年及各月份平均气温、绝对最高和绝对最低气温、土表及50cm土深的最高温度和最低温度、冻土层深度、年均降水量及各月份分布情况、最大一次降水量及降水历时数、空气相对湿度、主风方向、风力等。此外，还应详细了解圃地的特殊小气候等情况。

5. 病虫害和植被状况调查　主要是调查圃地及周围植物病虫害种类及感染程度。对于与园林植物病虫害发生有密切关系的植物种类，尤其需要进行细致调查，并将调查结果标注在地形图上。

二、园林苗圃用地的划分和面积计算

（一）园林苗圃用地划分

园林苗圃用地一般包括生产用地和辅助用地两部分。

1. 生产用地　生产用地是指直接用于培育苗木的土地，包括播种繁殖区、营养繁殖区、苗木移植区、大苗培育区、设施育苗区、采种母树区、引种驯化区等所占用的土地及暂时未使用的轮作休闲地。

2. 辅助用地　辅助用地又称非生产用地，是指苗圃的管理区建筑用地和苗圃道路、排灌系统、防护林带、晾晒场、积肥场及仓储建筑等占用的土地。

（二）园林苗圃用地面积计算

1. 生产用地面积计算　生产用地一般占苗圃总面积的75%～85%。大型苗圃生产用地所占比例较大，通常在80%以上。随着苗圃面积缩小，由于必需的辅助用地不可减少，所以生产用地比例一般会相应下降。

计算苗圃生产用地面积，应根据以下几个因素来考虑：每年生产苗木的种类和数量；某树种单位面积产苗量；育苗年限，即苗木年龄；轮作制及每年苗木所占的轮作区数。

计算某树种育苗所需面积，按该树种苗木单位面积产量计算时，可用如下公式：

$$S=\frac{NA}{n}\times\frac{B}{C}$$

式中：S——某树种育苗所需面积；

N——每年计划生产该树种苗木数量；

n——该树种单位面积产苗量；

A——该树种的培育年限；

B——轮作区的总区数；

C——该树种每年育苗所占的轮作区数。

例如，某苗圃每年出圃二年生紫薇苗 50 000 株，用 3 区轮作，每年 1/3 土地休闲，2/3 土地育苗，产苗量为 150 000 株/hm^2。则：

$$S=\frac{50\ 000\times 2}{150\ 000}\times\frac{3}{2}=1\ (hm^2)$$

目前，我国一般不采用轮作制，而是以换茬种植为主，故 B/C 为 1，所以需育苗地面积为 0.667hm^2。

按上述公式计算的结果是理论数字，在实际生产中因移植苗木、起苗、运苗、贮藏以及自然灾害等都会造成一定损失，因此，还需将每个树种每年的计划产苗量增加 3%～5%，并相应增加用地面积，以确保如数完成育苗任务。

计算出各树种育苗用地面积之后，将各树种用地面积相加，再加上母树区、引种试验区、温室区等面积，即可得出生产用地总面积。

2. 辅助用地（非生产用地）面积计算 苗圃辅助用地面积一般不超过总面积的 15%～25%，大型苗圃辅助用地一般占 15%～20%，中、小型苗圃一般占 18%～25%。依据适度规模经营原则，应减少小型苗圃建设数量，特别是不要建设综合性的小型苗圃，以提高土地利用效率。如果小型苗圃为增加生产用地比例而削减道路、渠道等必要的辅助用地，会给生产管理带来不便，这也是不可取的。

三、园林苗圃的规划设计

（一）生产用地的区划

1. 作业区及其规格 生产用地面积占苗圃总面积的 80%左右，为了方便耕作，通常将生产用地再划分为若干个作业区。所以，作业区可视为苗圃育苗的基本单位，一般为长方形或正方形。

作业区长度依苗圃的机械化程度确定；作业区宽度依圃地土壤质地和地形是否有利于排水确定，并应考虑排灌系统的设置、机械喷雾器的射程、耕作机械作业的宽度等因素；作业区方向依圃地的地形、地势、坡向、主风方向、形状等情况确定，一般为南北向。

小型苗圃一般使用小型农机具，每一作业区的面积可为 0.2～1hm^2，长度可为 50～200m。大、中型苗圃一般使用大型农机具，每一作业区的面积可为 1～3hm^2，或更大些，长度可为 200～300m。作业区的宽度一般可为 40～100m，便于排水的地形与土壤质地可宽些，不便排水的可窄些；同时要考虑喷灌、机械喷雾、机具作业等要求达到的宽度。长方形作业区的长边通常为南北向。地势有起伏时，作业区长边应与等高线平行。地形形状不规整时，可划分大小不同的作业区，同一作业区要尽可能呈规整形状。对划分好的作业区一一进行编号。

2. 育苗区的设置　苗圃生产用地包括播种繁殖区、营养繁殖区、苗木移植区、大苗培育区、采种母树区、引种驯化区（试验区）、设施育苗区等，有些综合性苗圃还设有标本区、果苗区、温床区等。

（1）**播种繁殖区**　播种繁殖区是为培育播种苗而设置的生产区。播种育苗的技术要求较高，管理精细，投入人力较多，且幼苗对不良环境条件反应敏感，所以应选择生产用地中自然条件和经营条件最好的区域作为播种繁殖区。人力、物力、生产设施均应优先满足播种育苗要求。播种繁殖区应靠近管理区；地势应较高而平坦，坡度小于2°；接近水源，灌溉方便；土质优良，深厚肥沃；背风向阳，便于防霜冻；如是坡地，则应选择自然条件最好的坡向。

（2）**营养繁殖区**　营养繁殖区是为培育扦插、嫁接、压条、分株等营养繁殖苗而设置的生产区。营养繁殖的技术要求也较高，并需要精细管理，一般要求选择条件较好的地段作为营养繁殖区。培育硬枝扦插苗木时，要求土层深厚，土质疏松而湿润。培育嫁接苗木时，因为需要先培育砧木播种苗，所以应选择与播种繁殖区相当的自然条件好的地段。压条和分株育苗的繁殖系数低，育苗数量较少，不需要占用较大面积的土地，所以通常利用零星分散的地块育苗。嫩枝扦插育苗需要插床、荫棚等设施，可将其设置在设施育苗区。

（3）**苗木移植区**　苗木移植区是为培育移植苗而设置的生产区。由播种繁殖区和营养繁殖区中繁殖出来的苗木，需要进一步培养成较大的苗木时，则应移入苗木移植区进行培育。依培育规格要求和苗木生长速度的不同，往往每隔2～3年还要再移植几次，逐渐扩大株行距，增加营养面积。苗木移植区要求面积较大，地块整齐，土壤条件中等。由于不同苗木种类具有不同的生态习性，对一些喜湿润土壤的苗木种类，可设在低湿的地段，而不耐水渍的苗木种类则应设在较高燥而土壤深厚的地段。进行裸根移植的苗木，可以选择土质疏松的地段栽植，而需要带土球移植的苗木，则不能移植在沙性土质的地段。

（4）**大苗培育区**　大苗培育区是为培育根系发达、有一定树形、苗龄较大、可直接出圃用于绿化的大苗而设置的生产区。在大苗培育区继续培养的苗木，通常在移植区内已进行过一至几次移植，在大苗区培育的苗木出圃前一般不再进行移植，且培育年限较长。大苗培育区的特点是株行距大，占地面积大，培育的苗木大，规格高，根系发达，可直接用于园林绿化建设，满足绿化建设的特殊需要，如树冠、形态、干高、干粗等高标准大苗，利于加速城市绿化效果，保证重点绿化工程的按时完成。大苗的抗逆性较强，对土壤要求不太严格，但以土层深厚、地下水位较低的整齐地块为宜。为便于苗木出圃，位置应选在便于运输的地段。

（5）**采种母树区**　采种母树区是为获得优良的种子、插条、接穗等繁殖材料而设置的生产区。采种母树区不需要很大的面积和整齐的地块，大多是利用一些零散地块，以及防护林带和沟、渠、路的旁边等处栽植。

（6）**引种驯化区**（试验区）　引种驯化区是为培育、驯化由外地引入的树种或品种而设置的生产区（试验区）。需要根据引入树种或品种对生态条件的要求，选择有一定小气候条件的地块进行适应性驯化栽培。

（7）**设施育苗区**　设施育苗区是为利用温室、荫棚等设施进行育苗而设置的生产区。设施育苗区应设在管理区附近，主要要求用水、用电方便。

（二）辅助用地的设计

苗圃辅助用地包括道路系统、排灌系统、防护林带、管理区建筑用房、各种场地等，辅助用地是为苗木生产服务所占用的土地，所以又称为非生产用地。进行辅助用地设计时，既要满足苗木生产和经营管理上的需要，又要尽量少占用土地。

1. 道路系统的设计　苗圃道路是保障苗木生产正常进行的基础设施之一，苗圃道路系统的设计主要应从保证运输车辆、耕作机具、作业人员的正常通行考虑，合理设置道路系统及其路面宽度。苗圃道路包括一级路、二级路、三级路和环路。

（1）**一级路**　也称主干道。一般设置于苗圃的中轴线上，连接管理区和苗圃出入口，能够允许通行载重汽车和大型耕作机具。通常设置1条或相互垂直的2条，设计路面宽度一般为6～8m，标高高于作业区20cm。

（2）**二级路**　也称副道、支道。是一级路通达各作业区的分支道路，应能通行载重汽车和大型耕作机具。通常与一级路垂直，根据作业区的划分设置多条，设计路面宽度一般为3～4m，标高高于作业区10cm。

（3）**三级路**　也称步道、作业道。是作业人员进入作业区的道路，与二级路垂直，设计路面宽度一般为2m。

（4）**环路**　也称环道。设在苗圃四周防护林带内侧，供机动车辆回转通行使用，设计路面宽度一般为4～6m。

大型苗圃和机械化程度高的苗圃注重苗圃道路的设置，通常按上述要求分三级设置。中、小型苗圃可少设或不设二级路，环路路面宽度也可相应窄些。路越多越方便，但占地多，一般道路占地面积为苗圃总面积的7%～10%。

2. 灌溉系统的设计　苗圃必须有完善的灌溉系统，以保证苗木对水分的需求。灌溉系统包括水源、提水设备、引水设施三部分。

（1）**水源**　水源分地表水（天然水）和地下水两类。

①地表水：地表水指河流、湖泊、池塘、水库等直接暴露于地面的水源。地表水取用方便，水量丰沛，水温与苗圃土壤温度接近，水质较好，含有部分营养成分，可直接用于苗圃灌溉，但需注意监测水质有无污染，以免对苗木造成危害。采用地表水作为水源时，选择取水地点十分重要。取水口的位置最好选在比用水点高的地方，以便能够自流给水。如果在河流中取水，取水口应设在河道的凹岸，因为凹岸一侧水深，不易淤积，河流浅滩处不宜选作取水点。

②地下水：地下水是指井水、泉水等来自地下透水土层或岩层中的水源。地下水一般含矿化物质较多，硬度较大，水温较低，通常为7～16℃或稍高，应设蓄水池以提高水温，再用于灌溉。取用地下水时，需要事先掌握水文地质资料，以便合理开采利用。钻井开采地下水宜选择地势较高的地方，以便于自流灌溉。钻井布点力求均匀分布，以缩短输送距离。

（2）**提水设备**　提取地表水或地下水一般均使用水泵。选择水泵规格型号时，应根据灌溉面积和用水量确定。

（3）**引水设施**　引水设施分渠道引水和管道引水两种。

①渠道引水：修筑渠道是沿用已久的传统引水形式。土筑明渠修筑简便，投资

少，但流速较慢，蒸发量和渗透量较大，占用土地多，引水时需要经常注意管护和维修。为了提高流速，减少渗漏，可对其加以改进，如在水渠的渠底及两侧加设水泥板或做成水泥槽，也有的使用瓦管、竹管、木槽等。

引水渠道一般分为一级渠道（主渠）、二级渠道（支渠）、三级渠道（毛渠），可根据苗圃用水量大小确定各级渠道的规格。大、中型苗圃用水量大，所设引水渠道较宽。一级渠道（主渠）是永久性的大渠道，从水源直接把水引出，一般主渠顶宽1.5～2.5m。二级渠道（支渠）通常也是永久性的，从主渠把水引向各作业区，一般支渠顶宽1～1.5m。三级渠道（毛渠）是临时性的小水渠，一般渠顶宽度为1m以下。主渠和支渠是用来引水的，渠底应高出地面，毛渠则是直接向圃地灌溉的，其渠底应与地面平或略低于地面，以免灌水带入泥沙埋没幼苗。各级渠道的设置常与各级道路相配合，干道配主渠，支道配支渠，步道配毛渠，使苗圃的区划整齐。主渠和支渠要有一定的坡降，一般坡降应在0.1%～0.4%之间，渠道边坡一般为45°。渠道方向应与作业区边线平行，各级渠道应相互垂直。

引水渠道占地面积一般为苗圃总面积的1%～5%。

②管道引水：管道引水是将水源通过埋入地下的管道引入苗圃作业区进行灌溉的形式，通过管道引水可实施喷灌、滴灌、渗灌等节水灌溉技术。管道引水不占用土地，也便于田间机械作业。喷灌、滴灌、渗灌等灌溉方式比地面灌溉节水效果显著，灌溉效果好，节省劳力，工作效率高，能够减小对土壤结构的破坏，保持土壤原有的疏松状态，避免地表径流和水分的深层渗漏。虽然投资较大，但在水资源匮乏地区以管道引水，采用节水灌溉技术应是苗圃灌溉的发展方向。

喷灌是通过地上架设喷灌喷头将水射到空中，形成水滴降落地面的灌溉技术。滴灌是通过铺设于地面的滴灌管道系统，把水输送到苗木根系生长范围的地面，从滴灌滴头将水滴或细小水流缓慢均匀地施于地面，渗入植物根际的灌溉技术。渗灌是通过埋设在地下的渗灌管道系统，将水输送到苗木根系分布层，以渗漏方式向植物根部供水的灌溉技术。这三种节水灌溉技术的节水效率相比较，以渗灌和滴灌优于喷灌。喷灌在喷洒过程中水分损失较大，尤其在空气干燥和有风的情况下更为严重。但由于园林苗木培育过程中经常需要移植，不适宜采用渗灌和滴灌。因此，喷灌是园林苗圃中最常用的一种节水灌溉形式。

一个完整的喷灌系统一般由水源、首部、管网和喷头组成。

水源：井水、泉水、河流、湖泊、池塘、水库等地下或地表水以及城市供水系统均可作为喷灌水源。在苗木的整个生长季节，供水水源应有可靠的保证，水源水质应满足灌溉水质标准的要求。

首部：首部的作用是从水源取水，并对水进行加压和系统控制，同时可处理水质、注入肥料。一般包括动力设备、水泵、过滤器、施肥器、泄压阀、逆止阀、水表、压力表，以及系统控制设备，如自动灌溉控制器、恒压变频控制装置等。首部设备的多少，可视系统类型、水源条件及使用单位要求有所增减。

管网：管网的作用是将水输送并分配到所需灌溉的苗木种植区域。管网由干管、支管、毛管三级不同管径的管道组成，通过各种相应的管件、阀门等设备将各级管道连接成完整的管网系统。同时，应根据需要在管网中安装必要的安全装置，如进排气阀、限压阀、泄水阀等。喷灌灌溉系统的管网多采用塑料管道，如PVC管、PE管等，这些材料的管道具有施工方便、水力学性能良好且不会锈蚀的优点。

喷头：喷头的作用是将水分散成滴状，均匀地喷洒在苗木种植区域。根据喷头的工作压力与射程可分为高压远射程、中压中射程、低压近射程等喷头；根据喷头的结构与水流形状可分为旋转式、漫射式、孔管式等类型。

喷灌系统中喷头的布置直接关系到整个系统的灌溉质量。喷头的组合形式主要取决于地块形状以及风的影响，一般为矩形或三角形。矩形布置，适用于地块规则、边缘成直角的条件。这种形式设计简便，容易做到使各条支管的流量均衡。三角形布置，适用于不规则地块，或地块边界为开放式，即使喷洒范围超出部分边界也影响不大的情况。这种布置抗风能力较强，喷洒均匀，同时所用喷头的数量相对较少，但不易做到使各条支管的流量均衡。

在喷头布置完毕后，应根据实际布置结果对系统的组合喷灌强度进行校核，特别是在地块的边角区域，因喷头往往是半圆或90°而不是整圆喷洒，若选配的喷嘴与地块中间整圆喷洒的喷头相同，则该区域内的喷灌强度势必大大超过地块中间。所以，为保证系统有良好的喷洒均匀度，一般安装在边角的喷头需配置比地块中间的喷头小2～3个级别的喷嘴。

各种节水灌溉的设计与施工，一般应由具有一定技术力量的专业公司承担。喷灌工程可按照《喷灌工程技术规范》（GB/T 50085—2007）进行设计施工。

3. 排水系统的设计 地势低、地下水位高、降水量多的地区，应重视排水系统的建设。排水系统通常分为大排水沟、中排水沟、小排水沟三级。排水沟的坡降略大于渠道，一般为0.3%～0.6%。大排水沟应设在圃地最低处，直接通入河流、湖泊或城市排水系统；中、小排水沟通常设在路旁；作业区内的小排水沟与步道相配合。在地形、坡向一致时，排水沟和灌溉渠往往各居道路一侧，形成沟、路、渠整齐并列格局。排水沟与路、渠相交处应设涵洞或桥梁。一般大排水沟宽1m以上，深0.5～1m；作业区内小排水沟宽0.3m，深0.3～0.6m。苗圃四周宜设置较深的截水沟，可防止苗圃外的水入侵，并且具有排除内水、保护苗圃的作用。

排水系统占地面积一般为苗圃总面积的1%～5%。

4. 防护林带的设计 设置防护林带是为了避免苗木遭受风沙危害。防护林带可以降低风速，减少地面蒸发及苗木蒸腾，创造适宜苗木生长的小气候条件。防护林带的规格依苗圃的大小和风害程度而定。小型苗圃在主风方向垂直设置一条防护林带；中型苗圃在四周都设防护林带；大型苗圃除四周设置主防护林带外，在内部干道和支道两侧或一侧设辅助防护林带。一般防护林带的防护范围是树高的15～17倍，可据此设置辅助防护林带。

防护林带的结构以乔、灌木混交半透风式为宜，既可降低风速又不因过分紧密而形成回流。林带宽度和密度依苗圃面积、气候条件、土壤和树种特性而定。一般主防护林带宽8～10m，株距1～1.5m，行距1.5～2m；辅助防护林带一般为1～4行乔木。林带的树种选择应尽量选用适应性强，生长迅速，树冠高大的乡土树种。同时也要注意速生和慢生、常绿和落叶、乔木和灌木、寿命长和寿命短的树种相结合。亦可结合栽植采种、采穗母树和有一定经济价值的树种，如用材、蜜源、油料、绿肥等，以增加收益。但应注意不要选用苗木病虫害的中间寄主树种和病虫害严重树种。

防护林带的占地面积一般为苗圃总面积的5%～10%。

5. 管理区的设计　苗圃管理区包括房屋建筑和苗圃内场院等部分。房屋建筑主要包括办公室、宿舍、食堂、仓库、种子贮藏室、工具房、车库等；苗圃内场院主要包括运动场、晒场、堆肥场等。苗圃管理区应设在交通方便、地势高燥的地方。中、小型苗圃办公区、生活区一般选择在靠近苗圃出入口的地方。大型苗圃为管理方便，可将办公区、生活区设在苗圃中央位置。堆肥场等则应设在较隐蔽但便于运输的地方。

管理区占地面积一般为苗圃总面积的1%～2%。

四、园林苗圃设计图的绘制和设计说明书编写

（一）绘制设计图

1. 绘制设计图前的准备工作　在绘制设计图前，必须了解苗圃的具体位置、界限、面积；育苗的种类、数量、出圃规格、苗木供应范围；苗圃的灌溉方式；苗圃必需的建筑、设施、设备；苗圃管理的组织机构、工作人员编制等。同时，应有苗圃建设任务书和各种有关的图纸资料，如现状平面图、地形图、土壤分布图、植被分布图等，以及其他有关的经营条件、自然条件、当地经济发展状况资料等。

2. 绘制设计图　在完成上述准备工作的基础上，通过对各种具体条件的综合分析，确定苗圃的区划方案。以苗圃地形图为底图，在图上绘出主要道路、渠道、排水沟、防护林带、场院、建筑物、生产设施构筑物等。根据苗圃的自然条件和机械化条件，确定作业区的面积、长度、宽度、方向。根据苗圃的育苗任务，计算各树种育苗需占用的生产用地面积，设置好各类育苗区。这样形成的苗圃设计草图，经多方征求意见，进行修改，确定正式设计方案，即可绘制正式设计图。

正式设计图的绘制应按照地形图的比例尺，将道路、沟渠、防护林带、作业区、建筑区等按比例绘制在图上，排灌方向用箭头表示。在图纸上应列有图例、比例尺、指北方向等。各区应编号，以便说明各育苗区的位置。

目前，各设计单位都已普遍使用计算机绘制平面图、效果图、施工图等。

（二）编写设计说明书

设计说明书是园林苗圃设计的文字材料，它与设计图是苗圃设计两个不可缺少的组成部分。图纸上表达不出的内容，都必须在说明书中加以阐述。设计说明书一般分为总论和设计两个部分。相关内容的撰写主要依据本章第二节中的园林苗圃建设的可行性分析和第三节中的园林苗圃的规划设计。同时可参考《林业苗圃工程设计规范》（LYJ 128—1992）。编写大纲如下：

1. 总论　主要叙述苗圃的经营条件和自然条件，并分析其对育苗工作的有利和不利因素以及相应的改造措施。

（1）**经营条件**

①苗圃所处位置，当地的经济、生产、劳动力情况及其对苗圃生产经营的影响。

②苗圃的交通条件。

③电力和机械化条件。

④周边环境条件。

⑤苗圃成品苗木供给的区域范围，对苗圃发展展望，建圃的投资和效益估算。

（2）自然条件

①地形特点。

②土壤条件。

③水源情况。

④气象条件。

⑤病虫草害及植被情况。

2. 设计部分

（1）苗圃的面积计算

①各树种育苗所需土地面积计算。

②所有树种育苗所需土地面积计算。

③辅助用地面积计算。

（2）苗圃的区划说明

①作业区的大小。

②各育苗区的配置。

③道路系统的设计。

④排灌系统的设计。

⑤防护林带及防护系统（围墙、栅栏等）的设计。

⑥管理区建筑的设计。

⑦设施育苗区温室、组培室的设计。

（3）育苗技术设计

①培育苗木的种类。

②培育各类苗木所采用的繁殖方法。

③各类苗木栽培管理的技术要点。

④苗木出圃技术要求。

第四节　园林苗圃的建设施工

园林苗圃建设施工的主要项目是房屋、温室、道路、沟渠的修建，水、电、通信的引入，土地平整和防护林带及防护设施的修建。

一、水、电、通信的引入和建筑工程施工

房屋的建设和水、电、通信的引入应在其他各项建设之前进行。水、电、通信是搞好基建的先行条件，应最先安装引入。当利用地表水源，需要建筑坝（闸）引水工程时，可按《水利水电工程水利动能设计规范》（DL/T 5015—1996）的规定进行设计施工。当利用地下水源，需要开凿机井时，可按《供水水文地质钻探与凿井操作规程》（CJJ 13—87）和《供水管井设计施工及验收规范》（CJJ 10—86）的规定进行设

计施工。苗圃供电工程应根据电源条件、用电负荷和供电方式，本着充分利用地方电源、节约能源、经济合理的原则进行设计施工。苗圃用电负荷较小，当变压器容量在180kVA以下，而且环境特征允许时，可架设杆上变压器台；用电负荷较大的苗圃可采用独立变电所。变电所或变压器台的周围应设置安全防护设施。苗圃通信一般采用架空明线的有线通信，也可采用无线通信。为了节约土地，办公用房、宿舍、仓库、车库、机具库、种子库等最好集中于管理区一起兴建，尽量建成楼房。组培室一般建在管理区内。温室虽然是占用生产用地，但其建设施工也应先于圃路、灌溉等其他建设项目进行。各类建筑，特别是住房和办公建筑，应按国家标准进行设计施工。

二、苗圃道路工程施工

苗圃道路施工前，先在设计图上选择两个明显的地物或两个已知点，定出一级路的实际位置，再以一级路的中心线为基线，进行苗圃道路系统的定点、放线工作，然后方可修建。圃路路面有很多种，如土路、石子路、灰渣路、柏油路、水泥路等。大、中型苗圃道路一级路和二级路的设置相对比较固定，有条件的苗圃可建设柏油路或水泥路，或者将支路建成石子路或灰渣路。大、中型苗圃的三级路和小型苗圃的道路系统主要为土路。

三、灌溉工程施工

用于灌溉的水源如果是地表水，应先在取水点修筑取水构筑物，安装提水设备。如果是开采地下水，应先钻井，安装水泵。

采用渠道引水方式灌溉，最重要的是一级渠道和二级渠道的坡降应符合设计要求，因此需要进行精确测量，准确标示标高，按照标示修筑渠道。修筑时先按设计的宽度、高度和边坡比填土，分层夯实，当达到设计高度时，再按渠道设计的过水断面尺寸从顶部开掘。采用水泥渠作一级渠道和二级渠道，修建的方法是先用修筑土筑渠道的方法，按设计要求修成土渠，然后再在土渠底部和两侧挖取一定厚度的土，挖土厚度与浇筑水泥的厚度相同，在渠中放置钢筋网，浇筑水泥。

采用管道引水方式灌溉，要按照管道铺设的设计要求，开挖50cm以上（在寒冷地区应埋入冻土层以下）的深沟，在沟中铺设好管道，并按设计要求布置好出水口。

喷灌等节水灌溉工程的施工，必须在专业技术人员的指导下，严格按照设计要求进行，并应在通过调试能够正常运行后再投入使用。

四、排水工程施工

排水沟的规格应根据当地降水量和地形、土壤条件而定，以保证盛水期能很快排除积水及少占土地为原则。一般先挖掘向外排水的总排水沟，中排水沟与道路两侧的边沟相结合，与道路同时挖掘而成，作业区内的小排水沟可结合整地进行挖掘，还可利用略低于地面的步道来代替。为了防止边坡下塌堵塞排水沟，可在排水沟挖好后，种植如簸箕柳、紫穗槐等护坡树种加以防护。

五、防护林工程施工

应在适宜的季节营建防护林，最好使用大苗栽植，以便尽早形成防护功能。栽植的株行距按设计规定进行，栽后及时灌水，并做好养护管理工作，以保证成活和正常生长。

六、土地整备工程施工

苗圃地形坡度不大者，可在路、沟、渠修成后结合土地翻耕进行平整，或在苗圃投入使用后结合耕种和苗木出圃等，逐年进行平整，这样可节省苗圃建设施工的投资，也不会造成原有表层土壤的破坏。坡度过大时必须修筑梯田，这是山地苗圃的主要工作项目，应提早进行施工。地形总体平整，但局部不平者，按整个苗圃地总坡度进行削高填低，整成具有一定坡度的圃地。

在圃地中如有盐碱土、沙土、黏土时，应进行必要的土壤改良。对盐碱地可采取开沟排水，引淡水冲盐碱。对轻度盐碱地可采取多施有机肥料、及时中耕除草等措施改良。对沙土或黏土应采用掺黏土或掺沙土等措施改良。在圃地中如有城市建设形成的灰渣、沙石等侵入体时，应全部清除，并换入好土。

第五节　园林苗圃技术档案的建立

一、建立园林苗圃技术档案的意义

技术档案是对园林苗圃生产、试验和经营管理的记载。从苗圃开始建设起，即应作为苗圃生产经营的内容之一，建立苗圃的技术档案。苗圃技术档案是合理利用土地资源和设施、设备，科学指导生产经营活动，有效进行劳动管理的重要依据。

二、园林苗圃技术档案的建立

（一）建立园林苗圃技术档案的基本要求

①对园林苗圃生产、试验和经营管理的记载，必须长期坚持，实事求是，保证资料的系统性、完整性和准确性。

②在每一生产年度末，应收集汇总各类记载资料，进行整理和统计分析，为下一年度生产经营提供准确的数据和报告。

③应设专职或兼职档案管理人员，专门负责苗圃技术档案工作，人员应保持稳定，如有工作变动，要及时做好交接工作。

（二）园林苗圃技术档案的主要内容

1. 苗圃基本情况档案　主要包括苗圃的位置、面积、经营条件、自然条件、地形图、土壤分布图、苗圃区划图、固定资产、仪器设备、机具、车辆、生产工具以及人员、组织机构等情况。

2. 苗圃土地利用档案　以作业区为单位，主要记载各作业区的面积、苗木种类、育苗方法、整地、改良土壤、灌溉、施肥、除草、病虫害防治以及苗木生长质量等基本情况（表 3 - 1）。

表 3-1　苗圃土地利用表

作业区号　　　　面积

年度	树种	育苗方法	作业方式	整地改土	除草作业	灌溉作业	施肥作业	病虫情况	苗木质量	备注

填表人：

3. 苗圃作业档案　以日为单位，主要记载每日进行的各项生产活动，劳力、机械工具、能源、肥料、农药等使用情况（表 3-2）。

表 3-2　苗圃作业日记

年　　月　　日　星期

树种	作业区号	育苗方法	作业方式	作业项目	人工	机具		作业量		物料使用量			工作质量	备注
						名称	数量	单位	数量	名称	单位	数量		
总计														
记事														

填表人：

4. 育苗技术措施档案　以树种为单位，主要记载各种苗木从种子、插条、接穗等繁殖材料的处理开始，直到起苗、假植、贮藏、包装、出圃等育苗技术操作的全过程（表 3-3）。

表 3-3　育苗技术措施表

树种　　　　育苗年度

育苗面积		苗龄　　　　前茬			
繁殖方法	实生苗	种子来源	贮藏方法	贮藏时间	催芽方法
		播种方法	播种量	覆土厚度	覆盖物
		覆盖起止日期	出苗率	间苗时间	留苗密度
	扦插苗	插条来源	贮藏方法	扦插方法	扦插密度
		成活率			

（续）

繁殖方法	嫁接苗	砧木名称	来源	接穗名称	来源			
		嫁接日期	嫁接方法	绑缚材料	解缚日期			
		成活率						
	移植苗	移植日期	移植苗龄	移植次数	移植株行距			
		移植苗来源	移植成活率					
整地	耕地日期	耕地深度	做畦日期					
施肥		施肥日期	肥料种类	施肥量	施肥方法			
	基肥							
	追肥							
灌溉	次数	日期						
中耕	次数	日期	深度					
病虫害		名称	发生日期	防治日期	药剂名称	浓度	方法	效果
	病害							
	虫害							
出圃		日期	面积	单位面积产量	合格苗率	起苗方法	包装	
	实生苗							
	扦插苗							
	嫁接苗							
育苗新技术应用情况								
育苗技术措施、存在问题及改进意见								

填表人：

5. 苗木生长发育调查档案 以年度为单位，定期采用随机抽样法进行调查，主要记载苗木生长发育情况（表3-4）。

表3-4 苗木生长发育调查表

育苗年度

树　种	苗　龄	繁殖方法	移植次数
开始出苗		大量出苗	
芽膨大		芽展开	
顶芽形成		叶变色	
开始落叶		完全落叶	

（续）

<table>
<tr><td rowspan="2"></td><td colspan="11">生　长　量</td></tr>
<tr><td>日/月</td><td>日/月</td><td>日/月</td><td>日/月</td><td>日/月</td><td>日/月</td><td>日/月</td><td>日/月</td><td>日/月</td><td>日/月</td><td>日/月</td></tr>
<tr><td>苗高</td><td></td><td></td><td></td><td></td><td></td><td></td><td></td><td></td><td></td><td></td><td></td></tr>
<tr><td>地径</td><td></td><td></td><td></td><td></td><td></td><td></td><td></td><td></td><td></td><td></td><td></td></tr>
<tr><td>根系</td><td></td><td></td><td></td><td></td><td></td><td></td><td></td><td></td><td></td><td></td><td></td></tr>
<tr><td rowspan="15">出圃</td><td>级别</td><td colspan="6">分级标准</td><td colspan="2">单位面积产量</td><td colspan="2">总产量</td></tr>
<tr><td rowspan="4">一级</td><td>高度</td><td colspan="5"></td><td colspan="2" rowspan="4"></td><td colspan="2" rowspan="4"></td></tr>
<tr><td>地径</td><td colspan="5"></td></tr>
<tr><td>根系</td><td colspan="5"></td></tr>
<tr><td>冠幅</td><td colspan="5"></td></tr>
<tr><td rowspan="4">二级</td><td>高度</td><td colspan="5"></td><td colspan="2" rowspan="4"></td><td colspan="2" rowspan="4"></td></tr>
<tr><td>地径</td><td colspan="5"></td></tr>
<tr><td>根系</td><td colspan="5"></td></tr>
<tr><td>冠幅</td><td colspan="5"></td></tr>
<tr><td rowspan="4">三级</td><td>高度</td><td colspan="5"></td><td colspan="2" rowspan="4"></td><td colspan="2" rowspan="4"></td></tr>
<tr><td>地径</td><td colspan="5"></td></tr>
<tr><td>根系</td><td colspan="5"></td></tr>
<tr><td>冠幅</td><td colspan="5"></td></tr>
<tr><td>等外级</td><td colspan="6"></td><td colspan="2"></td><td colspan="2"></td></tr>
<tr><td>其他</td><td colspan="6"></td><td colspan="2"></td><td colspan="2"></td></tr>
<tr><td>备注</td><td colspan="8"></td><td colspan="3">合计</td></tr>
</table>

填表人：

6. 气象观测档案　以日为单位，主要记载苗圃所在地每日的日照长度、温度、降水、风向、风力等气象情况。苗圃可自设气象观测站，也可抄录当地气象台的观测资料。

7. 科学试验档案　以试验项目为单位，主要记载试验目的、试验设计、试验方法、试验结果、结果分析、年度总结以及项目完成的总结报告等。

8. 苗木销售档案　主要记载各年度销售苗木的种类、规格、数量、价格、日期、购苗单位及用途等情况。

思考题

1. 一般将园林苗圃划分为哪些种类？
2. 园林苗圃圃址选择中应该考虑哪些因素？
3. 园林苗圃规划设计的主要内容有哪些？
4. 试举例说明如何计算园林苗圃生产用地面积。

第四章 园林树木的种实生产

[**本章提要**] 园林树木的种实（籽粒或果实）是繁殖园林绿化苗木的最基本的生产资料。本章在认识园林树木种实形成过程、开始结实年龄、结实周期性等结实规律以及认识影响开花结实因素的基础上，介绍种实生产基地、种实类别、种子成熟、种实脱落特性、种实采集与调制方法；在简要分析种子活力的生理学基础上，讨论种子呼吸与种子寿命，介绍常用的种实贮藏方法、运输方法；种子品质检验理论基础和技术方法；在了解种子休眠类型的基础上，分析种子休眠的成因，探究解除种子休眠的途径。

在园林苗圃学中，种实是指用于繁殖园林树木的籽粒或果实。种实是园林苗圃经营中最基本的生产资料。种实质量的高低以及种实数量的充足与否，直接关系到苗木的生产质量和效益。优良种实是培育优质苗木的前提，数量充足是顺利完成苗木生产任务的保证。为了获得质优量足的种实，必须掌握园林树木结实的自然规律，充分挖掘和利用优良的种实资源，积极建立园林树木种实生产基地。了解种实类别、成熟特征及种实脱落特性，科学和合理地进行种实采集和种实调制。并在深入了解园林树木种子活力、种子劣变与修复的生理学基础上，采取科学先进和积极有效的措施贮藏种实，监测种子的活力动态，用科学的方法并依据相关标准检验和评价种子品质，保障苗木培育工作中对种实的需要。为提高园林苗木的生产水平，充分发挥园林绿化的生态效益、社会效益和经济效益奠定良好的基础。

第一节　园林树木的结实规律

一、园林树木的种实

按照严格的植物学概念，真正的种子是一个成熟的胚珠，它包括 3 个重要部分，即胚、胚乳和种皮。而果实则包括种子和果皮。胚是新一代植物的雏形，是种子的核心，它由胚根、胚轴（胚茎）、胚芽和子叶等 4 部分组成。种子萌发时，胚根形成根系，胚芽形成茎叶，子叶为胚的生长提供营养。胚乳位于种皮和胚之间，是贮藏营养物质的重要部位，可为种子萌发提供营养。种皮是包被在种子最外面的结构，主要起保护作用，避免水分丧失、机械损伤和病虫害侵入。不同的园林树木，种子的子叶数多少不一。如竹类的种子只有 1 片子叶，称为单子叶植物。椴树和柳树等大多数阔叶树种的种子有 2 片子叶，称为双子叶植物。樟子松、红松等大多数针叶树种的子叶在 2 片以上，称为多子叶植物。种子是植物个体发育的一个特定阶段，也是植物最重要的繁殖器官，在植物的繁殖延续过程中，它能将植物所具有的遗传特性传递给下一代，同时，又受环境影响而具有变异性，使繁殖的植物后代表现出各种各样的变异特征。

在园林苗圃生产实际中，种子的含义比植物学上的种子更加广泛，包括植物学所指的种子、类似种子的干果、作为繁殖材料的营养器官以及植物人工种子。在《中华人民共和国种子法》中，将林木的籽粒、果实、茎、苗、芽、叶等繁殖或者种植材料均归纳为种子的范畴。如生产上培育雪松、云杉、侧柏等园林苗木时，所用的播种繁殖材料属于植物学意义上真正的种子。培育白蜡播种苗时，所用的种子实际上是指植物学上的果实。播种桃、梅和李时，所用的种子只是果实的一部分。而有些树种播种所用的种子仅仅是种子的一部分，如银杏播种繁殖时所用的种子，通常是除去肉质外种皮后，留下来的包括骨质中种皮和膜质内种皮的种子。毛白杨插条育苗所用繁殖材料为枝条，泡桐埋根育苗的繁殖材料为根。

从遗传育种角度讲，作为品种资源进行保存以待利用的种子又称为种质。种质资源包括乡土栽培树种、引进树种、新培育成的品种和品系，以及珍、稀、古、大、奇树种资源和近缘野生种。从形态上讲，种质资源包括有性繁殖的种子和无性繁殖的根、枝条、腋芽、叶等营养器官。种质资源是培育优良园林苗木的基础，收集和保存种质资源非常重要。

对于多数园林树木，主要的繁殖材料还是植物学意义上的种子或果实。因此，在园林苗圃学中，通常将用于繁殖苗木的种子和果实统称为种实。园林树木结实是指树木孕育种子或果实的过程。园林树木种类繁多，既包括被子植物，又包括裸子植物，各个种类的结实特点有很大区别。如不同种类的园林树木，其首次开花结实的年龄、种实的发育过程，以及种实的成熟时期和成熟特征等均存在较大差异。如榆叶梅 2～3 年生开始结实，4 月开花授粉，当年 6～7 月种实成熟；雪松 20～30 年生才开始结实，10～11 月开花授粉，翌年 10～11 月种实成熟。

二、种实的形成

种子的形成和发育要经历花芽分化、传粉、受精、种子发育、成熟和脱落等过程。其中，种子发育指从卵细胞受精成为合子开始，经过多次细胞分裂增殖和基本器官的分化成长，直至种子成熟所发生的一系列变化过程。

树木开花是结实的前提，花芽分化是开花的基础。进入结实年龄的树木，每年形成的顶端分生组织，开始时不分叶芽和花芽，到一定时期，它的芽才分化成叶芽和花芽，这个过程称为花芽分化。多数树木的花芽分化期在开花的前一年夏季至秋季之间，如泡桐，7 月进行花芽分化，翌年 3～4 月开花。但有些树种在春季进行花芽分化，当年秋季或冬季开花，如油茶，4 月进行花芽分化，当年秋季或冬季开花。另一些生长在热带的树种，一年可进行多次花芽分化并多次开花，如柠檬桉，一年进行两次花芽分化并两次开花。树木开花后经过传粉受精并逐渐发育形成种实，在种实形成过程中，被子植物和裸子植物的结实特点有很大区别。

国槐、碧桃、榆叶梅等被子植物具有真正的花。完整的花包括花柄、花托、花萼、花冠、雄蕊和雌蕊。雄蕊由花药和花丝组成，花粉粒着生在花药中。雌蕊由子房、花柱和柱头构成，胚珠包藏在由一个或几个心皮结合而闭合起来的子房内。子房可分为胚珠、胎座和子房壁等组成部分。胚珠可分为胚囊、珠心、珠被和珠柄等组成部分。传粉受精时，成熟的花粉传到同种或具有亲和力花的柱头上后，花粉粒在柱头液的刺激下，吸收柱头液的营养和水分，膨胀发芽形成花粉管，花粉管不断伸长，经过花柱进入子房中胚珠的胚囊内。受精时，花粉管中释放两个精细胞进入胚囊，其中一个精细胞与胚囊中的卵细胞融合，形成二倍体（$2n$ 染色体）的合子（受精卵），合子经过细胞分裂分化和物质积累等过程逐渐发育形成种子的核心部分胚；另一个精细胞与胚囊中的两个极核细胞发生融合，形成三倍体（$3n$ 染色体）的初生胚乳核，初生胚乳核继续发育形成胚乳。同时，珠心在胚和胚乳的发育过程中被吸收利用，或者发育形成外胚乳，珠被形成种皮，珠柄形成种柄。胚、胚乳和种皮的发育过程亦即种子的形成过程。在种子发育的同时，子房壁发育形成果皮，种子和果皮构成了果实。在种子和果实的发育中，花冠常凋落，花萼凋落或宿存或参与果实的形成，花托常发育成为果实的一部分，花柄发育形成果柄。从上述被子植物种子的形成过程看，种子是由包藏在子房内的胚珠形成的，胚是经过受精作用而形成的，同时，胚乳的形成也经过了受精作用，即被子植物的胚和胚乳均是经过受精而发育形成的。在种子形成过程中的这种双受精现象是被子植物突出的特征之一。

银杏、松、柏、杉等裸子植物在生殖过程中产生雄球花和雌球花。雄球花由小孢子叶（雄蕊）组成，小孢子叶上产生小孢子囊（花粉囊），小孢子囊内产生小孢子（花粉粒）。雌球花由大孢子叶（珠鳞）组成，大孢子叶腹部着生胚珠，胚珠内产生雌性生殖器官——颈卵器，颈卵器接受来自花粉粒的精子后，精细胞和颈卵器中的卵细胞结合发育形成胚，珠鳞逐渐木质化形成种鳞。由胚珠发育形成的种子着生在种鳞腹部，种子和种鳞等共同构成了球果。在这个过程中，没有子房的形成，胚珠和种子是裸露的。裸子植物与被子植物的明显区别是，裸子植物的胚来源于受精卵的发育，是新一代的孢子体；而胚乳的发育未经受精作用，是由雌配子体（$1n$ 染色体）直接发育而形成的；种皮是由珠被发育形成的，属于老一代的孢子体。因此，裸子植物的种子包含 3 个不同的世代。

从花粉传到柱头上（授粉）至精细胞和卵细胞发生融合（受精）所经历的时间随树木种类而异。多数园林树木 10min 即可受精。但是，有些树种在授粉后需要很长时间花粉管才能进入胚囊，因而，受精时间较长。如桦树的受精过程需要 1 个月左右，而红松授粉后直至第二年才能完成受精。受精后的卵细胞通常要度过一定的静止期，然后才开始发生细胞分裂和物质积累等胚的形成过程。在胚发育的同时，胚乳和种皮也逐渐发育形成。大多数被子植物类的园林树木，授粉后当年种实可成熟，如杨树和榆树等不超过一个生长季，合欢仅需 2 个月左右。裸子植物中的樟子松和桧柏等，头年开花，第二年种子才能成熟。

传粉受精后胚的发育过程随园林树木种类而异。被子植物类的园林树木，可将受精卵至种胚的形成分为4个发育阶段，即原胚期、分化期、贮藏物质积累期和脱水成熟期。在原胚期，受精卵度过一定静止期，然后开始DNA复制，细胞开始加速分裂。到分化期，DNA复制速度加快，蛋白质和RNA的合成速度也逐渐加速，细胞分裂速度进一步加快，胚的干重和鲜重迅速增加，含水量可达80%左右。到贮藏物质积累期，细胞分裂停止，绿色组织制造的有机物质转入种子的速度加快，淀粉和贮藏蛋白合成数量继续增加并出现大量积累，胚的干重增加，含水量开始下降。到脱水成熟期，种子含水量下降到10%～20%，胚转入相对静止或休眠状态。与被子植物不同的是，大多数裸子植物类的园林树木具有多胚的胚胎发育现象。经过原胚阶段后，在分化期前后出现多胚和优势胚胎的分化；在胚器官和组织分化阶段，优势胚得以继续发育，优势胚体积明显增大，而其他胚迅速退化；进入成熟阶段，形成了成熟胚的结构，干物质增加，含水量下降。

在受精卵形成种子的过程中，可能由于内部原因或是外部干扰而导致异常的发育过程。如胚囊内的助细胞、珠心或珠被细胞均可能发育而形成多胚现象。也可能由于遗传方面的原因或生理等方面的不协调等出现只有胚乳而无胚的现象。还可能由于未受精的卵直接发育形成无融合生殖的单倍体胚。

三、结实年龄与结实周期性

1. 结实年龄 园林树木最初的生长发育过程主要是营养物质积累，树木枝干和树冠不断扩大，直至生长发育到一定的年龄且营养物质积累到一定程度后，树木顶端分生组织才开始分化并形成花原基和花芽，逐渐具有繁殖能力，开始开花结实。不同树种开始结实年龄有很大差异，出现差异的原因首先取决于树种的遗传特性，其次与环境条件有密切的关系。如紫薇一年生即可结实，梅花三至四年生可开花结实，落叶松10年左右开花结实，而银杏则要到20年生后才开始开花结实。主要园林绿化树木开始结实的年龄见附表一。

一般情况，就树种的生物学特性而言，阳性树种开始结实的年龄较早，而耐阴树种开始结实的年龄较晚。从所处的环境条件讲，在同一树种的个体中，孤立木开始结实的年龄早，林缘木比密林中的树木开始结实的年龄早。在一个树种的分布区内，分布在南部或南坡的树木，比北部或北坡的树木结实早。在同一株树上，树冠梢部的枝条由于发育阶段较老而开花结实较早。

园林树木结实是在营养器官生长基础上开始的。多数情况下，营养器官生长得好，生殖器官生长得也好，树木开始开花结实年龄也早。但在有些情况下，虽然树木有旺盛的营养生长，开始开花结实的年龄却变大。如枝叶徒长，往往不能开花结实或者是延迟开花结实年龄，这可能与各种激素未达到相应的水平有关。如对柳杉使用赤霉素（GA_3）处理，可促进其提早开花结实。在另一些情况下，会出现营养生长并不旺盛但开花结实早的现象。如在土壤贫瘠、干旱或含盐量较高的环境胁迫下，受机械损伤或发生病虫害时，营养生长受到强烈抑制，树木个体早衰，有限的营养集中于生殖生长，因而逆境造成树木提早开花结实。

2. 结实周期性 园林树木开始结实后，各年的结实数量相差较大。有的年份结实数量多，称为丰年。结实丰年之后，常出现长短不一的、结实数量很少的歉年。歉年之后，又会出现丰年。结实丰年和歉年交替出现的现象，称为结实周期性，或称结实大小年现象。树木从一个结实丰年到下一个结实丰年之间的年限称为结实间隔期。

结实间隔期的长短，因树种和环境条件不同而异。多数灌木树种以及杨、柳、榆、桉等喜光树种，几乎年年能大量结实，结实间隔期很短或没有明显的结实周期性现象。杉木、刺槐、泡桐和桦树等树种，各年种实产量相对稳定，丰年出现的频率比歉年多。樟子松和油松等多数温带树种，各年的种实产量不稳定，结实周期性变化特征较明显，但完全无收成的年份并不多。另一些高寒地带的针叶树种如云杉和落叶松等，从开花到种实成熟需要的时间较长，种实产量极不稳定，完全无收成的年份出现得相当频繁，结实周期性特别明显，结实间隔期达 3～5 年。

一般认为，出现结实周期性现象的主要原因为营养缺乏，另外还受内源激素和环境因子的影响。树木结实要消耗许多养分，特别是结实丰年，光合作用产物的大部分被种实发育所消耗，树体内营养积累减少，树势减弱，有时甚至消耗了植物体内积累的营养物质，使随后的花芽分化营养不足，致使结实丰年后甚至随后几年都难以形成足够数量的花芽，结果出现结实歉年。此外，结实丰年消耗营养多，影响了新枝新梢的生长，使形成的果枝减少，导致随后开花结实量减少。树木体内有成花激素和抑花激素，两者含量处于平衡状态时，有利于花芽分化。由于种子中抑花激素含量较高，所以结实丰年不利于花芽分化，从而影响了翌年结实量。

树木结实的周期性在很大程度上又受所处的环境条件所制约。在大范围内，树木结实周期性受光照、温度和降水量等气候条件制约。在各个年份又受到具体的天气条件影响。在花芽分化、开花直至种实成熟过程中，霜冻、寒害、大风、冰雹等灾害性天气常使种实歉收。此外，病虫危害也对结实周期性变化有重要影响。特别值得指出的是，人为经营活动与结实周期性具有密切关系。掠夺式的采种，不加控制地折断过多的母树枝条，致使母树元气大伤，往往需要很长时间才能使母树恢复正常的结实，延长了树木结实间隔期。在深入了解树木结实的自然规律并弄清影响树木结实因素的基础上，采取科学的经营管理措施，如修剪、灌溉、施肥、防治病虫害、丰年进行疏花疏果等，可改善树木生长发育的环境条件，促进树木结实，大大缩短或消除结实的间隔期。

四、影响园林树木开花结实的因素

园林树木的结实受内在因素及外界条件的影响，如生长发育、营养条件、开花传粉习性、气候条件、树木所处的土壤条件以及昆虫、鸟兽等生物因素均影响树木的开花结实。

（一）影响园林树木结实的内在因素

1. 树木的生长与发育 树木的生长发育阶段与开花结实密切相关，为了更清楚地描述这两者的关系，可把树木的生长发育过程划分为 4 个阶段，即幼年期、青年期、壮年期和老年期。幼年期主要是树体的营养生长，花基因处于非活化状态，不分化花。树木生长发育到青年期，花基因活化后，才能促使花的形成，树木开始开花结实。进入壮年阶段，营养生长变缓且与生殖生长保持相对的平衡稳定状态，树体基本定型，花芽数量增加，结实量多而且稳定，种实品质好。到了老年阶段，树冠出现枯梢，开花能力明显下降，结实量减少，种实质量降低，结实间隔期变长。一些单性花且雌雄同株的树种，树木进入老年阶段后，可能仅开雄花，或者雄花过多而雌花很少，雄花和雌花的比例严重失调。

树体内营养物质的积累是开花结实的物质基础。各种营养物质、内源生长促进物质和抑制物质之间的平衡，在树木的开花结实中起着重要作用。如含糖量与含氮化合物之间要达到一定的比例才能开花。一般情况下，高水平的糖类（C）和低水平的氮素（N）比率，有利于花的孕育。当C/N大时，开花早；反之，C/N小时，则开花迟。此外，C/N的变化，还影响花的性别。C/N中等时，利于雄花的形成；C/N较高时，则利于形成雌花。许多实验表明，在针叶树的花芽形成过程中，增加芽梢中不溶性糖含量，减少水分、氮和磷的含量，有利于花芽形成。植物激素是植物代谢的产物，低浓度的植物激素可对植物细胞的生理生化过程及组织器官的形成起到调节作用。在一定浓度范围内，赤霉素、生长素及细胞分裂素等激素类物质能够刺激树木花芽的形成，促进树木开花。

2. 树木的开花与传粉受精习性 树木在开花传粉过程中，开花时间、雌雄花比例、雌雄花异熟、自花授粉及花的着生部位等开花与传粉习性对结实均有重要的影响。

（1）**雌雄异株的影响** 松、柏和杉科的常绿园林树种以及杨柳科、胡桃科、桦木科、杜仲科等许多阔叶园林树种均为单性花，很多树种又是雌雄异株。如雌树、雄树相距太远，则会使传粉受阻。

（2）**雌雄比例的影响** 有些雌雄异株或异花的树种，若雄株或雄花多，雌株或雌花少，结实会受到严重影响，甚至没有种实收成。如落叶松结实间隔期长的主要原因之一，是雌雄花的比例差异大，通常雄花多，而雌花太少，导致出现结实歉年，在极端情况下甚至没有雌花，不能形成种实。另一些树种，又可能出现雌株或雌花多，而雄株或雄花少的现象，不能满足传粉受精的要求，产生空粒或瘪粒种子。在银杏的栽培实践中常由于雄株过少而使种实减产。为了提高银杏的产量，需要使雌雄株具有一定的比例，或从外地引进采集花粉，进行人工辅助授粉。

（3）**雌雄异熟的影响** 有些树种雌雄异熟现象明显，雌花先熟或雄花先熟，造成雌花和雄花的花期不相遇，导致授粉受精不良，影响种实产量。如木兰科的马褂木为两性花，很多雌蕊在花蕾尚未开放时已先成熟，到雄蕊发育成熟散粉时，雌蕊柱头枯萎，已失去接受花粉的能力，致使结实率很低。松科的雪松，花单性，雌雄同株，雌雄异熟现象特别明显。雪松的开花期在10～11月，开花时期雄球花先开放，而雌球花后开放，两者的开花时间相差1个月左右，造成花期不遇。

（4）**自花授粉及花的着生部位的影响** 自花授粉频率很高的树种，饱满种子的比例往往很低，且种子质量差，子代苗木死亡率高，植株矮小或多畸形。在自然条件下，有些树种如合欢、楸树等自花不孕。另一些树种如红松和雪松等，雌球花多着生在树冠顶部、强壮主枝的顶端，而雄球花一般着生在中下部生长较弱的水平枝上，雌雄球花的这种分布有利于异株异花授粉。一般情况下，孤立木虽然光照充足，树体生长强壮，结实量大，但由于自花授粉概率大，种子质量并不高，健全的种子数量不多。同一株树上，常因花的着生部位不同而导致授粉情况差异，引起结实差别。如马褂木树冠上部的花，受孕率可达20%～40%，而树冠下部的花受孕率很低。白蜡树和桉树等，着生在树冠下部的种子通常较重。在针叶树中，球果着生在树冠阳面及主枝上时，种子较重，种子的质量较好。

3. 树木开花到种实成熟所需时间长短的影响 树木从开花到种实成熟，整个生长发育过程不断地受到各种自然因子的影响。因此，这个过程经历的时间越长（短），受灾害因子影响的可能性越大（小）。各树种的开花时间，以及从开花到种实成熟所经历的时间差别很大。有些树种的种子成熟较快，如榆树3～4月开花，4～5月种实即成熟；但多数树种，春天开花，秋天种子成熟，如银杏、白玉兰和白蜡等；另一些树种，种实成熟经历的时间更长，如华山松4月开花，到翌年9～10月种子才成熟。

（二）影响园林树木结实的外界因素

1. 气候条件 温度、光照、湿度及风等气候和天气因子是影响树木结实的主要环境因素。

许多树木需在一定的积温条件下才能开花结实。通常活动积温越高，树木营养物质积累越多，开花结实越早，且结实的间隔期越短。在花芽的分化期，若气温高于历年平均水平，则母树枝叶的细胞液浓度高，蛋白质合成作用旺盛，有利于花芽的形成。有的树种需要经过一段低温期，才能打破花芽的休眠，若将这些树种移至自然分布区的南端，可能会因为低温条件不够，使结实减少。此外，极端温度的变化常造成种实减产。如晚霜易冻坏子房和花粉，导致种实减产。若开花期的气温过低，可使花粉管的延长受阻而迟迟不能完成受精作用，或使花产生冻害，造成种实歉收。极端高温也可能伤害花，或使果实不能正常发育，引起落花落果。

光照是光合作用的能源。光照度、光周期和光质均影响树木的开花结实。光照度对花的形成有特别明显的作用，开花结实需要积累一定数量的光能。接近于光饱和点的光照度，利于树木的开花结实。当树木接受的光照度较低，特别是常在光饱和点以下，则不可能发生开花结实。光照度还与花的性别有关，如充足的光照有利于樟子松雌球花生长，而其雄球花的生长发育需要适当遮阴。云杉和红松等树种的雌球花多生在树冠顶部，雄球花多生在树冠下部，这也是光照度不同引起的。

一天内白昼和黑夜的相对长度即光周期与树木开花密切关联。自然条件下，各种树木长期适应所分布地区的光周期变化，从而形成了与之相适应的开花特性。生长在高纬度地区的树木如樟子松、红松和桦树等多为长日照树木，生长在低纬度热带区的椰子、柚木和杧果等属于短日照树木，生长在中纬度地区的垂柳和黄连木等则属于日中性树木。树木的成花受基因控制，光是启动成花基因最重要的因素。短日照的树木必须经历一段时间的短日照才能开花；长日照树木则必须经历一定时间的长日照才能开花。

湿度条件的变化对树木花的形成、传粉和种实的生长发育产生明显的影响。一般来说，晴朗且适当干燥的天气，树木枝叶的细胞液浓度高，蛋白质合成多，利于花芽的形成。能够在一个生长季完成种实生长发育的树种，经历一个旱季，常可获得种实丰产。对于樟子松等需要2年才能完成种实成熟过程的树种，若在花芽分化期（7～8月）遇到适当干燥的天气，则第三年可望获得较高的种实产量。但是，过于干旱的天气，影响树木正常的生理过程，也会影响花芽分化，或由于树木养分不足而导致种实发育过程中养分缺乏，种实发育不良，质量差。许多树种因春旱而造成落花，夏旱而造成落果。

在树木的开花期，若遭遇连阴下雨的天气，则会由于湿度过大而花药不开裂，或即使开裂但花粉难以飞散，阻碍传粉，特别有碍风媒花传粉。此外，低温多雨限制了许多昆虫的活动，影响了虫媒花的传粉。在种实生长发育过程中，若阴雨天气多，则树木光合作用弱，营养物质供应少，会推迟种实成熟时间或减少种实产量。

适宜的风利于风媒花的传粉，但大风会吹落花果，导致种实产量减少。

2. 土壤条件　树木开花及种实发育过程与水分和营养元素供应有直接关系。在种子的成分中，除碳和氧元素外，氢、氮、磷、钾、钙、镁、硫以及各种微量元素主要通过根系从土壤中获取。因此，良好的土壤结构有利于根系的生长发育，土壤中水分和可溶性养分充足，则根系能吸收大量水分和养分，利于树木体内各种物质的合成和营养物质的积累，给花芽的形成、开花以及种实的发育提供充分的营养物质，利于提高种实产量，且能缩短结实间隔期。开花授粉后，若在子房膨大期土壤水分缺乏，极易引起落花落果。值得注意的是，土壤中氮、磷和钾的供应比例状况常常与树木结实的早晚和结实量有关。土壤中氮元素供应相对多时，树木营养生长旺盛，过于旺盛的营养生长会推迟树木开始结实的年龄，已结实的树木也会由于营养枝徒长而减少种实产量。而适当提高磷和钾元素的供应比例，则有利于提早结实，且能提高种实产量。当土壤贫瘠，树木处于胁迫环境状态时，虽然开花期较早，甚至结实量很多，但种实质量低劣。

3. 生物因素　对于虫媒树种而言，昆虫有助于传粉，对开花结实有积极的作用。但另一方面，病菌、昆虫、鸟、兽类等生物因素常对树木的开花结实产生危害作用。如黄连木种子小蜂危害黄连木果实，豆科树木易遭受象鼻虫危害，鸟类喜欢啄食樟树、望春玉兰、丝棉木等多汁的果实，鼠类对松树和栎树等种子的取食，野猪和熊等盗食果实等常造成种实减产。有些病虫害虽然不直接危害种实，但由于昆虫食叶或病害引起落叶，影响了树木的光合作用，进而间接影响树木的结实。

第二节　园林树木种实生产

种实基地建设是保证提供品种丰富、品质优良且具有良好适应性的优良园林树木种实的基础，是进行稳定和规模化优良园林绿化繁殖材料生产的根本途径。园林树木种类繁多，它们的生长发育习性、开花结实年龄、开花期与种实成熟期、种实成熟的特征等差异很大。在充分认识这些特性的基础上，不仅要正确地选择优良的采种母株，还应将选育或引种驯化成功的、具有重要观赏价值且具有一定经济价值的树种、变种或品种进行长远规划，利用优良无性系或家系建立繁种基地。种实生产基地的建设，便于进行集约经营管理。通过科学的施肥、灌溉及应用先进的新技术进行调控，可促进树木提早开花结实，提高种实产量和质量，缩短或者消除结实间隔期，保证稳定的种实产量。同时，种实基地的建设有利于系统地观察树木的物候，进一步探测树木的结实规律，了解自然条件和人为经营管理措施对结实影响的差异，可为预测种实产量，不断改善经营措施以提高种实产量和质量，提供基础的依据。

一个区域完成树种规划并确定主要的园林绿化树种后，应对树种的种实产量、适应性、分枝特性、抗性以及适应临界生境的能力等进行详细了解，从而进一步确定树木良种。建立优良种实基地的途径包括母树林、种子园及采穗圃。在现代的种实研究和生产中，可通过人工种子途径，快速繁育优良种实材料。

一、母树林

母树林是指优良天然林或种源（种源是指某一批种实的产地及其立地条件）清楚的优良人工林，通过留优去劣疏伐，或用优良种苗以造林方法营建的，用以生产遗传品质较好的树木种子的林分。建立母树林比较简单，成本较低，从母树林的建设到大量收获种实之间的非生产性时间短，能够及早获得所需的种实。在园林苗木培育和园林绿化时，种源要清楚，要使用最适种源区的种实，即种实产地气候和土壤等条件应该与绿化区一致。如果没有最适种源区，也要用绿化区附近的种源，或与绿化区条件相似的种源。

母树林用地应相对集中，应在优良种源区或适宜种源区内，气候生态条件与用种区相接近；海拔适宜，背风向阳，光照充足，排水良好，交通方便，不易受冻害的平缓地块；周围 100m 范围内没有同树种的劣等林分；土壤应为高地位级或中等地位级。

母树林要及时铲除妨碍母树生长的灌木和杂草，并结合松土除草埋青培肥，进行科学施肥。母树林四周要开设防火道，母树林内禁止放牧、狩猎、采脂、采樵、修枝。要注意病虫鼠害的防治，以预防为主，防重于治，生物防治与化学防治并重。

母树林经营管理中要注意合理的花粉管理。在母树林开花散粉期，遇有阴雨天气时，应采取人工辅助授粉。如选择多个单株收集一定量的优良花粉，混合 4～5 倍滑石粉，在雌花达到授粉适宜期时，用喷粉器于微风无雨时喷撒花粉，提高授粉效果。母树林应进行子代测定，为评价和筛选提供依据。同时，要进行结实量预测预报。此外，要建立好母树林档案，档案内容包括母树林的全部原始材料，母树林疏伐及经营管理技术设计，种子产量预测，历年种子产量、质量与物候观测资料，以及母树林经营中的各项经济技术材料等。

二、种子园

种子园是指由优树无性系或家系建立起来的，以生产优质种实为目的的人工林分。优树是从条件相似、林龄相同或相近的同种天然林或人工林中选拔出来的表型优良的树木个体。优树无性系是指优树嫁接苗、扦插苗和组织培养苗等繁殖材料。从一株母树上采下来的枝条，属于同一无性系。优树家系是指由优树自由授粉或控制授粉后所形成的繁殖材料。

1. 种子园优点及种子园种类 种子园内繁殖材料的遗传基础好，结实量大而稳定，管理和采种方便，从长远看，建立种子园是有效地提高树木种实遗传品质的根本途径之一。

种子园种类很多，依据繁殖方式分为实生苗种子园和无性系种子园；依据母树来源及树种亲缘关系分为产地种子园和杂交种子园；依据母树遗传改良程度分为普通种子园、改良种子园、二代种子园和三代种子园等。

2. 种子园建立　建立种子园时，园址选择非常重要，一般情况下应设在树种的适生地区。但有些试验研究指出，从水平范围看，选在树种分布区以外较温暖的地区建园，有利于提前开花，种子提早成熟，且利于与不良花粉源进行天然隔离；从垂直范围看，与较高海拔范围的母树相比较，在较低的海拔范围的种子园内，种子千粒重和饱满种子百分率等明显提高。

霜冻、严重的干旱和风等，对种子园内树木的生长发育和开花结实都有不利影响。因此，建园时应该选择土壤肥力中等水平以上、土层深厚、土壤结构良好的平缓地建立种子园。一定要避免由于人为选择不当而造成的地形因素所带来的漏斗状风道、霜冻等危害。

外来花粉的隔离是选择园址时必须考虑的重要因素之一。特别是风媒树种，园址应选在受同种或亲缘种影响很小的地方。由于风媒花粉能够飘散很远的距离，完全隔离这种影响很困难。但通过选择园址，可形成适当的天然隔离地段或便于布设隔离带。隔离带宽度可依据花粉传播距离而定，多数树种可设置500m左右的隔离带。

种子园要建在交通方便、水源充足，且有电力供应的地方。种子园工作的季节性较强，在需要时应能得到可靠的劳动力来源。种子园的面积可依据供种要求和树种的结实特性而定，但同时要结合经营管理条件来考虑。在一定范围内，种子园应规划到尽可能大的面积，可使场地养护、药剂喷施、种实采收器械等得到高程度的利用。需要强调的是，种子园的优树等繁殖材料的成本很高，因此，种子园的整地和栽植工作都必须高标准严要求。此外，确定适宜的无性系和家系树木（如不少于20～50个），并进行合理配置，使同一无性系或家系的个体间应有最大的间隔距离，尽可能减少无性系或家系间固定的邻居搭配，以减少自交和近交率。

3. 种子园管理　种子园合理施肥，是促进母树生长发育，提早开花结实，提高种实质量和产量，缩短结实间隔期的有效措施。一般在开始结实以前，施肥的主要目的是促进母树营养生长；进入结实期后，特别是随着种实产量的提高，母树要消耗大量的营养物质，因此，要及时施肥，保证母树对营养物质的需求。

在干旱地区，加强土壤灌溉很重要。依据土壤养分状况和土壤含水量的具体情况，以及培育树种对养分和水分的需求特征，进行合理的施肥和灌溉，增加土壤中的肥效，有效地提高种实产量。需要注意的是，在花孕育期间，一定的水分抑制会促进花的孕育。因而，一方面在适当时期母树需要一定程度的水分抑制以促进花的孕育，而另一方面，在花孕育之前以及种子发育期间，母树需要更多的有效水分。

种子园的初植株行距一般较小，随着树木的生长发育，树冠逐年增大。为避免树冠相互遮阴，保证有足够的空间，使树冠接受充分的光照，以提高种实产量和质量，要适时地进行疏伐。通过疏伐，淘汰遗传品质低劣的植株，伐除花期过早或过晚以及结实量太低的植株。

为了便于种实采收作业，要依据培育树种的生长习性进行适当的整形修剪。通过整形修剪使主干上的主枝配置适当，促进其形成低矮而宽阔的树冠，使整个树形保持均衡，枝叶分布适量，树冠受光均匀，结实量高。此外，通过剪切根系、环剥树皮和缢缚树干等措施，可促使树体内的含糖量水平向利于开花的方向发展，诱导树木开花。

进行科学的花粉管理，实施人工辅助授粉，可补充自然授粉的不足，是种子园管理中提高种实产量和质量的有效措施。还要加强护林防火和病虫害防治工作。要建立系统的技术档案，保留好种子园的区划图、无性系或家系配置图、优树登记表、种子园营建情况登记表以及经营活动记录表等。

三、采 穗 圃

采穗圃是提供优质种条（插穗或接穗）的繁殖圃。用优树或优良无性系作扩繁材料，生产遗传品质优良的插穗或接穗等繁殖材料。采穗圃可大量集中生产优质种条，经营管理方便。

1. 采穗圃建立 采穗圃的圃址选择参照种子园的建立，但采穗圃一般不需要隔离。采穗母树可用播种或无性繁殖方法培育。优良品种可通过组织培养扩繁后，用组培苗建立采穗圃。

2. 采穗圃管理 采穗圃的管理包括树体管理、圃地土壤水肥管理、有害生物管理及档案记载等，要考虑种条产量和质量，还要顾及采穗的方便。采穗圃管理中的重点是采穗母树的树形培养，一般为灌丛式，以提供更多种条。针叶树类采穗母树多培养成篱笆式树形，以控制树高生长，获得更多幼嫩状态的种条。

采穗圃连续采条2～5年后，采穗母树的长势会出现衰退现象，这时可在秋末冬初或早春进行平茬复壮，以恢复采穗母树的树势。若采穗母树长势衰退严重，则应重新培育采穗母树。在重新培育采穗母树时，可进行轮作。

四、植物人工种子

人工种子（synthetic seed）是指将植物离体培养中产生的胚状体包埋在含有营养物质和具有保护功能的物质中而形成的，在适宜条件下能够发芽，并能够生长发育成正常植株的颗粒体。即用人工方法创造出与天然种子类似的一种结构。人工种子的结构见图4-1，其内部是具有活力的胚状体或芽，中间为胚状体所需的营养成分和某些激素（即人工胚乳），外部由具有保护功能的薄膜包裹，与天然种子的种皮很相似。

1. 人工种子的特点 与天然种子相比，人工种子的主要特点是，通过组织培养方法可以快速获得大量的胚状体，体细胞胚是由无性繁殖体系产生的，因而可以保持母体优势。还可根据不同植物对生长的要求，配制不同成分的人工种子种皮，以满足特定生长需求，即在人工种子包裹的材料中加入某些农药、菌肥、激素等，有利于种子的生长发育。对自然条件下不结实的树木、种子昂贵的树木或濒危树木，通过人工种子途径进行繁育具有更重要的意义。

2. 人工种子的制作过程 制作人工种子的基本过程包括人工种胚的诱导及同步化、人工种子的包埋、人工种子的贮藏与萌发。用体细胞胚包埋制作人工种子的具体流程如图4-2所示，选取目标植物，从合适的外植体诱导形成愈伤组织，愈伤组织进一步诱导分化形成体细胞胚，经过同步化扩繁并分选，分选出的体细胞胚以人工制作的胚乳进行包埋，包埋后的体细胞胚再以薄膜（即人工制作的种皮）包裹。人工种子制作好以后还要经过合理贮藏，以保证人工种子的正常萌发与成苗。

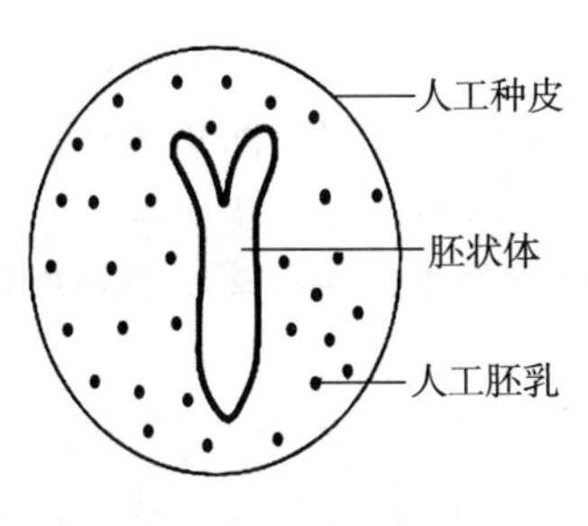

图 4-1　人工种子的结构

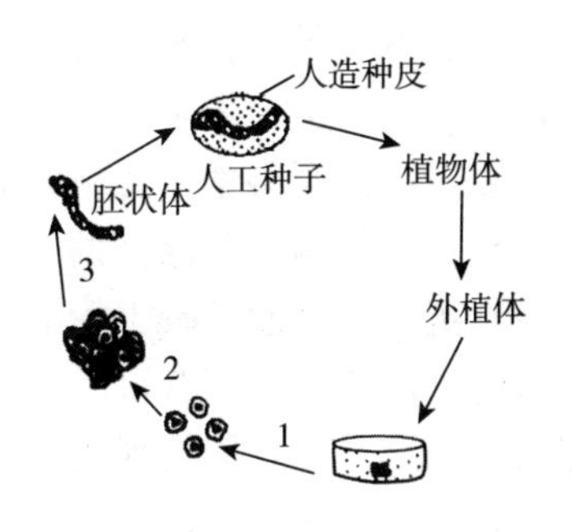

图 4-2　人工种子的制作
1. 诱导分化　2. 同步化扩繁　3. 分选

人工种子的制作对体细胞胚的基本要求是形态上与天然的合子胚类似，在原胚、心形胚、鱼雷胚、子叶胚等发育阶段中，鱼雷胚与子叶胚是较好的体细胞胚包埋时期。

人工种子的制作过程中，获得高质量的人工种子繁殖体后，必须对人工种皮的材料进行筛选，以获得理想的人工种子。理想的人工种皮应具备以下特点：①对人工种胚无毒、无害，有生物相容性，能支持人工种胚；②具有一定的透气性和保水性，不影响人工种子的贮藏保存，使人工种子在发芽过程中正常生长；③具有一定的强度，能维持胶囊的完整性，便于人工种子的贮藏、运输和播种；④能保持营养成分和其他助剂不渗漏；⑤能被某些微生物降解，降解产物对植物和环境无害。人工种皮一般采取双层种皮结构，内层皮通透性好，外层皮坚硬、通透性差，起保护作用。

3. 人工种子的应用前景及展望　人工种子作为一项新兴的生物技术，在种苗快速生产、优良基因型的保持与传播、种质资源的交换等实际应用和科学研究方面都具有很好的应用前景。在实际应用方面主要具有以下前景：①通过植物组织培养可以快速繁殖产生大量结构完整的胚状体；②种皮和提供营养物质的胚乳可以根据不同植物对生长的要求来配置，因而能够更好地促进胚状体生长，适应机械化播种，而且利用人工种子造林比目前采用的试管繁殖更能降低成本，为种苗生产开辟了新的途径；③体细胞胚是由无性繁殖体系产生的，可以稳定保持杂种优势，一旦获得优良基因型，可以多年使用，节省大量的人力、物力、财力；④一些繁殖困难的名贵突变材料、生物工程植物、生长周期长的木本植物，可以在短期内获得种源；⑤胚状体的发育途径可作为高等植物基因工程和遗传工程的桥梁。在科学研究方面，人工种子作为一种分析手段，对研究合子的胚胎发生、检验胚乳在胚胎发育和萌发过程中的作用都具有重要价值。同时，人工种子作为综合性、跨领域技术，应组织人工种子、细胞工程学、生物化学、高分子化学和机械加工等学科专家联合攻关，开展适合人工种子的体细胞胚发生技术基础研究、种胚包囊材料（人工胚乳、种皮）的仿生学研究，筛选低成本种胚包囊材料，提高种胚培养和人工种子制作、应用的自动化及机械化程度等，以适应现代农业的要求。

第三节　园林树木的种实采集与调制

园林绿化的优良种实应该从种子园和母树林中采集，或必要时从选择的优良目标母树上采集。《中华人民共和国种子法》规定，主要林木商品种子生产实行许可制度。

省级以上人民政府农业、林业行政主管部门可以设立林木良种审定委员会，负责林木良种的审定工作。审定委员会由种子科研、教学、生产、经营和管理等方面的专家及代表组成。审定委员会遵照科学、公正的原则，审定良种。对尚不完全具备林木良种审定条件的母树林、种子园、采穗（条、根）圃等生产的林木种子，需要作为林木良种使用的，需经省级以上林业行政主管部门的林木种子管理机构审核，报同级林木良种审定委员会认定。因此，为了获得品质优良的种实，应尽可能从种实基地采集，且应征得有关部门的认可。在具体的种实采集过程中，必须能够识别种实的形态特征，了解种子成熟和脱落的规律，掌握采集种实的时期。并依据种实类别和特性，采取针对性的调制方法，才能够获得适于播种或贮藏的优良种实。

一、种实采集

种实采集是指采集树木上的种子或果实。种实采集的关键是把握种实的成熟性状和成熟期，适时进行采集。不同的种实类别，其成熟性状、脱落特性和成熟期有很大差别。

（一）种实的类别

种子由种皮、胚乳及胚构成。种子的形状多种多样，具有不同的颜色和斑纹，重量相差悬殊。如樟子松的种子千粒重只有6g左右，红松种子千粒重可达500g以上。

果实由果皮和种子构成。有些树种的果实成熟后不开裂，不需进行处理就可用来直接播种，习惯上把这些果实也称为种子，如榆树的翅果。若果实仅仅是由子房发育形成的，叫真果。若不仅由子房，而且还有花托发育增大参与形成的果实，叫假果。园林树木种实实际上是种子与果实的混称。由于种实构造特性的差异，果实成熟时呈现许多不同的特征。大体上可将果实类型归纳为干果类、肉质果类和球果类。

1. 干果类 这类果实的突出特征是，果实成熟后果皮干燥。其中，有些类型果实成熟时果皮开裂，散出种子，成为裂果，如蒴果、荚果和蓇葖果等；另一些类型果实成熟时果皮不开裂，种子不散出，成为闭果，如坚果、颖果、瘦果、翅果和聚合果等。

（1）**荚果** 由一个心皮构成的雌蕊发育而成，果实成熟时沿背缝线和腹缝线两边开裂，如刺槐、皂荚、合欢、紫藤、相思树、锦鸡儿及紫穗槐等。

（2）**蓇葖果** 由一个心皮或离生心皮构成的雌蕊发育而成，果实成熟时沿腹缝线或背缝线一边开裂，如梧桐、白玉兰、绣线菊、珍珠梅等。

（3）**蒴果** 由两个或两个以上心皮构成的雌蕊发育而成，果实成熟时以多种方式开裂，种子散出。如杨、柳、丁香、连翘、太平花、卫矛、黄杨、大叶黄杨、紫薇、锦带花、栾树、泡桐、油茶、乌桕和桉树等。

（4）**坚果** 成熟时果皮木质化或革质化，通常一果含一粒种子，如板栗、栓皮栎等。

（5）**颖果** 果实含种子一枚，种皮与果皮愈合，不易分离，如毛竹等。

（6）**瘦果** 果实生在坛状花托内，或生在扁平而突起的花托上，如蔷薇、月季等。

（7）**翅果** 果皮向外延伸成翅状，形成具有翅的果实，如榆、白蜡、水曲柳、槭等。

（8）**聚合果** 由多枚离生心皮集生于一个花托上形成，如马褂木。

2. 肉质果类 果实成熟后，果皮肉质化。可依据具体特征分为浆果、核果和梨果等。

（1）**浆果** 果皮肉质或浆质并充满汁液，果实内含一枚或多枚种子，如猕猴桃、葡萄、接骨木、金银花、金银木、爬墙虎、黄波罗等。

（2）**核果** 果皮可分为3层，通常外果皮呈膜状，中果皮肉质化，内果皮由石细胞组成，形成坚硬的核，包在种子外面，如榆叶梅、山桃、山杏、毛樱桃、山茱萸、女贞等。

（3）**梨果** 属于假果，其果肉是由花托和果皮共同发育而形成的，通常情况下，花托膨大与外果皮和中果皮合成肉质，内果皮膜质或纸质状构成果心，如海棠花、花楸、山楂、山荆子等。

3. 球果类 裸子植物的雌球花受精后发育形成，种子着生在种鳞腹面，聚成球果，如落叶松、樟子松、云杉、柳杉、柏树等。另一些裸子植物为坚果状种子，着生在肉质种皮或假种皮内，如红豆杉、罗汉松等。

（二）种子的成熟

种子的成熟过程是胚和胚乳不断发育的过程。在这个过程中，受精卵细胞发育形成具有胚根、胚轴、胚芽和子叶等器官的完整的种胚。同时，胚乳的发育不断积累和贮藏各种养分，为种胚发育和未来的种子发芽准备必需的营养物质。从种子发育的内部生理和外部形态特征看，种子的成熟包括生理成熟和形态成熟两个阶段。

1. 生理成熟 种子发育初期，子房体积增长速度快，虽然营养物质不断增加，但水分含量高，内部充满液体。当种子发育到一定程度，体积不再有明显的增加，营养物质积累日益增多，水分含量逐渐变少，整个种子内部发生一系列的生理生化变化过程。表观上看，种子内部由透明状液体变成乳胶状态，并逐渐浓缩向固体状态过渡，同时，胚不断成长，子叶和胚乳等逐渐硬化。当种胚发育完全，种实具有发芽能力时，可认为此时种子已成熟，并称此为种子的生理成熟。达到生理成熟的种子，积累和贮藏了一定的营养物质，但仍有较高的含水量，营养物质仍处于易溶状态。此时，种子不饱满，种皮还不够致密，尚未完全具备发挥保护功能的特性。此时的种实不宜保存，一是种子内部营养物质易渗出种皮而遭微生物危害，二是种子容易过度失水干瘪而丧失发芽能力。因而，种子的采集多不在此时进行。但对于一些深休眠，即休眠期很长且不易打破休眠的树种，如椴树、山楂、水曲柳等，可采用生理成熟的种子，采后立即播种，这样可以缩短休眠期，提高发芽率。

2. 形态成熟 当种胚的发育过程完成，种子内部的营养物质转为难溶状态，含水量降低，种子本身的重量不再增加，呼吸作用变得微弱，且种皮变得致密坚实，具备保护胚的特性时，特别是从外观上看，种粒饱满坚硬而且呈现特有的色泽和气味时，可称为种子的形态成熟。

多数园林树木，其种子达到生理成熟之后，隔一定时间才能达到形态成熟。但有些树种的种子，其形态成熟与生理成熟几乎同时完成，如杨、柳、榆、泡桐、檫树、台湾相思、银合欢等。亦有一些树种，如银杏、七叶树、冬青和水曲柳等，它们的种子是先形态成熟而后生理成熟。这些树种从外表看种子已达到形态成熟，但种胚并没有发育完全，它们需要在适当条件经过一段时间的贮藏后，种胚才能逐渐发育成熟，具有正常发芽能力，这种现象可称为生理后熟。

总的来看，种子成熟应该包括生理上的成熟和形态上的成熟两个方面的意义，只具备其中一个方面的条件时，则不能称为真正成熟的种子。完全成熟的种子应该具备以下几方面的特点：各种有机物质和矿物质从根、茎、叶向种子的输送已经停止，种子所含的干物质不再增加；种子含水量降低；种皮坚韧致密，并呈现特有的色泽，对不良环境的抗性增强；种子具有较高的活力和发芽率，发育的幼苗具有较强的生活力。

（三）种子成熟的鉴别

鉴别种子成熟程度是确定种实采集时期的基础。采集时间过早，种粒不饱满，种子质量差，发芽率低，幼苗抗性弱；采收过晚，许多树木的种实可能会自然开裂，种子散落，也采集不到优良、足够数量的种子。判断种子成熟与否，可用解剖、化学分析、比重测定、发芽试验等方法。但是，一般依据物候观察经验和形态成熟的外部特征判断种子成熟程度最为方便。绝大多数树种的种子成熟时，其种实形态、色泽和气味等常常呈现明显的特征。主要树种种实成熟的外部特征及种实成熟期见附表二。

成熟种子的形状和大小，在不同的园林树木种类中差异很大。种子有卵形、球形、条形、菱形等各种各样的形状。杨、柳等树木的种子很小，山桃等树木的种子则较大。种子成熟时，不同树种其种皮凸凹的差别会形成不同的沟槽、脊、点和网纹等特征，此外，还会形成钩、刺、突起、翼翅、冠毛和芒等不同形状的附属物。多数种实成熟后，颜色由浅变深，种皮坚韧，种粒饱满坚硬，营养物质积累基本停止，种子开始进入休眠状态，对不良环境的忍耐性提高。

未成熟的种实多为淡绿色，成熟过程中逐渐发生变化。其中，球果类多变成黄褐色或黄绿色，如松属树木种实成熟时多为黄绿色和黄褐色。干果类成熟后则多转变成棕色、褐色或灰褐色，如槭、榆、白蜡和马褂木等树木的种实成熟时由绿色变成棕色或灰黄色。肉质种实颜色变化较大，如黄波罗种实变成黑色，红瑞木种实变成白色，小檗和山茱萸种实变成红色，而银杏种实则变成黄色或橘黄色。

种实成熟过程中，果皮也有明显的变化。肉质果类在成熟时果皮含水量增高，果皮变软，肉质化。干果类在成熟时果皮水分蒸发，发生木质化，变得致密坚硬。种皮的色泽变化很大，且与种子成熟度有密切关系。多数情况下，成熟种子的种皮色深具较明显的光泽，未成熟种子则色浅而缺少光泽。

种子成熟时，多数树种的果实酸味减少，涩味消失，果实变甜。如枣和桃树的种实，未成熟时主要成分是来自叶中的糖类所合成的淀粉；种子成熟过程中，淀粉酶和磷酸化酶活性增加，将淀粉水解为葡萄糖类等可溶性糖，使果实变甜。杏和李树的种实，未成熟时含有大量酒石酸、苹果酸和柠檬酸等有机酸类物质，酸味较大；成熟过程中，一方面，有些酸转化成糖类，使果实甜味增加，另一方面，有些酸作为呼吸基质被氧化成二氧化碳和水，减少了酸味。有些种实，如柿树在未成熟时含的鞣质较多，涩味较大；种实成熟时，氧化酶将鞣质氧化成不溶性物质，使涩味大大减小。木瓜等树木的种实成熟过程中，脂肪酸与醇结合形成酯类物质，以及种实内形成的醛、酮和烃类化合物等，均可使种实发出香气。

（四）种实脱落特性

种实成熟后，种实开始逐渐脱落，但脱落方式和脱落期因树种而异。

1. 种实脱落方式 针叶树球果类种实的脱落方式为：种子成熟后整个球果脱落，

如红松等；或球果成熟后，果鳞开裂，种子脱落，如云杉、落叶松和樟子松等；或是球果果鳞与种子一起脱落，如雪松、冷杉和金钱松等。

阔叶树种实的脱落方式为：肉质果类和坚果类，整个果实脱落；蒴果类和荚果类等多数种实，果皮开裂后，种子脱落或飞散。

2. 种实脱落期　有些种实成熟后立即脱落，有些种实从成熟到脱落要间隔一段时期，另一些种实成熟后宿存树上。

如杨、泡桐、榆和桦的小粒种子成熟后很快随风飞散；杏、栎、红松、七叶树、栲和胡桃等的种子成熟后即落地。

云杉、冷杉、油松和落叶松等的种实成熟期与脱落期相近；而侧柏、刺槐、臭椿、杜仲等的种实成熟到脱落要间隔一段时期。

樟子松、马尾松、杉木、悬铃木、苦楝、槐、紫穗槐、紫椴、水曲柳、白蜡、女贞、槭树、桉、樟、楠木、檫木等的种实成熟后悬挂在树上，较长时间不脱落。

（五）确定适宜的种实采集期

种实的适时采收是种实采集工作中极为重要的环节。适宜的种实采集期应该依据种实成熟期、脱落方式、脱落时期以及天气情况和土壤等其他环境因素确定。采集种实之前，必须先调查和估计种实的成熟期，了解种实的脱落方式，预计脱落时期的早晚。

多数树种的种实采集期在秋季，如银杏、木兰、油茶、杉木和松树等。少数树种的种实采集期在夏季，如杨、榆、桑、台湾相思等。有些树种的种实在冬季采集，如女贞和桧柏等。

成熟后较长时间种实不脱落的树种，可有充分的种实采集时间，但仍应当在形态成熟后及时采集，否则，种实长时间挂在树上，易受虫害和鸟类啄食，导致减产和种子质量下降。对于成熟期与脱落期相近的树种，应该特别注意及时观察，及时采集。对于深休眠的种子，如山楂和椴树，在生理成熟后形态成熟之前进行采集，并立即播种或层积催芽，可缩短其休眠期，提高发芽率。

一般在少雨的年份，种实成熟期常提早，但空粒多。在多雨的年份，尤其在种子成熟前阴雨天气多，会使种实成熟期推迟。天气晴朗、气温高，种实成熟快，也容易脱落。生长在肥沃土壤的母树，结实性好，籽实饱满，种子品质好，种实的成熟期较晚。

（六）选择采集种实的母树

园林树木种实首先应考虑在种子园和母树林等良种繁育基地采集。此外，可在树种的适生分布区域内，选择稳定结实的壮龄植株作为采集种实的母树。通常情况下，在相同的采集区，不同植株在生长状况、分枝习性、结实能力、种实的品质等方面具有明显差异。选择综合性状好的植株采集，可获得遗传品质优良的种实。一般来说，采集种实的母树应具有培育目标所要求的典型特征，且发育健壮，无机械损伤，未感染病虫害。具体的选择性状可依据各树种的培育目标而定。如培育目标为行道树，母树应具有主干通直、树冠整齐匀称等特点；花灌木则应冠形饱满，叶、花、果等具有典型观赏特征。母树的年龄以壮龄最好，壮龄母树种实产量稳定、产量高、种实品质好。主要树种适宜采集种实的母树年龄见表 4-1。

表 4-1 主要树种适宜采集种实的母树年龄

树　　种	适宜采集年龄	树　　种	适宜采集年龄
红松 *Pinus koraiensis*	60～100	杉木 *Cunninghamia lanceolata*	15～40
落叶松 *Larix gmelinii*	20～80	水杉 *Metasequoia glytostroboides*	40～60
冷杉 *Abies fabri*	80～100	柳杉 *Cryptomeria fortunei*	15～60
云杉 *Picea asperata*	60～100	马尾松 *Pinus massoniana*	15～40
侧柏 *Platycladus orientalis*	20～60	福建柏 *Fokienia hodginsii*	15～40
银杏 *Ginkgo biloba*	40～100	竹柏 *Podocarpus nagi*	20～30
华山松 *Pinus armandi*	30～60	麻栎 *Quercus acutissima*	30～60
油松 *Pinus tabulaeformis*	20～50	樟 *Cinnamomum camphora*	20～50
樟子松 *Pinus sylvestris*	30～80	檫木 *Sassafras tzumu*	10～30
黄山松 *Pinus taiwanensis*	30～60	榉树 *Zelkova schneideriana*	20～80
紫椴 *Tilia amurensis*	80～100	楸 *Catalpa bungei*	15～30
水曲柳 *Fraxinus mandshurica*	20～60	皂荚 *Gleditsia sinensis*	30～100
杨 *Populus* spp.	10～25	台湾相思 *Acacia confusa*	15～60
榆 *Ulmus pumila*	15～30	喜树 *Camptotheca acuminata*	15～25
香椿 *Toona sinensis*	15～30	木麻黄 *Casuarina equisetifolia*	10～12
刺槐 *Robinia pseudoacacia*	10～25	木荷 *Schima superba*	25～40
枫杨 *Pterocarya stenoptera*	10～20	乌桕 *Sapium sebiferum*	10～50
臭椿 *Ailanthus altissima*	20～30	桉 *Eucalyptus* spp.	10～30
桑树 *Morus alba*	10～40	黄连木 *Pistacia chinensis*	20～40
五角枫 *Acer pictum*	25～40	银桦 *Grevillea robusta*	15～20

（七）种实采集方法

1. 树上采集　可借助采种工具（图 4-3）直接采摘或击落后收集，交通方便且有条件时，也可进行机械化采集。对于种实粒小或脱落后容易随风飞散的树种，适于

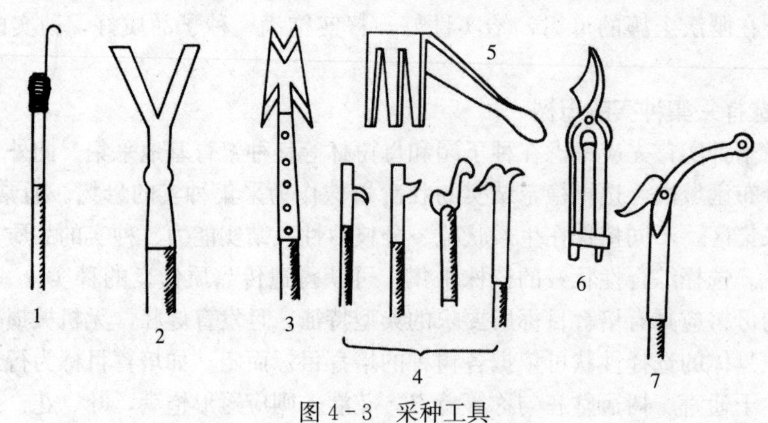

图 4-3　采种工具

1. 采种钩　2. 采种叉　3. 采种刀　4. 采种钩镰　5. 球果梳　6. 剪枝剪　7. 高枝剪

树上采集。多数针叶树种，在生产上也常用树上采集方法。进行树上采集时，比较矮小的母树，可直接利用高枝剪、采种耙、采种镰等各种工具采摘。通过振动敲击容易脱落种子的树种，可敲打果枝，使种实脱落，收集。高大的母树，可利用采种软梯、绳套、踏棒等上树采集种实。也可用采种网，把网挂在树冠下部，将种实摇落在采种网中。在地势平坦的种子园或母树林，可采用装在汽车上能够自动升降的折叠梯采集种实。针叶树的球果可用振动式采种器采收。

2. 地面收集　种实粒大的树种，如栎类、核桃等，可在种实脱落前清理地面杂草等，待种实脱落后立即收集。

3. 伐倒木上采集　在种实成熟期和采伐期相一致时，可结合采伐作业，从伐倒木上采集种实，简便且成本低。这种方法对于种实成熟后并不立即脱落的树种（如水曲柳、云杉和白蜡等）非常便利。

（八）采集种实前的准备和种实登记

采集种实之前需制定详细的采集计划，确定采集的树种、采集数量以及采集的母树林、种子园或采集母树的具体地点，征得有关管理部门的许可，准备好采集工具及有关的记录表格，计划好需要的劳动力，准备好临时存放场地，并要做好预算。

要建立健全种实采集登记制度，特别要注意对每一批种实都要进行登记，并做详细记录。详细地登记采集树种、地点、采集时间和方式，采集母树林、种子园或采集母树的状况，种实调制的方法和时间，种实贮藏的时间、方法和地点等，为种实的合理使用提供依据。

二、种实调制

种实调制是指种实采集后，为了获得纯净而质优的种实，并使其达到适于贮藏或播种的程度所进行的一系列处理。在多数情况下，采集的种实中含有鳞片、果荚、果皮、果肉、果翅、果柄、枝叶等杂物，必须经过及时的晾晒、脱粒、清除夹杂物、去翅、净种、分级、再干燥等处理工序，才能得到纯净的种实。新采集的种实一般含水量较高，为了防止发热、霉变对种实质量的影响，采集后要在最短的时间内完成种实调制。对于不同类别以及不同特性的种实，调制时要采取相应的调制工序。

（一）球果类种实调制

针叶树的球果类种实，种子包藏在球果的种鳞内，种实调制中首先要进行干燥，使球果的鳞片失水后反曲开裂，种子才能脱出。具体可分为自然干燥脱粒和人工干燥脱粒两种方法。

1. 自然干燥脱粒　自然干燥脱粒以日晒为主。选择向阳、通风、干燥的地方，将球果摊放在场院晾晒，或设架铺席、油布晾晒。在干燥过程中，经常翻动。夜间和雨天要将球果堆积起来，覆盖好，以免雨露淋湿，使晾晒时间拖长。通常经过 10～15d 球果可开裂。球果的鳞片开裂后，大部分种子可自然脱出。未脱净的球果再继续摊晒，或用木棒轻轻敲打，使种子全部脱出。然后用筛选、风选或水选，去翅去杂，取得纯净种子。需要指出的是，有的球果（如落叶松等）敲打后更难开裂，所以忌用棍棒敲打。

有些针叶树种（如马尾松等）的球果含松脂较多，不易开裂，可先在阴湿处堆沤，用40℃左右温水或草木灰水淋洗，盖上稻草或其他覆盖物使其发热，经2周左右待球果变成褐色并有部分鳞片开裂时，再摊晒1周左右，可使鳞片开裂，脱出种子。

自然干燥法的优点是作业安全，调制的种子质量高，不会因温度过高而降低种子的品质。因此，适用于处理大多数针叶树的球果，如落叶松、云杉、侧柏、水杉、柳杉、杉木和侧柏等。缺点是常常受天气变化影响，干燥速度缓慢。

2. 人工干燥脱粒 设球果干燥室，人工控制温度和通风条件，促进球果干燥，使种子脱出。干燥球果的温度为36～60℃，应先从20℃左右开始，逐渐升到适宜温度。如落叶松和云杉适宜温度要小于50℃，马尾松和樟子松不超过55℃。干燥时也可使用球果脱粒机脱出种子。另外，可采用降低大气压强、提高温度的减压干燥法或称真空干燥法脱粒。使用球果真空干燥机进行脱粒，不会因高温而使种子受害，特别是能够大大缩短干燥时间，提高种实调制的工作效率。

3. 去翅 为了便于贮藏和播种，对于云杉、冷杉、落叶松、油松等带翅的种实，完成脱粒工序后，要通过手工揉搓或用去翅机除去种翅。

（二）干果类种实调制

干果类种实调制工序主要是使果实干燥，清除果皮和果翅、各种碎屑、泥土及夹杂物，取得纯净的种实，然后晾晒，使种实达到贮藏所要求的干燥程度。调制时要注意，含水量高的种实若放置时间长，种实堆容易发热而致使种子受害，因此，必须及时进行调制，且不宜暴晒，而是适宜阴干，或直接混沙埋藏；含水量低的种实，一般可在阳光下直接晒干。

1. 蒴果类种实调制 杨、柳等树种，采集的果穗晒几小时后，应及时放入通风而凉爽的飞花室内进行阴干。一般在架设好的帘子上摊铺，并经常翻动，以防止发热。待蒴果开裂时，敲打脱粒。

桉、泡桐、香椿等树种，采集后应放在框内晾晒。晾晒数日，蒴果开裂后，即可搅动或敲打脱粒。晾晒时注意勿使种子被风吹散。

丁香、连翘等，可将采集的果实直接晾晒，使果皮自然开裂。也可敲打，使种子脱出。然后，除去果梗、果皮及其他夹杂物。

2. 荚果类种实调制 多数荚果类种实含水量较低，如刺槐、合欢和相思树等，采集后可直接摊放在晾晒场院的席子上晒干，待荚果开裂，敲打脱粒，用风车等除去夹杂物，获得纯净种子。皂荚类等果皮坚硬的种实，可用石磙压碎果皮，清除夹杂物，取出种子。

3. 翅果类种实调制 槭树、白蜡、水曲柳、香椿、榆树、枫杨、杜仲等树种的翅果不必去翅，干燥后除去其他杂物即可贮藏。其中，杜仲翅果在阳光下暴晒易失去发芽力，应阴干。

4. 坚果类种实调制 含水量较高的栎类和栲类种实，不宜在阳光下暴晒，采集后应及时通过水选或手选，除去虫蛀种实，摊在通风处阴干。阴干过程中注意经常翻动，以免发热。当种实达到安全含水量时，则可进行贮藏。椴树和梧桐类种实，采集后可在阳光下晾晒，使果柄、苞片等脱落，除去夹杂物后则可贮藏。

（三）肉质果类种实调制

肉质果类包括浆果、核果、仁果、聚合果以及包在假种皮中的球果等，如樟、檫木、核桃、山楂、黄波罗、小檗、海棠、桑、山荆子、圆柏、银杏、红豆杉等树种的种实。

肉质果的果肉含有较多果胶和糖类，水分含量也高，容易发酵腐烂。所以，采集种实后要及时调制，取出种子。否则，出现发酵腐烂现象会降低种子品质。调制的工序主要为软化果肉、揉碎果肉，用水淘洗出种子，然后进行干燥和净种。一般情况下，从肉质果实中取出的种子含水率高，不宜在阳光下暴晒，应在通风良好的地方摊放阴干，达到安全含水量后进行贮藏。

（四）净种和种粒分级

1. 净种　净种是指清除种实中的鳞片、果屑、枝叶、空粒、碎片、土块、异类种子等夹杂物的种实调制工序。通过净种可提高种子净度。根据种实大小和夹杂物大小及比重的不同，可选用筛选、风选和水选等方法净种。筛选时，先用大孔筛筛除大的夹杂物，再用小孔筛筛除小杂物和细土，最后留下纯净的种子。风选时，主要应用风车和簸扬机等，将饱满种子和夹杂物分开。水选时，利用种粒和夹杂物比重的差别，将待处理的种实放置于筛中，并浸入慢流的水中，使夹杂物、空瘪粒和受病虫害的种粒上浮而除去，将下沉的饱满种子取出阴干。

2. 种粒分级　种粒分级是将某一树种的一批种子按种粒大小进行分类。种粒大小在一定程度上反映种子品质的优劣。通常大粒种子活力高，发芽率高，幼苗生长好。因此，种粒分级非常重要。分级时可利用筛孔大小不同的筛子进行筛选分级，也可利用风力进行风选分级，还可借助种子分级器进行种粒分级。种子分级器的设计原理是，种粒通过分级器时，比重小的被气流吹向上层，比重大的留在底层，受震动后，分流出不同比重的种子。

第四节　园林树木种子活力的生理基础

一、种子活力

1. 种子活力概念的认识　种子活力是种子生命过程中的重要特性，它与种子发育、成熟、劣变、贮藏寿命和萌发等生理过程有着密切联系。尽管目前对种子活力这一概念的理解仍然存在着差异，但普遍的观点认为，种子活力是种子特性的综合，这些特性决定着种子或种子批在发芽和种苗生长期的活性及行为表现水平。表现优良的为高活力种子，表现差的为低活力种子。有关种子活力的特性包括：发芽期间的一系列生物化学过程与反应，如酶促反应和呼吸速率；种子发芽和种苗生长的速率和整齐度；贮藏与运输后的表现，特别是发芽能力的保持；田间表现，包括出苗、生长速度和整齐度；在逆境下种子的萌发能力。

种子活力（seed vigor）与通常所指的种子生命力（seed vitality）和种子生活力（seed viability）的含义不同。种子活力是种子所具有的生活能力的总表现，它不仅包含生活力，而且包含能否发育成正常幼苗的含义。种子生命力是指种子有无生命活动的能力，即种子有无新陈代谢能力和生命所具有的属性，具有这些属性则称为有生命的种子（live seed）或活种子（living seed），反之则称为无生命的种子（lifeless seed）或死种子（dead seed）。种子生活力是指种子的发芽潜在能力和种胚所具有的生命力，通常指一批种子中具有生命力的种子数占种子总数的百分率，是生产上常用的术语。种子生活力高，则发芽力高；生活力低，则发芽力也低。用生活力不能完全代表种子的品质，因为，生活力只能说明种子能否发芽成苗，但并未反映能否发育成正常幼苗。由此可见，用种子活力更能全面地说明种子的品质。

2. 种子活力的形成 种子是在植物从低等到高等的系统发育中逐渐演化而来的、进行有性过程的产物。树木开花、传粉并受精后，形成合子（受精卵），合子发育形成胚，胚珠发育形成种子。受精后合子的形成或是种胚开始发育，意味着种子生命的起点，伴随着种子发育过程，种子活力逐渐形成。受精作用使种子接受了父母双亲的遗传物质，这些遗传物质作为内因，影响种子形成及其以后的活力表现。

种子在发育过程中，不断从母株上吸收各种有机物质和无机物质，如糖、氨基酸、有机酸以及无机盐等，作为呼吸、构造和贮藏物。因此，健壮的母株可给种子的发育提供充足的营养物质。同时，光照、温度、水分、风和病虫害等环境因素，对种子发育过程也有较大影响。受精后种胚发育直至脱水成熟的过程，是种子形态结构不断完善、体积和干重不断增加的过程。随着这些过程的进行，种子活力也在不断增加，至干重不再增加时，种子活力达到最高点。

种子是活的有机体，它具有起保护作用的种皮、贮藏营养物质的胚乳或子叶，以及作为植物雏形的种胚，种胚具备发育成为植株所需要的遗传信息。因此，它也是最完善的生殖器官。种子不仅在母体上与外界交换物质，脱离母体后，仍然是个半开放系统，同样要与外界环境进行物质交换，并表现出不同的种子活力特性。

3. 种子活力的表达 种子活力关系着种子萌发后，植株在各个生长发育阶段的生命质量，是种子的重要品质。种子的代谢活性、发芽和生长能力是种子具有活力的重要表现。需要指出的是，种子活力既是种子个体，又是群体种子的一种潜在能力。对种子个体而言，种子活力通常意味着在田间条件下发芽成苗及种苗生长表现能力。对于群体种子而言，种子活力还意味着发芽及幼苗生长的整齐程度。

应该认识到，有生命的种子并不能在任何时间里都以生长能力和旺盛代谢作用表达其潜在的活性。例如，樟、深山含笑、椴、山楂、格木、南方红豆杉等树种在种子成熟过程中，随着种皮加厚、变硬，透气性能减弱，结果种子越来越难以通过发芽表达还在继续增长的活力。又如，白蜡树果皮和桃树种皮中含有抑制物质（ABA），常限制种子活力表达。因而，种子活力不能只根据有无现实发芽能力及当时的发芽生长速度与代谢强度来评价。

产生种子活力表达障碍的原因既来自自身，如种皮的机械阻碍和抑制发芽生长的化学物质，以及胚和胚乳的生理障碍等；又来自环境，如由于种子得不到足够的水分、氧气及适宜的温度而使种子活力不能表现，当这些条件具备时，种子活力可以很快以代谢增强及萌发表现出来。由此可见，只有消除表达障碍并达到萌发需要的基本条件，种子的活力才能以发芽方式表达。

种子活力的大小决定其萌发速度、整齐度和在不利条件下的萌发能力。种子萌发时具有或表现的活力水平，也是苗木活力的起点水平。因此，种子活力是种子生命质量的重要指标。高活力的种子，出苗快且整齐，同时，高活力的种子生命力强，对逆境具有较强的抵抗力，可为幼苗的生长奠定良好的基础。

二、种子化学成分

1. 种子的营养成分 种子的营养成分主要包括糖类、脂肪和蛋白质。糖类和脂肪是呼吸作用的基质，蛋白质主要用于合成幼苗的原生质和细胞核。通常糖类总量占种子干物质的25%～70%，在种子发芽时，提供生长必需的养料和能量。其中主要的糖类为淀粉、纤维素、半纤维素和果胶等不溶性糖，另外的糖类为蔗糖等可溶性糖。脂类物质主要为脂肪和磷脂两大类，其中，脂肪以贮藏物质状态存在于细胞中，磷脂是原生质的必要成分。种子贮藏过程中，脂肪含量高的种子容易发生酸败现象（rancidity），脂肪变质产生醛、酮和酸等物质，使种子产生苦味和不良气味。种子中的蛋白质主要以糊粉粒和蛋白体等简单的蛋白质状态存在于细胞内，另有少量的脂蛋白和核蛋白等复合蛋白质。

种子发育过程中，由于基因所控制的酶系的数量和质量不同，形成的主要成分不同。依据不同树种其种子主要营养成分含量，可将种子划分为淀粉种子、油料种子和蛋白质种子三大类。如板栗和银杏种子的淀粉含量高达80%以上；红松种子的脂肪含量在70%以上，核桃为65%，油茶为30%。

2. 种子内的生理活性物质 种子中含有少量的酶、维生素和激素类物质，虽然含量很低，但对种子生理和生化变化有非常重要的调节作用。在种子发育过程中，各种酶的活性较强，种子内的生理生化作用旺盛。随着种子成熟与脱水，酶的活性一般降低，种子内代谢活动减弱。种子中的维生素主要为B族维生素和维生素C等水溶性维生素，以及维生素E等脂溶性维生素。

种子内激素有调控种子发育、成熟、萌发和生长的作用。主要有生长素（IAA）、赤霉素（GA）、细胞分裂素（CK）、乙烯（Eth）和脱落酸（ABA）等。

种子中的生长素（IAA）并非直接来自母株，而是由色氨酸合成。IAA以游离态和各种形式的结合态存在。种子发芽前含量极低，多以酯或激素的前体存在。种子发芽后，以具有活性的游离态形式存在。IAA是植物主要的生长素。

种子中的赤霉素（GA）种类有数十种，其中最主要且活性最强的是GA_3。GA以游离态和结合态两种形态存在。结合态的GA常与葡萄糖结合成糖苷或糖脂。种子发育早期，大部分GA具活性，成熟时则钝化或进行分解。发芽过程中，结合态的GA又可转化为活性状态。GA主要促进细胞伸长，促进植物生长。

细胞分裂素（CK）可能由母株运入种子，但种子本身也可合成。它是腺嘌呤的衍生物，DNA的分解产物。主要起促进细胞分裂，抵消ABA等抑制物的作用。

乙烯（Eth）可促进果实成熟，对种子的休眠和发芽有调控作用。

脱落酸（ABA）在种子发育过程中含量较高，在种子脱水时迅速降低。它能够促进贮藏物质的积累。

3. 种子内的其他化学成分 种子内含有叶绿素、类胡萝卜素、黄酮素和花青素等许多种类的色素。这些色素控制种子的色泽，依据种子的色泽可判断种子的成熟度和品质状况。种子所含的磷、钾、钠、钙、铁、硫、锰等多种矿质元素，在维持种子的生理功能方面起重要作用。此外，种子中还含有鞣质及其他酚类物质。

三、种子活力差异及其原因

1. 树种的地理变异与遗传因素　种子活力的最大遗传潜力是由基因控制的。这种遗传潜力在种子形成过程中因受生态条件影响，通常不能完全表现出来，而是有所降低。不同树种，其种子活力大小客观存在差异是受基因控制的，同时，又受环境影响。同一树种不同的种源，其种子的形态和活力通常存在差别，如樟子松、落叶松和杉木等树种。不同的种源，其种子大小、重量、发芽能力及幼苗表现等与活力有关的性状均存在差异，这可能是母树适应生存环境选择，发生变异，将所确定下来的性状通过种子形成过程反映在种子活力上。

2. 种子成熟度　种子成熟过程是物质的不断积累过程，种子活力的增加建立在物质积累的基础上。大量资料表明，种子成熟程度与活力密切相关。种子的活力随种子的发育而上升，至种子完全成熟时，活力达到最高峰。未达到完全成熟的种子，物质积累不充分，种子达不到高活力水平。在实际的种实采集过程中，常常由于不适当的掠青采种，而人为导致种子活力下降，这是值得特别注意的一个问题。

3. 种子发育过程　在种子发育过程中，凡是影响母株生长的外界条件对种子活力及后代均可造成深远的影响。在开花、传粉和受精过程中，良好的天气状况，适宜的温度和湿度条件，有利于种子发育，形成的种子活力大。在胚珠发育为种子的过程中，温度、水分和相对湿度是影响种子活力的重要因素。不良气候和病虫感染，常常降低种子活力。种子内的许多无机养分来源于土壤，因此，良好的土壤肥力条件，母树营养充足，是形成高活力种子的基础。如许多试验表明，杉木、油松、落叶松、胡桃楸和黄波罗等树种，提供足够的营养空间和适度的施肥，不仅能够明显提高种子产量，而且能够明显提高种子活力。适宜的土壤水分条件，可促进母株的生长发育和提高种子饱满度，提高种子活力。种子形成时期干旱缺水，会造成种子发育不良，体积和重量减小，种子活力降低。

4. 机械损伤　种实采集、调制、净种、分析、运输、贮藏和催芽等一系列作业环节，都可能造成种子的机械损伤。损伤种胚会使种子活力降低，导致种子不能发芽，造成幼苗畸形。损伤种皮会降低种皮的保护作用。种皮的损伤往往对种子活力造成严重影响，因为几乎所有种皮对种子活力的保持具有保护作用。种皮受到伤害后，不仅改变了种子原来的封闭状况，使种子更易遭受不良外界环境的影响，加速种子老化劣变；而且，受伤部位容易遭微生物侵染，导致胚乳和胚发霉变质，致使种子失去活力。

5. 种子干燥与病虫害　种实采集后干燥不及时，容易使种子活力降低。种实调制过程中，如果干燥方法不当，干燥温度过高，会使种子脱水过快，损伤胚细胞，降低或丧失种子活力。微生物和病菌侵染容易引起呼吸作用加强和有毒物质积累，加速种子劣变，使种子活力迅速下降。虫害直接损伤种子完整性，导致种子活力降低。

综合来看，种子个体之间或种子群体之间，种子活力差异是绝对的。从动态的观点可将种子活力分为原初活力和现实活力两种情况。原初活力是指种子完全成熟时所具有的最高活力水平。现实活力是指种实采集、调制、贮藏、运输和催芽等过程中某一时间的种子活力水平。不同种源的种子地理变异和遗传特性、种子丰歉年、母株的生态环境及经营管理等因素，是种子群体间原初活力差异的主要原因。种子个体遗传差异、成熟程度、种子在母株上的着生部位等，是种子个体原初活力差异的主要原因。种子遗传性状、原初活力水平、种子损伤情况、种子经历的时间和遭遇的环境条件等，都可以造成种子群体或种子个体现实活力的差异。

四、种子劣变与修复

种子是活有机体，与其他有机器官一样，有发生、发育和衰老的过程。种子成熟时活力水平最高，在贮藏过程中，种子经历着活力不断降低且不可逆的变化，这些变化的综合效应称为劣变（deterioration）。种子劣变是不可避免的现象，劣变的最终结果是种子丧失活力。有时在描述种子生理变化时，采用种子老化（aging）和衰老（senescence），这是习惯用语，一般指种子活力的自然减弱现象。劣变是科学术语，强调细微结构和生理功能的变化。

种子发生劣变，导致活力下降甚至丧失生命力，其机理相当复杂。以遗传学、生理学和细胞解剖学的原理为基础看，种子劣变可能的机制为：①半透性膜破损，不能维持正常的选择透性作用，细胞中物质外渗量增大，使种子细胞代谢和运转效能破坏，外渗物还易招致并刺激微生物生长，导致种子发生霉烂；②内源激素的消长，如产生赤霉素、细胞分裂素和乙烯等激素的能力丧失，使这些具有促进作用的激素含量减少，而脱落酸等抑制物质的积累增加；③酶类活性减小，阻碍生理生化过程，如杨树种子中的细胞色素氧化酶、抗坏血酸氧化酶、多酚氧化酶、过氧化物酶、过氧化氢酶和淀粉酶的活性随着种子贮藏时间的延长而降低；④细胞染色体畸变的百分率增高，在减数分裂时发生染色体断裂现象；⑤DNA 的卷曲水平降低，被 DNA 酶分解成较低分子质量的 DNA 小片，影响了 RNA 和蛋白质的合成，由蛋白质包外而核酸居内所组成的核小体遭受降解；⑥脂肪、蛋白质和淀粉等大分子贮藏物质的减少量和它们的降解产物脂肪酸、氨基酸和糖的增加量不成等比关系；⑦超氧化物歧化酶、维生素 C 等保护物减少，活性氧、生物碱等有毒物质增加，膜的结构和功能遭受伤害。

种子在生活过程中存在着劣变与修复两个相互的作用过程。在正常组织内，多数细胞质和细胞核都有结构和功能上的修复机理，对损害具有恢复修补功能，被损害的组织不断为新形成的细胞器所代替，从而能保持种子活力。种子从生理成熟时开始发生劣变，至最终丧失活力，所经历的时间和发生劣变的程度视环境条件而异。种子本身状况良好并在适宜的环境条件下，可减慢种子劣变速度，降低劣变程度。在劣变前期或劣变较轻时，种子可进行自我修复，恢复活力。但当劣变程度较大时，种子无法进行自我修复，结果丧失活力。如在正常情况下，溶酶体膜经常修复，使细胞不受伤害。但在风干种子中，溶酶体膜失去修复功能，吸水后，溶酶体内的水解酶从膜的损伤处逸散到细胞质中，引起迅速的分解作用。如果种子吸胀速度快，损害程度过大，则不能进行修复，结果导致细胞溶解。一些试验表明，播种前利用某些渗透调节剂如聚乙二醇（polyethylene glycol，PEG）处理樟子松、落叶松和油松等种子，可减缓种子吸胀速度，减轻因吸胀速度过快而引起的伤害。

第五节　园林树木种子贮藏与运输

种子是极为重要的生产资料。贮藏种子的目的是为播种育苗贮备种子，实质是在一定时期内保持种子的生命力，即采用合理的贮藏设备和先进的技术，人为地控制贮藏条件，使种子劣变减小到最低程度，在一定时期内最有效地使种子保持较高的发芽力和活力，确保育苗时对种子的需要。大多数园林树木的种子在秋冬季节成熟，而播种却多在春季进行，所以，采集种实后需要进行贮藏。虽然有些树种的种子在夏季成熟，且可随采随播，但是，为了使新萌发的幼苗能在当年有更长的生长期，同时也便于生产安排，同样需要进行种子贮藏，以备不同时期的播种需要。特别是许多园林树木具有结实周期性特征，各年结实有很大的不确定性，丰年应该尽量多采集种实进行较长时期的贮藏，以便在歉年仍能有充足的种实供应。种实贮藏期限的长短，视贮藏目的、种子本身的特性及贮藏条件而定。在园林苗木生产中，常常需要从不同地区调拨种子，涉及种子的运输，需要考虑在种子运输环节的活动环境中如何保存好种子。

一、种子贮藏原理

具有活力的种子，时刻都在进行着不同强度的呼吸作用。种子呼吸作用与种子贮藏具有密切关系。因此，认识种子呼吸作用的特点及影响呼吸的因素，是合理地调控呼吸作用和有效地进行种子贮藏工作的基础。

（一）种子的呼吸

呼吸作用是活有机体特有的生命活动。种子的呼吸是指种子内活组织在酶和氧的参与下将本身的贮藏物质氧化分解，放出二氧化碳和水，同时释放能量的过程。这个过程不断地将种子内的贮藏物质分解，为种子生命活动提供所需的物质和能量，维持种子体内正常的生化反应和生理活动。种子贮藏期间，其本身不存在同化过程，主要是进行分解作用和劣变过程，所以呼吸作用是种子生命活动的集中表现。当有外界氧气参与时，种子以有氧呼吸为主；当种子处于缺氧条件时，则主要进行无氧呼吸。

有氧呼吸过程中，主要是通过糖酵解—三羧酸（EMP－TCA）循环途径，使呼吸底物（糖类）分子被彻底氧化，释放出大量能量。在这个氧化还原过程中，细胞质中的葡萄糖经糖酵解转变为丙酮酸，在线粒体内膜内的衬质中经三羧酸循环，丙酮酸被彻底氧化成二氧化碳和水。能量的释放主要是通过电子传递体的氧化磷酸化作用产生 ATP（三磷酸腺苷）来实现的。这个过程可用下式简单表示：

葡萄糖 ⟶ 丙酮酸 ＋ 氧气 ⟶ 二氧化碳 ＋ 水 ＋ 能量

$$C_6H_{12}O_6 \longrightarrow C_3H_4O_3 + O_2 \longrightarrow CO_2 + H_2O + \text{能量}$$

无氧呼吸过程中，底物分解成为不彻底的氧化产物，释放出的能量大大低于有氧呼吸。经糖酵解产生的丙酮酸在缺氧条件下脱羧形成乙醛，再还原成乙醇，这个过程也可称为乙醇或酒精发酵。丙酮酸也可直接被还原成乳酸，称乳酸发酵。或丙酮酸被还原成丁酸，称为丁酸发酵。如下式示意：

葡萄糖⟶丙酮酸（缺氧条件）⟶乙醇发酵⟶乙醇（CH_3CH_2OH）　+能量
或 ⟶乳酸发酵⟶乳酸（$CH_3CHOHCOOH$）+能量
或 ⟶丁酸发酵⟶丁酸（$CH_3CH_2CH_2COOH$）+能量

呼吸作用可用两个指标衡量，即呼吸强度和呼吸系数。呼吸强度又可称为呼吸速率，是指单位时间内，单位重量种子放出的二氧化碳量或吸收的氧气量，它是表示种子呼吸活动强弱的指标。呼吸强度大，表示种子体内物质分解过程快，意味着单位时间内放出的水分和能量多。无论是有氧呼吸还是无氧呼吸，呼吸强度的增强都不利于种子的贮藏。有氧呼吸增强时，释放出过多的水分和热能，这些过多的水分和热能大部分郁积在种子堆中，发生所谓的“自潮”现象和“自热”现象，成为进一步加剧种子呼吸强度的因素。呼吸强度的增加，会加速种子内贮藏物质的消耗，加快种子劣变速度。强烈的缺氧呼吸，一方面会造成种子体内物质和能量的消耗，另一方面产生乙醇等有毒物质，这些物质的积累会反过来抑制种子呼吸，致使种胚中毒死亡。

呼吸系数是指种子在单位时间内放出二氧化碳的体积和吸收氧气的体积之比，它是表示呼吸底物的性质和氧气供应状况的一种指标。一般贮藏的种子，可通过测定呼吸系数的变化，了解种子呼吸底物的状况。如呼吸底物为碳水化合物，氧化完全时，呼吸系数为1；呼吸底物为脂肪和蛋白质时，呼吸系数小于1；呼吸底物为含氧较多的有机酸类时，呼吸系数大于1。另外，依据呼吸系数的变化，还可估计种子呼吸过程中氧的供应情况。如缺氧条件下，种子进行无氧呼吸，呼吸系数大于1；氧气供应充足，种子进行有氧呼吸时，呼吸系数等于或小于1；如果呼吸系数很小，说明种子进行强烈的有氧呼吸。

种子贮藏过程中，究竟进行的是有氧呼吸还是无氧呼吸，与种子本身状况及贮藏环境有关。气干状态的、种皮致密的种子，贮藏在低温干燥且密闭缺氧的环境条件下，以无氧呼吸为主，种子代谢活动十分微弱，呼吸速率很低。反之，以有氧呼吸为主，呼吸速率较高。在种子贮藏过程中，这两种呼吸往往同时存在。通风透气时，以有氧呼吸为主；若通风条件差，氧气供应缺乏时，则以无氧呼吸为主。

（二）影响种子呼吸的因素

1. 种子本身状况　种子的呼吸强度因种子本身状况而有很大差别。未充分成熟、损伤和冻伤的种子，可溶性物质多，酶的活性高，呼吸强度大。另外，种粒和种胚的大小与呼吸强度有密切的关系，小粒种子接触氧气面较大，大胚种子由于其胚部活细胞占的比例大，均有较高的呼吸强度。由此可见，种实贮藏之前，认真做好种实调制的各个工序非常必要，特别要注意剔除杂物、破碎粒，尽量避免损伤种子，并合理地进行种子分级，以提高种子贮藏稳定性。

2. 种子含水量　种子中游离水和结合水的重量占种子重量的百分率为种子含水量。一般将游离水出现时的种子含水量称为临界含水量。临界含水量与种子贮藏的安全含水量有密切关系。种子安全含水量（标准含水量）是指保持种子活力而能安全贮藏的含水量。大多数树种其种子的安全含水量大致相当于充分气干时种子的含水量。贮藏种子过程中，种子与外界不断交换水汽，经过一定时期，释放的水汽与吸入的水汽达到一个动态平衡，此时，种子的含水量称平衡含水量。

种子含水量高，特别是游离水的增多，是种子新陈代谢强度急剧增加的决定因素。种子内游离水分多，酶容易活化，难溶性物质转化为可溶性的简单的呼吸底物，易加快贮藏物质的水解作用，使呼吸作用增强。当种子含水量低时，水分处于结合水状态，几乎不参与新陈代谢活动，种子呼吸作用微弱。但是，如果种子含水量太低，如低于4%～5%，种子中的类脂物质自动氧化生成的游离基会对细胞中的大分子造成伤害，使酶钝化、膜受损、染色体畸变，导致种子劣变加速。因此，在种实调制过程中，掌握种子干燥程度极为关键。既要使种子含水量降低到最低程度，又不能低于种子安全含水量。而不同树种的种子，或者同一树种的种子当贮藏条件不同时，种子安全含水量又有很大差别（表4-2）。

表4-2 常见树木种子的安全含水量（标准含水量，%）

树种	标准含水量	树种	标准含水量	树种	标准含水量
杉木	10～12	榆	7～8	椴树	10～12
臭椿	9	马尾松	7～10	皂角	5～6
白蜡	9～13	云南松	9～10	刺槐	7～8
元宝枫	9～11	杜仲	13～14	复叶槭	10
侧柏	8～11	杨	5～6	麻栎	30～40

3. 空气相对湿度 种子是一种多孔毛细管胶质体，有很强的吸附能力。特别是干燥的种子，具有强烈的吸湿性。故种子含水量随空气相对湿度而变化。在相对湿度大的条件下，种子含水量会明显增加，使种子呼吸作用加强。在空气较干燥、相对湿度较低时，种子可释放水汽，减小水分对呼吸作用的影响。

4. 温度 在一定的温度范围内，种子的呼吸作用随温度升高而加强。温度高时，种子的细胞液浓度降低，原生质黏滞性降低，酶的活性增加，促进种子代谢，呼吸作用旺盛。尤其在种子含水量同时较高的情况下，呼吸强度随温度升高而发生更加显著的变化。但是，温度过高时，如大于55℃，蛋白质变性，与蛋白质有关的膜系统、酶和原生质遭受损害，呼吸强度急剧下降，种子生理活动减慢或消失（图4-4）。

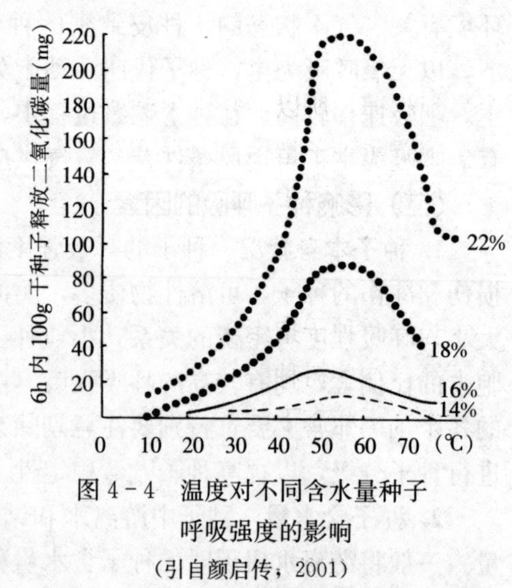

图4-4 温度对不同含水量种子呼吸强度的影响
（引自颜启传，2001）

5. 通气状况 贮藏种子时，通气状况与种子的呼吸强度和呼吸方式有密切的联系。空气流通的条件下，种子的呼吸强度较大；贮藏于密闭条件下，呼吸强度较小。综合考虑温度、水分和通气状况时，水分和温度越高，则通气对呼吸强度的影响越大。

含水量高的种子，呼吸作用旺盛，如果空气不流通，氧气不足，种子很快被迫进行无氧呼吸，从而积累大量的醇、醛和酸等氧化不完全的物质，对种胚产生毒害。因此，含水量高的种子，在贮藏中要特别注意空气流通。含水量较低的干燥种子，由于呼吸微弱，氧气消耗量较小，可进行密闭贮藏。

6. 生物因子　在种子贮藏中，种子堆中微生物和昆虫的活动会放出大量的热能和水汽，达到一定程度则间接导致种子呼吸作用增强。同时，微生物和昆虫的活动消耗氧气，放出大量二氧化碳，使局部区域氧气供应相对减少，会间接地影响种子呼吸作用的方式。

二、种子寿命

种子从完全成熟到丧失生命为止所经历的时间称为种子寿命（longevity）。从种子活力的生理学基础分析可认识到，种子寿命是由遗传基因所决定的，与种皮结构、含水量和种子养分种类有很大关系，同时，种实采集、调制和贮藏条件等对种子寿命的长短影响极大。因此，种子的寿命又是相对的。掌握影响种子寿命长短的关键性因素，创造适宜的环境条件，控制种子自身状态，使种子的新陈代谢作用处于最微弱的程度，可延长种子寿命。反之，将会使种子劣变加速，缩短种子寿命。

园林树木的种子寿命通常指在一定环境条件下，种子维持其生活力的期限。一般指整批种子生活力显著下降，发芽率降至原来的50%时的期限为种子的寿命，而不是以单个种子至死亡所经历的期限计算。依据种子生活力保存期的长短，可将树木种子区分为短寿命种子、中寿命种子和长寿命种子。

短寿命种子主要指种子生活力保存期只有几天、几个月至1～2年的种子。杨、柳等树种的种子一般只能存活1周，经过特殊保护，也只能存活2～3个月。大多数短寿命种子淀粉含量较高，如栗、栎和银杏等树种的种子。在种子生理代谢活动中，淀粉类物质容易分解，这意味着这些种子的贮藏物质维持生命活动的时间较短。另外，杨、榆等夏季成熟的种子，以及荔枝、可可和咖啡等热带地区高温高湿季节成熟的种子，本身含水量高，加之高温高湿条件，种子呼吸作用旺盛，种子体内的养分很容易消耗掉，所以，这些种子的寿命也短。

中寿命种子指生活力保存期为3～10年的种子。这类种子所含的脂肪或蛋白质较多，如松、杉、柏、椴、槭、水曲柳等。脂肪和蛋白质在生理转化过程中的速度较慢，而且释放的能量比淀粉多，只要消耗少量养分就能维持生命活动，因此，这类种子的寿命较长。

长寿命种子指生活力保存期超过10年的种子，如合欢、刺槐、国槐、台湾相思、皂荚等。这些树种的种子本身含水量低，种皮致密不透水，非常有利于种子生活力的保存。气干状态下的种子，用普通干藏法可保持生活力10年以上。

三、常用种子贮藏方法

从种子呼吸特性及影响种子呼吸的因素来看，环境相对湿度小、低氧、低温、高二氧化碳及黑暗无光有利于种子贮藏。具体的种子贮藏方法依种实类型和贮藏目的而定，主要依据种子安全含水量的高低来确定，应用较多的是干藏法和湿藏法。

1. 干藏法　把经过充分干燥的种子贮藏在干燥的环境中的方法为干藏法，又分为普通干藏法和密封干藏法。种子本身含水量相对低、计划贮藏时间较短的种子，尤其是秋季采收且准备来年春季进行播种的种子，可采用普通干藏法。适于普通干藏的树种有侧柏、杉木、柳杉、水杉、云杉、油松、马尾松、白皮松、红松、合欢、刺槐、白蜡、丁香、连翘、紫葳、紫荆、木槿、山梅花等。方法是先将种子进行干燥，达到气干状态，然后装入麻袋、布袋、缸、瓦罐、木桶或其他容器内，置于常温、相对湿度保持在50%以下，或0～5℃低温、相对湿度50%～60%，且通风的种子库贮藏。贮藏时注意容器内要稍留空隙，严密防鼠、防虫，注意及时观察，防止潮湿。

密封干藏法，是将经过干燥的种子放入无毒、密闭的容器中进行贮藏的方法。计划贮藏时间超过1年以上时，为控制种子呼吸作用，减少种子体内贮藏养分的消耗，保持种子较高的活力，可进行密封干藏。如柳、桉、榆等种子，将种子装入容器内，然后将盛种容器密闭，置于5℃低温条件下保存。密封干藏时，使用的容器不宜太大，以便于搬运和堆放。容器可用瓦罐、铁皮罐或玻璃瓶等，也可用塑料材料的容器。种子不要装得太满。在密闭容器中充入氮或二氧化碳等气体，利于降低氧气的浓度，适当地抑制种子的呼吸作用。另外，容器内要放入适量的木炭、硅胶或氯化钙等吸湿剂。

2. 湿藏法 湿藏法即把种子置于一定湿度的低温（0～10℃）条件下进行贮藏。这种方法适于安全含水量（标准含水量）高的种子，如栎、银杏、樟、楠、忍冬、黄杨、紫杉、椴、女贞、海棠、木瓜、山楂、火棘、玉兰、马褂木、大叶黄杨等。贮藏种子可采用挖坑埋藏、室内堆藏和室外堆藏等方法。

室外挖坑埋藏最好选地势较高、背风向阳的地方，通常坑的深度和宽度为1m左右，坑长视种子多少而定。坑底先垫10～20cm厚的湿沙，然后将种子与湿沙按容积1∶3混合后放入坑内，坑的最上层铺20cm厚的湿沙。贮藏坑内隔1m左右距离插一通气筒或作物秸秆或枝条，以利通气。地表之上堆成小丘状，以防雨（雪）水进入贮藏坑。珍贵或量少的种子，可将种子和湿沙混合或层积，置入木箱内，然后将木箱埋藏在坑中，效果良好。

室内或室外混沙湿藏，可保持种子湿润，且通气良好。湿沙体积为种子的2～3倍，沙子湿度视种子而异。银杏和樟种子，沙子湿度宜控制在15%左右；栎、槭、椴等，可采用30%，如果结合催芽，湿度可提高到60%。贮藏温度一般以0～5℃为宜，低于0℃容易冻伤种子，但温度过高又会引起种子发芽或发霉。

对于栎和核桃等大粒种子，有时可用流水贮藏法。如在水流较慢、不结冰的溪流，可将种子装入箩筐或麻袋，置溪流中，周围用木桩等阻挡，在流水中进行种子贮藏。

四、其他种子贮藏技术

（一）种子超低温贮藏

种子超低温贮藏（cryopreservation）指利用液态氮为冷源，将种子置于－196℃的超低温下，使其新陈代谢活动处于基本停止状态，不发生异常变异和裂变，从而达到长期保持种子寿命的贮藏方法。自20世纪70年代以来，利用超低温冷冻技术保存种子的研究有了较大进展。这种方法设备简单，贮藏容器是液氮罐，贮藏前种子常规干燥即可，贮藏过程中不需要监测活力动态，适合对稀有珍贵种子进行长期保存。目前，超低温贮藏种子的技术仍在发展中。许多研究发现，榛、李、胡桃等树种的种子，温度在−40℃以下易使种子活力受损。有些种子与液氮接触会发生爆裂现象等。因此，贮藏中包装材料的选择、适宜的种子含水量、适合的降温和解冻速度、解冻后的种子发芽方法等许多关键技术还需进一步完善。

（二）种子超干贮藏

种子超干贮藏（ultra-dry seed storage）或称超低含水量贮藏（ultra-low moisture seed storage），是将种子含水量降至5%以下，密封后在室温条件下或稍微降温条件下贮藏种子的一种方法。以往的理论认为，若种子含水量低于5%～7%的安全下限，大分子失去水膜保护，易受自由基等毒物的侵袭，同时，低水分不利于产生新的阻氧化的生育酚（维生素E）。自20世纪80年代以来，对许多作物种子试验研究表明，种子超干含水量的临界值可降到5%以下。目前，在杜仲、杉木、栗、榆、马尾松、相思树等树木种子的贮藏中，也有一些超干贮藏的研究。种子超干贮藏的技术关键是如何获得超低含水量的种子。一般干燥条件难以使种子含水量降到5%以下，若采取高温烘干，容易降低甚至丧失种子活力。目前，主要应用冰冻真空干燥、鼓风硅胶干燥、干燥剂室温干燥等方法。此外，经超干贮藏的种子在萌发前必须采取有效措施，如PEG引发处理、逐级吸湿平衡水分等，防止直接浸水引起的吸胀损伤。目前来看，脂肪类种子有较强的耐干性，可进行超干贮藏；而淀粉类和蛋白质类种子超干贮藏的适宜性还有待深入研究。

（三）种子引发

根据一般规律，种子萌发过程分为四个阶段：

①吸胀（imbibition）：种子很快吸水膨胀，种胚活细胞内部的蛋白质、酶等大分子和细胞器等陆续发生水合活化。

②萌动（protrusion）：种子萌发的第二阶段，种子在最初吸胀的基础上，吸水停滞数小时或数天，出现吸水暂缓期。这一时期，在生物大分子、细胞器活化和修复基础上，种胚细胞恢复生长。当种胚细胞体积伸展到一定程度，胚根尖端突破种皮外伸，这一现象称为种子萌动。

③发芽（germination）：形成正常的、具备主要构造的幼苗。

④成苗（seedling establishment）：子叶留土或出土，幼苗正常生长。

种子引发（seed priming）是控制种子缓慢吸收水分，使其停留在吸胀的第二阶段，让种子进行预发芽的生理生化代谢和修复作用，促进细胞膜、细胞器、DNA的修复和活化，处于准备发芽的代谢状态，但防止胚根的伸出。经引发的种子活力增强、抗逆性增强、出苗整齐、成苗率高。目前常用的种子引发方法有渗调引发（osmo-priming）、滚筒引发（drum-priming）、固体基质引发（solid matrix priming）和生物引发（bio-priming）等。

五、种子运输

种子运输可认为是一种在活动环境中短期的种子贮藏，最关键的是运输之前的包装。运输之前要根据种实类型进行适当干燥，或保持适宜的湿度，要预先做好包装工作。运输途中防止高温或受冻，防止种实过湿发霉或受机械损伤，确保种子的活力。此外，种子运输之前的包装要进行编号，填写种子登记卡，写明树种的名称和种子各项品质指标、采集地点和时间、每包重量、发运单位和时间等，卡片装入包装袋内备查。大批运输必须指派专人押运。到达目的地要立即检查，发现问题及时处理。

一般含水量低且进行干藏的种实，如云杉、红松、落叶松、樟子松、马尾松、杉木、桉、椴、白蜡和刺槐等树木的种实，可直接用麻袋或布袋装运，包装不宜太紧太满，以减少对种子的挤压，同时也便于搬运。对于樟、楠、檫木等含水量较高且容易失水而影响活力的种子，可先用塑料袋或油纸包好，再放入箩筐中运输。对于栎等需要保湿运输的种子，可用湿苔藓、湿锯末或泥炭等放入容器中保湿。对于杨等极易丧失发芽力且需要密封贮藏的种子，在运输过程中可用塑料袋、瓶或筒等器具，使种子保持密封状态。有些树种如樟、玉兰和银杏的种子，虽然能耐短时间干运，但到达目的地后，要立即进行湿沙埋藏。

第六节　园林树木种子的品质检验

园林树木种子的品质检验是指应用科学、先进和标准的方法对种子样品的质量（品质）进行正确的分析测定，判断其质量的优劣，评定其种用价值的一门科学技术。种子品质是种子不同特性的综合，通常包括遗传品质和播种品质两个方面。遗传品质是种子固有的品质。种子品质检验主要是检验种子的播种品质。

种子是苗木培育中最基本的生产资料。园林树种的种子品质优劣状况，直接影响苗木的产量和质量。因此，在种子采收、贮藏、调运、贸易和播种前通过种子的品质检验，选用优良种子，淘汰劣质种子，是确保播种用种子具有优良品质的重要环节。通过种子品质检验，可确定种子的使用价值，便于制定针对性的育苗措施；可以防止伪劣种子播种，避免造成生产上的损失；通过严格检验，加强种子检疫，可以防止病虫害蔓延；通过检验对种子品质做出正确评价，有利于按质论价，促进种子品质的提高。

园林树木种子检验要采用科学、先进和标准的方法，应该执行《林木种子检验规程》（GB 2772—1999）的有关规定。在国际种子交流和贸易中，还应该执行国际种子检验协会（International Seed Testing Association，ISTA）的有关规程。ISTA 是一个由各国官方种子检验室（站）和种子技术专家组成的世界性的政府间非营利性组织。为了各国种子检验仪器和技术的一致性和国际种子贸易的顺利进展，ISTA 于 1931 年颁布了第一个国际种子检验规程（International Rules for Seed Testing）。其后，5 年进行一次小修订，10 年进行一次全面修订，不断补充先进的和有效的种子检验技术。1996 年 ISTA 秘书处正式颁布的《1996 国际种子检验规程》，决定从 1996 年 7 月 1 日起在全世界实施。

对于园林树木的种子品质，主要的检验项目有种子净度、含水量、重量（千粒重）、优良度、种子健康状况、发芽率、生活力等，还可用形态学、解剖学、物理化学、分子遗传学等方法进行品种鉴定。对于无性繁殖材料，要检查种条活力、芽饱满度、再生能力、健康状况等。

一、种子品质检验的相关概念

1. 抽样　抽样是抽取具有代表性、数量能满足检验需要的样品。由于种子品质是根据抽取的样品经过检验分析确定的，因此抽样正确与否十分关键。如果抽取的样品没有充分的代表性，无论检验工作如何细致、准确，其结果也不能说明整批种子的品质。为使种子检验获得正确结果并具有重演性，必须从受检的一批种子（或种批）中随机提取具有代表性的初次样品、混合样品和送检样品，尽最大努力保证送检样品能准确地代表该批种子的组成成分。

初次样品是从种批的一个抽样点上取出的少量样品。混合样品是从一个种批中抽取的全部大体等量的初次样品合并混合而成的样品。送检样品是送交检验机构的样品，可以是整个混合样品，也可以是从中随机分取的一部分。测定样品是从送检样品中分取，供某项品质测定用的样品。

抽样的步骤是：用扦样器或徒手从一个种批取出若干初次样品；然后将全部初次样品混合组成混合样品；再从混合样品中按照随机抽样法、“十”字区分法等分取送检样品，送到种子检验室；在种子检验室，按照“十”字区分法等从送检样品中分取测定样品，进行各个项目的测定。

2. 送检样品的重量　送检样品的重量至少应为净度测定样品的 2～3 倍，大粒种子重量至少应为 1 000g，特大粒种子至少要有 500 粒。净度测定样品一般至少应含 2 500粒纯净种子。各树种送检样品的最低数量可参见表 4－3。

表 4－3　各树种送检样品的最低数量

（仿自俞玖，2001）

树　　种	送检样品最低量/g	树　　种	送检样品最低量/g
核桃、核桃楸	6 000	杜仲、合欢、水曲柳、椴	500
栗、栎	5 000	白蜡、复叶槭	400
银杏、油桐、油茶	4 000	油松	350
山桃、山杏	3 500	臭椿	300
皂荚、榛子	3 000	侧柏	250
红松、华山松	2 000	锦鸡儿、刺槐	200
元宝枫	1 200	马尾松、杉木、黄檗、云南松	150
白皮松、槐、樟	1 000	樟子松、柏木、榆、桉、紫穗槐	100
黄连木	700	落叶松、云杉、桦	50
沙枣	600	杨、柳	30

3. 种批　种批指来源和采集期相同，加工调制和贮藏方法相同，质量基本一致，并在规定数量之内的同一树种的种子。不同树种种批最大重量为：特大粒种子如核桃、栗、油桐等为 10 000kg；大粒种子如油茶、山杏、麻栎、苦楝等为 5 000kg；中粒种子如红松、华山松、樟、沙枣等为 3 500kg；小粒种子如油松、落叶松、杉木、刺槐等为 1 000kg；特小粒种子如桉、桑、泡桐、木麻黄等为 250kg。

二、净度分析

种子净度是指纯净种子的重量占测定样品各成分总重量的百分数。净度分析是测定供检验样品中纯净种子、其他植物种子和夹杂物的重量百分率，据此推断种批的组成，了解该种批的利用价值。测定方法和步骤为：①试样分取，用分样板、分样器或采用四分法分取试样；②称量测定样品；③分析测定样品，将测定样品摊在玻璃板上，把纯净种子、废种子和夹杂物分开；④对组成测定样品的各个部分称重；⑤计算净度。

纯净种子包括：完整的、没有受伤害的、发育正常的种子；发育不完全的种子和难以识别的空粒；虽已破口或发芽，但仍具发芽能力的种子。带翅的种子中，凡加工时种翅容易脱落的，其纯净种子指除去种翅的种子；凡加工时种翅不易脱落的，其纯净种子包括留在种子上的种翅。壳斗科的纯净种子是否包括壳斗，取决于各个树种的具体情况：壳斗容易脱落的不包括壳斗；难以脱落的包括壳斗。复粒种子中至少含有一粒种子也可计为纯净种子。

废种子包括：能明显识别的空粒、腐坏粒、已萌芽因而显然丧失发芽能力的种子，严重损伤（超过原大小一半）的种子和无种皮的裸粒种子。

夹杂物包括：不属于被检验的其他植物种子；叶片、鳞片、苞片、果皮、种翅、壳斗、种子碎片、土块和其他杂质；昆虫的卵块、成虫、幼虫和蛹。

三、种子含水量测定

种子含水量是种子中所含水分的重量与种子重量的百分比，或指按规定程序种子样品烘干所失去的重量占供检样品原始重量的百分率。种子含水量的高低，反映种子成熟程度、采种时间的适宜程度、种子调制的适宜程度等，直接影响种子贮藏和运输安全。因此，在种子入库、运输与贮藏期间要经常测定种子含水量。

常用的种子水分测定方法为烘干减重法。但在种子收购、调运、干燥加工过程中则采用电子水分仪速测法。

烘干减重法测定种子含水量时，通常将种子置入烘箱，用 103℃±2℃温度烘烤 8h 后，测定种子烘前和烘后重量（g）之差来计算含水量。

$$种子含水量=\frac{样品烘前重-样品烘后重}{样品烘前重}\times 100\%$$

测定种子含水量时，桦、桉、侧柏、马尾松、杉木等细小粒种子，以及榆等薄皮种子，可以原样干燥。红松、华山松、槭和白蜡等厚皮种子，以及核桃、栗等大粒种子，应将种子切开或弄碎，然后再进行烘干。

四、种子重量测定

种子重量主要指千粒重。通常指气干状态下，1 000 粒种子的重量，以克为单位。不同树种，种子千粒重差异很大，银杏千粒重为 2 200～3 600g，红松为 450～530g，油松 32～45g，杉木 5.2～9.3g，赤桉 0.33～0.50g。千粒重能够反映种粒的大小和饱满程度。重量越大，说明种粒越大越饱满，内部含有的营养物质越多，发芽迅速整齐，出苗率高，幼苗健壮。种子千粒重测定有百粒法、千粒法和全量法。

1. 百粒法 通过手工或用数种器从待测样品中随机数取8个重复，每个重复100粒，分别称重。根据8个组的称重读数，求算出100粒种子的平均重量，再换算成1 000粒种子的重量。

2. 千粒法 适用于种粒大小、轻重极不均匀的种子。通过手工或用数种器从待测样品中随机数取两个重复，分别称重，计算平均值，求算千粒重。大粒种子，每个重复数500粒；小粒种子，每个重复数1 000粒。

3. 全量法 珍贵树种，种子数量少，可将全部种子称重，换算千粒重。

目前，电子自动种子数粒仪（electronic seed counter）是种子数粒的有效工具，可用于千粒重测定。

五、种子优良度测定

种子优良度（seed soundness）是指优良种子占供试种子的百分数。优良种子是通过人为的直观观察来判断的，这是最简易的种子品质鉴定方法。生产上采购种子，需在现场确定种子品质时，可依据种子硬度、种皮颜色、光泽、胚和胚乳的色泽、状态、气味等进行评定。具体的测定方法有解剖法、挤压法、压油法和软X射线法等。优良度测定适用于种粒较大的树种如银杏、栎、油茶、樟和檫木等的种子品质鉴定。

软X射线法是利用波长较长、穿透力较弱的软系X射线作为光源进行透视摄影的技术。当软X射线光束通过种子时，部分光线滞留并被吸收。当种子内部有缺损或空粒时，所滞留的X射线少，在胶片上就产生阴影；充实饱满的种子，组织致密均匀，吸收X射线多，在胶片上是明亮的，由此可较准确地判断种子的优良度。

六、种子健康状况测定

种子健康状况测定主要是测定种子是否携带有真菌、细菌、病毒等各种病原菌，以及是否带有线虫和害虫等有害动物。主要目的是防止种子携带的危险性病虫害传播和蔓延。

种子健康状况测定有未培养检查和培养后检查。未培养检查包括直接检查（适用于较大病原体或外表有明显症状的病害）、吸胀种子检查（试样浸入水中，待种子吸胀后进行检查，使子实体、病症或害虫更易观察到）、洗涤检查（用无菌水洗样，用400～500倍显微镜检查附在种子表面的病菌孢子）、剖粒检查（用刀剖开种子检查害虫）、染色检查（1％高锰酸钾染色种子试样1min后，清水洗涤，将种子试样放在白色吸水纸上，可用放大镜检出带有直径0.5mm斑点的害虫籽粒）和X射线检查（通过照片或直接从荧光屏上检查种子内隐匿的害虫）。

培养后检查包括吸水纸法、沙床法、琼脂皿法、噬菌体法和血清学酶联免疫吸附试验法等，详见颜启传主编《种子学》（2001年）。

七、发芽测定

1. 发芽测定目的及有关概念 发芽测定的目的是测定种子批的最大发芽潜力，评价种子批的质量。种子发芽力（germinability）是指种子在适宜条件下发芽并长成植株的能力，是种子播种品质最重要的指标，用发芽势（germinative energy）和发芽率（germinative percentage）表示，有时还要测定种子绝对发芽率（absolute germination percentage）和场圃发芽率（field germination percentage）。

发芽势是种子发芽初期（规定日期内）正常发芽种子数占供试种子数的百分率，或指在发芽过程中日发芽种子数达到高峰时，正常发芽种子粒数占供试种子总粒数的百分率。通常以发芽试验规定期限的最初 1/3 时间内的发芽数占供试种子总数的百分率表示。种子发芽势高，表示种子活力强，发芽整齐，生产潜力大。

发芽率是指在发芽试验终期（规定日期内）正常发芽种子数占供试种子数的百分率。种子发芽率高，表示有生活力的种子多，播种后出苗多。

种子绝对发芽率，是指在规定的条件和时间内，正常发芽种子数占供测定的饱满种子总粒数的百分率。此处的饱满种子总粒数不含空粒和涩粒。涩粒是在种子形成过程中，雌配子体受精后败育，种胚内积累鞣质，外形正常，但无发芽能力的种粒。

场圃发芽率指播种后在育苗地的实际发芽率。

2. 发芽试验设备和用品 种子发芽试验中常用的设备有电热恒温发芽箱、变温发芽箱、光照发芽箱、人工气候箱、发芽室，以及活动数种板和真空数种器等设备。发芽床应具备保水性好、通气性好、无毒、无病菌等特性，且有一定强度。常用的工具和发芽床材料有镊子、培养皿、纱布、滤纸、脱脂棉、细沙和蛭石等。

3. 发芽试验方法

（1）器具和种子灭菌 为了预防霉菌感染，发芽试验前要对准备使用的器具进行灭菌，发芽箱可在试验前用甲醛喷射后密封 2～3d，然后再使用。种子可用过氧化氢（35%，1h）、甲醛（0.15%，20min）等进行灭菌。

（2）发芽促进处理 置床前通过低温预处理或用 GA_3、HNO_3、KNO_3、H_2O_2 等处理种子，可破除休眠。对种皮致密、透水性差的树种如皂荚、台湾相思、刺槐等，可用 45℃的温水浸种 24h，或用开水短时间烫种（2min），促进发芽。

（3）种子置床 种子要均匀放置在发芽床上，使种子与水分良好接触，每粒之间要留有足够的间距，以防止种子受霉菌感染并蔓延，同时也为发芽苗提供足够的生长空间。通常以 100 粒种子为一次重复，大粒种子或带有病原菌的种子以 50 粒甚至 25 粒为一次重复。

（4）贴标签 种子放置完后，必须在发芽皿或其他发芽容器上贴上标签，注明树种名称、测定样品号、置床日期、重复次数等，并将有关项目在种子发芽试验记录表上进行登记。

（5）发芽试验管理

①水分：发芽床要始终保持湿润，切忌断水，但不能使种子四周出现水膜。

②温度：调节好适宜的种子发芽温度，多数树种以 25℃为宜。榆和栎为 20℃，白皮松、落叶松和华山松为 20～25℃，火炬松、银杏、乌桕、核桃、刺槐、杨和泡桐为 20～30℃，桑、喜树和臭椿为 30℃。

③光照：多数种子可在光照或黑暗条件下发芽。但国际种子检验规程规定，对大多数种子，最好加光培养，因为光照可抑制霉菌繁殖，同时有利于正常幼苗鉴定，区

分黄化和白化等不正常苗。

④通气：用发芽皿发芽时，要常开盖，以利通气，保证种子发芽所需的氧气。

⑤处理发霉现象：发现轻微发霉的种子，应及时取出，洗涤去霉，重新放回去继续发芽。发霉种子超过5%时，应调换发芽床。

（6）持续时间和观察记录

①种子放置发芽的当天，为发芽试验的第一天。各树种发芽试验需要持续的时间不一样，如表4-4所示。

表4-4 主要树种发芽终止天数

（仿自孙时轩，1985）

树　种	发芽势终止天数/d	发芽率终止天数/d	树　种	发芽势终止天数/d	发芽率终止天数/d
薄壳山核桃	20	45	杉木、马尾松、大叶榉、冲天柏	10	20
铅笔柏	14	42	侧柏	9	20
樟	20	40	云杉、黄连木、白蜡	5	15
华山松	15	40	胡枝子、紫穗槐	7	15
柏木	24	35	水杉	9	15
白皮松	14	35	长白落叶松	8	15
乌桕	10	30	木麻黄	8	15
竹柏	8	30	桑	8	15
槐	7	29	红杉	6	15
毛竹、檫木、福建柏	12	28	泡桐	9	14
池杉	17	28	桉	5	14
雪松、火炬松、栎、悬铃木	7	28	油茶、茶	8	12
金钱松	16	25	杜仲	7	12
柳杉	14	25	刺槐	5	10
云南松、思茅松	10	21	樟子松	5	8
日本落叶松、黄山松	7	21	榆	4	7
银杏、梓、皂荚、枫杨、臭椿	7	21	杨	3	6
相思树、黑荆、锥栗	7	21	栗	3	5

②鉴定正常发芽粒、异状发芽粒和腐坏粒并计数。正常发芽粒为：长出正常幼根，大、中粒种子，其幼根长度应该大于种粒长度的1/2，小粒种子幼根长度应该大于种粒长度。异状发芽粒为：胚根形态不正常，畸形、残缺等；胚根不是从珠孔伸出，而是出自其他部位；胚根呈负向地性；子叶先出等。腐坏粒：内含物腐烂的种子，但发霉粒种子不能算作腐坏粒。

（7）计算发芽试验结果 发芽试验到规定结束的日期时，记录未发芽粒数，统计正常发芽粒数，计算发芽势和发芽率。试验结果以百分数表示。

八、生活力测定

种子生活力（viability）是指种子发芽的潜力或种胚所具有的生命力。测定种子生活力的必要性在于快速地估计种子样品尤其是休眠种子的生活力。有些树种的种子休眠期很长，需要在短时间内确定种子品质时，必须用快速的方法测定生活力。有时由于缺乏设备，或者经常是需了解种子发芽力而时间很紧迫，不可能采用正规的发芽试验来测定发芽力，因此必须测定种子生活力，借此预测种子发芽能力。

种子生活力常用具有生命力的种子数占供试样品种子总数的百分率表示，即生活率表示。测定生活力时常用化学药剂的溶液浸泡处理种子，根据种胚（和胚乳）的染色反应来判断种子生活力。主要的方法有四唑染色法、靛蓝染色法、碘—碘化钾染色法。此外，也可用X射线法和紫外荧光法等进行测定。但是，最常用的且列入国际种子检验规程的生活力测定方法是生物化学（四唑）染色法。

四唑全称为2，3，5-氯化（或溴化）三苯基四氮唑，简称四唑或红四唑，英文名为2，3，5-triphenyl tetrazolium chloride (or bromide)，缩写为TTC（TTB）或TZ，是一种生物化学试剂，为白色粉末，分子式为$C_{19}H_{15}N_4Cl$（Br）。四唑的水溶液无色，在种子的活组织中，四唑参与活细胞的还原过程，从脱氢酶接受氢离子，被还原成红色的、稳定的、不溶于水的三苯基甲臜（TPF），而无生活力的种子则没有这种反应，即染色部位为活组织，而不染色部位则为坏死组织。因此，可依据坏死组织出现的部位及其分布状况判断种子的生活力。四唑的使用浓度多为0.1%～1.0%的水溶液，常用0.5%。可将药剂直接加入pH6.5～7的蒸馏水进行配制。如果蒸馏水的pH不能使溶液保持在6.5～7，则将四唑药剂加入缓冲液中配制。浓度高，则反应快，但药剂消耗量大。

四唑染色测定种子生活力的主要步骤为：

（1）预处理 将种子浸入20～30℃水中，使其吸水膨胀。目的是促使种子充分快速吸水，软化种皮，方便样品准备，同时促进组织酶系统活化，以提高染色效应。浸种时间因树种而异，小粒的、种皮薄的种子浸泡2d，大粒的、种皮厚的种子浸泡3～5d。注意每天要换水。

（2）取胚 浸种后切开种皮和胚乳，取出种胚，也可连胚乳一起染色。取胚同时，记录空粒、腐烂粒、感染病虫害粒及其他显然没有生活力的种粒。

（3）染色 将胚放入小烧杯或发芽皿中，加入四唑溶液，以淹没种胚为宜。然后置黑暗处或弱光处进行染色反应。因为光线可能使四唑盐类还原而降低其浓度，影响染色效果。染色的温度以30℃最适宜，染色时间至少3h。一般在20～45℃的温度范围内，温度每增加5℃，其染色时间可减少一半。如某树种的种胚，在25℃的温度条件下适宜染色时间是6h，移到30℃条件下只需染色3h，35℃下只需1.5h。

（4）鉴定染色结果 染色完毕，取出种胚，用清水冲洗，置白色湿润滤纸上，逐粒观察胚（和胚乳）的染色情况，并进行记录。鉴定染色结果时，因树种不同而判断标准有所差别，但主要依据染色面积的大小和染色部位进行判断。如果子叶有小面积未染色，胚轴仅有小粒状或短纵线状未染色，均应认为有生活力。因为子叶的小面积伤亡不会影响整个胚的发芽生长，胚轴小粒状或短纵线状伤亡不会对水分和养分的输导形成大的影响。但是，胚根未染色、胚芽未染色、胚轴环状未染色、子叶基部靠近胚芽处未染色，则应视为无生活力。

(5) **计算种子生活力** 根据鉴定记录结果，统计有生活力和无生活力的种胚数，计算种子生活率。

九、种子真实性鉴定

种子真实性（seed genuineness）是指一批种子所属品种、种或属与文件（品种证书、标签）是否相同。品种纯度（variety purity）是指本品种的种子数占供检样品种子数的百分率。种子真实性鉴定种子样品的真假，品种纯度鉴定品种一致性程度高低。

种子真实性可依据形态学性状（种子大小、色泽、气味等）、解剖学特征（如种子纵横切片细胞形状和大小）、生理学特征（对光、温、元素缺乏、病虫抗性敏感性等）、物理特性（种子荧光、荧光扫描图谱、扫描电镜拍摄形态图、高效液相色谱图）、化学特性（化学药剂处理后呈现不同颜色，如碘化钾染色法）、生化特征（不同品种 DNA 有别，模板 RNA 也随之而有差异，使合成的蛋白质或同工酶生化特性也表现出差异，应用蛋白质和同工酶电泳图谱等生化技术将这些差异显现出来，称为品种的生化指纹或品种标记）等进行判断。

通过细胞遗传学性状和分子标记等可进行品种鉴定。如不同品种染色体数目有差异，可据此判断品种真假。利用 DNA 分子标记指纹图谱，可直接反映 DNA 水平上的差异，是当前先进的遗传标记技术。常用的有利用限制性酶切片段长度来检测生物个体之间差异的分子标记技术（restriction fragment length polymorphism，RFLP）；利用扩增 DNA 片段长度差异构建基因组指纹图谱来检测生物个体差异的分子标记技术（random amplified polymorphic DNA，RAPD）；此外，还有小卫星 DNA（minisatellite DNA）、微卫星 DNA（microsatellite DNA）及扩增片段长度多态性（amplified fragment length polymorphism，AFLP）等。这些方法在作物品种鉴定中研究和应用较早，但在树木种子真实性鉴定和纯度鉴定中的研究还很不够。

十、无性繁殖材料的品质检验

无性繁殖材料是园林苗木培育中的重要材料，特别是在现代园林苗木组织培养及快速繁育中，无性繁殖材料显得更为重要。但目前对于无性繁殖材料品质检验尚未建立明确的检测方法和检测指标体系。一般情况下，要检查无性繁殖材料的来源，以保证繁殖材料有良好的遗传品质；要检查材料规格，如种条粗度、节间长度、健康状况等；检查插穗生根能力和萌发能力；检查接穗愈合能力、木质化程度、种穗营养物质含量及内源激素水平等。

十一、种子质量检验结果及质量检验管理

完成种子质量的各项测定工作后，要填写种子质量检验结果报告单。完整的结果报告单应该包括：签发站名称；扦样及封缄单位名称；种子批的正式登记号和印章；来样数量、代表数量；扦样日期；检验样品收到的日期；样品编号；检验项目，检验

日期。

评价树木种子质量时，主要依据种子净度分析、发芽试验、生活力测定、含水量测定和优良度测定等结果，进行树木种子质量分级（附表三）。

《中华人民共和国种子法》规定，国务院农业、林业行政主管部门分别负责全国农作物和林木种子质量监督管理工作，县级以上地方人民政府农业、林业行政主管部门分别负责本行政区域内的农作物和林木种子质量监督管理工作。种子的生产、加工、包装、检验、贮藏等质量管理办法和标准，由国务院农业、林业行政主管部门制定。

承担种子质量检验的机构应当具备相应的检测条件和能力，并经省级以上农业、林业行政主管部门考核合格。处理种子质量争议，以省级以上种子质量检验机构出具的检验结果为准。种子质量检验机构应当配备种子检验员。种子检验员应当经省级以上农业、林业行政主管部门培训、考核合格，发给《种子检验员证》。

第七节 园林树木种子休眠与解除

种子休眠是指有生活力的种子，由于某些内在因素或外界环境条件的影响，而使种子一时不能正常发芽或发芽困难的现象。种子在休眠过程中，内部保持着微弱的生命活动，这对园林树木种子保存和繁衍十分有利，在林业上具有重要意义；种子休眠同时也会给林业育苗过程带来一定困难，如播种后发芽迟缓，或出苗不整齐。多数情况下，园林树木种子播种前需要经过催芽处理以解除种子休眠，促进种子出芽。

一、种子休眠的类型和成因

（一）强迫休眠

种子已具备发芽能力，只因缺少发芽的基本条件（如适宜的温度、水分、氧气以及光照等）而一时不能萌发的现象称为强迫休眠，这种类型的休眠也称种子静止（seed quiescence）。强迫休眠不是真正意义上的休眠，一旦具备适宜的发芽条件，种子很快就能发芽。油松、樟子松、黑松、赤松、侧柏、落叶松、杉木、柳杉、马尾松、杨、柳、榆、桦、栎等都属于强迫休眠的树种。

（二）非强迫休眠

种子本身不具备发芽能力，即使给予适宜的水分、温度、氧气和光照等条件后，仍不能萌发的现象称为非强迫休眠。这种类型的休眠属真正意义上的休眠，种子发芽往往需要特殊处理。按照造成种子非强迫休眠的原因不同可将休眠分为初生外源休眠、初生内源休眠、初生综合休眠以及次生休眠。

1. 初生外源休眠（primary exogenous dormancy） 初生外源休眠是指种子覆被结构（包括种皮、果皮、胚乳等）的阻碍效应引起的休眠，如种皮或果皮透水性差或不透水，种皮阻碍气体交换或氧气渗透率低，种皮或胚乳的机械阻碍，种皮、果皮或胚乳中含有抑制物质引起的休眠。

（1）外源物理休眠（exogenous physical dormancy）

①一些树种由于种皮或果皮透水性差或不透水引起胚对水的利用不足，这是种子

休眠期和寿命较长的重要原因。种皮透水性差或不透水的原因一般有两种：一是种皮或果皮含有阻碍水分透过的物质（因植物种类而异），如杜仲果皮内含有橡胶，元宝枫种皮的角质层，紫椴栅栏组织排列紧密并有一条不透水的明线，合欢、凤凰木、相思树等种皮角质层下有坚硬的栅状组织；二是种皮具有能主动控制水分进出的结构，如豆科的羽扇豆、白车轴草等在种脐处有一小缝，环境潮湿时种脐附近的细胞吸水膨大使小缝关闭，阻止外界水分进入，而在干燥时细胞收缩，小缝张开，内部水分又可以溢出，起到调节种子水分的作用。

②一些树种由于种皮阻碍气体交换或氧气渗透率低，导致透气性差，不能满足种子发芽对氧气的需求，同时种子内部呼吸产生的二氧化碳又无法排出，气体交换受阻，从而妨碍胚的生长，种子不能萌发。如椴树种皮内部有一层“珠心周膜”，成为气体交换的主要障碍，去掉这层膜后，种子发芽率显著提高；水曲柳、欧洲白蜡、五角枫种子去掉种皮后耗氧量明显增加。

③还有一些树种种皮或胚乳的机械阻碍成为种子萌发的机械约束力量。如山桃、山杏、橄榄等，虽然其种皮的透水性和透气性较强，但种皮坚硬，胚不能顶破种皮向外伸长。可通过光照或激素照射、有机物浸泡等物理、化学或机械处理方法软化或溶解种皮。近些年研究发现，坚硬的胚乳也可能成为抑制发芽的机械障碍。

（2）**外源化学休眠**（exogenous chemical dormancy） 外源化学休眠指种皮、果皮或胚乳中含有化学抑制物质引起的休眠。在相当数量的园林树木种实中含有种类繁多的萌芽抑制物质，如脱落酸、香豆素、乙烯、芥子油以及某些酚类、醛类、有机酸、生物碱等。这些抑制物质阻碍氧气进入胚或直接抑制胚的代谢，从而延迟胚的发育。如水曲柳的果皮内含物可阻碍氧气渗入，通过收集其果皮浸出液进行实验，证明其进一步抑制离体胚的生长。

2. 初生内源休眠（primary endogenous dormancy） 初生内源休眠指由胚自身的形态或生理上的原因导致其不能萌发的现象，也称为胚性休眠或胚后熟引起的休眠。胚后熟又分为胚形态后熟和胚生理后熟。

（1）**内源形态休眠**（endogenous morphological dormancy） 有些树种如银杏、刺楸、水曲柳、香榧、七叶树、白蜡等的果实在外部形态上虽已表现成熟，但内部胚器官分化不完全（一个完整的胚有子叶、胚根、胚轴、胚芽）或胚发育不充分，需要经过一段时间在一定条件（暖温或低温潮湿）下才能达到胚形态成熟，即在这个过程中完成胚器官的分化或胚发育充足。

（2）**内源生理休眠**（endogenous physiological dormancy） 内源生理休眠指由于胚生理抑制因素导致的休眠。需要经过一段时间在一定条件（暖温或低温潮湿）下才能达到胚生理成熟，即在这个过程中完成胚的正常生理活动或内部物质转化。根据解除休眠的难易程度和所需要的时间可分为浅性、中性和深度生理休眠。许多蔷薇科树种（如苹果、梨、桃、李、杏）及水曲柳等树种种子都需要经过一定时间低温层积完成胚的生理后熟才能萌发。

3. 初生综合休眠（primary combinational dormancy） 有些种子休眠是由单一因素造成的，如种皮坚硬、不透水、不透气等；有些树种种子休眠的原因较为复杂，由两种或两种以上因素导致的休眠称为初生综合休眠。

（1）**形态生理休眠**（morphophysiological dormancy） 不少树种胚性休眠（初生内源休眠）都是胚形态后熟和胚生理后熟共存的。如水曲柳种子自然落地时，胚的长度仅占全部胚腔的60%，胚并没有生长能力，物质转化也不完全，故不能正常萌发。只有在低温层积一段时间以后，果皮透性增加，抑制物质消除，胚形态发育充足，生理后熟完成，如生长促进物质赤霉素、细胞分裂素含量增加，种子才能萌发。刺楸种子成熟时，胚也尚未完成形态和生理成熟，必须经过胚形态和生理后熟两个阶段才能打破休眠。

（2）**内外源休眠**（exo-endo dormancy） 内外源休眠既包括外源性休眠，也包括内源性休眠。这类种子要求先解除外源物理休眠，之后解除外源化学休眠，再给予解除内源形态和生理休眠的条件。如刺楸种皮透性差并含有抑制物质，需低温层积3个月使种皮破裂透气并消除抑制作用，然后在温暖条件下（15～20℃）促进胚的分化和继续生长，经3～4个月层积处理后胚发育完全，具有发芽能力。还有许多树种都属于这一类型，如红豆杉、水曲柳、红松、紫荆、椴树、漆树等。

4. 次生休眠 次生休眠又称二度休眠（secondary dormancy），即已经解除休眠的种子因某种因素影响又进入休眠的现象。如缺氧、高二氧化碳、高温、光、暗等条件，都可能导致种子再度回到休眠状态，再发芽时必须再次解除休眠。

二、解除种子休眠的途径

由于种子休眠给园林树木育苗带来了播种后发芽迟缓、出苗不整齐等困难，园林树木种子播种前大多需要经过催芽处理以解除种子休眠。种子催芽（seed pregermination）是以人为的方法打破种子的休眠，并使种子的胚根露出的一种处理措施。种子催芽的目的是解除种子休眠，促进种子萌发，提高发芽率，缩短出苗期，保证苗木出土齐、快、壮；并且可以延长生长期，增强苗木抗性，提高苗木产量和质量，以实现苗木的速生、优质和丰产。

依据种子休眠类型的不同，解除种子休眠（即种子催芽）的方法有多种。对于强迫休眠的种子，只需要创造适宜的种子萌发条件（温度、水分、氧气、光照等）即可促进其发芽。对于非强迫休眠的种子，应根据种子休眠的成因采取相对应的有效催芽方法打破休眠。例如，对于由种子的种（果）皮透（水、气）性差与机械障碍引起的外源物理休眠，应通过软化种皮，增加透（水、气）性，增大氧气溶解度，保证种胚的呼吸活动，从而解除休眠；对于由种皮等抑制物质引起的外源化学休眠，应去除抑制种子发芽的物质，消除其对发芽的阻碍；对于胚性休眠（初生内源休眠）的种子，如银杏，经过催芽后，胚明显长大，完成生理后熟，种子即可发芽；对于次生休眠的种子还需二度打破休眠。归纳起来，种子催芽的方法主要有层积催芽、水浸催芽、药剂浸种催芽和物理催芽四类。有些种子需要经过几种方法混合使用后才能达到发芽效果，可称之为混合催芽法。

（一）层积催芽

把种子和湿润的介质混合或分层放置，在一定的温度、湿度、通气条件下经过一定时间，促进其达到发芽效果的方法称为层积催芽（seed stratification）。层积催芽根据所用介质的不同，可分为混沙催芽和混雪催芽；根据地点环境的不同，可分为室外埋藏催芽和室内堆积催芽；根据催芽时间的长短，可分为越冬埋藏催芽、经夏越冬隔年埋藏催芽和短期催芽（多用于强迫休眠的种子）；根据温度的不同，可分为低温层积催芽、变温层积催芽和高温层积催芽等。

低温层积催芽是林业生产中使用最广泛、效果最好的种子催芽方法，适合于各类林木种子。其中，室外低温层积催芽（露天埋藏催芽）在实际生产中应用最多，通常采用河沙为介质，也称为沙藏法。在冬季积雪地区也可以使用雪作为介质，此时也称为雪藏法。这里主要以室外露天沙藏法为例重点介绍低温层积催芽的原理、技术要素和具体操作方法。

1. 低温层积催芽的原理

①通过低温层积软化了种皮、增加了透水性和氧气渗透率。特别是对于渗透性弱的种子，萌动时由于氧气不足，不能发芽，低温条件下，氧气溶解度增大，可保证种胚呼吸活动所必需的氧气，从而解除休眠。

②低温层积可使种子内含物发生变化，消除导致种子休眠的抑制物质，同时增加内源生长刺激物质，有利于种子发芽。

③一些胚性休眠的种子，如银杏、七叶树在低温层积过程中，胚明显长大，经过一定时间，胚长到应有的长度，达到形态后熟，并完成其生理后熟过程。

④在低温层积过程中，种子新陈代谢的总方向与发芽方向一致。研究资料表明，山楂种子在低温积层时，种子的酸度和吸胀能力都得到提高，同时低温层积提高了水解酶和氧化酶的活性，并使复杂的化合物转变为简单的化合物，因此达到解除种子休眠的目的。

2. 低温层积催芽的技术要点

①一定的低温条件。低温层积催芽首先要求有一定的低温条件，不同树种种子要求的低温条件有所差异，多数种子为0～5℃，少数种子可达6～10℃。在这样的温度条件下，种子呼吸弱，消耗氧分少，利于打破休眠。层积时若温度过高，种子的呼吸强度变大，消耗养分多，又容易腐烂；若温度过低，种子内部的自由水结冰，种子受冻害，因而层积温度一般应略高于0℃。

②保持一定的湿度。经过干藏的种子水分不足，催芽前应浸种，浸种的时间因树种不同而异，一般为1～3d，种皮坚硬的种子如核桃为4～7d。为保证种子在催芽过程中所必需的水分，其介质必须湿润，以沙子为例，其含水量应以60%为宜（即手握成团不滴水，松手触之能散开的程度），若用湿泥炭，其含水量可达饱和程度。

③良好的通气条件。种子在催芽过程中，由于内部进行着一系列的物质转化活动，呼吸作用较旺盛，需要一定量的氧气，同时呼吸作用会放出一定量的二氧化碳，需要及时排除，因而低温层积中必须有通气设备。

④催芽天数。要取得满意的催芽效果，低温层积催芽应持续一定的时间，催芽时间太短会达不到目的。以元宝枫种子为例，将种子分为3组，分别进行低温层积催芽30d、15d和不催芽，发芽率分别为95%、72%和13.5%。低温层积催芽所需的时间因树种不同而差异很大，强迫休眠的种子一般需1～2月，非强迫休眠的种子需2～7月。

3. 低温层积催芽的具体操作方法　低温层积催芽一般多在室外进行，故又称露天埋藏。以湿沙作为介质进行露天沙藏为例，其具体方法如图 4－5 所示：选择地势高燥、排水良好、背风向阳的地方挖坑，坑的深度应依据当地的土壤冻结深度而定，原则上要在地下水位以上，而且应保证种子在催芽期间所需要的温度，一般为 0.7～1.1m，南方较北方地区稍浅一些为宜。坑的宽度一般为 0.8～1.0m，坑的长度依所需催芽的种子数量而定。坑底铺 10～20cm 厚的湿沙或鹅卵石以利排水，或做专门的木支架，其上仍要铺 10～20cm 的湿沙。

如果是干种子，在催芽前先用温水浸种，并进行种、沙消毒（通常用 0.3%～1.0%的高锰酸钾或硫酸铜溶液），然后将消毒后的种子和沙子按 1∶3 的体积比混合或分层放入坑内（种、沙放置前应先将通气设备放于坑底，以便通气和测温，每隔 1m 左右设一个）。种、沙在坑内的放置厚度一般不超过 50～70cm，过厚则会使上下温度不均匀，放至距离坑的边沿 10～20cm 即可。其上覆沙。最后在上面培土成屋脊形，在坑的周围挖小排水沟。

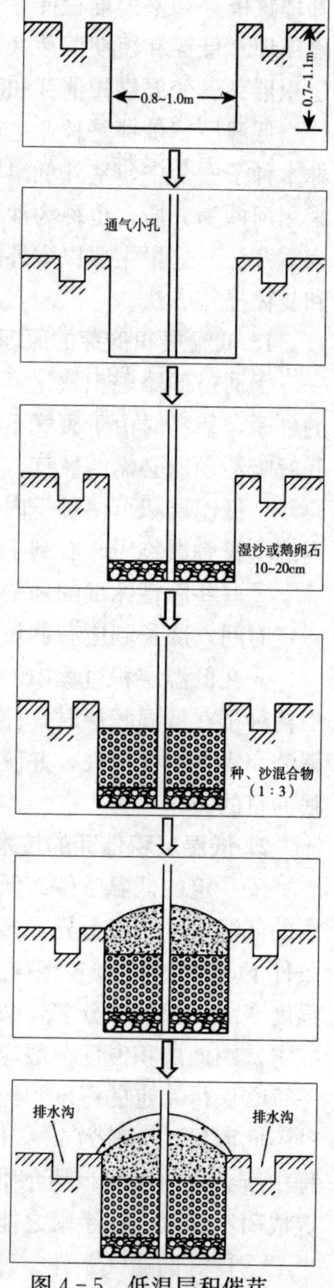

图 4－5 低温层积催芽具体方法

4. 管理及注意事项 ①要定期检查种、沙混合物的温度和湿度，如果发现环境条件不符合要求，应及时设法调节，温度过高或湿度过大，不仅影响催芽效果，还会导致种子腐烂。②催芽的程度应适宜，以种子裂嘴和露胚根数达 30%左右（俗称裂嘴露白 1/3）即可播种，防止催芽过度。人工播种时催芽强度可大些，机械播种时宜小。如果已达到催芽程度而不能及时播种，要将种子移于低温（0～5℃）环境中，使胚根不再继续生长；如果种子催芽程度还不够，在播种前 1～3 周（依树种和种子情况而定）将种子取出用高温（18～25℃）催芽。③催好芽的种子要播在湿润的土壤上，否则会导致芽干而不能发芽。④要防止动物危害，冬季严寒时可加盖草帘，春季要及时撤除，并注意通气。

（二）水浸催芽

水浸催芽指用水浸泡种子，达到催芽目的的方法，简称为浸种。浸种通常也是层积催芽或其他催芽方法的预处理措施。

1. 浸种的水温 浸种的水温对催芽效果有很大影响。浸种能加快种子萌发前的代谢速度，使种子预先吸足发芽所需要的水分而膨胀。种子吸水的速度除受种皮结构（种皮薄的种子比厚而坚硬的种子吸水快）、种子内含物（含蛋白质多的种子比含淀粉多的种子吸水量大）和种子自身含水量（含水量低的种子比含水量高的种子吸水快）的影响外，还与浸种时的水温密切相关。不同树种种子要求的浸种水温不同，一般为了使种子尽快吸水，常用温水或热水浸种，但水温太高会伤害种子，浸种温度应根据种皮（果皮）厚薄及坚硬程度、透性强弱而定。

（1）**冷水浸种**　小粒或种皮薄易发芽的种子，如落叶松、樟子松、云杉等可用10℃左右的冷水或20～30℃的水浸种。

（2）**温水浸种**　种皮或果皮较厚不易透水的种子，如侧柏、油松等可用30～40℃的温水浸种，文冠果、臭椿等可用40～50℃的温水浸种。

（3）**热水浸种**　种皮较厚而坚硬的种子，如紫穗槐、槭、川楝等可用60～70℃的热水浸种。

（4）**高温热水浸种**　种皮坚硬、致密、透水性很差的种子，如刺槐、皂荚、合欢等可用70～90℃的高温热水烫种。刺槐种子开始先用70℃温水浸种，待其自然冷却后浸泡一整夜，未胀的种子再用90℃水浸泡至自然冷却，连续1～2次后即可膨胀，然后催芽3～4d即可播种。

2. 浸种的时间　浸种时间的长短视种子特性而定，大多数种子为1～3d，种皮薄的种子可浸泡数小时，种（果）皮坚厚的种子如核桃，可延长至5～7d。如要检查大粒种子的吸水程度，可将种粒切开，观察横断面的吸水程度，以掌握适宜的浸种时间，一般当3/5的部位吸水时即可。浸种时间超过12h应换水。对杂质多或产生黏性物质的种子，如泡桐等，浸种过程中要揉搓淘洗，直至换的水清亮为止。

3. 催芽处理　吸水膨胀后的种子进行催芽处理的方法有2种。一种是将浸润种子放入无釉的泥盆（泥盆可渗水，不会在底部积水）中，用可通气的材料（如浸润的纱布等）加以覆盖，将其放在温暖处催芽，每天用温水淘洗2～3次，直至达到催芽要求时为止；另一种是将水浸的种子捞出，混以3倍湿沙，然后将种、沙混合物放在温暖处催芽，为保持湿度，可用通气材料加以覆盖。

在催芽过程中必须注意温度、湿度和通气条件。首先温带的林木种子一般在25℃左右发芽快而整齐，因此催芽温度以不超过25℃为宜。其次要保证种子有足够的水分，水分不足时要及时喷水，但水过多易造成种子腐烂。同时还要保证种子有充足的氧气，故应定时淘洗换水，混沙的堆积不能太高。当裂嘴露白种子数达到30%左右时，即可播种。

近年来，水浸催芽又衍生出一些新的处理技术，如通气式水浸催芽（aerated water soaking），即将种子浸泡在4～5℃的水中并不断充气保持水中氧气的含量接近饱和，能加速种子发芽；另外还有一种处理技术称芽苗播种（germinant seedling），即在通气浸种时，将水温保持在适宜发芽的温度，直到胚根开始出现，这时种子悬浮在水中，直接将其喷洒在床面进行播种，故也称液体播种（fluid drilling）。该方法能使经层积催芽60d后的火炬松种子在4～5d内发芽长出胚根，而且发芽很整齐。

（三）药剂浸种催芽

药剂浸种催芽是指用化学药剂（如微量元素盐溶液、植物生长调节物质等溶液）浸泡种子的催芽方法，可解除种子休眠，促进种子提早萌发，使种子发芽整齐，幼苗生长健壮。

1. 酸类

（1）**浓硫酸**　用浓硫酸浸泡杜松种子60min，能快速去掉种子表面以及棱间残留的松脂，消除种子发芽障碍，缩短种子催芽时间，有效提高场圃发芽率，促使幼苗出土快、整齐，而且定植后生长正常。但要注意使用浓硫酸处理种子时须严格遵从安全操作规定，并防止对环境产生不良影响。浸泡后的种子需用清水处理，否则发根后处于强酸环境，根易腐烂，即使长苗也易出现佝偻病。

（2）**稀盐酸、稀硫酸、硼酸或磷酸** 将松树陈种子用1%的稀盐酸或稀硫酸浸泡1d，也可用0.1%的硼酸或0.03%的磷酸溶液浸泡1d，均能提高场圃发芽率。

2. 碱类

（1）小苏打（$NaHCO_3$） 用1%的小苏打水浸泡漆树种子12h，可除去种壳油蜡质层并使种皮软化，同时还有促进种胚新陈代谢的作用。用2%的小苏打水浸泡刺槐种子12h，用1%的小苏打水浸泡沙松种子1h，均能促进种子的萌发。

（2）**草木灰** 草木灰水过滤液也可代替小苏打水，但浓度不宜过高，时间不宜过长，否则会使种子受伤。

3. 微量元素盐溶液 大量实验表明，用锰、铜、锌、钼等微量元素的盐溶液浸泡种子可起到催芽作用。如用硫酸锌（0.1%～0.2%）、硫酸锰（0.1%）、硫酸铜（0.01%）、钼酸铵（0.03%）等溶液处理落叶松、云杉、黄波罗等种子能提高其发芽势和发芽率。用高锰酸钾（0.05%～0.25%）溶液浸泡杉木种子不仅能消毒杀菌，还可使种子提早出芽，并提高种子的发芽势以及苗木的产量和质量。但在使用上述微量元素盐溶液进行种子催芽时，还要根据不同树种种子含水量多少（湿种子对药剂敏感）、种壳厚薄等差异，分别采用不同的浓度和浸泡的时间，以免使用不当造成损失。

4. 植物生长调节物质 能够调节植物生长发育的物质有很多，在植物体内天然产生的称为植物激素，随着化学工业的发展，人工合成了许多能够调节植物生长发育的化学物质，统称为植物生长调节物质。以上能够有效解除休眠的物质有赤霉素、细胞分裂素、乙烯利、壳梭孢素、吲哚乙酸等。如赤霉素可以打破乌桕种子的休眠，提高种子发芽能力，并缩短从播种到出苗的时间；0.1～0.5μg/g的2,4-D可明显提高花曲柳种子的发芽率，用0.05～0.5μg/g的2,4-D处理紫椴种子具有良好的催芽效果。但在使用植物生长调节物质进行种子催芽时，还要注意选择合适的浓度和处理时间，处理时间过长或浓度过高，会导致催芽无效甚至产生药害。

（四）物理催芽

使用一些物理方法（如γ射线照射等）对种子进行处理，也可达到解除种子休眠、促进种子发芽的目的。目前处于试验阶段或已经开展使用的植物种子物理催芽方法有超声波、电磁波、同位素、激光和高压静电场处理。

1. 超声波 利用超声波处理种子促进其萌发已有较广泛的应用，如用频率为830kHz、强度为1.8W/cm^{2}的超声波处理红松种子5min，发芽率提高7%；用频率为25kHz的超声波处理马尾松和杉木种子20min，发芽率分别提高25%和16%；利用超声波处理落叶松、云杉等树种的种子，不仅能提高种子的发芽势和发芽率，还可改善种子的播种品质。超声波处理种子进行催芽的效果除与种子特性有关外，还取决于照射的强度、剂量和时间。

2. 电磁波 利用电磁波处理植物种子可促其萌发这一事实已经被证明，只要频率、场强和时间等选择适当，可得到较好的催芽效果，表现为种子发芽早、发芽率高。如黑龙江省望奎县苗圃利用高频电磁波处理樟子松种子，与混沙催芽的效果近似。用高频电磁波处理种子时间短，方法简单易行。不同树种种子用电磁波处理的频率和时间还需要做进一步探索。

3. 同位素 采用适当剂量的放射性同位素处理林木种子，可促进其酶活化，起到催芽作用；还能通过增加种子糖分、蛋白质等内含物而改善种子品质，进而影响植株的生长。南京林业大学用^{60}Co照射毛竹种子（照射强度为0.258～0.818C/kg）后催芽效果良好，幼苗分叶数量增多，死亡率低。将黄波罗用^{32}P溶液浸种后12d可发芽，如果采用混沙催芽法处理种子则需50～60d才可达到催芽效果。

4. 激光和高压静电场 利用激光器里特定的物质激发而发射出具有高能量的光束来处理种子，可以促进种子发芽，提高苗木的抗性、产量和质量。河南林业科学研究所采用氦-氖激光器处理后的毛泡桐种子（热流量为6mW）经测定，胚根长度明显大于对照组种子，苗高、地径相比对照组种子也均有大幅提高。用氦-氖激光处理油松种子也获得一定的催芽效果。

静电处理对种子萌发有刺激作用，能增加种皮透性，促进种子内部细胞活化。研究表明，适宜剂量的静电处理对种子萌发期的发芽率、发芽势、根长、芽长、鲜重等指标均有不同程度的提高。如经静电处理后的刺槐种子萌发生理指标和苗木生长状况均发生变化，种子导电率比对照组种子降低，呼吸强度、脱氢酶活性、活力指数均比对照组种子提高，用处理后的种子育苗，苗高、地径、生物量、合格苗产量都有所提高。

思考题

1. 从植物学角度怎样认识树木种子和果实？
2. 何为结实周期性？影响园林树木开花结实的因素有哪些？
3. 种子生理成熟和形态成熟的特点有哪些？
4. 完全成熟的种子应该具备哪些特点？
5. 简要说明种实脱落方式与采集方法。
6. 如何进行种实调制？
7. 何为种子寿命？影响种子呼吸的主要因素有哪些？
8. 常用的种实贮藏方法及适宜种实贮藏的条件有哪些？
9. 为什么要进行种子品质检验？树木种子品质检验主要有哪些项目？如何检验？
10. 园林绿化树木良种繁育的途径有哪些？人工种子的应用如何体现？
11. 如何认识树木种子休眠现象在种苗生产中的意义？种子催芽的方法有哪些？

第五章 园林树木的播种繁殖

[本章提要] 播种繁殖即利用树木种子繁育苗木。本章介绍播种繁殖的特点，播种育苗的圃地整理、土壤处理及做床，播种前种子精选和消毒等；介绍播种育苗的时间、播种量计算、播种方法及播种技术要点等；分析播种苗生长发育特点及相应的苗木管理技术措施。

第一节 播种繁殖的意义与特点

一、播种繁殖的意义

播种繁殖是利用树木的有性后代——种子，对其进行一定的处理和培育，使其萌发、生长、发育，成为新的一代苗木个体。用种子播种繁殖所得的苗木称为播种苗或实生苗。种子繁殖为有性繁殖，在有性繁殖过程中存在基因重组等环节，可维持一个物种基因的多样性，利于后代适应环境的改变。园林树木的种子体积较小，采收、贮藏、运输、播种等都较简单，种子中含有一些营养物质可为早期生长提供能量，可以在较短的时间内培育出大量的苗木或嫁接繁殖用的砧木，因而在园林苗圃中占有极其重要的地位。

二、播种繁殖的特点

园林树木的播种繁殖具有以下特点：

①利用种子繁殖，一次可获得大量苗木，种子获得容易，采集、加工、贮藏、运输都较方便。

②播种苗生长旺盛、健壮，直根系发达，寿命长；抗风、抗寒、抗旱、抗病虫的能力及对其他不良环境的适应力较强。

③种子繁殖的幼苗，遗传保守性较弱，对新环境的适应能力较强，有利于异地引种的成功。如从南方直接引种梅花苗木到北方，往往不能安全越冬；而引入种子在北方播种育苗，其中部分苗木则能在－17℃安全过冬。

④用种子播种繁殖的苗木，特别是杂种幼苗，由于遗传性状的分离，在苗木中常会出现一些新类型的品种，这对于园林树木新品种、新类型的选育有很大的意义。

⑤种子繁殖的幼苗，由于需要经过一定时期、一定条件下的生理发育阶段，因而开花、结果较无性繁殖的苗木晚。

⑥由于播种苗具有较大的遗传变异性，因此，对一些遗传性状不稳定的园林树种，用种子繁殖的苗木常常不能保持母树原有的观赏价值或特征特性。如龙柏经种子繁殖，苗木中常有大量的桧柏幼苗出现；重瓣榆叶梅播种苗大部分退化为单瓣或半重瓣花；龙爪槐播种繁殖后代多为国槐等。

三、适宜播种繁殖的主要园林树种

播种繁殖是园林树木育苗的主要手段之一，许多园林树木都可以用播种繁殖方法进行苗木繁育，以播种繁殖为主要育苗方式的常见园林树种如下：

1. 常绿乔木类　南洋杉、油杉、冷杉、黄杉、银杉、云杉、红松、华山松、白皮松、油松、马尾松、杉木、柳杉、柏木、侧柏、圆柏、铺地柏、罗汉松、红豆杉、广玉兰、樟树、枇杷、石楠、冬青、杜英、杨梅、蚊母树等。

2. 落叶乔木类　银杏、落叶松、水杉、金钱松、水松、白桦、栓皮栎、榆树、朴树、构树、望春玉兰、杜仲、合欢、紫荆、刺槐、国槐、楝树、火炬树、枫香、元宝枫、七叶树、栾树、木棉、梧桐、珙桐、喜树、楸树、无患子、重阳木等。

3. 常绿灌木类　十大功劳、南天竹、含笑、海桐、黄槐、黄杨、女贞、小蜡、火棘等。

4. 落叶灌木类　小檗、太平花、金缕梅、绣线菊、紫薇、石榴、云实等。

5. 藤本类　常春藤、金银花、紫藤、南蛇藤、爬山虎等。

6. 棕榈类　苏铁、棕竹、棕榈、蒲葵、鱼尾葵、散尾葵等。

第二节　整地做床

一、整　　地

整地是为了创造适合苗木生长的土壤条件，对于促进苗木生长、培养壮苗具有重要意义：深耕以打破底层，加厚土壤的耕作层，有利于苗木生长扎根；改善土壤的结构和理化性质，提高土壤的保水性和通气性，为土壤微生物的活动创造良好的环境条件，增加土壤的肥力，有利于苗木生长发育；可有效地消灭杂草和防治病虫害。

（一）整地的方法

整地要根据当地的气候、苗圃地的土壤和前作情况采用不同的整地方法。

1. 原为生荒地或撂荒地　开垦生荒地或撂荒地作苗圃时，应在秋季用拖拉机或锄（镐）翻耕一遍，深度为25～30cm，将杂草完全压在犁底部。如杂草具有根蘖和地下茎时，要用圆盘耙进行纵横的浅耕，或用锄、镐将草根斩碎。

2. 原为采伐地或灌木林地　开垦采伐地或灌木林地时，首先应伐除灌木杂草，再除净伐根和草根，进行平整土地工作，然后再用以上方法进行秋耕。

3. 原为农作地　用农作地作苗圃时，应先将农作物的残根清除干净，再进行深耕，如要在秋季进行播种，深耕工作应在做床前半个月进行。

4. 原为苗圃地　在苗圃地上整地，如在秋季掘苗，要抓紧进行秋耕；如在春季掘苗，当年仍继续进行育苗时，应尽可能提前掘苗，以便及时进行春耕耙地，春耕最迟应在播种前半个月进行，以便土壤翻耕后可充分下沉，免伤幼苗。

（二）整地的深度

1. 基本深度 苗木根系在土壤中分布的深度一般在20cm左右，因此，一般整地深度为20～25cm，干旱地区整地深度为25～30cm。过去进行浅耕、表土较薄的圃地，应逐年加深2～3cm，不宜骤然加大深度，以免将生土翻出影响苗木生长。盐碱层较浅的圃地，要用中耕器松土，不要将含有盐分的底土翻到地表来。

各地自然条件不同，因此整地的要求也不一样。在地处气候湿润或冬季降雪较厚的地区以及土壤黏重的圃地，秋耕后不必进行耙地，以促进土壤风化，改良土质。在秋冬干旱地区，秋耕后要加紧耙地保墒。在南方土壤黏重的圃地，要进行三犁三耙，使土壤均匀细碎。春天耙地应在土壤微呈干燥时抓紧进行。

2. 注意事项 整地是育苗的基础工作，要注意抓住各种土壤的适耕期及时进行，整地要平整、全面，不要漏耕。疏松的沙地不要在刮大风时翻耕，避免大风刮走细土。在春季干旱而播种较晚的地区，春季解冻后要视土表硬结情况进行整地。在深耕过程中，要贯彻“保持熟土在上，生土在下，不乱土层，土肥相融”的原则。

二、土壤处理

土壤处理是应用化学或物理的方法，消灭土壤中残存的病原菌、地下害虫或杂草等，以减轻或避免其对苗木的危害。园林苗圃中简便有效的土壤处理方法主要是采用化学药剂处理。

1. 硫酸亚铁 雨天用细干土加入2%～3%的硫酸亚铁粉制成药土，每平方米施药土150～225g；晴天可施用浓度为2%～3%的水溶液，用量为0.5kg/m²。硫酸亚铁除具有杀菌的作用外，还可以改良碱性土壤，供给苗木可溶性铁离子，因而在生产上应用较为普遍。

2. 多菌灵 多菌灵能防治多种真菌病害，对子囊菌和半知菌引起的病害效果很明显。土壤消毒用50%可湿性粉剂，按1.5g/m² 施用，也可按1∶20的比例配制成毒土撒在苗床上，能有效地防治苗期病害。

3. 代森铵 代森铵为有机硫杀菌剂，杀菌力强，能渗入植物体内，经植物体分解后还有一定肥效。用50%水溶代森铵350倍液，按照3kg/m² 稀释液浇灌苗圃土壤。

4. 敌克松 施用量为4～6g/m²。将药称好后与细沙土混匀做成药土，播种前将药土撒于播种沟底，厚度约1cm，把种子撒在药土上，并用药土覆盖种子。

5. 辛硫磷 辛硫磷能有效杀灭金龟子幼虫、蝼蛄等地下害虫。常用50%的辛硫磷颗粒剂，施用量为3.0～3.7g/m²。

6. 甲醛 甲醛50mL/m² 加水6～12L，在播种前10～20d洒在要播种的苗圃地上，然后用塑料薄膜覆盖在床土上，在播种前7d揭开塑料薄膜，待药味全部消失后播种。甲醛除了能消灭病原菌外，对于堆肥的肥效还有相当的增效作用。

三、做床和做垄

为了给种子发芽和幼苗生长发育创造良好的条件，便于苗木管理，在整地施肥的基础上，要根据育苗的不同要求把育苗地做成床或垄。

（一）做床

培育需要精细管理的苗木、珍稀苗木，特别是种子粒径较小、顶土力较弱、生长较缓慢的树种，应采用苗床育苗。一般把用苗床培育苗木的育苗方式称为床式育苗。做床时间应与播种时间密切配合，在播种前5～6d内完成。

苗床依其形式可分为高床、平床、低床三种（图5-1）。

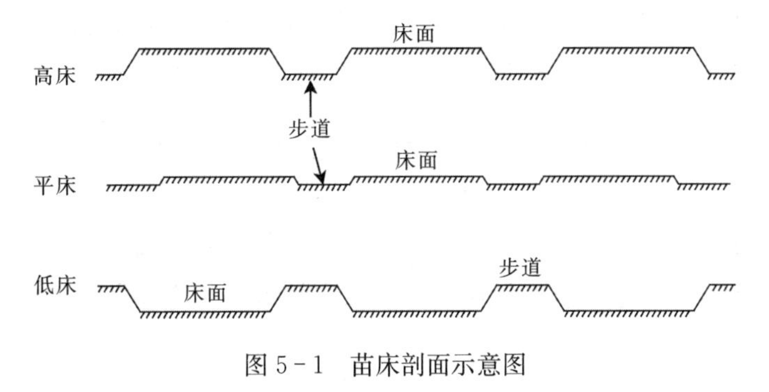

图5-1　苗床剖面示意图

1. 高床　床面高于地面，一般高出15～25cm。在地势较高、排水通畅的地方，床面可稍低；而在排水不畅的圃地，床面应较高。床的宽度以便于操作为宜，一般宽度为1.1～1.2m。床长根据播种区的大小而定，一般长度为15～20m，过长管理不方便。两床之间设人行步道，步道宽30～40cm。

高床的优点是床面高，排水良好，地温高，通气，肥土层厚，苗木发育良好，便于侧方灌溉，床面不致发生板结。适用于南方降水量多或排水不良的黏质土壤苗圃地，以及对土壤水分较敏感、怕旱又怕涝的树种或发芽出土较难、必须细致管理的树种。

做床时先由人行步道线内起土，培垫于床身，床边要随培土随拍实。然后再于床的四边重新排线拉直，用平锹切齐床边，最后再把床面土壤翻松。

2. 低床　床面低于步道，床面宽1m，步道宽30～40cm，步道高15～18cm，床的长度与高床的要求相同。

低床的优点是做床比高床省工，灌溉省水，保墒性较好，适宜于北方降水量较少或较干旱的地区应用。但也具有灌溉后床面板结、不利排水以及起苗比高床费工等不足。低床适用于喜湿、对稍有积水无碍的树种，如大部分阔叶树种和部分针叶树种。

做床时先按床面和步道的宽度画好线，然后由床面线内起土培起步道，随培土随压实，以防步道向床中坍塌。步道做好后，把床面耕翻疏松，将土面整平即可。

3. 平床　床面比步道稍高，平床筑床时，只需用脚沿线将步道踩实，使床面比步道略高几厘米即可。适用于水分条件较好、不需要灌溉的地方或排水良好的土壤。

（二）做垄

由于垄作育苗方法与种大田的方法相似，因此又称作大田式育苗。对于生长快、管理技术要求不高的树种，一般均可采用。垄作育苗可以加厚肥土层，提高土温，有利于土壤养分的转化，苗木光照充足，通风良好，生长健壮。垄作育苗还便于机械化作业，提高劳动生产率，降低育苗成本。但垄式育苗的管理不如床式育苗细致，苗木产量也较床式育苗低。

做垄分为高垄和低垄两类。

1. 高垄 高垄的规格，一般垄距为60～70cm，垄高20cm左右，垄顶宽度为20～25cm，长度依地势或耕作方式而定。做高垄时可先按规定的垄距画线，然后沿线往两侧翻土培成垄背，再用木板刮平垄顶，使垄高矮一致，垄顶宽度一致，便于播种。

高垄适用于中粒及大粒种子，幼苗生长势较强，播后不需精细管理的树种。

2. 低垄 又称平垄、平作。即将苗圃地整平后直接进行播种的育苗方法。适用于大粒种子和发芽力较强的中粒种子树种。

第三节　播种前的种子处理

用作播种的种子，必须是检验合格的种子，未经检验不得用于育苗。为了使种子发芽迅速、整齐，要做好种子、幼苗的防病灭菌并防止鸟兽危害，播种前要进行种子精选、消毒和催芽处理等工作。

一、种子精选

种子经过贮藏，可能发生虫蛀、腐烂等现象。为了获得纯度高、品质好的种子，确定合理的播种量，以保证播种苗齐、苗壮，在播种前应对种子进行精选。其方法可根据种子的特性和夹杂物的情况进行筛选、风选、水选（或盐水选、黄泥水选）或粒选等。一般小粒种子可以采用筛选或风选，大粒种子进行粒选。

二、种子消毒

为了消灭附在种子上的病菌，预防苗木发生病害，在种子催芽或播种前，应进行种子消毒灭菌。苗木生产上常用的种子消毒方法有：

1. 药剂拌种 常用敌克松粉剂拌种，药量为种子重量的0.2%～0.5%。先用药量10～15倍的土配制成药土，再于播种前拌种，对苗木猝倒病有较好的防治效果。也可用赛力散拌种，一般于播种前20d进行拌种，每千克种子用药2g，拌种后密封贮藏，20d后进行播种，既有消毒作用，也起防护作用，此方法适用于针叶树种子。

2. 热水浸种 水温40～60℃，用水量为待处理种子的2倍。如将干燥种子直接放入50℃温水中浸泡25min，尽量保持恒温；也可以先将种子放进50℃水中浸种10min，然后投入55℃水中浸种5min，最后将种子放入冷水中。在浸种过程中，要不断搅拌，使上下温度均匀。本方法适用于针叶树种子或大粒种子，对种皮较薄或种子较小的树种不适宜。

3. 石灰水浸种 用1%～2%的石灰水浸种24h左右，对落叶松种子等有较好的灭菌作用。利用石灰水进行浸种消毒时，种子要浸没10～15cm深，种子倒入后，应充分搅拌，然后静置浸种，使石灰水表层形成并保持一层碳酸钙膜，提高隔绝空气的效果，达到杀菌目的。

4. 药剂浸种

（1）**硫酸铜溶液浸种** 使用浓度为0.3%～1.0%，浸泡种子4～6h，取出阴干，即可播种。硫酸铜溶液不仅可消毒，对部分树种（如落叶松）还具有催芽作用，可提高种子的发芽率。

(2) 甲醛溶液浸种 在播种前1～2d，配制浓度为0.15%的甲醛溶液，把种子放入溶液中浸泡15～30min，取出后密闭2h，然后将种子摊开阴干后播种。1kg甲醛可消毒100kg种子。用甲醛溶液浸种，应严格掌握时间，不宜过长，否则将影响种子发芽。

(3) 高锰酸钾溶液浸种 使用浓度为0.5%，浸泡种子2h；也可用5%的浓度，浸泡种子30min，取出后密闭30min，再用清水冲洗数次。采用此方法时要注意，对催过芽的种子以及胚根已突破种皮的种子，不宜采用本方法消毒。

(4) 其他 用60%多菌灵600倍液，或70%甲基托布津1 000倍液，或75%百菌清600倍液，或硫酸铵100倍液等，先将种子在清水中浸2～3h，然后用上述任何一种药剂浸泡10～15min，取出种子冲洗干净，再用清水浸种。

三、种子催芽与接种

催芽即是用人为的方法打破树木种子的休眠，并使种子长出胚根的处理。通过人为地调节和控制种子发芽所必需的外界环境条件，以满足种子内部进行一系列生理生化过程的要求，增加呼吸强度，促进酶的活动，转化营养物质，以刺激种胚的萌发生长，达到尽快萌发的目的。通过催芽，可提高种子的发芽率，减少播种量，节约种子，且出苗整齐，有利于播种圃地的管理。种子催芽的方法包括层积催芽、浸种催芽等，具体参见第四章第七节。

对有些树种，播种前需要进行接种。

1. 根瘤菌剂接种 根瘤菌能固定大气中的游离氮供给苗木生长发育所需，尤其是在无根瘤菌土壤中进行豆科树种或赤杨类树种育苗时，需要接种。方法是将根瘤菌剂与种子混合搅拌后，随即播种。

2. 菌根菌剂接种 菌根能代替根毛吸收水分和养分，促进苗木生长发育，在苗木幼龄期尤为明显。如松属、壳斗科树木，在无菌根菌地育苗时，人工接种菌根菌，能提高苗木质量。方法是将菌根菌剂加水拌成糊状，拌种后立即播种。

3. 磷化菌剂接种 幼苗在生长初期很需要磷，而磷在土壤中容易被固定，磷化菌可以分解土壤中的磷，将磷转化为可以被植物吸收利用的磷化物，供苗木吸收利用，因此，可用磷化菌剂拌种后再播种。

第四节 播种育苗技术

一、播种时间

播种时间是育苗工作的重要环节之一，它直接影响到苗木的生长期、出圃的年限、幼苗对环境条件的适应能力、土地的使用率以及苗木的养护管理措施等。适宜的播种时间能促使种子提前发芽，提高发芽率，播后出苗整齐，苗木生长健壮，并具有较强的抗寒、抗旱和抗病能力，从而节省土地和人力。

播种时间的确定，要依据树种的生物学特性以及当地的气候条件而定。我国地域辽阔，树种繁多，各地树种的生物学特性和气候条件差异极大。同一地点，树种不同，其种子发芽所需的生物学最低温度也不同，因而在同一季节，不同树种播种时间也有差异。南方一般四季均有适播树种，而北方则多数树种以春播为主。总之，播种时间要适时、适地、适树才能达到良好的效果。

播种时期的划分，通常按季节分为春播、夏播、秋播和冬播。

1. 春播 春季是主要的播种季节，在大多数地区，大多数树种都可以在春季播种，一般在土地解冻后至树木发芽前将种子播下。播种时间宜早不宜迟，适当早播的幼苗抗性强，生长期长，病虫害少。如松类、海棠等尤应早播。春播要注意防止晚霜危害，对晚霜比较敏感的树种如刺槐、臭椿等不宜过早播种，应使幼苗在晚霜完全结束后才出土，以避过晚霜危害。

春播从播种到出苗时间短，减少管理用工，减轻鸟、兽、虫等对种子的伤害。而且春播气温适宜，土壤不板结，利于种子萌发、出苗、生长等。春播幼苗出土后，气温逐渐增高，可避免低温和霜冻的危害。

春播的时间因各地的气候条件而异，应根据树种和土壤条件适当安排播种顺序。一般针叶树种或未经催芽处理的种子应先播，阔叶树种或经过催芽处理的种子后播；地势高燥的地方、干旱的地区先播，低湿的地方后播。

2. 夏播 夏播适用于易丧失发芽力、不易贮藏的夏熟种子，如杨树、榆树、桑树、檫木等。随采随播，种子发芽率高。夏播应尽量提早，当种子成熟后，便立即进行采种、催芽和播种，以延长苗木生长期，提高苗木质量，使其能安全越冬。

夏季气温高，土壤水分易蒸发，表土干燥，不利于种子发芽，尤其在夏季干旱地区更为严重，应在雨后进行播种或播前充分灌水，浇透底水有利于种子发芽，播后要加强管理，经常灌水，保持土壤湿润，降低地表温度，以利于苗木生长。

3. 秋播 秋季是次于春季的重要播种季节。一些大、中粒种子或种皮坚硬的、有生理休眠特性的种子都可以在秋季播种。一般种粒很小或含水量大而易受冻害的种子不宜秋播。

秋季是符合自然规律的播种期，种子在土壤中完成休眠、催芽过程，翌春幼苗出土早，出苗整齐，扎根深，能增强抵抗力。秋播节省了种子贮藏和催芽工作费用，可降低育苗成本。但秋播也具有种子留土时间长，易受鸟、兽危害，播种量较春播大等缺点。

秋播的时间因树种特性和当地气候条件的不同而异。自然休眠的种子播期应适当提早，可随采随播；被迫休眠的种子，应在晚秋播种，以防当年发芽受冻。为减轻各种危害，秋播应掌握“宁晚勿早”的原则。

4. 冬播 我国南方气候温暖，冬天土壤不冻结，而且雨水充沛，可以进行冬播。冬播实际上是春播的提早，也是秋播的延续。部分树种（如杉木、马尾松等）初冬种子成熟后随采随播，可早发芽，扎根深，能提高苗木的生长量和成活率，幼苗的抗旱、抗寒、抗病能力均较强。

二、苗木密度和播种量的计算

（一）苗木密度

1. 苗木密度的概念 苗木密度是指单位面积（或单位长度）上苗木的数量。实际上是合理安排苗木群体之间的相互关系，保证在每株苗木生长发育健壮的基础上，获得最大限度的单位面积上的产苗量。这也正是苗木产量和质量之间存在的矛盾。苗木过密，每株苗木的营养面积过小，通风不良，光照不足，降低了苗木的光合作用，使光合作用的产物减少；表现为苗木细弱，叶量少，根系不发达，侧根少，干物质重量小，顶芽不饱满，易受病虫危害，移植成活率不高等。当苗木过稀时，不仅不能保证单位面积的苗木产量，而且苗木空间过大，土地利用率低，易滋生杂草，增加对土壤水分和养分的消耗，给管理工作带来困难。合理的密度可以克服由于过密或过稀而产生的缺点，保证每株苗木在生长发育健壮的基础上获得单位面积（或单位长度）上最大限度的产苗量，从而获得苗木的优质高产。

2. 确定密度的原则 合理的密度是相对的，它因树种、苗木、环境条件不同而异。育苗技术水平不同，育苗密度也不一样。在确定某一树种的苗木密度时，应考虑以下原则，结合本地区的具体情况而定。

①树种的生物学特性：生长快、冠幅大的密度应小，反之应密些。

②苗龄及苗木种类：苗木培育年龄不同，其密度也不同。一般培育二年生苗的密度要比一年生苗的小，培育年龄越大密度越小。

③苗圃地的环境条件：土壤、气候和水肥条件好的宜密，条件差的宜稀。

④育苗方式及耕作机具：苗床育苗的密度比垄作育苗的密度大，所以产量比垄作高。另外，确定密度还必须考虑苗期管理所使用的机具，以便确定合适的行（带）距。

⑤育苗技术水平：育苗技术水平高、管理精细的密度可高些；反之，育苗技术水平较低、管理条件较差的，密度宜稍低。

苗木密度的大小取决于株行距，尤其是行距的大小。播种苗床一般行距为8～25cm，大田育苗一般为50～80cm，行距过小不利于通风透光，也不利于管理。

（二）播种量的计算

播种量是指单位面积上播种的数量。播种量确定的原则是用最少的种子，达到最大的产苗量。播种量一定要适中，偏多会造成种子浪费，出苗过密，间苗费工，增加育苗成本；播种量太少，产苗量低，土地利用率低，影响育苗效益。适宜的播种量，需经过科学的计算。计算播种量的依据是：单位面积（或单位长度）的产苗量；种子品质指标，如种子纯度（净度）、千粒重、发芽势等；种苗的损耗系数等。

播种量可按下列公式计算：

$$X=C\times\frac{AW}{PG\times 1\,000^2}$$

式中：X——单位面积（或单位长度）实际所需播种量；

A——单位面积（或单位长度）的产苗量（有效播种面积）；

W——千粒种子的重量（g）；

P——种子净度；

G——种子发芽势；

$1\,000^2$——常数；

C——损耗系数。

C 值因树种、圃地的环境条件及育苗的技术水平而异，同一树种在不同条件下的具体数值可能不同，各地应通过试验来确定，参考值如下：

①大粒种子（千粒重在 700g 以上），$C=1$。

②中、小粒种子（千粒重在 3～700g），$1<C\leqslant5$。

③极小粒种子（千粒重在 3g 以下），$10\leqslant C\leqslant20$。

部分园林树木播种量与产苗量见表 5-1。

表 5-1　部分园林树木播种量与产苗量

树　种	100m² 播种量/kg	100m² 产苗量/株	播种方式
油　松	10～12.5	10 000～15 000	高床撒播或垄播
白皮松	17.5～20	8 000～10 000	高床撒播或垄播
侧　柏	2.0～2.5	3 000～5 000	高垄或低床条播
桧　柏	2.5～3.0	3 000～5 000	低床条播
云　杉	2.0～3.0	15 000～20 000	高床撒播
银　杏	7.5	1 500～2 000	低床条播或点播
锦熟黄杨	4.0～5.0	5 000～8 000	低床撒播
小叶椴	5.0～10	1 200～1 500	高垄或低床条播
紫　椴	5.0～10	1 200～1 500	高垄或低床条播
榆叶梅	2.5～5.0	1 200～1 500	高垄或低床条播
国　槐	2.5～5.0	1 200～1 500	高垄条播
刺　槐	1.5～2.5	800～1 000	高垄条播
合　欢	2.0～2.5	1 000～1 200	高垄条播
元宝枫	2.5～3.0	1 200～1 500	高垄条播
小叶白蜡	1.5～2.0	1 200～1 500	高垄条播
臭　椿	1.5～2.5	600～800	高垄条播
香　椿	0.5～1.0	1 200～1 500	高垄条播
茶条槭	1.5～2.0	1 200～1 500	高垄条播
皂　荚	5.0～10	1 500～2 000	高垄条播
栾　树	5.0～7.5	1 000～1 200	高垄条播
梧　桐	3.0～5.0	1 200～1 500	高垄条播
山　桃	10～12.5	1 200～1 500	高垄条播
山　杏	10～12.5	1 200～1 500	高垄条播
海　棠	1.5～2.0	1 500～2 000	高垄或低床两行条播
山荆子	0.5～1.0	1 500～2 000	高垄或低床条播
贴梗海棠	1.5～2.0	1 200～1 500	高垄或低床条播
核　桃	20～25	1 000～1 200	高垄点播
卫　矛	1.5～2.5	1 200～1 500	高垄或低床条播

（续）

树　种	$100m^2$ 播种量/kg	$100m^2$ 产苗量/株	播种方式
文冠果	5.0～7.5	1 200～1 500	高垄或低床条播
紫　藤	5.0～7.5	1 200～1 500	高垄或低床条播
紫　荆	2.0～3.0	1 200～1 500	高垄或低床条播
小叶女贞	2.5～3.0	1 500～2 000	高垄或低床条播
紫穗槐	1.0～2.0	1 500～2 000	平垄或高垄条播
丁　香	2.0～2.5	1 500～2 500	低床或高垄条播
连　翘	1.0～2.5	2 500～3 000	低床或高垄条播
锦带花	0.5～1.0	2 500～3 000	高床条播
日本绣线菊	0.5～1.0	2 500～3 000	高床条播
紫　薇	1.5～2.0	1 500～2 000	高垄或低床条播
杜　仲	2.0～2.5	1 200～1 500	高垄或低床条播
山　楂	20～25	1 500～2 000	高垄或低床条播
花　椒	4.0～5.0	1 200～1 500	高垄或低床条播
枫　杨	1.5～2.5	1 200～1 500	高垄条播

三、单位面积总播种行的计算

单位面积总播种行（或育苗行）是计算播种量和产苗量所需，其计算方法为：

①苗床育苗计算单位面积播种行总长度的公式为：

$$X=\frac{SK}{(K+B)(C+B)g}\times C$$

式中：X——单位面积的播种行总长度（m）；

S——面积（m^2）；

K——苗床宽度（m）；

B——步道宽度（m）；

C——苗床长度（m）；

g——行距（m）。

②垄作育苗计算单位面积播种行总长度的公式为：

$$X=\frac{S}{B}\times n$$

式中：X——单位面积的播种行总长度（m）；

S——面积（m^2）；

B——垄宽（m）；

n——每垄的行数。

四、播种方法

目前常用的播种方法有条播、点播和撒播。播种方法因树种特性、育苗技术和自然条件等不同而异。

1. 条播 条播是按一定的行距，将种子均匀地撒在播种沟内的播种方法。条播是应用最广泛的方法。由于条播苗木集中成条或成带，便于抚育管理，因此工作效率高。条播比撒播省种子，苗木通风好。但由于条播苗木集中成条，发育欠均匀，单位面积产苗量也较低。为了克服这一不足，常采用宽幅条播，在较宽的播种面积上均匀撒播种子，这样既便于抚育管理，又提高了苗木的质量和产量，克服了撒播和条播的缺点。

条播一般播幅（播种沟宽度）为2～5cm，行距10～25cm；宽幅条播播幅为10～15cm。为了适应机械化作业，可把若干播种行组成一个带，缩小行间距离，加大带间距离。由于组成的行数不同，可分为2～5行的带播。行距一般为10～20cm，带距30～50cm；距离的大小因苗木生长快慢和播种机、中耕机的构造而异。

播种行的设置方法，可采用纵行条播（与床的长边平行），便于机械作业；也可横向条播（与床的长边垂直），便于手工作业。

2. 点播 点播是按一定的株行距挖穴播种，或按行距开沟后再按株距将种子播于沟内的播种方法。点播主要适用于大粒种子，如银杏等。点播的株行距应根据树种特性和苗木的培育年限来决定。播种时要注意种子的出芽部位，正确放置种子，便于出芽（图5-2)。点播具有条播的优点，但比较费工，苗木产量也比另两种方法低。

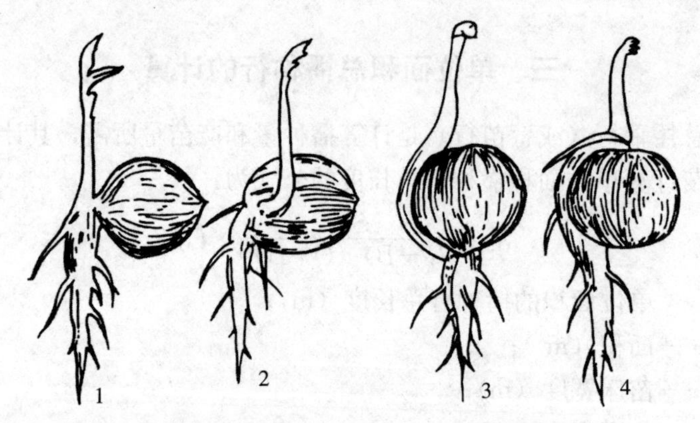

图5-2 核桃种子放置方式对出苗的影响

1. 缝线垂直 2. 缝线水平 3. 种尖向上 4. 种尖向下

3. 撒播 撒播是将种子均匀地撒播在苗床上或垄上的播种方法。撒播主要适用于一般小粒种子，如杨、泡桐、桑、马尾松等。撒播可以充分利用土地，单位面积产苗量高，苗木分布均匀，生长整齐。但撒播用种量大，一般是条播的2倍；另外，撒播苗木抚育不便，同时由于苗木密度大，光照不足，通风条件不好，会造成苗木生长细弱，抗性差，易染病虫害。

五、播种技术要点

播种包括播种、覆土、镇压等环节。人工播种，这些环节分别进行；机械播种，这些环节连续进行。几个环节工作质量的好坏及配合度的高低，对育苗质量和苗木生长有直接的影响。

（一）人工播种

1. 播种　人工播种为了做到均匀播种，在播种前应将种子按每床用量等量分开，再进行播种。

条播或点播时，先在苗床上开沟或画行，使播种行通直，便于管理；开沟的深度，要根据土壤的性质、种子的大小而定。开沟后应立即播种，不要使播种沟较长时间暴晒于阳光下。撒播时，常两人一组，分别站在苗床两侧的步道上，均匀地撒下种子。为使播种均匀，可分数次撒播。

播种极小粒种子时，在播种前应对播种地进行镇压，以利种子与土壤接触。极小粒种子可用沙子或细泥土拌和后再播，以提高均匀度。播种前如果土壤过于干燥，应先进行灌溉，然后再播种。

2. 覆土　播种后应立即覆土，以免使播种沟内的土壤和种子干燥。为了使播种沟中保持适宜的水分、温度，促进幼芽出土，要求覆土均匀，厚度适当，而且覆土速度要快。

覆土的厚度对土壤水分、种子发芽率、出苗早晚和整齐度都有很大影响。覆土过薄，种子容易暴露，受风吹日晒，得不到发芽所必需的水分，而且容易遭受鸟、兽、虫的危害。覆土过厚，透气不良，土温较低，幼芽顶土困难，影响种子萌发。

确定覆土厚度要根据树种的特性，如大粒种子宜厚，小粒种子宜薄；子叶不出土的宜厚，子叶出土的宜薄等。还要考虑气候、土壤的质地、覆土材料和播种季节等，如秋播的种子在土壤中的时间较长，土壤水分易蒸发而干燥，种子也易遭受鸟、兽危害，因而覆土应适当加厚；苗圃地为黏重土壤的，由于土壤的机械阻力大，种子发芽出土较难，因而覆土应稍浅。一般覆土厚度应为种子直径的2～3倍。部分树种覆土参考深度见表5-2。

表5-2　部分树种播种覆土厚度

树　　种	覆土厚度
杨、柳、桦、桉、泡桐等极小粒种子	以隐见种子为度
落叶松、杉木、柳杉、樟子松、榆、黄檗、黄栌、马尾松、云杉及种粒大小相似的种子	0.5～1.0cm
油松、侧柏、梨、卫矛、紫穗槐及种粒大小相似的种子	1.0～2.0cm
刺槐、白蜡、水曲柳、臭椿、复叶槭、椴、元宝枫、国槐、红松、华山松、枫杨、梧桐、女贞、皂荚、樱桃、李及种粒大小相似的种子	2.0～3.0cm
胡桃、栗、栓皮栎、油茶、油桐、山桃、山杏、银杏及种粒大小相似的种子	3.0～8.0cm

覆土不仅厚度应适当，而且要均匀一致，否则幼苗出土参差不齐，疏密不均，影响苗木的产量和质量（图5-3）。覆土以后，除进行适当的镇压外，对小粒种子，在比较干旱的条件下还应盖草，以保持土壤湿润，防止土壤板结。

苗圃地土壤质地较好、较疏松的，可以直接用于覆土。若土壤为黏重土质的，则应用过筛的细沙土覆盖，也可用腐殖质土或锯末覆盖。为了减少杂草和病害的影响，还可用心土（未耕作种植过的深层土）或火烧土进行覆盖。

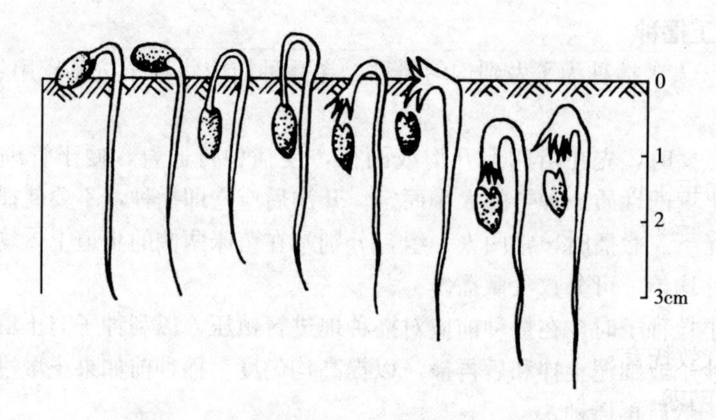

图 5-3　不同覆土厚度对苗木出土的影响

3. 镇压　为了将种子与土壤紧密接触，使种子能顺利从土壤中吸取水分，在干旱地区或土壤疏松、土壤水分不足的情况下，覆土后要进行镇压。但对于较黏的土壤不宜镇压，以防土壤板结，不利幼苗出土。对于不黏而较湿的土壤，需待其表土稍干后再进行镇压。

（二）机械播种

使用机械播种，工作效率高，下种均匀，覆土厚度一致，并且开沟、播种、覆土及镇压一次完成，既节省劳动力，又能使幼苗出土整齐一致。所以，机械播种是大规模苗圃育苗的发展趋势。

采用机械播种，选用的播种机播种时应能调节播种量，而且播下的种子在行内应均匀分布；排种器不能打碎或损伤种子；应选择开沟、播种、覆土、镇压能一次完成的机械。另外，还应注意播种机的工作幅度要与育苗地管理用的机具的工作幅度相一致。

六、容器播种育苗

采用各种容器装入配制好的基质或营养土进行育苗的方法称为容器育苗。与普通裸根苗相比，容器育苗具有节省种子、育苗周期短、苗木规格和质量容易控制、苗木出圃率高、起苗运苗过程中根系不易损伤、便于运输、节省起苗包装时间和费用、苗木失水少、延长造林季节、成活率高、无缓苗期、便于育苗及造林机械化等优点。而且容器育苗还能节约土地，因为容器中已经带有栽培基质，所以能够在空闲土地和贫瘠土地上进行苗木培育。

将配制好的基质或营养土装入合适的容器内，为苗木生长发育提供各种营养和水分。容器内营养土要求填满压实，装至容器容积的4/5左右，压实标准以营养土不会从底部排水孔漏出为度。

播种前要对种子进行处理与催芽。播种量为每个容器内大粒种子只能播1粒，中、小粒种子可播2～3粒。播种后应逐个检查容器，发现漏播的应及时补播，出苗后检查如有空杯，可以再播一次或移出空杯。播种后及时覆土和覆盖，常用覆土材料有火烧土、黄心土、森林腐殖质土等，覆土厚度与露地育苗相似。

第五节　播种苗的发育特点

一、播种苗的年生长发育特点

播种苗的年生长发育是从播种开始，到当年生长进入休眠期为止。在整个生长期中，由于不同时期的生长发育特点不同，对环境条件的要求也有不同。根据一年生播种苗各时期的特点，可将播种苗的第一个生长周期分为出苗期、幼苗期、速生期和苗木硬化期四个时期。只有了解苗木年生长发育的特点和对外界环境条件的要求，才能采取相应的有效抚育措施，获得高产优质苗木。

（一）出苗期

从播种到幼苗出土为出苗期。

1. 出苗期生长特点　种子播种后首先在土壤中吸水膨胀，随着水分的吸收，酶的活动加强，在酶的作用下，种子中贮藏物质进行转化，分解成能被种胚所利用的简单有机物，促进种胚生长，形成幼根深入土层，随着胚轴的生长，幼芽逐渐出土。这时期地上部分生长很慢，而根部生长快。当地上部分出现真叶，地下生出侧根时，出苗期即结束。出苗期的营养来源主要是种子内贮藏的营养物质。

这一时期刚出土的小苗十分嫩弱、根系分布浅、抗性弱。

2. 出苗期持续时间　出苗期持续时间因树种、播种期、催芽情况和当年气候条件的不同差异很大，有的只需几天，有的则需 1 个多月或更长时间，如夏播的榆树、杨树一般需要 7～10d，而春播的各类树种需 3～5 周或 7～8 周出苗。

3. 育苗技术要点　这一时期育苗的中心任务是促使种子迅速萌发，提高种子的场圃发芽率，使出苗整齐、均匀，生长健壮。其育苗措施要为种子发芽和幼苗出土创造良好的外界条件，满足种子发芽所需要的水分、温度、通气条件等。为此，必须选择适宜的播种期，做好种子催芽，提高播种技术，覆土厚度要适宜而均匀，注意保持土壤水分，防止土壤板结。在北方春季播种要尽量创造提高土温的条件，减少灌水次数；夏季播种为减少高温危害，要进行遮阴。加强播种地的管理，为幼苗出土创造良好条件。

（二）幼苗期

从幼苗出土能够进行光合作用制造营养物质开始，到苗木进入生长旺盛期为幼苗期。

1. 幼苗期生长特点　这个时期幼苗开始出现真叶，叶形变化大，由过渡叶形逐渐变为固定叶形，其地上部分生长缓慢，植株生长量不超过全年总生长量的 10%左右。这一时期苗木幼嫩，侧根生长并形成根系，但根系分布较浅，对炎热、低温、干旱、水涝、病虫害等抵抗能力弱，易受害而死亡。

2. 幼苗期持续时间　这一时期持续时间的长短，因树种不同变幅较大，多数为 3～8 周。

3. 育苗技术要点　这一时期苗木抚育的主要任务是提高幼苗保存率，促进根系生长，为苗木的生长发育打下良好的基础。影响这一时期幼苗生长发育的主要外界环境因子是水分、光照、温度、养分和通气条件。水分是决定这一时期幼苗成活的重要条件，是幼苗生长和吸收养分不可缺少的因素，这个时期幼苗根系分布较浅，如遇干旱，对苗木危害极为严重，故保持适当的水分极为重要。光是进行光合作用的必要条件，光照不足幼苗生长细弱，直接影响苗木质量。温度对苗木地上部分和地下部分的生长都有很大影响，温度过低，地上部分易受冻害，也影响地下根系的生长；温度过高或光照过强，则幼苗易受灼伤而死亡。因此，这一时期使水分、光照、气温、土温等都保持适合幼苗生长的条件非常重要。

依这一时期幼苗生长发育的特点及对环境条件的要求，幼苗的抚育工作主要目的是在保证幼苗成活的基础上进行蹲苗，促进根系生长，给速生、壮苗打下基础。如果苗木密度过大，应在此期进行间苗或定苗。此外，要加强松土除草，适当灌水，适量施肥和进行必要的遮阴、除虫等工作。

（三）速生期

苗木的速生期是幼苗生长最旺盛的时期，即从幼苗的生长量迅速上升时开始，到生长速度大幅下降时为止为速生期。

1. 速生期生长特点 幼苗生长速度最快，苗的高度、粗度、根系的增长等都最显著，生长量最大，高度生长量占全年生长量的80%以上。根系也强烈增长，主根的长度依树种不同而异。

此时期影响幼苗生长发育的外界因子主要是土壤水分、养分和气温。据观察，在此时期有些树种幼苗的生长出现两个以上速生阶段，一般第一阶段在7月上旬左右，这时幼苗已具有较发达的根系，能充分供应幼苗生长所需要的水分和养分，地上部分生长较旺盛，一般都出现侧枝。此时气温适宜，所以生长迅速。但当气温逐渐增高进入炎热而干旱的夏季时，则出现生长停止的现象。到夏末秋初雨季过后，即8月中旬左右，气温稍有下降，土壤水分供应充足，则又出现第二次速生阶段。如在干旱炎热时期加强灌水等养护措施，可消除因气温过高等不良环境条件的影响而引起的生长速度暂缓现象。也有些树种在速生暂缓期根系生长最快。

2. 速生期持续时间 速生期的长短和来临的早晚，对苗木的生长量有直接影响。大多数树种的速生期从6月中旬开始到8月底至9月，北方一般70d左右，而南方可长达3～4个月。

3. 育苗技术要点 幼苗在进入速生期后，根系发达，枝叶较多，已形成较发达的营养器官，苗高、茎粗、根系的生长都非常旺盛。此时期气温较高，水分充足，空气相对湿度大，最适合苗木的生长，因而这一时期幼苗的生长发育状况基本上决定了苗木的质量。在此期间加强抚育管理，满足各种环境条件，是提高苗木质量的关键。在幼苗的抚育工作中，应及时进行施肥、灌水、松土、除草等，以保护幼苗，并运用新技术，促进幼苗迅速而健壮成长。但在速生阶段后期，应适时停止施肥和灌水工作，以使幼苗在停止生长前充分木质化，有利于越冬。

（四）苗木硬化期

从幼苗速生阶段结束，到落叶进入休眠为止，称为苗木硬化期。

1. 苗木硬化期生长特点 此时期苗木生长缓慢，最后停止生长，进入休眠。这一时期苗木的高生长一般仅为年生长量的5%左右。在苗木硬化初期，高生长已不显著，但其茎干粗生长仍在继续，当地上部分停止生长时，通常根系的生长仍延续一定时间。这时期幼苗的形态也发生变化，叶片逐渐变红、变黄而后脱落，同时幼苗逐渐木质化并形成健壮的顶芽，以提高越冬能力。

2. 苗木硬化期持续时间 因树种和品种不同而异，同一树种或品种，环境条件不同苗木硬化期持续时间也不相同。另外，播种期的早晚、催芽与否、覆土厚薄，以及土壤水分、温度等条件都会使持续时间发生变化。大多数树种苗木硬化期的持续时间为 6～9 周。

3. 育苗技术要点 苗木硬化期管理的主要任务是促使苗木木质化，防止徒长，以提高苗木对低温和干旱的抗性。此时必须停止一切促进幼苗生长的措施，如追肥、灌水等，应设法控制幼苗生长，做好越冬准备，特别是对播种较晚的易受早霜危害的树种更应注意。

以上各个时期是根据幼苗年生长过程中所表现的特点来划分的，各时期的长短不仅取决于树种的特性，同时与育苗技术有密切关系。在育苗过程中应采取合理的技术措施，为苗木生长创造良好的条件，使幼苗尽早进入速生期，这对提高苗木质量具有重要意义。

二、留床苗的年生长发育特点

凡在上年育苗地继续培育的苗木（包括播种苗和移植苗等），称为留床苗，又叫留圃苗。二年生和二年生以上播种苗的年生长特点与一年生播种苗的生长特点不同，它们表现出春季生长型或全期生长型两种生长类型，这两种类型苗木的高生长期相差悬殊。留床苗全生长过程可分为生长初期、速生期和苗木硬化期三个时期。

1. 生长初期 生长初期是从冬芽膨大时开始，到高生长量大幅度上升时为止。

生长初期的苗木高生长较缓慢，根系生长较快。春季生长型苗木生长初期的持续时间很短，2～3 周即转入速生期；全期生长型苗木的生长初期历时 1 个多月至 2 个月左右。因生长初期的苗木对肥、水比较敏感，北方早春土壤中的铵态氮常感不足，故应早追氮肥。对春季生长类型苗木更应早追氮、磷肥，磷肥要一次追够，并及时进行灌溉和中耕除草，注意防治病虫害。生长初期需要适宜光照。

2. 速生期 全期生长型苗木的速生期是从苗木高生长大幅度上升时开始，到高生长大幅度下降时为止。春季生长型苗木到苗木直径生长速生高峰过后时为止。

留床苗的速生期也是地上部分和根生长量占其全年生长量最大的时期。但两种生长型苗木的高生长期相差悬殊。春季生长型苗木高生长速生期的结束期到 5～6 月，其持续时间北方树种一般为 3～6 周，南方树种为 1～2 个月。春季生长型苗木速生期的高生长量占全年的 90%以上，高生长速度大幅度下降以后不久，苗木高生长即停止。此后主要是叶子生长，如叶数量的增加，叶面积的扩大，新生的幼嫩枝条逐渐硬化，苗木在夏季出现冬芽等。高生长停止后，直径和根系还在继续生长，直径和根系的生长旺盛期（高峰），在高生长停止后 1～2 个月。

全期生长型苗木速生期结束，北方在 8 月至 9 月初，南方到 9 月乃至 10 月。其持续时间，北方树种为 1.5～2.5 个月，南方树种为 3～4 个月。全期生长型苗木的高生长在速生期中有两个生长高峰，少数树种会出现 3 个生长高峰。

速生期苗木对环境条件的要求与一年生苗相同，所以育苗技术要点可参考一年生苗。对于春季生长型苗木，因高生长的速生期短，在肥水管理方面应有所不同。在高生长速生期施氮肥1～2次。高生长结束后，为了促进苗木直径和根系生长，可在直径、根系生长高峰期之前追氮肥，但追施量不要太多，以防秋季二次生长影响苗木木质化。要保证水的供应，春季生长型苗木的高生长速生期在华北和西北地区正值春旱，为了促进苗木高生长，必须及时进行灌溉。两种生长类型的苗木在速生后期都要及时停止灌溉和施氮肥。

3. 苗木硬化期 留床苗硬化期是从苗木高生长量大幅度下降时开始（春季生长型苗木从直径速生高峰过后开始），到苗木直径和根系生长结束时为止。

两种生长型的留床苗在硬化期的生长特点也有不同。例如，春季生长型苗木的高生长在速生期基本结束，形成顶芽，到硬化期只是直径和根系生长，且生长量较大。而全期生长型苗木的高生长在硬化期还有较短的生长期，而后出现顶芽，直径和根系在硬化期各有1个小的生长高峰，但生长量不大。留床苗硬化期的生理代谢过程与一年生播种苗的硬化期相同，此期凡能促进生长、不利于木质化的措施一律停止。需要越冬防寒，如浇冬水等工作，宜在硬化期末进行。

第六节　播种苗的田间管理

一、出苗前圃地管理

播种后为了给种子发芽和幼苗出土创造良好的条件，对播种地要进行精心管理，以提高场圃发芽率。主要内容有覆盖保墒、灌溉、松土和除草等。

（一）覆盖保墒

播种覆土后，中、小粒种子应即时覆盖，大粒种子一般不必覆盖，但如果播后种子发芽缓慢、出土较晚的也需要覆盖。覆盖可以减少土壤水分蒸发，保蓄土壤水分，减少灌溉次数，并能防止床面土壤板结，抑制杂草生长。覆盖还可促使种子早发芽，缩短出苗期，并能提高场圃发芽率，增加合格苗产量。此外，覆盖还具有防止鸟害的作用。

1. 覆盖材料 覆盖的材料应就地取材，以经济实惠、不给播种地带来杂草种子和病虫为前提。覆盖物不宜太重，否则会影响幼苗出土。常用的覆盖材料有塑料薄膜、稻草、麦秆、谷壳、锯屑、腐殖质土以及树木枝条等。

2. 覆盖方法 播种后应及时覆盖。如用塑料薄膜覆盖，要使薄膜紧贴床面，并用土将四周压实。幼苗出土时要及时在幼苗顶部将薄膜划一破口，口的大小以幼苗能露出薄膜为宜，同时要随时用湿土压实薄膜的出苗口，以防高温灼伤幼苗。在生长期内进行追肥、松土、除草等需打开薄膜时，要随开随压实。用其他覆盖物覆盖时，覆盖物的厚度要根据当地的气候条件和覆盖物的种类而定，如用草覆盖时，一般以地面盖上一层、隐见地面为宜。

3. 撤除覆盖物 当幼苗大量出土（60%～70%）时，要及时分期撤除覆盖物。凡影响光照和不利于幼苗生长的覆盖物都要分次撤除。

在播种后覆土较厚的苗床，或水分条件较好、管理较精细的苗圃，播种后可不需覆盖，以减少育苗费用。

（二）灌溉

播种后如遇长期干旱或出苗时间较长，苗床会失水干燥，影响种子萌发。因此，在管理中要适时适宜地补充水分。灌溉的时间、次数主要应根据土壤含水量、气候条件、树种以及覆土厚度决定。垄播灌溉，水量不要过大，水流不能过急，并注意水面不能漫过垄背，使垄背土壤既能吸水又不板结。苗床播种，特别是播小粒种，最好在播种前灌足底水，播种后在不影响种子发芽的情况下，尽量不灌溉，以避免降低土温并造成土壤板结；如需灌溉，也应采用喷灌，以防止种子被冲走和出现淤积。

（三）松土和除草

秋冬播种地的土壤常变得板结坚实，在早春应进行一次松土，可减少土壤水分的蒸发，解除幼苗出土时的机械阻碍，并改善土壤的通气状况，促使种子早萌发。但松土不能过深，以免伤及幼苗。当灌溉造成床面土壤板结时，亦应及时进行松土。

出苗期过长的苗圃，在种子尚未出土前，常滋生出各种杂草，为避免杂草与幼苗争夺养分、水分，应及时将杂草去除。一般除草可与松土结合进行。

（四）其他管理工作

播种覆土时，有时覆土厚薄会不均，使幼苗出土困难，故应在幼苗开始出土时，经常进行检查，发现尚无出苗之处，可将过厚的覆土扒除，帮助幼苗出土，以免幼芽久在土内不出，腐烂死亡。

对一些种粒较大、子叶出土类型的树种，在幼苗出土时，可人工将胚茎和种壳轻轻挖露土面，以助其生长。

在沙地育苗播种，常遇风蚀、沙打等灾害。播种地四周及中部要设防风障，以防风蚀覆土或沙打幼苗。到季风停止时，苗木已增强抵抗力，可分期分段撤除防风障。

此外，针叶树种幼芽带种皮出土时，常被鸟类啄食致使幼苗死亡，要加强防护和看守，也可以在苗圃上方用无色透明细线或白色细线拉网防鸟。

二、苗期管理

（一）间苗和补苗

1. 间苗　间苗又叫疏苗，即将部分苗木除掉。苗木过密会造成光照不足，通风不良，单株苗木的营养面积过小，致使苗木生长过弱，降低苗木质量。苗木过密的圃地，还易招引病虫害。通过间苗，使苗木密度趋于合理，促进苗木生长健壮，提高苗木质量。

（1）**间苗的时间**　间苗时间因树种、地区不同而异，主要根据幼苗的生长速度、幼苗的密度等决定。阔叶树种第一次间苗的时间，可掌握在幼苗期的前期，当幼苗展开3～4片（对）真叶、互相遮阴时进行；第二次间苗在第一次后20d左右进行。针叶树种幼苗适于较密集的环境，间苗时间比阔叶树种晚。对生长快的树种如落叶松、杉木、柳杉等，可在幼苗期进行间苗，在幼苗期的末期或速生初期进行定苗。生长慢的树种可在速生初期进行间苗。

（2）**间苗次数**　一般分1～2次进行为好，具体要以幼苗的长势、密度等情况而定。最后一次间苗又称定苗，定苗不能过晚，否则会降低苗木质量。

（3）**间苗的强度和对象**　间苗前应先按计划的单位面积产苗数，计算出每株苗木之间的间距，在定留苗数时，要比计划产苗量多5%～10%，作为损伤系数，以保证成苗数量。间苗时，主要间除有病虫害的苗、受机械损伤的苗、发育不正常或生长弱小的劣苗，以及并株苗、过密苗等。如为出苗不齐的苗圃，应在保证产苗量的基础上调节留苗的稀密度。

间苗前，应先灌水，使土壤松软，提高间苗效率。间苗后，要及时进行浇灌，以淤塞被拔出的苗根孔隙。

2. 补苗 补苗工作是补救缺苗断垄的一项措施。当种子发芽出土不齐，或遇到严重的病虫害，造成缺株断垄，影响产苗数量时，可用补苗来弥补。补苗时间宜早不宜迟，以减少大量伤根。早补苗不仅成活率高，而且后期生长与原生苗无显著差异。

补苗时由于幼苗主根不长，同时尚未长出侧根，故可以带土或不带土。在补苗前将苗床灌足水，然后用小铲或手将密集的幼苗轻轻掘出，立即栽于缺苗处。如幼苗较大，主根较长，补苗时最好选择阴雨天或傍晚进行，避过高温强日照时段，以提高成活率。有条件的地方，补苗后进行2～3d的遮阴，可提高苗木成活率。

（二）截根

截根主要是截断苗木的主根。截根的作用在于除去主根的顶端优势，控制主根的生长，促进侧根和须根生长，扩大根系的吸收面积。同时，由于截根暂时抑制了茎、叶生长，使光合作用产物对根的供应增加，使根茎比加大，利于苗木后期生长。通过截根还可以减少起苗时根系的损伤，提高苗木移植的成活率。

苗木截根抚育主要适用于主根发达、侧根较少的树种，如松、栎、樟等。

截根的时间，培养一年生苗木，应在苗木速生期到来之前进行，使苗木在截根后有较长的生长期，以利侧根发展，截根过晚不利于苗木生长。培养二年生以上的苗木，宜选择在秋季苗木停止生长以后或春季苗木萌动以前进行。根据树种确定截根的深度，一般为10～15cm。

截根可采用截根刀或铁锹在苗木旁向土中斜切，截断主根。截根后应立即灌水，并增施磷、钾肥，促使苗木增长新根。

（三）水分管理

水分管理包含灌溉和排水两方面，其直接影响到苗木的成活和生长发育。在苗木抚育管理中，灌溉和排水同等重要，特别是在重黏质土壤地区、地下水位高的地区、低洼地、盐碱地等，搞好灌溉和排水配套工程尤为重要。

1. 灌溉 土壤水分在种子萌发和苗木生长发育的全过程中都具有重要的作用，土壤中有机物的分解速度与土壤水分有关，根系从土壤中吸收的矿质营养必须先溶于水，植物的蒸腾作用需要水。同时水分对根系生长影响也很大，水分不足则苗根生长细长，水分适宜则吸收根多。因此，水分是培育优质壮苗、高产苗的主要条件之一。

（1）**合理灌溉及灌溉量** 适宜的水分供应是苗木生长发育的重要条件，苗木离开了水就不能生存；而水分过多则会造成土壤通气不良，使苗木出现烂根，影响苗木的产量和质量。因此，灌溉要适时适量，合理灌溉。实行合理灌溉，要根据当地的气候、土质、墒情和树种来决定灌溉时间、灌溉次数、每次灌溉量等。精确地选定最佳灌溉期和灌溉量，做到以最少的灌水量、较低的成本，达到最佳的效果。

干旱地区或干旱的季节，要及时进行灌溉，特别是小粒种子的幼苗由于其覆土较浅，更要注意水分的及时补给。土壤保水性较差的沙土或沙壤土以及地下水位较低的地方，灌溉次数和灌溉量要适当增加；而黏土、低洼地等应适当控制灌溉次数。圃地土壤含水量是决定是否灌溉的重要依据，适合苗木生长的土壤湿度一般为土壤饱和含水量的15%～20%。树种不同，对水的需求量也不同，较喜湿的树种如杨树、柳树、杉木、水杉等，其根系发育较慢，要求比较湿润的土壤，灌水可稍多；而像刺槐、榆树等树种幼苗较耐旱，对土壤水分要求不太高，灌溉次数和灌水量可少些。同一树种不同的生长期需水量也不同，一般在出苗期和幼苗期需水量不多但较敏感，因此灌溉要多次少量进行；而在速生期，苗木茎叶急剧生长，蒸腾量大，对水的需求量也大，要加大灌溉量；对生长后期的苗木，要减少灌水量，控制水分，防止苗木徒长，促进硬化。

确定每次灌溉量的原则是：保证苗木根系的分布层处于湿润状态，即灌水的深度应达到苗木根系的主要分布层。因此，要熟悉、掌握所育苗木不同苗期的根系生长、分布特点。

（2）**灌溉方法**　育苗期主要灌溉方法有：

①侧方灌溉：一般用于高床或高垄。水从侧面渗入床内或垄中。这种灌溉方法不易使床面或垄面产生板结，浇灌后土壤仍保持良好的通透性，有利于幼苗生长。但侧方灌溉耗水量大，灌溉定额不易控制，灌溉效率低。

②畦灌：又称漫灌，一般用于低床或平垄。畦灌比侧方灌溉省水；但水渠占地多，灌溉速度慢，灌后易造成土壤板结，灌水量不易控制等。在采用畦灌时，水不能淹没苗木的叶子。

③喷灌：喷灌是目前苗圃应用较多的一种灌溉方法。主要优点是省水，便于控制水量，工作效率高，灌溉均匀，节省劳力，不仅在地势平坦的地区可采用，在地形稍有不平的地方也可均匀地进行灌溉。苗圃灌溉要注意水点应细小，防止将幼苗砸倒，防止将根系冲出土面或溅起泥土污染叶面，影响光合作用的进行。

④滴灌与微喷：滴灌是通过管道把水滴到土壤表层和深层的灌溉方法。滴灌除具有喷灌的优点外，比喷灌节水30%～50%，春季还可提高地温。但设施较复杂，投资较大。

微喷是将滴灌的滴水头换成微喷喷头，使水在管道水压的作用下，以雾状喷向苗床进行灌溉的方法。微喷不但节水，还具有提高空气湿度的作用。

（3）**灌溉注意事项**

①灌溉时间：地面灌溉宜在早晨或傍晚进行，此时蒸发量较小，水温与地温差异也较小。用喷灌进行降温应在高温时进行。

②水温和水质：灌溉水温过低，对苗木生长不利。在北方如用井水灌溉，应尽量备贮水池以提高水温。另外，不宜用水质太硬或含有害盐类的水进行灌溉。

③灌溉的持续性：育苗地的灌溉工作一旦开始，要一直延续到苗木不需要灌溉为止，不宜中断，否则易造成旱害。

④灌溉停灌期：灌溉停灌期因树种不同而异。对多数苗木，在霜冻到来前6～8周为宜。停灌过早，对苗木生长不利；停灌过晚，会降低苗木抗寒、抗旱性。

2. 排水　排水在育苗中与灌溉同等重要，不容忽视。排水主要是指排除因大雨或暴雨造成的苗圃区积水。在地下水位较高、盐碱严重的地区，排水还具有降低地下水位、减轻土壤盐碱含量或抑制盐碱上升的作用。

做好苗圃排水工作的关键是建立完整的排水系统。在每个作业区、每块地都应有排水沟，沟沟相连，直通到总排水沟，将积水及时排除。

对不耐湿的树种，应采用高床或高垄育苗，在排水不畅的地块要增加田间排水沟。在雨季到来之前要及时整修、清理排水沟，使水流通畅。雨季应有专人负责排水工作，及时排除圃内积水，做到雨后田间不积水。

（四）降温措施

苗木在幼苗期组织幼嫩，既不耐低温也不能忍受地面高温的灼热，在夏季如果发生日灼，会造成苗木受伤甚至死亡。因此，在高温时要采取降温措施。

1. 遮阴　苗木遮阴的目的是降低地表温度，减少苗木的蒸腾和土壤的蒸发强度，防止根颈受日灼之害。

遮阴主要是对耐阴树种如金钱松、福建柏、冷杉等在幼苗阶段所采取的措施，特别是在幼芽刚出土而除去覆盖物时，需要用遮阴的方法来缓和其生长条件的突然变化。夏季，当气温高达30℃以上时，一些树种的光合作用显著减弱甚至停止，尤其是苗木在生长初期，组织幼嫩，抵抗力弱，更难以适应这种高温、炎热的环境。人工进行遮阴，可以显著地降低地表温度，减轻苗木生长初期的日灼危害。尤其在北方干旱地区降水量少，蒸发量大，灌溉条件较差的苗圃，采取适当的遮阴措施是十分必要的。

一般采用苇帘、竹帘、黑色遮阳网等作材料搭设遮阴棚，以上方遮阴的荫棚较好，透光较均匀，通风良好。上方遮阴又分为水平式和倾斜式两种，水平式荫棚南北两侧等高，倾斜式荫棚则南低北高，具体高度要根据苗木生长的高度而定，一般是距床面40～50cm。

遮阴透光度的大小和遮阴时间的长短对苗木质量都有明显的影响。为了保证苗木质量，一般控制透光度为全光照的1/2～2/3。遮阴的时间宜短，具体时间因树种或地区的气候条件而异，原则上从气温较高会使苗木受害时开始，到苗木不易受日灼危害时即止。多从幼苗期开始遮阴，北方在雨季或稍早停止遮阴，南方有的地方遮阴可持续到秋季。一天中为了调节光照，可在每天10:00开始遮阴，16:00以后撤除遮阴。

2. 喷水降温　高温期通过喷灌系统或人工喷水，可有效地降低苗圃和地表温度，而且不会影响苗木的正常生长，是一种简单、有效的降温措施。

（五）施肥

1. 肥料种类和性质　苗圃使用的肥料是多种多样的，概括起来分为有机肥料、无机肥料和生物肥料三类。

（1）**有机肥料**　苗圃常用的有机肥料有人粪尿、厩肥、堆肥、泥炭肥料、森林腐殖质肥料、绿肥以及饼肥等。有机肥料能提供苗木所必需的营养元素，属于完全肥料。有机肥料肥效长，并能改善土壤的理化性质，促进土壤微生物的活动，发挥土壤的潜在肥力。

（2）**无机肥料**　常用的无机肥料以氮肥、磷肥、钾肥三类为主，此外还有铁、硼、锰、硫、镁等微量元素。无机肥料易溶于水，肥效快，易被苗木吸收利用。但是，无机肥料的成分单一，对土壤的改良作用远不如有机肥料。连年单纯地使用无机肥料，易造成苗圃土壤板结、坚硬。因此，最好要有足够的有机肥料作基肥，再适当使用无机肥料。

(3) **生物肥料** 生物肥料是在土壤中存在着的一些对植物生长有益的微生物，将其从土壤中分离出来，制成生物肥料，如细菌肥料、根瘤菌剂、固氮细菌、真菌肥料（菌根菌）以及能刺激植物生长并能增强抗病力的抗生菌5406等。

2. 施肥的时间和方法 施肥分基肥和追肥两种。

(1) **施基肥** 一般在耕地前，将腐熟或半腐熟的有机肥料均匀地撒在苗圃地上，然后随耕地一起翻入土中。在肥料少时也可以在播种或作床前将肥料一起施入土中。施肥的深度一般为15～20cm。基肥通常以有机肥为主，也可适当地配合施用不易被固定的矿质肥料，如硫酸铵、氯化钾等。

(2) **施追肥** 追肥分为土壤追肥和根外追肥，无论哪种方法都在苗木生长期间使用。土壤追肥可用水肥，如稀释的粪水，可在灌水时一起浇灌。如追施固态肥料，可制成复合球肥或单元素球肥，然后深施，挖穴或开沟均可，一般不要撒施。深施的球肥位置，应在树冠内，即正投影的范围内。

根外追肥利用植物的幼茎、叶片能够吸收营养元素的特点，采用液肥喷雾的施肥方法，将氮、磷、钾和微量元素，直接喷洒在苗木的茎叶上，这样既减少了肥料流失又可收到明显的施肥效果。根外追肥常用肥料参考浓度（幼苗期叶面喷肥宜取下限）如下：尿素0.3%～0.5%，硫酸铵0.5%～1.0%，过磷酸钙1%～2%，硫酸钾0.5%～1.0%，磷酸氢钾0.3%～0.7%，磷酸锌0.1%～0.5%，硫酸锰0.1%～0.5%，硫酸铜0.05%～0.1%，钼酸钠0.05%～0.1%，硼酸0.01%～0.5%。

（六）中耕除草

1. 中耕 中耕是在苗木生长期间对土壤进行的浅层耕作。中耕可以疏松表土层，减少土壤水分的蒸发，促进土壤空气流通，有利于微生物的活动，提高土壤中有效养分的利用率，促进苗木生长。中耕通常与除草结合进行。在苗期中耕宜浅，以免伤根。每次灌溉或降雨后，当土壤表土稍干时即可进行，以减少土壤水分蒸发，避免土壤发生板结和龟裂。随着苗木的生长，要根据苗木根系生长情况来确定中耕的深度。

2. 除草 除草在苗木抚育管理中是一项费时、费力的重要工作。杂草与幼苗争肥、争水，严重影响苗木的正常生长，同时杂草也是病虫的根源，因此，在整个育苗过程中都要及时做好除草工作。

除草可以采用人工除草、机械除草和化学除草等方法。

（七）防寒越冬

苗木的组织幼嫩，尤其是秋梢部分，入冬前如不能完全木质化，抗寒力低，易受冻害。早春幼苗出土或萌芽时，也最容易受晚霜的危害。

1. 幼苗受冻害的原因

(1) **低温** 低温使苗木组织结冰，细胞内原生质脱水，损坏了植物体的生理机能而使苗木受伤或死亡。

(2) **生理干旱** 由于冬季土壤冻结，根系生理活动微弱，吸水功能降低，而在冬春季节空气干燥、大风的情况下，幼苗蒸腾量相对增加，苗木体内水分失去平衡，而造成干梢或枯死。

(3) **机械损伤** 冬季土壤冻结，体积膨胀，易将苗根拔起，或因土壤冻结形成裂缝而将苗根拉断，再经风吹日晒而造成苗木枯死，尤其在较低洼地或黏重土上更为严重。

2. 苗木的防寒措施

（1）增加苗木的抗寒能力 适时早播，延长生长季，在生长季后期多施磷、钾肥，减少灌水，促使苗木生长健壮、枝条充分木质化，提高抗寒能力。亦可在夏秋季节采取修剪、打梢等措施，使苗木停止顶端生长，充实组织，增加抗寒能力。

（2）预防霜冻，保护苗木越冬

①埋土和培土：在土壤封冻前，将小苗顺着有害风向依次按倒用土埋上，土厚一般10cm左右，翌春土壤解冻时除去覆土并灌水。此法安全经济，一般能按倒的幼苗均可采用。较大的苗木、不能按倒的可在根部培土，亦有良好效果。

②苗木覆盖：冬季用稻草或落叶等把幼苗全部覆盖起来，次春撤除覆盖物。此法与埋土法类似，可用于埋土有困难或易腐烂的树种。

③搭霜棚：霜棚又称暖棚，做法与荫棚相似，但不透风，白天打开、夜晚盖好。目前，许多地区使用塑料小拱棚，上面覆盖草帘等；也有的使用塑料大棚，保护小苗过冬。

④设风障：华北、东北等地区，普遍采用风障防寒，即用高粱秆、玉米秆、竹竿、稻草等，在苗木北侧与主风方向垂直的地方架设风障，两排风障间的距离依风速的大小而定，一般风障防风距离为风障高度的2～10倍。风障可降低风速，充分利用太阳的热能，提高风障前的地温和气温，减轻或防止苗木冻害，同时可以增加积雪，预防春旱。

⑤灌冻水：入冬前将苗木灌足防冻水，增加土壤湿度，保持土壤温度，使苗木相对增加抗风能力，减少梢条冻害的可能性。灌防冻水时间不宜过早，一般在封冻前进行，灌水量应大。

⑥假植：结合翌春移植，将苗木在入冬前掘出，按不同规格分级埋入假植沟中或在窖中假植。此法安全可靠，既是移植前必做的一项工作，又是较好的防寒方法，是育苗中多采用的一种防寒方法。

⑦其他防寒方法：依不同苗木、各地的实际情况，亦可采用熏烟、涂白、窖藏等防寒方法。

思考题

1. 播种繁殖的特点有哪些？
2. 试述播种育苗前进行土壤处理的目的及常用的方法。
3. 苗木生产上常用的种子消毒方法有哪些？
4. 种子为什么要进行休眠？种子休眠有哪些类型？
5. 苗圃生产中常用的催芽方法有哪些？
6. 播种育苗的技术要点有哪些？
7. 简述一年生播种苗的年生长规律。
8. 培育播种苗时主要的田间管理技术措施有哪些？

第六章 园林树木的营养繁殖

[**本章提要**] 利用植物营养器官培养树木的方法称为树木营养繁殖。本章较详细地介绍常用的树木营养繁殖方法，包括：利用离体植物营养器官插入土、沙或其他基质中培育新植株的扦插繁殖；将一种植物的枝或芽接到另一种植物的茎（枝）或根上培育新植株的嫁接繁殖；把根蘖或从生枝从母株上分割下来进行栽植，使之形成新植株的分株繁殖；将未脱离母体的枝条压入土中或空中包以湿润物培育新植株的压条繁殖；将剪下的一年生生长健壮的发育枝或徒长枝全部横埋于土中，使其生根发芽培育新植株的埋条育苗等。

营养繁殖是利用植物的营养器官如根、茎（枝）、叶等，在适宜的条件下，培养成一个独立树木个体的育苗方法。营养繁殖又称无性繁殖。用营养繁殖方法培育出来的树木称为营养繁殖苗或无性繁殖苗。

营养繁殖是利用植物细胞的再生能力、分生能力以及与另一株植物嫁接生长的亲和力进行育苗的方法。再生能力是指植物营养器官（根、茎、叶）的一部分，能够分化形成自己原来所没有的其他部分的能力，如用茎或枝扦插长出新叶和新根，用根扦插长出新枝和新叶，用叶扦插长出新根和新茎。分生能力是指一些植物能够长出进行营养繁殖的特殊的变态器官的能力，如能长出球茎、鳞茎、匍匐枝等。

营养繁殖具有以下特点：

①能够保持母本的优良性状。因为营养繁殖不是通过两性细胞的结合，而是由分生组织直接分裂的体细胞所产生，所以其亲本的全部遗传信息可得以再现，因而能保持原有母本的优良性状和固有的表现型特征，不致产生像种子繁殖那样的性状分离现象，从而达到保存和繁殖优良品种的目的。

②营养繁殖的幼苗一般生长快，可提早开花结实。因为营养繁殖的新植株是在母本原有发育阶段的基础上的延续，不像种子繁殖苗那样重新开始个体发育。

③有些园林植物不结实或结实少或不产生有效种子，则可通过营养繁殖进行育苗，提高生产苗木的成效和繁殖系数。如重瓣花类的碧桃等。

④一些特殊造型的园林植物，则需通过营养繁殖的方法来繁殖和制作，如树（形）月季、龙爪槐等。而且园林中古树名木的复壮，也需促进组织增生或通过嫁接

（高接或桥接）来恢复其生长势。

⑤方法简便、经济。由于有些园林植物的种子有深休眠，用种子繁殖就比较烦琐困难，采用营养繁殖则较容易，且简便、经济。

综上可见，营养繁殖在园林育苗、植物造型以及古树名木的复壮等方面都有着非常重要的作用。但营养繁殖也有其不足之处，如营养繁殖苗的根系没有明显的主根，不如实生苗的根系发达（嫁接苗除外），抗性较差，而且寿命较短。对于一些树种，多代重复营养繁殖后易引起退化，致使苗木生长衰弱，如杉木。

营养繁殖在园林苗木的培育中常用的方法有扦插繁殖、嫁接繁殖、分株繁殖、埋条繁殖、压条繁殖、组织培养等。

第一节　扦插繁殖

扦插繁殖是利用离体的植物营养器官如根、茎（枝）、叶等的一部分，在一定的条件下插入土、沙或其他基质中，利用植物的再生能力，经过人工培育使之发育成一个完整新植株的繁殖方法。经过剪截用于直接扦插的部分叫插穗，用扦插繁殖所得的苗木称为扦插苗。

扦插繁殖方法简单，材料充足，可进行大量育苗和多季节育苗，已经成为园林树木特别是不结实或结实稀少名贵园林树种的主要繁殖手段之一。扦插育苗和其他营养繁殖一样具有成苗快、阶段发育老和保持母本优良性状的特点。但是，因插穗脱离母体，必须给予适合的温度、湿度等环境条件才能成活，对一些要求条件较高的树种，还需采用必要的措施如遮阴、喷雾、搭塑料棚等才能成功。因此，扦插繁殖要求管理精细，比较费工。

一、扦插成活原理

（一）插穗的生根类型

植物插穗的生根，由于没有固定的着生位置，所以称为不定根。扦插成活的关键是不定根的形成，而不定根发源于一些分生组织的细胞群中，这些分生组织的发源部位有很大差异，是随植物种类而异。根据不定根形成的部位可分为两种类型：一种是皮部生根型，即以皮部生根为主，从插穗周身皮部的皮孔、节（芽）等处发出很多不定根。皮部生根数占总根量的70%以上，而愈伤组织生根较少，甚至没有，如红瑞木、金银花、柳树等。另一种是愈伤组织生根型，即以愈伤组织生根为主，从基部愈伤组织（或愈合组织）或从愈伤组织相邻近的茎节上发出很多不定根。愈伤组织生根数占总根量的70%以上，皮部生根较少甚至没有，如银杏、雪松、黑松、金钱松、水杉、悬铃木等。这两种生根类型，其生根机理是不同的，从而在生根难易程度上也不相同。但也有许多树种的生根是处于两者之间，即综合生根类型，其愈伤组织生根与皮部生根的数量相差较小，如杨、葡萄、夹竹桃、金边女贞、石楠等。

1. 皮部生根型　属于此种类型的插穗都存在有根原始体或根原基，其位于髓射线与形成层的交叉点上。该处形成层细胞进行分裂，向外分化成钝圆锥形的根原始体，侵入韧皮部，穿过皮孔，突破表皮，向外形成不定根。在根原始体向外发育过程中，与其相连的髓射线也逐渐增粗，穿过木质部通向髓部，从髓细胞中取得营养物质。这种类型生根迅速，生根面积广，与愈伤组织没有联系。一般来说，皮部生根型树种属于易生根树种。

2. 愈伤组织生根型　此种生根型的插穗，其不定根的形成要通过愈伤组织的分化来完成。首先，在插穗下切口的表面形成半透明、具有明显细胞核的薄壁细胞群，即为初生愈伤组织。初生愈伤组织细胞继续分裂分化，逐渐形成与插穗相应组织发生联系的木质部、韧皮部和形成层等组织。最后充分愈合，在适宜的温度、湿度条件下，从愈伤组织中分化出根。因为这种生根需要的时间长，生长缓慢，所以凡是扦插成活较难、生根较慢的树种，其生根部位大多是愈伤组织。

此外，插穗成活后，由上部第一个芽（或第二个芽）萌发而长成新茎，当新茎基部被基质掩埋后，往往能长出不定根，这种根称为新茎根。如杨、柳、悬铃木、结香、石榴等可促进新茎生根，以增加根系数量，提高苗木的产量和质量。

对插穗生根类型的划分也有其他的观点，中国工程院院士、中国林业科学研究院研究员王涛根据扦插时（主要是枝插）不定根生成的部位，将其分为皮部生根型、潜伏不定根原基生根型、侧芽（或潜伏芽）基部分生组织生根型及愈伤组织生根型四种。

（二）扦插生根的生理基础

在研究扦插生根的理论方面，有许多学者做了大量工作，从不同的角度提出了很多见解，并以此来指导扦插实践，取得了一定的效果。现将这些观点简单介绍如下：

1. 生长素　该观点认为植物扦插生根、愈伤组织的形成都是受生长素控制和调节的，与细胞分裂素和脱落酸也有一定的关系。枝条本身所合成的生长素可以促进根系的形成，其主要是在枝条幼嫩的芽和叶上合成，然后向基部运行，参与根系的形成。生产实践证明，人们利用植物嫩枝进行扦插繁殖，其内源生长素含量高，细胞分生能力强，扦插容易成活。葡萄插穗本身不存在潜伏根原基，当葡萄插穗带叶或芽扦插后，其根系非常发达，如果事先把芽和叶摘除掉，生根能力就会受到显著的影响，或者根本不生根，说明影响插穗生根的重要物质，即植物的叶和芽能合成天然生长素和其他生根的有效物质，并经过韧皮部向下运输至插穗基部，这表明有一个由顶部至基部的极性运输，同时也说明插穗基部是促进根形成最活跃的地方。在生长素中，已经发现的有生长素 a、生长素 b 和吲哚乙酸（IAA）。由此为人类利用植物内源生长素与人工合成外源生长素来促进插穗基部不定根的形成提供了依据。目前，在生产上使用的有吲哚丁酸（IBA）、吲哚乙酸（IAA）、萘乙酸（NAA）、萘乙酰胺（NAD）及广谱生根剂 ABT、HL－43 等，用这些生长素处理插穗基部后提高了生根率，而且也缩短了生根时间。此外，许多试验和生产实践也证实，生长素不是唯一促进插穗生根的物质，还必须有另一种由芽和叶产生的特殊物质辅助，才能导致不定根的发生，这种物质即为生根辅助因子。

2. 生长抑制剂　生长抑制剂是植物体内一种对生根有妨碍作用的物质。很多研究证实，生命周期中老龄树抑制物质含量高，而在树木年生长周期中休眠期含量最高，硬枝扦插靠近梢部的插穗又比基部的插穗抑制物含量高。因此，生产实际中可采取相应的措施，如流水洗脱、低温处理、黑暗处理等，消除或减少抑制剂，以利于生根。

3. 营养物质 插穗的成活与其体内养分，尤其是碳素（C）和氮素（N）的含量及其相对比率有一定的关系。一般来说，C/N 高（也就是说植物体内糖类化合物含量高，相对的氮化合物含量低）对插穗不定根的诱导较有利。低氮量可以增加生根数，而缺氮会抑制生根。插穗营养充分，不仅可以促进根原基的形成，而且对地上部分的增长也有促进作用。实践证明，对插穗进行糖类和氮的补充，可促进生根。一般在插穗下切口处用糖液浸泡或在插穗上喷洒氮素如尿素等，能提高生根率。但外源补充糖类，易引起切口腐烂。

4. 植物发育 由于年代学、个体发育学和生理学三种衰老的影响，植物插穗生根的能力也随着母树年龄的增长而减弱。根据这一特点，对于一些稀有、珍贵树种或难繁殖的树种，为使其在生理上“返老还童”，可采取以下有效途径：

①绿篱化采穗：将准备采穗的母树进行强剪，不使其向上生长。

②连续扦插繁殖：连续扦插 2～3 次，新枝生根能力急剧增加，生根率可提高 40%～50%。

③用幼龄砧木连续嫁接繁殖：把采自老龄母树上的接穗嫁接到幼龄砧木上，反复连续嫁接 2～3 次，使其“返老还童”，再采其枝条或针叶束进行扦插。

④用基部萌芽条作插穗：将老龄树干锯断，使幼年（童）区产生新的萌芽枝用于扦插。

5. 茎的解剖构造 插穗生根的难易与茎的解剖构造也有着密切的关系。如果插穗皮层中有一至多层纤维细胞构成的一圈环状厚壁组织时，生根就困难；如果皮层中没有或有而不连续的厚壁组织时，生根就比较容易。因此，扦插育苗时可采取割破皮层的方法，破坏其厚壁组织而促进生根。如湖北林业科学研究所将油橄榄插穗纵向划破，提高了扦插成活率。

6. 极性 植物的任何器官，甚至一个细胞，都具有极性。形态学上的上端和下端具有不同的生理反应。一段枝条，无论按何种方位放置，即使是倒置，它总是在原有的远轴端抽梢，近轴端生根。根插则在远轴端生根，近轴端产生不定芽。

二、影响插穗生根的因素

在插穗生根过程中，插穗不定根的形成是一个复杂的生理过程。插穗扦插后能否生根成活，除与植物本身的内在因子有关外，还与外界环境因子有密切的关系。

（一）影响插穗生根的内因

1. 树种的生物学特性 不同树种的生物学特性不同，因而它们的枝条生根能力也不一样。根据插穗生根的难易程度可分为：

（1）**易生根的树种** 如柳、青杨派、黑杨派、水杉、池杉、杉木、柳杉、小叶黄杨、紫穗槐、连翘、月季、迎春、金银花、常春藤、卫矛、南天竹、紫叶小檗、黄杨、金银木、葡萄、穗醋栗、无花果和石榴等。

（2）**较易生根的树种** 如侧柏、扁柏、花柏、铅笔柏、相思树、罗汉柏、罗汉松、刺槐、国槐、茶、山茶、樱桃、野蔷薇、杜鹃、珍珠梅、水蜡、白蜡、悬铃木、五加、接骨木、女贞、刺楸、慈竹、夹竹桃、金缕梅、柑橘、猕猴桃等。

（3）**较难生根的树种**　如金钱松、圆柏、日本五针松、梧桐、苦楝、臭椿、君迁子、米兰、秋海棠、枣树等。

（4）**极难生根的树种**　如黑松、马尾松、赤松、樟、核桃、栗、麻栎、栓皮栎、鹅掌楸、柿、榆、槭等。

不同树种生根的难易，只是相对而言，随着科学研究的深入，有些很难生根的树种可能成为扦插容易的树种，并在生产上加以推广和应用。所以，在扦插育苗时，要注意参考已证实的资料，没有资料的品种，要进行试插，以免走弯路。在扦插繁殖工作中，只要在方法上注意改进，就可能提高成活率。如一般认为扦插很困难的赤松、黑松等，通过萌芽条的培育和激素处理，在全光照自动喷雾扦插育苗技术条件下，生根率能达到80%以上。一般属于扦插容易的月季品种中，有许多优良品系生根很困难，如在扦插时期改为秋后带叶扦插，在保温和喷雾保湿条件下，生根率可达到95%以上。这说明许多难生根的树种或花卉，在科技不断进步的情况下，根据亲本的遗传特性，采取相应的措施，可以找到生根的好办法。

2. 年龄效应　包括两种含义，一是所采枝条的母树年龄，二是所采枝条本身的年龄。

（1）**母树年龄**　插穗的生根能力是随着母树年龄的增长而降低的。在一般情况下，母树年龄越大，植物插穗生根就越困难，而母树年龄越小则生根越容易。由于树木新陈代谢作用的强弱是随着发育阶段变老而减弱的，其生活力和适应性也逐渐降低。相反，幼龄母树的幼嫩枝条，其皮层分生组织的生命活动能力很强，所采下的枝条扦插成活率高。所以，在选条时应采自年幼的母树，特别对许多难以生根的树种，应选用一至二年生实生苗上的枝条，扦插效果最好。如湖北省潜江林业研究所，对水杉不同母树年龄一年生枝条进行扦插试验，其插穗生根率为：一年生92%，二年生66%，三年生61%，四年生42%，五年生34%。母树年龄增大，插穗生根率降低。随着母树年龄的增加插穗生根能力下降的原因，除了生活力衰退外，还有生根所必需的物质减少，而阻碍生根的物质增多，如在赤松、黑松、扁柏、落叶松、柳杉等树种扦插中，发现有生根阻碍物质或鞣质。随着年龄的增加，母树的营养条件可能更坏，特别是在采穗圃中，由于反复采条，地力衰竭，母体的枝条内营养不足，也会影响插穗生根能力。

（2）**插穗年龄**　插穗年龄对生根的影响显著。一般以当年生枝的再生能力为最强，这是因为嫩枝插穗内源生长素含量高、细胞分生能力旺盛，促进了不定根的形成。一年生枝的再生能力也较强，但具体年龄也因树种而异。例如，杨树类一年生枝条成活率高，二年生枝条成活率低，即使成活，苗木的生长也较差；水杉和柳杉一年生枝条较好，基部也可稍带一段二年生枝段；而罗汉柏带二至三年生的枝段生根率高。

3. 位置效应　位置效应是指来自母树不同部位的枝条，在形态和生理发育上存在潜在差异，这些差异是由着生位置的不同而导致的。有些树种树冠上的枝条生根率低，而树根和干基部萌发的枝条生根率高。因为母树根颈部位的一年生萌蘖条其发育阶段最年幼，再生能力强，又因萌蘖条生长的部位靠近根系，得到了较多的营养物质，具有较高的可塑性，扦插后易于成活。干基萌发枝生根率虽高，但来源少。所以，作插穗的枝条用采穗圃的枝条比较理想，如无采穗圃，可用扦插苗、留根苗和插根苗的苗干，其中以后两者更好。

针叶树母树主干上的枝条生根力强，侧枝尤其是多次分枝的侧枝生根力弱，若从树冠上采条，则从树冠下部光照较弱的部位采条较好。在生产实践中，有些树种带一部分二年生枝，即采用踵状扦插法或马蹄形扦插法，常可提高成活率。

硬枝插穗的枝条，必须发育充实、粗壮、充分木质化、无病虫害。

4. 枝条的不同部位 同一枝条的不同部位根原基数量和贮存营养物质的数量不同，其插穗生根率、成活率和苗木生长量都有明显的差异。但具体哪一部位好，还要考虑植物的生根类型、枝条的成熟度等。一般来说，常绿树种中上部枝条较好，这主要是中上部枝条生长健壮，代谢旺盛，营养充足，且中上部新生枝叶光合作用也强，对生根有利。落叶树种硬枝扦插中下部枝条较好，因为中下部枝条发育充实，贮藏养分多，为生根提供了有利因素。若落叶树种嫩枝扦插，则中上部枝条较好，由于幼嫩的枝条中上部内源生长素含量最高，而且细胞分生能力旺盛，对生根有利，如毛白杨嫩枝扦插，梢部最好。

5. 插穗的粗细与长短 插穗的粗细与长短对成活率、苗木生长有一定的影响。对绝大多数树种来讲，长插穗根原基数量多，贮藏的营养多，有利于插穗生根。插穗长短的确定要以树种生根快慢和土壤水分条件为依据，一般落叶树硬枝插穗10～25cm，常绿树种10～35cm。随着扦插技术的提高，扦插逐渐向短插穗方向发展，有的甚至一芽一叶扦插，如茶树、葡萄采用3～5cm的短枝扦插，效果很好。

对不同粗细的插穗而言，粗插穗所含的营养物质多，对生根有利。插穗的适宜粗度因树种而异，多数针叶树种直径为0.3～1cm，阔叶树种直径为0.5～2cm。

在生产实践中，应根据需要和可能，采用适当长度和粗度的插穗，合理利用枝条，应掌握"粗枝短截，细枝长留"的原则。

6. 插穗的叶和芽 插穗上的芽是形成茎、干的基础。芽和叶能供给插穗生根所必需的营养物质和生长激素、维生素等，对生根有利，尤其对嫩枝扦插及针叶树种、常绿树种的扦插更为重要。插穗留叶多少要根据具体情况而定，一般留叶2～4片，若有喷雾装置，定时保湿，则可留较多的叶片，以便加速生根。

另外，从母树上采集的枝条或插穗，对干燥和病菌感染的抵抗能力显著减弱，因此，在进行扦插繁殖时，一定要注意保持插穗自身的水分。在生产上，可用水浸泡插穗下端，不仅增加了插穗的水分，还能减少抑制生根物质。

（二）影响插穗生根的外因

影响插穗生根的外界因子主要有温度、湿度、通气、光照、基质等，各因素之间相互影响、相互制约。因此，扦插时必须使各种环境因子有机协调地满足插穗生根的要求，以达到提高生根率、培育优质苗木的目的。

1. 温度 插穗生根的适宜温度因树种而异。多数树种生根的最适温度为15～25℃，以20℃最适宜。然而，很多树种都有其生根的最低温度，如杨、柳在7℃左右即开始生根。一般规律为发芽早的如杨、柳等要求温度较低，发芽萌动晚的及常绿树种如桂花、栀子、珊瑚树等要求温度较高。此外，处于不同气候带的植物，其扦插的最适宜温度也不同。如美国的Malisch H. 认为，温带植物在20℃左右合适，热带植物在23℃左右合适。苏联学者则认为温带植物为20～25℃，热带植物在25～30℃适宜。

不同树种插穗生根对土壤的温度要求也不同，一般土温高于气温3～5℃时，对生根极为有利。这样有利于不定根的形成而不适于芽的萌动，集中养分在不定根形成后芽再萌发生长。在生产上，可用马粪或电热线等作酿热材料增加地温，还可利用太阳光的热能进行倒插催根，提高其插穗成活率。

温度对夏季嫩枝扦插更为重要，30℃以下有利于枝条内部生根促进物质的利用，因此对生根有利。但温度高于30℃，会导致扦插失败。一般可采取喷雾方法降低插床的温度。插穗活动的最佳时期，也是病菌猖獗的时期，所以在扦插时应特别注意。

2. 湿度　在插穗生根过程中，空气的相对湿度、插壤湿度以及插穗本身的含水量是扦插成活的关键，尤其是嫩枝扦插，应特别注意保持合适的湿度。

(1) 空气相对湿度　空气相对湿度对难生根的针、阔叶树种的影响很大。插穗所需的空气相对湿度一般为90%左右。硬枝扦插可稍低一些，但嫩枝扦插空气相对湿度一定要控制在90%以上，使枝条蒸腾强度最低。生产上可采用喷水、间隔控制喷雾等方法提高空气的相对湿度，使插穗易于生根。

(2) 扦插基质湿度　插穗最容易失去水分平衡，因此，要求扦插基质有适宜的水分。扦插基质湿度取决于基质材料及管理技术水平等。毛白杨扦插试验表明，扦插基质的含水量一般以20%～25%为宜，含水量低于20%时，插穗生根和成活都受到影响。有报道表明，插穗由扦插到愈伤组织产生和生根，各阶段对扦插基质含水量要求不同，通常以前者为高，后者依次降低。尤其是在完全生根后，应逐步减少水分的供应，以抑制插穗地上部分的旺盛生长，增加新生枝的木质化程度，更好地适应移植后的田间环境。

3. 通气条件　插穗生根时需要氧气。日本藤井用葡萄在不同含氧量的基质中做了试验。从表6-1中可以看出，插穗生根率与基质中的含氧量呈正相关。所以，扦插基质要求疏松透气。尤其对需氧量较多的树种，更要选择疏松透气的扦插基质，同时应浅插。如基质为壤土，每次灌溉后必须及时松土，否则会降低扦插成活率。

表6-1　插床含氧量与生根率（葡萄）

含氧量/%	插穗数	生根率/%	平均根重		平均根数	平均根长/cm
			鲜重/mg	干重/mg		
标准区	6	100	51.5	11.3	5.3	16.6
10	8	87.5	23.3	5.4	2.5	8.2
5	8	50	17.3	3.1	0.8	2.8
2	8	25	1.4	0.4	0.4	0.7
0	8	0	—	—	—	—

4. 光照　光照能促进插穗生根，对常绿树及嫩枝扦插是不可缺少的。但在扦插过程中，强烈的光照又会使插穗干燥或灼伤，降低成活率。在实际工作中，可采取适当遮阴等措施来保持一定的光照。夏季扦插时，最好的方法是应用全光照自动间歇喷雾法，既保证了供水，又不影响光照。

5. 扦插基质 不论使用什么样的基质，只要能满足插穗对基质水分和通气条件的要求，都有利于生根。目前所用的扦插基质有以下三种状态：

（1）**固态基质** 生产上最常用的基质，一般有河沙、蛭石、珍珠岩、炉渣、炭化稻壳、花生壳等。这些基质的通气、排水性能良好。但反复使用后，颗粒往往破碎，粉末成分增加，故要定时更换新基质。

①河沙：河沙是一种由石英岩或花岗岩等经风化和水力冲刷而形成的不规则颗粒，它本身无空隙，但颗粒之间通气性好，无菌、无毒，无化学反应。该基质通气性好，导热快，取材容易，使用方便，夏季扦插效果好。特别是在弥雾条件下，多余的水分能及时排出，可防止因积水引起的腐烂，是目前夏季嫩枝扦插育苗广泛采用的优良基质。

②蛭石：蛭石是一种单斜晶体天然矿物，产于蚀变的黑云母或金云母的岩脉中，是黑云母或金云母变化的产物。但用于基质的蛭石是经过焙烧而成的膨化制品，膨化后体积增大到15～25倍，体质轻，孔隙度大，具有良好的保温、隔热、通气、保水、保肥的作用。因为经高温燃烧，无菌、无毒，化学稳定性好，为国内外公认的优良扦插基质。

③珍珠岩：珍珠岩是铝硅天然化合物。生产上先将珍珠岩轧碎并加热到1 000℃以上，经过高温煅烧形成膨化制品，该膨化制品具有封闭的多孔性结构，化学结构稳定，不像蛭石长期使用会溃碎。由于珍珠岩的结构是封闭的孔隙，水分只能保持在聚合体的表面，或聚合体之间的孔隙中，故珍珠岩有良好的排水性能，与蛭石一样有良好的保温、隔热、通气、保肥等性能，是全光照自动喷雾扦插育苗冬季采用的良好基质。

④泥炭土：泥炭土又称草炭，是古代湖泊沼泽植物埋藏于地下，在缺氧条件下分解不完全的有机物，内含大量未腐烂的植物质，干后呈褐色，酸性反应，质地疏松，有团粒结构，保水能力强。但含水量较高，通气性差，吸热力也差，故常与其他基质混合使用。

⑤炉渣：炉渣是煤经高温燃烧后剩下的矿质固体，由于颗粒大小和形状不一，需要粉碎过筛后才能作为扦插基质。炉渣颗粒具有很多微孔，颗粒间隙也很大，具有良好的通透性及保肥、保水、保温性能，无毒、无菌，来源广泛，价格低廉，也是较好的扦插基质。

⑥炭化稻壳、花生壳：炭化稻壳、花生壳具有透水通气、吸热保温等优点，而且稻壳、花生壳经高温炭化后，不但灭了杂菌，还能提供丰富的磷、钾元素，是冬季或早春、晚秋时期进行扦插育苗的良好基质。

此外，常用的基质还有棉籽壳、秸秆、火山灰、刨花、锯末、甘蔗渣、苔藓、泡沫塑料等。

（2）**液态基质** 把插穗插于水或营养液中使其生根成活，称为液插。液插常用于易生根的树种。由于用营养液作基质，插穗易腐烂，一般情况应慎用。

（3）**气态基质** 把空气造成水汽弥雾状态，将插穗吊于雾中使其生根成活，称为雾插或气插。雾插只要控制好温度和空气相对湿度就能充分利用空间，而且插穗生根快，缩短育苗周期。但由于插穗在高温、高湿的条件下生根，炼苗就成为雾插成活的重要环节之一。

基质的选择应根据树种的要求，选择最适基质。在露地进行扦插时，大面积更换扦插土实际上是不可能的，故通常选用排水良好的沙质壤土作扦插基质。

三、促进插穗生根的技术

1. 生长素及生根促进剂处理

（1）**生长素处理**　常用的生长素有萘乙酸（NAA）、吲哚乙酸（IAA）、吲哚丁酸（IBA）、2,4-D等。使用方法，一是先用少量酒精将生长素溶解，然后配制成不同浓度的药液。低浓度（如50～200mg/L）溶液浸泡插穗下端6～24h，高浓度（如500～10 000mg/L）可进行快速处理（几秒到1min）。二是将溶解的生长素与滑石粉或木炭粉混合均匀，阴干后制成粉剂，用湿插穗下端蘸粉扦插；或将粉剂加水稀释成为糊剂，用插穗下端浸蘸；或做成泥状，包埋插穗下端。处理时间与溶液的浓度随树种和插穗种类的不同而异，一般生根较难的浓度高些，生根较易的浓度低些，硬枝浓度高些，嫩枝浓度低些。

（2）**生根促进剂处理**　目前使用较为广泛的有中国林业科学研究院王涛研制的“ABT生根粉”系列；华中农业大学园艺林学学院研制的广谱性“植物生根剂HL-43”；山西农业大学林学院研制并获国家科技发明奖的“根宝”；昆明市园林科学研究所等研制的“3A系列促根粉”等。它们均能提高多种树木如银杏、桂花、板栗、红枫、樱花、梅、落叶松等的生根率，其生根率可达90%以上，且根系发达，吸收根数量增多。

2. 洗脱处理　洗脱处理一般有温水处理、流水处理、酒精处理等。洗脱处理不仅能降低枝条内抑制物质的含量，同时还能增加枝条内水分的含量。

（1）**温水洗脱处理**　将插穗下端放入30～35℃的温水中浸泡几小时或更长时间，具体时间因树种而异。如落叶松、云杉等浸泡2h，能起脱脂作用，有利于切口愈合与生根。

（2）**流水洗脱处理**　将插穗放入流动的水中，浸泡数小时，具体时间也因树种不同而异。多数在24h以内，也有的可达72h，甚至更长。

（3）**酒精洗脱处理**　用酒精处理也可有效地降低插穗中的抑制物质，大大提高生根率。一般使用浓度为1%～3%，或者用1%的酒精与1%的乙醚混合制成混合液，浸泡时间6h左右，如杜鹃类。

3. 营养处理　用维生素、糖类及其他氮素处理插穗，也是促进生根的措施之一。如用5%～10%的蔗糖溶液处理雪松、龙柏、水杉等树种的插穗12～24h，对促进生根效果很显著。若糖类与植物生长素并用，效果更佳。嫩枝扦插时，在其叶片上喷洒尿素，也是营养处理的一种。

4. 化学药剂处理　有些化学药剂也能有效地促进插穗生根，如醋酸、磷酸、高锰酸钾、硫酸锰、硫酸镁等。如生产中用0.1%的醋酸水溶液浸泡卫矛、丁香等插穗，能显著地促进生根。用0.05%～0.1%的高锰酸钾溶液浸泡插穗12h，除能促进生根外，还能抑制细菌发育，起消毒作用。

5. 低温贮藏处理　将硬枝放入0～5℃的低温条件下冷藏一定时期（至少40d），

使枝条内的抑制物质转化，有利于生根。

6. 增温处理 春天由于气温高于地温，在露地扦插时，易先抽芽展叶后生根，以致降低扦插成活率。为此，可采用在插床内铺设电热线（即电热温床法）或在插床内放入生马粪（即酿热物催根法）等措施来提高地温，促进生根。

7. 倒插催根处理 一般在冬末春初进行。利用春季地表温度高于坑内温度的特点，将插穗倒放坑内，用沙子填满孔隙，并在坑面上覆盖 2cm 沙子，使倒立的插穗基部的温度高于插穗梢部，这样为插穗基部愈伤组织的根原基形成创造了有利条件，从而促进生根，但要注意水分控制。

8. 黄化处理 在生长季前用黑色的塑料袋把将要作插穗的枝条罩住，使其处在黑暗的条件下生长，形成较幼嫩的组织，待其枝叶长到一定程度后，剪下进行扦插，能为生根创造较有利的条件。

9. 机械处理 在树木生长季节，将枝条基部环剥、刻伤或用铁丝、麻绳或尼龙绳等捆扎，阻止枝条上部的糖类和生长素向下运输，使其贮存养分，至休眠期再将枝条从基部剪下进行扦插，能显著地促进生根。

四、扦插时期

一般来讲，植物扦插繁殖一年四季皆可进行，适宜的扦插时期因植物的种类和特性、扦插的方法等而异。

1. 春季扦插 适宜大多数树种。春插是利用前一年生休眠枝直接进行扦插，或经冬季低温贮藏后进行的扦插。特别是经冬季低温贮藏的枝条，内部的生根抑制物质已经转化，营养物质丰富，容易生根。春季扦插宜早，并要创造条件打破枝条下部的休眠，保持上部休眠，待不定根形成后，芽再萌发生长。所以，该季节扦插育苗的技术关键是采取措施提高地温。春季扦插生产上采用的方法有大田露地扦插和塑料小拱棚保护地扦插。

2. 夏季扦插 夏季扦插是利用当年旺盛生长的嫩枝，或半木质化枝条进行扦插。夏插枝条处于旺盛生长期，细胞分生能力强，代谢作用旺盛，枝条内源生长素含量高，这些因素都有利于生根。但夏季由于气温高，枝条幼嫩，易引起枝条蒸腾失水而枯死。所以，夏插育苗的技术关键是提高空气的相对湿度，降低插穗叶面蒸腾强度，提高离体枝叶的存活率，进而提高生根成活率。夏季扦插常采用的方法有荫棚下塑料小拱棚扦插和全光照自动间歇喷雾扦插。

3. 秋季扦插 秋季扦插是利用发育充实、营养物质丰富、生长已停止但未进入休眠期的枝条进行扦插。其枝条内抑制物质含量未达到最高峰，可促进愈伤组织提早形成，有利于生根。秋插宜早，以利物质转化完全，安全越冬。所以，该季节扦插育苗的技术关键是采取措施提高地温。秋季扦插常采用的方法有用塑料小棚保护地扦插育苗，北方还可采用阳畦扦插育苗。

4. 冬季扦插 冬插是利用打破休眠的休眠枝进行温床扦插。北方应在塑料棚或温室内进行，在基质内铺上电热线，以提高扦插基质的温度。南方则可直接在苗圃地扦插。

不同地区对不同的树种可选择不同时期进行扦插。落叶树种春、秋两季均可进行扦插，但以春季为多。春季扦插宜在芽萌动前及早进行，北方在土壤开始化冻时即可进行，一般在 3 月中下旬至 4 月中下旬。秋插宜在土壤冻结前随采随插，我国南方温暖地区普遍采用秋插。在北方干旱寒冷或冬季少雪地区，秋插时插穗易遭风干和冻害，故扦插后应进行覆土，待春季萌芽时再把覆土扒开。为解决秋插困难，减少覆土等越冬工作，可将插穗贮藏至翌春进行扦插，极为安全。落叶树的生长期扦插，多在夏季第一期生长结束后的稳定时期进行。生产实践证明，在许多地区，许多树种四季都可进行扦插。如蔷薇、野蔷薇、石榴、栀子、金丝桃及松柏类等在杭州均可四季扦插。

南方常绿树种的扦插，多在梅雨季节进行。一般常绿树发根需要较高的温度，故常绿树的插条宜在第一期生长结束，第二期生长开始之前剪取。此时正值南方 5～7 月梅雨季节，雨水多，湿度较高，插条不易枯萎，易于成活。

五、插穗的选择及剪截

插穗因采取的时期不同而分成休眠期和生长期两种，前者为硬枝插穗，后者为嫩枝插穗。

1. 硬枝插穗的选择及剪截

（1）**插穗的剪取时间**　插穗中贮藏的养分是硬枝扦插生根发枝的主要能量与物质来源。剪取的时间不同，贮藏养分的多少也不同。一般情况下，落叶树种在秋季落叶后至翌春发芽前枝条内贮藏的养分物质最多。这个时期树液流动缓慢，生长完全停止，是剪取插穗的最好时期。

（2）**插穗的选择**　依扦插成活的原理，应选用优良幼龄母树上发育充实、生长健壮、无病虫害、已充分木质化、含营养物质多的一至二年生枝条或萌生条。

（3）**插穗的贮藏**　北方地区秋季剪取插穗后一般不立即进行扦插，而是将插穗贮藏起来待翌春扦插。插穗贮藏方法有露地埋藏和室内贮藏两种。露地埋藏是选择高燥、排水良好而又背风向阳的地方挖沟，沟深一般为 60～80cm（依各地的气候而定，但深度需在冻土层以下），将插穗每 50～100 根捆成捆，立于沟底，用湿沙埋好，中间竖立草把，以利通气。每月应检查 1～2 次，保持适合的温湿度条件，保证安全过冬。枝条经过埋藏后皮部软化，内部贮藏物质开始转化，给春季插穗生根打下良好的基础。室内贮藏也是将枝条埋于湿沙中，要注意室内的通气透风和保持适当温度，堆积层数不宜过高，以 2～3 层为宜，过高容易形成高温，引起枝条腐烂。南方若穗条少，需要贮藏，可放于冰箱贮藏室中。在园林实践中，还可结合整形修剪时切除的枝条选优贮藏待用。

（4）**插穗的剪截**　一般插穗长 15～20cm，保证插穗上有 2～3 个发育充实的芽。单芽插穗长 3～5cm。剪切时上切口距顶芽 1cm 左右，下切口的位置依植物种类而异，一般节附近薄壁细胞多，细胞分裂快，营养丰富，易于形成愈伤组织和生根，故插穗下切口宜紧靠节下。下切口有平切、斜切、双面切、踵状切等几种切法（图 6-1）。一般平切口生根呈环状均匀分布，便于机械化截条，对于皮部生根型及生根较快的树种应采用平切口。斜切口与插穗基质的接触面积大，可形成面积较大的愈伤组织，利于吸收水分和养分，提高成活率，但根多生于斜口的一端，易形成偏根，同时剪穗也较费工。双面切口与插壤的接触面积更大，在生根较难的植物上应用较多。踵状切，一般是在插穗下端带二至三年生枝段，常用于针叶树种扦插。

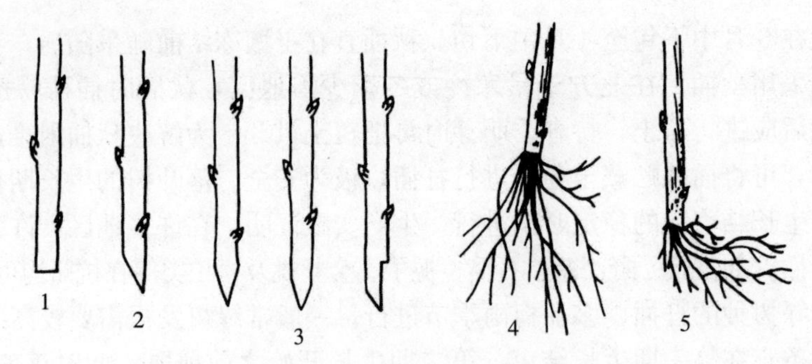

图 6－1　插穗下切口形状与生根

1. 平切　2. 斜切　3. 双面切　4. 下切口平切生根均匀　5. 下切口斜切根偏于一侧

2. 嫩枝插穗的选择及剪截

（1）**嫩枝插穗的剪取时间**　嫩枝扦插是随采随插。最好选自生长健壮的幼年母树，以半木质化的嫩枝为最好，内含充分的营养物质，生活力强，容易愈合生根。但太幼嫩或过于木质化的枝条均不宜采用。嫩枝采条，应在清晨日出以前或在阴雨天进行，不要在阳光下、有风或天气炎热的时候采条。

（2）**嫩枝插穗的选择**　一般针叶树如松、柏等，扦插以夏末剪取中上部半木质化的枝条较好。实践经验证明，采用中上部的枝条进行扦插，其生根情况大多数好于基部的枝条。针叶树对水分的要求不太严格，但应注意保持枝条的水分。阔叶树嫩枝扦插，一般在高生长最旺盛期剪取幼嫩的枝条进行扦插。一些大叶植物，当叶未展开成大叶时采条为宜。采条后及时喷水，注意保湿。嫩枝枝条扦插前进行预处理非常重要，含鞣质高和难以生根的树种可以在生长季以前进行黄化、环剥、捆扎等处理。

（3）**嫩枝插穗的剪截**　枝条采回后，在阴凉背风处进行剪截。一般插穗长 10～15cm，带 2～3 个芽，插穗上保留叶片的数量可根据植物种类和扦插方法而定。下切口剪成平口或小斜口，以减少切口腐烂。

六、扦插的种类及方法

在扦插繁殖中，根据繁殖材料的不同，可分为枝插、根插、叶插、芽插、果实插等，其分类情况见图 6－2。在园林苗木的培育中，最常用的是枝插，其次是根插和叶插。现介绍如下：

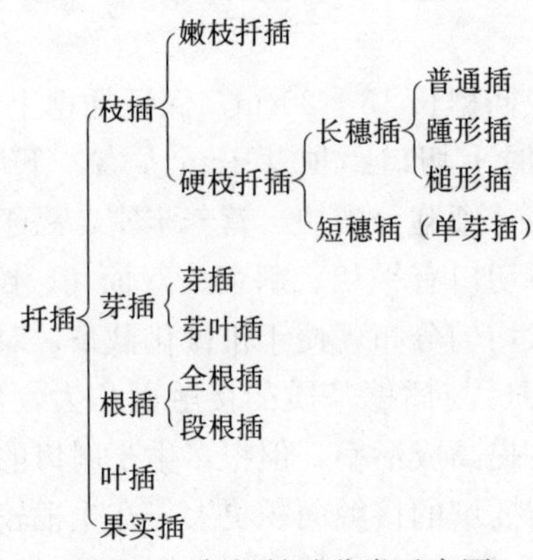

图 6－2　扦插繁殖分类示意图

（一）枝插

枝插是园林树木使用最多的扦插方法，根据枝条的成熟度与扦插季节，枝插又可分为休眠枝扦插和生长枝扦插。按使用材料的形态及长短不同又分出多种枝插方法。

1. 休眠枝扦插　休眠枝扦插是利用已经休眠的枝条作插穗进行扦插，由于休眠枝条已经木质化，又称为硬枝扦插。硬枝扦插又分为长穗插和单芽插两种。长穗插是用带有两个以上芽的枝段进行扦插；单芽插是用仅带一个芽的枝段进行扦插，由于枝条较短，故又称为短穗插。

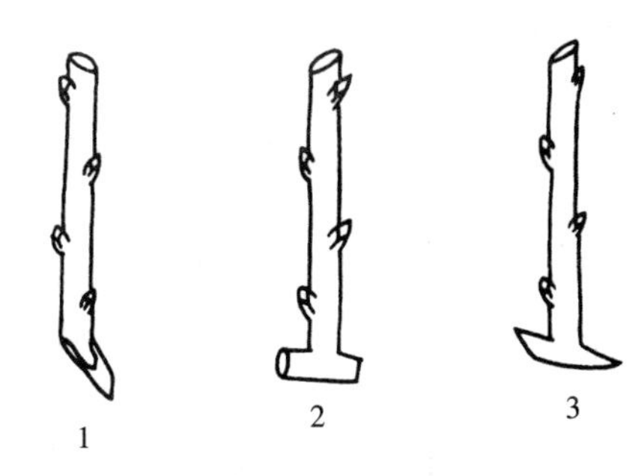

图 6-3　插穗的剪取与硬枝扦插
1. 踵形插　2、3. 槌形插

（1）长穗插　通常有普通插、踵形插、槌形插等（图 6-3）。

①普通插：普通插是木本植物扦插繁殖中应用最多的一种，大多数树种都可采用这种方法。既可采用插床扦插，也可大田平作或垄作扦插。一般插穗长度 10～20cm，插穗上保留 2～3 个芽。将插穗插入土中或基质中，插入深度为插穗长度的 2/3。凡插穗较短的宜直插，便于起苗，又可避免斜插造成偏根。

②踵形插：插穗基部带有一部分二年生枝条，形同踵足，这种插穗下部养分集中，容易发根，但浪费枝条，即每个枝条只能取一个插穗，适用于松、柏、桂花等难以扦插成活的树种。

③槌形插：槌形插是踵形插的一种，基部所带的二年生枝条较踵形插多，一般长 2～4cm，两端斜削，成为槌状。

除以上三种扦插方法外，为了提高生根成活率，在普通插的基础上，采取各种措施，形成以下几种扦插方法：

割插：插穗下部自中间劈开，夹以石子等，利用人为创伤的办法刺激伤口愈伤组织产生，扩大插穗的生根面积。此法多用于生根困难，且以愈伤组织生根的树种，如桂花、茶、梅等。

土球插：将插穗基部裹在较黏重的土球中，再将插穗连带土球一同插入土中，利用土球能保持较多水分的特点，提高扦插生根率。此法多用于常绿阔叶树和针叶树，如雪松、竹柏等。

肉瘤插：此法是在树木生长季中，以割伤、环剥等办法，使枝条基部形成突起的愈伤组织肉瘤状物，增加营养贮藏，然后从此处剪取插穗进行扦插。此法程序较多，且浪费枝条，但利于生根困难的树种扦插成活，因此多用于珍贵树种繁殖。

长干插：即用长枝扦插，一般用长 50cm，也可长达 1～2m 的一至多年生枝干作插穗进行扦插，此法多用于易生根的树种。长干插可在短期内得到有主干的大苗，或直接插于栽植地，减少移植。

漂水插：利用水作为扦插基质，即将插穗插于水中，生根后及时取出栽植。水插的根较脆，过长易折断。

（2）**单芽插**（短穗插） 用只带一个芽的枝条进行扦插。单芽插选用枝条短，一般长度不超过10cm，节省材料，但插穗内营养物质少，且易失水。因此，将下切口斜切，扩大枝条切口吸水面积和愈伤面积，有利于生根。并需要喷水来保持较高的空气相对湿度和温度，使插穗在短时间内生根成活。单芽插多用于常绿树种的扦插繁殖。用此法扦插白洋茶，枝条长2.5cm左右，2～3个月生根，成活率可达90%；桂花用单芽扦插的成活率达到70%～80%。

休眠枝扦插前要整理好插床。露地扦插要细致整地，施足基肥，使土壤疏松，水分充足，必要时要进行土壤消毒。扦插密度可根据树种生长快慢、苗木规格、土壤情况和使用的机具等而定，一般株距10～50cm，行距30～80cm。在温棚和繁殖室，一般密插，插穗生根发芽后，再进行移植。扦插有直插和斜插两种，一般情况下多采用直插，斜插的扦插角度不应超过45°。插入深度应根据树种和环境而定。落叶树种插穗全部插入地下，上露一芽或与地面平，在南方温暖湿润地区露地扦插，可使芽微露，在温棚和繁殖室内，插穗上端一般都要露出扦插基质。常绿树种插入基质的深度应为插穗长度的1/3～1/2。

2. 生长枝扦插 又称嫩枝扦插，是在生长季节，用生长旺盛的幼嫩枝或半木质化枝条作插穗进行扦插。生长枝薄壁细胞多、细胞生命力强、分生能力也较强；且生长枝含水量高、可溶性营养物质多、酶的活性强、新叶能进行光合作用产生部分光合产物，这些都是有利生根的内因。很多树种都适宜生长枝扦插，其插穗长度一般比硬枝插穗短，多数带1～4个节，长5～20cm，保留部分叶片，叶片较大的剪去一半。下切口位于叶及腋芽下，以利生根，剪口可平可斜，然后扦插于基质上（图6-4）。

图6-4 常见嫩枝扦插方法

生长枝扦插时期，南方春、夏、秋三季均可进行，北方主要在夏季进行。具体扦插时间为早晨或傍晚，随采随插。一般在疏松通气、保湿效果较好的扦插床上进行扦插。密度以两插穗之叶片互不重叠为宜，以保证足够的生长空间。扦插角度一般为直插，扦插深度一般为其插穗长度的1/3～1/2，如能人工控制环境条件，则越浅越好，一般为0.5～3cm，不倒即可。生长枝扦插要求空气相对湿度高，以避免植物体内大量水分蒸腾，现多采用全光照自动间隔喷雾扦插设备、荫棚内小塑料棚扦插，也可采用大盆密插、水插等方法（图6-5），此类扦插密度较大，多在生根后立即移植到圃地继续培养。

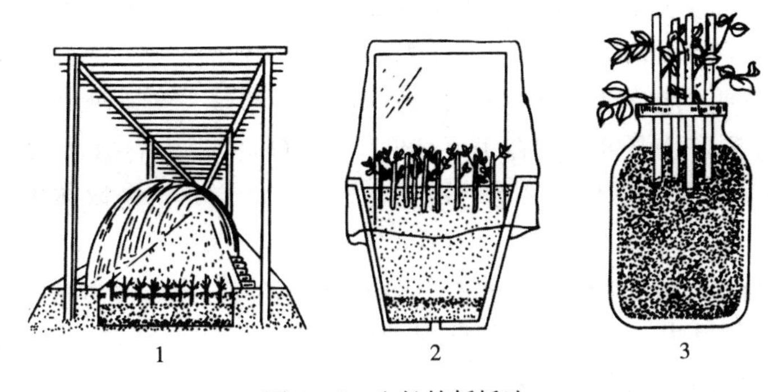

图 6-5 生长枝扦插法
1. 塑料棚扦插 2. 大盆密插 3. 暗瓶水插

（二）根插

一些枝插生根较困难的树种，可用根插进行无性繁殖，以保持其母本的优良性状。

1. 采根 一般应选择生长健壮的幼龄树或一至二年生苗木作为采根母树，根穗的年龄以一年生为好。若从单株树木上采根，一次采根不能太多，否则会影响母树的生长。采根一般在树木休眠期进行，采后及时埋藏处理，切勿损伤根皮。在南方最好早春采根，随即进行扦插。

2. 根穗的剪截 根据树种的不同，可剪成不同规格的根穗。一般根穗长度为15～20cm，大头粗度为0.5～2cm。为区别根穗的上、下端，可将上端剪成平口，下端剪成斜口。此外，有些树种如香椿、刺槐、泡桐等也可用细短根段，长3～5cm，粗0.2～0.5cm。

3. 扦插 在扦插前细致整地，灌足底水。然后将根穗垂直或倾斜插入土中，插时注意根的上下端，不要倒插。插后到发芽生根前最好不灌水，以免地温降低或由于水分过多引起根穗腐烂。有些树种的细短根段还可以用播种的方法进行育苗。

（三）叶插

因为叶片也具有再生和愈伤能力，所以可以利用叶片进行繁殖培育成新植株。多数木本植物叶插苗的地上部分是由芽原基发育而成。因此，叶插穗应带芽原基，并保护其不受损伤，否则不能形成地上部分。其地下部分（根）是愈伤部位诱生根原基，再发育成根的。木本阔叶树叶插可取成熟的带一芽叶片插入基质上，可使其生根、发芽并长成一棵新植株。针叶树叶插主要有针叶束水插育苗，如湖北省荆州市林业科学研究所研究湿地松、火炬松、马尾松等全光照喷雾水插育苗成功，并用于生产；山东省乳山市苗圃、烟台市林业科学研究所相继用水插法培育成黑松、赤松的针叶束苗。针叶束育苗的程序为：

1. 采叶 于秋冬季节，选择生长健壮的二年生苗木或幼龄枝的当年生粗壮针叶束作繁殖材料。

2. 针叶束处理 将采回的针叶束用清水洗净，然后贮藏在经过消毒的纯沙中（叶束埋深2/3即可，起脱脂作用），并浇透水，经常保持湿润，温度控制在0～10℃，约一个月。沙藏后，用刀片在生长点以下将叶束基部切去（勿伤生长点），造成一新鲜伤口，有利于愈合生根。切基后的叶束再进行激素处理。

3. 水插 水插实际上不是插在水中，而是插在一定的营养液中。营养液的基本配方为硼酸 50～70mg/L、硝酸铵 20mg/L、维生素 B_1 20mg/L，pH 在 7 以下，还可以根据树种不同加其他药剂如维生素 B_6 等。将经过切基、激素处理的针叶束插入水培营养液中，并固定。温度控制在 10～28℃，空气相对湿度在 80%左右，在积温达到 1 000℃左右，生根将加快。一般一周左右要冲洗叶束，清洗水培容器，并更换营养液一次。

4. 移植 当叶束根长到 1～2cm 时，即可进行移植，同时接种菌根。移植时用小铲开孔，插入带根叶束，深度以掩埋住根即可，轻轻压实，经常浇水保持土壤湿润。移植初期，中午前后阳光太强，要适当遮阴。移植后最关键的问题是促进生长点的萌动、发芽、抽茎生长。叶束发芽与叶束的质量有密切关系。叶束健壮，重量大，易发芽。此外，接种菌根对促进发芽有一定作用。有时为促进发芽，还可喷洒赤霉素等。

叶束苗长出新根、发芽、抽茎以后的管理，同一般的育苗方法。

七、扦插后的管理

扦插后的管理非常重要。插穗生根前的管理主要是调节适宜的温、光、水等条件，促使尽快生根。其中以保持较高空气湿度，不使萎蔫最为重要。一般扦插后立即灌一次透水，以后经常保持插壤和空气的湿度，并做好保墒及松土工作。插穗上若带有花芽，应及早摘除。如果未生根之前地上部已经展叶，应及时摘除部分叶片，防止过度蒸腾。在新苗长到 15～30cm 时，选留一个健壮直立枝条继续生长，其余抹去。必要时可在行间进行覆草，以保持水分，并可防止雨水将泥土溅于嫩叶上。

硬枝扦插不易生根的树种生根时间较长，必要时进行遮阴。嫩枝露地扦插要搭荫棚，每天 10:00～16:00 遮阴降温，同时每天喷水，保持湿度。用塑料棚密封扦插时，可减少灌水次数，每周 1～2 次即可，但要及时调节棚内的温度和湿度；扦插成活后，要经过炼苗阶段，使其逐渐适应外界环境再移到圃地。在温室或温床中扦插时，在插穗生根展叶后，逐渐开窗流通空气，使其逐渐适应外界环境，然后再移至圃地。

在空气温度较高而且阳光充足的地区，可采用全光照间歇喷雾扦插床进行扦插。

八、扦插育苗常用技术

（一）全光照自动喷雾技术

1. 全光照自动喷雾扦插的由来 扦插以后，插穗能否顺利生根成活，最重要的是能否保持插穗体内的水分平衡。插穗脱离母体后，靠自身贮存的水分和营养维持生命，如果失水过度，生根就没有希望，甚至死亡。扦插过程中所采取的各种措施，都是为了保持插穗体内的水分平衡，为插穗尽早生根成活创造条件。

早在 1941 年，美国的莱尼斯、卡德尔和弗希尔等同时报道了应用喷雾技术可以保持枝条不失水分，而且促进插穗生根的效果。赫斯和施耐德曾提出应用时钟控制喷雾装置；兰亨和彼德逊发明了用阳光控制喷雾装置；普列顿则提出空气湿润法。20 世纪 60 年代美国发明了用电子叶控制间歇喷雾装置，并证明其效果及经济效益优于前三者，才使雾插的喷雾装置进入生产应用阶段。1977 年国内开始报道并引进了这种新技术。20 世纪 80 年代初南京林业大学谈勇首先报道了电子叶间歇喷雾装置的研制和在育苗中的成功应用；湖南省林业科学研究院和其他单位相继研制了改良型电子叶和电子苗；北京市园林局、中国科学院北京植物园等也先后研制成功电子叶间歇喷雾装置。1983年吉林铁路分局许传森研制了干湿球湿度计原理的传感器及其全套喷雾装置，并推广到全国许多育苗单位使用。1987年林业部科技情报中心研制了2P—204型自动间歇喷雾装置的水分蒸发控制仪，也向全国推广。仅十几年时间，全光照喷雾扦插遍及全国许多育苗单位。1995年中国林业科学研究院又推出了旋转式全光照喷雾扦插装置，大大提高了育苗苗床的控制面积，产生了很好的育苗效果和经济效益。

2. 全光照自动喷雾装置

（1）**湿度自控仪**　湿度自控仪内有信号放大电路和继电器，接收和放大电子叶或传感器输入的信号，控制继电器开关。继电器开关与电磁阀同步，从而控制是否喷雾。

（2）**电子叶和湿度传感器**　电子叶和湿度传感器是发生信号的装置。电子叶是在一块绝缘板上安装上低压电源的两个极，两极通过导线与湿度自控仪相连，并形成闭合电路。湿度传感器是利用干湿球温差变化产生信号，输入湿度自控仪，从而控制喷雾。

（3）**电磁阀**　电磁阀即电磁水阀开关，控制水的开关。当电磁阀接受了湿度自控仪的电信号时，电磁阀打开喷头喷水；当无电信号时，电磁阀关闭，不喷水。

（4）**高压水源**　全光照自动喷雾对水源的压力要求为0.15～3MPa，供水量要与喷头喷水量相匹配，供水不间断。小于这个要求的压力和流量，喷出的水不能雾化，必须有足够的压力和流量。全光照自动喷雾装置见图6-6。

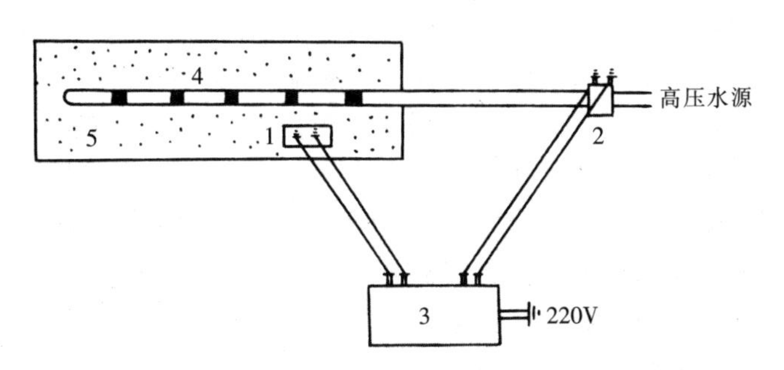

图6-6　全光照自动喷雾装置图

1. 电子叶　2. 电磁阀　3. 湿度自控仪　4. 喷头　5. 扦插床

3. 全光照自动喷雾工作原理　喷头能否喷雾，首先取决于电子叶或湿度传感器输入的电信号。电子叶和湿度传感器上有两个电极，当电子叶上有水时，电子叶或湿度传感器闭合电路接通，有感应信号输入，微弱电信号逐级放大。放大的电信号先输入小型继电器，小型继电器再带动一个大型继电器，大型继电器处于有电的情况下，吸动电磁阀开关处于关闭状态。当电子叶上水膜蒸发干时，感应电路处于关闭状态，没有感应信号输入小型继电器和大型继电器。大型继电器无电，不能吸动电磁阀开关，电磁阀开关处于开合状态，电磁阀打开，喷头喷水。水雾达到一定程度时，又使电子叶闭合电路接通，有感应信号输入，又经信号放大，继电器联动、吸动电磁阀开关关闭。这样周而复始地进行工作。

4. 全光照自动喷雾扦插注意事项　全光照自动喷雾扦插的基质必须疏松通气、排水良好，可防止床内积水致使枝条腐烂，但又保持插床湿润。

插穗的长度以15cm左右为宜。插穗下部插入基质中的叶片、小枝要剪掉。一般来讲，插穗所带叶片越多，插穗越长，则生根率随之提高，成活后苗木生长越健壮。相反，枝条短小、叶片少、苗木质量差，则移栽成活率低。但插穗太长会浪费插穗，使用上不经济。

全光照自动喷雾扦插若采用生根激素处理，能促进插穗生根，特别是难生根的树种采用激素处理能明显提高生根率，可提前生根，增加根量。自动喷雾扦插由于经常的淋洗作用，容易引起枝条内养分、内源激素溶脱。使用激素处理可增加激素和养分含量，促使插穗提前生根。

（二）基质电热温床催根育苗技术

基质电热温床催根育苗技术是根据植物生根的温差效应，利用电加温线增加苗床地温，创造植物愈伤及生根的最适温度而促进插穗发根，是一种现代化的育苗方法。因其利用电热加温，目标温度可以通过植物生长模拟计算机人工控制，又能保持温度稳定，有利于插穗生根。在观赏树木扦插、林木扦插、果树扦插、蔬菜育苗等方面都已广泛应用。

先在室内或温棚内选一块比较高燥的平地，用砖作沿砌宽1.5m的苗床，底层铺一层河沙或珍珠岩。在床的两端和中间，放置7cm×7cm的方木条各1根，再在木条上每隔6cm钉上小铁钉，钉入深度为小铁钉长度的1/2。电加温线即在小铁钉间回绕，电加温线的两端引出温床外，接入育苗控制器中。其后再在电加温线上铺以湿沙或珍珠岩，将插穗基部向下排列在温床中，再在插穗间填铺湿沙（或珍珠岩），以盖没插穗顶部为止。苗床中插入温度传感探头，感温头部靠近插穗基部，以正确测量发根部位的温度。通电后，电加温线开始发热，当温度升至28℃时，育苗控制器即可自动调节，以使温床的温度稳定在28℃左右。温床每天开启弥雾系统喷水2～3次，以保持苗床适宜湿度。苗床过干，插穗皮层干萎，影响生根；水分过多，会引起插穗皮层腐烂。一般植物插穗在苗床保温催根10～15d，插穗基部愈伤组织膨大，根原体露白，生长出1mm左右长的幼根突起，此时即可移入田间苗圃栽植。过早或过迟移栽，都会影响插穗的成活率。移栽时，苗床要筑成高畦，畦面宽1.3m，长度不限，可因地形而定。先挖与畦面垂直的扦插沟，深15cm，沟内浇足底水。插穗以株距10cm的间隔，竖直排在沟的一边，然后用细土将插穗压实，顶芽露出畦面，栽植后畦面要盖草保温保湿。全部移栽完毕后，浇足一次定根水。

该技术特别适用于落叶树种的插穗扦插，将插穗处理后打捆或紧密竖直插于苗床，调节最适插穗基部温度，使伤口受损细胞的呼吸作用增强，加快酶促反应，促进愈伤组织或根原基尽快产生。如杨、水杉、桑、石榴、桃、李、葡萄、银杏、猕猴桃等树种均可利用落叶后的硬枝进行催根育苗。该技术具有占地面积小、高密度等特点（可排放插穗5 000～10 000株/m^2）。

（三）雾插（空气加湿、加温育苗）技术

1. 雾插的特点 雾插一般在雾插室（或气插室）内进行，将当年生半木质化插穗竖直固定在固定架上，通过喷雾、加温，使插穗保持在高湿、适温及一定光照条件下，促进愈合生根。雾插因为插穗处于比土壤更适合的温度、湿度及适宜的光照环境条件下，所以愈合生根快，成苗率高，育苗时间短。如枣用雾插法5d生根就达

80%，珍珠梅雾插后 10d 就能生根，而一般室外扦插生根需要 1 个月以上。雾插法节省土地，充分利用地面和立体空间进行多层扦插。其操作简便，管理容易，不必进行掘苗等操作，根系不受损失，移植成活率高。它不受外界环境条件限制，运用植物生长模拟计算机自动调节温度、湿度，适于苗木工厂化生产。

2. 雾插的设施与方法

（1）**雾插室**（或气插室） 一般为温室或塑料棚，室内要安装喷雾装置和插穗固定架。

（2）**插床** 为了充分利用室内空间，在地面用砖砌床，一般宽为 1～1.5m，深 20～25cm，长度根据温室或棚长度而定，床底铺 3～5cm 厚的碎石或炉渣，以利渗水，上面铺 15～20cm 厚的河沙或蛭石作基质，两床之间及四周留出步道，其一侧挖 10cm 深的水沟，以利排水。

（3）**插穗固定架** 在插床上设立分层插穗固定架。一种是在离床面 2～3cm 高处，用 8 号铁丝制成平行排列的支架，行距 8～10cm，铁丝上弯成 U 形孔口，株距 6～8cm，使插穗垂直卡在孔内。另一种是空中分层固定架，这种固定架多用三角铁制作，架上放塑料板，板两边刻挖等距的 U 形孔，插穗垂直固定在孔内，孔旁设活动挡板，防止插穗脱落。

（4）**喷雾加温设备** 为了使雾插室内具备穗条生根适宜及稳定的环境，棚架上方安装人工喷雾管道，根据喷雾距离安装喷头，最好用弥雾。通过植物生长模拟计算机使室内相对湿度控制在 90%以上，温度保持在 25～30℃，光照度控制在 600～800lx。

3. 雾插繁殖的管理

（1）**插前消毒** 因雾插室一直处于高湿和适宜温度下，有利于病菌的生长和繁衍，所以必须随时注意消毒，插前要对雾插室进行全面消毒。通常用 0.4%～0.5% 的高锰酸钾溶液进行喷洒，插后每隔 10d 左右用 1∶100 的波尔多液进行全面喷洒，防止菌类发生。如出现霉菌感染，可用 800 倍退菌特喷洒病株，防止蔓延，严重时要拔掉销毁。

（2）**控制雾插室的温度、湿度和光照** 插穗环境要使其稳定适宜，如突然停电，为防止插穗萎蔫导致回芽和干枯，应及时人工喷水。夏季高温季节，室内温度常超过 30℃，要及时喷水降温，临时打开窗户通风换气，调节温度。冬季，白天利用阳光增温，夜间则用加热线保温，或用火道、热风炉等增温。

（3）**及时检查插穗生根情况** 当新根长到 2～3cm 时，即可移植或上盆，移植前要经过适当幼苗锻炼，一般在荫棚或普通温室内进行炼苗，待生长稳定后移到露地。

九、扦插繁殖实例

（一）樟树扦插繁殖技术

樟树（*Cinnamomum camphora*）别名香樟、樟木、瑶人柴、栳樟、臭樟、乌樟，为樟科樟属常绿大乔木，四季常青，是我国南方城市优良的绿化树、行道树及庭荫树，亦是重要的工业原料树种。因樟树种子育苗易产生变异，特别是内含物含量和主要成分组成变化大，扦插育苗是近年来发展耐寒樟和工业原料林的主要育苗方式。樟树属于难生根树种，提高其扦插生根率需做好以下几点：

1. 插穗的选取 采集插穗的母树以一至三年生幼树为好，随着母树年龄的增大，插穗的扦插成活能力逐渐降低。无论是硬枝扦插还是嫩枝扦插，在樟树插穗的选取时，梢部的插穗最好，平均成活率达 90.0%，是基部的 2.25 倍。一年生苗作插穗的平均成活率高达 60.8%，而六年生的仅有 30.7%。当年生半木质化带鳞芽的插穗扦插生根率达 88.0%，且生根后迅速抽新叶，具有良好的生长势，而不带鳞芽的插穗扦插生根率较低。

2. 插穗的剪截

（1）**插穗的剪截** 插穗长度过长或过短，粗度过粗或过细都不适合扦插，枝插粗度为 0.4cm 左右、长度为 10～15cm 时生根率较高。插穗留 2～3 片半叶，上部切口为平面、下部切口为斜面。

（2）**插根的剪截** 短根扦插选择粗度 0.5cm 以上、长度 5.0cm 左右并带有侧根的根较合适。形态学上端切口为平面、下端切口为斜面。

3. 生根剂处理 用 IBA、IAA、NAA、2，4－D、ABT 生根剂等处理插穗都能促进其生根，将插穗以浓度 200mg/kg ABT 生根剂浸泡 2～3h，对提高扦插成活率效果好。短根扦插用浓度 200mg/L 的 NAA 浸蘸插穗 1h 成活综合效果较好。

4. 扦插方法

（1）**硬枝扦插** 12 月从母树上取一年生健壮且无病虫害的枝条，每 100 根捆成一捆，然后进行沙藏，翌年春季取出，也可 2 月采集，剪取长 15cm 的带顶芽梢部为宜。将插穗用 500mg/L 多菌灵溶液进行消毒后，再用 200mg/kg ABT 生根剂浸泡 2～3h 进行扦插。扦插完毕后立即浇水，满足插穗对水分的需要，并使插穗与基质充分接触。

（2）**嫩枝扦插** 5～8 月在母树上采集半木质化枝条，剪取长 15cm 的带顶芽梢部为宜，用 200mg/L 的 IBA 浸泡 4h 或 3 000mg/L IBA 速蘸后插入插床中，用 50% 遮阴网遮阴，定时喷水。生根率高达 90%以上。

（3）**短根扦插** 2 月萌动前采根，将剪截短根用浓度 200mg/L 的 NAA 浸蘸 1h 后插入插床中，覆土厚度以 1cm 为宜，其出土时间为 36d，扦插成活率为 83%；而覆土厚度为 3cm 时，其出土时间及扦插成活率分别为 41d 和 43%。

短根扦插可在圃地或大田进行，还可进行容器扦插，7～8 月扦插成活率最高；但用组培苗幼态枝扦插时，1 月、4 月和 10 月扦插生根率较高，7 月最差。在北方短根扦插 12 月最好，成活率高达 95%，优于 2 月、6 月的 88%。不同扦插方式、基质、覆土厚度对樟树扦插也有一定影响。在大田扦插中，床面覆膜有利于提高扦插成活率，苗床育苗比营养杯育苗更有利于苗木的高生长和根系生长，营养杯育苗时基质类型对苗木生长影响非常大。容器扦插育苗时较大的容器有助于培育更为健壮的苗木，营养杯最小规格不应小于 8cm ×10cm。基质应选择透气性和排水性好、质地轻、养分高并且集中的类型。

（二）重阳木扦插繁殖技术

重阳木（*Bischofia polycarpa*）别名乌杨、茄冬树、红桐、秋枫，为大戟科秋枫属落叶乔木。中国原产树种，产于秦岭、淮河流域以南各地，在长江中下游地区常见栽培，通常作行道树和庭园观赏树，华北地区有少量引进栽培。重阳木喜光，也略耐阴，耐干旱瘠薄，也耐水湿，有很强的抗寒能力。扦插育苗是重阳木近年来发展的主要育苗方式。

1. 采穗圃的建立　采穗圃应选择交通便利、光照条件好、排灌方便、水源清洁的地方，避免选择种植过瓜果和豆类的熟地。母树初植密度一般为 20cm×30cm，待苗木高达 50～80cm 时，在离地面 15cm 处台刈，经多次修剪后，树干会萌发出更多均衡的枝条，其大部分可用来扦插。母树苗要加强水肥管理，并及时做好病虫害防治。

2. 插穗的选取　采集插穗的母树以幼树为好，无论是硬枝扦插还是嫩枝扦插，以梢部的插穗最好。嫩枝扦插选取当年生半木质化、具有良好生长势的枝条作插穗，扦插生根率高。

3. 插穗的剪截　插穗长度过长或过短，粗度过粗或过细都不适合扦插。枝插粗度为 0.4cm 左右、长度为 10～15cm 时生根率最高。插穗留 2～3 片半叶，上部切口为平面、下部切口为斜面。

4. 生根剂处理　将 98.0%吲哚丁酸粉剂 10g 用 95.0%乙醇溶解，加水稀释后倒入 25kg 滑石粉中，阴干，配制成约 0.04%的生根剂，作基部蘸条处理用。也可分别使用 120mg/L 的 ABT1 号、ABT6 号、ABT7 号生根剂浸泡 45min，提高其扦插生根率。

5. 扦插方法　春、夏、秋三季均可进行扦插，硬枝扦插和嫩枝扦插均可，嫩枝扦插以 4 月下旬至 6 月下旬，8 月下旬至 10 月中旬为扦插的黄金季节。扦插温度为 15～35℃，最适宜温度为 25～35℃。

（1）硬枝扦插　12 月从母树上取一年生健壮且无病虫害的枝条，每 100 根捆成一捆，然后进行沙藏，翌年春季取出，也可 2 月采集，剪取长 15cm 的带顶芽梢部为宜。将插穗用 500mg/L 多菌灵溶液进行消毒，随后用生根剂基部蘸条处理后进行扦插。扦插完毕后用 70%～90%的遮阴网遮阴，定时喷水，满足插穗对水分的需要，并使插穗与基质充分接触。可在圃地或大田扦插，还可进行容器扦插。

（2）嫩枝扦插　6～8 月在母树上采集半木质化枝条，剪取长 15cm 的带顶芽梢部为宜，用 0.04%生根剂作基部蘸条处理，也可分别用 120mg/LABT1 号、ABT6 号、ABT7 号生根剂浸泡 45min 后插入插床中，用 50%～70%遮阴网遮阴，定时喷水。插穗扦插后 10d 开始发根，40d 后生根率可达 90%以上。

第二节　嫁接繁殖

一、嫁接的意义和作用

（一）嫁接的意义

嫁接是利用两种植物能够结合在一起的能力，将一种植物的枝或芽接到另一种植物的茎（枝）或根上，使之愈合生长在一起，形成一个独立植株的繁殖方法。供嫁接用的枝或芽称为接穗或接芽，承受接穗或接芽的植株（根株、根段或枝段）称为砧木。用枝条作接穗的称枝接，用芽作接穗的称芽接。通过嫁接繁殖所得的苗木称为嫁接苗。嫁接苗与其他营养繁殖苗所不同的是借助于另一植物的根，因此，嫁接苗为“他根苗”。

（二）嫁接的历史

嫁接起源于自然界，在自然界中常常可以看到自然嫁接的现象。树木的枝条交错生长，由于风吹，枝条相互摩擦而受伤，其受伤面自然愈合在一起，形成了人们常说的“连理树”或“连理枝”，两棵树木的根靠近生长，长期也会产生“连理根”，这种连理现象即天然的靠接。形成“连理枝”或“连理根”的植株，一般都生长旺盛。人们从中得到启发，人为地把树木的两个枝条割伤表皮后靠在一起，就产生了嫁接。由此可知，嫁接是先有靠接以后才发展出多种嫁接方法。我国是世界上最早应用嫁接（枝接）技术的国家，最早的有关嫁接记载见《晏子春秋·内篇杂下》：“橘生淮南则为橘，生于淮北则为枳”。据推论，橘是嫁接在枳上的，移到淮北，由枳嫁接的橘不耐冷而冻死，耐寒的砧木枳又萌发，橘又变成枳了。一般来讲，我国的嫁接技术有3 000年的历史是据此推测的。我国有关嫁接技术的记载见于公元前1世纪汜胜之所著《汜胜之书》，书中有用靠接法生产大瓠的详细记述。到公元5世纪，我国嫁接技术已发展到相当水平，北魏贾思勰《齐民要术》中已有梨、柿的嫁接方法，南宋《陈旉农书》中有桑树嫁接，欧阳修在《洛阳牡丹记》中有牡丹嫁接，以后《王祯农书》《群芳谱》《花镜》中的嫁接方法已非常详细，很多技术到现在仍一直沿用。

起初嫁接主要用于树木的良种繁育，以后扩大到增强植株抗性和科学试验研究，应用越来越广泛。目前，虽然新的技术如组织培养、细胞杂交和遗传工程不断出现，但嫁接这种古老的传统农林技艺仍有很大的发展前途，它仍然是当前植物繁殖的主要手段之一。

（三）嫁接的作用

嫁接繁殖是园林植物重要的育苗方法之一。它除具有一般营养繁殖的优点外，还具有其他营养繁殖所无法起到的作用。

1. 保持植物品质的优良特性，提高观赏价值 园林植物嫁接繁殖所用的接穗均来自具有优良品质的母株上，遗传性稳定，观赏价值高。嫁接技术在果树生产上已经广泛应用，大部分果树都是用嫁接的方法进行繁殖的。虽然嫁接后接穗不同程度地受到砧木的影响，但基本上能保持母本的优良性状。

2. 增加抗性和适应性 嫁接所用的砧木，大多采用野生种、半野生种和当地的乡土树种。这类砧木的适应性强，能在自然条件很差的情况下正常生长发育。它们被用作砧木，能使嫁接品种适应不良环境，以砧木对接穗的生理影响，提高嫁接苗的抗性，扩大栽培范围，如提高抗寒、抗旱、抗盐碱及抗病虫害的能力。例如，酸枣耐干旱、耐贫瘠，用它作砧木嫁接枣，就增加了枣适应贫瘠山地的能力；枫杨耐水湿，嫁接核桃，扩大了核桃在水湿地上的栽培范围；毛白杨在内蒙古呼和浩特一带易受冻害，很难在当地栽植，用当地的小叶杨作砧木进行嫁接，就能安全越冬；君迁子上嫁接柿树，可提高柿树抗寒性；苹果嫁接在海棠上，可抗棉蚜；碧桃嫁接在山桃上，长势旺盛，易形成高大植株，而嫁接在寿星桃上，则形成矮小植株；将柑橘无病毒的茎尖嫁接在无菌培育出来的无病毒实生砧木上，可培养无病毒柑橘无性系。

3. 提早开花结果 嫁接能使观花观果树种及果树提早开花结果，使用材树种提前成材。

嫁接促使观赏树木及果树提早开花结果的原因，是接穗采自已经进入开花结果期的成龄树，这样的接穗嫁接成活后，很快就会开花结果。例如，用种子繁殖栗，15年以后才能结果，平均每株产栗子1～1.5kg；而嫁接后的栗，第二年就能开花结果，

4年后株产就可达5kg以上。柑橘实生苗需10～15年方能结果，嫁接苗4～6年即可结果。苹果实生苗6～8年才结果，嫁接苗仅需4～5年。

在用材树种方面，嫁接提高了树木的生活力，加快其生长速度，从而使树木提前成材。“青杨接白杨，当年长锄扛”就是指嫁接后树木生长加快、提前成材。

4. 克服不易繁殖现象　园林中的一些植物品种由于培育目的的需要不能正常结果，所以不能用种子进行繁殖，而扦插繁殖困难或扦插后发育不良，采用嫁接繁殖可以较好地完成繁殖育苗工作。如园林树木中的重瓣品种，果树中的无核葡萄、无核柑橘、柿子等。

5. 扩大繁殖系数　以种子繁殖的方法，可获得大量实生砧木，利用少量接穗进行嫁接可以在短时间内获得大量苗木，尤其是芽变的新品种，采用嫁接方法可以迅速扩大繁殖系数。

6. 繁育、培育新品种

（1）**利用芽变繁育新品种**　芽变通常指1个芽和由1个芽产生的枝条所发生的变异。这种变异是植物芽的分生组织细胞所发生的突变。芽变常表现出新的优良性状，如高产、品质优良、抗病虫能力增强等。人们将芽变后的枝条进行嫁接，再加以精心管理，就能繁育出新品种。如龙爪槐就是利用国槐的芽变，经过嫁接繁育出来的，具有枝条的下垂性；苹果中的‘红星’品种是利用‘元帅’品种的芽变，经过嫁接繁育而成的，它与原品种相比，具有提前着色而且色泽浓红鲜艳的优点。

（2）**进行嫁接育种**　嫁接育种是一个无性杂交的过程。运用嫁接方法，通过接穗和砧木间的相互影响，使接穗或砧木产生变异，从而产生新的优良性状。要进行嫁接育种，就需要选定杂交组合，选择接穗和砧木。例如，选择系统发育历史短、个体发育年轻、性状尚未充分发育、遗传性尚未定型的植物作接穗，选择系统发育历史长、个体发育壮年、性状已充分发育、遗传性已经定型的植物作砧木，嫁接后，保留砧木枝叶，减少接穗枝叶。这样，就有可能使砧木影响接穗，使接穗产生某种变异。在变异产生之后，再通过进一步培育，就有可能育成一个新品种。

（3）**进行无性嫁接，为有性远缘杂交创造条件**　有性远缘杂交常有杂交不孕或杂种不育的情况，如果事先将两个亲本进行嫁接，使双方生理上互相接近，然后再授粉杂交，常能达到成功。例如，苹果枝条嫁接到梨的树冠上，开花后用梨的花粉授粉，获得苹果和梨的属间杂种；如不经过嫁接，便不能受精。

7. 恢复树势、治救创伤、补充缺枝、更新品种　衰老树木可利用强壮砧木的优势，通过桥接、寄根接等方法，促进生长，挽回树势。树冠出现偏冠、中空，可通过嫁接调整枝条的发展方向，使树冠丰满、树形美观。品种不良的植物可用嫁接更换品种。雌雄异株的植物可用嫁接改变植株的雌雄性别。嫁接还可使一树多种、多头、多花，提高其观赏价值。通过嫁接可以提高或恢复一些树木的绿化、美化效果。

但是，嫁接繁殖也有一定的局限性和不足之处。例如，嫁接繁殖一般限于亲缘关系，要求砧木和接穗的亲和力强，因而，有些植物不能用嫁接方法进行繁殖。单子叶植物由于茎构造上的原因，嫁接较难成活。此外，嫁接苗寿命较短，并且嫁接繁殖在操作技术上也较繁杂，技术要求较高，有的还需要先培养砧木，人力、物力上投入较大。

二、嫁接成活的原理与过程

接穗和砧木嫁接后能否成活的关键在于两者的组织是否愈合，而愈合的主要标志应该是维管组织系统的联结。嫁接成活，主要是依靠砧木和接穗之间的亲和力以及结合部位伤口周围的细胞生长、分裂和形成层的再生能力。形成层是介于木质部与韧皮部之间再生能力很强的一种分生组织（图 6－7）。在正常情况下，形成层薄壁细胞进行细胞分裂，向内形成木质部，向外形成韧皮部，使树木不断加粗生长，在树木受到创伤后，形成层薄壁细胞还具有形成愈伤组织，把伤口保护起来的功能。所以，嫁接后砧木与接穗结合部位各自的形成层薄壁细胞进行分裂，形成愈伤组织，逐渐填满接合部位的空隙，使接穗与砧木的新生细胞紧密相接，形成共同的形成层，新的形成层细胞继续分裂，向外产生韧皮部，向内产生木质部，两个异质部分从此结合为一体。这样，砧木根系从土壤中吸收的水分和无机养分供给接穗，接穗的枝叶制造的有机物质输送给砧木，两者结合形成了一个能够独立生长发育的新个体。

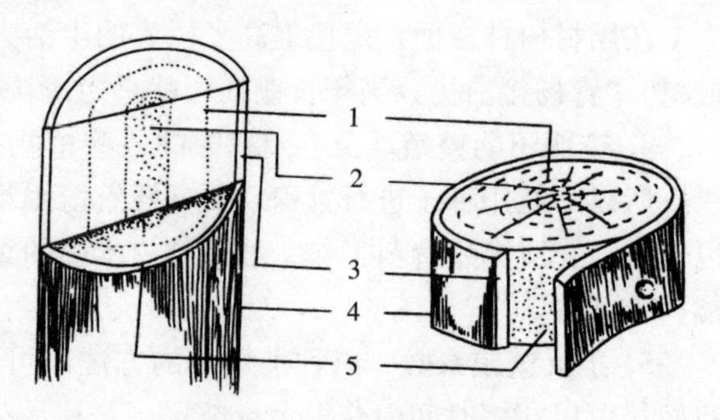

图 6－7 枝的纵横断面

1. 木质部 2. 髓 3. 韧皮部 4. 表皮 5. 形成层

由此可见，在技术措施上，除了根据树种遗传特性考虑亲和力外，嫁接成活的关键是接穗和砧木两者形成层的紧密接合，其接合面越大，越易成活。实践证明，要使两者的形成层紧密接合，嫁接时必须使它们之间的接触面平滑，形成层对齐、夹紧、绑牢。

三、影响嫁接成活的因素

影响嫁接成活的主要因素有砧木与接穗的亲和力、砧木和接穗质量、外界环境条件、嫁接技术及嫁接后管理等。

（一）影响嫁接成活的内因

影响嫁接成活的内因包括砧木与接穗的亲和力，砧木、接穗的生活力及树种的生物学特性等。

1. 砧木与接穗的亲和力 嫁接亲和力是指接穗与砧木经嫁接而能愈合生长的能力。具体地说，就是接穗和砧木在形态结构、生理和遗传性上彼此相同或相近，能够互相亲和而结合在一起的能力。嫁接亲和力的大小，表现在形态结构上，是彼此形成层薄壁细胞的体积、结构等相似度的大小；表现在生理和遗传性上，是形成层或其他组织细胞生长速率、彼此代谢作用所需的物质和产物的相似度的大小。

嫁接亲和力是嫁接成活的最基本条件。无论什么植物，采用何种嫁接方法，砧木与接穗之间都必须具备一定的亲和力。亲和力高嫁接成活率也高，反之，嫁接成活的可能性很小。亲和力的强弱与树木亲缘关系的远近有关。亲缘关系越近，亲和力越强。所以，同一个种品种间嫁接最易接活，种间次之，不同属之间较为困难，不同科之间几乎不能成功。

亲和不良的表现为：植株矮化，生长势弱，叶早落，枯尖，嫁接口肿大，砧木与接穗粗细不一，接合处断裂，寿命短等。

2. 砧木、接穗的生活力及树种的生物学特性　愈伤组织形成层的产生和活动与砧木和接穗的生活力密切相关。一般来说，砧木、接穗生长旺盛，营养器官发育充实，体内营养物质丰富，形成层细胞分裂活跃，嫁接就容易成活。所以，砧木要选择生长健壮、发育良好的植株，接穗也要从健壮母树的树冠外围选择发育充实的枝条。如果砧木萌动比接穗稍早，可及时供应接穗所需的养分和水分，嫁接易成活；如果接穗萌动比砧木早，则可能因得不到砧木供应的水分和养分"饥饿"而死；如果接穗萌动太晚，砧木溢出的液体太多，又可能"淹死"接穗。有些种类，如柿树、核桃富含鞣质，切面易形成鞣质氧化隔离层，阻碍愈合；松类富含松脂，处理不当也会影响愈合。

接穗的含水量也会影响嫁接的成功。如果接穗含水量过少，形成层就会停止活动，甚至死亡。一般接穗含水量应在50%左右。所以，接穗在运输和贮藏期间，不要过干或过湿。嫁接后也要注意保湿，如低接时要培土堆，高接时要绑缚保湿物，以防水分蒸发。

此外，如果砧木和接穗的细胞结构、生长发育速度不同，嫁接则会形成"大脚"或"小脚"现象。如在黑松上嫁接五针松，在女贞上嫁接桂花，在梓树上嫁接楸树等均会出现"小脚"现象。除影响美观外，生长仍表现正常。因此，在没有更理想的砧木时，在园林苗木的培育中仍可继续采用上述砧木。

（二）影响嫁接成活的外因

影响嫁接成活的外因主要是温度、湿度、光照和通气状况等。适宜的温度、湿度、光照和良好的通气条件有利于砧木和接穗愈伤组织的愈合和嫁接苗的生长发育。

1. 温度　温度对愈伤组织形成的快慢和嫁接成活有很大的关系。在适宜的温度下，愈伤组织形成快且嫁接容易成活，温度过高或过低，都不适宜愈伤组织的形成。一般来说，在25℃左右进行嫁接最适宜，但不同物候期的植物对温度的要求也不一样。物候期早的比物候期晚的适温要低，如桃、杏在20～25℃最适宜，而山茶则在26～30℃最适宜。春季进行枝接时，各树种安排嫁接的次序主要以此来确定。

2. 湿度　湿度对嫁接成活的影响很大。一方面，嫁接愈伤组织的形成需具有一定的湿度条件；另一方面，保持接穗的活力亦需一定的空气湿度。大气干燥则会影响愈伤组织的形成，并造成接穗失水干枯死亡。土壤湿度、地下水的供给也很重要。嫁接前，如果土壤干旱，应先灌水增加土壤湿度。

3. 光照　光照对愈伤组织的形成和生长有明显抑制作用，黑暗条件有利于愈伤组织的形成。因此，嫁接后一定要遮光，低接用土堆埋，既保湿又遮光。

4. 通气条件　通气对接穗愈合成活也有一定影响，一定的通气条件可以满足砧木与接穗接合部形成层细胞呼吸作用所需的氧气。生产上常用透气但不透水的聚乙烯膜封扎嫁接口和接穗，是较方便的理想方法。

（三）嫁接技术与嫁接后管理

在所有嫁接操作中，用刀的技术和速度是最重要的。

1. 接穗削面要平整光滑　嫁接成活的关键因素是接穗和砧木两者形成层的紧密接合。这就要求接穗的削面一定要平整光滑，这样才能与砧木紧密贴合。如果接穗削面粗糙不平，嫁接后接穗与砧木之间有较大的缝隙，需要填充较多的愈伤组织细胞，两者愈合就比较困难。因此，削接穗的刀要锋利，削面要做到平整光滑。

2. 接穗削面的斜度和长度要适当 嫁接时，接穗与砧木间同型组织接合面越大，两者的输导组织越易沟通，成活率就越高；反之，成活率就越低。因此，接穗削面需要一定的长度，一般为2～4cm。

3. 接穗、砧木的形成层需对准 如上所述，大多数植物的嫁接成活是接穗和砧木的形成层积极分裂的结果。因此，嫁接时形成层对得越准，两者输导组织越易沟通，成活率就越高。

4. 嫁接后及时包扎、封住伤口 嫁接后应尽快用塑料带进行包扎，并用油漆或液体石蜡等涂抹伤口，防止失水。

嫁接速度快而熟练，可避免削面风干或氧化变色，从而提高成活率。熟练的嫁接技术和锋利的接刀，是嫁接成功的基本条件。

（四）影响嫁接成活因素间的相互关系

嫁接成活与否是各因素间相互作用的结果，相互关系见图6-8。

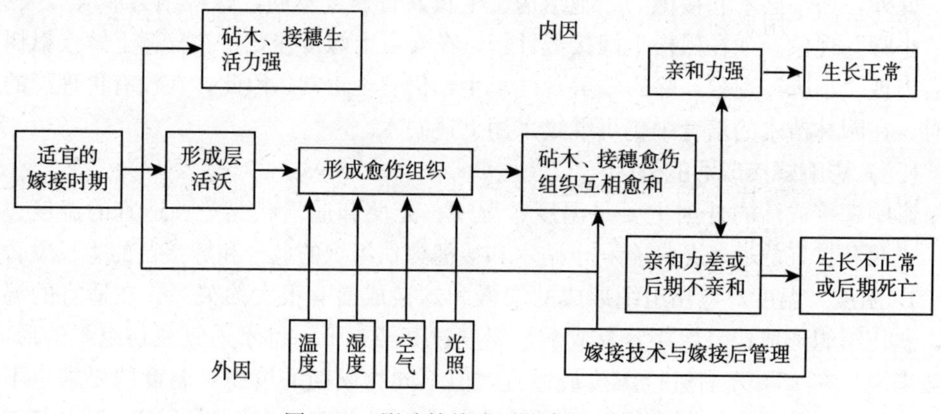

图6-8 影响嫁接成活因素间的关系

四、砧木和接穗的相互影响及砧木、接穗的选择

（一）砧木和接穗的相互影响

1. 砧木对接穗的影响 一般砧木都是选用野生种或当地的乡土树种，具有较强和广泛的适应能力，如抗旱、抗寒、抗涝、抗盐碱、抗病虫等，因此能增加嫁接苗的抗性。如用海棠作苹果的砧木，可增加苹果的抗旱性和抗涝性，同时也增加对黄叶病的抵抗能力；用枫杨作核桃的砧木，能增加核桃的耐涝性和耐瘠薄性。

有些砧木能控制接穗长成植株的大小，使其乔化或矮化。能使嫁接苗生长旺盛、植株高大的砧木称为乔化砧，如山桃、山杏是梅花、碧桃的乔化砧；相反，有些砧木能使嫁接苗生长势变弱，植株矮小，称为矮化砧，如寿星桃是山桃和碧桃的矮化砧。一般乔化砧能推迟嫁接苗的开花、结果期，延长植株的寿命；矮化砧则能促进嫁接苗提前开花、结实，缩短植株的寿命。

2. 接穗对砧木的影响 嫁接后砧木根系的生长是靠接穗所制造的养分，因此，接穗对砧木也会有一定的影响。例如，在杜梨上嫁接梨树后，其根系分布较浅，且易发生根蘖。

（二）砧木、接穗的选择

1. 砧木的选择　性状优异的砧木是培育优良园林树木的重要环节。选择砧木的条件是：①与接穗的亲和力强；②对接穗的生长和开花有良好的影响，并且生长健壮、丰产、花艳、寿命长；③对栽培地区的环境条件有较强的适应性；④容易繁殖；⑤对病虫害抵抗力强。

2. 接穗的选择　接穗应选自性状优良、生长健壮、观赏价值或经济价值高、无病虫害的成年树。

五、嫁接的准备工作

开展嫁接活动以前，应做好用具用品、砧木和接穗三个方面的准备工作。

（一）用具用品的准备

（1）**劈接刀**　用来劈开砧木切口。其刀刃用以劈砧木，其楔部用以撬开砧木的劈口。

（2）**手锯**　用来锯较粗的砧木。

（3）**枝剪**　用来剪接穗和较细的砧木。

（4）**芽接刀**　芽接时用来削接芽和撬开芽接切口。芽接刀的刀柄有角质片，在用它撬开切口时，不会与树皮内的鞣质发生化学反应。

（5）**小刀或刀片**　用来切削草本植物的砧木和接穗。

（6）**水罐和湿布**　用来盛放和包裹接穗。

（7）**绑缚材料**　用来绑缚嫁接部位，以防止水分蒸发，并能使砧木和接穗紧密相接。常用的绑缚材料有塑料条带、马蔺、蒲草、棉线、橡皮筋等。

（8）**接蜡**　用来涂盖芽接的接口，以防止水分蒸发和雨水浸入接口。接蜡有固体和液体两种。

①固体接蜡：其原料为松香 4 份、黄蜡 2 份、动物油（或植物油）1 份。配制时，先将动物油加热熔化，再将松香、黄蜡倒入，并加以搅拌，至充分熔化即成。固体接蜡平时结成硬块，用时需加热熔化。

②液体接蜡：其原料为松香 8 份、动物油 1 份、酒精 3 份、松节油 0.5 份。配制时，先将松香和动物油放入锅内加热，至全部熔化后，稍稍放冷，将酒精和松节油慢慢注入其中，并加以搅拌即成。使用时，用毛笔蘸取涂抹接口，见风即干。

上述各种刀剪应十分锋利，这与嫁接成活率有重大关系，必须十分重视。

（二）砧木的准备

进行一般栽培上的嫁接繁殖时，砧木需于 1 年或 2～3 年以前播种育苗。如果想使砧木影响接穗，则需于 4～5 年乃至 5～6 年以前播种育苗，其具体年数因各种树木的初花年龄而异。如果想以接穗影响砧木，则砧木需要年轻，于 1～2 年前播种育苗即可。

嫁接时，如打算嫁接后用土覆盖，需事先将砧木两旁挖深 7～10cm。进行木本植物芽接时，如果土壤干燥，应在前一天灌水，增加树木组织内的水分，以便嫁接时能容易地剥开砧木接口处的树皮。

（三）接穗的准备

一般选择树冠外围中、上部生长充实、芽体饱满的新梢或一年生发育枝作为接穗。然后将剪好的接穗集成小束，做好品种名称标记和保湿贮藏工作。夏季采集的新梢，应立即去掉叶片和生长不充实的新梢顶端，只保留叶柄，并及时用湿布包裹，以减少枝条的水分蒸发。当取回的接穗不能及时使用时，可将枝条下部浸入水中，放在阴凉处，每天换水1～2次，可短期保存4～5d。

春季枝接和芽接采集穗条，最好结合冬剪进行，也可在春季树木萌芽前1～2周采集。采集的枝条包好后吊在井中或放入冷窖内沙藏，若能用冰箱或冷库在5℃左右的低温下贮藏更好。

六、嫁接方法

嫁接方法按所取材料不同可分为枝接、芽接、根接三大类。

（一）枝接

枝接多用于嫁接较粗的砧木或在大树上改换品种。枝接时间一般在树木休眠期进行，特别是在春季砧木树液开始流动、接穗尚未萌芽时最好。此法的优点是嫁接后苗木生长快，健壮整齐，当年即可成苗，但需要接穗数量多，可供嫁接时间较短。枝接常用的方法有切接、腹接、劈接和插皮接等。

1. 切接 切接一般用于直径2cm左右的小砧木，是枝接中最常用的一种方法（图6-9）。嫁接时先将砧木距地面5～10cm处剪断、削平，选择较平滑的一面，用切接刀在砧木一侧（略带木质部，在横断面上为直径的1/5～1/4）垂直向下切，深2～3cm。接穗长度5～10cm，接穗上要保留2～3个完整饱满的芽。削接穗时，将接穗从距下切口最近的芽位背面，用切接刀向内切达木质部（不要超过髓心），随即向下平行切削到底，切面长2～3cm，再于背面末端削成0.8～1cm的小斜面。将削好的接穗，长削面向里插入砧木切口，使双方形成层对准密接。接穗插入的深度以接穗削面上端露出0.2～0.3cm为宜，俗称“露白”，有利于愈合成活。如果砧木切口过宽，可一边形成层对准。然后用塑料条由下向上捆扎紧密，使形成层紧密接触，并能使接口保湿。嫁接后为保持接口湿度，防止失水干萎，可采用套袋、封土和涂接蜡等措施。

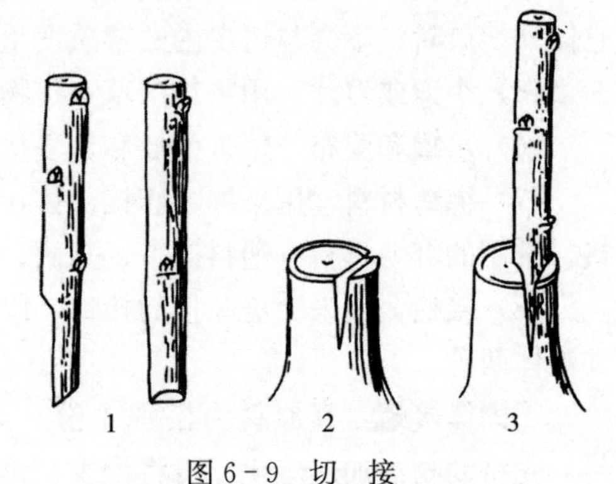

图6-9 切 接

1. 削接穗 2. 略带木质部纵切砧木 3. 砧木与接穗接合

2. 劈接 适用于大部分落叶树种。通常在砧木较粗、接穗较小时使用（图6-10）。将砧木在离地面5～10cm处锯断、削平，用劈接刀从其横断面的中心垂直向下劈开，切口长约3cm，接穗削成楔形，削面长约3cm，接穗外侧要比内侧稍厚。接穗削好后，把砧木劈口撬开，将接穗厚的一侧向外，窄面向里插入劈口中，使两者的形成层对齐，接穗削面上端应高出砧木切口0.2～0.3cm。当砧木较粗时，可同时插入2个接穗，或将砧木“十”字形劈开，插入4个接穗。接后立即用塑料薄膜条绑扎。

为防止劈口失水影响嫁接成活，接后可培土覆盖或用接蜡封口。

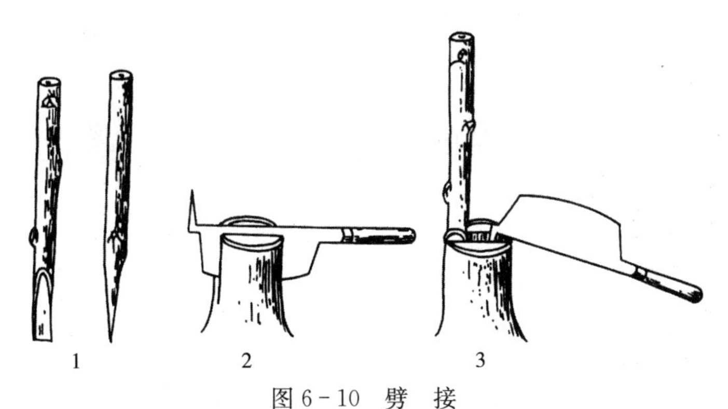

图 6-10　劈　接

1. 削接穗　2. 劈砧木　3. 插入接穗

“接炮捻”是劈接的一种，是利用毛白杨不易生根，而与毛白杨有较强亲和力的加杨等黑杨派树种容易生根的特点，用毛白杨一年生枝条作接穗，用加杨等黑杨派树种的一年生枝条作砧木，进行劈接。接穗长 8～10cm，有 2～3 个饱满芽，砧木长 10cm 左右。冬闲时在室内进行劈接，接后不包扎，按 50～100 根捆成一捆，竖立于坑中沙藏，翌年春天扦插育苗。

3. 插皮接　插皮接是枝接中最易掌握、成活率最高、应用也较广泛的一种。要求在砧木较粗，并易剥皮的情况下采用。在园林树木培育中用此法进行高接或低接均可。一般在距地面 5～8cm 处断砧，削平断面，选平滑处，将砧木皮层划一纵切口，长度为接穗长度的 1/2～2/3。接穗削成长 3～4cm 的单斜面，削面要平直并超过髓心，厚 0.3～0.5cm，背面末端削成 0.5～0.8cm 的一小斜面或在背面的两侧再各微微削去一刀。枝接时，长削面朝向木质部，把接穗从砧木切口沿木质部与韧皮部中间插入，并使接穗背面对准砧木切口正中，接穗削面上端注意“露白”。如果砧木较粗或皮层韧性较好，砧木也可不切口，直接将削好的接穗插入皮层即可。最后用塑料薄膜条（宽 1cm 左右）绑扎。此法也常用于高接，如龙爪槐的嫁接和花果类树木的高接换种等。如果砧木较粗，可同时接上 3～4 个接穗，均匀分布，成活后即可作为新植株的树体骨架（图 6-11）。

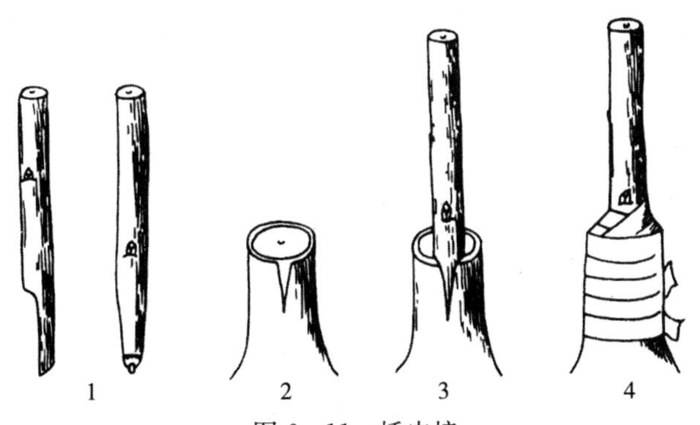

图 6-11　插皮接

1. 削接穗　2. 切砧木　3. 插入接穗　4. 绑扎

4. 舌接　舌接适用于砧木和接穗粗1～2cm，且大小粗细相差不大的嫁接。舌接砧木、接穗间接触面积大，结合牢固，成活率高，在园林苗木生产上用此法进行高接或低接均可。将砧木上端削成3cm长的削面，再在削面由上往下1/3处，顺砧干往下切1cm左右的纵切口，呈舌状。在接穗平滑处顺势削3cm长的斜削面，再在斜面由下往上1/3处同样切1cm左右的纵切口，与砧木斜面部位纵切口相对应。将接穗的内舌（短舌）插入砧木的纵切口内，使彼此的舌部交叉起来，互相插紧，然后绑扎（图6-12）。

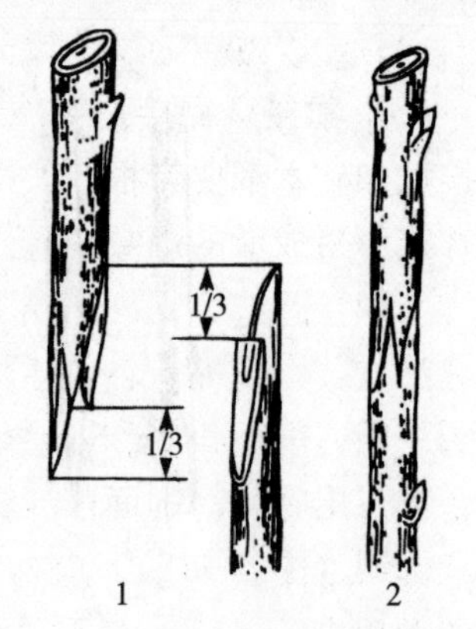

图6-12　舌　接

1. 砧木与接穗切削
2. 砧木与接穗接合

5. 插皮舌接　插皮舌接多用于树液开始流动，容易剥皮，而不适于劈接的树种。将砧木在离地面5～10cm处锯断、削平，选砧木平直部位，削去粗老皮，露出嫩皮（韧皮）。将接穗削成5～7cm长的单面马耳形削面，捏开削面皮层，将接穗的木质部轻轻插于砧木的木质部与韧皮部之间，插至微露接穗削面，然后绑扎（图6-13）。

6. 腹接　腹接又分普通腹接及皮下腹接两种，是在砧木腹部进行的枝接（图6-14）。常用于针叶树的繁殖，砧木不去头，或仅剪去顶梢，待成活后再剪去接口以上的砧木枝干。

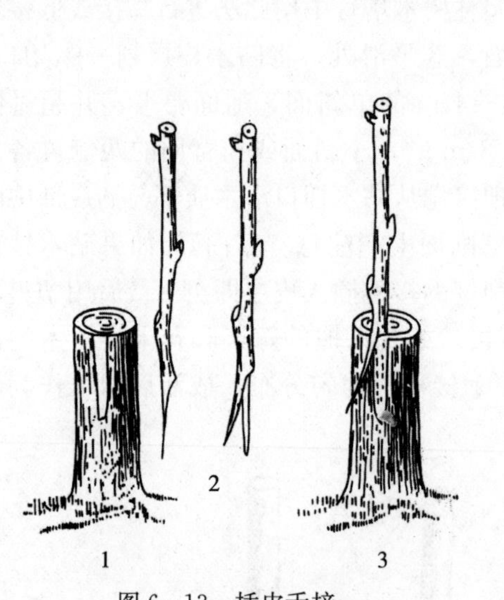

图6-13　插皮舌接

1. 剪砧木　2. 削接穗　3. 插接穗

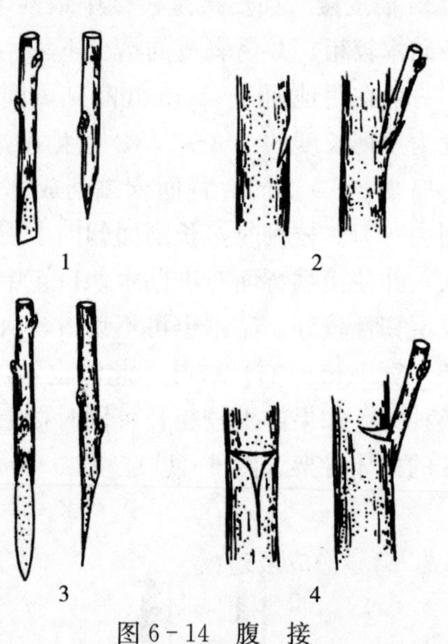

图6-14　腹　接

1. 削接穗（普通腹接）　2. 普通腹接
3. 削接穗（皮下腹接）　4. 皮下腹接

（1）**普通腹接**　接穗削成偏楔形，长削面长3cm左右，削面要平而渐斜，背面削成长2.5cm左右的短削面。在砧木适当的高度，选择平滑的一面，自上而下深切一切口，切口深达木质部，但切口下端不宜超过髓心，切口长度与接穗长削面相当。将接穗长削面朝里插入切口，注意形成层对齐，接后绑扎保湿。

（2）**皮下腹接**　皮下腹接即砧木切口不伤及木质部，将砧木横切一刀，再竖切一刀，呈 T 形切口，切口不伤或微伤。接穗长削面平直斜削，背面下部两侧向尖端各削一刀，以露白为度。撬开皮层插入接穗，绑扎即可。

7. 靠接 靠接是特殊形式的枝接。靠接成活率高，可在生长期内进行。但要求接穗和砧木都要带根系，愈合后再剪断，操作烦琐。多用于接穗与砧木亲和力较差、嫁接不易成活的观赏树种和柑、橘类树种。

嫁接前选择粗细相当的接穗和砧木，使两者靠近，并选择靠接部位。然后将接穗和砧木分别朝接合方向弯曲，各自形成弓背形状。用利刀在弓背上分别削一个长椭圆形平面，削面长 3～5cm，削切深度为其直径的 1/3。两者的削面要大小相当，以便于形成层吻合。削面削好后，将接穗、砧木靠紧，使两者的削面形成层对齐，用塑料条绑缚（图 6－15）。愈合后，分别将接穗下段和砧木上段剪除，即成一棵独立生活的新植株。

8. 桥接 桥接主要用于古树名木的创伤修复和衰老树木的复壮（图 6－16）。用同株枝条作接穗，根据伤口大小确定接穗的长度。将接穗两端削接口，按腹接方法接到伤口的上下两端，接后用塑料带绑扎。注意接穗的方向不能接反。如果伤口较宽，可同时接多个接穗。嫁接成活后数年，即可将伤口覆盖愈合。如果古树根系发育不良，造成生长衰老，可进行幼树桥接。即在古树旁边栽一至几株同种幼树，成活后将幼树顶端桥接到古树的腹部，利用幼树的根系吸收水分和养分，供给古树生长所需。

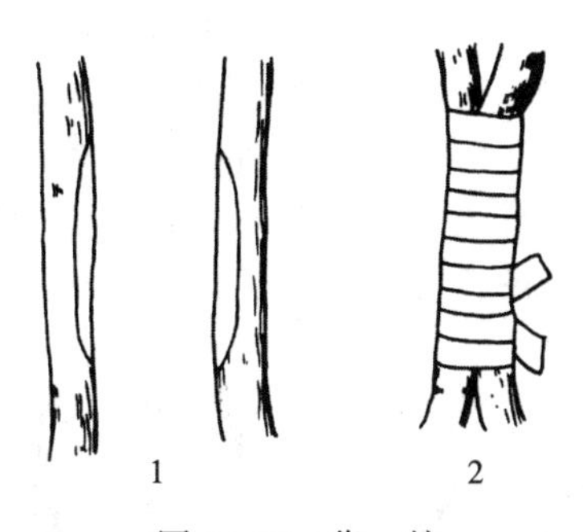

图 6－15 靠 接

1. 砧木与接穗削面 2. 接合后绑严

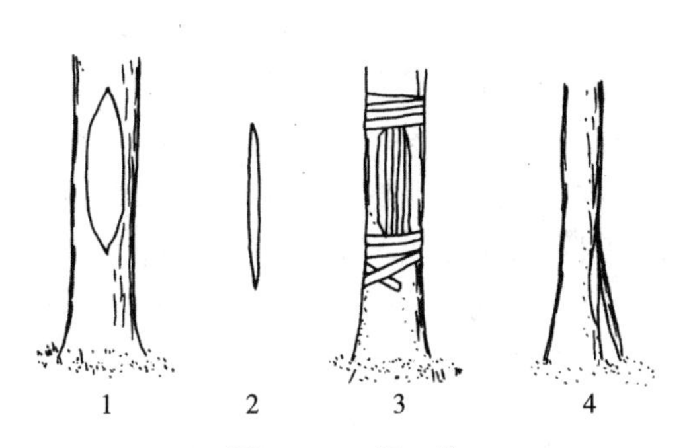

图 6－16 桥 接

1. 伤口修整 2. 削接穗 3. 绑扎 4. 幼树桥接

9. 髓心形成层对接 主要用于松树等针叶树种的嫁接。接穗长 8～10cm，一定要保留顶芽。将接穗下端一侧削成长 4～6cm 的削面。切削时先在垂直方向下切，直达髓心，然后与接穗长轴平行下切。砧木的削切方法及长度同接穗。然后将接穗和砧木的髓心对齐，绑扎紧即可（图 6－17）。

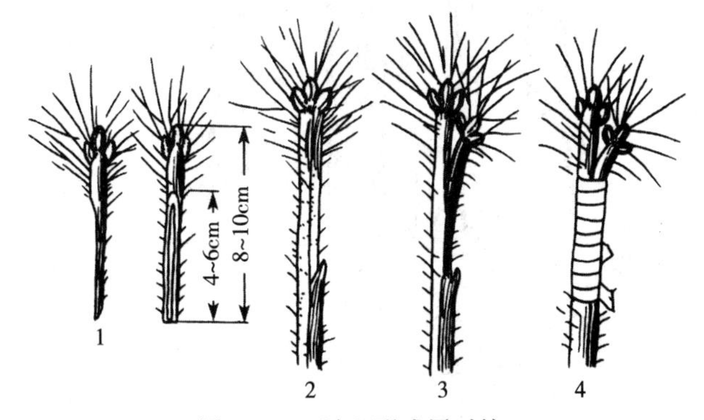

图 6－17 髓心形成层对接

1. 削接穗 2. 削砧木 3. 嫁接 4. 绑扎

（二）芽接

芽接是苗木繁殖应用最广的嫁接方法。用生长发育充实的当年生发育枝上的饱满芽作接芽，于春、夏、秋三季皮层容易剥离时嫁接，其中秋季是主要嫁接时期。根据取芽的形状和接合方式不同，芽接的具体方法有嵌芽接、T形芽接、方块芽接、环状芽接等。而苗圃中较常用的芽接主要为嵌芽接和T形芽接。

1. 嵌芽接 嵌芽接又叫带木质部芽接。此法不受树木离皮与否的季节限制，且嫁接后接合牢固，利于成活，已在生产实践中广泛应用。嵌芽接适用于大面积育苗。

切削芽片时，自上而下切取，在芽的上部1～1.5cm处稍带木质部往下切一刀，再在芽的下部1.5cm处横向斜切一刀，即可取下芽片，一般芽片长2～3cm，宽度不等，依接穗粗度而定。砧木的切法是在选好的部位自上向下稍带木质部削一与芽片长宽均相等的切面。将此切开的稍带木质部的树皮上部切去，下部留有0.5cm左右。接着将芽片插入切口，使两者形成层对齐，再将留下部分贴到芽片上，用塑料带绑扎好即可（图6-18）。

2. T形芽接 T形芽接又叫盾状芽接、“丁”字形芽接，是育苗中芽接最常用的方法。砧木一般选用一至二年生苗木。砧木过大，不仅皮层过厚不便于操作，而且接后不易成活。芽接前采当年生新鲜枝条为接穗，立即去掉叶片，保留叶柄，用湿毛巾包裹备用。削芽片时先从芽上方0.5cm左右横切一刀，刀口长0.8～1cm，深达木质部，再从芽片下方1cm左右向上切削到横切口处取下芽，芽片一般不带木质部，芽居芽片正中或稍偏上一点。砧木的切法是距地面5cm左右，选光滑无疤部位横切一刀，深度以切断皮层为准，然后从横切口中央向下纵切一刀，切口呈T形。撬开砧木皮层，把芽片放入切口，往下插入，使芽片上边与T形切口的横切口对齐。然后用塑料带从下向上一圈压一圈地将切口包扎严，注意将芽和叶柄留在外面，以便检查成活（图6-19）。若将砧木的切口做成⊥形，则称为倒T形芽接。

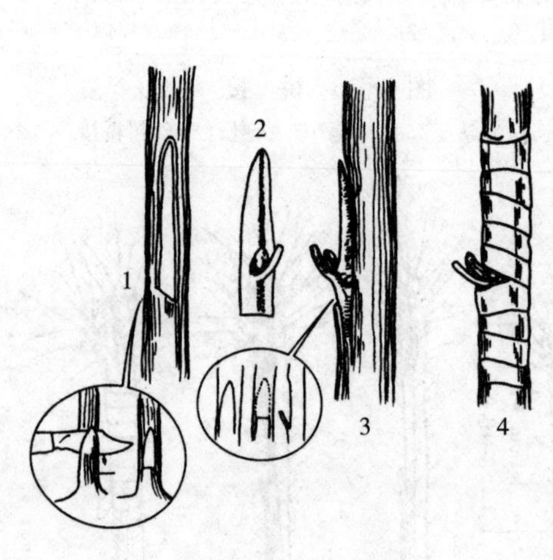

图6-18 嵌芽接
1. 取芽片 2. 芽片形状
3. 插入芽片 4. 绑扎

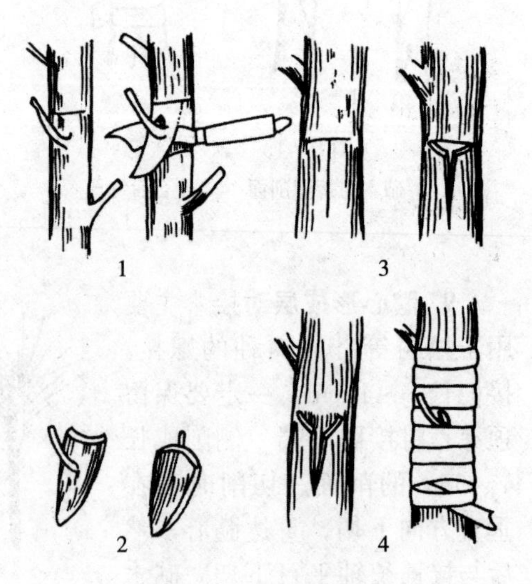

图6-19 T形芽接
1. 削取芽片 2. 芽片形状
3. 切砧木 4. 插入芽片与绑扎

有些树木是在1～2年生的苗干上，每隔20～25cm嫁接一个接芽，待接芽成活后，将苗木截成长20～25cm的插穗（保证每个插穗上有一个接芽），进行扦插繁殖，俗称“一条鞭”嫁接育苗。

3. 方块芽接　方块芽接又叫块状芽接。此法芽片与砧木形成层接触面积大，成活率较高，多用于柿树、核桃等较难成活的树种。因其操作较复杂，工效较低，一般树种多不采用。其具体方法是取长方形芽片，再按芽片大小在砧木上切掉皮层，嵌入芽片。注意嵌入芽片时，使芽片四周至少有两面与砧木切口皮层密接，嵌好后用塑料薄膜条绑扎即可。砧木的切法还有两种：一种是切成］形，称“单开门”芽接；一种是切成I形，称“双开门”芽接（图6-20）。即砧木上的皮层保留，接芽插入切口后，将皮层贴压在芽片上，然后绑扎。

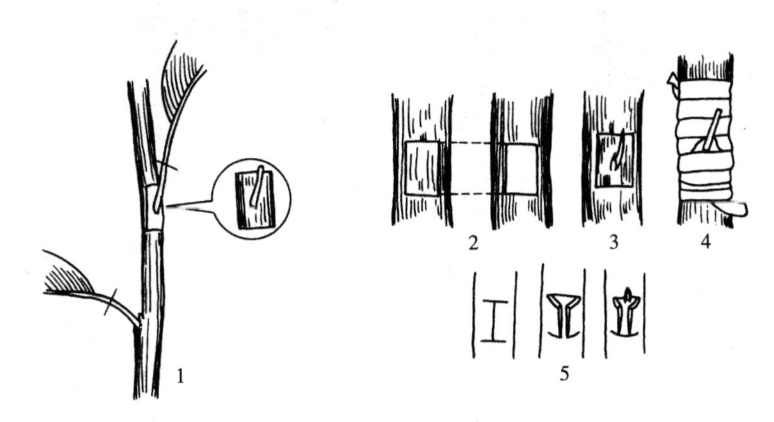

图6-20　方块芽接

1. 接穗去叶及削芽片　2. 砧木切削　3. 芽片嵌入　4. 绑扎　5. I形砧木切削及芽片插入

4. 套芽接　套芽接又称环状芽接。其接触面积大，易于成活。主要用于皮部易于剥离的树种，在春季树液流动后进行。具体方法是先从接穗芽上方1cm左右处剪断，再从芽下方1cm左右处用刀环切，深达木质部，然后用手轻轻扭动，使树皮与木质部脱离，抽出管状芽套。再选粗细与芽套相同的砧木，剪去上部，呈纵条状剥离树皮。随即把芽套套在木质部上，对齐砧木切口，再将砧木上的皮层向上包合，盖住砧木与接芽的接合部，用塑料薄膜条绑扎即可（图6-21）。

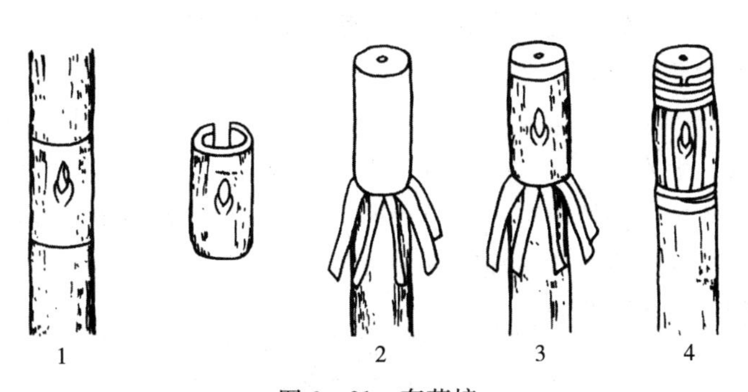

图6-21　套芽接

1. 取套状芽片　2. 削砧木树皮　3. 接合　4. 绑扎

另外，生产上也有芽苗嫁接、种胚嫁接等。

（三）根接

根接是用树根作砧木，将接穗直接接在根上的嫁接方法。各种枝接法均可采用。根据接穗与根砧的粗度不同，可以正接，即在根砧上切接口，将接穗插接在根砧上；也可以倒接，即将根砧削成楔形，在接穗上切接口，将根砧插接在接穗上，然后绑扎（图 6－22）。

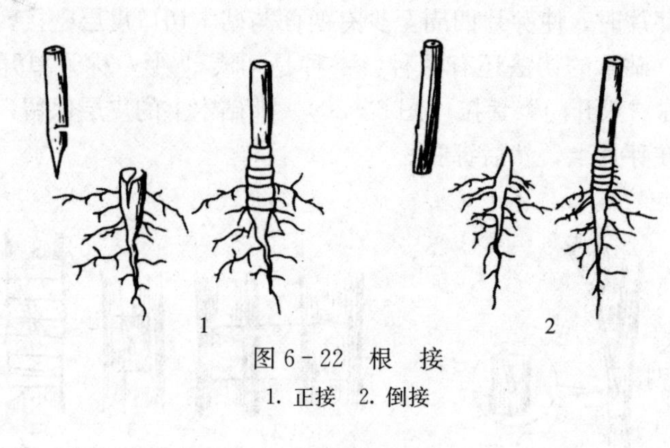

图 6－22　根　接
1. 正接　2. 倒接

七、嫁接后管理

1. 检查成活率、解除绑缚物及补接　枝接和根接一般在接后 20～30d 可进行成活率的检查。成活的接穗上的芽新鲜、饱满，甚至已经萌发生长；未成活者接穗干枯或变黑腐烂。芽接一般 7～14d 即可进行成活率的检查，成活者叶柄一触即掉，芽体与芽片呈新鲜状态；未成活则芽片干枯变黑。在检查时如发现绑缚物太紧，要及时松绑或解除绑缚物，以免影响接穗的生长和发育。一般当新芽长至 2～3cm 时，即可全部解除绑缚物，生长快的树种，枝接最好在新梢长到 20～30cm 时解绑。如果过早，接口仍有被风吹干的可能。嫁接未成活者及时进行补接。

2. 剪砧、抹芽、除蘖　嫁接成活后，凡在接口上方仍有砧木枝条的，要及时将接口上方砧木部分剪去，以促进接穗的生长。一般树种大多可采用一次剪砧，即在嫁接成活后，春季开始生长前，将砧木自接口处上方 1cm 处剪去，剪口要平，以利愈合。对于嫁接难成活的树种，可分两次或多次剪砧。

嫁接成活后，砧木常萌发许多蘖芽，为集中养分供给接穗新梢生长，要及时抹除砧木上的萌芽和根蘖，一般需要去蘖 2～3 次。

3. 立支柱　接穗长出新梢时，遇到大风易被吹折或错位，从而影响接穗的成活和正常生长。故一般在新梢长到 5～8cm 时，紧贴砧木立一支柱，将新梢绑于支柱上。在生产上，此项工作较为费工，通常采用降低接口、在新梢基部培土、嫁接于砧木的主风方向等措施来防止或减轻风折。

其他抚育管理与播种苗同。

八、核桃大方块芽接技术

核桃伤流较重，树皮含鞣质较高，枝条髓心和芽眼均较大，嫁接成活率低，在生产中一定要掌握好嫁接时间并按规程严格操作，提高嫁接成活率。

1. 建立采穗圃　长期经营核桃苗圃需要大量接穗，从外地调进接穗不仅成本高，品种不一定适应当地环境，而且长途运输和长时间贮存会使接穗质量降低，尤其在夏季会使嫁接失败。因此，培育接穗母树、建立当地的采穗圃或采穗基地，实现接穗自给非常必要。

2. 接穗选择　从优良母树上发育充实的一年生营养枝中选取接穗，最好选取其中部的饱满芽作接芽。不可从结果枝、徒长枝上选取接芽。

3. 接穗采集　休眠期采集接穗时剪口要平。采后根据接穗长度和粗度进行分级，每 30～50 根打捆。打捆时接穗基部要对齐，先在基部捆一道，再在上部捆一道，然后剪去顶部过长、弯曲或不成熟的顶梢，再用蜡封住剪口，以防失水，最后用标签标明品种。夏季芽接时，从树上剪下接穗后要立即去掉叶片，保留 1～2cm 长的叶柄，每 20～30 根打成一捆，标明品种。打捆后立即用湿布包裹，或放入盛有清水的容器中，清水浸泡接穗基部 2～3cm。

4. 大方块芽接　大方块芽接是目前核桃嫁接繁殖应用最多、嫁接成活率最高、嫁接速度最快、嫁接成本最低的方法。

（1）**嫁接时间**　大方块芽接在 5 月底至 8 月中旬嫁接成活率高。5 月底至 6 月底嫁接的芽当年可萌发，应及时抹掉其他部位的萌芽，集中养分供接芽生长。7 月以后嫁接的芽一般不使其萌发，以免幼芽生长量小，枝芽发育不充实，越冬受冻害。

（2）**具体嫁接方法**　先用锋利的嫁接刀在当年生嫩枝接穗上取芽，方法是先分别在接芽上下方各 2cm 处横切一刀，然后在接芽两侧分别纵切一刀达上下两横切口处。手指捏住接芽叶柄，将接芽剥离呈一长方形芽片。在砧木距地面 20～30cm 处选一光滑无疤部位，按照芽片长度和宽度切一长方形块并剥离皮层，在右下角切一个火柴棒宽的放水道，将树皮撕开，把芽片与砧木切口对齐密接，用塑料薄膜条单层将芽片连同切口完全包严（图 6－23）。7～10d 后检查嫁接是否成活，成活后的接芽会将塑料薄膜顶破长出。

图 6－23　核桃大方块芽接

1. 取大方块芽片　2. 接合和绑扎

第三节　分株繁殖

分株繁殖是利用某些树种能够萌生根蘖或灌木丛生的特性，把根蘖或丛生枝从母株上分割下来，进行栽植，使之形成新植株的一种繁殖方法。有些园林植物如臭椿、刺槐、枣、黄刺玫、珍珠梅、绣线菊、玫瑰、蜡梅、紫荆、紫玉兰、金丝桃等，能在根部周围萌发出许多小植株，这些萌蘖从母株上分割下来就是一些单株植株，本身均带有根系，容易栽植成活。

一、分株时期

分株主要在春、秋两季进行，由于分株法多用于花灌木的繁殖，因此要考虑到分株对开花的影响。一般春季开花植物宜在秋季落叶后进行，而秋季开花植物应在春季萌芽前进行。

二、分株方法

1. 灌丛分株　将母株一侧或两侧土挖开，露出根系，将带有一定茎干（一般1～3个）和根系的萌株带根挖出，另行栽植（图6-24）。挖掘时注意不要对母株根系造成太大的损伤，以免影响母株的生长发育，使以后的萌蘖减少。

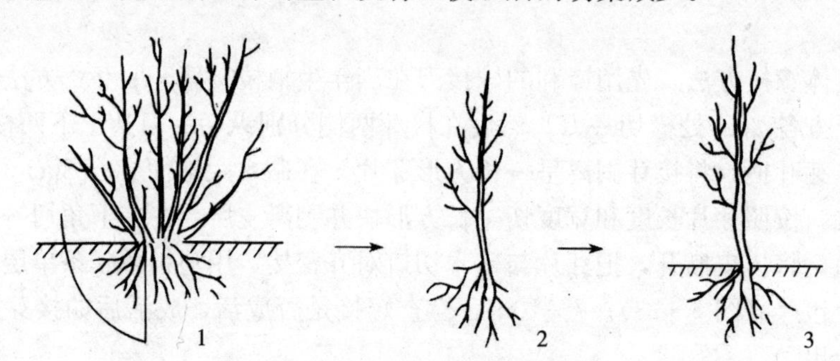

图6-24　灌丛分株

1. 切割　2. 分离　3. 栽植

2. 根蘖分株　将母株的根蘖挖开，露出根系，用利斧或利铲将根蘖株带根挖出，另行栽植（图6-25）。

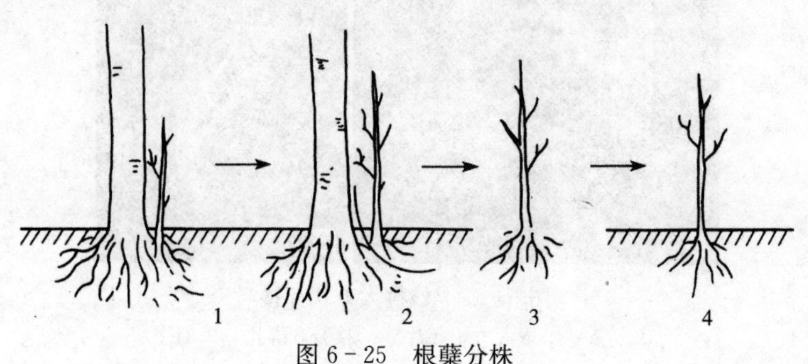

图6-25　根蘖分株

1. 长出的根蘖　2. 切割　3. 分离　4. 栽植

3. 掘苗分株　将母株全部带根挖起，用利斧或利刀将植株从根部分成多株带有良好根系的单株（丛），每株地上部分均应有 1～3 个茎干，这样有利于幼苗的生长（图 6-26）。

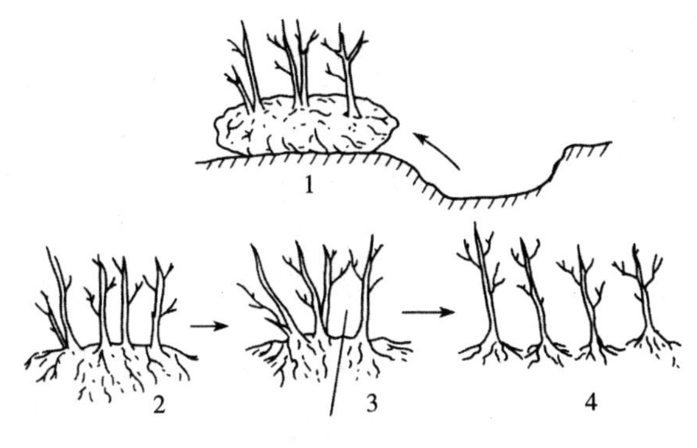

图 6-26　掘苗分株
1、2. 挖掘　3. 切割　4. 栽植

第四节　压条、埋条繁殖

一、压条繁殖

压条繁殖是将未脱离母体的枝条压入土中或空中包以湿润物，待生根后把枝条切离母体，成为独立新植株的一种繁殖方法。压条繁殖的原理与枝插相似，只需要在茎上产生不定根即可成苗。压条繁殖多用于扦插繁殖不容易生根的树种，如玉兰、蔷薇、桂花、樱桃、龙眼等。

（一）压条繁殖的种类及方法

1. 低压法　根据压条的状态不同分为单株压条法、堆土压条法、波状压条法及水平压条法等。

（1）单株压条法　单株压条法为最常用的方法。适用于枝条离地面比较近而又易于弯曲的树种，如迎春、木兰、大叶黄杨等。具体方法为：在秋季落叶后或早春发芽前，利用一至二年生的成熟枝进行压条。雨季一般用当年生的枝条进行压条。常绿树种以生长期压条为好。在母株旁边挖一深 15cm、宽 10cm 左右的沟，靠近母树一侧挖成斜坡状，另一侧挖成垂直状。将母株近地面处的一至二年生枝条弯曲，埋入沟内，枝梢露出地面，并在枝条弯曲处插一木钩固定。待枝条生根成活后，从母株上分离即可。一根枝条只能压一株苗。对于移植难成活或珍贵的树种，可将枝条压入盆中或筐中，待其生根后再切离母株（图 6-27）。

（2）堆土压条法　堆土压条法也叫直立压条法，适用于丛生性和根蘖性强的树种，如杜鹃、木兰、贴梗海棠、八仙花等。于早春萌芽前，对母株进行平茬截干，灌木可从地际处抹头，乔木可于树干基部刻伤，促其萌发出多根新枝。待新枝长到 30～40cm 高时，在枝条基部堆土压埋，一般经雨季后就能生根成活。翌春将每个枝条从基部剪断，切离母体进行栽植（图 6-28）。

（3）波状压条法　此法适用于枝条长而柔软或为蔓性的树种，如紫藤、葡萄等。

即将整个枝条波浪状压入沟中，枝条弯曲的波谷压入土中，波峰露出地面，使压入地下部分产生不定根，而露出地面的芽抽生新枝，待成活后分别与母株切离成为新的植株。波状压条法一根枝条可繁殖多个单株（图 6－29）。

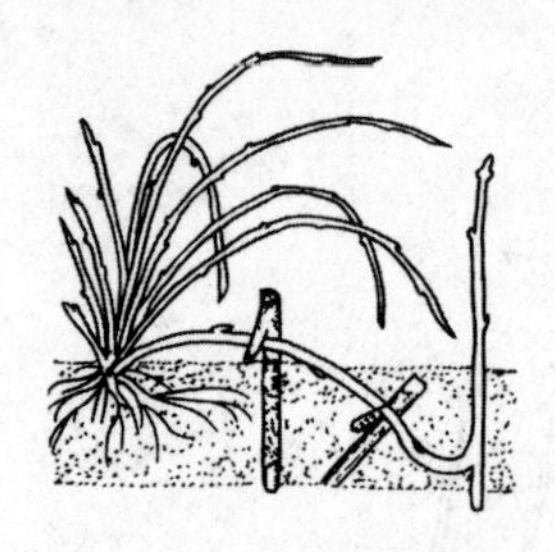

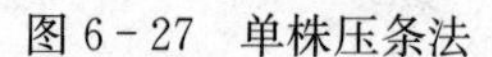

图 6－27　单株压条法

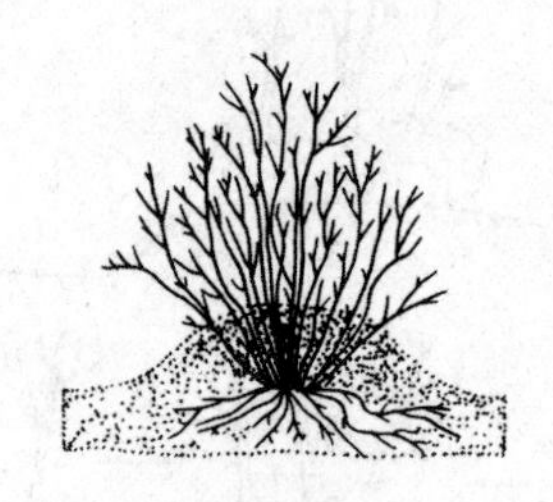

图 6－28　堆土压条法

图 6－29　波状压条法

(4) **水平压条法**　此法适用于枝长且易生根的树种，如连翘、紫藤、葡萄等。通常仅在早春进行。即将整个枝条水平压入沟中，使每个芽节处下方产生不定根，上方芽萌发新枝，待成活后分别切离母体栽培。一根枝条可得到多株苗木（图 6－30）。

2. 高压法　高压法又叫空中压条法。凡是枝条坚硬不易弯曲或树冠太高枝条不能弯到地面的树种，可采用高压法繁殖，如桂花、荔枝、山茶、米兰、龙眼等。高压法一般在生长期进行。压条时先进行环剥或刻伤等处理，然后用疏松、肥沃土壤或苔藓、蛭石等湿润物敷于枝条上，外面再用塑料袋或对开的竹筒等包扎好（图 6－31）。以后注意保持袋内土壤的湿度，适时浇水，待生根成活后即可剪下定植。

图 6－30　水平压条法

图 6－31　空中压条法

（二）促进压条生根的方法

对于不易生根或生根时间较长的树种，为了促进压条快速生根，可采用刻伤法、软化法、生长刺激法、扭枝法、缢缚法、劈开法及土壤改良法等阻滞有机营养物质向下运输，而不影响水分和矿物质向上运输，使养分集中于处理部位，刺激不定根的形成。

（三）压条后的管理

压条之后应保持土壤的合理湿度，调节土壤通气和适宜的温度，适时灌水，及时中耕除草。同时，要注意检查埋入土中的压条是否露出地面，若露出则需重压，留在地上的枝条如果太长，可适当剪去部分顶梢。

二、埋条繁殖

埋条繁殖是将剪下的一年生生长健壮的发育枝或徒长枝全部横埋于土中，使其生根发芽的一种繁殖方法，实际上就是枝条脱离母体的压条法。埋条繁殖是毛白杨等树种主要的繁殖方法之一。

（一）埋条方法

埋条时间多在春季。方法有以下几种：

1. 平埋法 在做好的苗床上，按一定行距开沟，沟深 3～5cm，宽 6cm 左右，将枝条平放于沟内。放条时要根据条子的粗细、长短、芽的情况等搭配得当，并使多数芽向上或位于枝条两侧。为了防止缺苗断垄，在枝条多的情况下，最好双条排放，并尽可能地使有芽和无芽的地方交错开，以免发生芽的短缺现象造成出苗不均。然后用细土埋好，覆土 1cm 即可，切不可太厚，以免影响幼芽出土（图 6－32）。

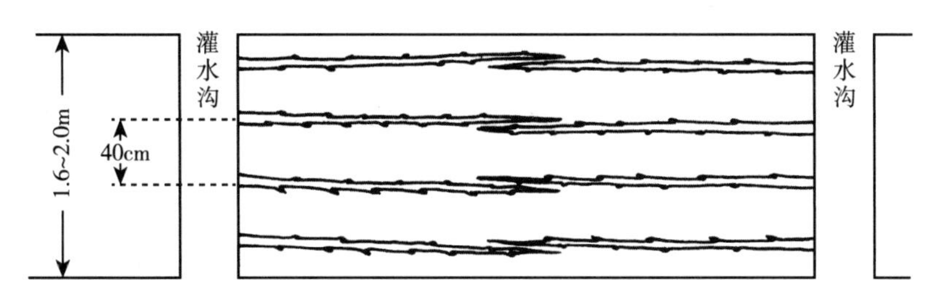

图 6－32 平埋法育苗示意图

2. 点埋法 按一定行距开一深 3cm 左右的沟，将枝条平放于沟内，然后每隔 40cm，横跨枝条堆成长 20cm、宽 8cm、高 10cm 左右的椭圆形土堆。在两土堆之间枝条上应有 2～3 个芽，利用外面较高的温度发芽生长，土堆处生根。土堆埋好后要踩实，以防灌水时土堆塌陷。点埋法出苗快且整齐，株距比平埋法规则，有利于定苗，且保水性能也比平埋法好。但点埋法操作效率低，较费工。

（二）埋条后的管理

埋条后应立即灌水，以后要保持土壤湿润。一般在生根前每隔 5～6d 灌一次水。在埋条生根发芽之前，要经常检查覆土情况，扒除厚土，掩埋露出的枝条。

1. 培土与间苗 埋入的枝条一般在枝条基部较易生根，而中部以上生根较少但易发芽长枝，因而容易造成根上无苗、苗下无根的偏根现象。因此，当幼苗长至 10～15cm 高时，结合中耕除草，于幼苗基部培土，促使幼苗新茎基部发生新根。待苗高长至 30cm 左右时，即进行间苗，一般分两次进行，第一次间去过密苗或有病虫害的弱苗，第二次按计划产苗量定苗。

2. 追肥及培垄 当幼苗长至 40cm 左右时，即可在苗行间施肥。结合培垄将肥料埋入土中，以后每隔 20d 左右追施人粪尿一次，一直持续到雨季到来之前，前期促进苗木快长。苗木生长后期停止追肥，使其组织充实，枝条充分木质化，可安全越冬。

3. 修剪除蘖及抚育管理 当幼苗长至 40cm 左右时，腋芽开始大量萌发，为使苗木加快生长，应该及时除蘖。一般除蘖高度为 1.2～1.5m，不可太高，以防干茎细弱。

另外，要做好中耕除草、病虫害防治等抚育工作。

1. 营养繁殖苗的特点有哪些？
2. 扦插生根的生理基础是什么？插穗生根的类型有哪些？
3. 影响插穗生根的因素有哪些？如何促进插穗生根？
4. 嫁接繁殖的特点是什么？嫁接成活的原理与过程有哪些？
5. 嫁接苗和实生苗的区别有哪些？
6. 主要的嫁接方法有哪些？嫁接后的管理措施有哪些？
7. 简述分株繁殖的方法。
8. 简述压条繁殖的种类及方法。

第七章 苗木管理与大苗培育

［**本章提要**］绿化美化中普遍采用大规格苗木栽植。本章介绍了苗木移植成活的基本原理，苗木移植的关键技术措施；苗木整形与修剪，苗圃灌溉与排水，苗圃的土肥管理等培育大苗的基础技术环节。分别介绍了落叶乔木、落叶小乔木、落叶灌木、落叶垂枝类、常绿乔木、常绿灌木、攀缘植物大苗培育技术。园林苗圃主要病虫害及综合防治技术。

目前在城市公园绿地、单位、居民区绿化以及旅游区、风景区、森林公园、公路与铁路两侧等绿化美化中几乎都采用大规格苗木（大苗）进行栽植。其原因有三点：第一，选用大规格苗木进行绿化施工，可以收到立竿见影的效果，很快满足绿化、防护、美化功能及人们的观赏需要；第二，由于绿化环境复杂，人为因素对树木的影响和干扰破坏很大，以及土壤、空气、水源的污染，建筑密集拥挤等都极大地影响着树木的正常生长，而选用大苗可以有效地抵抗这些不良影响；第三，大规格苗木适应性强，抵抗自然灾害的能力强，如抵抗严寒、干旱、风沙、水涝、盐碱能力强。

园林苗圃所培育的各种苗木几乎都是大规格苗木。经播种繁殖和营养繁殖的苗木，需要经过多年多次移植、精心管理，才能培育出符合园林绿化要求的各种类型大苗。

第一节　苗木移植

一、移植意义和移植成活的基本原理

1. 移植的意义和作用　移植是把生长拥挤密集的较小苗木挖掘出来，按照规定的株行距在移植区栽种下去。这一环节是培育大苗常用的重要措施。

园林绿化美化选用的树种品种繁多，有常绿的、落叶的，有乔木、灌木、藤本、草本以及各种造型植物等。它们的生态习性各不相同，有的喜光，有的耐阴，有的生长快，有的生长慢。大多数树种是用播种、扦插、嫁接、分株、压条等方法进行繁殖，育苗初期密度都比较大，单株营养面积较小，相互之间竞争难以长成大苗。未经移植的苗木往往树干细弱，没有圆满树冠而成为废苗。因此，只有经过多次移植，扩大株行距，扩大苗木营养面积，才有利于苗木根系、树干、树冠的生长，培养出具有

理想树冠、优美树姿、干形通直、符合园林绿化所需的大规格、高质量园林苗木。

苗木移植这一技术措施在育苗生产中起着重要作用：

①移植扩大了苗木地上、地下的营养面积，改善了通风透光条件，使苗木地上茎叶、地下根系生长良好。同时，使根系和树冠有扩大的空间，可按园林绿化美化所要求的规格发展。

②移植切去了部分主、侧根，使大根数量减少，促进了须根的生长，而且根系分布集中，有利于苗木生长，有利于提高苗木移植成活率。

③在移植过程中对根系、树冠进行必要的合理的整形修剪，人为调节地上部分与地下部分生长平衡。移栽过程中对苗木进行分级，淘汰劣质苗，提高了苗木整体质量，培养出来的苗木规格整齐统一，枝叶繁茂，树姿优美。

2. 移植成活的基本原理 苗木移植过程中，根系遭到大量损伤，一般裸根移植的苗木所带的根量只是原来根系的10%～20%。根系的大量减少，使苗木吸收水分和养分的能力大大降低，而地上部分对水分和养分的消耗没有减少，这就严重打破了原来地上部分与地下部分的平衡关系。苗木移植成活的基本原理是采取一系列有效的技术措施，维持地上部分与地下部分水分和养分的平衡，给苗木根系恢复吸收功能提供足够的时间和条件，使苗木保持较长时间的生命力。为了提高移栽成活率，维持苗木体内水分和养分的平衡关系，一是在移栽过程中，尽量减少对苗木根系的破坏，如采用容器育苗、带土球移植等；二是对地上部分的枝叶进行适当修剪，减少部分枝叶量，相应减少了水分和养分的消耗，使供给与消耗处于相对平衡状态；三是采取技术措施，减少地上部分水分和养分的消耗，如对树冠喷洒抗蒸腾剂、对树冠喷水、搭遮阳网等。通过以上技术措施，苗木仍可获得较高的成活率，特别是常绿树种的移植。

二、移植的时间、次数和密度

（一）移植时间

移植的最佳时间是在苗木的休眠期，即从秋季10月（北方）至翌春4月。也可在生长期移植。如果条件允许，一年四季均可进行移植。

1. 春季移植 春季气温回升，土壤开始解冻，土壤湿度较好。此时苗木开始打破休眠恢复生长，树液开始流动，枝芽尚未萌发，蒸腾作用微弱。因根系生长需要温度较低，土温基本能够满足根系生长的要求，所以早春移植苗木成活率高。春季移植的具体时间还应根据树种发芽的早晚来安排。一般情况下，发芽早者先移，晚者后移；落叶者先移，常绿者后移；木本植物先移，宿根草本后移；大苗先移，小苗后移。

2. 秋季移植 秋季也是苗木移植的重要季节。秋季移植在苗木地上部分停止生长，落叶树种叶片脱落后即可开始。这时土温仍较高，根系尚处于活动状态，移植后有利于伤口愈合，移植成活率高。秋季移植的时间不可过早，若落叶树种叶片尚未脱落，叶片内的营养物质尚未完全回流，苗木根茎贮藏的营养物质不足，则木质化程度降低，抵御不良环境的能力降低，特别是北方，冬季干旱多风，常常造成苗木失水、冻害、死亡。

3. 夏季移植（雨季移植） 许多苗木都可以在雨季初进行移植。移植时要带大土球，并做好包装，保护好根系。苗木地上部分可进行适当的修剪，移植后及时喷水喷雾，保持树冠湿润，必要时进行遮阳防晒，经过一段时间的过渡，苗木根系恢复吸收功能，即移植成活。南方常绿树种多在雨季进行移植。

4. 冬季移植 由于园林绿化需要，有时需要冬季移植。东北地区冬季寒冷，冻土层较厚，需用石材切割机切开苗木周围冻土层，形成正方体的冻土球。若土壤深处没有完全冻实，可将土球四周挖开，停放一夜，让其冻成一块，即可搬运移植。东北农业大学采取冬季起苗，边挖边冻，苗木带冻土球移植，成活率达 100%。在南方冬季气候温暖、湿润、多雨，土壤不冻结地区，也可在冬季进行移植。

（二）移植的次数和密度

培育大规格苗木要经过多年多次移植，而每次移植的密度又与总移植次数紧密相关。若每次苗木移植密度较大，相应移植的次数就多；每次移植密度较小，相应移植的次数就少。苗木移植的次数和密度还与该树种的生长速度有关，生长快的移植密度小，次数少；生长慢的移植密度大，移植次数多。

确定苗木移植的次数和密度（株行距）除考虑节约用地、节省用工、便于耕作外，主要是看苗木的生长速度，特别是苗木树冠的生长速度，苗木生长的快慢直接反映了圃地的肥力、水分及管理水平。苗木移植的次数、密度与树冠生长量三者之间的关系见图 7-1。

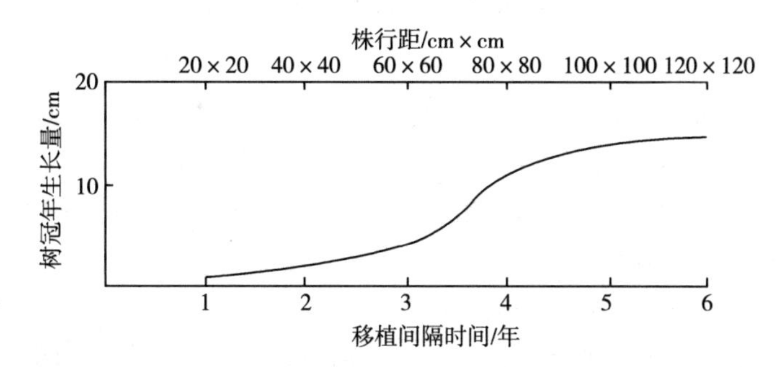

图 7-1 桧柏二年生苗移植间隔时间、相应生长量和密度的关系

从图 7-1 可以看出，桧柏移植次数（与间隔时间相反）与树冠年生长量呈负相关，也就是桧柏移植次数越多（移植间隔时间越短），树冠年生长量就越小。若 1 年移植 1 次，桧柏的树冠年生长量很小，几乎等于 0。这时移植株行距可较小，土地利用率最高。随着移植间隔时间加长，树冠年生长量开始逐渐增加，桧柏在原地有较长的生长时间，生长量自然增大。移植间隔期越长，树冠年生长量越大，这种生长趋势在苗期表现非常明显。虽然移植间隔时间长（移植次数少），树冠年生长量大，但同时移植所需要的株行距也大。株行距大，苗木又小，使土地的利用率降低。若间隔 6 年移植，空地时间可达 4～5 年，单位面积产苗量小，不能经济地利用土地，因此，株行距又不能太大。综合考虑苗木的质量与土地利用率，桧柏移植以 4 年间隔时间为最佳，既保证了树冠生长，又不至于降低土地利用率。

与桧柏树冠生长速度相似的针叶树种，可按 4 年树冠的总生长量来确定移植的株行距。阔叶树种树冠生长速度比针叶树种快，相对移植的间隔时间可以缩短，以 3 年移植间隔期为宜。例如，桧柏播种苗一般第一年不移植，留床培养 1 年，即从二年生苗开始移植。根据桧柏树冠生长速度（树冠生长曲线），移植后 4 年，树冠可达到

50cm 左右（北京）。留出株间耕作量 20cm，行间耕作量 30cm，移植的株行距为树冠加上株间、行间耕作量，第一次移植的株行距为 70cm×80cm。移植初期苗木较小，耕作宽度较大，操作方便，可进行套种。到第四年感觉耕作宽度小，而马上又要进行下一次移植了。根据树冠生长曲线，再过 4 年后，树冠直径可长到 100cm，所以，第二次移植的株行距为 120cm×130cm。

阔叶树种元宝枫也是从留床二年生苗开始移植，根据树冠 3 年后可达到 120cm，阔叶树种可不留或少留耕作量，则第一次移植的株行距定为 100cm×120cm。再过 3 年后树冠可生长到 200cm，故第二次移植的株行距定为 180cm×200cm。第二次移植后不再移植，直至树干长到一定粗度，即可成为大苗出圃。与元宝枫生长速度相似的其他阔叶树种，均可按 3 年树冠生长量进行一次移植来考虑。

不同针叶、阔叶树种树冠生长速度不同，也可以按其生长快慢来安排移植的株行距。生长快的可适当缩短移植间隔期，2 年移植 1 次；生长特别慢的树种（如云杉），应延长移植间隔期，5 年进行 1 次移植。南方苗木生长期长，生长量大，可缩短移植间隔期；而北方苗木生长速度慢，生长量小，可延长移植间隔期。其他花灌木树种可以参考上述的移植间隔时间，来确定移植树种的间隔期。

三、移植过程和技术措施

（一）大苗选择和起苗

所选的大苗一定要具备树干粗壮、通直，冠形优美，芽饱满，侧枝均匀等特点，其中冠形的方正和优美决定了苗木的质量，已经成为衡量苗木好坏的重要标志之一。

起苗要根据树种的不同选择适宜的方式。裸根起苗适用于落叶树种，带土球起苗适用于难生根的树种、常绿阔叶树和针叶树。

1. 裸根起苗 裸根起苗通常用于胸径大于 6cm 的大苗。一般去掉树冠，保留主干和部分侧枝，截干高度 3m 左右，把主干和侧枝的伤口锯平，用塑料膜把顶端包扎，去除多余的树枝和树叶。把树木放置在阴凉处，以减少水分的蒸发。如果树木在运输过程中失水，要用清水浸根 2d，中间换水 1 次。

2. 带土球起苗 难生根的树种、常绿阔叶树和针叶树起苗时一般采用带土球起苗。起苗时的土球要尽可能大些，土球直径要达到苗木地径的 10～12 倍甚至以上。起苗前用浸过水的草绳把树干缠严；起苗时在土球的直径外开宽沟，挖掘的深度需要大于土球直径，当达到预定深度时，把土球修成圆球形，用浸过水的草绳缠严，以不见土为标准。这样是为了减少植株失水，提高成活率和适应性。

（二）运输

运输是大苗移植的关键环节之一。短途运输一般没有问题，长途运输应该尽量选择在夜晚或者阴天时进行，运输的时间要在 24h 以内，否则会影响大苗移植的成活率。装车时把大苗按顺序摆好，保护好树形，运输过程中每隔约 3h 浇 1 次水。把大苗的根部放置于车厢的前部，在车厢尾部横向绑 1 根木杆，把树冠放置于木杆的上面并用软绳加以固定。在车厢底部铺上秸秆等较软的物质，减少大苗和车厢之间的摩擦。

（三）栽植

大苗栽植通常采用穴植法。人工挖穴栽植，成活率高，生长恢复较快，但工作效

率低。在土壤条件允许的情况下，采用挖坑机挖穴可以大大提高工作效率。栽植穴的直径和深度应大于苗木的根系。

挖穴时应根据苗木的大小和设计好的株行距，拉线定点，然后挖穴。穴土放在坑的一侧，以便放苗木时确定位置。栽植深度以原根际痕迹与地面相平或略低于地面3～5cm为宜。覆土时混入适量的底肥。先在坑底填一部分肥土，将苗木放入坑内，回填部分肥土，轻轻提一下苗木，使其根系充分伸展，然后填满肥土，踩实并浇足水。较大苗木要设立柱支撑，以防苗木被风吹倒。

（四）栽后管理

1. 水的管理　大苗栽植后当天需要浇1次透水，栽植后第二天和第十天分别各浇1次透水，并及时培土保墒；大苗栽植后的10d，每天10:00～16:00需要对大苗树冠进行喷水。大苗移植后吸收根失去较多，吸收能力明显降低，蒸腾作用较强，根系吸收的水分显著小于树枝、树叶蒸腾散失的水分，不利于植株的生长。因此，大苗栽植后除浇透水和定期喷水保湿以外，还需要根据实际情况选择性地对树体进行输液补充。

2. 肥的管理　移植后的大苗需要进行根外施肥与土壤追肥，及时补充营养成分，这是保障植株正常生长的重要措施。新移植的大苗由于根系受到损伤，追肥时间不宜过早，应选择在大苗移植的当年秋天以及第二年的春季和秋季各施肥1次。施肥要以薄肥勤施为原则，以速效复合肥为主。移植坑穴的基肥要与土壤拌匀后再覆土，避免根系与肥料直接接触造成伤根，影响植株正常生长。

（五）移植成活的技术措施

确保大规格苗木移植成活除选择适宜的移植季节、移植方法外，还要遵循树木的生态学和生物学原理，采取必要的技术措施，促进根系的生长和苗木的成活。

1. 带土球移植　常绿树种和一些落叶树种移植时，为了保持其冠形，一般地上部分较少修剪，造成地上部分枝叶外表面积远远大于地下部分根系外表面积，体内水分和营养物质的供给与消耗处于不平衡状态，给移植成活带来不利影响。为了达到平衡，应尽可能地保留或多带原有根系，所以，带土球移植是解决该矛盾的主要方法。起苗时的土球尽可能大些，土球直径要达到苗木地径的10～12倍甚至以上。移植时，栽植穴要稍大于土球。先将穴内填入少量混合肥土，再放苗入穴，在土球底部四周填入少量肥土，使苗木直立稳定，然后剪开包装材料，将不易腐烂的材料取出。当填入肥土达土球高度的1/2时，用木棍将土球四周捣实，再填满细土踏实，以防栽后灌水土塌树斜。在树基周围做好灌水堰，把捆拢树冠的草绳解开取下，及时浇水。苗木较大时，要设立柱支撑。

我国北方地区比较寒冷，可采用带冻土球移植方法。首先选好将要移植的苗木，于土壤封冻前灌水湿润土壤。待气温下降到－12～－15℃、土层冻结深达20cm时，挖掘土球，如下部尚未冻结，可在坑穴内停放2～3d，待全部土球冻结后移植。如预先未灌水，土壤干燥结冻不实，可向土球外泼水促冻。挖好的苗木，未能及时移栽时应用秸秆等覆盖，以免阳光暴晒解冻或经寒风侵袭而冻坏根系。在东北等高寒地区，冬季土壤冻结很深，为减少挖掘困难，应在上冻前或冻得不深时挖掘。即冬初上冻前按照树木地径的5～6倍为半径画圆，沿圆弧外侧垂直挖深20cm左右，待裸露的土球表面冻实以后，再向下挖。如此边挖边冻，直到大部分侧根截断后，收底将主根截断。这样一个被冻得结结实实的冻土球，在运输和定植过程中也不会散球，对于较大的常绿树和落叶树苗木，采用带冻土球移植法成活率都比较高。

2. 断根缩坨 大苗移植是否成活，与土球内所带根系的数量和质量也有重要关系。因此，在大苗移植前几年，采取断根缩坨措施，使吸收根回缩到主干根附近，有效缩小土球体积和重量，使大苗移植时能够携带大量的吸收根，可显著提高移植成活率。大苗断根缩坨一般在移植前1～3年内完成，分期切断较大的根系，促进须根的生长。

具体做法是：以苗木根颈为中心，以地径3～4倍为半径在地面画圆，在圆周外围2～3个方向挖沟，沟宽20～30cm，深40～60cm，将粗根沿沟内壁用枝剪或手锯切断，切口要平整光滑，并涂上防腐剂加以保护，也可用酒精喷灯将切口喷烧炭化，起到防腐作用。断根后，将挖出的土壤混肥，重新填入沟内。第二年在另外2～3个方向挖沟断根。正常情况下，经过2～3年，沟中长满须根后可起苗移植。在气温较高的南方，在第一次断根数月后，即可起苗移植。

3. 喷洒抗蒸腾剂 抗蒸腾剂又称抗干燥剂，是指喷洒于植物叶表面，起降低蒸腾强度、减少水分散失作用的一类化学物质。抗蒸腾剂的适时使用，可有效抑制叶片的水分蒸发，有利于苗木的移植成活，特别是对常绿树种效果更加明显。依据不同抗蒸腾剂的作用方式和特点，可将其分为气孔开放抑制型、薄膜型和反辐射降温型三种类型。薄膜型抗蒸腾剂是在枝叶表面形成薄膜而减少蒸腾，如有一种商品名为Vapor Guard的Wilt-Pruf NCF的抗干燥剂，冬天不冻结，秋天喷洒一次，有效期可延长至越冬以后。此外，Potymetrics International，New York City制造的Plantguard（植物保护剂）是较新研制的抗干燥剂，经适当稀释后，喷在植株上，形成一层柔软而不明显的薄膜，不破裂，耐冲洗，可有效阻止水汽的扩散，而且不影响氧气和二氧化碳的透过。植物保护剂还具有刺激植物生长和防晒的作用。

4. 使用保水剂 目前国内外使用的保水剂分为两大类，即聚丙乙烯酰胺和淀粉接枝型。保水剂的使用有根部涂抹和拌土两种方式。有研究表明，保水剂应用在苗木根部涂层可使油松、国槐等苗木含水率明显提高，较好地保持苗木根的活力，显著提高苗木的成活率。根部涂抹保水剂的粒径为0.18～0.425mm，浓度控制在0.75%～1%。拌土使用方法为：在种植穴内先回填表土，然后放入树苗，并在树苗根部撒上适量细土，然后将混剂土撒入根系外围，尽量远离根部，并浇足量的水，让土壤中的保水剂充分吸水后可有效地贮存水分供苗木吸收。拌土使用的保水剂粒径为0.5～3mm。保水剂的使用可节水50%～70%，尤其适用于北方干旱地区。当然，并非保水剂用量越多越好。用量过多，保水剂贮存水分不足，反过来可能吸收土壤中的水分。合理的使用量一般为干土重量的0.1%。

5. ABT生根粉和植物生长激素处理 大苗移栽时，可用生根粉处理树体根部，有利于树木损伤根系的快速恢复。目前应用较多的是ABT 1号和3号生根粉。有试验表明，樟树大苗移植时用ABT与吲哚丁酸（IBA）溶液制成的泥浆处理根部，能大大提高移栽成活率。

树木移栽后，如果地下根系恢复缓慢，不能及时吸收足够的水分和养分供给地上部分生长，可以浇灌植物生长激素溶液刺激根系生长，如2,4-D、萘乙酸、吲哚丁酸等。

6. 树冠喷雾降温　新移栽的大苗，在光照强烈、水分蒸腾较大的高温季节，确保适时适量的水分供应和适宜的局部环境温度，是提高大苗移栽成活的关键。树冠喷雾降温是一项行之有效的技术措施。喷雾设备由首部枢纽、输水管网、微喷头三部分构成，利用首部枢纽的电磁阀的定时定量作用，经过输水管网，利用微喷头按时定量对树冠进行多次少量的间歇喷雾，可以保证充足的水分供应。而笼罩在整个树冠外围的水雾，可起到降低树冠周围温度、减少树体水分蒸腾作用，达到树木地下部分与地上部分的水分平衡。

7. 搭建遮阳网　在生长期移植大苗，为防止树冠受强光的辐射，减少蒸腾强度，可在树冠上方搭建遮阳网。先用树干、竹竿或铁管搭建骨架，树冠上方和外围用遮阳网覆盖，遮阳网以遮光率60%～70%效果较好，不但能降低太阳辐射，减少蒸腾强度，还可以透过一定的光线保证苗木光合作用的正常进行。待苗木恢复到正常生长（1个月左右），逐渐去掉遮阳网，减少喷水次数。搭建遮阳网时，上方及四周要与树冠保持50cm左右的间距，以利于空气流通，防止树冠日灼。

中、小常绿苗木成片移植可全部搭上遮阳网，浇足水，过渡一段时间后逐渐去掉，光照强的天气10:00～16:00盖上，早晚撤去。

8. 树干输液　采用向树内输液给水的方法，用特定的器械把水分直接输入树体木质部，可确保树体及时获得必要的水分，从而有效地提高大苗移植成活率。输入的液体以水分为主，可加入生根粉和磷酸二氢钾。生根粉可以激发细胞原生质的活力，促进生根；磷、钾元素可促进树体生活力的恢复。为了增强水的活性，可以使用磁化水或冷开水，每升水中可溶入ABT 5号生根粉0.1g，磷酸二氢钾0.5g。

注孔时用木工钻在树干基部钻洞孔数个，孔向朝下与树干呈30°夹角，深至髓心为度。洞孔数量的多少和孔径的大小应与树体大小和输液插头的直径相匹配。常用的输液方法有注射器注射、喷雾器压输和挂贮液瓶导输。挂瓶输液时，需钻输液孔洞2～4个。输液孔洞的水平分布要均匀，纵向错开，不宜处于同一垂直方向。将装好配液的贮液瓶挂在孔洞上方，把棉芯线的两头分别插入贮液瓶底部和输液孔洞底，外露棉芯线应套上塑料管，防止污染。配液可通过棉芯线缓慢地输入树体。

9. 其他技术措施　在苗木移植过程中做到快起苗、快运输、快栽植，尽量减少苗木根系在空气中的暴露时间。栽植苗木以无风阴天最好，晴天移植在10：00前或16：00后为佳。

对树木地上部分适当进行修枝，疏去过密、带病虫害及生长势弱的枝条。常绿树种可适当疏去部分过密叶片，以减少蒸腾面积。对树干进行草绳缠绑，对树冠进行捆扎，防止运输过程中的摩擦损伤。栽植后24h内必须浇1次透水，使泥土充分吸收水分，并与根系紧密接触，有利根系发育。必要时用木棍、竹竿或钢管对树干设立柱支撑，防止风吹摇动或吹倒苗木（图7-2）。

裸根苗移植，尽可能多带根系，一般掘苗根系直径为其地径的10～12倍。栽植穴要大于根幅20～40cm，加深10～20cm。穴壁应垂直，切忌挖成上大下小的锅底形。将表土和底土分开堆放。栽植时，一人扶正苗木，一人先填入混有肥料的表土，填土深度达到穴深1/2时，轻轻提苗，使根系自然向下伸展，然后踏实。继续填满坑穴后，再踏实1次，最后盖上1层细土，与地面相平。栽植深度以原根际痕迹与地面

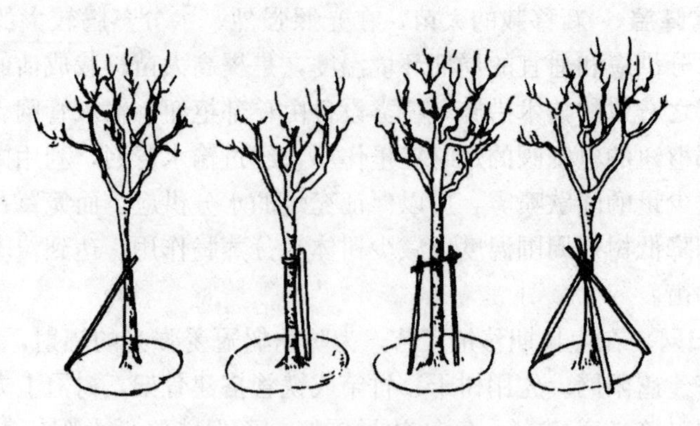

图 7-2　设立柱支撑苗木

相平或略低于地面 3～5cm 为宜。最后用剩下的底土在树穴外缘筑灌水堰，及时浇水（图 7-3）。

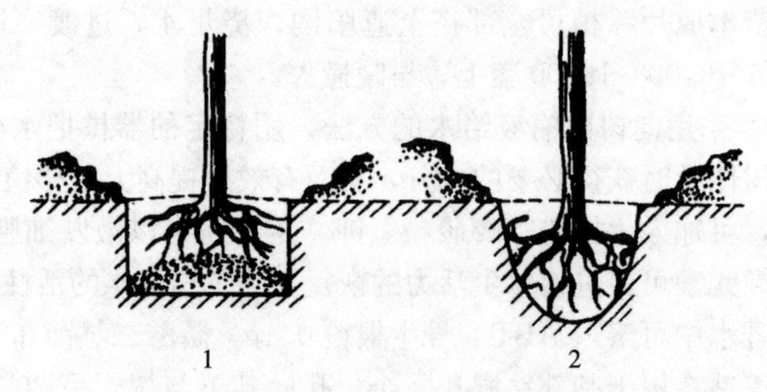

图 7-3　裸根苗栽植方法

1. 正确的树穴和栽植方法（树穴上下一致，根系舒展，栽植深浅适当）
2. 不正确的树穴和栽植方法（树穴锅底形，根系卷曲，栽植过深）

（六）樟树大苗移植实例

1. 移植时间　樟树是常绿大乔木，喜光、喜温暖湿润气候，不耐寒和干旱。主根发达，萌芽力强。樟树大苗适宜的移植时间应该在春季 3 月上旬至 4 月中旬，这一时期雨水充沛，气温回升，有利于树木生根发芽，此时移植成活率最高。

2. 选苗与处理　在樟树大苗移植前，要先对其进行生长状态调查，观测植株的树形、胸径和分枝等情况，选择根系发达、无病虫害和生长健壮的优良植株。

樟树大苗枝繁叶茂，水分蒸腾较快，起苗时容易伤根，导致根系无法给植株供应足够的水分，影响移植后的成活率，因此，樟树大苗移植时需要进行修剪和带土球起苗。在保留大多数枝干的同时，剪去过密枝、病虫枝和徒长枝，保留约 1/3 的树叶，通过大量减少叶片的数量降低植株对水分的消耗，这是樟树大苗移植成活的关键环节之一。另外，修剪时也要注意保持树形，能够加快移植后成景的速度。对截口直径大于 2cm 的枝条，需涂抹上防腐剂或油漆来防治病虫害。土球的直径要求是树木地径的 10～12 倍甚至以上，高度通常是直径的 2/3，土球上宽下窄，呈苹果状。用浸过水的草绳缠绕土球，把土球缠紧，以不见土为度，防止在装运过程中土球破裂。

3. 运输　樟树的个体比较大，所以在运输过程中需要采取相应的保护措施。樟树大苗运输可以采用吊运，但要防止钢丝划伤树体，还要对土球加以保护防止破裂。另外，樟树大苗的运输要迅速，最好在无风天运苗，防止刮风对樟树生命力的损伤。如果长距离运输，在运输过程中每隔 3h 要把车停在阴凉处给大苗喷水，及时补充水分，保持植株湿润，会显著提高樟树大苗的移植成活率。

4. 栽植　栽植前在樟树大苗的断根伤口处涂抹 0.1%的萘乙酸和羊毛脂混合物防止断根腐烂，并在根部喷施 0.1%的萘乙酸以促进新根生长。种植穴的大小要根据植株土球的直径而定，通常要比土球深 0.3m，比土球宽 0.5m。及时清除掉穴内的杂物，以利于樟树大苗扎根生长。栽植前要先在种植穴中灌水，灌到穴深的 3/4 左右，然后再填入一部分疏松肥沃的新土，用铁锹搅拌。

栽植时采取吊装入穴，把土球竖立在穴的中间，确保树体直立，使樟树大苗的生长方向与原生长方向保持一致。待水浸入土球中，约 20min 后剪断草绳并取出。然后进行回填，把土球与穴壁之间的空隙填实，压实做堰，浇透定根水，回填的过程中不可用脚踩，防止踩裂土球。此外，为了防止樟树大苗被风刮倒，还需要在树体的四周设置支柱加以固定。

5. 栽后管理　树木栽植后的养护管理非常重要。樟树大苗移植后首先在 10d 内浇 3 次透水，浇水时可以适当地加入一些生根液，促进其生根，并定时对树冠进行喷水，减少蒸腾失水，确保树木不失水，注意浇水后对根部进行培土。肥的管理方面，追肥时间不宜过早，应选择在大苗移植的当年秋季以及第二年的春季和秋季各施肥 1 次，施速效复合肥促其生长。新叶萌发以后，用 0.1%的尿素喷施叶面，以促进新叶的生长，但秋天时不宜喷施，防止新叶在冬天受到冻害。另外，新梢比较幼嫩，树体抵抗力弱，容易遭受病害和虫害，可用多菌灵或托布津、敌杀死等农药进行喷洒，防止病虫害的发生。在新枝萌发以后，可以适时地对樟树大苗进行整形修剪，保留粗壮枝，去除长枝、病枝和弱枝，培育新枝，进一步促进植株生长。

第二节　苗木的整形修剪

整形与修剪在应用上既有密切的关系，又有不同的含义。所谓整形一般是对幼树而言，是指对幼树采取一定的措施，使其形成一定的树体结构和形态；而修剪一般是对大树而言，修剪意味着要剪去植物的地上或地下的一部分。整形是完成树体的骨架，而修剪是在整体骨架的基础上调节树势，使苗木营养生长与生殖生长达到相对平衡。一般三至四年生以下的苗木不需要或很少需要修剪，主要是整形，为了节约养分，可剪掉花序。三至四年生以上的大苗需要整形，更需要修剪，目的是培养具有一定树体结构和形态的大苗。有的大苗或盆栽大苗需要培养成带花、带果的苗木，就必须对其进行整形修剪。不进行整形修剪的苗木，往往枝条丛生密集、细弱干枯，不能正常开花结果，易发生病虫害，观赏价值低或失去观赏价值。

一、整形修剪的意义

整形修剪的意义主要有：①通过整形修剪可培养出理想的树干，丰满的侧枝，圆满、匀称、紧凑、牢固、优美的树形，提高观赏价值。②通过整形修剪可以明显改善苗木的通风透光条件，减少病虫害，使苗木生长健壮，质量提高。③整形修剪能较好地调节营养生长与生殖生长的关系，使其提前开花结果或推迟开花结果。④整形修剪可以使植物按照人们设计好的树形生长，培养特殊树形，并可使植株矮化等。

苗木的地上部分经过修剪后，会使其总生长量减少，而促进局部生长，也常常影响到苗木的营养生长与开花结果的平衡关系。因为疏剪一部分枝条，减少了叶和枝条的数量，从而制造的营养物质数量减少，生长量下降。修剪越重，影响越明显。经过修剪，苗木生长点减少，营养物质的分配利用相对集中，被保留下来的生长点会得到更多的营养供应，由此促进了局部的生长。尤其是高位换头，可以有效地促使顶芽萌发出健壮的枝条，培养出圆满、健壮的树形。

园林绿化用的大苗整形修剪技术与果树相似，但目的要求不完全相同。园林绿化大苗整形修剪的基本要求是，在控制好干形的基础上，适当控制强枝生长，促进弱枝生长，从而保证冠形的正常生长。

二、整形修剪的时间和方法

（一）修剪的时期

按修剪时期的不同可分为生长期修剪和休眠期修剪，或称为夏季修剪和冬季修剪。夏季修剪是当年4～10月树木生长期进行的修剪；冬季修剪是10月至翌年4月树木休眠期进行的修剪。在南方四季不明显的地区，均可称为夏剪。不同的树种生物学特性不同，特别是物候期不同，因此某一树种具体的修剪时间还要根据其物候期、伤流、风寒、冻寒等具体情况分析确定。例如，伤流特别严重的树种，如桦、葡萄、复叶槭、核桃、悬铃木、四照花、元宝枫等不可修剪过晚，否则，会自剪口流出大量树液而使植株受到严重伤害。落叶树种最好是进行夏剪，夏剪做得好，可以省去冬剪。常绿树种既可进行冬剪也适宜夏剪。

（二）整形修剪方法

园林苗木常用的整形修剪方法主要有10种，即抹芽、摘心、短截、疏枝、拉枝（吊枝）、刻伤、环割、环剥、劈枝、化学修剪等。修剪的原则是：通过修剪，促使苗木快速生长，按照预定的树形发展。剪去影响树形、密集、重叠、衰弱、感染病虫害的枝条，保留的枝条或芽构成树体的骨架。

1. 抹芽 许多苗木移植定干后，或嫁接苗的砧木上会萌发很多萌芽。为了节省养分和整形上的需要，需抹掉多余的萌芽，使剩下的枝芽能正常生长。如碧桃、龙爪槐等嫁接砧木上的萌芽。

落叶灌木定干后，会长出很多萌芽，抹芽时要注意选留主枝芽的数量、相距的角度，以及空间位置。一般选留3～5枝。留3枝者，呈120°角左右，如其中一枝朝正北，另一枝朝东南，一枝朝西南；留5枝者，呈70°角左右即可。剩余芽有两种处理方法：一种是全部抹去；另一种是去掉生长点，多留叶片，增加光合面积，有助于主干增粗生长。定干高度一般为50～80cm。高接砧木上的萌芽一般全都抹除，以防与接穗争夺养分、水分，影响接穗成活或生长。

在树体内部，有时枝干上会萌生很多芽，将位置不合适、多余的芽抹除，保留的枝条和芽之间要相距一定的距离，并具有一定空间位置。

2. 摘心 摘心就是摘去枝条的生长点。苗木枝条生长不平衡，有强有弱。针叶树种由于某种原因造成双头、多头竞争，落叶树种枝条的夏剪促生分枝等，都可采用摘去生长点的办法来抑制它的生长，达到平衡枝势、控制枝条生长的目的（图 7－4）。

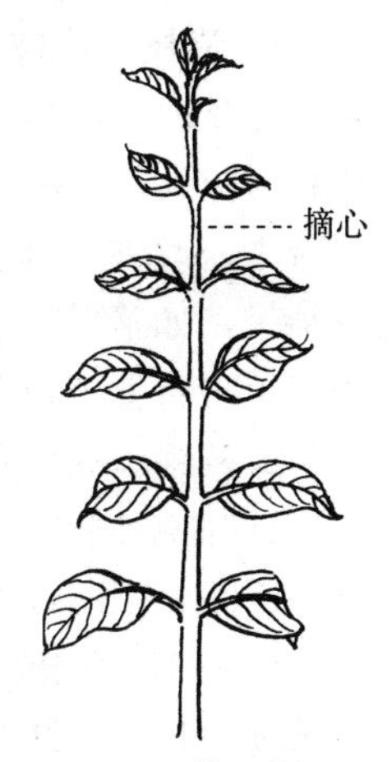

图 7－4 苗木摘心

3. 短截 短截就是剪去枝条的一部分。一般是指短截一年生枝条。短截有极轻短截、轻短截、中短截、重短截、极重短截 5 种。

（1）**极轻短截** 只剪去顶芽及顶芽下 1～3 节。极轻短截可促生短枝，有利于成花和结果，轻微抑制植物生长。

（2）**轻短截** 只剪去枝条的顶梢，一般不超过枝条全长的 1/5。主要用于花果类苗木强壮枝修剪。目的是剪去顶梢后刺激下部芽萌发，分散枝条养分，促发短枝。这些新萌发的短枝一般生长势中庸，停止生长早，积累养分充足，容易形成花芽结果。

（3）**中短截** 剪口在枝条的中上部饱满芽处。由于剪口处芽饱满充实，枝条养分充足，且多为生长旺盛的营养枝，短截后会萌发较强壮的枝条。中短截常用于弱树复壮和主枝延长枝的培养。

（4）**重短截** 剪去枝条的 1/2～4/5。重短截刺激作用更强，重短截后一般都萌发强壮旺盛的营养枝。主要用于弱树、弱枝的更新复壮。

（5）**极重短截** 只保留枝条基部 2～3 芽，其余部分全部剪去。由于剪口芽在枝条基部，多为休眠芽，一般萌发中短营养枝，个别也能萌发旺枝。主要用于苗木的更新复壮。

在一种园林绿化苗木上，可能所有的短截方法都能用上，也可能只用一种或几种方法。如核果类和仁果类花灌木碧桃、榆叶梅、紫叶李、紫叶桃、樱桃、苹果和梨等，主枝的枝头用中短截，侧枝用轻短截，开心形苗木内膛用重短截或极重短截。只用一两种短截方法的苗木，如垂枝类苗木龙爪槐、垂枝碧桃、垂枝榆、垂枝杏等，常用重短截，剪掉枝条的 90%，促使向上向前生长的枝条萌发和生长，形成圆头形树冠；如用轻短截，枝条会越来越弱，树冠无法形成（图 7－5）。

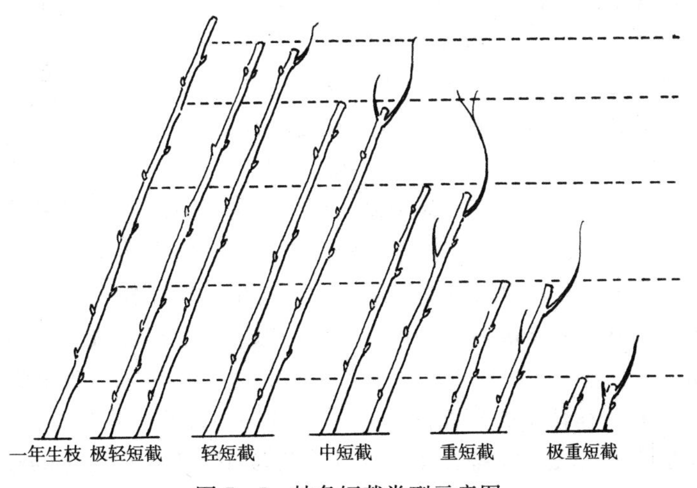

图 7－5 枝条短截类型示意图

4. 疏枝 从枝条或枝组的基部将其全部剪去称为疏枝或疏剪。疏去的可能是一年生枝条，也可能是多年生枝组。疏枝的作用是使留下来的枝条生长势增强，营养面积相对扩大，有利于其生长发育。但使整个树体生长势减弱，生长量减小。疏枝后枝条减少，改善了树冠的通风、透光条件，对于花果类树种，有利于形成花芽，促进开花结果，如苹果、梨、桃的修剪。留枝的原则是宁稀勿密，枝条分布均匀，摆布合理。疏去背上枝、直立枝、交叉枝、重叠枝、萌芽枝、病虫枝、下垂枝和过分密集的枝条或枝组。在培养非开花结果乔木时，要经常疏除与主干或主枝生长的竞争枝。

针叶树种如果轮生枝过多、过密，也常疏去部分轮生枝，或主干上的小枝。为提高枝下高，把贴近地面的老枝、弱枝疏除，使树冠层次分明，观赏价值提高。

5. 拉枝 拉枝就是采用拉引的办法，使枝条或大枝组改变原来的方向和位置，并继续生长。如针叶树种云杉、油松等，由于某种原因某一方向上的枝条被损坏或缺少，为了弥补缺枝，可采用将两侧枝拉向缺枝部位的方法，弥补原来树冠缺陷，否则将成为一株废苗。拉枝用得最多的还是花果类大苗培育。由于苗木向上生长，主枝角度过小，用修剪的方法往往达不到开张角度的目的，只能用强制的办法将枝条向四周拉开。拉枝开角往往比其他修剪方法效果好，一般主枝角度以70°左右为宜。拉枝改变了树冠所占空间，有的甚至可增加50%的空间量，营养面积扩大，通风透光条件改善。拉枝还可使旺树变成中庸或偏弱树，使树势很快缓和下来，有利于成花结果。

盆景及各种造型植物常常采用拉、扭、曲、弯、牵引等方法来固定植物造型，也都属于拉枝的范围（图7-6）。

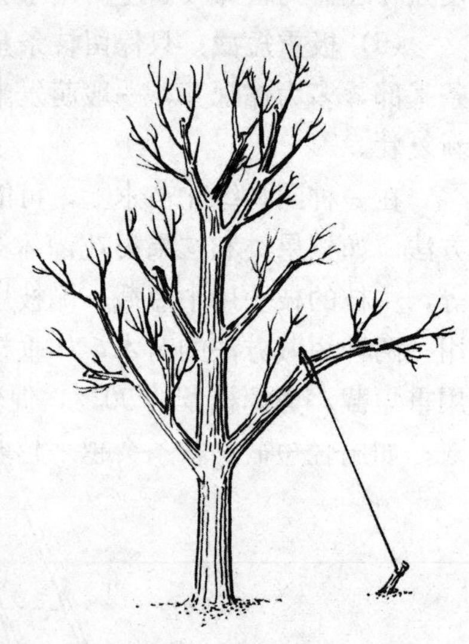

图7-6 拉 枝

6. 刻伤 在枝条或枝干的某处用刀或剪子刻掉部分树皮或木质部，从而影响枝条或枝干生长势的方法叫刻伤。刻伤切断了韧皮部或木质部的一部分输导组织，阻碍了养分向下运输，也阻碍了树液向上流动。根能贮藏并合成有机物，特别是能合成细胞分裂素、赤霉素、生长素等，根部吸收的水分、矿物质和少量有机物由下向上运输，由于伤口的阻碍，养分积累于刻伤口的下方，对于刻伤口上下芽和枝干产生影响。在芽或枝的下方刻伤，养分积累于刻伤口的下方，对伤口以下的芽或枝有促进生长的作用，但对刻伤口上面的枝或芽有抑制生长的作用。刻伤主要用于缺枝部位补枝。为了促发新枝，可在芽的上方刻伤，营养积累在芽上，刺激隐芽萌发，长成新枝，弥补了缺枝。也可以利用刻伤抑制枝条或大枝组的生长势，使枝条变成中庸枝，以利开花结果。在修剪中若将强壮枝一次剪掉，会严重削弱苗木生长势，对苗木生长很不利，可利用刻伤先降低强壮枝的生长势，待变弱后再将其全部剪掉。

7. 环割 环割是在枝干的横切部位，用刀将韧皮部割断，这样阻止有机养分向下输送，养分在环割部位上得到积累，有利于成花和结果。环割可以进行一圈，也可以进行多圈，要根据枝条的生长势来定。

8. 环剥 环剥是在枝干的横切部位，用环剥刀割断韧皮部两圈，两圈相距一定距离，一般相距枝干直径的1/10距离。把割断的皮层取下来，露出木质部。环剥能很快减缓植物枝条或整株植物的生长势，生长势缓和变中庸后，能很快开花结果，在盆栽观果和植物造型上应用较多（图7-7）。

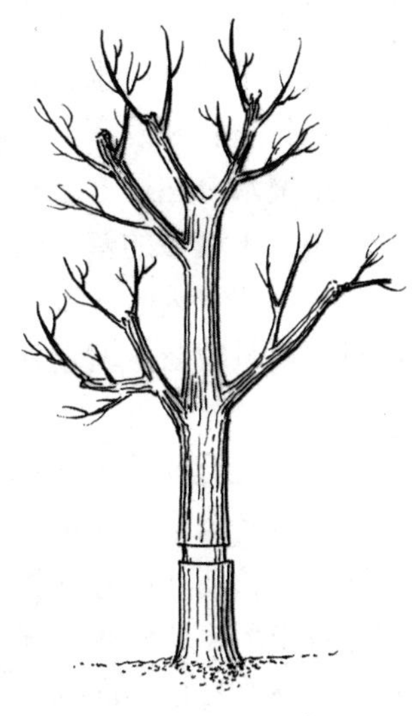

图7-7 环 剥

环剥技术的使用要严格控制好环剥宽度和环剥时间。环剥太宽，树干不能及时愈合接通韧皮部，养分运输受到阻碍，造成根系饥饿而死亡；剥得太窄，起不到削弱枝条生长势的作用，上下运输很快沟通，抑制作用就没有了。环剥对树种要求严格，有些流胶流脂、愈合困难的树种不能使用，或先做试验，然后使用。环剥的时间以植物生长旺盛时进行，一般在夏季的6～7月，其他时间不宜环剥。环剥后包上塑料布以防病菌感染。

9. 劈枝 劈枝是将枝干从中央纵向劈开分为两半。这种方法常用于植物造型等。在劈开的缝隙中可放入石子，或穿过其他种类的植物，使其生长在一起，制造奇特树姿。劈枝时间一般在生长季节进行。

10. 化学修剪 化学修剪就是使用生长促进剂或生长抑制剂、延缓剂对植物的生长和发育进行调控的方法。

促进植物生长时可用生长促进剂，即生长激素类，如吲哚丁酸（IBA）、萘乙酸（NAA）、2,4-二氯苯氧乙酸(2,4-D)、赤霉素（GA）、细胞分裂素（BA）等。抑制植物生长时可用生长抑制剂，如比久（B_9）、矮壮素（CCC）、多效唑（PP_{333}）等。

化学修剪常用来抑制植物生长。抑制剂施用后，可使植物生长势减缓，节间变短，叶色浓绿，促进花芽分化，增强植物抗性，有利于开花结果，提高产量和品质。生长抑制剂使用浓度及方法见表7-1。

表7-1 生长抑制剂使用浓度及方法

药物名称	施用浓度/(mg/kg)	使用方法	使用时期及次数
比久（B_9）	2 000～3 000	叶面喷雾	生长季1～3次
矮壮素（CCC）	200～1 000	叶面喷雾	生长季1～2次
整形素（EMD-IT3233）	10～100	叶面喷雾	生长季1～2次
多效唑（PP_{333}）	5 000～8 000	土壤浇灌	生长季1次

第三节 园林苗圃的灌溉与排水

一、灌 溉

有收无收在于水，多收少收在于肥。水是收获的基础，水分是植物的主要成分，植物大约95%的鲜重是水分。水是植物生命活动的基础，一切生命活动都是在有水的情况下进行的，如光合作用、呼吸作用、蒸腾作用等。植物体内水分充足，生命活动旺盛；植物体内水分缺乏，生命活动微弱。水又是组成植物体的重要物质。因此，水是植物生长和发育不可缺少的重要条件。

土壤水分在苗木生长过程中具有重要作用。例如，土壤中有机质的分解与土壤水分有关；土壤中的营养物质只有溶解于水中才能被植物根系吸收利用。如果土壤中缺水干旱，苗木因吸收不到水分而枝叶发黄、萎蔫、生长缓慢甚至停止生长，干旱程度超过萎蔫系数苗木就会死亡。在水分条件适宜的情况下，吸收根多；水分不足，则苗根细长。显而易见，土壤中水分适宜是培育壮苗的重要条件之一。

（一）合理灌溉的原则

水虽是苗木生长中不可缺少的重要物质，但也不是越多越好。土壤水分过多使苗木的根系长期处在过湿的环境中，造成土壤通气不良，含氧量降低，苗木根系正常有氧呼吸受阻，从而转为无氧呼吸，产生酒精等有毒物质，造成苗木生长不良甚至死亡。此外，过量的灌溉，不仅不利于苗木生长而且浪费水，还会引起土壤盐渍化。

合理灌溉的原则是：第一，根据树种的生物学特性灌溉。有的树种需水量较少，如落叶松、油松、赤松、黑松、马尾松等一些针叶树种，需水量比阔叶落叶树种相对较少，耐干旱；有的树种需水量较多，如喜水湿的柳、杨、水杉、柳杉等比沙生干旱植物柽柳、黄连木、阿月浑子、沙棘、枸杞等需水量大。如果旱生沙生苗木灌水量多，反而会使苗木的根系发育受阻，造成根系腐烂。第二，根据苗木生长的不同时期进行灌溉。初次移植的苗木为了保证成活，需连续灌水 3 次。苗木定植第一年灌水次数要多，灌水量要大，定植 2 年后可逐渐减少灌水次数和灌水量。第三，灌水深度应达到主要吸收根系的分布深度。大水漫灌，许多水渗入土壤深层，往往造成水的浪费。第四，根据土壤的保水能力进行灌溉。保水能力较好的黏土、黏壤土，灌溉间隔期可长些，灌水量可适当减少；保水能力差的沙土、沙壤土，灌溉间隔期要短些。第五，根据气候特点进行灌溉。在长期没有降水和气候干旱的地区，灌溉的次数多些，间隔期短些；在降水量较大的雨季和我国南方，灌溉的次数少些，间隔期长些。第六，土壤追施肥料后要立即进行灌溉，而且必须灌透。

灌溉宜在早晨或傍晚进行，此时水温与地温差异较小，灌溉对苗木生长影响不大。如果在气温最高的中午进行地面灌溉，此时水温与地温差异较大，灌溉会造成突然降温而影响苗木根系的生理活动，影响苗木的生长。春季水温较低，灌溉会使土温下降，影响种子发芽和苗木的生长。在北方如用井水灌溉，应使用蓄水池贮水以提高水温。

秋季停止灌溉的时间对苗木的生长、枝条的木质化和抗性都有直接影响。停灌过早不利于苗木生长；停灌过晚会造成苗木徒长，寒流到来之前仍没有木质化，降低苗木对低温、干旱的抵抗能力。适宜的停灌期应在苗木速生期的生长高峰过后，具体时间因地因苗而异，一般应在土壤结冻之前 6～8 周停止灌溉，寒冷地区还可以再早些。

不要用含有有害盐类的水灌溉。

（二）灌溉方法

灌溉方法与第五章苗期管理相似，分为侧方灌溉、畦灌和其他节水灌溉。

1. 侧方灌溉 一般应用于高床或高垄，水从侧方渗入床或垄中。其优点是水分由侧方浸润到土壤中，床面或垄面不易板结，灌水后土壤仍有良好的通气性能，但耗水量较大。

2. 畦灌　畦灌又叫漫灌。它是低床育苗和大田育苗中最常用的灌溉方法。畦灌的缺点是水渠占地较多，灌溉时破坏土壤结构，易使土壤板结，灌溉效率低，耗水量大。

3. 其他节水灌溉　如喷灌、滴灌、地下灌溉、移动喷灌、微型喷灌等。

二、排　　水

苗圃地如果积水，容易造成涝灾或引起病虫害。所以，雨季降水量大，容易产生涝灾，必须及时排出圃地多余的积水。核果类苗木在积水中浸泡1～2d即可死亡，因此排水特别重要。北方雨季降水量大而集中，特别容易造成短时期水涝灾害，因此在雨季到来之前应将苗圃地排水系统疏通，将各育苗区的排水口打开，做到大雨过后地表不存水。我国南方地区降水量较多，要经常注意排水，尽早将排水系统和排水口打开以便排除积水。

第四节　园林苗圃的土肥管理

一、土壤耕作

（一）土壤耕作的作用

土壤耕作的目的是改良土壤物理状况，提高土壤孔隙度，加强土壤氧化作用，促进土壤潜在肥力发挥作用，调节土壤中水、热、气、肥的相互关系和作用，并消灭杂草、病虫害等，给移植苗创造良好的生长条件。苗圃地通过合理耕作，能够取得如下作用：

①使土壤疏松，孔隙度增加，提高土壤的持水性，减少地表径流。由于耕作层的土壤疏松，切断了毛细管作用，减少土壤水分蒸发，既能提高土壤的蓄水能力，又能防止返盐碱。

②提高土壤的通气性，利于土壤的气体交换，使土壤中的二氧化碳和其他有害气体（如硫化物和氢氧化物）排出，利于苗木根系的呼吸和生长。同时，也给土壤中好气性的微生物创造良好生活条件，加快有机质的分解，及时供给苗木所需。疏松的土壤适于固氮菌的活动，所以能提高固氮量。

③土壤耕作使土壤水分和空气有所增加，由于水的比热容大和空气的导热性不良等原因，所以，能有效地改善土壤的温热条件。

④耕作使土壤垡片经过冬冻或暴晒，能促进土壤风化、释放养分。对于质地较黏重、潜在养分较多的土壤效果更显著。

⑤土壤耕作通过翻土掩埋肥料，能使肥料在耕作层中均匀分布，提高肥效。

⑥合理的土壤耕作，结合施用有机肥，能促进土壤团粒结构的形成。具有团粒结构的土壤，能不断地给苗木提供养分、水分和空气。

⑦通过深翻能将表层的杂草种子、虫卵和病菌孢子一起翻入土壤深层，使其得不到繁殖生存条件而死亡。适宜在土壤深层越冬的害虫经翻耕后来到土壤表面，可被鸟

类啄食或冻死。

（二）土壤耕作的内容

土壤耕作的内容包括耕地、耙地、镇压、中耕和浅耕灭草等。

1. 耕地 耕地又叫犁地。耕地涉及整个耕作层，耕作效果最明显，它是土壤耕作中最重要的环节。耕作效果如何，在很大程度上取决于耕地深度和耕地季节。

（1）**耕地深度** 耕地深度对土壤耕作的效果影响最大，深耕效果好。农谚说："深耕细耙，旱涝不怕"，说明深耕对土壤保蓄水分有很好的效果。同时，深耕对于调节土壤的温热情况、改善通气条件、释放养分、消灭杂草、防治病虫害、促进根系生长等各项效果都起着主要作用。移植区耕地深度一般以30cm为宜。

耕地深度可根据不同的气候和土壤条件有所变动。如在气候干旱的条件下宜深，沙土宜浅；盐碱地为改良土壤，抑制盐碱上升，洗盐洗碱，耕地深度可达40～50cm，但不能翻土；土层厚的圃地宜深，土层薄的圃地宜浅；秋耕宜深，春耕宜浅。总之，要因地、因时制宜，才能达到预期的效果。为了防止形成犁底层，每年耕地深度不尽相同。对耕作层较浅的圃地，可逐年加深2～3cm，以防生土翻到上层太多。

（2）**耕地季节** 北方一般在秋季起苗后进行耕地，对改善土壤的水、热、气、肥的作用大，消灭病虫害和杂草的效果好。秋耕后冬季晒垡、冻垡时间长，能促进土壤风化，并能充分利用冬季积雪。对无灌溉条件的山地和干旱地区的苗圃，在雨季前耕地蓄水效果好，这类地区不宜在春季耕地。在秋季或早春风蚀较严重的地区及沙地不宜秋耕。

春耕要早，最好是当土壤刚解冻即耕，耕地后要及时耙地。在南方因土壤不结冻，一般可于冬季耕地。对土壤较黏的圃地，为了改良土壤，可实行夏耕，耕后不立即耙地，先进行晒白，促进土壤风化，对改良土壤有较好的效果。

（3）**耕地时机** 耕地时机与耕地质量和机耕的耗油量有关，具体时间要根据土壤湿度而定，既不宜干耕，也不要湿耕。当土壤含水量为饱和含水量的50%～60%时，土壤的凝聚性和黏着性最小，这时耕地的质量最好，阻力较小，效率高。在实际观测时，用手抓一把土捏成团，使其在距地面1m高处自然落地而土团摔碎时即适于耕地，或者新耕地没有大的垡块，也没有干土，垡块一踢就碎，即为耕地最好时机。

2. 耙地 耙地是在耕地后进行的表土耕作措施。耙地的目的是耙碎垡块，覆盖肥料，平整地面，清除杂草，破坏地表结皮，保蓄土壤水分，防止返盐碱等。

耙地时间是否适时，对耙地的效果影响很大，如对土壤的保水状况和以后作床或作垄的质量都有直接影响。农谚说："随耕随耙，贪耕不耙，满地坷垃。"如果土壤太湿，土块不易耙碎，耕后不能立即耙地，等能耙碎垡块时再进行耙地。耙地的具体季节要根据气候和圃地土壤条件而定。北方有些地区春季干旱，而冬季有降雪，为了积雪以保蓄土壤水分，秋耕后不耙地，待翌年春"顶凌耙地"。冬季不能积雪的地区，应在秋季随耕随耙，以利保蓄土壤水分。春旱地区，当土壤刚解冻时，要及时耙地保墒。在盐碱地为防止返盐碱，耙地尤其必要，春季耕地要随耕随耙。南方地区土壤较黏重，为改良土壤，促进风化，耕地后常进行晒白，不立即进行耙地。

为了使土壤疏松，耙地常进行3～4次。耙地要耙细、耙均匀，将耙出的植物残根清除，以利播种。常用的耙地机具有钉齿耙、圆盘耙、柳条耙等。现多采用拖拉机耕地带耙，随耕随耙。

3. 镇压 镇压的目的是破碎土块，压实松土层，促进耕作层的毛细管作用。在干旱无灌溉条件的地区，春季耕作层土壤疏松，通过镇压能减少气态水的损失，对保墒有较好的效果。做床或做垄后也应该进行镇压，或在播种前镇压播种沟底，或播种后镇压覆土。

但在黏重的土壤上如果镇压则可使土壤板结，妨碍幼苗出土，给育苗带来损失。此外，在土壤含水量大的情况下，镇压也会使土壤板结，需要等表土稍干后进行镇压。

镇压的机具有环形镇压器、齿形镇压器、木磙子、铁磙子、石磙子等。用机械进行土壤耕作的，镇压与耙地同时进行。

4. 浅耕灭茬 浅耕灭茬是在挖掘苗木后，在圃地上进行浅耕土壤的耕作措施。其目的是防止土壤水分蒸发，消灭杂草和病虫害，减少耕地阻力，提高耕地质量。在苗圃套种的农作物或绿肥收割后要及时进行浅耕，深度一般为4～7cm。在生荒地开辟苗圃时，由于灌木、杂草根的盘结度大，浅耕灭茬深度要达10～15cm。

二、连作与轮作

（一）连作

连作又叫重茬，是在同一块圃地上连年培育同一种苗木的栽培方法。实践证明，连作容易引起病虫害，或其他原因使苗木的质量下降，产苗量减少。如杨、刺槐、榆、黄波罗、合欢、紫穗槐等，连作会出现苗木质量严重下降的现象（表7－2）。

表7－2 连作与轮作效果比较

（孙时轩等，1982）

试验内容	刺槐			紫穗槐		
	平均苗高/cm	平均地径/cm	每平方米株数/（株/m^2）	平均苗高/cm	平均地径/cm	每平方米株数/（株/m^2）
连作（4年）	47	0.40	23	31	0.30	11
轮作	93	0.65	35	85	0.45	59

造成苗木质量下降的原因，一是某些树种对某些营养元素有特殊的需要和吸收能力，在同一块苗圃地上连续多年培育同一树种的苗木，容易引起某些营养元素的缺乏，致使苗木生长受到影响。二是长期培育同一树种的苗木，会给某些病原菌和害虫提供适宜的生活环境，容易发生严重的病虫危害，如猝倒病、蚜虫危害等。但对于有菌根菌的树种，如松属的油松、樟子松、红松、落叶松等在不发病的前提下，连作效果好。

（二）轮作

轮作是在同一块苗圃地上轮换种植不同苗木或其他作物，如农作物、绿肥的栽培方法。轮作又称换茬或倒茬。

1. 轮作的效果 轮作与连作相反，轮作可以提高苗木的质量和产苗量，并且通过轮作能达到以下效果。

①轮作能充分利用土壤肥力，减少根系排泄的有毒物质的积累。

②轮作能预防病虫害，如猝倒病、金龟子幼虫和蚜虫等。通过轮作使病原菌和害虫失去其适宜的生活环境，所以能明显降低病虫害的发生率。轮作还能有效地防除杂草的危害。

③苗木与农作物轮作，不仅可收获一定的农作物，还能增加土壤中的有机质含量，形成水稳性的团粒结构；增加可溶性养分，并能防止可溶性养分的淋失；改善土壤的物理性质，使土壤疏松，对土壤有良好的改良作用，特别是对沙土和盐碱土作用更加明显；农作物覆盖土壤地面，减少了土壤水分的直接蒸发，能够保蓄土壤水分。

④苗木与绿肥植物或牧草进行轮作，一是能收获绿肥或饲料，二是能提高土壤的含氮量，据统计，每公顷豆科绿肥植物的根瘤菌每年能固定游离氮 49～190kg，相当于硫酸铵 240～900kg。

2. 轮作方法 轮作方法就是某种苗木与其他植物或苗木相互轮换栽培的具体安排。目前常用的轮作方法有三种。

（1）**苗木与苗木轮作** 苗木与苗木轮作是在育苗树种较多的情况下，将没有共同病虫害、对土壤肥力要求不同的乔灌木树种进行轮换栽植。油松在栗、杨、刺槐、紫穗槐等茬地上育苗生长良好，病虫害较少。油松、白皮松、合欢、复叶槭、皂荚轮作，可减少猝倒病。杉木、马尾松在榆树、国槐茬地上育苗生长良好。实行树种间的轮作必须了解各种苗木对土壤水分和养分的要求，对易感病虫害的抗性大小，以及树种间互利和不利的作用等情况，才能做到树种间的合理轮作。

试验证明，某些锈病真菌是在不同树种上度过不同的发育阶段。为防止锈病，在苗圃里不应把这类树种种植在一起，如落叶松与桦木，云杉与稠李属，桧柏与花楸、棣棠、苹果等，在同一苗圃育苗时要隔离开。因此，在选择轮作植物时，要注意以下几个问题：第一，没有共同的病虫害，而且不是病害的中间寄主，也不会招引害虫；第二，能适应圃地的环境条件，对土壤肥力条件要求的高低要与育苗树种相配合；第三，轮作植物根系分布深浅与育苗树种相配合；第四，轮作植物与育苗树种前后茬之间无矛盾。

红松、落叶松、油松、樟子松、日本黑松、华山松、马尾松、白皮松、侧柏、云杉、冷杉等针叶树种，既可以互相轮作，也可连作。这些松类苗木具有菌根，因而连作苗木生长良好。但间隔数年后进行休闲或轮作阔叶树种，便于恢复土壤肥力。

（2）**苗木与农作物轮作** 苗圃适当地种植农作物，对增加土壤有机质、提高肥力有一定作用。目前在生产上多采用苗木与豆类或其他农作物进行轮作。在南方实践证明，松苗与水稻轮作效果良好，且杂草、病虫害少。一般是松苗连作几年后种一次水稻，以后再连续种松苗几年。在东北经验证明，水曲柳、大豆、杨、黄波罗、休闲的轮作顺序较好。在大豆茬上育小叶杨苗，可以提高苗木质量；大豆地、玉米地上育油松效果好。而落叶松、赤松、樟子松、云杉等不宜与黄豆换茬轮作，因易引起镰刀菌、丝核菌的侵染而遭受松苗立枯病和金龟子等地下害虫的危害。

（3）**苗木与绿肥植物或牧草轮作** 为恢复土壤肥力，选用绿肥植物或牧草进行轮作具备轮作的各项优点，尤其在改良土壤和提高土壤肥力方面效果更好。一方面，生产的牧草是理想的饲料，生产的绿肥是苗圃的良好肥料；另一方面，改善了土壤肥力，提高了苗木的质量和单位面积的产量。在土壤肥力较差的地区和沙地苗圃，气候干旱，土壤瘠薄，有机肥缺乏，通过绿肥植物轮作改良了土壤，解决了肥源不足等问题。能与苗木轮作的牧草有草木樨、苕子、紫云英、苜蓿、三叶草、二月蓝和鹅冠草等。

三、间作套种

间作套种就是将苗木与苗木、苗木与绿肥或其他作物种植在一起的栽培方法。根据其大小、高矮和生态习性等不同，提高土地使用率，提高苗木产量和质量。

苗木与苗木套种在一起可以解决苗多地少、土地紧张的问题，可以更经济地利用肥沃土地，提高单位面积产苗量，提高单位面积的经济效益。目前主要是利用苗木的高矮和大小的不同进行套种。例如，北京小汤山苗圃将银杏与小叶黄杨套种，在栽植初期两种苗木较小，株行间距较大，银杏较高，占据上层空间，小叶黄杨占据下层空间，合理地利用了阳光；在冬季银杏苗又为小叶黄杨遮挡西北大风，起到防寒作用。河南鄢陵的玉兰与大叶黄杨套种、玉兰与桧柏套种、栾树与国槐套种等都取得了双赢的效果，北京东北旺苗圃元宝枫、玉兰与耐阴的玉簪、麦冬草套种效果良好。

在行间套种多年生豆科或禾本科绿肥作物，如毛叶苕子、紫花苜蓿、白花草木樨、沙打旺等，视其生长状况，每年刈割一次，翻入土中或移入树盘覆盖或让其自然死亡覆盖，能有效改善土壤肥力和形成团粒结构，增加土壤有机质的含量，还可先作饲料后变肥地间接利用。在幼树期间充分利用行间空地，种植花生、绿豆、黄豆、油菜等伏地及矮秆作物，增加收入。

套种要注意的问题是：套种苗木相对要小，株行距较大，高矮搭配，阳性树种与阴性树种搭配，深根系树种与浅根系树种套种；相互之间不能成为病虫害的中间寄主；生态习性尽可能不同，以便能更充分利用阳光、水分和空间。

四、施　　肥

（一）施肥的意义

培育生长健壮、根系发达、树形美观、生长快的优良苗木，必须有较好的营养条件。因为苗木在生长过程中要吸收许多化学元素作为营养元素，并通过光合作用合成碳水化合物，供应其生长需要。苗木如果缺乏营养元素，就不能正常生长。从苗木的组成元素分析和栽培试验结果来看，苗木生长需要十几种化学元素，包括碳、氢、氧、氮、磷、钾、硫、钙、镁、铁、硼、锰、铜、钴、锌、钼等。植物对碳、氢、氧、氮、磷、钾、硫、钙、镁等需要量较多，故称其为大量元素；对硼、锰、铜、钴、锌、钼等需要量很少，故称其为微量元素；铁从植物需要量来看比镁少得多，比锰大几倍，所以有时称铁为大量元素，有时称铁为微量元素。在这些元素中，碳、氢、氧是构成一切有机物的主要元素，占植物体总成分的95%左右，其他元素共占植物体的4%左右。碳、氢、氧是从空气和水中获得的，其他元素主要是从土壤中吸取的。植物对氮、磷、钾三种元素需要量较多，而这三种元素在土壤中含量少，常感不足，严重影响植物的生长发育，人们用这三种元素作肥料，称为肥料三要素。

苗圃如果只种苗，不施肥，会造成苗木生长缓慢，质量下降，病虫害严重，出圃年限延长，经济效益不高。而且苗木消耗的土壤养分要远比农作物高。许多试验表明，多年种植苗木的圃地，氮、磷、钾含量严重不足，当施用肥料后，很快提高了苗木质量（表7-3）。因此苗圃地更应加强施肥，特别是施用有机肥料，对土壤的物理和化学性质都有良好的改善作用。

表7-3 各种一年生苗对矿质肥料的反应

（南京林产工学院，1984）

苗木种类	处理	株高		基径	
		cm	%	cm	%
加拿大杨扦插苗	施肥	259.0	116	1.86	10
	无肥	224.6	100	1.67	100
二球悬铃木扦插苗	施肥	211.3	122	1.88	118
	无肥	173.8	100	1.60	100
麻栎实生苗	施肥	42.6	128	0.51	111
	无肥	33.3	100	0.46	100
白蜡实生苗	施肥	119.7	147	1.16	141
	无肥	81.5	100	0.82	100
响叶杨实生苗	施肥	84.7	167	1.11	166
	无肥	50.6	100	0.67	100
女贞实生苗	施肥	60.8	132	0.71	125
	无肥	46.0	100	0.57	100

注：每公顷（毛面积）施肥量为硫酸铵225kg，过磷酸钙63kg，氯化钾22.5kg。

①通过施用有机肥料和各种矿质肥料，既给土壤增加营养元素又增加有机质，同时将大量的有益微生物带入土壤中，加速土壤中无机养分的释放，提高难溶性磷的利用率。

②能改善土壤的通透性和气热条件，给土壤微生物的生命活动和苗木根系生长创造有利条件。

③通过施肥能促进土壤形成团粒结构，并能减少土壤养分的淋洗和流失。

④通过施肥可以调节土壤的酸碱度。

（二）主要营养元素的作用

1. 氮 氮是植物细胞蛋白质的主要成分，又是叶绿素、维生素、核酸、酶和辅酶系统、激素以及植物中许多重要代谢有机化合物的组成成分，因而，它是生命物质的基础。当苗木缺氮时，生长速度显著减慢，叶绿素合成减少，类胡萝卜素凸现，叶片即呈不同程度的黄色。由于氮可以从老叶中转移到幼叶，因此缺氮症状首先表现在老叶上。长期缺氮，则导致苗木利用贮存在枝干和根中的含氮有机化合物，从而降低植株氮素营养水平，树体衰弱，抗逆性降低。

植物根系直接从土壤中吸收的氮素以硝态氮和铵态氮为主。在根内，硝态氮通过硝酸还原酶的作用转化为亚硝态氮，以后通过亚硝酸还原酶进一步转化为铵态氮。在正常情况下，铵态氮不能在根中累积，而是与其他化合物结合，形成氨基酸（如谷氨酸）。氮对苗木生长的作用，除取决于树体中氮素水平外，也受环境因子和树体内部因子所影响。

土壤水分与氮素代谢的关系：当土壤水分供应充足时，叶片气孔开张，能制造较多的光合产物，从而能合成较多的蛋白质，有利于生长。而在土壤水分供应减少时，氮的吸收也随之减少，在极端干旱的情况下，甚至不能吸收氮素。同时，苗木为了减少蒸腾作用，气孔关闭，使得光合作用受阻，不能制造出足够的糖类，这就无法与吸入根系中的铵态氮进行氨基酸的合成，使得铵态氮在树体内积累。铵态氮的积累能够抑制硝酸还原酶的作用，停止树体中硝态氮到亚硝态氮的转化。此时，即使土壤中有再多的硝酸盐，树体也不能吸收利用，因为只有铵态氮转化为氨基酸时，硝态氮才能进入细胞。

氮与激素的关系：施用氮肥有利于苗木生长，可使树上长出较多的幼嫩枝叶，这些幼嫩枝叶能合成较多的赤霉素，而赤霉素抑制树木体内内源乙烯的生成，因而起到抑制花芽形成的作用。同时，赤霉素可以抑制脱落酸的作用，使气孔不关闭。因此，适量氮肥可制造更多的光合产物，有利于根的生长以及更好地追踪土壤中的水分和养分。由此可见，氮素不仅起到营养元素的作用，而且还起到调节激素的作用。如果苗木矮小、细弱，氮素施用量过多，或偏施氮肥，其他矿质元素不能按比例相应增加，则会引起枝叶徒长，降低苗木抗性。

2. 磷 磷主要是以 $H_2PO_4^-$ 和 HPO_4^{2-} 的形态为植物吸收。磷进入根系后，以高度氧化态与有机物络合，形成糖磷脂、核苷酸、核酸、磷脂和一些辅酶，主要存在于细胞原生质和细胞核中。

磷对碳水化合物的形成、运转、相互转化，以及对脂肪、蛋白质的形成都起着重要作用。磷酸直接参与呼吸作用的糖酵解过程。磷酸存在于糖异化过程中起能量传递作用的三磷酸腺苷（ATP）、二磷酸腺苷（ADP）及辅酶 A 等之中，也存在于呼吸作用中起着氢的传递作用的辅酶Ⅰ（NAD）和辅酶Ⅱ（NADP）之中。磷酸也直接参加光合作用的生化过程。如果没有磷，植物的全部代谢活动都不能正常进行。

因此，在缺磷时，营养器官中糖分积累，利于花青素的形成，使叶片呈暗绿色或古铜色，有时呈紫色或紫红色；苗木生长迟缓、矮小，顶芽发育不良；同时，硝态氮积累，蛋白质合成受阻。适量施用磷肥，可以使苗木迅速地通过幼年生长阶段，提早开花结果与成熟，对于盆栽观果苗木非常有效。磷可以改善树体营养和增强苗木抗性。

磷在植物体内的分布是不均匀的，根、茎的生长点中较多，幼叶比老叶多，果实和种子中含磷最多。当磷缺乏时，老叶中的磷可迅速转移到幼嫩的组织中，甚至嫩叶中的磷也可输送到果实中。多量施用磷肥，会引起树体缺锌。这是由于磷肥施用量增加，提高了树体对锌的需要量。而喷施锌肥，有利于树体对磷的吸收。

施用氮肥过多而缺磷，会引起含氮物质失调，根中氨基酸合成受阻，使硝态氮在植物体内积累，植株呈现缺氮现象。磷过剩会抑制氮素或钾素的吸收，引起生长不良；过剩磷素可使土壤中或植物体内的铁不活化，叶片发黄。

3. 钾 钾也是苗木体内含量较多的元素，主要以离子态（K^+）进入苗木体内，钾在苗木体内不形成有机化合物，但在光合作用中占重要地位，对糖类的运转、储存，特别是对淀粉的形成具重要作用，对蛋白质的合成也有一定的促进作用。钾还可以作为硝酸还原酶的诱导，并可作为某些酶或辅酶的活化剂。它能保持原生质胶体的物理化学性质，保持胶体一定的分散度和水化度以及黏滞性和弹性，使细胞胶体保持一定程度的膨压。因此，苗木生长或形成新器官时，都需要钾的存在。钾离子可以保持叶片气孔的开张，这是由于钾可在保卫细胞中积累，使渗透压降低，迫使气孔开张。钾能促进苗木对氮的吸收，促进茎干木质化，使茎干粗壮坚韧，增强植株的抗病、抗虫和抗机械损伤的能力。在生长季节后期，钾可促进淀粉转化为糖，提高苗木的抗寒性。钾在苗木体内呈水溶性状态，使苗木体内的溶液浓度提高，苗木的结冰点下降，因而增强了苗木的抗寒性，有利于根系生长。

缺钾时，钾的代谢作用紊乱，树体内蛋白质解体，氨基酸含量增加，糖类代谢受到干扰；光合作用受抑制，叶绿素被破坏，叶缘焦枯，叶片皱缩，苗木生长细弱，根系生长受到抑制；叶柔软，早衰，呈古铜色或叶尖呈亮铜色或叶尖和叶缘先死亡。

钾过剩，氮的吸收受阻，抑制营养生长，镁的吸收受阻，发生缺镁症，并降低对钙的吸收。

4. 钙 钙在苗木体内起着平衡生理活性的作用。适量钙素可减轻土壤中钾、钠、氢、锰、铝等离子的毒害作用，使苗木正常吸收铵态氮，促进苗木生长发育。

钙离子由根系进入体内，一部分呈离子状态存在，另一部分呈难溶的钙盐（如草酸钙、柠檬酸钙等）形态存在，这部分钙的生理功能是调节树体的酸度，以防止过酸的毒害作用。钙一方面作为营养元素直接影响树木生长，另一方面又与土壤反应及其他土壤特性有关，从而间接影响树木生长。钙对苗木茎干生长的作用也很显著。钙又是影响土壤微生物和促进腐殖质转化的重要因素之一。

缺钙使苗木根系发育不良，针叶树种常形成黄尖或棕斑，过量的钙妨碍钾的吸收，使苗木发生缺钾现象，可能引起针叶树苗失绿症和猝倒病。钙过量时有些树种的苗木会生长不正常，甚至不能生长。按不同树种与土壤中碳酸钙含量的关系，可把苗木分成嫌钙型、钙生型和适应型。

5. 镁 镁是叶绿素的主要组成成分，缺镁时，即不能合成叶绿素，因此，缺镁的症状就是失绿。镁对树体生命过程能起调节作用，在磷酸代谢、氮素代谢和碳素代谢中，它能活化许多激酶，起到活化剂的作用。镁在维持核糖、核蛋白的结构和决定原生质的物理化学性状方面都是不可缺少的。镁对呼吸作用也有间接影响。但在生理功能上，镁不能代替钙的作用，如果土壤中镁的浓度较高，在根系吸收过程中，它可以代换钙离子，使钙的吸收相应减少。

镁主要分布在果树的幼嫩部分，果实成熟时种子内含量增多。沙质土壤镁易流失，施磷、钾肥过量也易导致缺镁症。在栽培上应注意增施有机肥料，提高盐基置换量，在强酸性土壤中施用钙镁肥，兼有中和土壤酸性作用。喷施也有良好效果。柑橘叶片镁含量0.05%～0.15%即不足，0.3%～0.6%为适量，高于1.0%为过剩。

6. 铁 铁虽不是叶绿素的成分，但对维持叶绿体的功能是必需的。铁是许多重要酶的辅基的成分，如细胞色素氧化酶、氧还蛋白、细胞色素等。铁可以发生三价铁离子和二价铁离子两种状态的可逆转变，因而在呼吸作用中起到电子传递的作用。缺铁可导致酶的活性降低，功能紊乱，氮的代谢破坏，苗木体内大量积累氨，使木质部中毒坏死，叶易烧伤早落，活跃根早期衰亡，输导根生长缓慢，树体衰弱。缺铁影响叶绿素的形成，幼叶失绿，叶肉呈黄绿色，叶脉仍为绿色，所以缺铁症又称黄叶病。严重时叶小而薄，叶肉呈黄白色至乳白色，随病情加重叶脉也失绿呈黄色，叶片出现棕褐色的枯斑或枯边，逐渐枯死脱落，甚至发生枯梢现象。土壤及灌溉用水的 pH 高，使铁成氢氧化铁而沉淀，不溶性铁苗木不能吸收利用而发生缺铁症。

7. 硼 硼不是植物体内的结构成分。在植物体内没有含硼的化合物，硼在土壤和树体中都呈硼酸盐的形态存在。硼对碳水化合物的运转，对生殖器官的发育，都有重要作用。有人认为硼还可以促进激素的运转。

柑橘叶片含硼量低于 15mg/kg 即为不足，50～200mg/kg 为适量，高于 250mg/kg 即过剩。缺硼时，体内糖代谢发生紊乱，糖的运转受到抑制。由于糖不能运到根中，根尖细胞木质化，导致钙的吸收受到抑制。硼参与分生组织细胞的分化过程，苗木缺硼，最先受害的是生长点，由于缺硼而产生的酸类物质能使枝条或根的顶端分生组织细胞严重受害甚至死亡。缺硼也常形成不正常的生殖器官，并使花器和花萎缩，这是因为在花粉管生长活动中，硼对细胞壁果胶物质的合成有影响。因此，在人工授粉时，常常加入含硼和糖的混合溶液以提高坐果率。

8. 锌 锌可影响植物氮素代谢，缺锌的苗木色氨酸减少，酰胺化合物增加，因而总氨基酸含量增加。色氨酸是苗木合成吲哚乙酸（IAA）的原料，缺锌时，吲哚乙酸减少，苗木生长即受到抑制，表现出小叶病或簇叶病等。

锌还是某些酶的组成成分，如谷氨酸脱氢酶、碳酸酐酶等。缺锌时，这种酶即减少。成熟叶片进行光合作用与合成叶绿素都要有一定的锌，否则叶绿素合成受到抑制，因此，缺锌的苗木叶片也发生黄化现象。沙地、盐碱地以及瘠薄的苗圃地容易缺锌。

9. 锰 锰直接参与光合作用，锰在光系统Ⅱ中直接参与光系统Ⅱ的电子传递反应。锰是叶绿体的组成物质，它在叶绿素合成中起催化作用。缺锰后，叶绿体中锰的含量显著下降，其结构也发生变化，并使叶片失绿或呈花叶。锰是许多酶的活化剂，例如，锰是核糖核酸（RNA）和脱氧核糖核酸（DNA）合成中所涉及的酶的活化剂，锰也是吲哚乙酸氧化酶的辅基的成分，因此，锰还可以影响激素的水平。大部分与酶结合的锰与镁有同样的作用，所以，有些镁可以用锰代替。在强酸性土壤中还原性锰增多，造成根系吸收锰盐过量，导致粗皮病、异常落叶病、叶片黄化等锰素过剩症。

10. 铜 铜在植物体内可以一价或二价阳离子存在，在氧化还原过程中起电子传递作用。铜是某些氧化酶的组成成分。叶绿体中有一个含铜的蛋白质，因此，铜在光合作用中起重要作用。

11. 钼 钼在氮素代谢上起着重要作用。钼是硝酸还原酶的组成成分，在由 $NADH_2$ 或 $NADPH_2$ 转运电子给亚硝酸的过程中，钼起着电子传递的作用。

综上所述，每一种元素在植物生命活动中均有其特殊的生理作用，它们不能被其他元素所替代。当植物缺乏任何一种必需的矿质元素，植物体内的代谢都会受到影响，从而在植物体外观上产生可见的症状，即所谓的营养缺乏症或缺素症。现将植物缺乏各种必需矿质元素的主要症状归纳如下（表 7-4），以供参考。

表 7-4 植物缺乏必需矿质元素症状检索表

（潘瑞炽，1984）

A. 老叶症状
  B. 症状遍布整株，基部叶片干焦和死亡
    C. 植株浅绿，基部叶片黄色，干燥时呈褐色，茎短而细……………………………………………… 氮
    C. 植株深绿，常呈红或紫色，基部叶片黄色，干燥时暗绿，茎短而细………………………… 磷
  B. 症状常限于局部，基部叶片不干焦但杂色或缺绿，叶缘杯状卷起或卷皱
    C. 叶杂色或缺绿，有时呈红色，有坏死斑点，茎细………………………………………………… 镁
    C. 叶杂色或缺绿，在叶脉间或叶尖和叶缘有坏死斑，斑小，茎细………………………………… 钾
    C. 坏死斑点大而普遍出现于叶脉间，最后出现于叶脉，叶厚，茎短……………………………… 锌
A. 嫩叶症状
  B. 顶芽死亡，嫩叶变形和坏死
    C. 嫩叶初呈钩状，后从叶尖和叶缘向内死亡……………………………………………………… 钙
    C. 嫩叶基部浅绿，从叶基枯死，叶捻曲……………………………………………………………… 硼
  B. 顶芽仍活但缺绿或萎蔫，无坏死斑点
    C. 嫩叶萎蔫，无失绿，茎尖弱………………………………………………………………………… 铜
    C. 嫩叶不萎蔫，有失绿
      D. 坏死斑点小，叶脉仍绿 ……………………………………………………………………… 锰
      D. 无坏死斑点
        E. 叶脉仍绿…………………………………………………………………………………… 铁
        E. 叶脉失绿…………………………………………………………………………………… 硫

常用的植物缺素症诊断方法有病征诊断法、化学诊断法和加入诊断法。特别需要注意的是，植物缺素时的症状会随植物种类、发育阶段及缺素程度不同而有不同的表现，同时，缺乏多种元素会使病征复杂化。此外，环境因素也可能引起植物产生与营养缺乏类似的症状。因此，在判断植物缺乏哪种矿质元素时，应综合诊断。

（三）常用肥料的种类及性质

苗圃常用肥料种类很多，有各式各样的分类。可按肥料发挥肥效的快慢分速效肥料和迟效肥料。如常用的无机化肥硫酸铵、碳酸氢铵、尿素等发挥肥效快，称为速效肥料；有机肥料如堆肥、粪肥等肥效慢，称为迟效肥料。按化学反应可分为酸性肥料、中性肥料和碱性肥料。酸性肥料如硫酸铵、氯化铵、硫酸钾等，一般是把酸性肥料施入碱性土壤中。中性肥料施入土壤后不会影响土壤的酸碱变化，如尿素在任何土壤上都可使用。碱性肥料如石灰氮、草木灰、石灰和硝酸钠等，碱性肥料要用在酸性土壤中。按肥料所含有机物的有无可分为有机肥料和无机肥料。按肥料所含主要营养元素分为氮素肥料、磷素肥料、钾素肥料和复合肥料等。

随着科学技术的发展，生物肥料也在育苗上广泛使用。

1. 有机肥料 有机肥料是指富含有机物的肥料，如堆肥、厩肥、绿肥、泥炭、腐殖酸类肥料、人粪尿、鸡粪、骨粉等。有机肥料含有多种元素，故称为完全肥料。有机质要经过土壤微生物分解，才能被植物吸收利用，肥效慢，又称为迟效肥料。

有机肥料含有大量的有机质，改良土壤的效果最好。有机肥料施于沙土中，能增加沙土的有机质，又能提高保水性能。给土壤增加有机质，利于土壤微生物生活，使土壤微生物繁殖旺盛，能使土壤形成团粒结构。所以，它是提高土壤肥力、提高苗木

质量和产量不可缺少的肥料。

（1）**人、动物粪尿**　人、动物粪尿含有各种植物营养元素、丰富的有机质和微生物，因此是重要的有机完全肥料（表 7－5）。

表 7－5　人、动物粪尿的肥分含量（%）

（南京林产工学院，1982）

类别		水分	有机质	N	P_2O_5	K_2O	CaO
人	粪	70	20	1.0	0.50	0.37	—
	尿	90	3	0.5	0.13	0.19	—
猪	粪	82	15.0	0.56	0.40	0.44	0.09
	尿	96	2.5	0.30	0.12	0.95	—
牛	粪	83	14.5	0.32	0.25	0.15	0.34
	尿	94	3.0	0.50	0.03	0.65	0.01
马	粪	76	20.0	0.55	0.30	0.24	0.15
	尿	90	6.5	1.20	0.01	1.50	0.45
羊	粪	65	28.0	0.65	0.50	0.25	0.46
	尿	87	7.2	1.40	0.03	2.10	0.16

①人粪尿：人粪尿是重要的肥源之一，含有氮、磷、钾和有机质。其中含氮量较高，而含磷、钾相对较少，所以一般把它看作氮肥。人粪尿肥分比一般有机肥料浓，用量远比一般有机肥料少，改良土壤的作用小。人粪尿应该充分腐熟后使用，加速肥效，并可杀灭对人有害的传染病原。腐熟时间一般为 2～3 周。人粪尿的肥效大致相当于硫酸铵的九成，可作基肥或追肥。

②牲畜粪尿：牲畜粪尿含有各种植物营养元素、丰富的有机质和微生物，因此是重要的有机完全肥料。牲畜粪中的氮主要是蛋白质态，不能被苗木直接吸收利用，分解释放速度比较缓慢；尿中的氮呈尿素及其他水溶性有机态，易转化为作物能吸收的铵态氮。牲畜尿中的磷、钾肥效也很好。牲畜粪尿分解速度比人粪尿缓慢，见效也比较迟，为迟效性肥料。牛粪粪质细密，含水量多，分解腐熟缓慢，发酵温度低，为冷效肥料。而马粪中纤维较粗，粪质疏松多孔，含很多纤维分解细菌，腐熟分解速度快，发热量大，一般称为热性肥料。羊粪发热性质近似马粪而稍差，猪粪发热性质近似牛粪而较好。马粪除直接用作肥料外，也可用于温床作发热材料。在制造堆肥时加入适量马粪，可促进堆肥腐熟。但马粪属“火性”，后劲短；而猪粪性质柔和，后劲长。通常牲畜粪尿在使用前先堆沤腐熟，使原来不能被作物直接利用的养料逐渐转化为有效状态，并且在一定程度上杀灭其中所带病原菌、虫卵、杂草种子等，但堆腐时间越长，腐熟程度越高，则有机质及氮的损失就越大。厩肥不一定要等到完成腐熟后才使用，对有机质贫乏的土壤进行改良时，可直接施用新鲜厩肥。在苗圃用作基肥时，一般是均匀撒布在地表，然后翻埋入土壤中。对大苗开沟施用。苗木对厩肥中氮的利用率为 10%～30%，大量施用时一般都有良好后效。

（2）**饼肥、堆肥**　饼肥、堆肥含有丰富的植物营养元素（表 7－6）。

表 7-6 饼肥、堆肥的养分含量

（南京林产工学院，1982）

种 类	水分/%	有机质/%	N/%	P_2O_5/%	K_2O/%	C/N
饼 肥	5.5	87	5.0	1.83	1.50	—
一般堆肥	60～75	15～25	0.4～0.5	0.18～0.26	0.45～0.70	16～20
高温堆肥	—	24.1～41.8	1.05～2.00	0.30～0.82	0.47～2.53	9.67～10.67

①饼肥：饼肥是作物种子榨油后剩余的残渣，因为含氮量高，施用量比一般有机肥少得多，通常把它视为氮肥，但其中的磷、钾也有良好的肥效。饼肥所含氮素主要是蛋白质形态的有机氮，所含磷素主要是有机态的，绝大部分不能直接为苗木吸收，必须经过微生物分解后才能发挥肥效，所以属缓效性肥料，适宜作基肥。大豆饼当年肥效约为硫酸铵的七成，每公顷用量为 1 500～2 250kg，要将饼肥磨碎，施用时与土壤混合均匀。

②堆肥：堆肥是用作物秸秆、落叶、草皮、杂草、刈割绿肥、垃圾、污水、肥土、少量人畜粪尿等材料混合堆积，经过一系列转化过程所制成的有机肥料。我国各地很多苗圃使用堆肥作基肥，可以供给苗木生长所需的各种养分和植物生长激素物质，大量施用还可以增加土壤有机质、改良土壤。堆肥是迟效肥料，一般都用作基肥，施用时要与土壤充分混合。

（3）泥炭和森林腐殖质

①泥炭：也称草炭，一般含有机质 40%～70%，含氮 1.0%～2.5%，C/N 都在 20 左右。含磷、钾较少，以 P_2O_5 和 K_2O 计均在 0.3%左右，多呈酸性反应，pH 为 5～6.5，并且大都含有一定量的铁素。泥炭中的养分绝大部分是处于苗木不能直接利用的有机化合物状态，但泥炭本身具有强大的保水保肥能力。通常分解程度较低的泥炭适宜作床面覆盖物，分解程度较高的泥炭适宜作堆肥、颗粒肥料及育苗的营养钵肥等。分解程度差且酸性强的泥炭，可用于喜酸树种的育苗；分解强度高而酸性低的泥炭，可直接用作肥料，但肥效较差，最好与其他肥料配合施用。

②森林腐殖质：森林腐殖质是指森林地表面上的枯落物层，包括未分解和半分解的枯枝落叶无定形有机物。森林腐殖质的 pH 通常在 5～6.5 之间，全氮量 0.3%～1.5%，速效 P_2O_5 在 50～270mg/kg，速效 K_2O 在 180～660mg/kg。一般是阔叶林下的腐殖质层养分含量高于针叶林下的。由于森林腐殖质中的养分大都呈苗木不能立即利用的有机状态，所以通常用作堆肥的原材料，经过发酵腐熟后作为基肥，大量施入可改良土壤的物理性质。森林腐殖质还含有菌根，可为苗木接种菌根，促进苗木生长和提高苗木抗性。使用森林腐殖质育苗，由于其肥素单一，与其他化肥混合施用效果更好，如与磷酸铵和硫酸钾混合施用。

（4）绿肥 绿肥是用绿色植物的茎、叶等沤制或直接将其翻入土壤中作为肥料。绿肥所含营养元素全面，属完全肥料。绿肥的种类很多，如紫云英、苕子、沙打旺、芸芥、草木樨、羽扇豆、黄花苜蓿、大豆、蚕豆、豌豆、肥田萝卜、紫穗槐、胡枝子、荆条、三叶草等。绿肥植物的营养元素含量因植物种类而异（表 7-7）。

表 7-7　几种绿肥植物的养分含量（鲜重，%）

（中国农业科学院土壤肥料研究所，1979）

种　类	水　分	有机质	N	P_2O_5	K_2O
巢菜	82.0	—	0.56	0.13	0.43
猪屎豆	77.5	22.5	0.44	0.09	0.41
田菁	80.0	—	0.52	0.07	0.15
木豆	70.0	27.4	0.64	0.02	0.52
胡枝子	79.0	19.5	0.59	0.12	0.25
紫穗槐	60.9	—	1.32	0.30	0.79
羽扇豆	82.6	14.4	0.50	0.11	0.25
新鲜野草	70.0	—	0.54	0.15	0.46
苕子	—	—	0.56	0.13	0.43
紫云英	—	—	0.4	0.11	0.35
青刈燕麦	80.1	—	0.37	0.13	0.56

在绿肥养分分析结果中，以紫穗槐的含量为最高。总之，绿肥植物磷、钾的含量少，在苗圃大量使用绿肥时要补充磷、钾肥，尤其磷肥不补充会影响苗木质量。绿肥的施用方式有刈割运入或就地翻埋，深度一般为 10cm，15～20d 腐烂。

2. 无机肥料　无机肥料即矿物质肥料，包括化学加工的化学肥料和天然开采的矿物质肥料。不含有机质，元素含量高，主要成分能溶于水，或容易变为能被植物吸收的状态，肥效发挥快，大部分无机肥料属于速效性肥料。

（1）氮肥

①硫酸铵 [$(NH_4)_2SO_4$]：硫酸铵又称硫铵，是一种速效性铵态氮肥，含氮量 20%～21%。当施入土壤时，硫酸铵很快就溶于土壤水中，然后发生离子代换作用，大部分铵离子成为吸附状态，这样可暂时保存，免于淋失。由于土壤中硝化细菌的活动，部分硫酸铵还会逐渐转化为硝酸和硫酸，成为部分硝态氮，铵态氮与硝态氮均可为苗木吸收，但硝态氮不被土壤吸附，易于淋失。苗木吸收 NH_4^+ 比吸收 SO_4^{2-} 快，对 NH_4^+ 的需求量也比 SO_4^{2-} 大得多，因此硫酸铵具有生理酸性，即由于苗木利用 NH_4^+ 后残留 SO_4^{2-} 于土壤中，从而使土壤逐渐变酸。施肥时应注意：硫酸铵可作基肥，也可作追肥，但在气候湿润的地区最好作追肥使用。施用时干施、湿施均可，干施与细土拌匀使用，撒施、条施也可；湿施可用水稀释后浇灌土壤。长期施用会导致土壤板结，所以要同有机肥配合施用。

②氯化铵（NH_4Cl）：含氮量 24%～25%，易溶于水，也是生理酸性肥料，在土壤中的吸附与硫酸铵相似。氯化铵施入土壤中后，短期内不易发生硝化作用，所以损失量比硫酸铵少。氯化铵不宜作种肥，同时还要注意氯离子对苗木的毒害作用程度。

③碳酸氢铵（NH_4HCO_3）：含氮量 17%～17.5%，易溶于水。在 35～60℃条件下逐渐分解为氨和二氧化碳，这是它的严重缺点，易造成肥分损失，所以贮存时要保持干燥，严密包装，并且放置于阴凉的地方。碳酸氢铵在土壤中溶解后，在土壤胶体上发生代换作用，铵态氮被吸附保存。由于这种肥料易挥发，而且刚入土壤中时，也会由于水解而与土壤发生反应暂时变碱，施用时应注意不宜在播种沟中施用，因为暂

时的碱性反应会影响种子发芽。可以用作追肥，开沟深施的效果比浅施好，施后要及时覆土，以减少肥分挥发损失。

④硝酸铵（NH_4NO_3）：硝酸铵又叫硝铵，属速效氮肥，有一半呈硝酸态，一半呈铵态，都易被植物吸收。含氮量34%～35%，水溶液呈中性，在土壤中不残留任何物质，对土壤性质无不良影响，适用于各种土壤和苗木。硝态氮在土壤中易淋失，一般只用作追肥。硝酸铵不能与碱性肥料混合使用，否则会引起分解，损失氮素。由于硝酸铵具有吸湿、助燃和爆炸性，因此在运输及贮藏时要防湿防火，并且不能用铁器敲击。

⑤尿素［$CO(NH_2)_2$］：含氮量为44%～48%，易溶于水，是固体氮肥中含氮率最高的一种，为中性肥料，适用于各种土壤和苗木。尿素含有的氮素是酰胺态氮，其在土壤中经微生物的作用转化为碳酸铵，才能被植物吸收，转化速度春、秋季需5～8d，夏季需2～4d。也可进一步变成硝态氮。尿素作基肥、追肥均可，不宜用作种肥。作基肥最好与有机肥混合使用。作追肥用沟施为宜，施后要盖土以防氮的挥发。尿素还可用作根外追肥，浓度为0.1%～0.2%，但缩二脲含量高的尿素不能用作根外追肥。

⑥磷酸铵（$HN_4H_2PO_4$）：磷酸铵属于氮磷复合肥类，一般含氮12%～18%，含磷46%～52%。肥料易溶于水，但在潮湿的空气中易分解，造成氮素损失。不能与碱性肥料混用。磷酸铵为高浓度速效肥料，适用于各种土壤和苗木，也可作基肥使用。

⑦磷酸氢二铵［$(NH_4)_2HPO_4$］：磷酸氢二铵为白色粉末，物理性状良好，易溶于水。含磷量50%，含氮量30%。适用于各种土壤和苗木。可用作基肥和追肥。

⑧氮肥增效剂：包括2-氯-6吡啶、硫脲、2-氨基-4-氯-6-甲基嘧啶等。许多研究表明，在苗圃施用的氮肥，能被苗木吸取的氮素化肥不超过施肥量的40%～50%。其余的氮素，有部分转化为有机氮，有部分由于挥发、淋溶和硝化作用而损失。为提高氮素化肥的施肥效果，可用氮肥增效剂（硝化抑制剂）来抑制土壤中的硝化作用，以防止硝态氮的淋失。增效剂用量为所用氮肥的0.5%～5%，可使氮的损失减少1/5～1/2。此外，有些除草剂、杀菌剂和杀虫剂也有类似的效果，如西玛津、阿特拉津、氯化苦、乐果等。

⑨长效氮肥：如脲甲醛、脲醛包膜氯化铵、钙镁磷肥包膜碳酸氢铵、异丁叉二脲、硫衣尿素等。化学氮肥见效快而肥效持续时间短，又易于挥发、固定和淋失，由于一般化学氮肥具有这种特性，人们试图制造出一种新型的化学肥料，期望它能在土中逐渐分解或溶解，使肥料中有效养分的释放大体符合苗木整个生长期的要求，这样既可免除多次追肥的麻烦，又能提高肥料的利用率，防止有效养分的挥发或淋失。符合这种要求的肥料称长效肥料。

（2）磷肥

①过磷酸钙［$Ca(H_2PO_4)_2 \cdot H_2O + CaSO_4 \cdot 2H_2O$］：过磷酸钙又叫过磷酸石灰。一般硫酸钙占50%左右，有效磷16%～18%。过磷酸钙是水溶的速效肥料。磷酸根离子易被土壤吸收和固定，故流动性小，肥效期长。适用于中性和碱性土壤，也可用于酸性土壤，但不能与石灰混在一起使用。苗圃施用过磷酸钙应力求靠近根部（不能施于根的上方）才能发挥良好肥效，分层施肥效果更好。也可用于根外喷施，浓度1%～2%。

②磷矿粉：磷矿粉是磷灰石［$Ca_5(PO_4)_3F$］或磷灰土［$Ca_3(PO_4)_2$］磨细制成的，属迟效性磷肥。因磷矿石不同，含磷量也不同，最低约为15%，最高达38%。施用于缺磷的酸性土壤肥效好，如施在pH6.5以下的土壤中。不宜施在中性或碱性土壤中。一般用作基肥，不宜作追肥。

③钙镁磷肥：钙镁磷肥属迟效性磷肥，含磷14%～18%，含氧化镁12%～18%，含氧化钙25%～30%。不溶于水，能溶于弱酸。呈微碱性，适用于酸性、微酸性土壤和缺镁贫瘠的沙土，与有机肥堆制后再用肥效更好。

(3) 钾肥

①硫酸钾（K_2SO_4）：硫酸钾属速效性钾肥，含钾48%～52%，能溶于水，为生理酸性肥料，适用于碱性或中性土壤，如用在酸性土壤，要与石灰间隔施用。作基肥、追肥均可，但以作基肥较好。

②氯化钾（KCl）：含K_2O 40%～50%，速效性钾肥，易溶于水，是一种生理酸性肥料，适用于石灰性或中性土壤，可作基肥和追肥。

(4) 新肥料 我国产的多元磁化肥，利用率比美国产的复合肥磷酸二铵还要高出5%～10%（美国产的复合肥磷酸二铵养分利用率达70%～80%）。

多功能专用复合肥“丰田宝”，经试验，比普通肥增产10%，并克服过去复合肥使用黏结剂导致土壤酸化和污染问题。

(四) 施肥的原则与技术

1. 植物营养诊断

(1) 叶营养分析法 叶组织中各种主要营养元素的浓度与苗木的生长反应有密切的关系。植物体内各种营养元素间不能互相代替，当某种营养元素缺乏时，该元素即成为植物生长的限制因子，必须对该元素加以补充，植物才能正常生长，否则植物的生长量（或产量）将处在较低的水平。植物体内营养元素的供给水平与其产量或生长量之间的关系见图7-8。

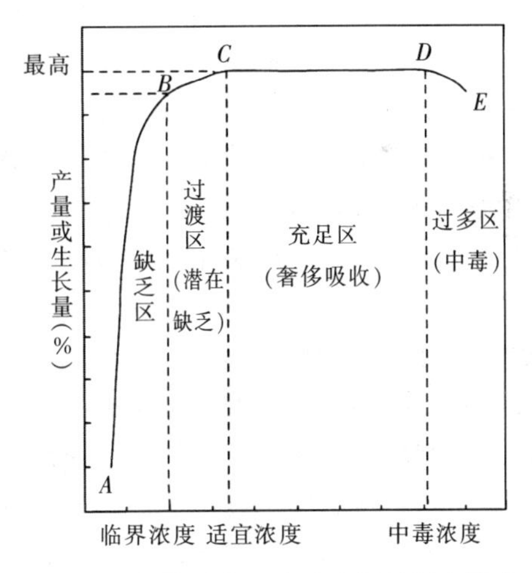

图7-8　树体营养元素浓度与果树产量或生长量的关系

从图7-8可以看出，当树体中某种营养元素浓度很低时，如线段AB，树木的产量或生长量很低，此时树木外观上表现典型的缺素症状。在这个线段的范围内，产量或生长量将随树体营养元素浓度的高低而升降，而且升降的陡度很大。树体营养元素浓度在线段BC时，产量或生长量有所上升，外观上已不表现缺素的典型症状，但是，在植物生理上营养仍不足，致使产量或生长量仍在较低水平，这种状况称为营养的潜在缺乏。在C点，树体营养浓度为最适量，产量或生长量也最高，这种浓度即为最适临界点。在这个点以外，称为最适范围。在线段CD，营养元素浓度虽然继续增高，但产量或生长量没有多大增长，这时，说明营养元素有奢侈吸收。在线段DE，树体营养元素浓度过高，引起毒害，使产量或生长量受损或下降。

特别要指出的是，在生产上很少见到树木出现严重缺素情况，多数情况下都是潜在缺乏，常常容易为人们所忽视。因此，在营养诊断中，要特别注意区分出各种元素的潜在缺乏，以便通过适当的施肥来加以纠正。叶营养分析法是当前较成熟的简单易行的树木营养诊断方法，用这种方法诊断的结果来指导施肥，能获得较大的经济效益。主要仪器有原子吸收分光光度计、发射光谱仪、X射线衍射仪等。

（2）**土壤营养诊断法** 用浸提液提取出土壤中各种可给态养分，进行定量分析，以此来估计土壤的肥力，确认土壤养分含量的高低，能间接地表示植物营养的盈亏状况，作为施肥的参考依据。目前，国内土壤养分速测仪器有土壤养分测定仪 TFC-1D系列（电脑数控自动校准、自动调整、自动充电、自动打印结果）、凯氏定氮仪、智能型多功能微电脑土壤分析仪、泰德牌土肥测定仪、睿龙牌系列土壤养分测试仪等。

叶分析和土壤分析，虽说是不同的两个方面，但它们之间可以相互补充，联系分析。在实际施肥时，应当把叶分析与土壤养分分析结果结合起来使用，这样更能准确地指导施肥，才有最大的实用价值。

2. 施肥的原则和施肥量 施肥必须科学合理。如果施肥不合理，不但不能提高苗木的产量和质量，有时会得到相反的结果。要得到施肥的最好效果，必须在了解苗圃土壤、气候条件的基础上，参照育苗树种的特性，选用适宜的肥料，科学地确定施肥量、施肥时间、施肥方法，并且必须配合合理的耕作制度等。

（1）合理施肥的原则

①根据苗圃土壤养分状况施肥：缺少什么元素就施用什么元素。如在红土壤和酸性沙土中磷和钾的供应量不足，施肥时应增加磷、钾肥。华北的褐色土中钾的供应情况比上述的土壤较好，但氮、磷不足，故应以氮、磷肥为主，钾肥可以不施或少施。

质地较黏的土壤通透性不好，为了改良其物理性状，施肥应以有机肥为主。沙土有机质少，保水保肥能力差，更要以有机肥料为主，追肥要少量多次。酸性土壤要选用碱性肥料，氮素肥料选用硝态氮较好。酸性土壤中的磷易被土壤固定，钾、钙和氧化镁等易流失，故应施用钙镁磷肥和磷矿粉等肥料，以及草木灰、可溶性钾盐或石灰等。碱性土壤要选用酸性肥料，氮素肥料以铵态氮肥如硫酸铵或氯化铵等效果好。在碱性土壤中磷容易被固定，不易被苗木吸收利用，选用肥料时，选水溶性磷肥，如过磷酸钙或磷酸铵等。碱性土壤中的铁易成难溶性的氧化物或碳酸盐状态，苗木不易利用，如刺槐等苗木常出现缺铁失绿症。在碱性土壤上除选用酸性肥料外，还要配合多施有机肥料或施用土壤调节剂如硫黄或石膏等。在中性或接近中性、物理性质也很好的土壤上，适用肥料较多，但也要避免使用碱性肥料。

我国一般土壤氮的水平相当低，在苗圃地上施用氮肥，可提高苗木的生长量和质量。但对一些有机质含量高、氮素极充足的土壤，应考虑加大使用磷、钾肥的比例。

②根据气候条件施肥：夏季大雨后，土壤中硝态氮大量流失，这时立即追施速效氮肥，肥效更好。根外追肥最好在清晨、傍晚或阴天进行，雨前或雨天根外追肥无效。在气温较正常偏高的年份，苗木第一次追肥的时间可适当提前一些。在气候温暖而多雨地区有机质分解快，施有机肥料时宜用分解慢的半腐熟的有机肥料，追肥次数宜多，每次用量宜少。在气候寒冷地区有机质分解较慢，用有机肥料的腐熟程度可稍高些，但不要腐熟过度，以免损失氮素。降水少，追肥次数可少，施肥量可增加。

③看苗施肥：一般苗木以氮肥为主，而刺槐一类豆科苗木却以磷肥为主。对弱苗要重点施用速效性氮肥；对高生长旺盛的苗木可适当补充钾肥；对表现出缺乏某种矿质营养元素症状的苗木，要对症施肥，及时追肥。对一些根系尚未恢复生长的移植苗，只宜施用有机肥料作为基肥，不宜过早追施速效化肥。

④混合施肥：如氮、磷、钾和有机肥料配合使用的效果好，因为要素配合使用能相互促进发挥作用。如磷能促进根系发达，利于苗木吸收氮素，还能促进氮的合成作用。速效氮、磷与有机肥料混合作基肥，减少磷被土壤固定，能提高磷肥的肥效，又能减少氮被淋失，提高氮的肥效。混合肥料必须注意各种肥料的相互关系，有些肥料不能同时混到一起施用，一旦混用会降低肥效。各种肥料可否混合施用见图 7－9。

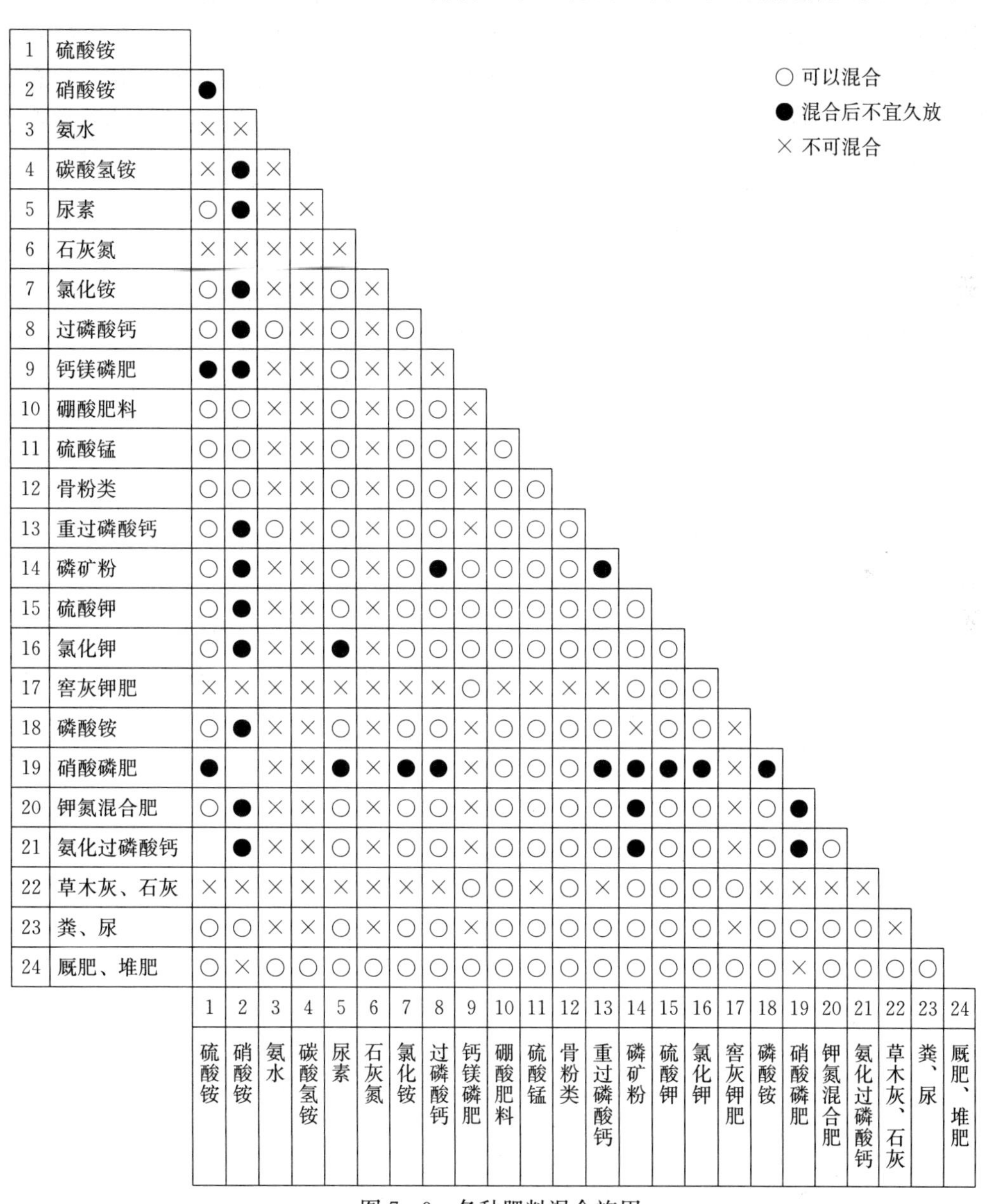

		1 硫酸铵	2 硝酸铵	3 氨水	4 碳酸氢铵	5 尿素	6 石灰氮	7 氯化铵	8 过磷酸钙	9 钙镁磷肥	10 硼酸肥料	11 硫酸锰	12 骨粉类	13 重过磷酸钙	14 磷矿粉	15 硫酸钾	16 氯化钾	17 窖灰钾肥	18 磷酸铵	19 硝酸磷肥	20 钾氮混合肥	21 氨化过磷酸钙	22 草木灰、石灰	23 粪、尿	24 厩肥、堆肥
1	硫酸铵																								
2	硝酸铵	●																							
3	氨水	×	×																						
4	碳酸氢铵	×	●	×																					
5	尿素	○	●	×	×																				
6	石灰氮	×	×	×	×	×																			
7	氯化铵	○	●	×	×	○	×																		
8	过磷酸钙	○	●	○	×	○	×	○																	
9	钙镁磷肥	●	●	×	×	○	×	×	×																
10	硼酸肥料	○	○	×	×	○	×	○	○	×															
11	硫酸锰	○	○	×	×	○	×	○	○	×	○														
12	骨粉类	○	○	×	×	○	×	○	○	×	○	○													
13	重过磷酸钙	○	●	○	×	○	×	○	○	×	○	○	○												
14	磷矿粉	○	●	×	×	○	×	○	●	○	○	○	○	●											
15	硫酸钾	○	●	×	×	○	×	○	○	○	○	○	○	○	○										
16	氯化钾	○	●	×	×	●	×	○	○	○	○	○	○	○	○	○									
17	窖灰钾肥	×	×	×	×	×	×	×	×	○	×	×	×	×	○	○	○								
18	磷酸铵	○	●	×	×	○	×	○	○	×	○	○	○	○	×	○	○	×							
19	硝酸磷肥	●		×	×	●	×	●	●	×	○	○	○	●	●	●	●	×	●						
20	钾氮混合肥	○	●	×	×	○	×	○	○	×	○	○	○	○	●	○	○	×	○	●					
21	氨化过磷酸钙		●	×	×	○	×	○	○	×	○	○	○	○	●	○	○	×	○	●	○				
22	草木灰、石灰	×	×	×	×	×	×	×	×	○	○	×	○	×	○	○	○	○	×	×	×	×			
23	粪、尿	○	○	×	×	○	×	○	○	×	○	○	○	○	○	○	○	×	○	○	○	○	×		
24	厩肥、堆肥	○	×	○	○	○	○	○	○	○	○	○	○	○	○	○	○	○	○	×	○	○	○	○	

○ 可以混合
● 混合后不宜久放
× 不可混合

图 7－9　各种肥料混合施用

（王淑敏，1991）

⑤肥料的选用：有机肥料与无机肥料配合施用效果更好。矿质氮肥既可作追肥又可作基肥，但作基肥不宜用硝酸铵等硝态氮肥，宜用硫酸铵或尿素。在冬季或早春降水多，易发生肥料淋失的地区，不宜用氮肥作基肥。磷肥虽然可作追肥，但作基肥的效果更好，故一般用作基肥。钾肥一般作追肥为主，也可作基肥。

寒害或旱害以及病虫害等较严重的地区，为使苗木健壮，要适当多用含钾的有机肥料，如草木灰、草皮土和腐熟的堆肥等，适当减少氮肥施用量。基肥要以有机肥料为主，适当配合矿质肥料。而追肥需用速效肥料。施肥要适时适量，并且基肥与追肥配合使用，保证及时而稳定地供应苗木养分，并能减少无机肥料的养分淋失。

（2）**施肥量** 确定施肥量，首先要确定土壤现有的养分含量是多少，根据所栽培树种需达到的养分等级（浓度），两者之差即为要补充给土壤的养分量，再转变为施肥量。土壤中各种养分成分均有，只是它们的含量和比例关系不同。土壤中含氮最丰富的是东北平原的黑土，全氮量为0.1%～0.5%；茂密森林覆被下的土壤为0.5%～0.7%；而一般耕地上土壤全氮量常低于0.1%。施肥时要考虑土壤原有的氮素状况，在一般苗圃土壤上，应以氮肥为主，但对于一些有机质含量高、氮素极充足的土壤，就应考虑加大使用磷、钾肥。

各地土壤中磷的总含量，最高的为0.35%；东北平原黑土为0.13%～0.15%；南方茂密森林覆被下的土壤表层可达0.20%～0.25%。南方强酸性的荒地土壤、耕地及沙土中全磷量很低，大多在0.1%以下。在石灰性土壤中，磷可被固定为难溶性的磷酸三钙，苗木不易利用，通常在石灰性土壤中施入水溶性的过磷酸钙作肥料，苗木能够吸收一小部分，其余还是被土壤固定。应当采取降低土壤pH的办法，使磷成为可给态。在微酸性至中性的非石灰性土壤中，磷肥的利用率稍高；在强酸性土壤上，磷大都成为难溶性磷酸铝和磷酸铁状态，苗木较难利用。因此，在石灰性土壤或强酸性土壤上，都易发生缺磷状况，施肥时磷所占的比例要相应增大一些。各地土壤中全钾量也有较大差异，在东北平原、华北平原土壤中为1.8%～2.5%，长江以南的酸性土壤中则为0.5%左右。由花岗岩、片麻岩、斑岩、云母片岩、长石砂岩一类岩石发育的土壤，含钾量都特别丰富。一般来说，各地土壤中的全钾量和有效钾含量都不少，除石英砂土及某些热带砖红壤及类似的土壤以外，均不缺钾。对苗木而言，只有在大量施氮、磷肥的圃地上，或者为了增强苗木的抗性，才需要补给钾肥。苗圃土壤的养分等级见表7-8。

表7-8 苗圃土壤养分等级标准

（南京林产工学院，1981）

土壤养分等级	全氮量/%	速效性养分/(kg/hm^2)	
		P_2O_5	K_2O
甲 级	0.20	112.5	285
乙 级	0.12	78.75	225
丙 级	0.07	28.5	112.5

在全氮量低于0.1%的土壤上，单施氮肥或施用以氮为主的氮磷钾平衡肥料，对针

叶树、阔叶树种苗木都有显著肥效。在一般苗圃土壤中施肥，应以氮肥为主，磷、钾肥适当配合，但在一些缺磷或缺钾土壤中，施肥时要适当增加磷或钾肥所占的比例。

3. 施肥的时期和方法

(1) 施肥时期　苗木施肥时期应根据生产经验并且通过科学试验来确定。由于苗木的生长期长，苗圃生产中很重要的一条经验就是施足基肥（有机肥料和磷、钾肥），以保证在整个生长期间能获得充足的矿质养料。一年生苗木追肥时期通常定在夏季，把速效氮肥分1～3次施入，以保证苗木旺盛生长期对养料的大量需求。有些地方在秋初使用磷、钾作后期追肥，目的是促进加粗生长以及增加磷、钾在苗木体内的贮存，加速苗木木质化进程。对于一些生根快、生长量大的扦插苗可早期追肥。为了促进苗木木质化、增加抗寒能力，苗圃追氮肥的时间最迟不能晚于8月，个别树种在南方不能晚于9月。

(2) 施肥方法　施肥分为施基肥、施种肥和追肥。

①施基肥：我国苗圃地的土壤肥力一般较差，为了改良土壤应多施用基肥。基肥一般以有机肥料为主，如堆肥、厩肥、绿肥等，与矿质肥料混合使用效果更好。为了调节土壤的酸碱度，改良土壤，使用石灰、硫黄或石膏等间接肥料时也应作基肥。

施基肥的方法，一般是在耕地前将肥料全面撒于圃地，耕地时把肥料翻入耕作层中，施基肥的深度应在16cm左右。

②施种肥：种肥是在播种时或播种前施于种子附近的肥料，一般以速效磷肥为主。种肥一般用过磷酸钙制成颗粒肥施用，与种子同时播下。容易灼伤种子或幼苗的肥料如尿素、碳酸氢铵、磷酸铵等，不宜用作种肥。

③追肥：追肥是在苗木生长发育期间施用的速效性肥料，能够及时供应苗木生长发育旺盛期对养分的需要，加快苗木生长发育，达到提高合格苗木产量和质量的目的，同时可以避免速效养分被固定或淋失。追肥有土壤追肥和根外追肥。

土壤追肥：常用的方法有撒施、条施和浇施。撒施：把肥料均匀地撒在苗床面上或圃地上，浅耙1～2次盖土。速效磷、钾肥在土壤中移动性很小，撒施的效果较差。尿素、碳酸氢铵等氮肥作追肥时不应撒施。例如，撒施尿素时当年苗木只能吸收利用其中氮的14%，随水灌溉可利用27%，条施可达45%。条施：又称沟施，在苗木行间或行列附近开沟，把肥料施入后盖土。开沟的深度以达到吸收根最多的层次，即表土下5～20cm为宜，特别是追施磷、钾肥。浇施：把肥料溶解于水中，全面浇在苗床上或行间后盖土，有时也可使肥料随灌溉施入土壤中。浇灌的缺点是施肥浅，肥料不能全部被土覆盖，因而肥效降低，对多数肥料而言，不如条施效果好，更不适用于磷肥和挥发性较大的肥料。

根外追肥：根外追肥是在苗木生长期间将速效性肥料溶液喷洒在叶片上，通过叶片对营养元素的吸收，立即供应苗木生长所需。根外追肥可避免土壤对肥料的固定或淋失，肥料用量少而效率高。喷后经几十分钟至2h苗木即开始吸收，经约24h能吸收50%以上，经2～5d可全部吸收。节省肥料，能严格按照苗木生长的需要供给营养元素。根外追肥主要应用于急需补充磷、钾或微量元素的情况下。根外追肥浓度要适宜，过高会灼伤苗木，甚至会造成大量死亡。如磷、钾肥浓度以1%为宜，最高不能超过2%，磷、钾比例为3∶1。尿素浓度以0.2%～0.5%为宜。为了使溶液能以极细的微粒分布在叶面上，应使用压力较大的喷雾器。喷溶液的时间宜在傍晚，以溶液不滴下为宜。根外追肥一般要喷3～4次，只能作为一种补充施肥的方法。

（3）**施肥新技术** 近几年，国内外土壤肥料科研人员在施肥技术方面做了大量工作，取得了很多成果。

①二氧化碳气体肥施用技术：北京农学院研制了一套计算机测控封闭状态下（塑料大棚内）育苗 CO_2 浓度的系统设备。在自然状态下大气中 CO_2 浓度较低，为300mg/kg。给大棚内苗木施用 CO_2 气体，使其浓度达到800～1 000mg/kg，苗木生物量（鲜重）平均增加30%左右。对国槐、黄栌、侧柏、银杏高生长和地径生长有极显著的促进作用。施气肥要与苗木的生长周期相适应，日施肥、月施肥、季施肥规律不同。利用酿酒厂废气 CO_2 进行施肥是一项环保新技术。

②高效测土平衡施肥技术：中国农业科学院土壤肥料研究所用联合浸提剂测定土壤大、中、微量营养元素速效含量，只要一人就可操作，一天便可以完成60个样品、11种营养元素、840个项次的测定，比常规土壤诊断推荐施肥技术提高工作效率8～10倍，大大提高了测土推荐施肥工作的时效性。计算出各营养元素的缺素临界值，并制作了电子表格软件，研制成功一种集统计分析计算、分类汇总、数据库管理、图表编辑、施肥推荐和检索查询等功能于一体的计算机数据库及数据管理系统。应用该系统，可在施肥推荐时，根据土壤测试和吸附试验结果、植物类型及测量目标等，用计算机确定各营养元素的施用量，由此而形成一套完整的土壤养分综合系统评价和平衡施肥推荐技术。

③精准农业技术：精准农业技术是按田间每一操作单元的具体条件，精细准确地调整各项土壤和植物管理措施，最大限度地优化使用各项农业投入，以获得最高产量和最大经济效益，同时保护农业生态环境，保护土地等农业自然资源。精准农业是在信息科学发展的基础上，以地理信息系统（GIS）、全球卫星定位系统（GPS）、遥感技术（RS）和计算机自动控制系统为核心技术引发的一场高新农业技术革命。对土壤养分、水分、植物保护、播种、耕作进行管理。在北美，精准农业技术又以施肥的应用最为成熟。在美国和加拿大的大型农场，农场主在农业技术人员指导下，应用GPS取样器将田块按坐标分格取样，每0.5～2hm^2 取一个土壤样品，分析各取土单元（田间操作单元）内土壤理化性状和各大、中、微量养分含量。应用GPS和GIS技术，作出该地块的地形图、土壤图、各年的土壤养分图等。同时，在联合收割机上装上GPS接收器和产量测定仪，在收割的同时每隔1.2s GPS定点1次，同时记载当时当地的产量，然后用GIS作出当季产量图。所有这些资料，均用来作为下一年施肥种类和数量的决策参考。

作施肥决策时，调用数据库内所有有关资料进行分析，按照每一操作单元的养分状况和上一季产量水平，参考其他因素确定这一单元内的各种养分施用量。应用GIS作出各种肥料施用的施肥操作系统（GIS施肥操作图），然后转移到施肥机具上，指挥变量施肥，因而大大地提高了肥料利用率和施肥经济效益，减少了肥料的浪费以及多余肥料对环境的不良影响，因此有明显的经济、社会和生态效益。但在我国，测土推荐平衡施肥尚未真正实现，在土壤养分状况、养分管理和施肥技术方面研究基础薄弱，施肥上存在很大盲目性；氮、磷、钾肥比例不合理，中、微量元素缺乏没有得到

及时纠正；肥料利用率低，氮肥当季利用率平均仅为30%左右，亟须追赶世界先进施肥技术。

第五节　各类大苗培育技术

一、落叶乔木大苗培育技术

落叶乔木大苗培养规格是：具有高大通直的主干，干高要达到3.5～4.0m；胸径达到8～15cm；具有完整紧凑、匀称的树冠；具有强大的须根系。

落叶乔木常见的有杨树、柳树、榆树、国槐、臭椿、白蜡、泡桐、悬铃木、栾树、核桃、元宝枫、银杏、杜仲、玉兰、枫杨、合欢、椴树、柿树、水杉、落叶松、七叶树、楸树、马褂木等。

乔木树种无论是扦插苗还是播种苗，第一年生长高度一般可达到1.5m左右。第二年以后可采取两种方法继续培养：一种方法是留床养护1年，因苗木未经移植，根、茎未受损伤，生长很快，如加强肥水等管理，第二年一般可长到2.5m左右；第三年以60cm×120cm株行距移植，采用小株距，促使苗木向上通直生长；第四年不移植；第五年隔一株移出一株，行距不变，这时株行距变为120cm×120cm，并加强施肥浇水等抚育管理；第六年或第七年时即可长成大苗出圃。另一种方法是将一年生苗移植，株行距60cm×60cm，尽量多保留地上部枝干，加强肥水管理，促进根系生长，地上部分不修剪，这一年重点是养根；第三年于地面平茬剪截，只留一壮芽，苗木当年可长到2.5m以上，具有通直树干；第四年不移植；第五年隔行去行，隔株去株，变成120cm×120cm株行距；第七年或第八年即可长成大苗。

落叶乔木中有许多干性生长不强，采用逐年养干法往往树干弯曲多节，苗木质量差，如国槐、栾树、合欢、元宝枫、榆树等。可采用先养根后养干的办法，使树干通直无弯曲、少节痕。有些乔木如银杏、柿树、水杉、落叶松、杨树、柳树、白蜡、梧桐等，在幼苗培育过程中干性比较强，又不容易弯曲，而且有的生长速度较慢，不能采用上述培育方法，而只能采用逐年养干的方法。采用逐年养干法必须注意保护好主梢的绝对生长优势，当侧梢太强超过主梢，与主梢发生竞争时，要抑制侧梢的生长，可以采用摘心、拉枝或剪截等办法来进行抑制，也要注意病、虫和人为等损坏主梢。

落叶乔木为了培养通直的主干，并节约使用土地，一般采用密植，初期不留或少留行间耕作量。2m以下的萌芽要全部抹除，因为这些枝芽处于树冠下部内膛，光照不足，制造养分少，消耗养分多。在修剪方法上，要以主干为中心，竞争枝粗度超过主干一半时就要进行控制，短截或疏除竞争枝。每年都要加强肥水管理和病虫害的防治工作。

某一树种最合适的移植株行距，要根据该树种的干性强弱、分枝情况、生长速度快慢、修剪方法和土壤条件等而定。生长速度快、肥水条件好可适当加大株行距，生长速度慢、肥水条件差的可适当缩小株行距。

二、落叶小乔木大苗培育技术

落叶小乔木大苗培育的规格是：一般主干高度80～120cm，定干部位直径4～6cm，要求有丰满匀称的冠形和强大的须根系。

主要树种有碧桃、金银木、梅、樱花、樱桃、紫叶李、紫叶桃、山桃、山杏、杏、苹果、梨、海棠、枣、石榴、山楂等。无论是播种苗还是营养繁殖苗，在第一年培育过程中，都可在苗木长至80～120cm时摘心定干，留20cm整形带。整形带在不同方向保留3～5个主枝，多余的萌芽和整形带以下的萌芽全部清除，或进行摘心控制其生长。第二年可按50cm×60cm株行距定植，移植后注意除去多余萌芽并加强肥水管理。第三年不移植。第四年可隔行去行，隔株去株，变成100cm×120cm株行距。再培养1～2年即可养成定干直径4～6cm的大苗。在大苗培养期间要注意第二层和第三层主枝的培养。

落叶小乔木大苗冠形常有两种：一种是开心形。定干后只保留整形带内向四周交错生长的3～4个主枝，主枝与主干夹角60°～70°。各主枝长至50cm时摘心促生分枝，培养二级主枝，即培养成开心形树形。另一种是主干分层形树冠。中央主干明显，主枝分层分布在中干上，一般第一层主枝3～4个，第二层主枝2～3个，第三层主枝1～2个。层与层之间主枝错落着生，层间距20～40cm。要注意培养二级主枝。层间辅养枝要保持弱或中庸生长势，不能影响主枝生长。注意剪掉交叉枝、过密枝、徒长枝、直立枝等。主枝角度过小要采用拉枝的办法开张角度。

三、落叶灌木大苗培育技术

1. 丛生灌木大苗的培育 落叶丛生灌木大苗要求每丛分枝3～5个，每枝粗1.5cm以上，具有丰满的树冠丛和强大的须根系。

主要树种有丁香、连翘、紫珠、紫荆、紫薇、迎春、探春、珍珠梅、榆叶梅、棣棠、玫瑰、黄刺玫、贴梗海棠、锦带花、蔷薇、木槿、太平花、杜鹃、蜡梅、牡丹等。这些树种一年生苗大小不均匀，特别是分株繁殖的苗木差异更大，在定植时注意分级定植。播种苗和扦插苗一般留床培养1年，第三年以60cm×60cm株行距移植，继续培育1～2年即成大苗。分株苗直接以60cm×60cm株行距移植，直至出圃。

在培育过程中，注意每丛所留主枝数量，不可留得太多，否则易造成主枝过细，达不到应有的粗度。多余的丛生枝要从基部全部清除。丛生灌木一般高度为1.2～1.5m。

2. 单干灌木大苗的培育 丛生灌木在一定的栽培管理和整形修剪措施下，可培养成单干苗，观赏价值和经济价值都大大提高。如单干紫薇、丁香、木槿、连翘、月季、太平花等。

培育方法是选健壮、最粗的一枝作为主干，主干要直立。若主枝弯曲下垂，可设立柱支撑，将干绑在支柱上，剪除基部萌生的芽或多余枝条，以便集中养分供给单干或单枝生长发育。

四、落叶垂枝类大苗培育技术

垂枝类大苗的培养规格要求为：具有圆满匀称的馒头形树冠，主干胸径5～10cm，树干通直，有强大的须根系。这类树种主要有龙爪槐、垂枝红碧桃、垂枝杏、垂枝榆等。而且都为高接繁殖的苗木，枝条全部下垂。

1. 砧木繁殖与嫁接 垂枝类树种都是原树种的变种，如龙爪槐是国槐的变种，垂枝红碧桃是碧桃的变种，垂枝杏是杏的变种，垂枝榆是榆树的变种。要繁殖这些苗木，首先是繁殖砧木，即原树种。原树种可采用播种繁殖，用实生苗作砧木，也可用扦插苗作砧木。先把砧木培养到一定粗度，才开始嫁接。接口直径达到3cm以上最为适宜，操作容易，嫁接成活率高。由于砧木较粗，接穗生长势强，接穗生长快，树冠形成迅速，嫁接后2～3年即可开始出圃。

嫁接接口高度因树种而异，0.8～2.8m不等，龙爪槐、垂枝榆等嫁接高度可达2.2～2.8m，垂枝杏、垂枝红碧桃嫁接的高度一般在100cm左右，有的盆景嫁接位置更低。嫁接的方法可用插皮接、劈接，以插皮接操作方便、快捷、成活率高。对培养多层冠形可采用腹接或插皮腹接。

2. 修剪养冠　要培养圆满匀称的树冠，必须对所有下垂枝进行修剪整形。原因是枝条下垂，生长势很快变弱，若不加以生长刺激，很快就会变弱死亡。垂枝类一般夏剪较少，夏剪培养的冠枝往往过于细弱，不能形成牢固树冠。培养树冠主要在冬季进行修剪。枝条的修剪方法是在接口位置规划一水平面，沿水平面剪截各枝条。一般修剪采用重短截，剪掉枝条的90%左右，剪口芽要选留向外向上生长的芽，以便芽长出后向外向斜上方生长，逐渐扩大树冠，短截后所剩枝条呈向外放射状生长。树冠内有空间的地方可留2～3个枝条，其余直径小于0.5cm的细弱枝、严重交叉枝、直立枝、下垂枝、病虫枝要剪除，经过2～3年培养即可形成丰满的圆形树冠。生长季节注意清除接口处和砧木树干上的萌发条。

五、常绿乔木大苗培育技术

常绿乔木大苗培养的规格为：具有该树种本来的冠形特征，如尖塔形、胖塔形、圆头形等；树高3～6m，若有枝下高，应为2m以上（雪松除外）；分枝均匀，冠形优美，根系强大。

1. 轮生枝明显的常绿乔木大苗培育　轮生枝明显的树种有油松、华山松、白皮松、红松、樟子松、黑松、云杉、辽东冷杉等。这类树种有明显的主干，主梢每年向上长1～2节，同时分生1～2轮分枝。幼苗期生长速度慢，每节只有几厘米、十几厘米。随着苗龄渐大，生长速度逐渐加快，每年每节生长可达40～50cm。培育一株高3～6m的大苗，需10～20年时间，甚至更长。这类树种具有明显的主梢，一旦遭到损坏，整株苗木将失去培养价值，因此，在培养过程中要特别注意保护主梢。

一般一年生播种苗留床培养1年。第三年开始移植，株行距定为50cm×50cm。以后根据树冠大小每隔2～4年移植1次，逐次扩大株行距。调整株行距的原则是树冠不相互遮阴，不相互影响生长。每年从树干基部剪除1轮分枝，以促进高生长，直到培养成合格的大苗。

2. 轮生枝不明显的常绿乔木大苗培育　主要树种有桧柏、侧柏、龙柏、铅笔柏、杜松、雪松、樟树、大叶女贞、广玉兰、桂花等。这些树种幼苗期生长速度较快，一年生播种苗或扦插苗可留床培养1年（侧柏等生长快的也可不留床）。第三年移植，株行距可定为60cm×60cm。第六年苗高可达1.5～2.0m，进行第二次移植，株行距定为130cm×150cm。至第八年苗木高度可达3～5m，即可出圃。在培育的过程中要注意剪除与主干竞争的枝梢，或摘去竞争枝的生长点，培育单干苗。同时，还要加强肥水管理，防治病虫草害，促使苗木快速生长。

六、常绿灌木大苗培育技术

常绿灌木类树种很多，主要有大叶黄杨、小叶黄杨、枸骨、火棘、海桐、月桂、沙地柏、铺地柏、千头柏等。这类树种的大苗规格为株高 1.5m 以下，冠径 50～100cm，具有一定造型、冠形或冠丛。主要用作绿篱、孤植、造型、组形、色带、色块等。这类苗木以扦插和播种繁殖为主，一年生苗高为 10cm 左右。第二年即可移植，株行距为 30cm×50cm。以后两年不移植，苗高和冠径可达 25cm。这期间要注意短截促生多分枝，一般每年修剪 3～5 次。第五年以 100cm×100cm 株行距进行第二次移植。第六至七年养冠或造型。注意生长季剪截冠枝，增加分枝数量。达到规格即可出圃。

在培养柏树造型植物时，播种幼苗往往出现形态分离现象，有的苗木枝叶浓密，有的枝叶稀疏，要选择枝叶浓密者作为造型植物。采用优良品种进行无性繁殖，苗木质量高，容易造型。单株造型树冠形成比较慢，多采用多株合植在一起造型的方法。如黄杨一般可 3～4 株合植。桧柏球可 3 株合植，合植一开始冠径就比较大，要适当加大株行距，定植初期 60cm×60cm，第二次定植为 120cm×120cm。

七、攀缘植物大苗培育技术

攀缘植物有紫藤、扶芳藤、地锦、凌霄、葡萄、猕猴桃、铁线莲、蔷薇、常春藤等。这类树种的大苗要求规格是：地径大于 1～1.5cm，有强大的须根系。

培育的方法是先做立架，按 80cm 行距栽水泥柱，栽深 60cm，上露 150cm，桩距 300cm。桩之间横拉 3 道铁丝连接各水泥桩，每行两端用粗铁丝斜拉固定。将一年生苗栽于立架之下，株距 15～20cm。当枝蔓能上架时，全部上架，随枝蔓生长，再向上放一层，直至第三层为止。培养 3 年即成大苗。利用建筑物四周或围墙栽植小苗来培养大苗，既节省架材，又不占用土地。利用平床培养大苗，由于枝蔓顺地表爬生，节间易生根，苗木根基增粗较慢，培养大苗需用时间较长。

第六节　园林苗圃主要病虫害防治

苗木病虫害是影响苗木质量的重要因素之一。苗木病虫害比较普遍，各种条件下的苗圃，苗木几乎都存在各种各样的病虫害。苗木的病虫害轻者影响苗木的生长，重者可能使全株死亡，造成比较严重的后果。苗木受害严重主要由于苗木组织幼嫩，抵抗病虫害侵染的能力较弱，同时苗木植株体积较小，受害面积占全株面积比例较大，尤其是幼苗，可能造成整株死亡。

做好苗木病虫害的防治工作是保证培育优良苗木的重要措施之一。防治工作应坚持预防为主、综合防治的原则，使病虫害尽可能不发生或少发生。实践证明，单独使用任何一种防治方法，都不能全面有效地解决病虫害问题。病虫害一旦发生，应尽快了解病虫害发生的原因、发生规律和特点以及与环境的关系，掌握病虫害危害的时间、部位、范围等，制定切实可行的防治措施，及早采取措施，积极消灭，将其控制在最小的危害程度。

一、病虫害综合防治技术

园林植物病虫害综合防治方法有多种，归纳起来有以下几种：

1. 植物检疫　植物检疫又称法规防治，是一个国家或地方政府制定检疫法规，并设立专门机构，运用科学的方法，禁止或限制危害植物及植物产品的危险性有害生物诸如病、虫、杂草等人为地扩散传播，严格封锁并消灭的一项措施。主要目的是防止危害性园林植物病虫以及其他有害生物通过人为活动进行远距离传播，特别是本国、本地区尚未发现或者虽已发现，但仍局限在一定范围内的危险性病虫。

植物检疫的主要任务有三个方面：一是禁止危险性病虫随着植物及其产品由国外传入或从国内输出，这是对外检疫的任务。对外检疫一般是在口岸、港口、国际机场等场所设立机构，对进出口货物、旅客携带的植物及邮件进行检查。出口检疫工作也可以在产地设立机构进行检验。二是将在国内局部地区已发现的危险性病、虫、杂草封锁，使其不能传到无病区，并在疫区将其消灭，这就是对内检疫。对内检疫工作由地方设立机构进行实施。三是当危险性病虫侵入到新的地区时，应及时采取彻底消灭的措施。

2. 栽培技术措施　综合利用栽培技术措施，改变一些环境因子，使环境条件有利于植物的生长发育而不利于病虫害，从而消灭或抑制病虫害，它是园林植物病虫害防治最基本的方法，也是既经济又持效、稳定的方法。具体的措施主要包括：优选圃地、精选繁殖材料，培育抗病虫害品种，适地适树、圃地轮作，合理进行植物配置，加强场圃卫生和水肥管理，改善环境条件，使苗木生长健壮。

3. 生物防治　生物防治通常可以从广义和狭义两方面来理解。广义的生物防治是“通过自然调节，或对环境、寄主或颉颃体的操纵，或大量引入一种或多种抗生体，使病原物的接种密度变小或病虫害产生的活动得以减轻”。生物防治的实质是通过生物因素的影响，而对病原物或病害的防治起作用。狭义的生物防治是指用生物制剂（有益微生物）来防治植物病原物或植物病害。

生物防治对人畜安全，不存在环境污染和残留问题，符合生态环境保护和可持续发展的观点，是最好的防治技术之一。但从目前的发展来看，生物防治有较大的局限性，作用效果比较缓慢，短期内难以达到防治的理想效果，通常只能将病害控制在一定的危害水平。但为了人类的可持续发展，以生物防治为主导地位的综合治理体系将会发挥更加重要的作用。

4. 化学防治　用化学农药防治植物病虫害的方法，又称药物防治，不受地域限制，适于大规模、机械化操作。它使用方法简单，效率高，见效快，在苗木病虫害综合治理中占有重要地位，特别是在病虫害大量发生时，化学防治可成为非常重要的有效手段。化学农药在环境中释放可能会造成3R问题（3R problem），即农药残留（residue）、有害生物再猖獗（resurgence）和有害生物抗药性（resistance）问题，因此，生产实践中化学药剂的选择和应用应越来越慎重，药剂的使用浓度以最低的有效浓度获得最好的防治效果为原则。

5. 物理防治　应用人工、器械和利用各种物理因子如光、电、色、温度、湿度等防治病虫的方法称为物理防治。它具有简便、经济等优点，但在田间实施时难以收到彻底的防效，多为辅助防治措施。常见的防治措施有捕杀法、阻隔法、诱杀法和高温处理法等。

6. 抗病育种 选育抗病品种防治园林植物病害是一种既经济又有效的措施，特别对那些无可靠防治措施的毁灭性病害。抗病育种对环境影响较小，不影响其他植物保护措施的实施，在病害防治上具有良好的相容性。抗病育种的方法包括传统方法、诱变技术、组织培养技术和分子生物学技术，要根据材料和育种条件进行选用。需要注意的是，抗病品种的育成需要较长的时间，无论是原有的或新选育的，都可能由于自身的退化或因栽培不当、环境变化等原因而使抗病力减弱或丧失。

二、常见苗木病害及防治

植物在生活和贮藏、运送过程中，由于受到环境中物理化学因素的非正常影响，或受其他寄生物的侵害，以致生理上、解剖结构上产生局部的或整体的反常变化，使植物的生长发育受到显著影响，甚至引起死亡，造成经济损失和降低观赏价值，这种现象称为植物病害。植物在生长过程中受到多种因素的影响，只有直接引起病害的因素才称为病原（cause of disease），其他因素统称为环境条件。生物性病原又称为病原物（pathogen），病原物包括真菌、细菌、病毒、支原体、线虫、寄生性种子植物等。非生物性病原包括温度失调、湿度失调、营养失调和污染物的毒害等。病原物引起的病害称为侵染性病害（infectious disease）。非生物性病原引起的病害称为非侵染性病害（noninfectious disease），也叫生理病害。非侵染性病害常与栽培管理、环境污染、气候异常等有关。

苗木病害依其受害部位可分为根部病害、叶部病害及枝干病害。根部受害后出现根部或根颈部皮层腐烂，形成大大小小的肿瘤，受害部位有的还生有白色丝状物、紫色垫状物或黑色点状物，如苗木猝倒病、茎腐病等。叶部及嫩梢受害后出现形态、大小、颜色不同的斑点，或上面生有黄褐色、白色、黑色的粉状物、丝状物或点状物，如白粉病、煤污病等。苗期枝干病害往往在幼树及大树均有，如泡桐丛枝病、枣疯病、杨树溃疡病等，出现丛枝、溃疡等症状。常见苗木侵染性病害如下：

1. 苗木猝倒病

（1）分布及危害 苗木猝倒病又称立枯病，苗圃普遍发生，危害松、杉、刺槐、桑、银杏等树种。

（2）识别特征 从播种到苗木木质化均可能出现猝倒病，但受害最重的是苗木出土至苗木木质化前的幼苗阶段。不同时期苗木受害后所表现的症状特点不同。

①种芽腐烂型：种子播种后至出土前即被病菌侵染而腐烂，腐烂的种子多呈水肿状，以后在腐烂种子的外部被有一层白色或粉红色的丝状物。

②茎叶腐烂型：种子发芽后，嫩芽尚未出土前，如果湿度过大或播种量过多，苗木密集，遭受病菌侵害而腐烂，最后全株枯死。

③幼苗猝倒型：幼苗出土后，尚未木质化前，苗茎基部受到病菌侵染，腐烂细缢，呈浸渍状病斑，上部褪色萎蔫，甚至变成褐色，遇风吹时便折断倒伏，故名猝倒病，这是该病典型的症状。该病最常见的症状表现，多发生在苗木出土后的1个月之内。

④苗木立枯型：苗木茎部木质化以后，病菌难从根颈部侵入，如土壤存在病菌较

多，在环境条件适宜时，则病菌侵害根部，使根部腐烂，全株枯死，但不倒伏，故称立枯病，也叫根腐烂型立枯病。

（3）**病原**　主要是真菌中半知菌的立枯丝核菌（*Rhizoctonia solani* Kühn）、腐皮镰孢菌［*Fusarium solani*（Mart.）App. et Wollanw.］和尖镰孢菌（*F. oxysporum* Schl.），以及鞭毛菌的终极腐霉（*Pythium ultimum* Tuow.）和瓜果腐霉［*P. aphanidermatum*（Eds.）Fitz.］，有时还有半知菌的细链格孢菌（*Alternaria tenuis* Nees.）等。一些非生物因素也能引起苗木猝倒病，如苗圃地低洼积水、排水不良、土壤黏重、地表板结等。

（4）**发生特点**　病原菌来源于土壤，如前茬是叶菜、瓜类、番茄、马铃薯、棉花等易感病植物，土壤中有大量病株残体，病菌繁殖快，苗木易受侵染。猝倒病菌主要侵染一年生苗木，发病时间一般在4～10月，发病高峰期一般在苗木出土后1个月左右。病害发生发展与土壤含水量、降水量、降水次数、空气相对湿度关系密切。降水量大，降水次数多，雨季长，空气相对湿度大，土壤过于黏重，发病就严重。整地粗糙，土块大小不一，高低不平，圃地积水，也易遭病菌侵染。未腐熟的有机肥常混有带菌的植物残体，施入土壤后，促进病菌的发展，且苗床上肥料在分解过程中发热而伤害幼苗，为病菌侵染提供了条件。播种过早，土壤温度低，会延迟出苗时间，易发生种芽腐烂型。播种太迟，苗木出土晚，在雨季到来之前苗木未木质化，苗木脆弱，易感病期与高温高湿的易感病环境相遇，而可能导致病害大发生。种子质量差，播种量过多，管理不当等均易发生猝倒病。

（5）**防治方法**

①选好苗圃地：应选择地势平坦、排水良好的平地或缓坡地，且土壤肥沃、结构良好的沙质壤土和壤土为宜。低洼、土壤过黏重以及前茬为叶菜、瓜果、棉花、马铃薯、花生、玉米的地块，不宜作苗圃，要实行轮作和精耕细作。

②种子消毒：如未进行土壤消毒就要进行种子消毒处理，处理的药剂种类很多，选用时尽量避免使用剧毒农药，禁止使用高残留的农药。常用方法有：用福尔马林兑水80倍均匀洒在种子上，然后盖严堆置2h，再将种子摊开，气味挥发干净后播种，或用1.5%的多菌灵拌种，或用95%敌磺钠拌种（100kg种子用药量150～350g）。

③土壤消毒：可于播种前在床面上喷洒2%～3%的硫酸亚铁水溶液，用量为0.5kg/m^2；或用福尔马林50倍液喷洒床面，用量6L/m^2，淋透深度在3～5cm，然后用塑料薄膜覆盖；或在苗床上堆积柴草焚烧，使20cm土层内达到灼热灭菌的程度，冷却后播种；或用不带菌的心土（50cm以下的深层土）、火烧土铺在苗床上，然后播种，使原苗床上的病菌与种子隔离。

④苗期喷药：幼苗出土后，每隔7～10d喷1次等量式波尔多液，共喷2～3次，进行预防。当病害发生后，应销毁病苗，并用2%的硫酸亚铁溶液喷洒，每公顷用药液1 500～2 250kg，喷药后半小时再用清水喷洗掉叶面上的药液，免遭药害，共喷药2～3次。也可每半个月喷1次0.3%的漂白粉液。

⑤生物防治：在播种沟内施入带有菌根菌的松林土或撒入菌根制剂，接入菌根菌不仅有利于松苗的生长，而且可以减轻猝倒病的危害。此外，土壤中接入木霉菌等对

猝倒病菌也有很好的抑制作用。

2. 松苗叶枯病

（1）**分布及危害** 松苗叶枯病是南方松树常见的病害，主要危害马尾松、黑松等幼苗，苗期及定植1～2年的幼林发病率极高，严重时成片死亡。

（2）**识别特征** 下部针叶首先发病，并逐渐向上蔓延，严重者全株枯黄以致死亡。病叶从尖端开始出现一段一段黄绿相间的段斑，此后颜色变深，呈深褐色至灰黑色。在病斑上沿气孔线排列的黑色小霉点为病原菌的繁殖体。病叶干枯下垂、扭曲，但不脱落。

（3）**病原** 由真菌中半知菌的赤松尾孢菌（*Cercospora pinidensiflorae* Hori et Nambu）引起。

（4）**发生特点** 病菌以菌丝体在受害松苗感病叶上越冬，翌年产生分生孢子，借风传播。6～10月为发病期，盛夏为流行期，高温高湿有利于病害发生，11月以后逐渐停止蔓延。播种量过多，苗木生长过密，通风透光性差，病害容易发生。土壤贫瘠，保肥保水能力差，苗木生长纤弱也易感病。

（5）**防治方法**

①采取合理的育苗措施，在土质疏松、肥沃，利于排灌的地方育苗。

②播种要适量，密度合理，加强水肥管理，及时清除病弱苗。

③发病严重的苗圃避免连作，如必须连作，或在其邻近育苗，应把脱落的病叶、病苗集中烧毁或深埋，土地应深耕。

④苗木发病期，除及时检查，对发病较早的病叶摘除或拔除病株外，还需喷洒杀菌剂，如1∶1∶100～200的波尔多液，或0.3波美度的石硫合剂等。

3. 苗木茎腐病

（1）**分布及危害** 茎腐病主要分布于淮河以南，长江流域以南最为普遍，北方一些夏季高温地区也时有发生。危害银杏、松、香榧、杜仲、水杉、柳杉、枫香、栗、乌桕、刺槐等200余种植物，其中以银杏、香榧、杜仲等最易感病。

（2）**识别特征** 苗木感病后主要表现为根茎部变褐色，皮层坏死，病斑沿茎部扩展，包围全茎后全株枯死。叶枯死下垂但不脱落，顶芽枯死。树皮厚的树种，外皮层肥厚，脱离木质部，内皮层腐烂呈海绵状或粉末状，灰白色，内皮层内及髓心内均有黑色颗粒状的小菌核；树皮薄的树种，皮层紧贴在苗茎上，不易剥离，但表皮层与木质部间也有小菌核。受害苗木最后根部也被害，根皮腐烂，拔起病苗时根部皮层往往脱落，仅剩余木质部。一至二年生苗木感病后很容易枯死，二年生以上苗木较少感病，且病株根部往往不枯死。

（3）**病原** 由菜豆壳孢菌［*Macrophomina phaseolina*（Tassi）Goid.］引起。

（4）**发生特点** 该病菌是一种弱寄生菌，可长期在土壤中的病株残体上营腐生生活，或以其菌核在土壤中休眠越冬，当条件适宜时侵害苗木。苗木长势及环境条件与病害发生关系密切，夏季地表的高温，易引起苗木根茎灼伤，为病菌侵入提供了条件，是诱发茎腐病发生的重要条件。苗床低洼积水，苗木生长不良也易发病。一般6～8月气温高，降水时间早，降水量大，持续时间长，则病害来得早且重。9月以后气温降低，茎腐病停止发生。

(5) **防治方法**

①促进苗木生长健壮，提早木质化，提高抗病能力。夏季降低苗床土温。

②行间覆草或间种其他抗病树苗、农作物或绿肥。

③播种前用化学农药处理土壤，可用福尔马林加 50 倍水稀释后浇灌，用量为 6kg/m²，然后用塑料膜覆盖 1 周后掀开，经过 3d 晾晒后再播种，或用溴甲烷（用药量 20～31mL/m²）或氯化苦（40%原液，用药量 20～30mL/m²）对土壤进行处理。

4. 苗木白绢病

(1) **分布及危害**　白绢病又称菌核性苗枯病或菌核性根腐病。此病多发生在我国南方，如广东、广西、四川、湖南等地。受害树种有油茶、油桐、核桃、泡桐、乌桕、香榧、桉树、杉木、马尾松、苹果、茶等，主要危害苗木和幼树，造成大片苗木死亡。

(2) **识别特征**　受感染的苗木茎基部及根部皮层变褐色坏死，潮湿时在表面有白色绢丝状的菌丝体，并在根际表面呈扇形扩展，此后在上面产生菜籽状的小颗粒状物，即病菌的菌核。菌核初为白色，逐渐加深至茶褐色。菌丝向下蔓延至根部，引起根腐，其表面也有白色菌丝体和小菌核。土壤湿润时病株周围土壤中有蛛网状菌丝体。苗根及茎基皮层腐烂，地上部分叶发黄，最后全株枯死。

(3) **病原**　无性型为真菌中半知菌的齐整小核菌（*Sclerotium rolfsii* Sacc.），有性型为担子菌的白绢薄膜革菌［*Pellicularia rolfsii*（Sacc.）West.］。

(4) **发生特点**　以菌丝和菌核在土壤中和病株残体上越冬。菌核在土壤中可存活 5～6 年，在低温干燥条件下存活更长。病菌主要随水流、病株运输传播。该病菌喜高温高湿，在南方 6～9 月为发病期，7～8 月为发病高峰期。在北方的温室大棚中高温、高湿、通风透光差，容易发病。苗床积水，土壤贫瘠、黏重，也易发病。

(5) **防治方法**

①发病重灾区要与禾本科等抗病植物实行 5 年以上的轮作。

②改善苗木生长环境条件，温室育苗要注意通风、透气、透光。

③土壤处理：在有病菌的土壤中每公顷撒 750kg 石灰可减轻病害。发病初期用 1%硫酸铜溶液浇灌土壤。严重时拔除病株，并在穴内换新土。

5. 煤污病

(1) **分布及危害**　煤污病又称煤烟病，分布于全国各地，危害柳、茶、油茶、泡桐等多种阔叶树及针叶树，造成树势衰弱，生长缓慢，甚至死亡。

(2) **识别特征**　受害树木的叶片、嫩枝表面覆盖一层黑色的煤烟层，是病菌的营养体和繁殖体，可用手抹去。在其上面常伴有蚜虫、介壳虫、粉虱等及其分泌物，危害严重时树木逐渐枯萎。

(3) **病原**　有多种病原菌，主要是子囊菌中的煤炱属（*Capnodium* spp.）和小煤炱属（*Meliola* spp.）的一些真菌。

(4) **发生特点**　煤污病菌营养体覆盖在被害植物表面，形成一层煤烟状物，影响寄主的光合作用和呼吸作用，对植物没有明显的直接病理作用。病菌在树木受害部位和昆虫体上越冬，借风、雨、昆虫等传播。一般 4～6 月、8～9 月为发病高峰期。蚜虫、介壳虫等危害严重时煤污病也相应较重。苗木过密、空气湿度大、通风透光不良均有利于此病发生。

（5）防治方法

①防治蚜虫、介壳虫等可减少发病。也可采用喷洒石硫合剂的方法防治（发芽前3波美度，春、秋季1波美度，夏季0.3～0.5波美度）。

②合理密植，适当修枝，保持通风透光良好。

6. 幼苗灰霉病

（1）**分布及危害** 幼苗灰霉病是一种分布非常广的苗木病害，也是温室中常见的病害。危害多种植物，包括林木、观赏植物、农作物等，在一定条件下，几乎所有幼苗都可能被侵害，苗木中以针叶树幼苗受害较重，有时能造成成片苗木死亡。

（2）**识别特征** 多发生在嫩茎、叶片上，叶片受害呈凋萎、卷曲状，如霜打一般，嫩茎受害后变褐色、皱缩，产生溃疡斑，导致病部以上死亡。受害部位上密生灰褐色绒毛，为病菌的营养体和繁殖体。

（3）**病原** 由真菌中半知菌的灰葡萄孢菌（*Botrytis cinerea* Pers.）引起，有性世代是子囊菌的富克尔核盘菌［*Sclerotinia fuckeliana*（de Bary）Fudk.］

（4）**发生特点** 病菌以菌丝、孢子、菌核越冬，随气流传播。病菌可在枯死的植株组织上生活，易侵害衰弱或处于垂死状态的植株。长期阴雨连绵、低温、潮湿、光照不足，有利于病害流行。苗木过密，生长纤细，木质化程度低，容易发生此病。温室通气差，相对湿度过大，更易发生此病。

（5）防治方法

①控制苗木密度，使苗木间通风透光，尤其温室育苗更应注意通风。

②加强管理，合理施肥，适当增施磷、钾肥，加速苗木木质化，遇长期阴雨低温时打开荫棚，以利于通风透光。

③冬季苗木贮藏和运输中很容易发生灰霉病，为此，要做好预防工作，清除有病苗木，并喷洒杀菌剂，发病初期开始喷药，如用75%的百菌清可湿性粉剂500倍液，或50%的多菌灵可湿性粉剂200倍液。

7. 阔叶树苗木白粉病

（1）**分布及危害** 白粉病是一种非常普遍的病害，分布于全国各地，危害杨、柳、栎、栗、白蜡、水曲柳、核桃、泡桐、桑、槭、橡胶树、苹果、梨、桃、葡萄等许多阔叶树种的幼苗和大树。

（2）**识别特征** 受害部位覆盖一层白色粉末状物，是病菌的营养体和繁殖体。后期在白色粉末层中出现小颗粒，初为淡黄色，渐变为黄褐色、黑褐色，是病菌的有性繁殖体。白粉菌种类不同，在各种树木上出现的症状部位也不同，如臭椿白粉病出现在叶面，黄栌白粉病出现在叶背。白粉菌可危害叶片、嫩梢、花、果实，造成叶片早落，嫩梢枯死，落花落果。

（3）**病原** 由真菌中子囊菌的白粉菌引起，常见的有榛球针壳［*Phyllactinia corylea*（Pers.）Karst.］、柳钩丝壳［*Uncinula salicis*（DC.）Wint.］、桤叉丝壳［*Microsphaera alni*（Wallr.）Salm.］、白叉丝单囊壳［*Podosphaera leucotricha*（Ell. et EV.）Salm.］及猪毛菜内丝白粉菌［*Leveillula saxaouli*（Sorok）Golov.］等。

（4）**发生特点** 病菌在病叶、病梢、病枝等寄主上越冬。随气流传播。发病时间因白粉病种类而异，苹果白粉病春天嫩叶展开时就开始发病，一般5～6月的春梢、8～9月的秋梢发病严重。臭椿白粉病等许多林木白粉病秋天开始发病，9～10月发病最重。苗圃管理粗放，苗木过密，通风不良，雨水多，土壤潮湿等情况下病害严重。

（5）防治方法

①栽植抗病品种，合理密植，科学管理，控制氮肥，防止徒长。

②春季剪除病芽、病枝，集中销毁，秋天集中处理病叶。

③春季萌芽前喷3～5波美度石硫合剂，生长期喷0.2～0.5波美度石硫合剂，或70%甲基硫菌灵可湿性粉剂800～1 000倍液，或25%三唑酮800倍液。

8. 苗木紫纹羽病

（1）分布及危害 紫纹羽病又名紫色根腐病，分布于黑龙江、吉林、辽宁、河北、北京、河南、山东、安徽、江苏、浙江、广东、四川、云南等地。危害柏、松、杉、刺槐、杨、柳、桑、栎、漆树、苹果、橡胶树等120多种针叶树和阔叶树，小苗、幼树至大树均可受害。苗木感病后发展迅速，很快死亡，成年树发病缓慢，严重时由于根颈腐烂导致全株枯死。

（2）识别特征 小根先受害，逐渐向侧根及主根蔓延，可达到树干基部。皮层变黑腐烂，易与木质部剥离。病根及干基部表面覆盖一层紫色网状菌丝体或菌丝束，有的上面还有小菌核。雨季形成一层质地较厚的绒毛状紫褐色菌膜，如膏药状贴在树干基部，甚至蔓延到附近地面，散发出蘑菇味。受害苗木长势衰弱，新梢生长量少，叶型小，色淡，夏天时萎蔫、变黄，早脱落。

（3）病原 有性型为真菌中担子菌的紫卷担子菌［*Helicobasidium purpureum*（Tul.）Pat.］，无性型为半知菌的紫纹羽核菌（*Rhizoctonia crocorum* Fr.）。

（4）发生特点 病菌以菌丝体、菌核、菌索在病株、残体及土壤中越冬，以菌丝束在土壤中延伸为主，可随带菌苗木远距离传播。地势低洼积水地容易发病，4月开始发病，一般6～8月为发病高峰期。

（5）防治方法

①选择排水良好、土层疏松的苗圃地育苗。调运苗木严格检验，防止病苗出圃。

②发现病株后，清除病根并烧毁，并用25%硫酸亚铁浇灌病穴。

9. 根癌病

（1）分布及危害 根癌病是一种世界性病害，我国主要分布于河南、陕西、河北、山西、山东、甘肃、宁夏、北京、辽宁、吉林、浙江、福建等地。危害桃、李、苹果、山楂、毛白杨、加杨等树种300余种，是果树、林木最常见的根部病害，对苗木及幼树危害严重。受害树木生长不良，甚至全株枯死。

（2）识别特征 主要发生在根颈部，有时主根、侧根、主干和侧枝上也可发生。发病部位形成大小不等近圆形的瘤，起初呈灰白色、光滑，逐渐变大，变为褐色至深褐色，质地坚硬，表面粗糙。

（3）病原 由细菌中致癌农杆菌［*Agrobacterium tumefaciens*（Smith et Towns.）Conn.］引起。

（4）发生特点 该细菌可在病瘤内或土壤中的病株残体内存活1年以上，主要通过水流、苗木传播，从机械损伤、虫伤等各种伤口侵入。远距离传播主要依靠带病苗木。微碱性、湿度大的土壤有利于发病。

（5）防治方法

①加强检疫，严禁带病苗木调运。

②对苗圃中易感染树种实行 3 年以上的轮作。

③重病区土壤要消毒后再育苗，按 50～100g/m^2 将硫黄粉或漂白粉与土壤混合，并剔除病根。

10. 根结线虫病

（1）**分布及危害** 全国各地苗圃均有发生，以四川、湖南、河北等地为重。可危害柳、泡桐、杨、水曲柳、槭树、桑、茶、文冠果、山核桃、枣等 1 700 多种植物。苗木受害后生长不良，严重时整株死亡。

（2）**识别特征** 主要发生在幼嫩的支根和侧根上，小苗的主根上也有发生。受害部位形成大小不等的瘤状物，切开小瘤，内有乳白色发亮的粒状物，即线虫虫体。

（3）**病原** 由线虫纲的根结线虫（*Meloidogyne* spp.）引起。

（4）**发生特点** 1 年可发生多代，幼虫、成虫和卵都可在土壤中或病瘤内越冬，大多数在土壤表层内活动，可通过苗木、水流、土壤、农事操作进行传播。土温 20～27℃、土壤潮湿时，有助于病害发生。

（5）防治方法

①调用种苗时严格检查，防止病害扩散。

②已发生根结线虫的苗圃实行轮作，栽种松、杉、柏等抗病树种。

③土壤深翻、水淹或日光暴晒，高温干燥均可减轻病害。

11. 杨树黑斑病

（1）**分布及危害** 杨树黑斑病是最常见的杨树叶部病害之一，分布于所有杨树栽植区。危害北京杨、毛白杨、加杨、I－214 杨、沙兰杨等多种杨树。病害能引起幼苗大量死亡或提前落叶，幼树、大树也可受危害。

（2）**识别特征** 病害主要侵染叶片，果穗、嫩梢等也可发病。病害发生在叶片上，自下向上蔓延。发病初期，先在叶背出现针刺状、凹陷发亮的小黑点，2d 后直径扩大 1mm 左右，稍隆起，黑褐色。叶正面也随之出现黑褐色点，2～3d 扩大到 1mm。5～6d 后病斑中央出现灰白色突起的小点，是病原菌分生孢子盘。以后病斑扩大连成大斑，多呈圆形，发病严重时，整个叶片变成黑色，干枯而脱落。苗木老叶片枯死，导致植株死亡。在嫩茎上病斑呈棱状，中黑褐色，后期病斑中央也有灰白色孢子盘产生。

（3）**病原** 目前我国的杨树黑斑病菌有 3 种，均属真菌中的半知菌。常见的为杨生盘二孢菌［*Marssonina brunnea*（Ell. et Ev.）Magn.］，又分为寄生在白杨派树种的单芽管专化型（*M. brunnea* f. sp. *monogermtubi*）和寄生于黑杨派和青杨派树种的多芽管专化型（*M. brunnea* f. sp. *multigermtubi*）。

（4）**发生特点** 病菌以菌丝体在病落叶或枝梢的病斑上越冬。翌年春季菌丝体产生分生孢子，借雨水和灌溉水反溅而传播。孢子萌发适温为 20～28℃，病害潜育期为 2～8d。在同一生长季节中，病菌可多次再侵染。7 月下旬至 8 月上旬为发病盛期，9 月末至 10 月初停止发病。在高温、高湿条件下，发病快且重。苗圃地低洼、苗木生长过密、连作、生长衰弱等均易发病。

(5) **防治方法**

①育苗时选用抗病杨树品种。

②注意合理密植，保持育苗地通风透光。

③在发病前喷洒40%的多菌灵800倍液。

12. 泡桐丛枝病

(1) **分布及危害**　在我国以泡桐主产地河南、山东、河北、安徽、陕西等地发病最为严重，江苏、浙江、江西、湖北、湖南等省泡桐栽植区也有不同程度的发生。苗木及幼树发病严重时当年枯死，大树受害后严重影响生长。

(2) **识别特征**　泡桐感病后在枝、叶、干、根、花部均表现出症状。常见的有丛枝型、花变枝叶型两种。丛枝型：隐芽大量萌发，侧枝丛生，纤弱，形成扫帚状，叶片小，黄化，有时皱缩，幼苗感病则植株矮化。花变枝叶型：花瓣变成叶状，花柄或柱头生出小枝，花萼变薄，花托多裂，花蕾变形，病枝常在冬季枯死。

(3) **病原**　病原为类菌原体（MLO）。

(4) **发生特点**　病株体内各个部位均有病原体存在。病菌可通过种根、苗木调运、媒介昆虫、嫁接进行传播。用种子繁殖的幼苗发病少，平茬苗、根蘖苗发病率高。泡桐品种间发病程度差异很大，兰考泡桐、楸叶泡桐、绒毛泡桐发病率较高，白花泡桐、川泡桐、台湾泡桐发病率较低。南方地区及沿海多雨地区发病率也较低。

(5) **防治方法**

①培育脱毒苗。利用茎尖在35℃温水中培养，或采根后在40～50℃温水中浸根30min后育苗。

②选用抗病品种育苗。

③从健康母树采种、采根，推广种子繁殖，不用平茬苗、留根苗或根蘖苗，严禁从病区引进种根、苗木。

13. 菟丝子

(1) **分布及危害**　菟丝子分布于全国各地，危害杨、柳、刺槐、枣、槭树、花椒等多种植物。植物被菟丝子缠绕，影响植株生长，严重时造成植株死亡。菟丝子还是某些植物病毒和植物菌原体的传带者。

(2) **识别特征**　起初少数黄色或黄白色细藤缠绕在苗的茎和叶上，以后细藤不断分枝伸长，从一枝蔓延到另一枝，一株蔓延到另一株，最终将苗木缠绕在一起，造成苗木生长不良。

(3) **病原**　菟丝子科植物，我国主要有中国菟丝子（*Cuscuta chinensis*）和日本菟丝子（*C. japonica*）。

(4) **发生特点**　菟丝子属寄生性种子植物，无根，无叶，无叶绿体，自身不能制造营养，靠吸器刺破寄主皮层吸收养分和水分。1株菟丝子成熟时能产2 500～3 000粒种子，有的甚至数万粒。夏末开花，9～10月果实成熟。沙地上生长的植物易受菟丝子危害。种子埋入土壤3cm以下不易发芽。

(5) **防治方法**

①受害严重的苗圃地，播种前深翻，将菟丝子种子深埋。

②春末夏初检查苗圃地，彻底清除菟丝子及受侵害的苗木。

③化学防治，每公顷施用敌草腈 3.75kg。

三、常见苗木虫害及防治

按害虫的危害部位将苗木害虫分为种子害虫、根部害虫、嫩枝幼干害虫、叶部害虫等。

种子害虫是在林木种实形成和生长发育过程中，或长期贮藏过程中进行侵害的。因此，这类害虫的主要防治工作都必须在种子园或采种基地或仓库中进行。在育苗时要加强种子检验工作。根部害虫取食幼苗的根、茎，被害幼苗和苗木迅速死亡，常常造成断垄缺苗，影响出苗率，主要种类有地老虎类、金龟类、蝼蛄类和金针虫类、蒙古象甲等。嫩枝幼干害虫危害苗木的茎干和嫩梢嫩叶，主要种类有蚜虫类、天牛类。食叶害虫的种类极多，主要种类有叶甲类、潜叶蛾类、刺蛾类、尺蛾类、舟蛾类。苗木虫害常常是造成苗圃重大损失的一个主要因素。苗木害虫种类很多，这里仅介绍其中最主要的种类及其防治方法。

（一）根部害虫

1. 地老虎类 地老虎类属鳞翅目夜蛾科，是严重危害林木幼苗根部的害虫。幼龄幼虫取食苗木叶片或根茎间，被害处形如网孔。3 龄后，白天分散潜伏在幼苗根际附近的土壤中，夜间外出，常将幼苗自根际咬断，拖入藏身处取食，有时部分植株可残留原处，呈立枯状。成虫白天多隐藏于暗处，不易见到。

（1）主要种类和习性 主要种类有小地老虎、大地老虎、黄地老虎和八字地老虎等。

①小地老虎：俗称小地蚕、切根虫、土蚕等。我国以长江流域和沿海地区受害最重，北方多发生于低洼内涝地区。每年发生 3～6 代。第一代个体数量最多，危害严重。发生盛期在 3 月下旬至 4 月中旬，以蛹或幼虫在土内越冬。卵散产于杂草、苗木、落叶上或土缝中，一般每头雌虫产卵量平均近 1 000 粒，高可达 2 000～3 000 粒。

②大地老虎：分布于全国各地，常与小地老虎混合发生。食性较杂，危害状和生活习性与小地老虎相似。每年只发生 1 代。以幼龄幼虫在土中越冬。3 月下旬至 4 月中旬开始活动，5～6 月幼虫老熟，开始越夏，9 月前后夏眠结束，即在土室内化蛹，10 月出现成虫。

③黄地老虎：以西北地区危害较重。每年发生 2～4 代，以蛹、幼虫在土内越冬。生活习性与小地老虎相似。

④八字地老虎：全国各地均有分布，常与小地老虎混合发生或单独发生。能危害杨、柳等多种苗木。

（2）防治方法

①清除杂草：地老虎的成虫都喜欢在杂草上产卵，因此，早春时节，在成虫产卵盛期之后，幼虫大量孵化时，及时清除圃地及其周边的杂草，减少地老虎的危害。

②诱杀幼虫：在苗圃地里每隔一定距离放一张新鲜泡桐叶子，每平方米平均放 1 张即可，第二天将诱到的叶下幼虫杀死；在幼芽出土前将新鲜杂草 50kg，拌和 90%敌百虫 0.5kg，加水 2.5～5kg，6～7m 放一堆，诱杀幼虫。

③诱杀成虫：几种地老虎成虫趋光性强，都喜食糖蜜，因此，在成虫盛发始期，可用黑光灯诱杀成虫，或用糖 6 份、醋 3 份、白酒 1 份、水 10 份配成的糖醋液，加入 25%敌百虫粉剂 1 份，诱杀成虫。

④化学防治：4～5 月在苗床上每隔 1 周喷 1 次 50%敌敌畏 1 000 倍液，也可用 90%敌百虫或 75%辛硫磷乳油 1 000 倍液，或 20%氧乐果乳油 300 倍液在幼苗上防治 2～3 龄幼虫。

2. 金龟类 属鞘翅目金龟甲科，俗称金爬牛、瞎撞等。幼虫通称蛴螬。成虫取食植物叶片或花，幼虫则主要危害植物的根，幼苗根系常被咬断或蚕食殆尽，整株死亡，在富含腐殖质的壤土或沙壤土地带，危害特别严重。

(1) 主要种类和习性 金龟甲种类很多，主要有大黑鳃金龟、棕色鳃角金龟、铜绿丽金龟、黑绒鳃角金龟等。

一般 1～2 年完成 1 代。成虫大多于黄昏时分活动飞翔，夜间取食林木叶片，白天潜藏于附近土壤中或枯落物下。也有一些白天取食的种类。成虫有强烈的伪死性和趋光性。卵产于土中，不易见到。

(2) 防治方法

①杀灭幼虫：对蛴螬害虫危害严重的苗圃地，播种和植苗前，必须灌水淹 3d，及时清除浮出水面的幼虫，或每 667m^2 用 2.5%敌百虫 0.5kg 加细土 30 倍撒施畦面后翻入土中，也可用辛硫磷、毒死蜱等常规量，做好预防性工作。

②杀灭成虫：可用黑光灯诱杀、人工捕杀或用 2.5%敌百虫粉剂或氧乐果、辛硫磷、杀螟硫磷等农药药杀。

③经常性灭虫：对少量发生的蛴螬，可分别采取下述措施，用 20%甲基异柳磷乳油，或 40%乙酰甲胺磷乳油，或 50%辛硫磷乳油加水 4～6 倍，或用敌百虫原药兑水 1 000 倍浇灌被害苗苗根至表土下 4～5cm 湿润即可。

3. 蝼蛄类 蝼蛄属直翅目蝼蛄科，俗称拉拉蛄。成虫、若虫都取食苗根，有时在苗行表土层掘土穿行，可造成小苗大量死亡，对播种苗危害很大。

(1) 主要种类和习性 主要种类有华北蝼蛄、非洲蝼蛄等。两种蝼蛄的习性及危害活动相似。蝼蛄一般在 10 月下旬越冬，直至次年 3 月中下旬苏醒，并开始活动，4 月下旬开始大量出土危害，至 6 月中下旬为取食危害盛期，6 月下旬至 8 月下旬进入土下 30～40cm 处越夏，9～10 月再出土危害。

蝼蛄昼伏夜出，20:00～23:00 为活动高峰期，有较强的趋光性，喜潮湿，多集居于河岸两旁沙质和沙壤质以及新灌溉的地块中。对粪土、厩肥、炒香的豆饼及麸皮等都有较强的趋性。

(2) 防治方法

①苗床毒土处理：在危害严重的地区，播种前用毒土处理苗床。用 2.5%敌百虫粉剂 1kg 加 20kg 细土，拌匀撒于苗床上，立即用齿耙翻入土中。每 667m^2 毒土用量为 13kg 左右。

②药剂拌种：用 50%辛硫磷乳油每 100mL 兑水 5～7L 拌种。

③毒饵和黑光灯诱杀：用 2.5%敌百虫粉剂 1 份加半熟的饵料（谷子、炒豆饼等）10 份，加入部分适量鲜叶，傍晚时撒于苗床上，每 667m^2 用量约 2kg。在苗圃

大道上或其他空地上设置黑光灯诱杀成虫。

4. 蟋蟀类 蟋蟀属直翅目蟋蟀科。成虫、若虫均危害苗木幼嫩部分，常造成缺苗。

(1) 主要种类和习性 主要种类有油葫芦和大蟋蟀等。油葫芦主要分布于我国北部。大蟋蟀分布于广东、广西、福建及其以南各地。蟋蟀类都是1年1代，雄性都能发声。油葫芦以卵越冬，栖息于砖瓦、土块下或杂草丛中。大蟋蟀以若虫越冬，成、若虫均栖息于土洞内。食性都较杂。

(2) 防治方法

①苗床药剂处理：播种前，每667m² 用氯唑磷2kg拌细土撒施或沟施处理苗床。

②毒饵诱杀：用麦糠、粉碎后的花生壳或切碎的菜叶、嫩草等16份，25%敌百虫粉剂1份拌匀（干料需加适量水，调至紧捏可以成团，但又不至流水后，再与农药搅拌均匀），制成毒饵，傍晚时分撒布于苗畦或蟋蟀洞口附近。

③捕杀：少量出现大蟋蟀，可拨开洞口土堆，滴入煤油数滴，用尖嘴壶对准洞口灌水至水满，连续数次，直至大蟋蟀浮出洞口，捉住杀死。

（二）枝干害虫

1. 蚜虫类 蚜虫属同翅目蚜虫科。种类很多，体微小柔软，常成千上万地集聚于苗木的嫩芽、嫩枝或嫩叶上吸食树木汁液，并分泌蜜露，玷污枝叶。

蚜虫类生活史复杂，营两性生殖或孤雌生殖，世代交替。很多种类常在一年生植物和多年生植物上进行季节性迁移。1年中世代重叠，繁殖迅速，有些种类1年发生10～31代。

(1) 主要种类和习性 主要种类有刺槐蚜和柏大蚜等。

①刺槐蚜：刺槐蚜又称洋槐蚜，分布于辽宁、北京、河北、山东、江苏等地。1年可发生20余代。刺槐蚜3月在越冬寄主上开始大量繁殖，4月中下旬有翅孤雌成虫开始迁入刺槐、国槐等林木上危害新梢。此后遇高温干旱天气，繁殖迁移速度快，数量大，可导致大量新梢枯萎。阴冷暴雨天气可使刺槐蚜大量死亡。秋凉以后，逐渐迁至野生豆科植物上，以无翅孤雌蚜、若虫及少量卵越冬。

②柏大蚜：危害柏树，是蚜虫中体型较大的种类。全年在柏树上取食。河南1年可发生20代。以卵及无翅胎生雌蚜越冬，高温干旱则发生量大，危害严重。

(2) 防治方法 蚜虫危害轻重，与季节及当时气候密切相关。春末天旱，1年中最初的几代易大发生，要加强圃地巡视。发现较大蚜害，必须及时喷药加以控制。用50%对硫磷乳油2 000～2 500倍液，或50%抗蚜威可湿性粉剂2 000～3 000倍液喷洒。喷药时机应选择蚜害初起，瓢虫、草蛉等天敌尚未大量出现时进行。

2. 蚧类 蚧属同翅目蚧总科。种类很多，为小型昆虫，雌雄异型。若虫以口针刺入树皮内取食汁液，很多种类若虫第一次取食后即固定于植物上不再移动。大量个体群集吸取植物营养，造成植物失水、落叶，枝条逐渐干枯，终至死亡。蚧类主动迁移能力弱，主要依靠其若虫、成虫等附着于苗木及其包装物扩散蔓延。

(1) 主要种类和习性 主要种类有草履蚧和扁平球坚蚧、杨圆蚧等。

①草履蚧：国内各地常见。1年发生1代。以隐藏于墙根松土、裂缝、枯枝落叶下的卵囊或初孵若虫越冬。翌年早春孵化上树取食嫩枝、幼芽等，并分泌大量蜜露。

5月前后成虫羽化交尾，6月中下旬雌虫陆续下树产卵越冬。

②扁平球坚蚧：取食泡桐、梨、桃、核桃等多种树木。一般1年发生1～2代。以2龄若虫在枝上越冬。3月开始迁至嫩枝上固定取食，4月陆续成熟，卵产于体壳内，卵期20d，若虫孵化后爬树取食，落叶前再转移越冬。

③杨圆蚧：主要危害杨树，发生严重时枝干布满圆形介壳，造成梢枯甚至全株死亡。1年发生1代，除越冬若虫外，各虫态发育不整齐，8月上旬开始以2龄若虫陆续进入越冬期。

（2）防治方法

①加强检疫：蚧类主动迁移能力差。防治的关键是做好苗木、插条、插穗等繁殖材料的检验和检疫。

②人工抹杀：少量发生可用布条人工仔细抹杀。

③药剂灭虫：若虫大量出现初期，要及时喷药消灭。常用药及其剂量如下，洗衣粉500～800倍液，或80%敌敌畏乳油1 200倍液，或2.5%溴氰菊酯乳油3 000～4 000倍液，或0.5～1波美度石硫合剂及机油乳剂等。

3. 透翅蛾类 透翅蛾属鳞翅目透翅蛾科。

（1）主要种类及习性 主要种类有白杨透翅蛾等。白杨透翅蛾是我国杨树苗木最重要的害虫之一，分布于辽宁、内蒙古、河北、北京、河南、江苏、浙江、山西、陕西等地。幼虫蛀食苗木的枝、干和顶芽，形成秃梢和虫瘿，影响苗木生长。1年发生1代。以幼虫在被害苗木枝干虫道内越冬。6月初成虫羽化，蛹壳大半留在羽化孔内，不易掉落。

（2）防治方法

①加强检疫，杜绝带虫苗木进入本地区。

②已经发生的地区，尽量伐除苗圃附近的毛白杨和银白杨大树，另在圃地周边小片种植这两个树种的幼苗诱集成虫前来产卵，秋末将苗木全部焚毁。

③少量发生时可用50%杀螟硫磷或磷胺乳油50倍液涂抹虫孔周围或滴入虫孔内。也可用80%敌敌畏乳油2 000倍液于成虫羽化盛期全面喷洒杀灭成虫。

4. 蝙蝠蛾类 蝙蝠蛾属鳞翅目蝙蝠蛾科。

（1）主要种类及习性 苗木上常见有柳蝙蛾和一点蝙蛾等。柳蝙蛾危害杨、柳、苹果等。1年发生1代或2年发生1代。以卵在地面或以幼虫在苗木内越冬。一点蝙蛾除危害阔叶树外，也危害杉、柏等针叶树。

（2）防治方法

①加强检疫，严禁带虫苗木进出苗圃。

②药剂防治。用50%敌敌畏乳油，或50%杀螟硫磷乳油，或80%敌百虫可溶性粉剂300倍液注入虫洞内。

5. 天牛类 天牛属鞘翅目天牛科，为常见的枝干害虫。

（1）主要种类及习性 主要种类有青杨楔天牛、光肩星天牛、桑天牛等。青杨楔天牛分布于黑龙江、辽宁、陕西、甘肃、宁夏、青海、新疆、内蒙古、山东等地。危害杨柳科植物，以幼虫蛀食枝干、枝梢部分，被害处形成纺锤状瘿瘤，造成畸形，使枝梢干枯，影响成材。如在幼树主干髓部危害，可使整株死亡。1年发生1代。以老熟幼虫在被害枝干的虫瘿内越冬。翌年4月开始化蛹，5月上旬成虫羽化，5月中旬为产卵盛期。成虫取食植物叶片或嫩枝皮层。卵多产于3～9cm粗枝干的马蹄形刻槽内。幼虫孵化后进入韧皮部取食，半个月后进入木质部，被害处逐渐膨大成一个椭圆形的突起。

（2）防治方法

①天牛的远距离传播主要靠带虫苗木的运输，应加强检疫。

②药剂防治。零星发生时，可在被害处涂抹50%杀螟硫磷乳油1 000倍液。成虫羽化初期，用2.5%溴氰菊酯乳油1 000倍液等喷洒苗木枝干毒杀成虫。

（三）食叶害虫

1. 叶甲类 叶甲类属鞘翅目叶甲科。成虫通称金花虫，体小至中等，卵形或卵圆形。常具各种比较鲜艳的颜色，许多种类有耀眼的金属光泽。

幼虫肥壮，行动一般较迟缓。成虫、幼虫都取食苗木叶片，大多为裸露取食。成虫有假死性。大多以成虫越冬，一些种类还有越夏习性。

（1）主要种类和习性 主要种类有柳蓝叶甲、白杨叶甲和榆紫叶甲等。

①柳蓝叶甲：柳树常见主要害虫，分布广，我国北部1年发生3～6代。

②白杨叶甲：我国北部的常见种，1年发生1～2代。以成虫越冬。夏初出土活动，卵集中产于叶片上。幼龄幼虫只食叶肉，留下网状叶脉。3龄以后食全叶，常将苗木叶片吃光。老熟幼虫将尾端黏附于叶片上化蛹，新成虫于7月初在落叶下或草丛中越夏，8月下旬复出取食，10月下旬陆续入土越冬。

③榆紫叶甲：1年发生1代。以成虫于土中越冬。4月中旬成虫出土危害，5月中旬出现幼虫，6月下旬幼虫开始入土化蛹。成虫此时也入土越夏。8月间，新、老成虫又上树危害，直至10月下旬开始入土越冬。此虫食性专一，仅危害榆树。

（2）防治方法

①在成虫、幼虫取食活动期间均可用80%敌百虫1 000倍液，或2.5%溴氰菊酯8 000～10 000倍液喷雾药杀。

②对苗圃附近的老、大榆树，在5月下旬越冬成虫开始大量上树危害时，将干基部或高20cm处老树皮环状剥去，注意不可严重损伤韧皮部，然后在环剥处涂抹40%氧乐果1∶4倍液。

2. 潜叶蛾类 潜叶蛾属鳞翅目潜叶蛾科。苗圃中常见的有杨白潜蛾和杨银叶潜蛾，幼虫潜入叶片上下两层间取食，主要危害杨树。

（1）主要种类和习性 主要有杨白潜蛾和杨银叶潜蛾等。

①杨白潜蛾：每年发生3代。各代成虫分别出现于5月上旬、7月下旬及8月下旬。幼虫有群集性，常10余头聚集于一处取食。潜痕大，黑褐色，椭圆形或不规则形，被害叶片易脱落。幼虫老熟后于枝干上吐丝结薄茧化蛹，以蛹在茧内越冬。

②杨银叶潜蛾：潜痕迂回曲折，被害叶片不易脱落。1年发生4代，幼虫老熟后在潜痕的末端化蛹，以成虫在枯枝落叶下或土缝中越冬。

（2）防治方法

①杨白潜蛾成虫有趋光性，可用黑光灯诱杀。

②杨银叶潜蛾以成虫在落叶下越冬，秋末杨树叶片落尽后可收集落叶沤制堆肥

杀灭。

3. 刺蛾类　刺蛾属鳞翅目刺蛾科，俗称洋辣子，幼虫食害各种阔叶树树叶。

（1）主要种类和习性　主要种类有黄刺蛾、桑褐刺蛾和双齿绿刺蛾等。

①黄刺蛾：1年发生1代或2代。以幼虫在茧内越冬，翌春化蛹。

②桑褐刺蛾：1年发生2代。夏季过分高温干旱的年份，部分第一代幼虫会发生滞育，至翌年才能羽化。

③双齿绿刺蛾：1年发生1代。以茧内幼虫在树干粗皮裂缝中越冬。茧灰褐色。有时多个聚在一起。

（2）防治方法

①捕杀幼虫：大多数刺蛾以在茧内的幼虫越冬，越冬场所在被害树根际附近浅土层中，可用齿耙将茧耧出土表后一起杀死。

②诱杀成虫：利用刺蛾成虫的趋光性，可在成虫羽化期用黑光灯诱杀。

③药剂灭虫：用90%敌百虫晶体1 500倍液，或2.5%溴氰菊酯乳油4 000倍液，或50%杀螟硫磷乳油的常规用量毒杀初期幼虫。

思考题

1. 为什么要进行苗木移植？苗木移植成活的基本原理是什么？
2. 保证移植成活的关键技术措施有哪些？
3. 为什么要对苗木进行整形修剪？怎样修剪？
4. 落叶乔木大苗培育技术有哪些？
5. 落叶灌木大苗培育技术有哪些？
6. 落叶垂枝类大苗培育技术有哪些？
7. 常绿乔木大苗培育技术有哪些？
8. 常绿灌木大苗培育技术有哪些？
9. 攀缘植物大苗培育技术有哪些？
10. 试述园林苗圃主要病虫害及其综合防治技术。

第八章 化学除草

［本章提要］化学除草技术是苗圃经营管理的一项先进技术。合理使用除草剂能显著提高劳动生产率，降低生产经营成本，近年来化学除草剂已在生产上得到广泛应用。本章主要介绍园林苗圃杂草的危害与种类，化学除草剂的特点与主要剂型，化学除草剂应用技术，影响除草剂药效的环境因素与除草剂使用注意事项等。

第一节 苗圃杂草的特点与分类

一、苗圃杂草及其危害

苗圃杂草是指苗圃中非目的栽植的危害苗木正常生长的草本植物。苗圃中水肥条件较好，在为苗木生长提供保证的同时，也为杂草的繁殖生长创造了条件。杂草的滋生会大量夺取苗木生长所需的养分、水分和光照，影响园林苗木的正常生长发育，同时，杂草也是许多病原菌、害虫的栖息地，是翌年发生病虫害的初侵染源。杂草适应性强，根系庞大，人工去除较为困难，个别杂草如豚草的花粉可引起花粉过敏症，使患者出现哮喘、鼻炎、类似荨麻疹等症状。

二、苗圃杂草的特点

1. 种子产量巨大 杂草一生能产生大量种子以繁衍后代，如马唐、狗尾草、灰绿藜、马齿苋等在南方地区1年可产生2～3代。1株马唐、马齿苋1年就可产生2万～30万粒种子，1株异型莎草、藜、地肤、小蓬草1年可产生几万至几十万粒种子。如果苗圃地中没有很好地除草，让杂草开花繁殖，必将留下数亿甚至数十亿粒种子，仅靠人工除草多年都难以除尽。

2. 繁殖方式复杂多样 有些杂草不但能产生大量种子，还具有无性繁殖能力。例如，进行根蘖繁殖的有苣荬菜、刺儿菜、蓟、田旋花等，进行根茎繁殖的有狗牙根、牛毛毡、眼子菜等，进行匍匐茎繁殖的有狗牙根、双穗雀稗等，进行块茎繁殖的有水莎草、香附子等，进行须根繁殖的有狼尾草、碱茅等，进行球茎繁殖的有野慈姑等。另外，眼子菜还可以通过根茎上的芽进行繁殖。

3. 种子传播方式多样 杂草种子易脱落，且具有易于传播的结构或附属物，可借助风、水、人、畜、机械等外力传播很远，分布甚广。

4. 种子休眠时间长短不一 多数杂草种子都具有休眠性，且休眠顺序、时间长短不一致，短者几天，长者可达数年。

5. 种子寿命特长 野燕麦、看麦娘、蒲公英、冰草、牛筋草等的种子寿命可达5年；狗尾草、荠、狼尾草、苋、繁缕等的种子寿命可达10年以上；水蓼、马齿苋、龙葵、羊蹄、车前、蓟等的种子寿命可达30年以上；反枝苋、豚草、独行菜等的种子可存活40年以上。

6. 出苗、种子成熟不整齐 大部分杂草出苗不整齐，如荠、小藜、繁缕、婆婆纳等，除最冷的1～2月和最热的7～8月外，一年四季都能出苗、开花；看麦娘、牛繁缕、救荒野豌豆等在南方于9月至翌年2～3月都能出苗，出苗早的于3月中旬开花，出苗晚的至5月下旬还能陆续开花，花期前后持续2个多月；又如马唐、狗尾草、马齿苋、牛筋草等在南方从4月中旬开始出苗，一直延续到9月，出苗早的于6月下旬开花结果，前后相差4个月。即使同株杂草上开花也不整齐，禾本科杂草看麦娘、早熟禾等，穗顶端先开花，随后由上往下逐渐开花，种子成熟相差约1个月；牛繁缕、救荒野豌豆属无限花序，4月中旬开始开花，边开花边结果，可持续3～4个月。另外，种子的成熟期不一致，导致其休眠期、萌发期也不一致，这给杂草的防除带来了很大困难。

7. 根系发达、适应性强 一般杂草根系都十分发达，具有强大的吸收水肥能力，而且光能利用率高，生长速度快，竞争力强，抗逆性强，适应范围广。

三、苗圃杂草的分类

我国地域辽阔，自然、气候条件差异大，苗圃杂草种类多，形态和生物学、生态学特性各异。一般根据杂草的生物学特性、杂草危害范围与程度和防除对象进行分类。

（一）根据杂草生物学特性分类

根据杂草生物学特性可分为一年生杂草、二年生杂草和多年生杂草。

1. 一年生杂草 从种子发芽、生长到开花结果，整个生命周期在1年内完成。这类杂草以种子繁殖为主，春季发芽，夏季开花，秋季种子成熟后植株死亡。种子成熟后脱落，在土壤中保持休眠状态越冬，第二年重新发芽生长。一年生杂草每年只结实1次，幼苗不能越冬。如狗尾草、藜、苋、苍耳等。

2. 二年生杂草 从种子发芽、生长到开花结果，整个生命周期在2年内完成。这类杂草一般在秋季或冬季发芽，以营养生长状态越冬，翌年春季或早夏种子成熟，而后植株死亡。种子成熟后脱落，在土壤中保持休眠状态越夏，整个生命周期跨越2个年度。如黄花蒿、益母草、繁缕、问荆、龙葵、马唐等。

3. 多年生杂草 多为宿根型杂草，一般在田间生存3年以上，一生中可多次开花结实。这类杂草的越冬芽、根茎、块茎、块根及鳞茎等在土壤中越冬。如根茎杂草有问荆等，根芽杂草有苣荬菜、苦荬菜等，直根杂草有羊蹄等，球茎杂草有香附子等。

（二）根据杂草危害范围与程度分类

根据杂草危害范围与程度可分为重要杂草、主要杂草、地域性主要杂草和地域性次要杂草四类。

1. 重要杂草 重要杂草指在全国或多数地区范围内普遍分布，危害严重的杂草种类，主要有旱稗、稗、异型莎草、眼子菜、鸭舌草、雀麦、马唐、牛筋草、狗尾草、香附子、狗牙根、藜、苦荬菜、反枝苋、牛繁缕、白茅等。

2. 主要杂草 主要杂草指危害范围较广，危害较为严重的杂草种类，主要有水莎草、碎米莎草、野慈姑、节节菜、喜旱莲子草、金色狗尾草、双穗雀稗、棒头草、猪殃殃、繁缕、刺儿菜、小藜、凹头苋、马齿苋、救荒野豌豆、蓟、播娘蒿、荠、千金子、芦苇等。

3. 地域性主要杂草 该类型杂草局部危害比较严重。

4. 地域性次要杂草 该类型杂草一般不会造成严重危害。

（三）根据除草剂的防除对象分类

根据除草剂的防除对象可以把杂草分为禾本科杂草、阔叶杂草和莎草科杂草。

1. 禾本科杂草 禾本科杂草主要指禾本科禾亚科草本植物，其叶片长条形，叶脉平行，茎多有节间，切面为圆形，根为须根系。

2. 阔叶杂草 阔叶杂草指除禾本科、莎草科以外的大部分草本植物，其叶片宽阔，叶脉网纹状，茎切面为圆形或方形，根为直根系，有主根。

3. 莎草科杂草 莎草科杂草主要指莎草科草本植物，其叶片长条形，叶脉平行，簇生无节间，茎切面为三角形，根为须根系。

四、常见苗圃杂草

（一）一年生禾本科杂草

1. 马唐（*Digitaria sanguinalis*） 一年生草本，又称鸡爪草。株高30～60cm，茎基部倾斜或横卧，着土后节处极易生根。叶片条状披针形，叶鞘短于茎节，鞘口具毛，叶舌钝圆，膜质。总状花序3～8个，呈指状排列于秆顶，小穗双行互生于穗轴一侧，颖果。马唐为黄河、长江流域及其以南地区的主要杂草。春末夏初萌发，生长在温暖、湿润和中度光照、强光照条件下，横向生长竞争性很强。夏末初秋温度变低时生长变缓慢或停止生长，第一次霜冻后死亡。

2. 狗尾草（*Setaria viridis*） 一年生草本。株高30～60cm，茎秆直立或基部膝曲，有分枝。叶条形，长5～30cm，叶鞘松弛，叶舌毛状，近基部叶片上有茸毛。花穗黄色、圆柱形为其鉴定特征。

3. 牛筋草（*Eleusine indica*） 一年生草本，又称蟋蟀草。须根发达，入土深，很难拔除。株高15～60cm，秆扁，丛生。叶条形，长达15cm，叶鞘压扁具脊。穗状花序顶生，2～7个分枝呈指状排列于秆顶，小穗双行紧密着生于压扁穗轴一侧。颖果长1.5mm，三角状卵形，有明显的波状皱纹。牛筋草在马唐萌发几周后开始萌发，外观上与马唐相似但颜色较深，中心呈银色，穗呈拉链状。广布于全国各地，常见于暖温带气候区。

4. 稗（*Echinochloa crusgalli*） 一年生草本。株高50～130cm，秆直立或斜生，

下部节上还会长出分蘖，无毛。叶条形，长可达40cm，中脉灰白色，叶鞘光滑，无叶耳、叶舌。圆锥花序顶生，直立或垂头，紫褐色，小穗密集于穗轴一侧，有芒。颖果椭圆形，黄褐色，平滑有光泽。

5. 毒麦（*Lolium temulentum*）　一年生或越年生检疫性杂草。株高60～130cm，直立，苗期基部微带紫色。叶片线状披针形，无叶耳，叶舌膜质。穗状花序长10～15cm，穗轴节间较长，小穗单生，第二颖片较硬，有狭膜质边缘。芒自外稃顶端稍下处伸出，刚直或稍弯。颖果长圆形，与内稃联合，不易脱离。该草原产欧洲，后传入我国，主要随草坪草种子传播。

6. 野燕麦（*Avena fatua*）　一年生草本，又称燕麦草或铃铛。秆直立，光滑。叶片阔条形，叶舌透明膜质。圆锥花序直立而疏散，塔形；小穗柄细长，弯曲下垂，小穗含2～3枚小花；外稃质地坚硬，芒从稃中部稍下方伸出，膝曲，可扭转。颖果纺锤形，被茸毛，腹面有纵沟。野燕麦是西北、东北、华北等地春季的主要恶性杂草。

7. 看麦娘（*Alopecurus aequalis*）　一年生或二年生草本。秆单生或丛生，直立或基部膝曲。叶线形，灰绿色，叶鞘光滑，叶舌膜质。圆锥花序细圆柱状，花药橙黄色。颖膜质，外稃与颖近等长，基部中央有一芒，无内稃。颖果长椭圆形，约1mm。看麦娘是长江流域常见的主要杂草。

8. 早熟禾（*Poa annua*）　一年生或多年生草本，在潮湿遮阴、土壤板结时发生蔓延。株丛类型从疏丛型到匍匐型都有，常在炎热的夏季干枯死亡。早熟禾在整个生长季节都长穗，4、5月抽穗最多。

9. 棒头草（*Polypogon fugax*）　一年生草本。秆丛生，直立或基部膝曲，节上生根。叶条状披针形；叶鞘短于节或稍长，节部稍凹，黑褐色；叶舌抱茎，干膜质。圆锥花序呈穗状生于茎顶，小穗密生在穗轴上，灰绿色或略带紫色，有极短的梗，含1花。颖片的芒短于小穗。颖果，椭圆形或纺锤形。主要分布于我国华东、西南、华南地区。

（二）多年生禾本科杂草

1. 狗牙根（*Cynodon dactylon*）　多年生旱田杂草，又称绊根草。匍匐根状茎发达，覆盖地面或埋于浅土层，质硬，多分枝，节上生根。株高10～30cm。叶条形，叶鞘具脊，鞘口常有长柔毛，叶舌短，呈小纤毛状。穗状花序呈指状排列于秆顶，小穗侧偏，灰绿色或淡紫色，无柄，2行呈覆瓦状排列于穗轴一侧。颖果。暖季型多年生禾草，常见于暖温带气候区内。

2. 白茅（*Imperata cylindrica*）　多年生杂草，又称茅草。根状茎发达，黄白色，有甘汁，节有鳞片和不定根。地上茎直立，叶线状披针形，主脉明显，脊部突出；叶鞘多聚集在茎基部，叶舌膜质，钝尖。圆锥花序，长5～15cm，花药黄色；小穗长圆形，基部密生白色长丝状柔毛，成熟后自柄上脱落，种子随风飞散。分布于全国各地。

3. 匍匐冰草（*Agropyron repens*）　多年生蔓延迅速的杂草，靠强壮的根茎扩繁，是寒温带气候区中危害最严重的杂草。叶灰绿，平展，具少量毛，叶耳长而紧扣。花穗直立。原产于欧洲，现已引种到北温带其他地区作为饲草或防止水土流失，但在耕地中却被视为一种顽固的杂草。其根茎长，浅黄白色，切断后能生成新株，故必须连根挖出方能铲除。

4. 剪股颖（*Agrostis matsumurae*） 多年生草本。根茎疏丛型，下部膝曲或斜升，具5～6节。叶鞘无毛，多短于节间；叶舌长3～5mm，先端齿裂；叶片扁平，长10～20cm，宽0.5～3cm，上面微粗糙，绿色或灰绿色。圆锥花序尖塔形，绿色，成熟后黄紫色。通过地上匍匐茎蔓延。

5. 隐子草属（*Cleistogenes*） 匍匐多年生草本，丛生。秆常具多节。叶片线形或线状披针形，扁平或内卷，质较硬，与鞘口相接处有一横痕，易自此处脱落；叶鞘内常有隐生小穗。圆锥花序狭窄或开展，常具少数分枝；小穗含一至数枚小花，两侧压扁，具短柄。

6. 芦苇（*Phragmites australis*） 多年生草本，又叫苇子。根状茎粗壮，匍匐地下，纵横交叉。茎直立，高1～2m，有节，节上有白粉。叶鞘圆筒形，无毛或有细毛，叶舌有毛；叶片宽披针形或阔条形。圆锥花序，小穗上除第一小花为雌花外，其余全为两性花。外稃窄披针形，基盘有长丝状柔毛。主要分布于我国东北、西北、华南垦区及东部沿海地区。

7. 双穗雀稗（*Paspalum distichum*） 多年生草本。株高20～60cm，具根状茎和匍匐茎。叶片条形或条状披针形。总状花序，小穗椭圆形，成两行排列于穗轴一侧。颖果椭圆形，贴生于内稃，极不易分离。主要分布于我国南方地区。

8. 碱茅（*Puccinellia distans*） 多年生或越年生杂草。茎秆直立，基部膝曲多分蘖。叶鞘短于节间，光滑无毛，叶舌膜质；叶片窄披针形，暗绿色。圆锥花序开展，每节具1～6个细长分枝，平展或上举。颖与外稃顶端钝，有不规则细齿。颖果纺锤形。碱茅是华北及黄淮海地区危害严重的杂草。

（三）阔叶杂草

1. 播娘蒿（*Descurainia sophia*） 十字花科一年生或越年生草本，又称麦蒿。株高30～120cm，茎直立，多分枝，密生灰色茸毛。叶二至三回羽状深裂，背面多毛，下部叶有柄，上部叶无柄。总状花序顶生，花淡黄色。长角果窄条形，果梗长。种子每室1行，长圆形至卵形，褐色，表面有细网纹。主要分布于我国华北、西北、华东、四川等地区。

2. 荠（*Capsella bursa－pastoris*） 十字花科一年生或二年生草本。茎直立，有分枝，全株被白色毛。基生叶丛生，平铺地面，大头羽状分裂，裂片有锯齿，叶柄长，抽薹后叶互生；茎生叶不分裂，窄披针形，基部抱茎，边缘有缺刻或锯齿。总状花序多生于枝顶，少生于叶腋；花小，白色，有梗，呈十字形排列。果实为短角果，倒三角形或倒心形，扁平，先端微凹；种子长椭圆形，淡褐色。我国各地都有分布。

3. 藜（*Chenopodium album*） 藜科一年生早春性草本，又称灰灰菜。茎直立，多分枝，有条纹。叶互生，叶形变化大，多为菱形、卵形或三角形，先端尖，基部宽楔形，叶缘具不整齐的粗齿，叶背有灰绿色粉粒，叶柄细长。花小，聚合成圆锥花序，排列甚密，顶生或腋生。胞果包于花被内或顶端稍露，种子双凸镜状，黑色，有光泽。我国各地都有分布。

4. 蒺藜（*Cenchrus echinatus*） 夏季一年生草本。须根较粗壮，基部膝曲或横卧地面。叶鞘松弛，叶舌短小；叶片线形或披针形，长 5～20cm。总状花序直立，刺苞呈扁圆球形，常粘到衣服上。常见于稀疏草坪中，尤其在贫瘠沙质土壤上多见。

5. 卷茎蓼（*Fallopia convolvulus*） 蓼科一年生草本，又称荞麦蔓。茎缠绕、细弱，具分枝。叶互生，多呈圆形或心形，先端渐尖，基部宽心形；托叶鞘膜质，褐色，无毛。穗状花序顶生或腋生，花间断稀疏排列，白色或淡红，苞片淡绿色，边缘白色，花被 5 深裂。瘦果椭圆形，具 3 棱，黑色，无光泽，包于宿存花被内。主要分布于我国东北、西北、华北地区。

6. 香薷（*Elsholtzia ciliata*） 唇形科一年生草本，又称野苏子。株高 30～50cm，茎直立，上部分枝，四棱形，疏生倒向的短软毛。叶对生，有柄，叶片椭圆形或披针形，先端锐尖，基部楔形，边缘有锯齿，两面均被柔毛。轮伞花序，多花，形成偏向一侧的顶生假穗状花序，花冠淡紫色，上唇直立，下唇 3 裂。小坚果长圆形，褐色或黑色。主要分布在我国东北、青海、内蒙古等地。

7. 猪殃殃（*Galium aparine* var. *tenerum*） 茜草科一年生蔓性或攀缘草本植物。茎自基部多分枝，茎 4 棱，棱上、叶缘及叶片中脉均有倒钩刺。叶 4～8 枚轮生，条状倒披针形，近无柄。聚伞花序，腋生或顶生，疏散，花小，花冠黄绿色，有细梗。小坚果双头状，密生钩状刺。主要分布在我国黄河以南各地区。

8. 繁缕（*Stellaria media*） 石竹科一年生或越年生草本植物，又称鹅肠草。株高 10～30cm。茎直立或平卧，自基部多分枝，下部节上生根，茎的一侧有一行短柔毛。叶对生，卵形，全缘，顶端锐尖，下部叶有长柄，上部叶无柄。花单生于叶腋或排成顶生的聚伞花序，花梗长约 3mm，花白色。蒴果卵形或长圆形，种子近圆形，稍扁，褐色，密生刺状小凸起。我国各地都有分布。与草坪草竞争力强，冷凉季节白色星状花出现，是潮湿、板结土壤的指示植物。

9. 酸模叶蓼（*Polygonum lapathifolium*） 蓼科一年生草本，又称大马蓼。株高 20～100cm，茎直立，呈绿色至粉红色，有分枝，光滑无毛，茎节膨大。叶互生，叶片披针形或宽披针形，大小变化很大，顶端渐尖，基部楔形；幼期叶片上常有新月形黑斑，全缘。花序圆锥形，顶生或腋生，花淡红色或白色。瘦果卵形，扁平，黑褐色，有光泽，全部包于宿存花被内。分布于我国东北、华北、华中、陕西等地。

10. 田旋花（*Convolvulus arvensis*） 旋花科多年生草本，又称箭叶旋花、小喇叭花。茎细弱，横生或缠绕。叶互生，卵状长圆形或箭形，全缘或 3 裂，中裂片较长，两侧裂片展开，略尖，叶柄长。花单生于叶腋，花冠漏斗形，粉红色或白色，顶端 5 浅裂。朔果球形或圆锥形，种子 4 粒，卵圆形，黑褐色。与田旋花相似的为打碗花。我国各地都有分布。

11. 刺儿菜（*Cirsium setosum*） 菊科多年生草本，又称小蓟、刺蓟。有较长的根状茎。株高 20～50cm，茎直立，无毛或有蛛丝状毛。叶互生，无柄，茎生叶椭圆形或椭圆状披针形，上部茎叶渐小，线状披针形，全缘或有齿裂，边缘有刺，两面有蛛丝状毛。头状花序单生于植株顶端，苞片多层，花管状，紫红色。瘦果椭圆形或长卵形，褐色，冠毛羽状。该草再生能力强，我国各地都有分布。

12. 救荒野豌豆（*Vicia sativa*） 豆科，越年生或一年生蔓性草本，又称大巢菜。幼苗子叶留土，茎自基部分枝，长 25～70cm，有棱，疏生短茸毛。羽状复叶，有卷须；小叶长椭圆形或倒卵形，先端截形，凹入，有细尖，基部楔形，两面疏生黄色柔毛；托叶戟形。花1～2朵生于叶腋，花梗短，有黄色疏短毛；花萼钟状，萼齿5，有白色疏短毛；花冠紫红色或红色。荚果条形，扁平；种子近球形。我国各地都有分布。

13. 铁苋菜（*Acalypha australis*） 大戟科一年生草本。株高30cm，光滑无毛，茎直立，有分枝。叶互生，卵状菱形，叶缘有钝齿，叶柄长。穗状花序腋生，雌花生于叶状苞片内，苞片展开时呈肾形，雄花生于花序上部。蒴果小，钝三角形，被粗毛。主要分布于我国长江及黄河流域中下游、沿海及西南、华南各地。

14. 长裂苦苣菜（*Sonchus brachyotus*） 菊科多年生草本。株高20～50cm，地上茎直立，常呈紫红色，上部分枝。基生叶长圆状披针形，长10～20cm，先端钝尖，基部渐窄成柄，叶缘有稀缺刻或浅羽裂，中脉白色，较宽；茎生叶无柄，基部耳状抱茎。头状花序在茎顶排成伞房状；苞叶多层，舌状花鲜黄色。瘦果长椭圆形，冠毛白色。我国各地都有分布。

15. 问荆（*Equisetum arvense*） 木贼科多年生草本。地上茎二型。孢子茎黄褐色，肉质圆柱形，不分枝，鞘大而长，茎顶着生孢子囊穗；营养茎鲜绿色，高15～60cm，具6～15条纵棱，轮生分枝多。叶退化，下部联合成鞘，鞘齿三角状披针形，膜质，与鞘筒近等长。

16. 鸭跖草（*Commelina communis*） 鸭跖草科一年生草本。株高20～40cm，茎直立或匍匐，下部节上生根。叶互生，似竹叶，卵状披针形，长约7cm，基部有宽膜质的叶鞘，有缘毛。花序外总苞片心形、有柄，花腋生或顶生，蓝色，花冠不整齐，花瓣3，分离。蒴果椭圆形，白色，干后开裂；种子3粒，表面有皱纹。

17. 苍耳（*Xanthium sibiricum*） 菊科一年生草本，又称老苍子。茎直立粗壮。叶三角状卵形或心形，3条叶脉明显，叶柄长3～11cm。头状花序单性、腋生或顶生，成簇生长；雄花序球形，密生柔毛；雌花序椭圆形，果实成熟后包在外面的总苞片变硬，颜色由绿色变成淡黄或褐色，表面有稀疏钩刺。瘦果，倒卵形。遍布我国各地。主要靠种子繁殖，也可以通过匍匐茎繁殖。苍耳是潮湿和板结土壤的指示植物。

18. 反枝苋（*Amaranthus retroflexus*） 苋科一年生草本，又称西风谷、野苋。茎粗壮，稍有钝棱，株高20～120cm，多分枝，密生短柔毛。叶互生，有柄，菱状卵形或椭圆状卵形，顶端有小尖头，基部楔形，叶全缘或波状缘，叶脉明显凸起。圆锥花序顶生或腋生，苞片膜质，花白色，有1淡绿色中脉。胞果扁球形，种子倒卵形或近球形，棕黑色。广泛分布于温暖潮湿的地区。

19. 马齿苋（*Portulaca oleracea*） 马齿苋科夏季一年生草本，又称马齿菜、晒不死。茎匍匐，多分枝，光滑无毛，绿色或紫红色。单叶互生或对生，短圆形或倒卵形，肉质肥厚，无柄，全缘，光滑。花黄色，生于枝顶。蒴果圆锥形，盖裂；种子极多，肾状卵形，黑色，表面有小凸起。在潮湿、肥沃的土壤上生长良好，在新建草坪上竞争力很强。

20. 葎草（*Humulus scandens*） 桑科一年生缠绕性草本，又称拉拉秧。茎细弱，藤性，长可达1～6m，六棱形，茎和叶柄密生倒刺。叶对生，掌状5～7深裂，边缘有粗锯齿，两面有硬毛。花单性，黄绿色，雌雄异株。雄花圆锥花序，顶生或腋生；雌花穗状花序，近球形，腋生，苞片卵状披针形。瘦果扁球形，淡黄色。分布于我国南方地区及北方南部较暖地带。

21. 凹头苋（*Amaranthus lividus*） 苋科一年生草本，又称紫苋。全株无毛，茎平卧上升，基部分枝。叶菱状卵形，顶端钝圆而有凹陷，基部宽楔形，全缘，叶柄长。花簇腋生于枝上部，形成穗状花序或圆锥花序。胞果卵形，略扁，不开裂，稍皱缩；种子黑色，有光泽。分布于我国各地。

22. 蒲公英（*Taraxacum mongolicum*） 菊科多年生草本植物。种子繁殖，主根长，具有再生能力。叶倒披针形，羽状深裂或大头羽状深裂，花浅黄，种子成熟后变白，随风飘荡。蒲公英多见于贫瘠、生长不良的草坪上，常与车前共生。

23. 大车前（*Plantago major*）**和车前**（*Plantago asiatica*） 车前科多年生草本植物。种子繁殖，叶基生形成莲座叶丛，指状花轴，直立生长。常见于植株稀疏、肥力低的草坪。

24. 酢浆草（*Oxalis corniculata*） 酢浆草科一年生或多年生草本。茎细弱，多分枝，淡绿色，种子繁殖。叶片心形，基生或茎上互生，先端凹入，基部宽楔形，两面被柔毛。花单生或数朵集为伞形花序状，黄色，花瓣5。一般生长在潮湿、肥沃的土壤上，常见于温带气候区内。

25. 萹蓄（*Polygonum aviculare*） 蓼科一年生草本。生长低矮，茎自基部多分枝，具纵棱，早春发芽生长。生长阶段不同外观有所不同。幼苗期，叶细长，暗绿色，互生于有节的茎上；生长后期，叶小，淡绿色。小白花不明显。瘦果卵形，具3棱，黑褐色。长主根，抗干旱，在板结土壤上生长良好。主要分布在温带和亚热带气候区。

26. 皱叶酸模（*Rumex crispus*） 蓼科多年生草本。种子繁殖，肉质主根，叶片大而光滑，边缘卷曲，常生长在潮湿、细质地、肥沃的土壤上。

27. 菊苣（*Cichorium intybus*） 菊科多年生草本，又称苦菜。种子繁殖，肉质粗主根。莲座状叶片，浅蓝色花，花梗坚硬。常见于路边不常修剪、土壤贫瘠的草坪上。

28. 酸模（*Rumex acetosa*） 蓼科丛状多年生草本。叶片箭形，主根粗，种子及侧枝匍匐茎繁殖。酸模是酸性、低肥力土壤的指示植物，主要分布于温带气候区。

29. 圆叶锦葵（*Malva rotundifolia*） 锦葵科一年生或二年生草本。种子繁殖，主根长。圆叶，明显5裂。花白色，花瓣5，春末始花，后陆续开花。是肥沃土壤的指示植物，广泛分布于温带或亚热带地区。

30. 婆婆纳（*Veronica* spp.） 包括几种一年生和匍匐多年生种，常在草坪上形成致密斑块。其具有漂亮的蓝花，常于园林中作装饰植物，一旦侵入草坪，则很难用传统的阔叶除草剂防除。

31. 藿香蓟（*Ageratum conyzoides*） 菊科一年生草本。茎直立，全株稍带紫色，被白色多节长柔毛。叶对生，卵形或菱状卵形，先端钝，基部圆形或宽楔形，边缘有钝圆锯齿，两面被稀疏白色长柔毛。头状花序小，在茎顶密集排成伞房状。瘦果，黑色，果实随熟随落或随风传播。种子繁殖，种子经短期休眠后萌发。原产于墨西哥，现已广布于我国长江流域以南各地，尤以广东、广西、福建、云南更为普遍。

（四）莎草科杂草

1. 异型莎草（*Cyperus difformis*） 一年生草本。秆直立，扁三棱形，黄绿色，质地柔软。叶条形，叶鞘红褐色。聚伞花序，有的辐射枝短缩，形成状如单生的头状花序，淡褐色至黑褐色。小坚果倒卵形或椭圆形，具3棱，浅黄色，有极小的凸起。种子繁殖，种子经2～3个月的休眠即可萌发，发芽的最适温度为30～40℃的变温，1年可以发生两代。我国各地均有分布。

2. 香附子（*Cyperus rotundus*） 多年生草本。根茎横走，先端膨大形成卵形或纺锤形的块茎，坚硬，褐色或黑色，有香味，节上有须根。秆散生，直立，秃净光滑，三棱形。叶基生，狭披针状条形，背部中脉突出，基部叶鞘紫红色。聚伞花序。小坚果矩圆形或倒卵形，有3棱，暗褐色，有细点。块茎和种子均可繁殖，根茎和块茎蔓延生长很快，如只除去地上茎叶，又能迅速长出新苗，故有“回头青”之名。世界恶性杂草，在我国分布于热带、亚热带及温带地区。

3. 萤蔺（*Scirpus juncoides*） 多年生草本。根状茎短，具许多须根。秆圆柱形，基部有2～3个鞘，无叶。苞片1枚，为秆的延长，直立，长3～15cm。小穗3～5聚成头状，卵形，棕色或浅棕色，含多花；鳞片卵形，背面绿色，有1条中肋，两侧棕色，有条纹。小坚果卵形，平凸状，成熟时黑褐色，有光泽。根茎和种子繁殖。北京地区根茎在3月下旬至4月上旬出苗，种子于5月底发芽，6月为出苗高峰期。我国各地均有分布。

4. 扁秆藨草（*Scirpus planiculmis*） 多年生草本。具匍匐根状茎和块茎。秆三棱柱形，光滑。叶条形，扁平，基部具长叶鞘。苞片叶状，1～3枚，比花序长；聚伞花序常呈头状；鳞片膜质，螺旋状排列，有疏柔毛，有1脉，顶端撕裂状，具芒。小坚果宽倒卵形，扁平，深棕色至褐色，平滑而有小点。块茎和种子繁殖。我国各地均有分布。

第二节　化学除草剂的特点与主要剂型

一、化学除草剂的特点

除草剂（herbicide）是指可使杂草彻底地或选择地发生枯死的药剂，又称除莠剂，是用以消灭或抑制植物生长的一类物质。

化学除草的开端可以追溯到19世纪末期，在防治欧洲葡萄霜霉病时，人们偶然发现波尔多液能伤害一些十字花科杂草而不伤害禾谷类作物；法国、德国、美国同时发现硫酸和硫酸铜等具有除草作用，并用于小麦等的除草作业中。有机化学除草剂的应用始于1932年选择性除草剂二硝酚的发现；20世纪40年代2，4-D的出现，大大促进了有机化学除草剂工业的迅速发展；1971年合成的草甘膦，具有杀草谱广、对环境无污染的特点，是有机磷除草剂的重大突破。加之多种新剂型和新使用技术的出现，使除草效果大为提高。目前世界上除草剂的销售额已经超过杀虫剂而跃居第一位。

1. 使用技术性强，适用范围严格 园林苗圃化学除草是指使用化学除草剂通过喷雾或定向喷雾、涂抹、拌砂封闭等方法，消灭苗圃地杂草的一门实用技术。除草剂的使用犹如一把双刃剑，正确掌握这门新技术可达到除草而不伤苗的目的，不但可以提高除草效率，还能大幅度降低除草成本，反之则会对生产造成不可估量的损失。

如根据除草剂对靶标植物的选择性，可以将除草剂分为两类：灭生性除草剂和选择性除草剂。灭生性除草剂如百草枯、草甘膦、草甘膦异丙胺盐等对大部分绿色植物都有杀伤力，因此在苗圃地使用时不能将其喷到园林植物叶片上，而要进行涂抹或定向喷雾。选择性除草剂如大杀禾、高效氟吡甲禾灵、吡氟禾草灵、精喹禾灵、精噁唑禾草灵、烯禾啶等仅对禾本科杂草有效，而对禾本科之外的大多数植物种类无伤害，因此可采用茎叶喷雾的方法，安全有效且省工省时；又如在落叶松苗圃用选择性除草剂除草醚，在播种后出苗前或生育期初期对苗木按照推荐用量使用，能有效地杀死杂草，而对苗木无害；在杨树插穗叶片全展开后，用氟乐灵按照推荐用量进行叶面喷雾，除草效果可达 90%以上，而对杨树苗却无害，甚至有促进生长的作用，等等。

2. 持效时间长 人工除草只能起到暂时的效果，持效期短，多数情况下拔草不除根，随浇水或下雨很快便有新的杂草萌发。而化学除草持效期较长，可达几个月甚至 1 年以上，在苗木整个生长季节几乎不用除草。

3. 可与其他农药、化肥混用，起到除草灭虫、防病追肥的作用 如将除草剂敌稗与杀虫剂甲萘威采用不同比例混用，可调节杂草体内酶的活性，从而增加了敌稗的药效，使杂草枯干而死，还起到灭虫的作用；在落叶松苗圃进行化学除草，可将除草醚与硫酸铵混用，不但可减少工序，节省劳力，而且能达到增加除草效果和施肥目的，是苗圃培育壮苗、丰产的措施。

4. 使用方便、效果好 一般在苗圃地施药可用喷雾器、洒水车、细眼壶进行喷洒或将药剂与土壤混拌成毒土进行撒施等。以落叶松新播苗床为例，第一次施用圃草封或乙氧氟草醚，第二次施用圃草净或高效氟吡甲禾灵，就可基本控制杂草的危害，施药作业简便快捷，除草及时。

5. 高效低毒、低残毒 对于动物来说，几乎所有除草剂的原药毒性都极低，因为其作用机制是抑制光合作用、干扰植物激素作用、影响植物核酸和蛋白质合成等，所以一般对高等动物的毒性较低或极低。如当前市场上流通的除草剂种类中唑嘧磺草胺水分散性粒剂、苯磺隆水分散性粒剂等除草剂的毒性非常低。

但在将除草剂原药加工成能够溶解于水、便于操作使用的制剂的过程中，所使用的溶剂、分散剂等某些助剂有一定毒性或毒性较高，如常用的溶剂甲苯、二甲苯等对人体有毒。但有些助剂也几乎没有毒性，如渗透剂氮酮，很多医药膏剂中也在使用。这些有毒的助剂往往没有专用的解毒剂，因此在生产除草剂的过程中会加入特定的催吐剂以避免误服，如百草枯催吐剂三氮唑嘧啶酮。

相对于其他农药产品，除草剂的使用量往往较低。如马尾松苗床每 667m^2 使用扑草净有效量 100～200g 就可有效地防除杂草。因此除草剂对环境的污染相对较低，大多数除草剂与环境是兼容的，即便有一定残留，也会在短期内逐渐被环境因子降解。

6. 减少苗床的病虫害 有些病虫害在杂草的庇护下传播、蔓延，如毁灭性的五针松疱锈病以黑茶藨子为中间寄主，化学除草能有效地防除中间寄主，减少病虫害的发生。

7. 减少播种量 化学除草剂除草效果好，可保证苗圃出苗齐全，从而减少播种量。如落叶松新播，按规定每 667m^2 播 6.5kg，使用除草醚后，每 667m^2 可节约种子 1.5～2kg，而人工除草如不及时，杂草的大量滋生易降低苗木成活率，播种量要适当加大。

8. 保持土壤结构 苗圃常用的除草剂通过土壤淋溶、土壤吸附、光分解、微生物降解等各个途径，降解较快，土壤物理结构不被破坏，致死的杂草覆盖在土表，具有防风固沙、保水保墒的作用。

二、化学除草剂的分类

1. 按化学结构分类

（1）无机化合物除草剂 由天然矿物原料组成，不含碳素化合物。这类除草剂的除草效果较差且用量大，易对苗木造成毒害，目前很少应用，已经逐渐被人工合成的有机除草剂所代替。如硼酸钠、亚砷酸钠等。

（2）有机化合物除草剂 这类除草剂是由能消灭或抑制杂草的苯、醇、脂肪酸、有机胺等有机化合物合成。与无机化合物除草剂相比，有机化合物除草剂除草效率更高，目前在生产上已广泛使用。如醚类——乙氧氟草醚，均三氮苯类——扑草净，取代脲类——除草剂一号，苯氧乙酸类——2甲4氯，吡啶类——高效氟吡甲禾灵，二硝基苯胺类——氟乐灵，酰胺类——甲草胺，有机磷类——草甘膦，酚类——五氯酚钠，等等。

2. 按作用方式分类

（1）选择性除草剂 这类除草剂只杀灭杂草而不杀伤栽培苗木，对苗木具有“挑选”和“鉴别”的能力。如2，4-D、2，4-D丁酯、2甲4氯、西玛津、扑草净、敌稗、茅草枯、草甘膦等。

（2）灭生性除草剂 这类除草剂的特点是草、苗不分，对一切植物均有杀灭作用，用量足够的条件下可杀死所有的植物，对杂草和栽种的苗木没有“挑选”能力。主要在栽植苗木前或出苗前以及休闲地、田边、道路、林地等使用。如五氯酚钠、百草枯、敌草隆等。

3. 按除草剂在植物体内的移动性分类

（1）触杀型除草剂 在植物体内不能传导，只能杀死植物与药剂接触的部分，起到局部的杀伤作用。因而该类型除草剂只能杀死杂草的地上部分，对杂草的地下部分或有地下茎的多年生深根性杂草则效果较差。如五氯酚钠、敌稗等。

（2）内吸传导型除草剂 进入植物体后能通过根、茎、叶传导到植物的各个部位，破坏杂草正常的新陈代谢，杀死整株植物。内吸传导型除草剂一般发挥药效较慢，但可以起到“斩草除根”的作用，因此使用此类除草剂不应急于见效，也不宜用量过大。如西玛津、草甘膦、扑草净、莠去津、2，4-D、敌草隆等。

（3）内吸传导、触杀综合型除草剂 有些除草剂兼具传导与触杀作用，既是内吸传导型除草剂，又是触杀型除草剂。如除草醚、百草枯、杀草胺等。

4. 按使用方式分类

（1）茎叶处理剂 将除草剂溶液兑水，以细小的雾滴均匀地喷洒在植株上，通过茎叶对除草剂的接触、吸收而起到杀草效果，这种使用方式的除草剂称为茎叶处理剂，如高效氟吡甲禾灵、草甘膦等。

（2）土壤处理剂 将除草剂均匀地喷洒到土壤上形成一定厚度的药层，当杂草的幼芽、幼苗及其根系接触、吸收药剂后被杀死，这种使用方式的除草剂称为土壤处理剂，如西玛津、扑草净、氟乐灵等，可采用喷雾法、浇洒法、毒土法施用。

（3）**茎叶、土壤处理剂** 可作茎叶处理，也可作土壤处理，如莠去津等。

三、化学除草剂的选择性

化学除草剂的选择性是指苗木与杂草之间对除草剂的抗性（或敏感性）差异。有的除草剂本身具有一定的选择性，有的除草剂虽然选择性不强，但可以利用它们的某些特性或苗木与杂草之间的差异来达到选择性除草的目的。

1. 时差选择 利用某些除草剂见效快和持效期短的特点，根据杂草与苗木发芽、出土的差异，在苗木播种以前施药杀死杂草，待药剂失效后，再进行播种或移植。如在落叶松播种前用五氯酚钠处理，该药剂是触杀型的非选择性除草剂，施药后在阳光下仅 3～6d 就光解失效，此时播种或移植就对幼苗无药害，这就是利用时差选择原理达到选择性除草的案例。

2. 位差选择 利用某些除草剂在土壤中移动能力较差的特点，将除草剂施于土壤表面，形成一个浅的药层，根据苗木和杂草种子发芽深度或根部深浅的不同，来达到选择性除草的目的。如扑草净、灭草灵等在土壤中移动性较差，易吸附于土壤表层，可用这类除草剂处理红松、油松等大、中粒种子的播种苗床，因种子播种深度一般都在 2～5cm，而小粒杂草种子（如藜、牛毛草、稗等）绝大部分分布在 0.5～1.0cm 的土层中，所以施药后能消灭土壤表层的杂草，红松、油松等种子处于毒土层下部，吸收不到药剂，所以比较安全。

3. 利用植物形态解剖上的差异选择

（1）**生长点位置差异选择** 禾本科杂草的生长点包在叶鞘内，而双子叶杂草的生长点都裸露在外面。施药时前者得到保护，而后者直接受害。

（2）**叶片形状和生长角度差异选择** 双子叶杂草叶片宽大、平展，与茎形成的夹角大，有的几乎与茎垂直，喷药时叶面很容易沾上药物，受药量多、中毒重，易被杀死；而禾本科杂草叶片狭长、直立，与茎几乎平行，药液喷到叶面很难被沾上，受药量少、受害轻，不易致死。

（3）**叶表面组织差异选择** 莎草科杂草叶表面覆有蜡质层，禾本科杂草叶表面有硅质层和茸毛，这些附属物使药液不易沾在叶子表面，所以较难防除。而有些杂草叶表面没有这些附属结构，易受药害，容易防除。另外，在除草剂中加入黏着剂、扩散剂等助剂后，能使进入杂草表皮组织的药液的量大大增加，从而提高了杀草能力。

四、化学除草剂的主要剂型

由于加工形式的不同，除草剂可以制成各种应用的剂型。

1. 水溶剂 水溶剂是一类可以直接溶解于水的固态或液态除草剂，可用于喷雾喷施，也可以混拌细土撒施。如 2，4－D、五氯酚钠、2 甲 4 氯等。注意喷施时除草剂必须用软水溶解稀释，以防产生沉淀，硬水溶解时应先加入碳酸钠或碳酸氢钠软化。

2. 可湿性粉剂 可湿性粉剂是一类由除草剂原药、惰性填料和湿润剂按比例均匀混合而成的粉剂。使用时可用水配成悬浊液喷洒或进行喷雾，主要配成毒土撒施。除草醚、敌草隆为25%可湿性粉剂，扑草净、西玛津则为50%可湿性粉剂。

3. 乳油 乳油是一类油状除草剂，不溶于水，由除草剂原药、有机溶剂和乳化剂混合而成。当乳油加入水中后便成为乳状悬浮液，这种剂型除草剂主要用于茎、叶喷雾，如敌稗为20%乳油等。

4. 颗粒剂 颗粒剂是颗粒状的除草剂。其在土壤中吸水（湿）膨胀，药剂从颗粒中慢慢释放出来，被杂草吸收而发挥杀伤作用。这类除草剂主要用于土壤处理，特别是在水田撒施，比其他剂型安全简便。

5. 油剂 油剂由除草剂原药加入适量有机溶剂（油剂）制成，使用时不兑水，适于超低量喷雾。

6. 粉剂 粉剂由除草剂原药和惰性填料一起混合而成，可用喷粉器喷撒，也可配成毒土撒施。

五、常用除草剂简介

园林苗圃除草剂品种繁多，其理化性质、作用机制、应用范围及防除对象各不相同。目前在园林苗圃中应用较广、效果较好的几种常用除草剂如表8-1所示。

表8-1 常用除草剂简介

名称	剂型	主要性质	主要防治的杂草	使用方法
西玛津*	50%、80%可湿性粉剂、40%胶悬剂	难溶于水和大多数有机溶剂、性质稳定，内吸传导型选择性除草剂，能被植物根部吸收并传导。持效期长	狗尾草、画眉草、虎尾草、香附子、苍耳、鳢肠、苋、青葙、马齿苋、藜、野西瓜苗、罗布麻、马唐、牛筋草、稗、荆三棱、地锦、铁苋菜等一年生和多年生杂草	沙质土每667m² 使用50%西玛津0.15～0.225kg，壤土每667m² 使用0.5～0.6kg
绿麦隆	25%、50%、80%可湿性粉剂	难溶于水，在常温下性质稳定，内吸传导、触杀综合型选择性除草剂。作用比较缓慢，持效期70d以上	看麦娘、早熟禾、野燕麦、繁缕、猪殃殃、藜、婆婆纳等一年生禾本科杂草和某些双子叶阔叶杂草	每667m² 用25%可湿性粉剂0.3～0.4kg，兑水30～40kg，在土壤表面均匀喷施喷雾
除草醚*	25%可湿性粉剂，25%、40%乳粉，25%乳油	触杀型选择性除草剂，有内吸性，在黑暗条件下无毒力，见阳光才产生毒力。持效期20～30d	可除治一年生杂草，对多年生杂草只能抑制，不能致死。毒杀部位是芽，对一年生杂草的种子胚芽、幼芽、幼苗均有很好的杀灭效果。可防除稗、马齿苋、马唐、藜、苋、酸模叶蓼、牛毛毡、鸭舌草、节节草、狗尾草等	每667m² 用25%可湿性粉剂0.5～0.75kg，兑水30～40kg，在播种后出苗前土壤表面均匀喷施喷雾
草甘膦	10%水剂	内吸传导型广谱灭生性除草剂，持效期20～30d	白茅、狗牙根、芦苇、刺儿菜、蛇莓、香附子、水蓼、车前、飞蓬等杂草及灌木	每667m² 使用10%水溶剂400～1 000mL，兑水30～40kg，一般在杂草生长旺盛期施用

（续）

名称	剂型	主要性质	主要防治的杂草	使用方法
百草枯*	20%水剂	快速灭生性除草剂，具有触杀作用和一定的内吸作用，能迅速被植物绿色组织吸收，使其枯死，对非绿色组织没有作用。在土壤中可迅速与土壤结合而钝化，对植物根部及多年生地下茎无效	对大多数一年生杂草都有较好效果，对多年生杂草有触杀作用，但其很快又恢复生长	每 667m² 用有效量 40～60g，兑水 40kg，于播种后出苗前喷施于土壤
扑草净	50%、80%可湿性粉剂	内吸传导型选择性除草剂，可经根和叶吸收并传导。持效期为 20～30d	对刚萌发的杂草防治效果最好，杀草谱广，可防除一年生禾本科杂草及阔叶杂草，如马唐、早熟禾、狗尾草、画眉草、牛筋草、稗、蒿属、藜、马齿苋、鸭舌草等	每 667m² 用 50%可湿性粉剂 0.1kg，兑水 30～40kg，均匀喷于土壤表面
敌草隆	25%可湿性粉剂	内吸传导型灭生性除草剂。持效期为 50d 左右	防除马唐、牛筋草、藿香蓟、狗尾草、早熟禾、龙葵、苋、繁缕、藜、荠、野萝卜、萹蓄等禾本科杂草和阔叶杂草	每 667m² 用 25%可湿性粉剂 0.1kg，兑水 30～40kg，均匀喷洒于土壤表面
敌稗	20%乳油	触杀型高度选择性除草剂	防除旱稗、马唐、千金子、看麦娘、凹头苋、红蓼等杂草	每 667m² 用 20%乳油 500～750mL，兑水 50kg，喷于茎叶
灭草松	48%水剂	触杀型选择性苗后除草剂	主要防治繁缕、荠、酸模叶蓼、泽漆、蛋蔄、异型莎草、碎米莎草、苘麻、鬼针草、苍耳、马齿苋、鸭跖草、藜、婆婆纳、牛毛毡等莎草科杂草及一些阔叶杂草，对禾本科杂草无效	每 667m² 使用 48%水溶剂 150～200mL，兑水 30～40kg，对杂草茎叶喷雾
莠去津*	38%水悬剂、48%可湿性粉剂	内吸传导型选择性苗前、苗后除草剂，持效期一般可长达半年	防除一年生禾本科杂草和阔叶杂草，对多年生杂草也有一定的抑制作用	每 667m² 用有效量 80～120g，兑水 40kg，于杂草出土前和苗后早期使用
2 甲 4 氯钠	20%水剂	内吸传导型高度选择性茎叶处理的除草剂，持效期短，为 3～7d	主要防治藿香蓟、香附子等一年生及多年生双子叶杂草，对莎草科某些单子叶杂草也有防除效果	每 667m² 用有效量 28～56g，苗期禁用
高效氟吡甲禾灵	10.8%乳油	内吸传导型选择性苗后除草剂，持效期较长，1 次施药基本控制全生育期的禾本科杂草危害	主要防治稗、马唐、狗尾草、牛筋草、野燕麦、看麦娘、芦苇、虎尾草、白茅、千金子等一年生和多年生禾本科杂草	每 667m² 用有效量 5～8g，兑水 40kg

（续）

名称	剂型	主要性质	主要防治的杂草	使用方法
精吡氟禾草灵	15%乳油	内吸传导型茎叶处理除草剂，持效期为1～2个月	稗、马唐、狗尾草、牛筋草、千金子、画眉草、早熟禾、看麦娘、芦苇、狗牙根、双穗雀稗等一年生和多年生禾本科杂草	每667m^{2}用有效量5～10g，兑水40kg
精噁唑禾草灵	6.9%水乳剂，12%、7.5%、10%乳油	内吸传导型选择性芽后茎叶除草剂	防除马唐、稗、狗尾草、牛筋草等禾本科杂草，但对早熟禾和阔叶杂草无效	每667m^{2}用有效量2.5～5g，兑水40kg
烯禾啶	12.5%、25%乳油	内吸传导型选择性茎叶除草剂，持效期为1个月	防除稗、马唐、狗尾草、狗牙根、看麦娘、牛筋草等禾本科杂草	每667m^{2}用有效量为：一年生杂草2～3叶期为15～20g；4～5叶期为20～27g；多年生杂草4～7叶期为40～80g，兑水40kg进行茎叶喷雾处理，施药时，每667m^{2}加0.2～0.3L柴油
三氯吡氧乙酸	48%乳油	内吸传导型除草剂	禾本科草坪中的阔叶杂草、杂木都能防除，如槭属、山杨、柳属、桦木属、蒙古栎、杉木、榕树、大叶椤、葛、悬钩子、盐肤木、苘麻、紫茎泽兰、加拿大一枝黄花等	每667m^{2}用有效量130～200g，兑水40kg
麦草畏	40%、70%水分散粒剂	内吸传导型选择性苗后除草剂	繁缕、救荒野豌豆、播娘蒿、田旋花、刺儿菜、藜、灰绿藜、马齿苋、反枝苋、酸模叶蓼等阔叶杂草	针叶树苗圃每667m^{2}用有效量15～16g，禾本科草坪每667m^{2}用有效量13～18g，兑水40kg
乙氧氟草醚	23.5%、24%乳油	触杀型选择性土壤处理兼有苗后早期茎叶处理作用的除草剂	防除稗、狗尾草、马唐、千金子、画眉草、牛筋草、早熟禾等一年生禾本科杂草；马齿苋、红蓼、苋、通泉草、反枝苋、酢浆草、打碗花、一年蓬、地肤、葎草、萹蓄、藜、龙葵、苍耳、苘麻、繁缕、一年生苦苣菜等一年生阔叶杂草	每667m^{2}用有效量10～15g，兑水40kg，于播种后出苗前进行土壤处理，苗后40d以上可进行喷雾处理
乙草胺	20%、40%可湿性粉剂	选择性芽前土壤处理剂	稗、马唐、狗尾草、牛筋草、苋、马齿苋、早熟禾等一年生禾本科杂草及部分阔叶杂草，对多年生杂草无效	每667m^{2}用有效量50～75g，兑水40kg，于播种后出苗前使用，暖季型草坪于杂草萌芽时使用，进行土壤喷雾处理

（续）

名称	剂型	主要性质	主要防治的杂草	使用方法
丁草胺	50%乳油	内吸传导型选择性芽前除草剂	对一年生禾本科、莎草科杂草有效，对马齿苋、蓼等阔叶杂草有效，对藜、苋、牛繁缕、鳢肠有抑制作用	每 667m² 用有效量 90～150g，兑水 40kg，于播种后出苗前使用，移植圃、成坪草坪于杂草萌芽期使用
氟乐灵*	38%、48%乳油	内吸传导型选择性除草剂，持效期 3～6 个月	防除一年生禾本科杂草和一些小粒种子的阔叶杂草，如稗、马唐、狗尾草、牛筋草、千金子、早熟禾、看麦娘、雀麦、野燕麦、苋、藜、地肤、繁缕、马齿苋等。本剂对已出土的大草无效	每 667m² 用有效量 50～100g，兑水 40kg，于杂草尚未出土前进行土壤喷雾处理，施药后立即混土，深度为 5～7cm
环嗪酮	25%水溶剂、5%颗粒剂	内吸传导型除草剂	狗尾草、蚊子草、水芹、羊胡子草、芦苇、山蒿、蕨、铁线莲、婆婆纳、刺儿菜、蓼、忍冬、珍珠梅、榛、刺五加、山杨、白桦、柞木、椴树、胡枝子、杜鹃、构树、盐肤木、荆条、木槿等	本剂施药方法简便，点、洒、喷、涂均可

注：*被列入 2017 年 10 月 27 日世界卫生组织国际癌症研究机构公布的致癌物清单中的 3 类致癌物（对人类致癌性尚未归类）清单中。

第三节　化学除草剂的应用技术

一、除草剂的施用方法

除草剂剂型不同，施用方式也不同，通常有茎叶处理和土壤处理两种方式。茎叶处理是将除草剂施在茎叶上，通过触杀或渗入植物体内传导杀死杂草，常用方法有喷雾法；土壤处理是将除草剂施入土壤中，由根系吸收杀死杂草，常用方法有毒土法，也可用喷雾法。

1. 喷雾法　喷雾法即利用喷雾器将药液均匀喷洒在育苗地上。有的采用低容量和超低量喷雾法。适于进行喷雾的除草剂剂型有可湿性粉剂、乳油及水溶剂等。喷雾法可用于土壤处理和茎叶处理。

（1）土壤处理　土壤处理即混土处理，在播种前把除草剂喷施于表土，再用钉齿耙、圆盘耙等交叉耙两次，耙深 5～10cm，使药剂均匀地分散到 3～5cm 的土层内。这种方法可用选择性除草剂，也可用选择性稍差的除草剂，但要注意掌握土壤位差选择性。

（2）茎叶处理　苗木生长期采用茎叶处理时，要求除草剂具有一定的选择性。对于选择性差的除草剂，可通过定向喷雾或采用遮幅保护装置达到安全施药的目的。茎叶处理一般要求喷洒的雾滴直径在 150～200μm，雾滴细小均匀，以增加对杂草叶面的附着。

为了使喷雾药量配制准确，应当定容器、定药量、定水量。一般先准确称取用药量，加入少量水稀释调匀，过滤除去残渣，再加入所需水量混拌均匀，即配成药液。水量一般以每667m^2 土地 36～50kg 为宜。药液要现用现配，不宜久存，以免失效。茎叶处理时，雾滴应细而均匀；土壤处理时，雾滴可粗些，所需的药液量常较茎叶处理的多些。

2. 毒土法 毒土法就是将药剂与细土混合制成毒土，均匀撒施的方法。适于毒土法的除草剂型有粉剂、可湿性粉剂和乳油等。

毒土配制时先取土过筛，以通过10～20目筛的细土为好，土不宜过干或过湿，以手握成团、手张开土团散落即可。土量以能撒施均匀为准，一般每667m^2 土地用20～25kg，药剂如是粉剂，可直接拌土，如用乳油可先加入少量水稀释，用喷雾器喷洒在细土上，混拌均匀。如果药剂的用量较少，可先与少量细土混拌均匀后，再与全部细土混合。毒土要随用随配，不宜存放。撒施毒土要均匀一致，细土配制的毒土可用喷粉器喷撒或手工撒施，无风晴天喷撒效果好。苗期采取定向喷撒比较安全。

目前新出现一种薄膜除草法，即用含有除草剂的薄膜覆盖育苗地防除杂草。如采用扑草净杀草膜，将薄膜覆盖于苗床（垄）面上，按一定的株距在其上打孔，苗木可自孔眼中长出，周围的杂草幼芽触及药膜后被杀死。可以在大粒点播京桃、银杏育苗地上进行试验，取得经验后加以推广应用。

二、除草剂的合理用药量

除草剂用药量的多少直接影响除草效果，要严格按照说明书准确称量施用。合理的用药量因苗木种类和苗龄、杂草种类和大小、环境条件等而异。一般应掌握如下原则：

1. 根据苗木种类和苗龄确定用药量 大多数苗木对除草剂具有一定的抗药性，一般情况下针叶树苗木比阔叶树苗木抗性较强，常绿针叶树苗木（如油松、樟子松、侧柏等）又较落叶针叶树苗木（如落叶松）抗性强。同一树种，一年生以上留床、换床苗较当年生播种苗抗性强，扦插苗的抗性也较强。因此，确定用药量时，阔叶树苗木选用药量下限，落叶针叶树苗木选用药量中限，常绿针叶树苗木可选用药量上限。同一树种，当年生播种苗选用药量下限，一年生以上留床苗和换床苗选用药量上限，扦插苗可选用药量中限或上限。

2. 根据施药时期确定用药量 播种前土壤处理选用药量上限，播种后出苗前（或称播后芽前）土壤处理选用药量中限或上限。播种苗的苗期处理，一般于幼苗出齐后开始第一次施药，此时幼苗抗性较弱，可选用药量下限；第二次施药间隔20～30d，此时苗木长大，生长较健壮，抗药性增强，可选用药量中限；第三次施药时，苗木粗壮，抗药性强，可选用药量上限。留床、换床苗因苗木较大，根系发达，抗药性很强，可选用药量上限。扦插苗在扦插后放叶前，抗性较强，也可选用药量上限。

3. 根据杂草种类和大小确定用药量 对灰绿藜、稗、马唐、马齿苋等容易杀死的一年生杂草，可选用药量下限或中限；对白叶蒿、苣荬菜、问荆等不易杀死的多年生深根性杂草，选用药量上限。

4. 根据环境条件确定用药量　在圃地温度较高（20℃以上）、湿度较大（土壤相对湿度60%左右）、土壤为沙壤土的环境条件下，除草剂能够充分发挥药效，因此，宜选用药量下限。反之，可选用药量上限。

此外，除颗粒剂型的除草剂可以直接施用外，其他粉剂、乳剂等剂型的除草剂在应用时要配成药液使用，故在使用前必须了解药液的纯度，因为除草剂的除草作用取决于其有效成分，一般用药量系指有效成分，故在确定用药量时，要予以注意。

【例1】每公顷土地施用80%乙草胺1kg，现在只有浓度为50%的乙草胺，因此每公顷用量按下式计算应为1.6kg。

$$1\times80\%=x\times50\%$$
$$x=1\times80\div50=1.6\ (\text{kg})$$

【例2】按规定每公顷土地应施纯莠去津0.1kg，但所购产品标明为50%可湿性粉剂，则实际上每公顷用量按下式计算应为0.2kg。

$$0.1=x\times50\%$$
$$x=0.1\div0.5=0.2\ (\text{kg})$$

第四节　影响除草剂药效的环境因素与使用注意事项

一、影响除草剂药效的环境因素

苗圃化学除草的效果与温度、空气相对湿度、光照、风向风速、降水、土壤水分、土壤pH、土壤质地和有机质含量、水质以及杂草抗药性等密切相关，有的直接影响到药效的发挥。同一种除草剂施用相同的药量，在不同的环境因子影响下，其杀草效果有很大差异。

1. 温度　一般情况下，温度较高有利于除草剂被杂草吸收，杂草中毒反应速度快，杀草效果好。但温度不是越高越好，温度过高或过低使用除草剂均易发生药害。温度过高，喷出的雾状药液很快被蒸发，特别是一些易挥发及见光分解的除草剂，如2，4-D、氟乐灵、禾草敌、2甲4氯等，会降低除草效果，还会因药液挥发飘移到周围敏感作物上产生药害。温度过低时使用扑草净，植物不能将其及时降解，容易发生药害。正确的施药时间应为：高温季节，晴朗无风天气11:00前及16:00以后，低温季节10:00～15:00。

2. 空气相对湿度　一般来说，相对湿度大有利于除草剂被杂草吸收，作用效果好。叶面无露水、雨水，空气相对湿度在60%以上，这时施用除草剂效果较好。干热风季节如气候过于干旱，则不要施药。

3. 光照　光照对某些除草剂的影响十分明显。如百草枯、除草醚、溴苯腈等都是光活化性除草剂，在光的作用下才起杀草作用；西玛津、敌草隆、扑草净等光合作用抑制型除草剂，也需在有光的情况下才能抑制杂草的光合作用，发挥除草效果；氟乐灵等施于土表易挥发，见光易分解，使用时应及时与表层土混拌或施药后覆盖一层2cm厚表土。

4. 风向风速 除草剂要在无风或微风时施用，风大时喷除草剂容易发生雾滴飘移，危害周围敏感作物。尤其是易挥发的除草剂，喷药应选在无风的晴天进行。

5. 降水 早晚的露水会使药剂稀释而降低药效，降雨会将叶面上的药剂冲走流失而降低药效。因此，在阴雨天或即将下雨时都不宜喷施药剂。

6. 土壤水分 土壤水分充足，墒情好，则杂草生长旺盛，组织柔嫩，角质层薄，除草剂易于渗入，有利于杂草对药剂的吸收并在体内传导运输，从而达到最佳除草效果，尤其是土壤处理剂必须在土壤湿润的条件下才能发挥良好的药效。如果土壤干旱，作物和杂草生长缓慢，作物耐性差，且杂草茎叶易形成较厚的角质层及脱水果胶束，降低茎叶表面的可湿润性，影响对除草剂的吸收传导，从而使除草剂药效下降；同时杂草为了适应干旱环境，会关闭大部分气孔以减少水分蒸发，影响药剂的吸收；杂草根系更加发达，增加防除难度。因此，在土壤干旱的情况下，要选用药量上限，同时施药时要加大喷水量，才能达到杀草效果。

7. 土壤pH 土壤pH即土壤酸碱性，其对除草剂活性有一定影响，一般除草剂在pH 5.5～7.5时能较好地发挥作用，过酸或过碱的土壤会对某些除草剂产生分解，从而影响药效。如土壤封闭型除草剂为酸性，在盐碱地中封闭除草效果差或几乎无效果。又如氯磺隆在酸性土壤中降解速度快，影响药效；在碱性土壤中降解速度慢，对后茬敏感作物易造成药害。

8. 土壤质地和有机质含量 土壤质地包括黏土、壤土和沙土。一般沙土有机质含量低，土壤吸附的除草剂量少，因此除草剂用量应少，过量则易淋溶对作物根部造成伤害。黏性土有机质含量高，土壤吸附除草剂的能力强，药液不能在土壤溶液中移动形成均匀的药土层，从而出现“封不住”的现象，影响效果，因而应适当增加用药量，或采用推荐用量上限。有机质过高的高水肥田，一般不使用土壤处理的除草剂。

9. 水质 水质指施药时所兑水的硬度和酸碱度。

(1) **硬度** 硬度指100mL水中所含Ca^{2+}、Mg^{2+}的多少。由于这两种离子容易同某些除草剂的有效成分络合生成盐而被固定，所以硬度大的水可能会使除草剂药效下降。

(2) **酸碱度** 具有酸碱性的除草剂中兑入了过酸或过碱的水，会影响药剂的稳定性，从而降低除草效果。

10. 杂草抗药性 长期使用单一除草剂会使杂草的抗药性增强，此时按正常的用量施药，可能达不到应有的效果，超量使用又易对苗木造成伤害。

综合以上所述，苗圃空气相对湿度高、土壤为含水量高的沙质土壤时，药效反应快，除草效果好，用药量可减少；反之，土壤干旱、结构紧密时，药效反应慢，除草效果差，用药量可大些。

应特别注意的是，每种化学除草剂都有其特定的防除对象，不能将某种苗木的除草剂用在另一种苗木上。每种除草剂都有其操作规程，包括用药量、用药时间、使用方法、注意事项等，应按照说明书进行操作。大量使用某种除草剂时，最好先做小型除草试验，取得经验后再大量推广。对化学除草剂的喷施器械，用后必须洗净，可用2%～3%的热碱溶液或0.2%的硫酸亚铁溶液反复清洗。

二、化学除草的注意事项

1. 选择适宜的施药时间 苗圃化学除草的主要目的是除草保苗。因此，施用除草剂应选择苗木抗药性强、杂草抗药性弱的时期进行。对于封闭型除草剂，务必在杂草萌芽前使用，一旦杂草长出，抗药性增加，将达不到除草效果。对于茎叶处理类除草剂，应当把握“除早、除小”的原则，杂草株龄越大，抗药性就越强。在正常年份，杂草出苗90%左右时，杂草幼苗组织幼嫩、抗药性弱，易被杀死，在日平均气温10℃以上时，用除草剂推荐用药量的下限，便能取得95%以上的防除效果。苗前期宜用毒土法；苗木速生期对除草剂敏感，要特别慎用；苗木在硬化期虽有一定抗性，但此时大部分杂草已经成熟，施药的作用不大。

试验结果表明，对于多数树种的新播种苗床，第一次用药时间宜在播种后出苗前；对于播种苗的苗期处理，一般在苗木出齐后进行第二次施药比较适宜。两次施药的间隔期应根据药剂残效期的长短而定，内吸传导型除草剂残效期较长，可适当延长施药间隔期，其他类型除草剂一般不宜超过30d。对于留床、换床苗的苗期处理，一般在早春杂草萌发或刚出土时施药较为适宜，这时留床、换床苗正处于恢复生长前期，对苗木生长影响不大。

2. 灵活掌握用药量 苗木对除草剂的耐药性是有一定的限度的，所以不能随意加大用量。此外，不同苗木的耐药性不同，应严格按产品说明使用。一般来说，针叶树种的用药量可以大些，阔叶树种的用药量宜小些。如防除松、杉类苗圃的禾本科杂草，每667m^2可单用23.5%的乙氧氟草醚乳油50mL，或23.5%的乙氧氟草醚乳油30mL加50%乙草胺乳油100mL混用，若用于阔叶树种苗圃，用药量宜适当减少。同一苗木品种对某种药剂的抗药性会随着苗龄增加而提高，用药量可相应加大。对于一年生杂草，使用推荐用药量即可，对于多年生恶性杂草、宿根性杂草，需要适当增加用药量。

另外，有机质含量高的土壤颗粒细，对除草剂的吸附量多，同时土壤微生物数量多，活动旺盛，药剂易被降解，可适当加大用药量；而沙质土壤颗粒粗，对除草剂的吸附量少，药剂分子在土壤颗粒间多为游离状态，活性强，容易对杂草产生药害，用药量可适当减少。

3. 注意施药时的温度和土壤湿度 温度直接影响除草剂的药效。例如2甲4氯、2，4-D在10℃以下施药时药效极差，10℃以上施药时药效才好。除草剂唑草酮、苯磺隆的最终效果虽然受温度影响不大，但在低温下10～20d才能产生除草效果。所有除草剂都应在晴天气温较高时施用，才能充分发挥药效。不论是苗前土壤施药还是生长期叶面施药，土壤湿度均是影响药效高低的重要因素。苗前施药，若表土层湿度大，易形成严密的药土封杀层，且杂草种子发芽出土快，因此防效高。生长期施药，若土壤潮湿，杂草生长旺盛，利于杂草对除草剂的吸收和在体内运转，因此药效发挥快，除草效果好。

4. 根据苗木种类、杂草种类选择有效的除草剂 除草剂的种类有很多，可分为选择性除草剂、灭生性除草剂等，有的适用于芽前除草，有的适用于茎叶期除草。因此，要根据不同的苗木、杂草种类和不同的生长时期分别选用。如针叶树种抗药性强，可选用除草醚、高效氟吡甲禾灵和乙氧氟草醚等；阔叶树种抗药性差，可选用圃草封、圃草净、仲丁灵等。

5. 确定合理的施药方法，提高施药技术 根据除草剂的性质确定合理的使用方法。如使用草甘膦等灭生性除草剂，务必采用定向喷雾，否则就会对苗木造成伤害；如使用氟乐灵等易降解的除草剂，则需要混土，否则容易发生光解而失效。施用除草剂一定要均匀。如果相邻地块是除草剂的敏感植物，则要采取隔离措施，切记有风时不能喷药，以免危害相邻的敏感作物。施用除草剂的喷雾器最好是专用的，以免伤害其他作物。

6. 严格掌握除草剂的兑水量 每种除草剂都有最佳药效浓度。水量过多，除草剂浓度低，会影响除草效果；水量过少，除草剂浓度高，成本高，且易造成药害。因此，喷施除草剂时一定要严格按照说明书进行兑水，可以使用量筒、烧杯协助称量，尽量做到称量准确。

7. 除草剂的混用与交替使用 长期单一使用某种除草剂，会逐步形成抗性杂草群落，如在多年使用除草醚的地块中，菊科、石竹科的杂草会大大增加，甚至成为主要的危害杂草。将彼此不发生抵消作用的2种或2种以上不同除草剂进行混用或交替使用，可防除不同种类的杂草，避免一些抗性杂草群落的形成，其除草效果可高出5%～15%，还具有省工、省药、安全系数高、杀草范围广等优点。另外除草剂还可与杀虫剂、杀菌剂及化肥混合使用。

（1）除草剂的混用原则 ①残效期长的除草剂与残效期短的除草剂相结合；②在土壤中移动性强的除草剂与移动性弱的除草剂相结合；③内吸传导型除草剂与触杀型除草剂相结合；④速效的除草剂与缓效的除草剂相结合；⑤对双子叶杂草杀伤力强的除草剂与对单子叶杂草杀伤力强的除草剂相结合；⑥除草与杀菌、杀虫、施肥相结合。

（2）除草剂混用的注意事项 ①遇碱性物质会分解的除草剂不能与碱性物质混用；②混合后发生化学反应的除草剂不能混用；③混合后出现絮状凝结、沉淀或乳剂破坏现象的除草剂不能混用；④最好先进行试验，取得经验后再混用。

（3）除草剂混用的药量 一般来说，2种除草剂混用的药量为各自单独用量的1/2，3种除草剂混用的药量为各自单独用量的1/3。但除草剂混用时必须依照杀草对象、植物情况、药剂特点及环境条件灵活掌握。

8. 除草剂在土壤中的残留 在进行除草剂土壤处理或叶面喷雾时，会有相当数量的除草剂进入土壤，这种在土壤内保留的除草剂数量称为残留量。除草剂在土壤中残留时间的长短，关系到除草剂残效期的长短。如果除草剂在土壤中的残效期过长，残留量过大，则会毒化土壤，影响后茬苗木的生长。多数除草剂在碱性土壤中稳定，不易被降解，因此残效期长，容易对后茬苗木产生药害，因此在碱性土壤中施药时应尽量提前，并谨慎使用。除草剂进入土壤后大致发生以下几种情况：

（1）挥发 有些除草剂暴露于空气中就会变成蒸气挥发掉，如氨基甲酸酯类除草剂。正是由于该类除草剂的挥发性，其在土壤中的残留时间较短，并可能对周围的敏感植物造成伤害。控制挥发的措施主要是在施药后立即混土，以增强土壤吸附。

（2）淋溶 淋溶主要是指由降雨或者灌溉引起除草剂向土层深处的垂直渗漏。易发生淋溶现象的除草剂药效期较短，如茅草枯。但如果土壤的黏性较强，除草剂就能被土壤牢固吸附，也就不易被淋溶掉。另外，由于长期的淋溶，在土壤的下层会积累大量的除草剂，造成土壤或者地下水污染。

（3）**降解**　降解是指化学除草剂在环境中由复杂结构分解为简单结构，降低甚至失去除草性能的过程。

①微生物降解：土壤中的真菌、细菌和放线菌能改变和破坏除草剂的分子结构，使其丧失活性。

②化学降解：此类降解主要是酸催化的水解反应，主要影响三氮苯类与磺酰脲类除草剂在土壤中的分解，当土壤的 pH>6.8 时，酸催化水解反应即可停止。

③光分解：光分解实际上是由除草剂对紫外线引起的钝化作用的敏感性不同而引起的。芳氧类、酰胺类、氨基甲酸酯类、酚类等绝大多数除草剂都存在光分解的途径，只是降解的程度依除草剂的种类不同而有所差别。

1. 苗圃杂草有哪些危害？
2. 化学除草剂的特点有哪些？包括哪些剂型？
3. 如何正确使用化学除草剂？
4. 常用化学除草剂的种类有哪些？具有哪些性能？
5. 影响除草剂药效的环境因素有哪些？
6. 使用化学除草剂应注意哪些事项？

第九章
苗木质量评价与出圃

[**本章提要**] 苗木质量是园林绿化成败的关键。本章介绍苗木产量与质量调查方法；园林苗木质量标准与评价；出圃前的苗木分级、出圃规格确定、苗木检疫与消毒；苗木运输前包装方法和运输过程中防止苗木失水的措施；以及苗木假植和其他贮藏方法。

苗木质量的优劣直接关系到园林绿化美化的成败以及观赏和防护效能能否发挥，为了确保苗木质量及绿化效果，准确评价出圃苗木质量十分重要。在出圃过程中，苗木的掘取、运输、贮藏等过程对苗木的活力会产生很大影响。

第一节　园林苗木产量与质量调查

一、苗木调查的目的和要求

苗木调查的目的是通过正确的抽样方法和调查方法获得精确的苗木的产量和质量数据，全面了解苗木产量和质量水平。通常在苗木地上部分停止生长后、落叶树种落叶前，按树种或品种、苗木年龄，或根据绿化用苗分类如绿化大苗、花木苗、绿篱及地被苗木等，分别调查苗木的产量、质量，为做好生产、调拨、供销计划，以及总结育苗经验提供科学数据。

苗木调查要求有 90％的可靠性，产量精度要达到 90％以上，质量精度要达到 95％以上，并计算出各级苗木的百分率。

二、调查区的划分

凡是树种或品种相同，育苗方法、苗木年龄、作业方式以及育苗的主要技术措施基本一致的育苗地可划分为一个调查区。同一调查区的苗床或垄要统一编号。

三、抽样方法

苗木调查所得到的产量与质量数据是否具有代表性，主要取决于抽样方法和苗木测定的准确程度。苗木调查所采用的抽样方法主要有机械抽样法、随机抽样法和分层抽样法，与过去所采用的“标准行”等方法相比，调查的工作量小、可靠性和精度高；在外业结束后能很快计算出调查的精度，如果精度未达到要求时，能立即计算出需要补设的样地数量或补测样株数。

上述三种方法中最常用的是机械抽样法，其特点是各样地（样方或样段）距离相等，分布均匀。随机抽样法是利用随机数表决定样地的位置，全部苗木被抽中的机会相等，多采用随机法确定调查起始点。分层抽样法是将调查区根据不同类别的苗木粗细、高矮、密度等分层因子，分成几个类型组，再分别抽样调查的一种抽样方法。

四、样地数量及形状

（一）样地数量

样地数量的多少，直接影响调查精度和调查工作量。样地越多，精度越高，但调查工作量越大；样地太少，常常达不到调查的精度要求，需补设样地。样地数量根据苗木密度和质量的变动情况来确定，通常以满足精度要求的最少样地数为宜。一般密度均匀，苗木生长整齐则样地可少；否则，样地宜多。

根据数理统计理论和苗木调查经验，一般初设样地数为 20～50 个，就能达到产量精度 90%、质量精度 95%的要求。在实际工作中，如果苗木的密度和生长情况差异不大，可初设 20 个样地。通过初设样地调查苗木的数量、质量，然后计算调查精度。如果达到所要求的调查精度，外业即结束；如果未达到精度要求，则用调查所得到的产量变动系数，按下式计算出实际需要的样地数。

$$n=\left(\frac{t \cdot C}{E}\right)^2$$

式中：n——实际需要的样地数；

t——可靠性指标（可靠性为 90%时，t 的近似值为 1.7）；

C——变动系数；

E——允许误差百分率。

例如，调查落叶松留床苗（2－0）地，初设 14 块样地（表 9－1）。

表 9－1　样地调查产量数据（14 块）

（孙时轩，1996）

样地号	各样地株数 X_i	X_i^2	样地号	各样地株数 X_i	X_i^2
1	20	400	9	13	169
2	25	625	10	19	361
3	14	196	11	13	169
4	16	256	12	15	225
5	20	400	13	8	64
6	20	400	14	18	324
7	18	324	合计	239	4 313
8	20	400			

根据表 9－1 的数据，可计算得出：

平均值 $\overline{X}=\frac{\sum_{i=1}^{n}X_i}{n}=\frac{239}{14}=17.07$（株）

标准差 $S=\sqrt{\frac{\sum_{i=1}^{n}X_i^2-n\overline{X}^2}{n-1}}=\sqrt{\frac{4\ 313-4\ 079.39}{14-1}}=\sqrt{17.97}=4.24$

标准误 $S_{\overline{X}}=\frac{S}{\sqrt{n}}=\frac{4.24}{\sqrt{14}}=1.13$

误差率 $E=\frac{t\cdot S_{\overline{X}}}{\overline{X}}\times100\%=\frac{1.7\times1.13}{17.07}\times100\%=11.25\%$

精度 $P=1-E=1-11.25\%=88.75\%$

由于精度未达到90%的要求，还需求出补设样地数。

变动系数 $C=\frac{S}{\overline{X}}\times100\%=\frac{4.24}{17.07}\times100\%=24.84\%$

样地数 $n=\left(\frac{t\cdot C}{E}\right)^2=\left(\frac{1.7\times24.84\%}{10\%}\right)^2=17.8=18$（块）

补设样地数 $18-14=4$（块）

以调查14块样地的变动系数为24.84%来计算需设样地数是18块，所以还要补设4块。将18块样地调查产量数据重新进行精度计算（表9-2）。

表9-2 样地调查产量数据（18块）

（孙时轩，1996）

样地号	各样地株数 X_i	X_i^2	样地号	各样地株数 X_i	X_i^2
1	20	400	11	13	169
2	25	625	12	15	225
3	14	196	13	8	64
4	16	256	14	18	324
5	20	400	15	17	289
6	20	400	16	19	361
7	18	324	17	21	441
8	20	400	18	17	289
9	13	169	合计	313	5 693
10	19	361			

平均值 $\overline{X}=\frac{313}{18}=17.39$（株）

标准差 $S=\sqrt{\frac{5\ 693-5\ 443.42}{18-1}}=3.83$

标准误 $S_{\overline{X}}=\frac{3.83}{\sqrt{18}}=0.9$

误差率 $E=\frac{1.7\times 0.9}{17.39}\times 100\%=8.8\%$

精度 $P=1-8.8\%=91.2\%$

P 值达到 91.2%，符合产量精度 90%的要求。

（二）样地的种类和规格

苗木调查一般是抽取有代表性的、小面积的地段作为苗木产量和质量的调查单元，这些小面积地段称为样地。调查样地的种类主要有两类，即样方和样段。样方可为方形或圆形，适于条播、撒播苗以及行距小的扦插苗和移植苗等。样段是以一条线形的地段作为调查单元，适于条播、点播、扦插和移植苗。

样地的大小取决于苗木密度、育苗方法和要求测量苗木质量的株数等条件。如苗木密度大的宜小，苗木稀的宜大；播种苗宜小，扦插和移植苗宜大；精度要求高或不整齐的宜大，反之宜小。样地面积一般根据苗木株数来确定，调查时先从待调查的生产区内找出苗木密度接近平均值的地段，播种苗的样地平均应有 20～50 株苗木（针叶树播种苗的样地要有 30～50 株），密度稀的扦插苗和移植苗的样地平均应有 15～30 株苗。

（三）样地布点

调查区内样地布点应均匀，以获取最大代表性。一般多采用机械抽样布点，即每隔一定的床或垄（行）抽取 1 床或 1 垄（行）。首先确定样群的起始点，样群的起始点应在调查区的中部。为避免人为主观影响，宜采用随机定点的方法确定。

五、苗木产量和质量的调查方法及计算

（一）调查方法

1. 统计全部苗木　统计样地内的全部苗木数量，同时将有病虫害、机械损伤、畸形等质量缺陷的苗木都要分别记载，以便计算各类苗木的百分率。

2. 确定测量苗木质量的株数　调查精度与所测定的株数密切相关，测量株数多则精度就高。一般要求在保证精度的前提下，以苗木数少为宜。根据生产经验，如苗木生长整齐，一般测量 60～80 株就能达到 95%以上的质量精度要求；如果苗木参差不齐、粗细不均，则应增加测量株数（100～200 株）。

3. 每个样地测量苗木数量　即为计划测量苗木总数除以样地总数。

4. 苗木质量分级指标　苗木质量一般以苗高、胸径（地径）、枝下高、冠幅、根幅、长于 5cm 的Ⅰ级侧根数等指标表示。苗高指地面至苗木顶梢的高度，通常大苗用 m 表示，小苗用 cm 表示。调查时可用钢卷尺或标杆进行测量，如果苗木过高，可用测高仪进行测量。胸径指距地面 1.3m 处的苗干直径；地径指近地面处苗干直径；胸径和地径常用 cm 表示，可用测树卷尺或游标卡尺进行测量。枝下高指地面至苗木最下一个分枝处的高度，常用 m 表示。冠幅指苗木树冠的平均直径，一般取树冠东西方向和南北方向直径的平均值，常用 m 表示。根幅指苗木根系的平均直径，一般用 cm 表示。

园林生产上进行苗木调查，要求精确地测量样地内苗木的胸径或地径、苗高、冠幅、枝下高，记载入表（表 9-3）；并将苗木受病虫危害、机械损伤程度及干形状况

登记在备注栏中。

表 9-3　苗木调查统计表

调查日期：　　年　　月　　日

作业区号	树种	苗龄	质量指标				株数	面积	备注
			苗高	枝下高	胸径/地径	冠幅			

调查人：

（二）计算方法

根据该批苗木各样方调查的数据，分别计算平均株数、平均苗高、平均胸径或地径、平均冠幅、平均枝下高及各指标的标准差、标准误差，具体方法同产量调查。如果精度达不到规定要求，需补设样地或补测样株。

六、苗木年龄表示方法

苗木年龄一般以苗木主干的年生长周期为计算单位，即每年以地上部分开始生长到生长结束为止，完成一个生长周期为1龄，称一年生；完成两个生长周期为二年生，以此类推。移植苗的年龄还应包括移植前的年龄。

1. 播种苗　用两个数字表示，中间用"-"分开，前一个数字表示总年龄，后一个数字表示移植次数。如雪松苗（1-0），表示雪松一年生播种苗，未移植。

2. 扦插苗　用两个数字表示，与播种苗相同。如水杉（2-1），即二年生水杉扦插移植苗，移植1次。

3. 截干苗　用分数表示，分子为苗干的年龄，分母为苗根的年龄。如水杉扦插移植苗（1/2-1），一年生的干，二年生的根，移植1次。

4. 嫁接苗　用分数表示，分子为接穗年龄，分母为砧木年龄。如广玉兰嫁接移植苗（2/3-1），接穗为二年生，砧木为三年生，移植1次。

第二节　园林苗木质量标准与评价

苗木质量是指苗木在其类型、年龄、形态、生理及活力等方面满足特定立地条件下绿化目标的程度。优良苗木简称壮苗，一般表现出生命力旺盛、抗性强、栽植成活率高、生长较快等优良特性。苗木质量评价是苗木质量调控的核心问题之一。过去对苗木质量的评价主要是根据苗高、地径和根系状况等形态指标。自20世纪80年代以来，苗木质量评价研究有了较快的发展，苗木生理指标和苗木活力的表现指标成为评价苗木质量的重要方面。对于园林苗木，其观赏价值也被作为质量评价指标。

不同质量指标所反映的是苗木在某方面的具体表现，因此，单一指标难以全面反映苗木质量，生产中应建立多种指标的苗木质量评价体系。

一、形态指标

苗木质量的形态指标主要包括苗高、地径（胸径）、苗木重量、根系（包括侧根数、根系总长度、根表面积指数等）、茎根比、顶芽等。

由于单个形态指标常常只能反映苗木的某个侧面，而苗木各部分间的协调和平衡对定植成活及初期生长十分重要，因此人们便试图采用多指标的综合指数来表示苗木质量，如茎根比、高径比等。图 9-1 显示火炬松苗木根茎比与初期高生长及栽植成活率的关系非常紧密。

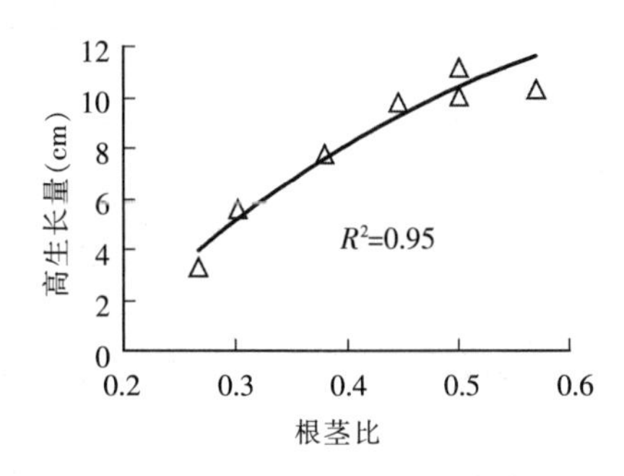

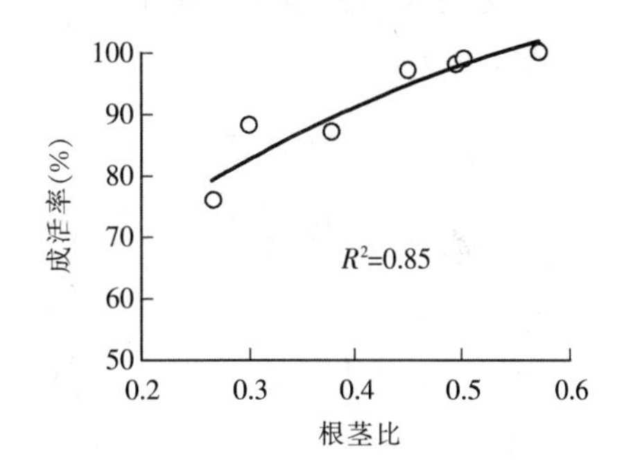

图 9-1　火炬松苗木根茎比与种植第一年成活率及高生长的关系

壮苗应具备以下形态特征：①根系发达，有较多的侧根和须根，根系有一定长度，根团密度大。②苗干粗壮而通直，有与粗度相称的高度，具有良好的骨架基础，主枝配备合理，枝下高合适；枝条木质化充分，枝叶繁茂，色泽正常，上下匀称，生活力旺盛。③苗木根茎比值较大，高径比适宜，而重量大。④无病虫害和机械损伤。⑤芽充实饱满，萌芽力弱的树种（特别是针叶树种）要有发育正常而饱满的顶芽。

二、生理指标

形态指标直观，易操作，生产上应用较多。但形态指标只能反映苗木的外部特征，难以说明苗木内在生命力的强弱。由于苗木的形态特征相对稳定，在许多情况下，其内部生理状况已发生了很大变化，但苗木外部形态却基本保持不变。因此，对苗木质量的评价逐渐由形态指标深入到生理指标，并已在这一领域取得了大量成果。

1. 苗木水势　大量研究和生产实践证明，定植后苗木死亡的一个重要原因就是苗木体内水分失衡。研究发现，在一定范围内，苗木水分状况与栽植成活率呈显著线性相关。因此，水分状况便成为苗木质量评价的一个重要生理指标。过去利用以干重为基础的含水量来评价苗木质量，目前看来并不科学，因为苗木失水达一定程度后，其生理活动就受到很大影响，所以含水量不能准确地反映苗木生理活动状况。目前多采用相对含水量、饱和亏缺、水势来评价苗木水分状况。

(1) **相对含水量**（*RWC*） 相对含水量是指苗木组织含水量占组织饱和含水量的百分比，按下式计算：

$$RWC=\frac{鲜重-干重}{水分饱和时的重量-干重}\times 100\%$$

(2) **饱和亏缺**（*WSD*） 饱和亏缺能敏感地反映苗木水分状况的变化。

$$WSD=\frac{水分饱和时的重量-鲜重}{水分饱和时的重量-干重}\times 100\%$$

(3) **水势** 水势是反映苗木水分状况最重要的指标，能敏感地反映出苗木在干旱胁迫下水分状况的变化，并在解释土壤—植物—大气连续系统中水分运动规律方面具有独特的优点。在实际应用中，常采用压力室法测定苗木水势，可根据测定结果初步判断栽植成功的可能性，并对苗木进行分级。宋廷茂等根据水势提出了苗木生理品质等级划分方法，其划分标准如下：

$\Psi_W \geqslant \pi_{100}$ Ⅰ级苗（成活率>80%）

$\frac{\pi_{100}+\pi_0}{2} \leqslant \Psi_W < \pi_{100}$ Ⅱ级苗（成活率 40%～80%）

$\pi_0 < \Psi_W < \frac{\pi_{100}+\pi_0}{2}$ Ⅲ级苗（成活率<40%）

$\Psi_W \leqslant \pi_0$ 不合格苗

其中 Ψ_W 为苗木水势，π_{100} 为苗木水分充分饱和时的渗透压，π_0 为苗木膨压为 0 时的渗透压。

2. 糖类贮量 苗木栽植后能否迅速长出新根，是园林苗木能否成活及生长表现的关键指标之一。根的萌发及生长需消耗大量糖类，当苗木糖类贮量不足时，会影响新根的萌发和生长；糖类含量与苗木栽植后的生长表现关系也十分密切，成为苗木生长的限制因素。研究表明，苗木叶或根系糖水平与栽植成活率及其苗木抗旱能力相关。

3. 导电能力 植物组织的水分状况以及植物组织膜的受损情况与组织的导电能力紧密相关。干旱以及其他任何环境胁迫都会造成植物组织细胞膜的破坏，从而使细胞膜透性增大，对水和离子交换控制能力下降，K^+ 等离子可自由外渗，从而增加其外渗液的导电能力。因此，通过对苗木导电能力的测定，可在一定程度上反映苗木的水分状况和细胞受害情况，以起到指示苗木活力的作用。常用方法有两种，即测定苗木组织外渗液电导率和苗木组织的电阻率。植物导电能力测定简单易行，且不具破坏性。但是，植物的导电能力受诸多因素影响，会造成测定结果的不稳定性。因此，在应用时，需充分考虑这些影响因素，如树种、生长季节、组织水分、测定部位及测定温度等。

4. 叶绿素含量 植物叶的绿色是用于指示植物活力的重要指标，但以苗木叶颜色为主的目测法存在问题，不仅主观性强，且依赖于观察者的经验。可以通过测定苗木叶绿素含量，定量评价苗木的健康状况。叶绿素含量可以通过便携式叶绿素测定仪进行测量，其测量方法迅速、简便，能够快速进行无损植物活体检测，不影响植物成长。测量时只需要将叶片插入并合上测量探头即可，无需将叶片剪下，这样就可以在苗木的生长过程中全程对特定的叶片进行监测，从而得到更科学的分析结果。值得注意的是，叶绿素含量随树种、同树种不同种源、生长条件及不同季节而明显变化。

5. 四唑染色法测定根系活力　根系活力是苗木根系吸收、合成及生长的综合表现，是苗木活力的具体反映。可利用四唑（TTC）染色法确定苗木根系的活力。四唑的水溶液无色，可被根系吸收，在细胞内脱氢酶的作用下，被还原生成稳定的、不溶于水的、不易扩散转移的红色物质，即三苯基甲臜（TPF），使根系的活组织染上红色。因脱氢酶活性与细胞的呼吸作用有关，四唑被还原的数量就与根系活力的强弱呈正相关。因此，可根据根系被染红色的深浅作为根系活力强弱的指标。根系活力指数（*RVI*）可表示为：

$$RVI=\frac{\text{TPF 生成量（g/mL）}\times\text{稀释倍数}}{\text{根系鲜重（g）}\times\text{反应时间（h）}}$$

三、苗木活力指标

苗木活力是指苗木栽植在最适宜生长环境下其成活和生长的能力。上述的各种形态和生理指标都是苗木活力的各种表现，但任何单一的形态和生理指标都不能完全反映苗木活力。苗木的生长表现指标能代表苗木活力，苗木生长表现的可靠指标是根生长潜力（RGP）。

1. 根生长潜力　根生长潜力是将苗木置于最适宜生长环境中的发根能力，是评价苗木活力最可靠的方法。苗木根生长潜力不仅取决于其生理状况，而且与形态特征、树种生物学特性及生长季节密切相关，能较好地预测苗木活力及栽植成活率。表示根生长潜力的指标包括新根生长点数（*TNR*）、大于 1cm 长新根数量（TNR_1）、大于 1cm 长新根总长度（TLR_1）、新根表面积指数（$RSAI=TNR_1\times TLR_1$）、新根重量等，不同指标反映的是苗木生根过程中不同的生理过程。研究表明，苗木根生长潜力与栽植成活率及初期生长量存在显著相关性。

2. RGP 测定方法　将新掘起的苗木根系洗净，剪除所有白根尖，选用合适基质栽培（如泥炭与蛭石混合物、沙壤土等），置于最适宜根系生长的环境（如白天温度 25℃、光照 12～15h，夜间温度 16℃、黑暗 9～12h，空气相对湿度 60%～80%）下培养，每隔 2～4d 浇水 1 次，经 3～4 周培养后，小心取出苗木，将根系洗净后统计新根生长点数量及新根长度。

根生长潜力测定的意义不仅在于它能反映苗木的死活，更重要的是它能指示不同季节苗木活力的变化情况，这对于了解苗木活力大小、抗逆性强弱，选择最佳起苗和造林绿化时期有重要意义。但亦存在一些不足之处，其测定时间较长，一般需 2～4 周。但是，将它作为苗木活力测定的基准方法，用于科研及生产上仲裁苗木质量纠纷是非常有用的。

综上所述，苗木各种形态、生理指标及活力表现指标是苗木在某方面的具体表现。在任何情况下，用单一指标全面反映苗木质量十分困难，加之苗木栽后的成活与生长状况受环境条件影响强烈，并与培育目标有关，更增加了苗木质量评价的难度。因此，在生产中需要根据栽植地的立地条件，考虑苗木质量动态特性，采用多种指标，建立完整的苗木质量综合评价和保证体系。

第三节　苗木出圃

一、苗木的掘取

起苗前要对出圃苗木进行严格选择，保证苗木质量。选苗时，除满足施工设计提出的规格要求外，所选苗木还应满足生长健壮、无机械损伤、树形优美和根系发达等要求。起苗这一生产环节对合格苗产量影响最大，稍不注意就可能使优良苗木变成无用的废苗。因此，起苗时要保证苗木质量，尤其是保证根系完整，减少损伤，以提高栽植成活率。

1. 起苗规格　起苗规格应根据苗木的大小、是否带土球确定。小苗根据苗木高度确定应留根系长度，大、中苗根据苗木胸径确定应留根系长度，带土球苗根据苗木高度确定土球规格（表 9－4）。

表 9－4　园林苗木起苗规格

［《城市园林苗圃育苗技术规程》（CJ/T 23—1999）］

小　苗			大、中苗			带土球苗		
苗木高度/cm	应留根系长度/cm		苗木胸径/cm	应留根系长度/cm		苗木高度/cm	土球规格/cm	
	侧根（幅度）	直根		侧根（幅度）	直根		横径	纵径
＜30	12	15	3.1～4.0	35～40	25～30	＜100	30	20
31～100	17	20	4.1～5.0	45～50	35～40	101～200	40～50	30～40
101～150	20	30	5.1～6.0	50～60	40～45	201～300	50～70	40～60
			6.1～8.0	70～80	45～55	301～400	70～90	60～80
			8.1～10.0	85～100	55～65	401～500	90～110	80～90
			10.1～12.0	100～120	65～75			

2. 起苗时间　起苗时间要与植苗绿化季节、劳力配备及越冬安全等情况相配合。除雨季绿化用苗随起随栽外，多在秋季苗木停止生长后和春季苗木萌动前起苗。

（1）**秋季起苗**　秋季起苗有两种情况。其一是随起随栽，一般在秋季苗木地上部分停止生长后进行，此时土温还较高，栽后根系可恢复生长，为翌春苗木快速生长创造有利条件；其二是苗木掘取后进行贮藏，待翌春再栽植，一般落叶树在落叶后即可进行起苗。有些树种秋季起苗后，经贮藏苗木生活力下降，影响栽植成活率，特别是常绿树种苗木不宜越冬贮藏，而应原床越冬。苗木越冬贮藏要方法得当，并尽量缩短贮藏时间，尤其是根系含水量高的苗木，贮藏时间不宜过长。起苗前若土壤干旱应提前灌水，以便容易掘取，根系损伤少。秋季起苗还可缓和春季农忙劳动力紧张状况。因此，秋季起苗应用较多，对落叶树种的苗木尤为适宜。

（2）**春季起苗**　春季起苗宜早不宜迟，应在苗木开始萌动前进行。春季起苗适合于绝大多数树种苗木，起苗后应立即栽植。春季起苗可免去假植或贮藏工序，还可避免秋末起苗时因突发的恶劣气候而使苗木受到伤害的情况发生，便于保持苗木活力。常绿树种以春季起苗为宜，时间多在雨水和春分之间，或可迟至梅雨季节。在不使受冻的前提下，以休眠期起苗为宜。

（3）**雨季起苗**　对于季节性干旱严重的地区，春、秋两季降雨较少，土壤含水量低，不利于苗木移植成活。采用雨季起苗移栽，苗木成活有保证。雨季起苗一般在下过一场透雨之后的阴雨天气进行。

3. 起苗方法　起苗方法有机械起苗和人工起苗两种。机械起苗效率高，节省劳力，但起苗质量受起苗机具种类影响较大。目前我国起苗机械化程度低，生产上仍以人工起苗为主。因树种和苗木大小而异，有裸根起苗和带土球起苗之分。一般常绿树种以及在生长季节起苗移植，因蒸腾量大需带土球起苗；苗龄大、苗木根系恢复生长慢，也需带土球起苗。

（1）**裸根起苗**　在苗木的株行间开沟挖土，挖到一定深度露出根系后，剪断主根和侧根，起出苗木。裸根起苗适用于移植易成活的落叶树种苗木（图 9-2）。

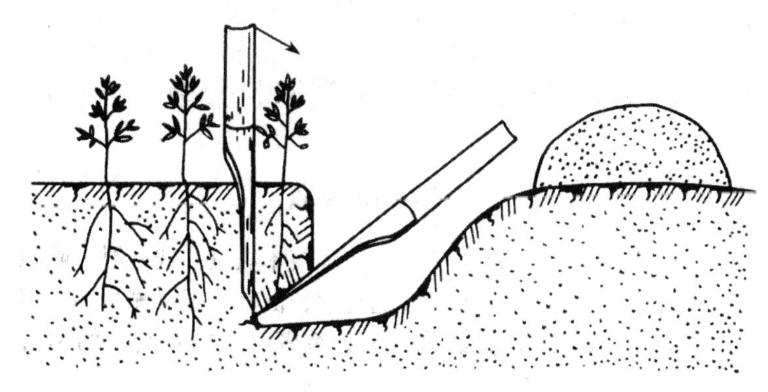

图 9-2　人工裸根起苗方法

（2）**带土球起苗**　起苗前先将苗木的枝叶捆扎，以缩小体积，便于起苗和运输，珍贵大苗还要将主干用草绳包扎，以免运输中损伤。首先铲去 3～5cm 地表浮土，以减轻土球重量，并利于扎紧土球。然后在规定土球大小的外围垂直下挖，切断侧根，达到所需深度后，向内斜削，使土球呈坛子形。起苗时如遇到较粗的侧根，应用枝剪剪断，或用手锯锯断，防止土球震动而松散。带土球苗木应保证土球完好、表面光滑、包装严密、底部不漏土。常用的土球打包方式有橘子包、古钱包和五角包（图 9-3）。

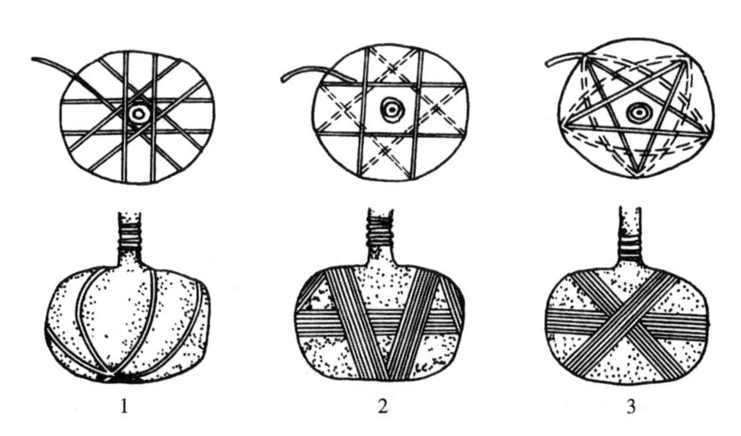

图 9-3　带土球苗木的包装方法

1. 橘子包　2. 古钱包　3. 五角包

（3）**断根缩坨起苗** 大苗或多年未移植过的苗木，根系延伸范围广，吸收根群距苗干较远，掘取土球时带不到大量须根，影响苗木移植成活率，必须采用断根缩坨方法，促发须根。其方法是在起苗前1～2年，在树干周围按冠幅大小挖掘围沟，截断根系，再回填肥沃的泥土，促发新根。起苗时，在围沟外起土球包扎。

起苗时要少伤根系，避免风吹日晒。掘起的苗木应立即加以修剪，剪去过密枝、发育不充实枝、病虫枝以及根系的受伤部分。常绿树种为减少蒸腾失水，需对苗冠进行必要的平衡修剪，但不能破坏原有的树形结构。

二、苗木分级与出圃规格

起苗后应根据一定的质量标准把苗木分成若干等级。苗木分级的目的，一是保证出圃苗木符合国家规定的园林绿化用苗标准和景观设计要求；二是提高栽植成活率，使栽植后苗木生长整齐美观，减少分化现象，便于管理。苗木分级过程中需注意苗木活力保护，应选择背风阴湿处进行，以减少苗根水分丧失。分级完毕，随即包装、贮藏。

苗木分级标准，因树种、品种及主要观赏性状等的不同而异，一般按苗高、胸径（地径）、根系、病虫危害和机械损伤状况进行分级。此外，常绿针叶树种有无正常顶芽以及叶色是否正常，都是分级的重要指标之一。在生产实践中，通常将苗木分为两大类，即合格苗与不合格苗。对于合格苗木，再按其胸径（地径）和苗高两项指标划分不同的规格级别。不合格苗木可采取两种方法处理，对那些有病虫害感染、根系过少、严重损伤以及生长发育严重不良的苗木，必须就地烧毁；而那些仅是形态指标不够出圃标准的小苗，可通过移植继续培育，一两年后可望达到出圃标准。

苗木出圃规格因树种及观赏性状不同而异。大、中型落叶乔木，如杨、槐、枫杨、悬铃木、银杏等，要求树干通直，胸径5cm以上，分枝点在3.0m以上为出圃最低规格，胸径每增加1.0cm，提高一个规格级别；小型落叶乔木及单干式灌木，如榆叶梅、碧桃、海棠、蜡梅等，地径2.5cm以上方可出圃，地径每增加0.5cm，提高一个规格级别；多干式灌木，要求自根际分枝处有3个以上分布均匀的主枝，其中丁香、黄刺玫等大型灌木类要求苗高达80cm以上，紫薇、玫瑰等中型灌木类要求苗高达到50cm以上，月季、小檗等小型灌木类要求苗高在30cm方可出圃，高度每增加30cm、20cm、10cm，大、中、小型灌木分别提高一个规格级别；绿篱苗木要求冠高比1∶1，冠丛直径20cm以上，高度50cm以上为出圃最低标准，高度每增加20cm，提高一个规格级别；常绿乔木如樟树、雪松、榕树等，要求冠形丰满，高度3m以上，胸径6cm以上为出圃最低规格；攀缘类树种要求枝蔓发育充实，腋芽饱满，根系发达丰满，以苗龄确定级别。

第四节 苗木检疫与消毒

为了防止危险性病虫害随着苗木的调运传播蔓延，将病虫害限制在最小范围内，对输出、输入苗木进行检疫工作十分必要。尤其在我国加入WTO后，国际或国内地区间种苗交换日益频繁，因而病虫害传播的危险性也越来越大，所以在苗木出圃前，要做好出圃苗木的病虫害检疫工作。苗木外运或进行国际交换时，则需专门检疫机关检验，发给检疫证书，才能承运或寄送。带有检疫对象的苗木，一般不能出圃，须就地烧毁；病虫害严重的苗木也应烧毁；即使属非检疫对象的病虫也应防止传播。因此苗木出圃前，需进行严格的消毒，以控制病虫害的蔓延传播。

常用的苗木消毒方法如下：

1. 石硫合剂消毒　用4～5波美度石硫合剂水溶液浸苗木10～20min，再用清水冲洗根部1次。

2. 波尔多液消毒　用1∶1∶100式波尔多液浸苗木10～20min。但对李属植物要慎重应用，尤其是早春萌芽季节更应慎重，以防药害。

3. 硫酸铜水溶液消毒　用0.1%～1.0%的硫酸铜溶液处理苗木根系5min，然后再将其浸在清水中洗净。此药主要用于休眠期苗木根系的消毒，不宜用作全株苗木消毒。

4. 高锰酸钾溶液消毒　用0.05%～0.1%的高锰酸钾溶液浸泡苗木15～20min，再用清水冲洗。

第五节　苗木包装与运输

苗木运输前，应将苗木加以包装，并在运输过程中不断检查根系状况，防止根系失水过多，以提高栽植成活率。包装前对苗木进行适当的修剪，主要修剪损伤的部位、过长的根系、有病虫感染或生长细弱的枝条等。然后对苗木根系（主要是裸根苗）进行适当的处理，常用方法有蘸苗木根系保护剂、保水剂或蘸泥浆等保湿吸水物质，以保持苗木体内水分平衡；也可用蒸腾抑制剂处理苗木，特别是常绿大苗，减少水分损失，保持苗木活力。

一、苗木包装

裸根苗木长途运输或贮藏时，必须将苗根进行妥善保水处理，并将苗木细致包装。其目的是防止苗木失水，避免机械损伤，同时包装整齐的苗木也便于搬运、装卸。常用的包装材料有聚乙烯薄膜袋、聚乙烯编织袋、草包、麻袋、纸袋、纸箱、蒲包等。采用不同材料包装苗木，其保护苗木活力的效果各异。一般苗木包装材料要求保湿、透气、隔热、无毒，可防止碰撞和挤压。美国有商品化苗木包装材料销售，是在牛皮纸内涂一层蜡层，既有良好的保水作用，又有较好的透气性。苗木保鲜袋是目前较为理想的苗木包装材料，它由3层性能各异的薄膜复合而成，外层为高反射层，光反射率达50%以上；中层为遮光层，能吸收外层透过的98%的光线；内层为保鲜层，能缓释出抑制病菌生长的物质，防止病害发生。这种苗木保鲜袋还可重复多次使用。

苗木包装可用包装机或手工包装。现代化苗圃多具有一个温度低、相对湿度较高的苗木包装车间。在传送带上去除废苗，将合格苗按重量经验系数计数包装。手工包装，先将湿润物放在包装材料上，然后将苗木根对根放在上面，并在根间加些苔藓、湿稻草等湿润物，再将一定数量苗木卷成捆，用绳子等捆扎。

苗木包装容器外要系固定的标签，注明树种、苗龄、苗木数量、等级、生产苗圃名称、包装日期等资料。

对于园林大苗，特别是珍贵树种苗木，为保证栽植成活，通常采取单株包装，将土球苗置于袋、筐或木箱内，再填入湿润物质；或在苗木土球外再用聚乙烯薄膜袋、麻袋包装，即双料包装，以保持苗木活力。

二、苗木运输

苗木运输是苗圃与用苗单位的交接环节，也是苗木保护中最薄弱的环节之一。苗木从苗圃运到种植地，环境变化很大，如果管理不当，会导致苗木活力下降，栽植成活率降低。苗圃是培育苗木的场所，其环境条件最适合苗木生长，而且苗木在苗圃中受到了精心的管护。然而栽植地的环境条件变化多端，难以进行人为控制，苗木运至栽植地后将面对较为严酷的环境。因此，在运输途中、运至栽植地后以及栽植过程中，都必须做好苗木保护工作。

最好的苗木运输环境是将苗木保存在近似贮藏的温湿度条件下，即温度 0～3℃、空气相对湿度 90%～95%。这只有利用冷藏车才能达到，这样运输成本太高，在我国目前的经济技术条件下难以做到。一般卡车是最常见的苗木运输工具。苗木运输过程中包装材料应根据运输距离而定。苗木运输时间不超过 1d 的短途运输，可直接用篓、筐、蒲包、化纤编织袋、麻袋等包装或大车散装运输，筐底或车底垫以湿草或苔藓等，苗木放置时要根对根，并与湿润稻草分层堆积，覆盖湿润的草席或毡布。如果是超过 1d 的长途运输，必须选用保湿性好的材料，如塑料袋、KP 袋等将苗木妥善包装。常绿树种不宜把枝叶全部包住，应露出树冠，以利通气。利用卡车运输苗木时，上面还必须有帆布棚遮挡，保护苗木免受风吹日晒。

园林大苗运输时，树冠要用草绳拢住，土球朝车头方向放置，树体与车厢边沿接触部位全部用缓冲物垫铺。过高苗木运输时，要防止树梢拖地。常绿苗木或生长季带叶苗木运输时，一定要采取保湿措施。

装卸苗木时要轻拿轻放，以免碰伤树体。车装好后，绑扎时绳索与树干之间要垫柔软的材料，避免绳索磨损树皮。运输过程中，要经常检查苗木包装的温度和湿度，如果温度太高，要打开苗包，适当通气；若发现湿度不够要及时喷水。多数苗木根系对干旱和冻害的抵抗力弱，因此，冬季长途运输时，应注意做好保温、保湿工作。尽量缩短运输时间，苗木到达目的地后，立即打开苗包，进行假植。但在运输时间长、苗根失水较多的情况下，应先将根部用水浸泡若干小时再进行假植或栽植。

第六节　苗木假植与贮藏

广义的苗木贮藏包括假植和贮藏，贮藏苗木的目的是减少苗木失水，防止发霉和冻害，最大限度地保持苗木活力。常用的方法有假植、窖藏、坑藏、垛藏、低温贮藏等。这里仅介绍假植和低温贮藏。

一、苗木假植

起苗后，经消毒处理的苗木，如不及时栽植，就要进行假植或采用其他方法贮藏。假植就是将苗木根系用湿润土壤进行暂时埋植。假植主要是防止根系干燥，保持苗木活力。苗木的根系比地上部分更易失水，细根比粗根怕干，因而，保护苗木首先要保护好根系。假植时每排放置同种、同级、同样数量的苗木，以便以后苗木的统

计、调运。

假植根据时间长短，可分为临时假植和越冬假植。起苗后，苗木不能立即移植或运出圃地，或运到目的地后不能及时栽植，需采取短期假植，或称为临时假植。选择地势较高、土壤湿润的地方挖浅沟，沟的一侧用土培成一斜坡，将苗木沿斜坡逐个码放，树干靠在斜坡上，把根系放在沟内，用湿润的土壤埋实。其目的是防止苗根受风吹日晒而失水抽干，影响栽植成活率。临时假植时间不能过长，一般为5～10d，最长不超过2周。

在秋季起苗后当年不栽植，需要经过一个冬季才出圃栽植，苗木通过假植越冬，称为越冬假植或长期假植。这种假植的时间长，要特别细致。选择地势高燥、排水良好、土壤疏松湿润、避风、便于管理且不影响来春作业的地段开假植沟，沟的规格因苗木大小而异，沟的方向与当地冬季主风方向垂直，一般沟深和沟宽35～45cm，迎风面的沟壁做45°的斜坡，顺此斜坡将苗木单株排放，填土踏实，盖土至苗干下部，要求根系与土壤紧密结合。如果土壤过干，假植后应适量灌水，但切忌过湿，以免苗根腐烂。在寒冷地区，可用稻草、秸秆等将苗木地上部加以覆盖。苗干易受冻害的，可在入冬前将茎干全部埋入土内。假植期间要经常检查，发现覆土下沉要及时培土。

二、苗木低温贮藏

为了更好地保证苗木安全越冬，推迟苗木萌发时间，以达到延长栽植时间的目的，可利用低温库贮藏苗木。贮藏温度控制在1～5℃，又称低温贮藏。低温能使苗木保持休眠状态，降低生理活动强度，减少水分的散失和体内物质消耗；同时保持苗木活力，延长造林绿化时间。

低温贮藏苗木的关键是控制贮藏环境的温度、湿度和通气条件。温度以1～5℃较为适宜。北方树种耐寒，可更低（−3～3℃），南方树种要稍高些（1～8℃）。低温可以降低苗木在贮藏过程中的呼吸消耗，但温度过低会使苗木冻伤。相对湿度以85%～100%为宜，高湿可减少苗木失水。可利用冷库、冰窖、地窖、地下室等进行苗木贮藏，冷库必须有完善的通风设施。病菌是影响贮藏苗木活力的一个重要因素，因此需保持贮藏场所清洁，在苗木贮藏前应进行清洗和消毒。对长期贮藏的苗木，以及贮藏温度较高时，在包装前的根系处理中加入一定量的杀菌剂，可获得良好效果。有试验表明，将苗木置于贮藏箱内，苗木根部填充无菌的湿润珍珠岩，再贮藏于气调冷库内，贮藏效果非常好。在条件好的场所，苗木可贮藏6个月左右。苗木的贮藏为苗木的长期供应创造了条件。

思考题

1. 如何评价苗木质量？
2. 苗木出圃前为何要进行苗木分级？怎样确定苗木出圃规格？
3. 为什么要进行苗木检疫？常用的苗木消毒方法有哪些？
4. 试述苗木包装与运输过程中的注意事项。
5. 何为苗木假植？常用的苗木贮藏方法有哪些？

第十章 设施育苗

[**本章提要**] 设施育苗是利用育苗设施进行育苗的技术，也是目前较为先进的育苗技术。本章介绍工厂化育苗工艺过程及关键技术环节，植物组织培养概况及组培育苗技术，无土栽培育苗技术，常规容器育苗技术及容器育苗新技术等。

第一节　工厂化育苗

一、工厂化育苗概述

工厂化育苗是指在人工创造的优良环境条件下，采用规范化技术措施以及机械化、自动化手段，稳定地成批生产优质种苗的一种育苗技术，实现种苗周年生产。它以组织培养和植株再生为技术基础，是快速繁殖技术的进一步发展，具有集约化、规模化、专业化、标准化、机械化、自动化以及高固定资产投入等特征。

工厂化育苗在国际上是一项成熟的先进技术，是现代设施农业以及工厂化农业的重要组成部分。20 世纪 60 年代，美国首先开始研究开发穴盘育苗技术，70 年代欧美等国在各种蔬菜、花卉等的育苗方面逐渐进入机械化、科学化的研究。随着温室业的发展，节省劳力、提高育苗质量和保证幼苗供应时间的工厂化育苗技术日趋成熟。20 世纪 80 年代初，我国北京、广州和台湾等地先后引进了蔬菜工厂化育苗设备，许多农业高等院校和科研院所开展了相关研究，对国外的工厂化育苗技术进行了全面的消化吸收，并逐步在国内应用推广。1987 年和 1989 年北京郊区相继建立了两个蔬菜机械化育苗场，进行蔬菜种苗商品化生产的试验示范。20 世纪 90 年代，我国农村的产业结构发生了根本性改变，随着农业现代化高潮的到来，工厂化农业在经济发达地区已形成雏形，园艺作物的工厂化育苗技术也迅速推广开来。

工厂化育苗生产效率高，可在非自然生长季节进行育苗并缩短育苗周期。种苗质量易于保证，种苗规格整齐划一，利于定植的机械化作业，近年来在国内呈现加速发展的势态。我国花卉苗木产业发展非常迅速，目前是世界上花卉种植面积最大的国家。草本花卉多用种子繁殖培育，市场上看好的新、奇品种多为国外引进，成本较高，自收、自播、自种的传统培育方式难以保障成活和质量，而工厂化的可控环境可以为育苗生产提供保障。国内花卉组培苗的研究和生产在技术水平和产业化规模上已经接近国际水平，光合自养组织育苗技术、开放组织育苗技术、基于计算机控制的非试管育苗技术等新型组培育苗技术也趋于成熟，花卉组培苗的工厂化生产正在逐步向国际商业化的生产模式趋近。

二、工厂化育苗设施

工厂化育苗设施兼用太阳光和人工光源，栽培室与外界隔断，实行环境自动调控。地上部通过建筑物内部的照明、空调设置来调控光照、温度和二氧化碳，地下部则通过无土栽培如岩棉栽培、营养液膜栽培（NFT）、深水液流栽培（DFT）等方式实行根区环境的完全调控。

工厂化育苗的设施，根据育苗流程的要求和作业性质可分为三大部分：厂房建筑，主要为温室，包括现代化连栋式温室、日光温室、塑料大棚等；育苗设施，主要包括基质处理车间，填盘装运及播种车间，栽培装置，发芽、驯化、幼苗培育设施，扦插车间，嫁接车间；育苗环境自动控制系统，主要包括照明设备、空调设备、检测控制设备以及二氧化碳发生供给系统、空气环流机等。试管育苗还需植物组织培养（室）设施。

（一）厂房建筑

为适应育苗现代化、工厂化的需要，温室成为重要的栽培设施。

1. 连栋式温室　连栋式温室是目前正在发展的大型温室。它利用计算机技术进行综合控制，采用先进的生产环境调控技术与设备，散热面小，光照均匀，适用于大型工厂化苗木生产，可作为育苗首选温室设施（图 10-1）。连栋式温室一般要求南北走向，透明屋面东西朝向，保证光照均匀。

图 10-1　连栋式温室外观与内部育苗情况

2. 日光温室　日光温室是一种在继承我国 2 000 多年暖棚栽培传统的基础上，吸取现代设施园艺中的新型覆盖材料和环境调控技术，经改良创新而研究开发成的。这些年来，日光温室在我国北方迅速发展，不仅成为我国北方主要的设施育苗形式，而且成为我国设施园艺中面积最大的栽培方式。与连栋式温室相比，我国独创的日光温室投资少，经济效益高；另一方面，它在采光性、保暖性、低能耗和实用性等方面，都有明显的优异之处，是我国北方地区使用面积持续增长的设施育苗及栽培方式。

日光温室的基本结构如图 10-2 所示。它是一种不等式双斜面温室，东西向建造，北、东、西三面为砖墙，墙内带保温层。北屋面由檩和横梁构成，檩上铺保温材料。前屋面为半拱形，其上覆盖塑料薄膜，夜间在薄膜上面再盖棉被、草苫等来防寒保温。日光温室使用的建材有钢材、竹木钢材混合及水泥预制件等。

图 10-2 日光温室的基本结构

1. 竹木结构 2. 钢筋结构

日光温室形式多种多样。据各地经验，北纬 33°～43°地区，一般日光温室的内侧跨度为 6～8m，高 2.8～3.1m，长度 50m，墙体厚度 50～100cm，中间设保温层。墙外培土隔热防寒，厚度为当地最大冻土层厚度，后屋面仰角大于或等于当地冬季太阳高度角，草泥复合保温层厚 40～70cm，前屋面脚下可挖 30～40cm 防寒沟。双斜面日光温室前立窗高 80cm，与地面呈 65°角，屋面采光角度为 23.5°±3.5°。随着科技的进步，墙体、覆盖的保温材料、其他建材均将为新型轻质的材料所替代。

3. 塑料大棚 1965 年我国开始应用简易塑料大棚。材料从竹木、水泥预制件、钢筋直到镀锌钢管都包括，经过科技人员不断总结，塑料大棚的棚型结构基本定型，镀锌钢管拱圆形塑料大棚在生产中较为常用（图 10-3）。由于它具有较连栋式温室结构简单、拆建方便、一次性投资较少、土地利用率高等优点，所以从东北到华南都广为利用，其发展面积仅次于日光温室。塑料大棚不仅可用来进行设施育苗，还可以用来进行遮雨育苗及无土栽培育苗。

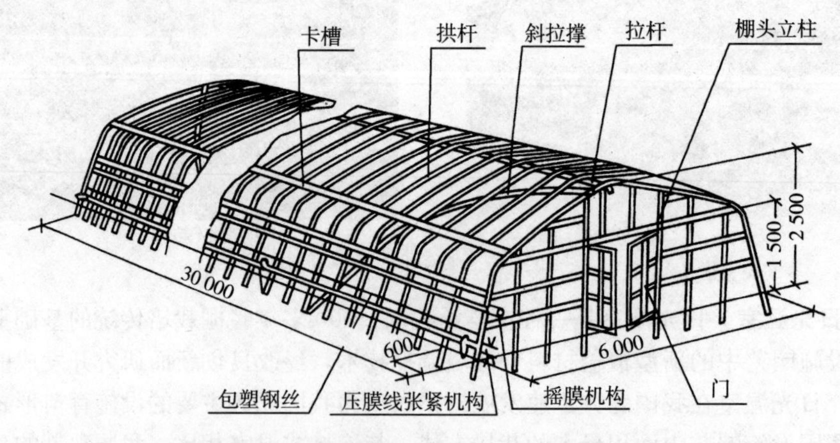

图 10-3 镀锌钢管大棚结构简图（单位：cm）

用于设施育苗的塑料大棚，棚宽 6～10m，高 2.3～3.0m，面积 200～350m²。也可以做成连栋式的大棚。覆盖的薄膜宜选用防尘、无滴、耐老化的长寿膜，棚内设置二重幕装置。但大棚易于吸尘，透光性差，且湿度大，适于耐弱光和湿润环境的观叶类苗木的育苗与栽培。

（二）育苗设施

1. 基质处理与播种设备 工厂化育苗一般是批量生产，基质用量较大，而且一般使用复合基质。按照复合基质配方，对各种基质进行混合、消毒。消毒后的基质要避免与未消毒的基质接触，保证不再被污染。

混合、消毒后的基质，即可运到装盘、钵车间。在该车间内由机械化精量播种生产线完成自基质搅拌、填盘、装钵至播种、覆土、洒水等全过程。因此，要求此车间有较宽敞的作业空间，设施通风良好，有供水来源。

2. 催芽车间 采用丸粒化种子播种或包衣种子干播，播种覆土后将穴盘基质洒透水，然后把穴盘一同放进催芽室内催芽。催芽室内的温度和湿度可根据各种作物发芽的最适温湿度条件自动调控。如果采用催芽后人工播种，可用恒温培养箱、光照培养箱催芽。

催芽室的规格可根据供苗量自行设计，按每平方米可摆放 30cm×60cm 穴盘 5 个的标准，摆放育苗穴盘的层架每层按 15cm 计算，再根据每张穴盘的可育苗数和每一批需要育苗的总数，就可以计算出所需要的催芽室体积。建在温室或大棚内的催芽室可采用钢筋骨架，双层塑料薄膜密封，两层薄膜间有 7～10cm 空间。透光的环境既能增加室内温度，又可使幼苗出土后即可见光，不会黄化。为避免阴雨低温天气种子受冻，催芽室内应设加温装置。建造专用催芽室可砌双层砖墙，中间填满隔热材料或用一层 5cm 厚泡沫塑料板保温，出入口的门应采用双重保温结构，内设加温空调或空气电加热线加温。电器控制设备安装在室外（图 10－4）。

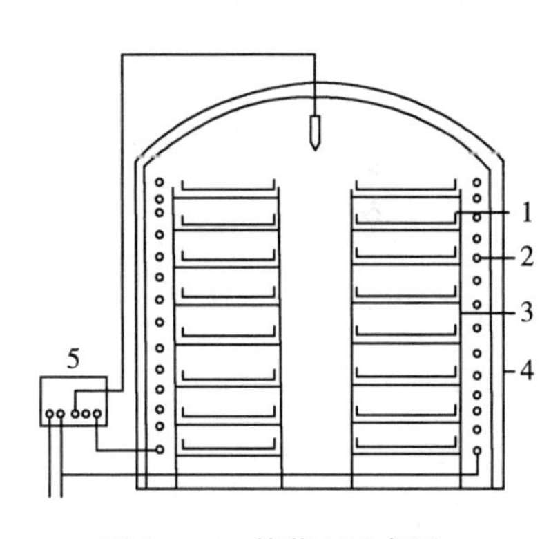

图 10－4 催芽室示意图
1. 催芽盘 2. 空气电加热线 3. 育苗架 4. 骨架 5. 控温仪

3. 幼苗培育设施 种子经催芽萌动出土后，要立即放在有光并能保持一定温湿度条件的保护设施内，幼芽见光后即可变成绿色；否则，幼芽会黄化，影响幼苗的生长和质量。穴盘、营养钵培育的嫁接苗或试管培育的试管苗移出试管后，都要经过一段驯化过程，即促进嫁接伤口愈合或使试管苗适应环境的过程。工厂化育苗一般要有性能良好而且环境条件能够调控的现代化连栋式温室或加温塑料大棚，亦可采用结构性能较好的日光温室，但要配备加温或补温设备，以防极端条件的出现。为防止地温过低，亦可在日光温室内铺设电热温床用以补温。

（三）环境自动控制系统

育苗环境自动控制系统主要是指温室内温度、湿度、光照等环境控制系统（图 10－5）。

1. 照明设备 目前使用的光源主要有高压钠灯、金属卤化物灯和荧光灯。高压钠灯的长波红外线（热线）占 60%，为排除其蓄积热，空调费用很大；后两种灯富含短光波段，长光波段很少。带反射笠的高压钠灯、高光效的荧光灯，以及各种灯的合理配置和设置，可显著增加光合有效辐射（PAR）。苗床上部一般配备光照度为

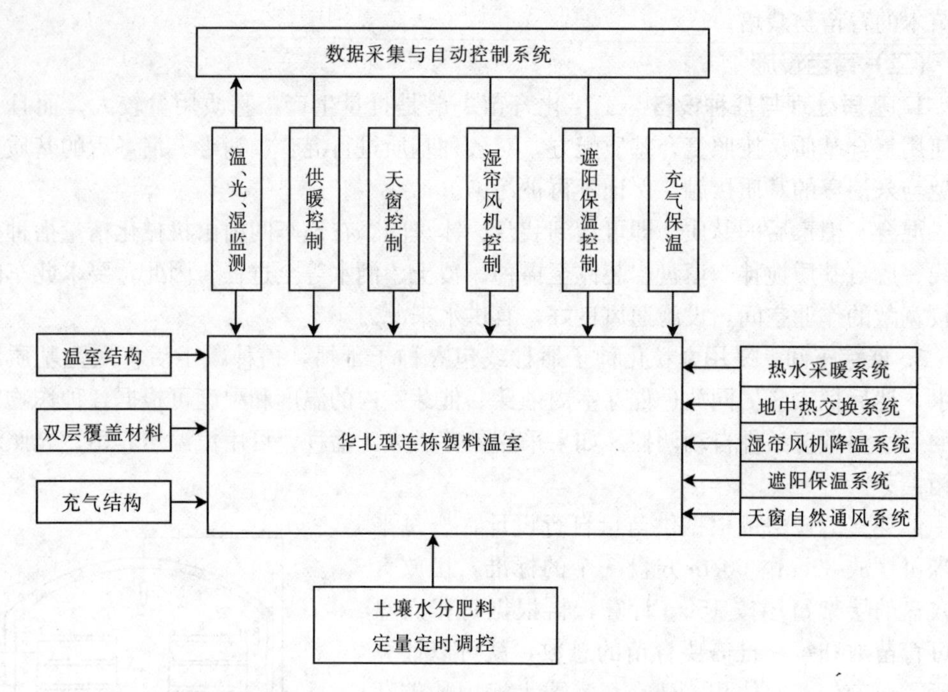

图 10－5　连栋式温室自动控制系统

1.6 万 lx、光谱波长 550～600nm 的高压钠灯，当自然光照不足时，开启补光系统可增加光照度，满足各种植物的生产要求。

2. 加温系统　针对我国广大北方冬季寒冷的特点，育苗温室内的温度控制要求冬季白天晴天达到 25℃，阴雪天达到 20℃，夜间温度能保持在 14～16℃。育苗床架内埋设电热加温线，可以保证幼苗根部温度在 10～30℃范围内，以满足在同一温室内培育不同植物苗木的需求，有条件的可运用大型空调设备，以热系温度调控方式的空调设备的性能为佳。

3. 调温排湿系统　该系统主要包括温度调节和湿度调节系统。保温系统是在温室内设置遮阴保温帘，四周有侧卷帘，入冬前四周加装薄膜保温。降温排湿系统的主要功能是，在育苗温室上部设置外遮阳网，在夏季有效地阻挡部分直射光的照射，在基本满足幼苗光合作用的前提下，通过遮光降低温室内的温度；温室一侧配置大功率排风扇，高温季节育苗时可显著降低温室内的温湿度；通过温室的天窗和侧墙的开启和关闭，实现对温湿度的有效调节。在夏季高温干燥地区，还可通过湿帘风机设备降温加湿。

4. 灌溉和营养液补充设备　种苗工厂化生产必须有高精度的喷灌设备，可以调节供水量和喷淋时间，并能兼顾营养液的补充和喷施农药。对于灌溉控制系统，最理想的是能根据水分张力或基质含水量、温度变化控制调节灌水时间和灌水量；应根据种苗的生长速度、生长量、叶片大小以及环境的温湿度状况决定育苗过程中的灌溉时间和灌溉量。在苗床上部设行走式喷灌系统，保证穴盘每个穴孔浇入的水分（含养分）均匀。

5. 检测控制设备　工厂化育苗的检测控制系统对环境的温度、光照、空气湿度和水分、营养液灌溉等实行有效的监控和调节。由内传感器、计算机、电源、监视和控制软件等组成，对加温、保温、降温、排湿、补光、微灌及施肥系统实施准确而有效的控制。包括地上部环境检测感应器，如光照度、光量子、气温、湿度、二氧化碳浓度、风速等感应器；培养液的 EC 值、pH、液温、溶氧量、多种离子浓度的检测感应器，以及植物本身光合强度、蒸散量、叶面积、叶绿素含量等检测感应器，目前各厂家都十分重视对植物非接触破坏而获得各种检测资料的仪器设备的研发。

三、植物工厂化生产技术

以播种育苗为例，工厂化育苗的生产流程包括调配基质、播种、催芽、育苗和出室五个阶段（图 10－6）。

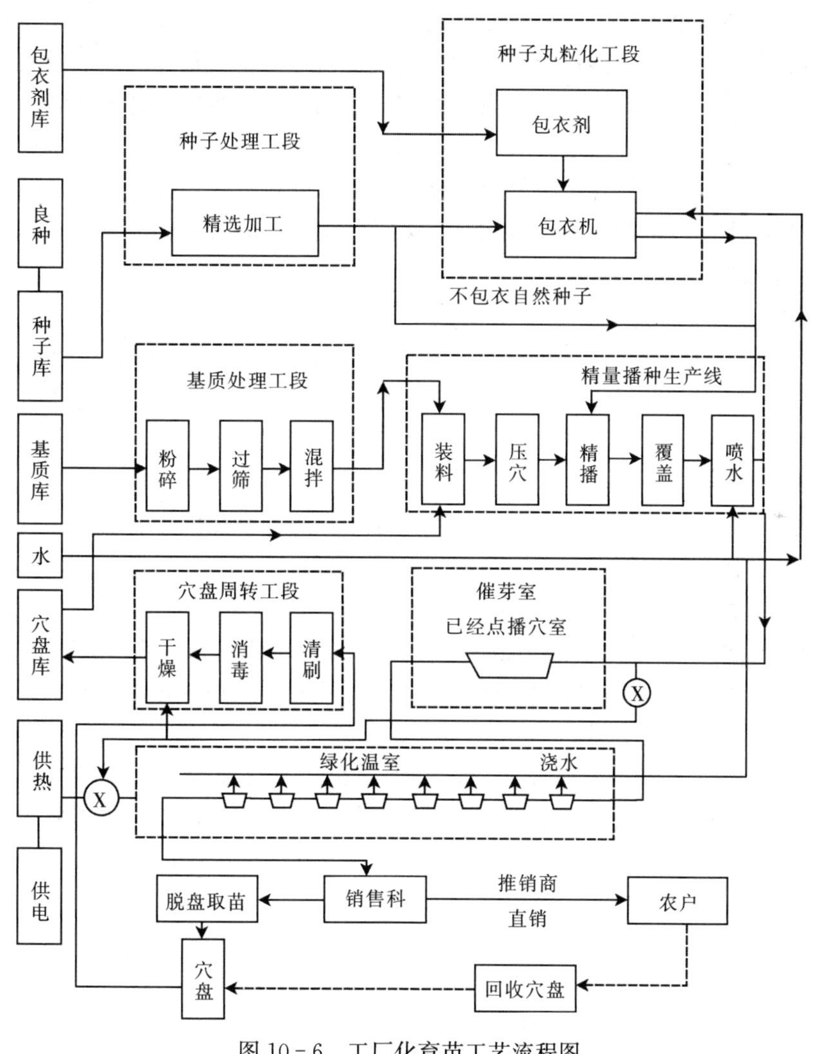

图 10－6　工厂化育苗工艺流程图

工厂化育苗中，依据其栽培作物的品种和栽培方式的不同，所采取的播种育种手段也不同。播种育苗是最主要和常见的方法，常采用穴盘育苗精量播种生产线，以草炭、蛭石等轻型无土基质材料作育苗基质，以不同孔穴的塑料穴盘为容器，用机械化精量播种生产线自动填充基质、播种、覆土、镇压、浇水，然后在催芽室和温室等设施内进行有效的环境管理和培育，是一次性成苗的现代化育苗管理系统。该生产线的主要工艺过程包括：基质筛选→混拌→穴盘装料→刷平→压穴→精量播种→刷平→喷水等。

（一）播种与催芽

1. 基质装盘与精量播种　播种前，对一些不易发芽的种子，如种皮坚硬不易吸水萌发的种子，可采用刻伤种皮和强酸腐蚀等方法促其萌发；对具有休眠特性的种子，可用低温或变温处理的方法，也可利用激素（如赤霉素等）处理打破休眠等。一般的种子，若播种前以温水（40～50℃）浸种，多可取得出苗快、发芽整齐的效果。

把育苗用的各种基质以及肥料按一定的比例加入基质粉碎和混配机中，经过适当的粉碎和混合均匀后，由传送带输送到自动装盘机，育苗穴盘在自动装盘机的另一传送带上缓慢运行。混合好的育苗基质就均匀地撒入育苗穴盘中，待穴盘装满基质后运行至一个机械的压实和打穴装置进行刷平和稍压实，然后打穴。已装满基质并打了穴的育苗穴盘传送至精量播种机时就可根据穴盘的型号进行精量播种，每穴播1粒。播种后的穴盘继续前行至覆盖机，在种子上覆盖一层约0.5cm厚的基质，最后将穴盘传送到自动洒水装置喷水。

2. 催芽　催芽在催芽室内进行。室内设有加热、增湿和空气交换等自动控制和显示系统，具有摆放育苗穴盘的层架。室内温度在20～35℃之间，相对湿度保持在85%～90%范围内，催芽室内温湿度在误差允许范围内相对均匀一致。播种后，将育苗穴盘运至催芽室进行催芽。当种子有80%脱去种皮、顶出基质时，表明成功完成催芽过程。

将催芽后的育苗穴盘移至育苗温室育苗床中，进入幼苗的生长阶段。幼苗生长期的管理是培养壮苗的关键。

（二）苗期管理

1. 温度管理　适宜的温度是苗木生长发育的重要环境条件之一。不同苗木以及苗木不同的生长发育阶段对温度有不同的要求，一般喜温性苗木要求白天25～30℃，夜间15～20℃；耐寒性苗木要求白天15～20℃，夜间10～15℃。

2. 光照管理　冬春季自然光照弱，特别是在温室设施内，设施本身的光照损失不可避免，有条件的可人工补充光照，以保证幼苗对光照的需要。夏季育苗，自然光照的强度大，而且易形成过高的温度。因此，需要用遮阳网进行遮光，起到减弱光强、降温防病的作用。

3. 肥水管理　由于穴盘育苗时的单株营养面积小、基质量少，如果肥料不足就会影响幼苗的正常生长。如在育苗基质中加入化肥，苗期可以不施肥。如苗期较长，可采用浇营养液的方式进行叶面追肥。播种后要喷透水，在幼苗的生长中，视具体情况补充水分。冬春季喷灌最好在晴天上午进行。起苗的当天要喷灌1次透水，使苗培容易脱出，长距离运输时不萎蔫死苗。

4. 苗期病害防治　苗木幼苗期易感染的病害主要有猝倒病、立枯病、灰霉病等，由环境因素引起的生理病害有沤根、寒害、冰害，以及有害气体毒害、药害等。以上各种病理性和生理性病害要以预防为主，及时调整并杜绝各种传染途径，做好穴盘、器具、基质、种子和温室环境的消毒工作，发现病害症状要及时进行适当的化学药剂·防治。

育苗期间常用的化学农药有75%百菌清粉剂600～800倍液，可防治猝倒病、立枯病、霜霉病和白粉病；50%多菌灵可湿性粉剂800倍液，可防治猝倒病、立枯病、炭疽病和灰霉病等；以及72%普力克水剂600～800倍液、64%杀毒矾可湿性粉剂600～800倍液等对苗木的苗期病害都有较好的防治效果。对于环境因素引起的病害，应加强温、光、湿、水、肥的管理，严格检查，以防为主，保证各项管理措施到位。

5. 定植前炼苗　幼苗在移出育苗温室前必须进行炼苗，以适应定植后的环境。如果幼苗定植于有加热设施的温室中，只需保持运输过程中的环境温度；幼苗若定植于没有加热设施的塑料大棚内，应提前3～5d降温、通风、炼苗；定植于露地无保护设施的幼苗，必须严格做好炼苗工作，定植前7～10d逐渐降温，使温室内的温度逐渐与露地相近，防止幼苗定植时因不适应环境而发生冷害。另外，幼苗移出温室前2～3d应施1次肥水，并进行杀菌剂、杀虫剂的喷洒，做到带肥、带药出室。

第二节　组培育苗

一、植物组织培养概况

植物组织培养（plant tissue culture）是指在无菌条件下，将离体的植物器官（根、茎、叶、花、果实、种子等）、组织（形成层、花药组织、胚乳、皮层等）、细胞（体细胞和生殖细胞）以及原生质体培养在人工配制的培养基上，并给予适合其生长、发育的条件，使之分生出新植株的方法，组织培养又叫离体培养（culture in vitro）或试管培养（in test-tube culture）。

1839年德国植物学家施莱登（Schleiden）和德国动物学家施旺（Schwann）提出细胞学说，指出细胞是生物有机体的基本结构单位，细胞又是在生理上、发育上具有潜在全能性的功能单位。在此理论基础上，1902年德国植物生理学家Haberlandt提出了高等植物的器官和组织可以不断地分割，直至单个细胞的观点，并指出每个细胞都具有进一步分裂、分化、发育的能力。他用组织培养的方法，培养植物的叶肉细胞，试图培养出完整的植株来证实这一观点，但由于当时实验条件等限制，未获成功。但是，这一观点却吸引和指导了很多科学工作者继续进行探索和研究。

在此后的50多年中，关于植物组织培养中的器官形成和个体发育方面的研究进展很快。1958年，英国学者Steward在美国将胡萝卜髓细胞培养成为一个完整的植株。这是人类第一次实现了人工体细胞胚，使Haberlandt的愿望得以实现，也证明了植物细胞的全能性，它对以后的植物组织和细胞的培养产生了深远的影响。随后有许多科学工作者用植物的幼胚、植物的器官，通过组织培养获得了完整的植株。随着对组织培养条件的不断研究、培养技术的不断改善，以及植物激素种类的增加与更加广泛的应用，人们能更好地控制植物细胞的生长和分化，大大促进了植物组织培养技术的发展。

我国植物组织培养的研究工作开展也较早。1931年李继侗培养了银杏的胚，

1935—1942 年罗宗洛进行了玉米根尖的离体培养，其后罗士伟进行了植物幼胚、根尖、茎尖和愈伤组织的培养。20 世纪 70 年代以后我国开展植物花药单倍体育种，特别是改革开放以来，我国在植物组织培养方面进行了大量研究，取得了一系列举世瞩目的成就，不少研究成果已走在世界的前列。

近年来，植物组织培养技术日趋成熟和完善，对组织培养中细胞生长、分化规律有了新的认识，研究目的更加明确。同时，近代的分子生物学、细胞遗传学等有关学科的新成就，各学科之间的相互渗透和促进，以及实验新技术的迅速发展，都对植物组织培养的研究有着深刻的影响，促进了植物组培技术的发展，并大量应用于生产实践。

二、植物组织培养的分类和应用

（一）植物组织培养的分类

1. 依据培养方式分类 依据培养方式植物组织培养可分为固体培养、液体培养两类，后者又分为静止培养、振荡培养等。

（1）**固体培养** 这是应用最为广泛而普遍的一种培养方法，就是在培养基中加入一定量的凝固剂，琼脂是目前广为采用的良好凝固剂，使用时加热使之熔化，然后加入培养基中，经冷却即凝固成固体培养基。这种培养方法的最大优点是使用方便、占地面积小，只要有安放培养物用的培养架即可，无须其他特殊设备。在条件不够充分时，可以因陋就简地开展组织培养工作。

固体培养亦存在较多缺点：①培养的外植体无法全部浸没在培养基中，只能有部分组织与培养基直接接触。因此在培养过程中，直接与组织接触的培养基中的营养物质被很快吸收，而他处养分因流动缓慢补充不及，常造成培养物接受养分不均和营养缺乏，以致引起组织生长的各种差异。②培养物插入固体培养基的部分，常会出现气体交换不畅现象，而影响外植体组织的呼吸作用。③由于固体培养基不能使培养物获得均一的细胞群体，因而不可能以固体培养方法来进行某些生理代谢方面的研究。尽管如此，由于固体培养方法简便，目前仍然是一种常用的重要培养方法，大量的植物组织培养，如根、茎、叶、茎尖以及花药培养，大都以固体培养为主。

（2）**液体培养** 培养基中不加任何凝固剂，经消毒后的培养物直接置于液体中培养。这种培养方法有较多的优点，主要有：培养物吸收营养比较充分，气体交换条件好，容易获得均一的组织群体，且便于进行各种生长、生理特性以及物质代谢等方面的研究。缺点是转换培养基比较麻烦。一般又分静止培养和振荡培养两种形式。

①静止培养：将滤纸裁剪成条，然后将纸的两端弯曲折成桥状形式，滤纸桥身紧贴于培养液表面，两端插入溶液中，直至试管底或三角瓶底，使培养液渐渐渗入滤纸。培养物置于滤纸桥面，通过滤纸桥源源不断地供给养分。在某些情况下，也可将培养物直接放入培养液中培养。

②振荡培养：这是理想的培养方法，它既能使培养物在培养过程中均匀地接触培养液，又能保持良好的通气条件。目前，采用四种不同类型的培养方式，主要依据培养液的流动方式来划分：a. 慢速旋转培养。在扁平的大圆盘上装有多个凸起的玻瓶，内装培养液，圆盘以 1～2r/min 低速旋转，瓶内的培养物交替地浸没在培养液中或露

出于空气中，这样既能保证营养液得到充分混合，又使培养物获得较好的气体交换条件。b. 振荡培养。这是一种比较简单而比悬浮培养效果更好的培养方法，将盛装悬浮培养物的三角瓶置于平台式振荡器上，以往复形式或旋转方式进行振荡培养，这种培养方法广泛用于多种培养物的悬浮液培养，摆幅 3cm，转速 60～80r/min 对多数培养物都较适宜。c. 自旋式培养。这种培养方法是装有一个固定的架子，培养架倾斜成 45°角，转速为 80～120r/min，适用于大容量悬浮培养，在旋转轴上安装 10L 的容量瓶，内装 4.5L 悬浮液，以保证有足够的气体交换供培养物生长之用。d. 搅拌培养。这种培养方法的容器是固定的，把培养液储存器和气体补给器装置连接起来，培养容器用一个 5L 的圆底玻瓶，大瓶基部装一个磁性搅拌器，在容器外面用一个小的同步电动机带动一块大磁铁，使内部磁铁随外部磁铁而运动，一般采用 100～200r/min 的转速。这种培养方法的主要优点是可使培养液保持均匀分散和有效的气体交换。

植物组织或细胞不论采用何种培养方法，在培养基上培养一定时间后，养分逐渐被消耗，在生长过程中又积累了一些代谢产物，这些都能抑制培养物的进一步生长。此外，培养时间长容易引起微生物的污染。因此，必须及时更换新鲜培养基进行转移培养，这种转移培养一般又称为继代培养。固体培养转移时比较简单，只需将培养物直接挑出转换到新鲜培养基上，如培养物产生较大的愈伤组织，可先在无菌条件下切割成小块再进行继代培养。用液体培养转移时比较麻烦，一般要用离心方法除去旧液，加入新鲜的培养液，也可用吸管吸去部分旧液再加入新鲜培养液，如果是整块组织可以直接取出放入新鲜的培养液内。如因某种原因受微生物污染，可切取无菌的健康部分进行继代培养，重新获得健壮而无污染的材料。

2. 依据被培养植物体的部位分类 依据被培养植物体的部位的不同，植物组织培养又可分为植株培养、胚胎培养、器官培养、组织培养、细胞培养、原生质体培养等类型，详见图 10－7。

（1）**植株培养** 植株培养指对幼苗、较大植株的培养。通常可以分为扦插苗培养、种子苗培养等类型。根据植物组织培养的字面含义，植株培养似乎不在植物组织培养的范畴内，但是在实际操作中，常将小型的完整植株接种于培养基中进行培养，以提供适合接种的外植体，或用于研究植株在某些培养基上的反应等。

（2）**胚胎培养** 胚胎培养是通过对幼胚、子房等的培养来使发育不全的胚胎形成完整植株的过程。通常可以分为胚乳培养、原胚培养、胚珠培养、种胚培养等。1904 年，Hanning 首次进行了胚胎培养试验，他发现在离体条件下胚胎可以发育为正常的小苗。胚胎培养在某种程度上可以克服杂交不育等障碍，使植物远源杂交育种成为现实。采用胚乳进行培养，为三倍体植物育种开辟了新的途径。

（3）**器官培养** 器官培养是指对植物体各种器官的离体培养。通常分为根系培养、茎段培养、叶片培养、花朵培养、果实培养、种子培养等。器官培养在花卉生产中占有很重要的地位，例如，很多花卉种苗的繁殖都是通过茎尖、茎段来诱导不定芽，从而获得再生植株，这对在短期内培育出大量的种苗具有重要的意义。

（4）**组织培养** 组织培养指对构成植物体各种组织的离体培养。通常分为分生组织、薄壁组织、输导组织的离体培养。通过组织培养可以对不同类型组织的起源、发育进行研究。

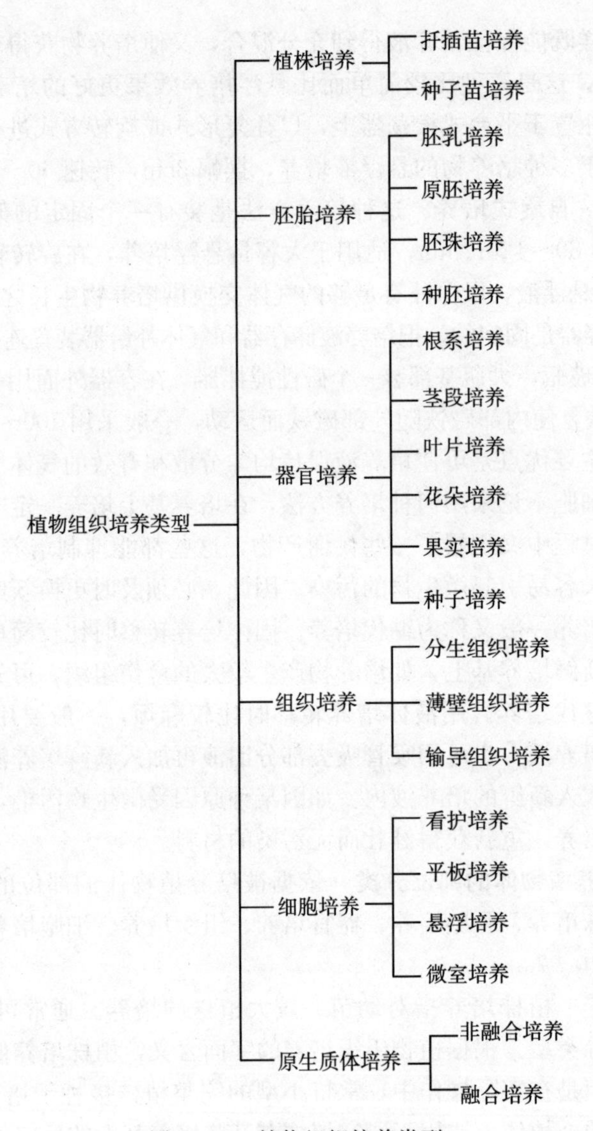

图 10-7　植物组织培养类型

（5）**细胞培养**　细胞培养指对单个离体细胞或较小细胞团的培养。通常分为看护培养、平板培养、悬浮培养、微室培养等。在细胞培养中，悬浮培养占有较为重要的地位。

（6）**原生质体培养**　原生质体培养指对去掉细胞壁后所获原生质体的离体培养。通常分为非融合培养、融合培养等。由于去掉了细胞壁，从而不同的原生质体可以进行融合，即进行体细胞杂交。原生质体培养能够为体细胞遗传的研究提供非常理想的实验系统，刚刚被分离的原生质体可以用于胞壁的合成、膜的透性等方面的研究。此外，原生质体的相互融合可以为作物品种改良另辟蹊径。

（二）植物组织培养在园林植物育苗上的应用

随着经济的发展，人民生活水平不断提高，对绿化美化环境的要求日益迫切，对园林植物的花色、品种和质量的要求也日益提高，为促进园林植物生产的迅速发展，国际上已广泛采用植物组织培养技术来解决生产中的质量问题。特别是植物器官的培养技术，从20世纪60年代开始即走出实验室，进入生产领域。西欧和东南亚国家，利用植物组织培养方法，快速繁殖兰花的范围已达35个属150多种。美国现有的兰花工业中心在10个以上，应用组织培养技术，其不断提供新品种，年产值达5 000万～6 000万美元；新加坡仅出口兰花一项即获利500万美元。兰花工业化生产的成功，刺激了其他园林植物的组织培养技术的发展。目前世界上已采用组织培养技术进行工厂化生产的花卉有兰花、菊花、香石竹、非洲菊、非洲紫罗兰、杜鹃、月季、郁金香、风信子等十余种，组培成功获得再生植株已有1 000余种。我国利用植物器官培养，快速繁殖花木的工作总的来说起步较晚，但进展很快，现已成功获得组培苗并进行工厂化育苗的有月季、菊花、甘蔗、栎树、山楂、猕猴桃、樱桃、仙客来、杉木等。

近十几年来，木本植物的组培工作进展也很快。目前，杨柳科、蔷薇科、木犀科、桑科、松科、杉科、鼠李科、大戟科、紫茉莉科、棕榈科中近100种木本观赏植物能够实现组培快繁，并有十余种已进行大面积推广。近些年，我国各地普遍开展组培工作，成绩显著，仅上海植物园就进行50余种木本植物的组培实验，已有油橄榄、灰桉、葡萄桉、白鹃梅、金合欢等十余种获得成功；北京的丰花月季试管苗也大批投入生产。

（三）组培育苗的功能及客观评价

1. 组培育苗的功能　自20世纪初组织培养从萌芽、发展到成熟，组培育苗的应用也越来越广泛，其主要有以下功能：①进行茎尖培养培育脱毒苗，从根本上解决苗木品种退化的问题。②及时提供大量优质种苗，迅速推广新品种。③濒危植物的保护，扩大濒危植物的繁殖系数。④组培育苗成为育种及资源保护的基础。

2. 组培育苗的评价　对组培育苗主要评价其应用价值。组培育苗的应用前景十分广阔，其优点也十分明显，主要表现为组培苗能保持母树的优良性状；茎尖培养的组培苗可培育成无菌苗，更新复壮品种；组培育苗的繁殖系数大，能解决常规育苗中较为困难的问题，繁殖速度快、省时间、产量大、节约用地；能较好地保存种质资源，方便资源交流。

当然，组培育苗也有一定的缺点，主要表现为操作繁杂，要求有一定的设备条件及试验基础，试验阶段成本较高。

三、植物组织培养的基本设备和操作

（一）实验室设备和用具

1. 实验室准备

（1）**化学实验室**　植物组织培养及组培育苗时所需器具的洗涤、干燥、保存；药品的称量、溶解、配制；培养基的配装和分装；高压灭菌；植物材料的预处理，以及进行生理、生化的分析等各种操作，都在化学实验室进行。其要求与一般化学实验室相同。

（2）**接种室**（无菌室）　接种室是进行各种无菌操作的工作室，用于植物材料的接种、培养物的转移、试管苗的继代等。要求室内光滑平整、地面平坦无缝，避免灰

尘积累，便于清洗和消毒，一般均采用耐水耐药的材料进行装修，避免消毒剂的腐蚀。室内应定期用甲醛或高锰酸钾熏蒸消毒灭菌，也可用紫外灯照射20min以上进行消毒灭菌。室内设有超净工作台或接种箱，用于无菌接种。

（3）**培养室** 培养室是人工条件下培养接种物及试管苗的场所。要求室内整洁，有自动控温和照明设备。室内温度要求恒温，均匀一致，一般要求25～27℃或依所培养的植物而定。培养室内应有培养架等装置。光源以白色荧光灯为好。

（4）**洗涤室** 如果工作内容少，洗涤的器皿不多，可在化学实验室进行。若育苗量大，需设专用洗涤室，室内装有水槽用于用具的清洗，地面要耐湿，并能排水。灭菌锅、蒸馏水器、干燥箱等可从化学实验室移入洗涤室，以便操作。

除以上必备实验室外，有条件的还可设观察室、贮存室、细胞学实验室及摄影室等。

2. 仪器设备

（1）**天平** 应备有精确度为0.1g的药物天平，以及精确度为0.001g和0.000 1g的分析天平，分别用于称取培养基中的蔗糖、琼脂、大量元素、微量元素和激素类等药品。

（2）**显微镜** 一般用体视显微镜，用于剥取茎尖，以及隔瓶观察内部植物组织生长情况。

（3）**空调** 温度过高、过低都不利于试管苗的生长繁殖，所以必须配备空调，使培养室内保持一定的温度。

（4）**冰箱** 用于各种维生素、激素及培养基母液的贮藏，实验材料的保存，以及材料的低温处理等。

（5）**酸度测定仪** 用于测定培养基的pH。

（6）**培养架** 进行固体培养时需用培养架。培养架分为多层，每层顶上有固定灯座，安装40W日光灯2个。

（7）**烘箱和恒温箱** 用于烘干玻璃器皿及测定培养物的干重等。

（8）**高压灭菌锅** 用于培养基和玻璃器皿等用具的高压灭菌。

（9）**光照培养箱** 可自动调温、调光、调湿，用于少量培养材料的试验等。

除以上必备的仪器设备外，还可备有显微摄影、离心机以及悬浮培养用的转床、摇床等。

3. 玻璃器皿和用具 可依各项研究工作的目的和需要而定。一般常用的玻璃器皿有各种类型的试管、三角瓶、培养皿、量筒、烧杯等。常用的器具可选用医疗器械或微生物实验所用的各种镊子、剪刀、解剖刀、解剖针等。

（二）植物组织培养的技术操作

1. 玻璃器皿的洗涤 新购置的玻璃器皿都会有游离的碱性物质，使用前，先用1%的稀盐酸浸泡一夜，然后用肥皂水洗涤，清水冲洗，最后用蒸馏水冲净，干后备用。已用过的各种玻璃器皿尤其是分装培养基的大批三角瓶等，均应先用洗衣粉洗涤，再用清水冲洗干净，然后放入洗液中浸24h，用清水（最好为流水）冲洗，再经蒸馏水冲洗净，放入烘箱中烘干备用。

洗液的配制：一般采用重铬酸钾50g，加入蒸馏水1L，加温溶化，冷却后再缓缓注入90mL工业硫酸。

2. 培养基的制备

(1) 培养基的组成　植物组织培养所用的培养基主要成分包括各种无机盐（大量元素和微量元素）、有机化合物（蔗糖、维生素类、氨基酸、核酸或其他水解物等）、螯合剂（EDTA）和植物激素。一般进行固体培养时，还应加入琼脂使培养基固化。经常使用的培养基，可先将各种药品配成10倍或100倍的母液，放入冰箱中保存，用时再按比例取用。

①大量元素：将药品称取后，分别溶解再依顺序混合定容，配成10倍浓度的母液。每配制1L培养基时取母液100mL。

②微量元素：微量元素用量少，为称取方便且精确，常配成100倍或1 000倍的母液。每配制1L培养基时取母液10mL或1mL。

③有机化合物类：与微量元素一样，可配成100倍或1 000倍的母液，使用时每升培养基中取用10mL或1mL。

④铁盐（螯合剂）：铁盐是单独配制的，由硫酸亚铁（$FeSO_4 \cdot 7H_2O$）5.57g和乙二胺四乙酸二钠（Na_2－EDTA）7.45g溶于1L水中配成。每配制1L培养基取用5mL。

⑤植物激素：一般将植物激素配制成0.1～0.5g/L的溶液。由于植物激素多数难溶于水，可采用以下方法配制：

萘乙酸（NAA）：溶于热水中或先溶于少量95%酒精中，再加水到一定浓度。

吲哚丁酸（IBA）：先用少量0.4%的NaOH溶液溶解，再加水到一定浓度。

吲哚乙酸（IAA）：先溶于少量95%酒精中，再加水到一定浓度。

2，4－二氯苯氧乙酸（2，4－D）：先用少量3.65%的HCl溶液溶解，再加水到一定浓度。

细胞分裂素：6－苄基嘌呤（6－BA）、激动素（KT）需用3.65%的HCl或0.4%的NaOH溶液先溶解后，再加水到一定浓度。

以上所配制的各种母液或单独配制的各种药液，均应放到2～4℃冰箱中保存，以防变质或被微生物污染。培养基中的蔗糖和琼脂，可依其需要量随用随称取。

(2) 培养基的配方　植物组织培养获得成功，在一定程度上依赖于培养基的选择。不同培养基由于所含无机盐的量不同，其实验材料的反应也有差异。植物组织培养常用培养基为MS培养基（表10－1）。铁盐的使用，除尼许培养基用柠檬酸铁10mg/L外，其余培养基都用铁盐母液5ml/L。

植物组织培养的首要问题是选择适合的培养基，培养基种类及成分有上百种，要获得成功并用于生产实践，需经过大量的试验筛选出最佳培养基种类。愈伤组织的生长、分化和生根，取决于培养基中植物激素的种类和含量，因此，试验筛选出最佳植物激素种类和浓度也是植物组织培养获得成功的关键。

(3) 培养基的制备程序　配制培养基时，首先按需要量依次吸取各种药液，混合在一起。将蔗糖放入熔化的琼脂中溶解，然后注入混合液，搅拌均匀后用0.4%的NaOH或3.65%的HCl溶液调节pH，再分装于三角瓶等培养容器内。培养基装入量占培养容器的1/4～1/3为宜，再用封口膜等将容器口封好。分装后，放入高压灭菌锅中灭菌，一般采用的压力为107.9kPa，温度为121℃，消毒灭菌15～20min，取

表 10－1　常用培养基营养成分（mg/L）

培养基成分		培养基名称及年份								
		MS（Murashige 和 Skoog）1962	LS（Linsmaier 和 Skoog）1965	H*（Bourgin 和 Nitsch）1967	T*（Bourgin 和 Nitsch）1967	B_5（Gamborg 等）1968	尼许（Nitsch）1951	改良怀特（White）1963	米勒（Miller）1963	N_6 1974
大量元素	NH_4NO_3	1 650	1 650	720	1 650				1 000	
	$(NH_4)_2SO_4$					134				463
	KNO_3	1 900	1 900	950	1 900	2 500	125	80	1 000	2 830
	$Ca(NO_3)_2 \cdot 4H_2O$						500	300	347	
	$CaCl_2 \cdot 2H_2O$	440	440	166	440	150				166
	$MgSO_4 \cdot 7H_2O$	370	370	185	370	250	125	720	35	185
	KH_2PO_4	170	170	68	170		125		300	400
	Na_2SO_4							200		
	$NaH_2PO_4 \cdot H_2O$					150		16.5		
	KCl							65	65	
微量元素	KI	0.83	0.83			0.75			0.8	0.8
	H_3BO_3			10	10	3	0.5	1.5	1.6	1.6
	$MnSO_4 \cdot H_2O$				25	10			4.4	
	$MnSO_4 \cdot 4H_2O$	22.3	22.3	25			3	7	1.5	4.4
	MoO_3							0.000 1		
	$ZnSO_4 \cdot 7H_2O$	8.6	8.6	10		2	0.05	3		1.5
	$Na_2MoO_4 \cdot 2H_2O$	0.25	0.25	0.25	0.25	0.25	0.025			
	$CuSO_4 \cdot 5H_2O$	0.025	0.025	0.025	0.025	0.025	0.025	0.001		
	$CoCl_2 \cdot 6H_2O$	0.025	0.025			0.025				

（续）

培养基成分		培养基名称及年份								
		MS（Murashige 和 Skoog）1962	LS（Linsmaier 和 Skoog）1965	H*（Bourgin 和 Nitsch）1967	T*（Bourgin 和 Nitsch）1967	B_5（Gamborg 等）1968	尼许（Nitsch）1951	改良怀特（White）1963	米勒（Miller）1963	N_6 1974
有机成分	甘氨酸	2		2				3	2	2
	盐酸硫胺素（维生素 B_1）	0.4	0.4	0.5		10		0.1	0.1	1
	盐酸吡哆素（维生素 B_6）	0.5		0.5		1		0.1	0.1	0.5
	烟酸	0.5		0.5		1		0.3	0.5	0.5
	肌醇	100	100	100		100		100		
	叶酸			0.5						
	生物素			0.05						
	蔗糖	30 000	30 000	20 000	10 000	20 000	20 000	20 000	30 000	50 000
	琼脂	10 000	10 000	8 000	8 000	10 000	10 000	10 000	10 000	10 000
	pH	5.8	5.8	5.5	6.0	5.5	6.0	5.6	6.0	5.8

* 铁盐：7.45g Na_2－EDTA 和 5.57g $FeSO_4 \cdot 7H_2O$ 溶于 1L 水中，配 1L 培养基时取此液 5mL。

出冷却凝固后备用。不同培养基在灭菌前应做好标记，防止混乱（图 10－8）。

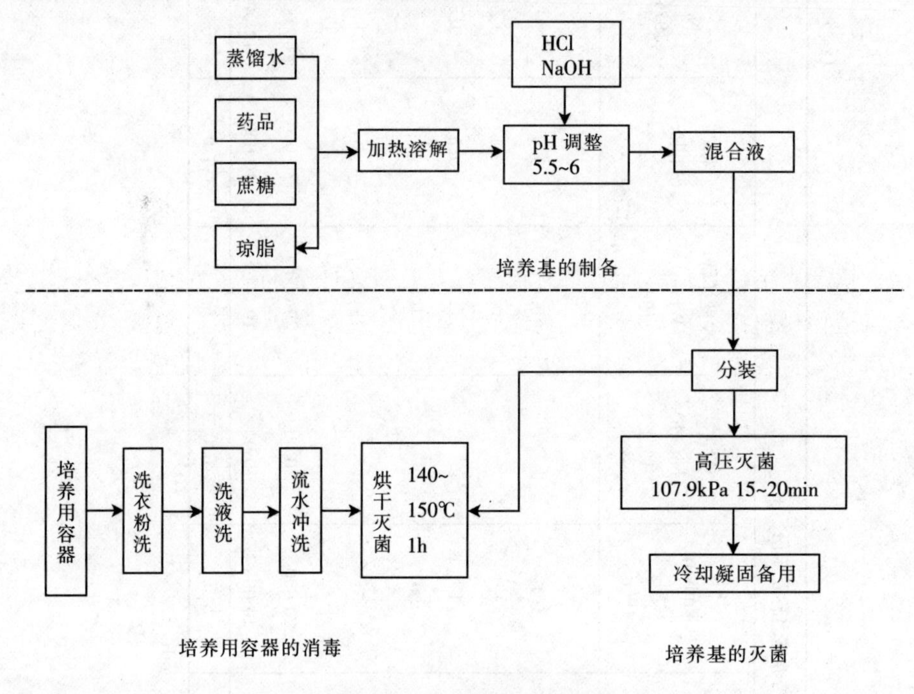

图 10－8　培养基的制备程序

3. 接种

（1）**接种前的准备**　植物材料的大小和形状没有严格限制，但不能太小，过小细胞分裂难以发生；也不能太大，过大易造成污染。因此，植物材料的大小要适当。接种所用的解剖刀、接种针、剪刀、镊子等工具要进行认真清洗、消毒；还要准备酒精、无菌水等药品及滤纸等物品。

（2）**植物材料灭菌**　为了得到无菌材料，在接种前必须先对植物材料进行消毒灭菌。一般采用化学试剂进行表面消毒。试剂的选择及处理时间的长短，依植物材料对试剂的敏感性来决定，并且要选用消毒后容易除去的药剂，防止产生药害，影响愈伤组织的发生。常用的消毒剂有漂白粉、次氯酸钠等（表 10－2）。把材料放入消毒剂之前，先用自来水冲洗或先在 70％酒精中漂洗一下，有利于消毒剂渗入植物材料并杀死微生物。放入消毒剂消毒后，必须用无菌水认真冲洗几次，将消毒剂冲洗干净，才能进行接种。由于植物种类及所选用的植物器官或植物组织不同，在消毒顺序和消毒时间上也各有不同。

表 10－2　常用消毒剂效果比较

消毒剂	使用浓度	去除的难易	清毒时间/min	效果
次氯酸钠	2％～5％	易	5～30	很好
漂白粉	饱和溶液	易	5～30	很好
溴水	1％～2％	易	2～10	很好
次氯酸钙	9％～10％	易	5～30	很好

（续）

消毒剂	使用浓度	去除的难易	清毒时间/min	效果
硝酸银	1%	较难	5～30	好
过氧化氢	10%～12%	最易	5～15	好
酒精	70%～75%	易	0.2～2	好
抗生素	40～50mg/L	中	30～60	较好

（3）**接种**　植物材料接种的全过程都应在无菌条件下进行。在超净工作台无菌条件下，将植物材料接入培养基中。具体操作如下：左手拿试管或三角瓶，用右手轻轻取下封口膜，将容器口靠近酒精灯火焰，瓶口倾斜，以防空气中的微生物落入瓶中，瓶口外部在火焰上燎数秒，固定瓶口灰尘，然后用消过毒的镊子将外植体送入瓶中，包好封口膜，做好标记。

4. 培养　植物组织培养受温度、光照、培养基的 pH 等各种环境条件的影响，因此需要严格控制培养室的条件。由于植物的种类、所取植物材料部位等不同，所要求的环境条件也有差异。一般培养室的温度多保持在 25℃±2℃的恒温条件，低于 15℃时培养物的生长停滞，高于 35℃亦对生长不利；光照度为 2 000lx，光照时间为 10～12h。对培养室内的湿度，一般可以不加人为控制，因装有培养基的容器内的湿度基本上能满足培养物的要求，外界环境湿度过高容易造成污染。组培中培养基的 pH 通常为 5.5～6.5，pH 在 4.0 以下或 7.0 以上对培养物生长都不利。培养不同的植物，选用不同的培养基，所要求的 pH 不同。

污染和褐变的防止也是植物组织培养获得成功的关键。污染来自外植体和人为因素两个方面。外植体可利用表面消毒和抗生素防止内部病菌；人为污染的避免需用酒精擦洗双手，戴口罩，穿工作服、戴工作帽等。褐变的防止应选择合适的外植体及培养条件，如保持较低的温度等，在培养基中加入抗坏血酸等抗氧化剂或通过连续转移来避免或减轻褐变的毒害作用。

5. 移栽　当试管苗生长到具有 3～5 条根后即可移栽。但长期在瓶内无菌条件下培养的小苗，移栽到室外之前，必须经过一个炼苗的过渡阶段。将组培幼苗移栽成活是组培育苗的最后一个重要环节。组培幼苗移栽过程较为复杂，影响成活的因素较多。为提高移栽成活率，首先应培育瓶生壮苗，促进根、茎、叶组织的发生及功能的恢复；其次移栽时使用杀菌剂和抗蒸腾剂；最后在必要时可进行试管苗的嫁接。

移栽前先将培养试管苗的瓶口打开几天，使幼嫩的试管苗逐渐适应自然环境。移栽时用清水洗去根上的琼脂，栽入花盆中，其培养土可选用通气透水好的粗沙、蛭石等。幼嫩的试管苗需在室内培养 10～30d，然后再移入田间正常生长。由组培苗改为盆栽苗是组培育苗成败的关键，如何调节温度、湿度及光照等环境条件，是移栽成活的关键。培养的植物不同，对环境条件的要求不一样，必须充分了解其要求，分别加以对待。

四、组培育苗新技术

随着科学技术的进步，现代生物工程技术、新型材料、环境控制和信息技术等科技成果在组织培养育苗上的应用越来越多，如 LED 新型光源、无糖培养技术、CO_2

施肥技术等。

（一）LED新型光源

光是植物生长发育过程中重要的环境因子，光能消耗在组培过程中所占比例为20%～40%。所以，能耗问题一直是组织培养育苗规模化的限制性因素。近年来，发光二极管（LED）光源的研究与开发，为组织培养降低能耗提供了良好的前景。

1. LED光源的特点

①使用电压低，安全、节能：使用电压一般在6～24V，安全性好；节能高，消耗能量较同光效的白炽灯减少80%。

②适用范围广：因其体积小，每个单元LED小片是3～5mm的正方形，所以可以制备成各种形状的器件，以满足各种空间需求。

③响应时间快：白炽灯响应时间为毫秒级，而LED光源的响应时间为纳秒级。

④可以调节光源的光谱分布：LED发射的窄单色红光光谱（620～625nm）、蓝光光谱（470～475nm）与光合色素尤其是叶绿素a、b的吸收波长相匹配。白光LED发射的光谱在420～490nm和510～710nm范围内最强，也与植物光合色素吸收光谱吻合。另外，LED光源能区分出不同的光质，不同的光质对植物生长发育的影响显著不同，如调节植物的开花与结实、控制株高和植物的营养生长等。

⑤可以近距离照明：传统灯具体积大，占用空间大。而且在照明的同时，产生大量的余热，距植物材料太近容易发生烤伤。同时，气温也随之升高，需要空调降温，耗电量大大增加，育苗成本提高。而LED光源体积小，为冷光源，可以离植物体很近，还可多层栽培提高空间利用率。

⑥使用寿命长：稳定性可达到10万h，光衰为初始的50%。

但目前LED光源价格比较昂贵。

2. LED新型光源的应用前景 LED新型光源以其高效、节能等优势将成为未来组培光源的发展方向。在实际生产中，如果蓝光LED成本能进一步降低，则应用前景更为广阔。另外，扩散性光纤维和微波光源也被认为是未来植物组织培养中较为理想的照射光源。

（二）无糖组培快繁技术

植物无糖组培快繁技术（sugar-free micropropagation）又称为光自养微繁殖技术，是指在植物组织培养中改变碳源的种类，以CO_2气体代替糖作为植物体的碳源，并控制影响试管苗生长发育的环境因子，促进植株光合作用，使试管苗由兼养型转变为自养型，进而生产优质种苗的一种新的植物组培繁殖技术。

这一技术概念是在1980年提出的，其技术发明人是日本千叶大学的古在丰树教授。20世纪90年代以后，这一技术成为植物微繁殖研究的新领域，受到广泛的关注，无糖组织培养技术也在各国开始得到推广应用。特别是近几年来，这一技术逐渐成熟，并开始应用于植物微繁殖工厂化生产。

1. 植物无糖组培的特点

①CO_2代替了糖作为植物体的碳源：无糖组培以CO_2作为小植株的唯一碳源，通过自然或强制性换气系统供给小植株生长所需CO_2，促进植物的光合作用，以进行自养生长。

②环境控制促进植物的光合速率：无糖组培是建立在对培养容器内环境控制的基础上，创造最佳环境条件如光照度、CO_2 浓度、环境湿度、温度、培养基质等，最大限度地提高植物的光合速率，促进幼苗生长。

③使用多种培养容器：无糖组培不使用糖及各类有机物质，极大地避免了污染的发生，可以使用各种类型的培养容器，小至试管，大至培养室。

④多孔的无机材料作为培养基质：无糖组培主要是采用多孔的无机物质，如蛭石、珍珠岩、纤维、Florialite（一种蛭石与纤维的混合物）作为培养基质，可以极大地提高小植株的生根率和生根质量。

⑤闭锁型培养室：无糖组培采用的是闭锁型的培养室，通过人工或自动调控整个培养室环境，能周年进行稳定的生产。

2. 无糖组培的技术优势　植物无糖组织培养技术改革了传统的用糖和瓶子作为碳源营养和生存空间的技术方法，增加了植物生长和生化反应所需的物质流的交换和循环，促进植株的生长和发育，实现了优质苗低成本的生产。

①通过人工控制动态调整优化植物生长环境，为种苗繁殖生长提供最佳的 CO_2 浓度、光照、湿度、温度等环境条件，提高植株的光合速率，促进了植株的生长发育，使苗齐、苗壮。

②继代与生根培养过程合二为一，培养周期缩短了 40%以上。

③大幅度降低了植物微繁殖生产过程中的微生物污染率。

④消除了小植株生理和形态方面的紊乱，种苗质量显著提高。

⑤提高了植株的生根率和生根质量，特别是对于木本植物来说，试管苗移栽成活率显著提高。

⑥无糖组培生产工艺简单，流程缩短，技术和设备的集成度提高，培养不受培养容器的限制，可实现穴盘苗商业化生产，也可实现大规模容器自动工厂化生产。

3. 无糖组培快繁技术的应用及发展前景　植物无糖组织培养技术经过近 30 年的发展，基础理论的建立和研究已经成熟，植物只要具有 $20mm^2$ 含有叶绿素的叶片，就能独立进行光合作用，因此在组培条件下生长的小苗同样具有一定的光合能力。不同培养条件下组培容器中的 CO_2 浓度不同，施用 CO_2 可以促进细胞分化，使植株整体发育提前，提高繁殖系数，提升光合自养能力。该技术在花卉等植物的组培快繁方面表现出明显优势。在对香石竹、文心兰、非洲菊等植物进行无糖组培中，组培苗污染率降低，叶片数增加，根系生长健壮，移栽成活率大幅度提升。半夏的无糖组培苗叶片具有较厚的栅栏组织和海绵组织，中脉发达，叶表皮具有蜡质层。无糖组织培养技术打破了传统组织培养的模式，随着理论研究的不断深入和相关设备的日益完善，该技术必将在更多的植物组培中得到推广和应用，在植物工厂化、规模化生产中发挥更大的作用。

第三节　无土栽培育苗

一、无土栽培育苗的发展

无土栽培是不用土壤，在化学溶液或栽培基质中培养苗木的栽培技术。植物在没有土壤有机质存在的情况下，由人工供给养分而生长。一百多年前，科学家就已用类似的方法，在实验室内进行种植试验，但并没有把这种方法应用于生产实际。1859—1865年德国沙奇斯（Sachs）和克诺普（Knop）发现把化学药品溶于水能构成培养植物的营养液，并用此进行植物栽培试验，获得成功，由此引发了无土栽培技术的发展。最早把无土栽培技术应用到生产实际上的是在1929年，美国加利福尼亚大学教授格里克（W. F. Gericke）成功地用水培法种植了番茄，植株高达7.5m，收获14kg。从此，无土栽培进入了实际应用阶段。这一栽培方法的应用，使人类的种植活动可以离开土壤，为农业、园艺、园林苗木及花卉工厂化、自动化生产提供了广阔的前景。尤其近十几年来，这一技术发展很快，目前世界上研究无土栽培的国家至少有40多个，1955年在荷兰成立了国际无土栽培工作组。

1975—1976年，在加拿大用水培生产的植物销售量就增长10倍。在美国，人们利用水培在摩天大楼上搞起了花园；调查表明，美国有50%左右的家庭自己做水培，生产蔬菜、花卉；很多州建立了大规模的水培场，政府已把无土栽培列为现代十大技术发展项目之一。

由于水培技术的迅速发展，又派生出许多新的方法，主要是在培养基质上的一些改变，如沙培、砾培、蛭石培和煤渣培等统称为无土栽培。目前，我国很多地区采用全光照喷雾扦插床进行苗木的扦插生产，或采用雾插法繁殖苗木，这实际上亦可称为水培的发展。

二、水培育苗

（一）水培育苗的特点

1. 水培的优点

①水培育苗产量高、质量好、生长快。水培可以直接供给植物生长所需要的养分和水分，为生长提供了优越的条件。由于基质的恰当选用，改善了通气条件，有利于苗木生长。例如，北京东北旺苗圃，1978—1979年用水培法播种的桧柏，一年生小苗高23cm，而土壤播种苗一年生小苗高仅13cm；连云港市园林处水培扦插的黄杨，在培养条件均为气温24～40℃，空气相对湿度85%～90%的情况下，生根率提高了8倍（表10-3）。同时，由于水培所用基质疏松，移苗方便，根系完整，成活率高。

表10-3　黄杨水培扦插试验比较

扦插基质	生根率/%	平均根长/cm	每年扦插次数	生根情况
蛭石	90	5～10	5～6	须根多
土壤	10	2	1	须根少

②水培育苗不受环境条件的限制，许多不适合常规育苗的地方都可以进行水培育苗。在城市利用庭院、空地、屋顶、阳台等都可进行水培种植，不仅有所收益还美化了环境。也可设立大规模水培场，进行车间化生产、机械化管理，可大大提高育苗效果。

2. 水培的缺点　水培要求有一定的设备，比普通育苗成本高。但随着技术的不断发展和改进，可逐步降低育苗成本。

（二）水培育苗的设备

1. 场地 水培对场地没有严格要求，只要能满足光照、空气及充足的水源条件，人为能提供矿质营养和基质的地方即可。

2. 容器 水培用容器的大小依生产规模及要求而定，任何大小的花盆、水桶、木箱等容器都可进行水培。大规模生产可用水培槽，水培槽也可大可小，如挪威、丹麦等园艺场的水培槽长 10m，宽 3m，可放 12cm 口径花盆 500 个以上。种植用水培槽宽最好不超过 1.5m，以便于操作，长度可不限。

水培槽大体分为水平式水培槽和流动式水培槽两种（图 10－9、图 10－10、图 10－11）。

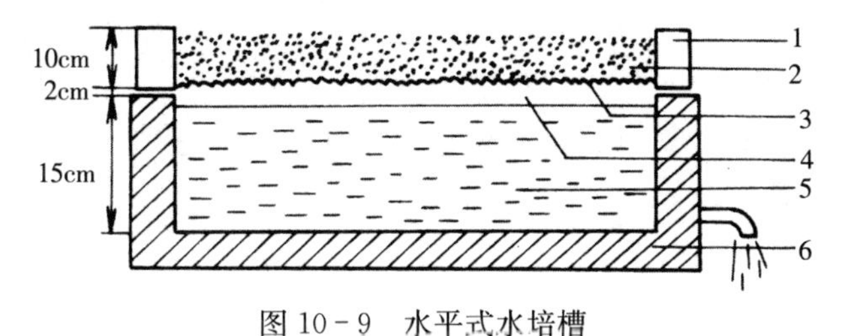

图 10－9 水平式水培槽

1. 框架 2. 苗床（基质） 3. 栅栏 4. 空气层 5. 营养液 6. 防水槽

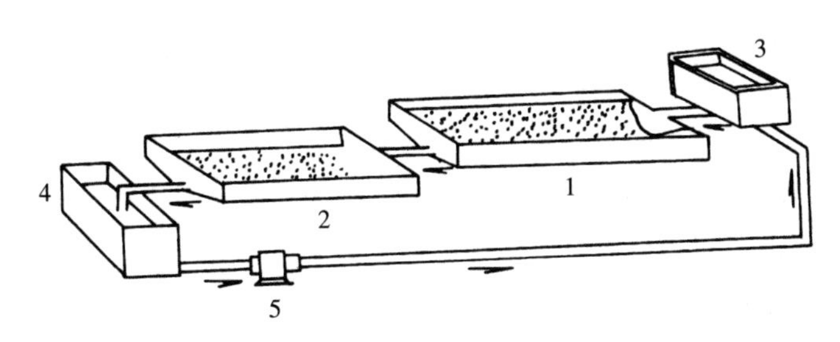

图 10－10 流动式水培槽

1、2. 苗床（蛭石、沙砾等） 3. 扬液槽 4. 集液槽 5. 扬水泵

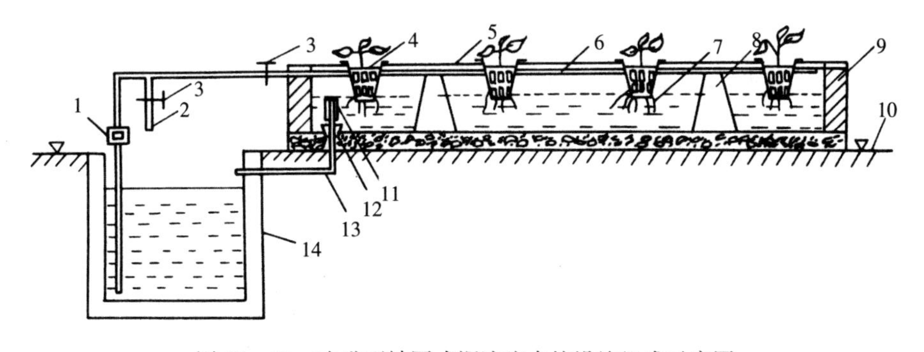

图 10－11 改进型神园式深液流水培设施组成示意图

1. 水泵 2. 充氧支管 3. 流量控制阀 4. 定植杯 5. 定植板 6. 供液管 7. 营养液 8. 支撑墩 9. 种植槽 10. 地面 11. 液层控制管 12. 橡皮塞 13. 回流管 14. 贮液池

简易的小型水培设备，可用一容器内装营养液，上面用细网隔开并放入基质，进行苗木培育（图 10－12a）。更简单的还可用一浅塑料盒，设几个排水孔，内放基质，稍倾斜放置，浇营养液来进行苗木培育（图 10－12b）。

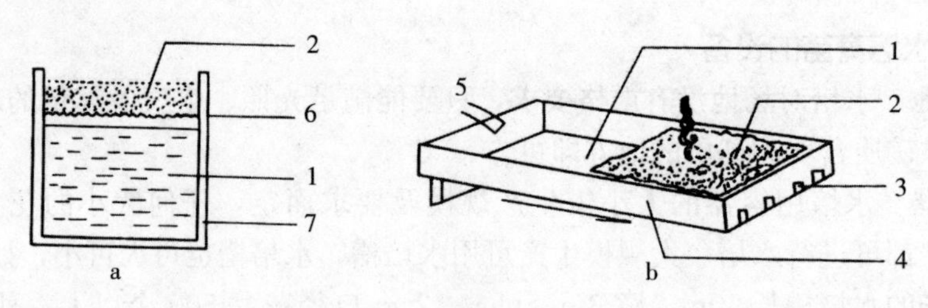

图 10-12 简易小型水培设备

1. 营养液 2. 基质 3. 排水孔 4. 塑料盒 5. 进水口 6. 栅栏网 7. 玻璃缸

（三）水培营养液

1. 营养液的组成 在选择营养液时，必须满足植物正常生长的需要。苗木种类不同、生长时期不同，所需要的营养成分不同。所以，配制营养液必须根据不同植物、不同生长发育时期对营养的要求来定，同时还应考虑到环境因子的影响，如温度、湿度、光照等条件。

几种常用的营养液配方见表 10-4、表 10-5、表 10-6。

表 10-4 园林著名营养液配方（通用）

	化合物名称	霍格兰配方（Hoagland & Arnon，1938）					日本园试配方（堀，1966）				
		化合物用量		元素含量/(mg/L)		大量元素总计/(mg/L)	化合物用量		元素含量/(mg/L)		大量元素总计/(mg/L)
		mg/L	mmol/L				mg/L	mmol/L			
大量元素	$Ca(NO_3)_2 \cdot 4H_2O$	945	4	N 112	Ca 160	N210 P31 K234 Ca160 Mg48 S64	945	4	N 112	Ca 160	N243 P41 K312 Ca160 Mg48 S64
大量元素	KNO_3	607	6	N 84	K 234		809	8	N 112	K 312	
大量元素	$NH_4H_2PO_4$	115	1	N 14	P 31		153	4/3	N 18.7	P 41	
大量元素	$MgSO_4 \cdot 7H_2O$	493	2	Mg 48	S 64		493	2	Mg 48	S 64	
微量元素	0.5%$FeSO_4$ 0.4%$H_2C_4H_4O_6$ 溶液	0.6mL×3/(L·周)		Fe3.3/(L·周)							
微量元素	Na_2Fe-EDTA						20		Fe2.8		
微量元素	H_3BO_3	2.86		B0.5			2.86		B0.5		
微量元素	$MnSO_4 \cdot 4H_2O$						2.13		Mn0.5		
微量元素	$MnCl_2 \cdot 4H_2O$	1.81		Mn0.5							
微量元素	$ZnSO_4 \cdot 7H_2O$	0.22		Zn0.05			0.22		Zn0.05		
微量元素	$CuSO_4 \cdot 5H_2O$	0.08		Cu0.02			0.08		Cu0.02		
微量元素	$(NH_4)_6Mo_7O_{24} \cdot 4H_2O$	0.02		Mo0.01			0.02		Mo0.01		

表 10-5　国际花卉营养液配方

营养液配方研发者及适用对象	营养物质用量																				备注
	化合物用量/(mg/L)													元素含量/(mmol/L)							
	四水硝酸钙	硝酸钾	硝酸钙	磷酸二氢钾	磷酸氢二钾	磷酸二氢铵	硫酸铵	硫酸钾	七水硫酸镁	二水硫酸钙	磷酸二氢钠	氯化钠	盐类总计	$N-NH_4^+$	$N-NO_3^-$	P	K	Ca	Mg	S	
荷兰花卉研究所，岩棉滴灌用	600	378	64	204					148				1 394	0.8	8.94	1.5	5.24	2.2	0.6	0.6	以非洲菊为主，也可通用
荷兰花卉研究所，岩棉滴灌用	786	341	20	204					185				1 536	0.25	10.3	1.5	4.87	3.33	0.75	0.75	以月季为主，也可通用
Sideris 和 Young (1949)，铵型，凤梨、茶、杜鹃等水培、沙培				68.5			132	174	246	172			793	2.0		0.5	2.5	1.0	1.0	4.0	强生理酸性

表 10-6　国内花卉营养液配方

营养液配方研发者及pH	营养物质用量																				备注
	化合物用量/(mg/L)													元素含量/(mmol/L)							
	四水硝酸钙	硝酸钾	硝酸钙	磷酸二氢钾	磷酸氢二钾	磷酸二氢铵	硫酸铵	硫酸钾	七水硫酸镁	二水硫酸钙	磷酸二氢钠	氯化钠	盐类总计	$N-NH_4^+$	$N-NO_3^-$	P	K	Ca	Mg	S	
华南农业大学农化室 (1990)，pH6.2～7.8	590	404		136					246				1 376		9.0	1.0	5.0	2.5	1.0	1.0	可通用
华南农业大学农化室 (1990)，pH6.4～7.8	472	404		100					246				1 222		8.0	0.74	4.74	2.0	1.0	1.0	可通用
华南农业大学农化室 (1990)，pH6.4～7.2	472	267	53	100				116	246				1 254	0.67	7.33	0.74	4.74	2.0	1.0	1.67	可通用

2. 营养液的浓度及酸度 营养液中大量元素浓度一般不超过0.2%～0.3%，其营养液的总浓度不能超过0.4%，浓度过高有害植物生长。不同植物要求浓度也不同，如杜鹃所用营养液浓度一般不超过0.1%，而蔷薇类要求营养液浓度为0.2%～0.5%。

营养液的酸度以微酸为好，一般情况下pH为5.5～6.5。不同的植物对营养液酸碱度的反应及需求不同，如凤梨类、马蹄莲、仙客来等在pH为5的条件下生长最好；而菊花、蔷薇类要求pH为6.5～7。

3. 营养液用水的要求 一般可用作饮用的水均可用来配制营养液。含酸的或其他工业废水不能用来配制营养液；硬水也不适宜，因硬水含有过高的Ca^{2+}、Mg^{2+}，会影响营养液的浓度；城市中多用自来水，其中含有较多的碳酸盐和氯化物，妨碍根系对铁的吸收，可以用乙二胺四乙酸二钠进行调节，使铁成为Fe^{2+}，便于苗木吸收利用。

（四）水培基质

水培槽上苗床中的基质是代替土壤，起着固定、支撑苗木的作用。选用的基质应疏松通气，保水、排水性能好。常用的基质有蛭石、珍珠岩、石英砂、焦砟和泥炭等，也可用其混合物；也可使用刨花、干草、稻草等混合物或用磨碎的树皮等。基质的选择要根据植物的要求和基质材料的来源而定。

（五）水培的播种与扦插

1. 播种 利用水培进行播种，小粒种子可以直接撒在苗床上，不需要覆盖，大粒种子需插入苗床内。为了更好地保持湿度，在播小粒种子之前用稀释的营养液（水、营养液比例为1∶1）预先浇透苗床。一般水培播种苗都比土壤中的播种苗生长好，为提高苗床的育苗效益，对所使用的种子应加以精选，以保证出苗及质量。

2. 扦插 水培扦插所选用的插穗，多为当年生半木质化枝条，经很多试验比较，其育苗效果均很好（表10-7）。

表10-7 水培扦插苗生根情况

树 种	调查株数	调查日期	水培天数/d	发根率/%	平均根数/条	平均根长/cm
池 杉	100	10.12	20	34	3	0.8
池 杉	66	10.27	35	93	4	0.8
落羽杉	100	10.12	20	62	4	0.7
落羽杉	35	10.27	35	86	5	1.3

表10-7池杉试验中，如每天换水则发根率达75%，如不换水则发根率只有5%。

进行水培扦插育苗，配合生长素处理能够获得更好的效果。由于不同基质都有其固有的特性，因此，不同基质对水培扦插生根也有一定的影响。

三、固体基质育苗

在无土栽培育苗中使用固体基质有许多优点。在有固体基质的营养液栽培中，固体基质是必要的基础。即使在水培中，无论是营养液膜技术，还是深液流技术，至少在育苗阶段和定植时也要使用少量固体基质来支持苗木。

近年来，随着工厂化育苗技术的推广，具有良好性能的新型基质的开发，使有固体基质的营养液栽培具有的性能稳定、设备简单、投资较少、管理较易等优点得到充分发挥，并取得了较好的经济效益，因而生产上越来越多地采用固体基质栽培来取代水培。

无土栽培用的固体基质有许多种，其中包括沙、石砾、珍珠岩、蛭石、岩棉、泥炭、锯木屑、稻壳、膨胀陶粒、泡沫塑料等。

（一）固体基质的作用与选用原则

1. 固体基质的作用

（1）**支持固定植物**　要求苗木扎根在固体基质中生长时，不致沉埋或倾倒。

（2）**保持水分**　能够在无土栽培中使用的固体基质都可以保持一定的水分，这样在灌溉间歇期间不致使苗木失水而受害。例如，珍珠岩可以吸收并保持相当于本身重量的3～4倍的水分，泥炭则可以吸收并保持相当于本身重量10倍以上的水分。

（3）**透气**　苗木的根系进行呼吸作用需要氧气，而固体基质的颗粒之间孔隙中存有空气，可以供给苗木根系呼吸所需的氧气。

（4）**缓冲作用**　只有少数固体基质有这种作用。缓冲作用可以使根系生长的环境比较稳定，当外来物质或根系本身新陈代谢过程中产生一些有害物质危害苗木根系时，缓冲作用会将这些危害化解。具有物理化学吸收功能的固体基质都有缓冲作用，如蛭石、泥炭等。

2. 固体基质的性质　固体基质具备上述的各种作用，是由其本身的物理性质和化学性质所决定的。

（1）**基质的物理性质**　对栽培苗木生长有较大影响的基质物理性质主要有容重、总孔隙度、大小孔隙比及颗粒大小等。

①容重：容重是指单位体积基质的重量，用g/L或g/cm^3来表示。

基质的容重反映基质的疏松、紧实程度。容重过大，则基质过于紧实，透水透气都较差，对苗木生长不利；容重过小，则基质过于疏松，通透性较好，有利于苗木根系的伸展，但不易固定苗木，给管理上增加困难。一般基质容重在0.1～0.8g/cm^3范围内，对苗木生长较好。

②总孔隙度：总孔隙度是指基质中持水孔隙和通气孔隙的总和，用相当于基质体积的百分数（%）表示。总孔隙度大的基质，其空气和水的容纳空间大；反之就小。总孔隙度可以按下列公式计算：

$$总孔隙度=\left(1-\frac{容重}{密度}\right)\times 100\%$$

总孔隙度大的基质重量较轻，基质疏松，有利于苗木根系生长，但对苗木根系的支撑固定的效果较差，易倒伏。如蔗渣、蛭石、岩棉等的总孔隙度在90%～95%以上。总孔隙度小的基质较重，水、气的总容量较小，如沙的总孔隙度约为30%。因此，为了克服单一基质总孔隙度过大或过小所产生的弊病，在实际应用时常将几种不同颗粒大小的基质混合制成复合基质来使用。

③大小孔隙比：总孔隙度只能反映在一种基质中能够容纳的空气和水分的总和，它不能反映基质中空气和水分各自能够容纳的空间。大孔隙是反映基质中空气占据的空间，即通气孔隙；小孔隙是反映基质中水分所能够占据的空间，即持水孔隙。通气孔隙与持水孔隙的比值称为大小孔隙比。用下式表示：

$$大小孔隙比=\frac{通气孔隙（\%）}{持水孔隙（\%）}$$

大小孔隙比能够反映出基质中水、气之间的状况。如果大小孔隙比大，则说明空气容量大而持水容量较小；反之，如果大小孔隙比较小，则空气容量小而持水容量大。一般而言，大小孔隙比在1∶1.5～1∶4范围内苗木都能良好地生长。

④颗粒大小：基质的颗粒大小直接影响着容重、总孔隙度和大小孔隙比。颗粒大小用颗粒粒径（mm）表示，同一种基质颗粒越粗，容重越大，总孔隙度越小，大小孔隙比越大；反之，颗粒越细，容重越小，总孔隙度越大，大小孔隙比越小。因此，为了使基质既能满足根系吸水的要求，又能满足根系吸收氧气的要求，基质的颗粒大小要适宜。颗粒太粗，虽然通气性较好，但持水性较差，种植管理上要增加浇水次数；颗粒太细，虽然能有较高的持水性，但通气不好，易导致基质内水分过多，形成过强的还原状态影响根系生长。

（2）基质的化学性质 对栽培苗木生长有较大影响的基质化学性质主要有基质的化学组成及由此而引起的化学稳定性、酸碱性、阳离子代换量（物理化学吸收能力）、缓冲能力和电导率等。

①基质的化学稳定性：基质的化学稳定性是指基质发生化学变化的难易程度。化学变化的结果引起化学成分的改变而产生新的物质。在无土栽培中要求基质有很强的化学稳定性，这样可以减少营养液受干扰的机会，保持营养液的化学平衡而方便管理。

②基质的酸碱性（pH）：基质的酸碱性各不相同，既有酸性，也有碱性和中性。过酸、过碱都会影响营养液的平衡和稳定。

③阳离子代换量：基质的阳离子代换量（CEC）以每千克基质代换吸收阳离子的物质的量（cmol/kg）来表示。有的基质几乎没有阳离子代换量，有些却很高，它会对基质中的营养液组成产生很大影响。有利的一面是对酸碱反应有缓冲作用；不利的一面即影响营养液的平衡，使人们难以按需控制营养液的组分。

④基质的缓冲能力：基质的缓冲能力是指基质加入酸碱物质后，本身所具有的中和酸碱性（pH）变化的能力。缓冲能力的大小，主要由阳离子代换量以及存在于基质中的弱酸及其盐类的多少而定。一般阳离子代换量高，其缓冲能力就大。含有较多的碳酸钙、镁盐的基质对酸的缓冲能力大，但其缓冲作用是偏性的（只缓冲酸性）。含有较多腐殖质的基质对酸碱两性都有缓冲能力。总的来说，在常用基质中，植物性基质都具有缓冲能力，矿物性基质有些有很强的缓冲能力（如蛭石），但大多数矿物性基质缓冲能力都很弱。

⑤基质的电导率：基质的电导率是指基质未加入营养液之前，本身原有的电导率。它反映基质中原有的可溶性盐分的多少，将直接影响到营养液的平衡。

3. 基质的选用原则 基质的选用原则可以从两个方面来加以考虑：一是适用性，二是经济性。

基质的适用性是指选用的基质是否适合所要种植的苗木。一般来说，基质的容重在0.5g/cm^{3}左右、总孔隙度在60%左右、大小孔隙比在0.5左右、化学稳定性强(不易分解出影响物质)、酸碱度接近中性、没有有毒物质存在时，都是适用的。

基质的适用性还体现在当基质某些性状有碍苗木生长，但这些性状是可以通过采取经济有效的措施予以消除的，则这些基质也属于适用的。例如，新鲜蔗渣的C/N很高，在种植苗木过程中会发生微生物对氮的强烈固定而妨碍苗木的生长，但经过采取比较简易而有效的堆沤方法就可将其C/N降低而成为很好的基质。

有时基质的某种性状在一种情况下是适用的，而在另一种情况下就变成不适用了。例如，颗粒较细的泥炭，对育苗是适用的，但袋培滴灌时则由于颗粒太细而被视为不适用。

决定基质是否适用应该有针对性地进行栽培试验，这样做出的判断是最准确的。

除了考虑基质的适用性以外，选用基质时还要考虑其经济性。有些基质虽对植物生长有良好的作用，但来源不易或价格太高，因而不能使用。现已证明，岩棉、泥炭是较好的基质，但我国的农用岩棉生产能力和质量有限，多数岩棉仍需靠进口，这无疑大大增加了生产成本。泥炭在南方的贮量远较北方少，而且很多埋藏在表土以下，要开采就会破坏生态环境，因而南方的泥炭来源相对较少，而且价格也比较高。但我国南方作物茎秆、稻壳等植物性材料很丰富，如用这些材料作为基质，不愁来源，而且价格便宜。

总之，基质应对促进苗木生长有良好效果，并应来源容易，价格低廉。

（二）各种基质的性能

1. 无土栽培基质的分类

①从基质的来源分类：可以分为天然基质、人工合成基质两类。如沙、石砾等为天然基质，而岩棉、泡沫塑料、膨胀陶粒等则为人工合成基质。

②从基质的组成分类：可以分为无机基质和有机基质两类。沙、石砾、岩棉、蛭石和珍珠岩等以无机物组成，为无机基质；而树皮、泥炭、蔗渣、稻壳等是以有机残体组成的，为有机基质。

③从基质的性质分类：可以分为惰性基质和活性基质两类。所谓惰性基质是指本身不起供应养分作用或不具有阳离子代换量的基质；所谓活性基质是指具有阳离子代换量或本身能供给植物养分的基质。沙、石砾、岩棉、泡沫塑料等本身既不含养分也不具有阳离子代换量，属于惰性基质。而泥炭、蛭石等含有植物可吸收利用的养分，并具有较高的阳离子代换量，均属于活性基质。

④从基质使用时组分的不同分类：可以分为单一基质和复合基质两类。所谓单一基质是指使用的基质是以1种基质作为生长介质的，如沙培、沙砾培使用的沙、石砾，岩棉培使用的岩棉，都属于单一基质。所谓复合基质是指由2种或2种以上的基质按一定的比例混合制成的基质。现在，生产上为了克服单一基质可能造成的容重过轻、过重，通气不良或通气过盛等弊病，常将几种基质混合形成复合基质来使用。一般在配制复合基质时，以2种或3种基质混合而成为宜。

2. 常用基质的性能

（1）沙　来源广泛，在河流、海、湖的岸边以及沙漠等地均有分布。价格便宜。

沙由于来源不同，其组成成分差异很大，一般含二氧化硅50%以上。沙没有阳离子代换量，容重为1.4～1.6g/cm³。使用时选用粒径为0.5～3mm的沙为宜。沙的粒径大小配合应适当，如太粗则易导致基质持水不良，植株易缺水；太细则易在沙中滞水。

（2）**石砾** 来源于河边石子或石矿场岩石碎屑。由于来源不同，化学组成差异很大。一般选用的石砾以非石灰性的（花岗岩等发育形成的）为好，如不得已选用石灰质石砾，可用磷酸钙溶液处理后使用，以免磷含量太低影响苗木生长。

石砾的粒径应选在1.6～20mm范围内，其中一半为13mm左右。石砾应较坚硬，不易破碎，棱角圆钝，特别是培育高株型的苗木或在露天风大的地方培育苗木，否则会使植物茎基部受到划伤。石砾本身不具有阳离子代换量，通气排水性能良好，但持水能力较差。

由于石砾的容重大（1.5～1.8g/cm³），给搬运、清理和消毒等日常管理带来很大麻烦，而且用石砾进行无土栽培时需建一个坚固的水槽（一般用水泥建成）来进行营养液循环。正是这些缺点，使石砾培在现代无土栽培中用得越来越少。特别是近20年，一些轻质的人工基质如岩棉、膨胀陶粒（多孔陶粒）等的广泛应用，逐渐代替了沙、石砾作为基质，但石砾在早期无土栽培生产上起过重要作用，且在当今深液流水培上用作定植杯中的填充物还是合适的。

（3）**岩棉** 岩棉是1969年由丹麦的Hornum Research Station首先运用于无土栽培的。从那以后，应用岩棉种植的技术先后传入瑞典、荷兰，现在荷兰的花卉无土栽培中有80%是利用岩棉作为基质的。当今世界上许多国家已广泛应用岩棉栽培技术，不仅在林木、花卉、蔬菜的育苗和栽培上使用，而且在组织培养试管苗的繁殖上也有使用。使用岩棉基质对于出口盆景、花卉尤其有好处，因许多国家海关不允许带有土壤的植物进口，用岩棉就可以保证不带或少带土传病虫害。目前我国生产的岩棉主要是用于工业，现在农用岩棉已逐渐在生产上应用。

岩棉是由60%辉绿石、20%石灰石和20%焦炭混合制成的，先在1 500～2 000℃的高温炉中熔化，将熔融物喷成直径为0.005mm的细丝，再将其压成容重为80～100kg/m³的片，然后冷却至200℃左右时，加入一种酚醛树脂以减少表面张力，使生产出的岩棉能够吸持水分。岩棉的制造过程是在高温条件下进行的，因此不含病菌和其他有机物。经压制成形的岩棉块在种植苗木的整个生长过程中不会产生形态上的变化。

（4）**蛭石** 蛭石为云母类硅质矿物，它的颗粒由许多平行的片状物组成，片层之间含有少量水分，在1 000℃的炉中加热时，片层中的水分变为蒸汽，把片层爆裂开，形成小的、多孔的海绵状的核，即为蛭石。经高温膨胀后的蛭石体积是原来矿物的16倍，容重很小，为0.09～0.16g/cm³，孔隙度大，达到95%。

蛭石的pH因产地不同、组成成分不同而稍有差异，一般为中性至微碱性，也有些是碱性的（pH在9.0以上）。蛭石常与酸性基质如泥炭等混合使用，如单独使用，因pH太高，需加入少量酸进行中和。

蛭石的阳离子代换量（CEC）很高，达100cmol/kg，并含有较多的钾、钙、镁等营养元素，这些养分都可被苗木吸收利用。

蛭石的吸水能力很强，每立方米可以吸收100～650kg水。无土栽培用的蛭石的粒径应在 3mm 以上，用作育苗的蛭石可稍细些（0.75～1.00mm）。但蛭石较容易破碎，而使结构受到破坏，孔隙度减小，因此在运输、种植过程中不能受重压。蛭石一般使用 1～2 次，结构发生变化后需重新更换。

（5）**珍珠岩** 珍珠岩是由一种灰色火山岩（铝硅酸盐）加热至 1 000℃时，岩石颗粒膨胀而形成的。它是一种封闭的轻质团聚体，容重小，为 0.03～0.16g/cm^3，孔隙度约为 93%，其中空气容积约为 53%，持水容积约为 40%。

珍珠岩没有吸收性能，阳离子代换量小于 1.5cmol/kg，pH 为 7.0～7.5。珍珠岩的成分主要为：二氧化硅（SiO_2）74%、氧化铝（Al_2O_3）11.3%、氧化铁（Fe_2O_3）2%、氧化钙（CaO）3%、氧化锰（MnO）2%、氧化钠（Na_2O）5%、氧化钾（K_2O）2.3%。珍珠岩中的养分多为植物不能吸收利用的。

珍珠岩是一种较易破碎的基质，在使用时应注意两个问题：一是珍珠岩粉尘污染较大，使用前最好先用水喷湿，以免粉尘纷飞；二是珍珠岩在种植槽或复合基质中，淋水较多时会浮在水面上。

（6）**膨胀陶粒** 膨胀陶粒又称多孔陶粒或海氏砾石（Hydite），它是用陶土在 1 100℃的陶窑中加热制成的，容重为 1.0g/cm^3。膨胀陶粒坚硬，不易破碎。

膨胀陶粒的化学成分和性质受到陶土成分的影响，其 pH 在 4.9～9.0 之间变化，有一定的阳离子代换量（CEC 为 6～21cmol/kg）。例如，有一种由凹凸棒石（一种矿物）发育的黏土制成的、商品名为卢素尔（Lusoil）的膨胀陶粒，其 pH 为 7.5～9.0，阳离子代换量为 21cmol/kg。

膨胀陶粒作为基质其排水通气性能良好，每个颗粒中间有很多小孔可以持水。常与其他基质混用，单独使用时多用在循环营养液的种植系统中或用来种植需通气较好的苗木。

膨胀陶粒在连续使用后，颗粒内部及表面吸收的盐分会造成通气或供应养分上的困难，且难以用水洗去。

（7）**片岩** 园艺上用的片岩是在 1 400℃的高温炉中加热膨胀而制成的，容重为 0.45～0.85g/cm^3，孔隙度为 50%～70%，持水容积为 4%～30%。片岩的化学组成为：二氧化硅（SiO_2）52%、氧化铝（Al_2O_3）28%、氧化铁（Fe_2O_3）5%、其他物质 15%。片岩的结构性良好，在欧洲一些国家如法国等有使用。

（8）**火山熔岩** 火山熔岩是由火山喷发出的熔岩冷却凝固而成。外表颜色灰褐色，为多孔蜂窝状的块状物，打碎后可以使用。容重为 0.7～1.0g/cm^3。其粒径为 3～15mm 时，孔隙度为 27%，持水量为 19%。火山熔岩的主要化学成分为：二氧化硅（SiO_2）51.5%、氧化铝（Al_2O_3）18.6%、氧化铁（Fe_2O_3）7.2%、氧化钙（CaO）10.3%、镁（Mg）9.0%、硫（S）0.2%、碱性物质 3.2%。

火山熔岩不易破碎，结构良好，但持水能力较差。在法国曾广泛作为无土栽培的基质。使用时只要放入栽培箱中或盆钵中，采用营养液滴灌即可使苗木生长良好。

（9）**树皮** 树皮是木材加工过程中的下脚料。在盛产木材的地方，如加拿大、美国等常用来代替泥炭作无土栽培基质。

树皮的化学组成因树种不同差异很大。一种松树皮的有机质含量 98%，其中蜡树脂 3.9%、鞣质 3.3%、果胶 4.4%、纤维素 2.3%、半纤维素 19.1%、木质素

46.3%、灰分2%，C/N为135，pH4.2～4.5。

有些树皮含有有毒物质，不能直接使用。大多数树皮中含有较多的酚类物质，这对植物生长是有害的，而且树皮的C/N都较高，直接使用会引起微生物对氮素的竞争作用。为了克服这些问题，必须将新鲜的树皮进行堆沤，堆沤时间至少在1个月以上，因有毒的酚类物质分解至少需要30d左右。

经过堆沤处理的树皮，不仅使有毒的酚类物质分解，本身的C/N降低，而且可以增加树皮的阳离子代换量，CEC可以从堆沤前的8cmol/kg提高到堆沤后的60cmol/kg。经堆沤后的树皮，其原先含有的病原菌、线虫和杂草种子等大多会被杀死，在使用时不需进行额外消毒。

树皮的容重为0.4～0.53g/cm^3。树皮作为基质，在使用过程中会因物质分解而使其容重增加，体积变小，结构受到破坏，造成通气不良，易积水。结构破坏需1年左右时间。

利用树皮作为基质时，如果树皮中氯化物含量超过2.5%，锰含量超过20mg/kg，则不宜使用。

（10）**锯木屑** 锯木屑是木材加工的下脚料。各种树木的锯木屑成分差异很大。一种锯木屑的化学成分为：碳48%～54%、戊聚糖0.14%、纤维44%～45%、树脂1%～7%、灰分0.4%～2%、氮0.18%，pH4.2～6.0。

锯木屑的许多性质与树皮相似。通常锯木屑的树脂、鞣质和松节油等有害物质含量较高，而且C/N很高，因此锯木屑在使用前一定要堆沤，堆沤时可加入较多的氮素，堆沤时间至少需要3个月以上。

锯木屑作为无土栽培基质，在使用过程中结构良好，一般可连续使用2～6茬，每茬使用后应加以消毒。作基质的锯木屑不应太细，小于3mm的锯木屑所占比例不应超过10%，一般应有80%的颗粒在3.0～7.0mm之间。

（11）**泥炭** 泥炭又称草炭，迄今为止被世界各国普遍认为是最好的一种无土栽培基质。特别是在工厂化无土育苗中，以泥炭为主体，配合沙、蛭石、珍珠岩等基质，制成含有养分的泥炭钵体（小块），或直接放在育苗盆中育苗，效果很好。除用于育苗外，在袋培滴灌或种植槽培育中，泥炭也常用作基质，植物生长很好。

泥炭在世界上几乎各个国家都有分布，但分布极不均匀。根据国际泥炭会议文献资料，全世界泥炭总储量为2 514亿t（干物质重），年开采量为2.2亿t，其中用作燃料的泥炭为9 000万t，用于农业等方面的泥炭为1.3万t。据IPS 2005年统计，德国泥炭消耗量最大，每年消耗量约4 300万t，英国每年消耗量为3 400万t，爱尔兰为500万t，芬兰为550万t。

我国泥炭资源比较丰富，据不完全统计，我国泥炭分布面积约为415.9万hm^2，总储量为468 708万t，其中可用的储量为433 024万t，占全国总资源量的92.4%。目前，我国泥炭资源在农业、畜牧业、工业、环保、医药等领域的研究与应用有了较大的发展，有的产品已走出国门，跨入国际市场。我国的泥炭资源分布相对集中，若尔盖高原、云贵高原、长江中下游平原和大小兴安岭、长白山地等4个主要泥炭分布区中的泥炭占全国泥炭资源总量的85%以上。这4个地区不仅泥炭储量丰富，而且质量较好，是我国泥炭资源开发利用的主要对象。

北方出产的泥炭质量较好，这与北方的地理和气候条件有关。北方雨水较少，气温较低，植物残体分解较慢；相反，南方高温多雨，植物残体分解较快，只在低洼地有少量形成，很少有大面积的泥炭蕴藏。

根据泥炭形成的地理条件、植物种类和分解程度可分为低位泥炭、高位泥炭和中位泥炭三大类。

①低位泥炭：分布于低洼积水的沼泽地带，以薹草、芦苇等植物为主。其分解程度高，氮和灰分元素含量较多，酸性不强，肥分有效性较高，风干粉碎后可直接作肥料使用。容重较大，吸水、通气性较差，不宜作无土栽培基质。

②高位泥炭：分布于地形的高位，与低位泥炭形成的条件相似，以水藓植物为主。分解程度低，氮和灰分元素含量较少，酸性较强（pH4～5）。容重较小，吸水、通气性较好，一般可吸持水分为其干物质重的10倍以上。此类泥炭不宜作肥料直接施用，在无土栽培中可作合成基质的原料。

③中位泥炭：介于高位与低位之间的过渡性泥炭。其性状介于两者之间，也可用于无土栽培。

泥炭容重较小，生产上常与沙、煤渣、蛭石等基质混合使用，以增加容重，改善结构。

（12）**蔗渣** 来源于甘蔗制糖业的副产品，在我国南方（广东、广西、福建等地）有大量来源。以往的蔗渣多作为糖厂燃料而烧掉。现在利用蔗渣作为造纸、纤维板生产的原料用量在逐年增加。因此，用其作为无土栽培基质有丰富的原料来源。

（13）**稻壳** 稻壳是稻米加工时的副产品，在无土栽培上使用的稻壳要经过炭化，称为炭化稻壳或炭化砻糠。

炭化稻壳容重为0.5g/cm^3，总孔隙度为82.5%，其中大孔隙容积为57.5%、小孔隙容积为25%，含氮0.54%、速效磷66mg/kg、速效钾0.66%，pH为6.5。如果炭化稻壳使用前没经过水洗，炭化形成的K_2CO_3会使其pH升到9.0以上，因此使用前宜用水洗。

炭化稻壳因经高温炭化，不带病菌。炭化稻壳含营养元素丰富，价格低廉，通透性良好。但持水孔隙度小，持水能力差，使用时需经常浇水。另外，稻壳炭化不能过度，否则受压时极易破碎。

（14）**煤渣** 煤渣为烧煤后的残渣。工矿企业的锅炉、食堂以及北方地区居民的取暖等，都有大量煤渣。

煤渣容重为0.70g/cm^3，总孔隙度为55.0%，持水孔隙容积为33.0%。含氮0.183%、速效磷23mg/kg、速效钾203.9mg/kg，pH为6.8。

煤渣如未受污染，不带病菌，不易产生病害，含有较多的微量元素，可与其他基质混用。

（15）**菇渣** 菇渣是培育蘑菇的下脚料，不宜直接作基质使用。可以加水至含水量约70%，再堆成一堆，盖上塑料膜，堆沤3～4个月，取出风干，然后粉碎，过5mm筛，筛去菇渣中的粗大植物残体、石块和棉花即可。

菇渣容重为0.41g/cm^3，持水量为60.8%；菇渣含氮1.83%、磷0.84%、钾1.77%。菇渣中有较多的石灰，pH为6.9（未堆沤的更高）。

菇渣的氮、磷含量较高，不能单独作为基质使用，应与泥炭、蔗渣、沙等基质按一定比例混合使用，混合时菇渣的所占比例不应超过40%（以体积计）。

（16）**泡沫塑料** 现在使用的泡沫塑料主要是聚苯乙烯、脲甲醛和聚甲基甲酸酯，尤以用聚苯乙烯最多。这些泡沫塑料可取自塑料包装材料制造厂家的下脚料。国外有些厂家专门出售供无土栽培用的泡沫塑料。

泡沫塑料的容重小，为0.1～0.15g/cm^3。有些泡沫塑料几乎不吸水，而有些可以吸收大量的水，如1kg的脲甲醛泡沫塑料能吸持12kg的水。

泡沫塑料非常轻，用作基质时必须用容重较大的颗粒如沙、石砾来增加重量，否则植物无法固定。由于泡沫塑料的排水性能良好，它可以作为栽培床下层的排水材料。若用于家庭盆栽花卉（与沙混合），则较为美观且植株生长良好。

（17）**复合基质** 园艺上最早采用复合基质的是德国汉堡的Frushtofer，他在1949年用一半的泥炭和一半的底土黏粒，混合以氮、磷、钾肥，再加石灰调节pH为5～6制成复合基质。他将之称为Eindeitserde，即“标准化土壤”之意。现在欧洲仍有几家公司出售这种基质，它可以在多种植物的育苗和全期生长上使用。20世纪60年代康奈尔大学研制的复合基质A和B，也得到广泛的使用。其中复合基质A是由一半泥炭和一半蛭石混合而成，复合基质B是由珍珠岩代替蛭石混合而成。这两种基质系列现在仍在美国和欧洲国家广泛使用，并以多种商品的形式出售。

目前，我国除了一些单位生产供应少量花卉营养土外，以商品化生产出售的无土栽培复合基质还较少。生产上多数是根据种植苗木的要求以及可以利用的材料不同，以经济实用为原则，自己动手配制复合基质。例如，用粒径1～3mm的煤渣或粒径1～3mm的沙砾与稻壳各半来进行无土育苗。华南农业大学土化系研制的蔗渣矿物质复合基质是用50%～70%的蔗渣与30%～50%的沙、石砾或煤渣混合而成，无论是育苗还是全期生长，效果良好。

配制复合基质时所用的材料一般以2～3种为宜。制成的复合基质应达到容重适宜，增加孔隙度，提高水分和空气含量的要求。在复合基质中可以预先混入一定的肥料。肥料用量为：三元复合肥（15-15-15，$N-P_2O_5-K_2O$）以0.25%比例兑水混入，或按硫酸钾0.5g/L、硝酸铵0.25g/L、过磷酸钙1.5g/L、硫酸镁0.25g/L加入，也可以按其他营养配方加入。

四、月季无土栽培实例

月季（*Rosa hybrida* cvs.）为蔷薇科多年生小灌木。目前用于鲜切花生产的月季品种大多是从杂交茶香系（HT）选出的丛生月季，花色、花形丰富，香味浓，产花多，花枝长，用温室或大棚栽培，可以从10月至翌年5月陆续上市。

近几年，我国从国外引进大量的优良品种，具有推广价值的有深黄色的‘金奖章’、大红色品种‘萨蒙莎’、纯白色的‘卡布兰奇’及浅珊瑚粉红色的‘索尼亚’等品种。另有黄色系的‘徽章’‘旧金山’等，蓝色的‘蓝月’‘蓝丝带’等月季品种表现也不错。

1. 繁殖 主要的繁殖方法有扦插和嫁接两种。

（1）**扦插繁殖** 扦插繁殖的时间可从7月至翌年3月。剪取的插穗应具有1～3

个芽，每个插穗上部保留一片叶子。

扦插基质可选用沙或蛭石等，荷兰利用岩棉方块进行扦插繁殖也已成功，岩棉块为4cm×4cm×6.5cm的方块。扦插株行距为（2.5～3）cm×（7.5～8）cm。插穗下端用激素处理，以促进生根。基质温度保持在21～22℃，气温要求10～13℃，扦插后用塑料薄膜覆盖以保持较高的相对湿度。扦插4～7周后长出新根，及时将其移入盛有基质的营养钵内继续培养。

（2）**嫁接繁殖** 切花生产大多采用嫁接苗。砧木选用野蔷薇的实生苗或扦插苗。砧木在8～9月扦插，20d左右生根，10月移入塑料钵中继续生长，加强管理，于12月至翌年1月就可进行芽接。选取接芽时，剪取冠幅上部花后枝上饱满的腋芽为好，嫁接多采用T形芽接法。嫁接苗以6cm×6cm的株行距进行第一次移植，新芽长到10～15cm时，再以15cm×18cm的株行距进行第二次移植。选用岩棉作基质时，嫁接苗可用10cm×10cm×10cm的育苗岩棉块。

2. 定植 定植选用的基质应具有较好的通透性，可用泥炭、蛭石、珍珠岩等混合基质。适宜的pH为6.0～6.5。栽培方式可用槽培，槽高0.3m，槽宽1m，长度依温室大棚条件而定。槽内基质厚度为15～25cm。定植的株行距为30cm×30cm或25cm×（35～45）cm，每槽栽两行。

岩棉培一般在7.5cm厚的岩棉毡上定植岩棉育苗块。岩棉毡预先在pH5.5的营养液中充分吸水后使用。栽培床以内黑外白的双色膜包裹，以防止蒸发、盐类积聚、杂草和藻类的产生，同时高温季节有降温效果。

定植时间可以在当年12月至翌年6～7月，以5～6月定植最佳。

3. 营养液管理 根据测定月季叶片中各元素的组成成分及含量，营养液中主要元素含量必须达到氮170mg/L、磷34mg/L、钾150mg/L、钙120mg/L、镁12mg/L，才能满足月季生长所需。月季营养液配方见表10-8。

表10-8 月季大量元素营养液配方

化合物	每升水中含肥料量/g	每升营养液中含营养元素量/（mg/L）				
		N	P	K	Ca	Mg
无水硝酸钙	0.49	84			120	
硝酸钾	0.19	26		73		
氯化钾	0.15			77		
硝酸铵	0.17	60				
硫酸镁	0.12					12
磷酸（85%）	0.13		34			
合 计		170	34	150	120	12

注：表10-8所列为大量营养元素用量，至于微量营养元素用量可参照通用配方，见表10-5、表10-6、表10-7。

营养液的使用可采用滴灌方式，供液量随植株生长逐渐加大，平均每天每株供液1～1.5L，切花开始后增加到每天每株2L左右，同时还要根据天气变化和温度高低而进行调整。岩棉培亦可采用封闭式的循环供液法。

第四节　容器育苗

一、容器育苗概述

容器又称营养器（营养钵）。利用各种容器装入培养基质，在适宜的环境条件下培育苗木，称容器育苗。所得的苗为容器苗。

1. 容器育苗的发展概况　容器育苗是在20世纪60年代才发展起来的一种新的育苗技术，在国内外广泛应用于林业育苗上，大大提高造林成活率。据统计，瑞典容器苗产量占其全国总产苗量的80%，挪威为50%，芬兰为50%，南非为90%，巴西为90%。我国于20世纪70年代将容器育苗应用于松类、木麻黄、黑荆树、相思树、银合欢等树种，我国北方的河北、山西、北京、内蒙古等地，开始用容器苗造林。

在园林方面，我国各地也开始大力发展容器育苗。容器育苗不仅节省了种子，而且提高了苗木质量和成活率。北京西南郊苗圃，用容器进行松柏类、迎春、木槿等扦插繁殖，也都获得了良好效果。

2. 容器育苗的优缺点　容器育苗之所以得到较快的发展，是因为容器育苗有许多其他育苗形式无法代替的优点。

①容器苗的根系发育良好，减少了苗木因起苗、包装、运输、假植等作业对根系的损伤和水分的损失，苗木活力强，从而提高苗木的移栽成活率。栽植后没有缓苗期。特别是在我国北方干旱地区，采用容器苗移栽成活率可达到85%以上。

②容器苗春、夏、秋三季均可栽植，延长了苗木栽植的时间。

③育苗时节省良种，每个容器只播1～3粒种子，培育出来的苗木整齐、健壮。

④容器育苗结合温室、塑料大棚等设施，可以满足苗木对温度、湿度、光照的要求，做到提早播种，延长苗木生长期。所用培养基质经过精心配制，最适于苗木生长。所以，容器苗生长迅速，育苗周期短，3～6个月即可出圃移植，有利于培育优质壮苗。

⑤容器苗便于实现育苗全过程机械化。造林一般不会出现窝根现象。不需占用肥力较好的土地。

容器育苗虽有许多优点，但也存在一些缺点，如容器育苗单位面积产苗量低，成本高，营养土的配制和处理等操作技术比一般育苗复杂。同时对容器的大小、规格、施肥灌溉的控制及病虫防治等抚育措施，都有待今后进一步总结和研究。

二、育苗容器

育苗容器主要有塑料袋、塑料薄膜筒、纸筒、营养砖、营养钵、蜂窝纸杯等。制作容器的材料有软塑料、硬塑料、纸浆、合成纤维、稻草、泥炭、黏土、特制的纸、厚纸板、单板、竹篾等。容器有单个的，也有组合式的。有的容器可与苗木一起栽入土中，有的则不能。有一次性使用的容器，也有可多次使用的容器。我国绝大多数采用塑料袋单体容器杯和蜂窝连体纸杯容器。

育苗容器根据容器壁的有无和材料的种类，基本上分为以下几种类型。

（一）有壁容器

1. 一次性容器　容器虽有壁，但易于腐烂，填入培养土育苗，移栽时不需将苗木取出，连同容器一同栽植即可，如蜂窝纸杯（图 10－13）。也可用废旧报纸等做成纸杯进行育苗。

2. 重复使用容器　容器有外壁，其选用的材料不易腐烂，栽植时必须从容器中取出苗木，用完整的苗木根系进行栽植。容器可以重复利用，如各种塑料制成的容器（图 10－13）。

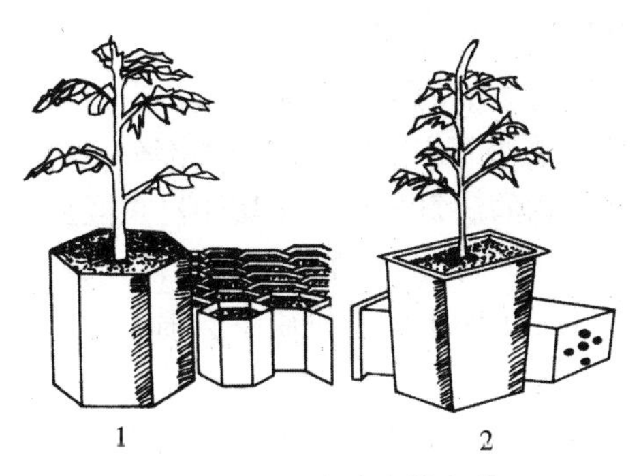

图 10－13　有壁容器育苗
1. 蜂窝纸杯　2. 塑料容器

（二）无壁容器

无壁容器本身既是育苗容器又是培养基质。如稻草—泥浆营养杯（用稻草和泥浆或加入部分腐熟的有机肥做成）、黏土营养杯（用含腐殖质的山林土、黄土和腐熟的有机肥制成）、泥炭营养杯（用泥炭土加一定量的纸浆为黏合剂制成）等。这种容器常称营养钵或营养砖，栽植时苗与容器同移同栽（图 10－14）。

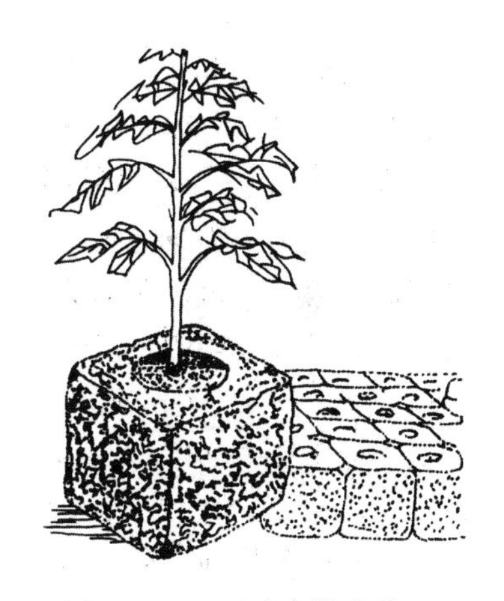

图 10－14　无壁容器育苗
（营养钵）

容器的形状有圆形、方形、六角形等，要求既要适于苗木的生长，又便于排列、集约生产。容器的大小对幼苗的生长发育，尤其对根的生长有一定的影响，依培育的树种和培育的时间长短不同而确定，其大小要适中，以满足苗木生长发育的要求，既不能过小而影响苗木生长，又不能过大造成浪费。目前，在北美、北欧等温带地区多用小型容器，其直径 2～3cm，高 9～20cm，容积 40～50cm^3。在热带、亚热带地区培育较大苗木，容器的容积可超过 100cm^3。我国各地所使用的规格也不一致，一般幼苗培育所用的培养容器多在高 8～20cm，直径 5～15cm 范围内，可依苗木生长的不同而变化。

三、营养土的配制

（一）营养土应具备的条件

营养土是培育容器苗的主要条件，它直接影响苗木的生长，关系到容器育苗成功与否。营养土应具备的条件为：①具有种子发芽和幼苗生长所需要的各种营养物质，有机质含量在10%以上。有适当的阳离子交换能力，土壤酸碱性可以根据树种的要求调节。②经多次浇水，不易出现板结现象。③具有较强的保水力和较大的孔隙度，保水性能好，通气好，排水好。④结构应充实致密，重量轻，便于搬运。⑤不带病虫和杂草种子。

为预防苗木病虫害的发生，培养基需进行消毒。可用蒸汽加热处理，也可在培养基中拌入适量的杀菌剂或采用化学药剂熏蒸。例如，可用工业用硫酸亚铁（3%），每立方米培养基用25kg，翻拌均匀后，用不透气的材料覆盖24h以上，或翻拌均匀后装入容器，在圃地薄膜覆盖7～10d后即可播种。

日本采用烧土杀菌机进行土壤消毒，效果良好。据试验，把土壤放在不同温度下进行短时间的热处理，其效果如下：①49～60℃大部分植物的病菌死亡；②60～70℃一切植物的病菌及大部分植物的病毒死亡，土壤中昆虫及虫卵也死亡；③70～80℃大部分杂草种子死亡；④90～100℃抵抗力强的病毒及植物种子死亡；⑤用80℃左右的温度进行短时间的土壤处理，土壤中的有机质不会损失。

（二）营养土的制备

1. 营养土的材料与配制 容器育苗中常用来配制营养土的材料有林中腐殖质土、泥炭土、未经耕种的山地土、磨碎的树皮、稻壳、蛭石和珍珠岩等。

营养土以林中腐殖质土为最好，泥炭土、沼泽土和蛭石也具有保水率高、通气性好的特点，用以育苗效果好，应用较多。但这些材料在大量育苗的情况下，用量多，可能来源不足，成本高。故常混用山地土、黄土或经消毒处理的腐殖质含量较高的苗圃地土壤等制成营养土。国内外营养土配制方法有：

（1）国外营养土的配制

①泥炭沼泽土与蛭石的混合物，其比例（按干重计算）各为1/2，或3∶2，或3∶1，再加适量的石灰石（云石）及沙质肥料。

②花旗松树皮粉与蛭石（或泥炭），其比例各为1/2，并加入适量的氮肥。

③泥炭沼泽土25%～50%，蛭石0～25%，再加50%的土壤。水藓泥炭土的保水能力很强，但也随其细碎程度而异。粗颗粒保持的水分可占体积的56%，细颗粒保持的水分可占体积的84%。因此，在含有水藓泥炭土的营养土中，大量的植物养分能保持在水溶液中。但这些养分在下雨或灌水时也容易被淋洗。

④烧土＋冷杉锯末熏炭＋堆肥。由于冷杉锯末熏炭的通气和透水性好，因此使用此种营养土培养，其苗木及根系的生长均较好，优于第二种配方。

⑤烧土、堆肥2∶1。

⑥用富含腐殖质的保水力好的苗圃土壤50%与水藓泥炭土30%，再加入经过完全腐熟的堆肥20%，按容积比例配制。此项工作最好在一年前进行，将混合好的营养土堆积起来，使其充分腐熟，使用前要充分搅碎、拌和。

（2）国内营养土的配制 各地使用的营养土，要根据培育苗木的生物学特性和对营养条件的要求而定，要富含氮、磷、钾等多种元素，多以综合性的肥沃土壤为主要原料，加入适量的有机肥和少量化肥。要因地制宜，就地取材，充分利用当地的肥源，采用不同的配制方法。

一般营养土泥土和粪肥占98%，加过磷酸钙或钙、镁、磷、钾肥1%左右，再加入适量的杀菌、杀虫农药。

营养土的制作步骤为：根据营养土的配方将所需的材料准备好，并按比例将营养土混合。配制好的营养土放置5～7d，使土肥进一步腐熟，进行土壤消毒。最后按比例放入复合肥。

依各地实践经验，对不同的树种，不同地区采用不同的配方如下：

①广西林业科学研究所油茶营养杯营养土的配制，以塘泥（肥土）60%、草皮灰泥37%、磷肥3%，三者混合均匀后装入杯中备用。

②河北承德地区油松营养杯营养土的配制，选用生土（含腐殖质的山皮土）60%～70%、釉黄土（未耕种过的）30%～40%，然后掺入5%～10%腐熟的有机肥，充分混合后使用。

③山西省寿阳县配制的油松营养土有两种：一种是取10%腐熟的有机肥（马粪、羊粪），30%黏土，60%荒坡土；另一种则用荒坡土和松林土等量，加30%黏土，过筛后，并经土壤消毒备用。

上述实例都是充分利用当地的土壤和肥源，因地制宜、综合利用，既经济又合理，有利于促进容器苗的生长。

2. 营养土的酸碱度（pH）　容器育苗营养土的pH常为4.5～5.5，适于很多种针叶树苗木的生长。随着时间的推移，长期的灌水和施用化肥对pH都有影响。在苗木生长期，为了避免pH发生较大的变化，可使用缓冲性强的培养土。在营养土中加入沼泽泥炭土和难溶解的钙盐来控制pH，可使pH保持较稳定状态。例如，加拿大为了调节容器中营养土的pH，常施用石灰，在pH介于3.5～7的情况下，在1kg干泥炭中加入30g细石灰，可以调节pH。亦可用氢氧化钠、硫酸铵或稀硫酸配成水溶液来调节pH。

四、容器育苗技术

1. 育苗地的选择　容器育苗的圃地常为大型苗圃的一部分，一般地理位置、交通条件、市场条件较好。由于容器育苗机械化程度高，管理要求严格，土、肥、水均由人工或机械管理，因此在苗圃中应选择主干道和管理区附近，有充足的水源和电力供应，便于灌溉和育苗机械化、自动化操作。容器育苗对土壤肥力和质地要求不高，肥力差的土地也可进行容器育苗。用地的自然条件选择主要考虑地形地势，要求地势平坦、排水良好处，切忌选在地势低洼、排水不良、雨季积水和风口处；避免选用有病虫害的土地。

2. 容器的装土与排列　容器中的营养土因多混有肥料，在装土前必须充分混合，防止出现苗木生长不均匀。混合后堆放一段时间再用，以免烧伤幼苗。容器中填装营养土不宜过满，灌水后的土面一般要低于容器边口1～2cm，防止灌水后水流出容器。

在容器的排列上，要依苗木枝叶伸展的具体情况而定，以便于植物生长及操作管理上方便，又节省土地为原则。排列紧凑不仅节省土地，便于管理，而且可减少蒸发，防止干旱。但过于紧密则会形成细弱苗。

3. 播种与覆盖　播种前要对种子进行催芽和消毒。容器装填营养土后，应按“品”字形排列成行，摆放容器的地方最好与地面隔开，置于用木材、竹材、塑料或铁制成的框架上。进行播种育苗所用的种子必须是经过检验和精选的优良种子，播种前应进行催芽，才能保证每个容器中都获得一定数量的幼苗。每个容器播2～3粒种子，播在容器中央，并使种子间有一定的间距，播后覆细土或珍珠岩，覆土厚度为种子短径的1～3倍，最深不超过1cm。微粒种子以不见种子为度，覆土后要立即浇水。

为了提高土温，防止水分蒸发和太阳直晒，播种后必须覆盖。覆盖材料宜选择草帘或塑料薄膜等。覆盖草帘宜在出苗后及时撤掉。10:00～16:00进行覆盖，以保湿和防止太阳直晒；19:00至翌日7:00覆盖以提高地温。

4. 浇水与追肥 浇水要适时适量，播种后第一次浇水要充分，出苗期要多次、适量、勤浇，使培养基达到一定的干燥程度后再浇水。生长后期要控制浇水，出苗前一般要停止灌水，以减少重量，便于搬运，同时促进茎的增粗生长和苗木木质化，增加抗逆性。但干旱地区在出圃前要浇水。

灌水时不宜过急，否则水易从容器表面溢出而不能湿透底部；水滴不宜过大，防止营养土从容器中溅出，溅到叶面上而影响苗木生长。因此，在灌水方法上最好采用滴灌或喷灌。

滴灌的方法优点很多，一方面点滴入土可以节约用水，另一方面防止空气中病害孢子沾染叶面而减少病害发生，同时又使土壤温度降低比较缓慢，有利于根系的发育。目前，国外大型的盆栽育苗场经常用滴灌，或间用喷灌。尤其是施肥和灌溉同时进行时，更要使用滴灌以减少肥料的流失。

当种子发芽出土、种壳多数脱落时，开始进行追肥。将含有一定比例氮、磷、钾养分的混合肥料，用1∶200～300的浓度配成水溶液，进行喷施，严禁干施化肥，追肥后要及时用清水冲洗幼苗叶面。根外追氮肥浓度为0.1%～0.2%。速生期以前每隔1个月追肥1次，速生期每隔1～1.5个月追肥1次，速生后期即8月中下旬追施1次磷肥后停止追肥。

5. 间苗 种壳脱落，幼苗出齐后1周左右，间除过多的苗木，最后每个容器中保留1株苗。

6. 病虫害防治 容器育苗一般很少发生虫害，但要注意防治病害，特别是灰霉病。要及时通风，降低空气湿度，并适当使用杀菌剂。或在种子萌发后，将容器苗从温室移到荫棚内。

五、控根容器育苗技术

控根容器育苗技术是一种以调控植物根系生长为核心的新型快速育苗技术。该技术是由澳大利亚专家在20世纪90年代初研发的，1995年投产，1996年开始在新西兰、欧洲和我国等地应用。控根容器快速育苗技术能促使苗木根系健壮发育、数量增加，缩短育苗周期，减少移栽工序，提高移栽成活率，特别对大苗移植和恶劣条件下树木栽植具有明显的优势。

该技术主要由三部分组成，即控根快速育苗容器、复合栽培基质和控根栽培与管理技术。育苗容器是技术的核心部分，容器的侧壁和底盘可以拆开，侧壁外面突起的顶端开有小孔，内壁表面涂有一层特殊的薄膜，这种设计利用空气自然修剪的原理调整苗木的根系生长。试验表明，总根量较常规育苗提高30倍左右，育苗周期缩短

50%左右，苗木移栽成活率高达90%以上（图10-15）。复合栽培基质是以有机废弃物，如动物粪便、秸秆、刨花、玉米芯、城市生活垃圾等为原料，经特殊微生物发酵工艺制造，根据原料和使用对象配加保水、生根、缓释肥料以及微量元素复合而成。控根栽培与管理技术主要包括种子处理、幼苗培育、水热调控技术、移栽技术等，针对不同品种、不同地域条件采用相应的技术。该技术的三个部分相互联系、相互依赖，缺一不可。

图10-15　控根容器及根系生长情况

控根快速育苗容器有三个特点：

①增根作用：控根快速育苗容器内壁有一层特殊薄膜，且容器四周凹凸相间，外部突出顶端开有气孔，当种苗根系向外向下生长时，接触到空气（围边上的小孔）或内壁的任何部位，根尖则停止生长，实施“空气修剪”和抑制根生长。接着在根尖后部萌发3个或3个以上新根继续向外向下生长，当接触到空气（围边上的小孔）或内壁的任何部位时，又停止生长并在根尖后部长出3个新根。这样，根的数量以3的级数递增，极大地增加了短而粗的侧根数量，根的总量较常规的大田育苗提高30倍左右。

②控根作用：一般的大田育苗，主根过长，侧根发育较弱。常规容器育苗方法由于主根发育，根的缠绕现象非常普遍。控根技术可以限制主根发育，使侧根形状短而粗，发育数量大，不会形成缠绕的盘根。

③促长作用：控根快速育苗技术可以用来培育大龄苗木，缩短生长期，并且具有气剪的所有优点，可以节约时间、人力和物力。由于控根育苗与基质栽培的双重作用，根系在控根育苗容器生长发育过程中，通过“空气修剪”，短而粗的侧根密布四周，可以储存大量的养分，满足苗木在定植初期的生长需求，为苗木的成活和迅速生长提供了良好的条件。育苗周期较常规方法缩短50%左右，管理程序简便，栽植后成活率高。

六、双层容器育苗技术

20世纪90年代以来，美国和加拿大等发达国家开始研究和推广双层容器栽培方法，将栽有苗木的容器种植在埋在地下的容器中。双层容器栽培技术集基质栽培、滴灌施肥技术和覆盖保护于一体，解决了普通容器育苗的根系冻害、热害和水肥管理的问题。

双层容器栽培的容器有两个，支持容器套在栽培容器的外面，埋在土壤中。有了外界土壤的保护，栽培基质的温度变化比单容器栽培慢一些，因而双层容器栽培的苗木比单容器栽培对恶劣环境有更强的抵抗能力，能够避免冬季苗木根系冻害、枯梢，夏季根部热害的发生。

双层容器栽培系统是采用无土基质栽培，人为创造苗木生长的最优环境，水分、养分及通气条件良好，苗木生长旺盛。同时，冬季可采用覆盖措施，促进苗木提早发芽，生长期加长，大大缩短生产周期，出圃率提高，苗木质量得以保证，还不受土壤条件的限制。研究结果表明，双层容器栽培苗木生长率比普通苗圃的生长率高30%～40%，生产周期缩短，出圃率提高，而且移植成活率高，无缓苗期，绿化见效快。

双层容器育苗产品可参与国际市场竞争。普通苗圃生产是在土壤中栽培，因任何国家都不允许携带土壤的植物材料进口，苗木的出口受到限制。普通苗圃生产对于土壤传播的病虫害难以控制，产品难以参与国际市场竞争。由于双层容器栽培采用无土基质，病虫害易于控制。

双层容器育苗系统是一个崭新的现代化苗圃生产系统，具有一次性投入大、管理技术水平要求高、效益大的特点，是我国苗圃业未来的发展方向。特别是为我国开发利用盐渍土和其他土地资源提供了一条新的途径。

思考题

1. 工厂化育苗的主要工艺流程及关键技术环节有哪些？
2. 组培育苗流程及关键技术环节有哪些？
3. 举例介绍无土栽培育苗技术措施。
4. 容器育苗特点及育苗容器种类有哪些？
5. 简述容器育苗营养土材料与配制方法。
6. 容器育苗的夏季管理要注意哪些问题？
7. 双层容器苗在园林绿化中的应用前景如何？

第十一章 园林苗圃的经营管理

［**本章提要**］本章在认识经营管理基本理论的基础上，分析讨论园林苗圃经营管理的任务和经营类型，经营中存在的市场风险与规避策略，园林苗木的市场营销，苗圃组织管理和经济管理特点，苗圃的计划与周年生产管理等。园林苗圃经营管理要结合经济发展、苗圃经营管理理念与管理体制等方面。

园林苗圃经营管理的根本任务是针对园林苗圃的特点，研究苗圃的建设、发展及其经济运作的客观规律，进一步指导苗圃的发展与生产实践。

经营（operation）是根据企业的资源状况和企业所处的市场竞争环境，对企业长期发展进行战略性规划和部署，制定企业的远景目标和方针的宏观调控活动。它解决的是企业的发展方向、发展战略问题，具有全局性和长远性。在市场经济条件下，一个企业或经济实体，其经营水平的高低直接取决于企业对市场需求及其变化能否把握、企业自身的优势能否有效发挥以及企业内部条件与外部环境条件能否协调发展。经营目的是提高企业的效益。

管理（management）是管理者或管理机构在一定范围内通过计划、组织、控制、领导等工作，对组织所拥有的资源（包括人、财、物、时间、信息）进行合理配置和有效使用，以实现组织预定目标的过程。管理是人类社会活动中普遍存在的现象。管理水平的高低直接影响着劳动效率的高低，也决定着经济发展的快慢。管理的目标是提高效率。

经营和管理是两种既相互联系又有着明显区别的企业活动。园林苗圃的经营管理，在苗圃的经营与建设中占有举足轻重的地位，通过科学的经营管理可以更加合理地配置和组织苗圃的人力、物力、财力和信息资源，并采取先进的技术措施来低耗高效地生产合格苗木及相关产品，更加科学和准确地预测苗木市场的需求和变化，实现产品的顺利销售并赚取可观的利润，使园林苗圃获得良好的经济效益、社会效益和生态效益。

第一节　园林苗圃经营的内涵与类型

一、园林苗圃经营的内涵

园林苗圃经营是通过研究苗木市场，考虑如何生产适销对路的苗木，如何把苗木迅速销售出去，如何增强苗圃的适应能力和竞争能力，最终获取更好的社会效益和经济效益。

苗圃经营主要包括制定发展目标和做出经营决策这两个方面。发展目标是苗圃在较长时期内的发展速度、发展规模和应达到的水平。经营决策是苗圃为了实现发展目标而制定的基本方针和行动步骤，经营决策又包括战略决策和战术决策两个层面。战略决策是指对苗圃重大的、长远的问题进行的决策，如经营目标、经营方针的确定等。战术决策是指对苗圃在实现总目标过程中遇到的具体问题的决策，如苗木产品的结构调整、人员的调配、生产设施建设等。

苗圃经营决策要遵循的程序是形势分析、方案比较和决策优化。

形势分析是在市场调查和预测的基础上，对苗圃的外部环境、内部条件和经营目标三者之间进行综合分析与平衡。正确的形势分析是确定合理的经营方案和科学决策的基础。通常情况下，当企业的目标确定之后，除遇到特殊的情况之外，一般不再轻易改变，同时外部环境条件也很难控制，因而三种因素中只有苗圃内部条件自己可以做主，回旋余地较大。因此，苗圃在进行三者之间的分析与平衡时，要尽可能遵循内部服从外部的原则，也就是说，苗圃要通过自己科学的分析、周密的计划和更加优质的工作，来创造和改善自身的内部环境条件，以提高适应外部环境的能力，保证经营目标的顺利实现。

为实现既定的企业经营目标，苗圃可编制若干个实施方案，并做出相应的决策，在这些方案和决策的实施过程中，根据具体的实际情况和其他环境条件的变化，再对这些方案进行具体分析、科学评价，最后做出择优选择和决策。

二、园林苗圃经营的类型

按照传统的园林苗圃分类模式，通常根据苗圃的规模或苗圃的使用年限等来划分为大、中、小型苗圃或永久型、临时型苗圃等类型。但随着我国市场经济的逐步发展和完善，苗木市场的竞争也日趋激烈，园林苗圃还可以以经营为核心来进行划分，以体现园林苗圃产品的市场适应性和市场的竞争能力。参照企业类型划分，园林苗圃可划分为如下经营类型。

（一）专业苗圃经营类型

以园林苗木的培育与销售为其唯一的经营内容，这种类型在全国各地苗圃中都占有很大比例，尤其是以农户为主体的个人苗圃最为普遍。

按照苗圃经营的苗木规格分为大树经营苗圃、小苗经营苗圃和混合经营苗圃。按照苗圃经营的树种种类分为单一树种苗圃、特色苗木经营苗圃和多树种经营苗圃。按培养经营的植物种类分为花卉苗圃（花圃）、草坪植物苗圃（草圃）和木本植物苗圃。

（二）以公司为依托的苗圃经营类型

这是以某种形式的公司为依托的一种苗圃经营类型，公司为苗圃提供资金支持和苗木销售或利用渠道，苗圃为公司提供符合要求的苗木产品，公司和苗圃相得益彰。

1. 工程公司经营苗圃　通常以园林绿化工程公司、建筑工程公司、房地产公司或市政工程公司等为主体公司，这些公司旗下再经营一定规模的苗圃。

2. 外贸公司经营苗圃　一些外贸公司专营或兼营花卉苗木的进出口业务，这些公司或自己经营苗圃或与周边地区部分苗圃进行联营，以订单方式培育、生产符合外贸出口需要的花卉及苗木。苗木品种、数量、规格、检疫等都由外贸公司提出比较严格的标准要求，有的种苗甚至由外贸公司亲自提供，并监督苗圃进行标准化生产，从而确保了出口苗木的质量，实现较高的经济效益。

3. 公司加农户经营苗圃　有些地区，地方政府对苗木产业十分重视，专门成立苗木生产、经营管理机构或经营公司，并以其为依托来广泛采集苗木的生产和销售信息，来指导各苗圃的生产活动，协调苗木销售，推广新品种和新技术，为苗圃与市场接轨搭建平台，使其成为广大农户苗圃的重要依托。如浙江宁波柴桥镇，以镇政府成立的苗木公司为龙头企业，对全镇的苗木生产企业在信息、人员培训、规模拓展、品种更新与推广、销售等方面进行全面的指导。

（三）综合苗圃经营类型

在具体的苗圃生产与经营实践中，除了上述常见的经营类型外，还有许多灵活多样的形式，这些形式并不是普遍存在的，但也都是在当地具体情况下产生和发展的，具有一定的借鉴和启示作用。

1. 以生态林带为依托的苗圃　在营造城市生态林带时，把拟建设的生态林带作苗圃进行经营。由于生态林带规划的树种比较丰富，苗木的规格较小，可以利用较少的投入，完成林带建设任务，并随着林带内苗木的不断生长，密度不断增大，从中移植乔木或灌木获取利益。

2. 以生态旅游为依托的苗圃　在许多城市周边地区，随着苗圃规模的壮大，苗圃本身拥有的花草树木及地形地貌形成良好的景观效果和生态功能，苗圃可逐步向旅游转向，适当添置必要的园路、小品及接待设施，创造出理想的休憩环境，为城市居民创造良好的生态旅游或休闲度假场所。这类苗圃兼有苗木经营和观光休憩的双重功能，是近郊苗圃发展的方向。一些大型苗圃，在生产园林苗木之外，还建有现代化的展示温室，可以在其中周年培育和展示名贵花木，有的还设有生态餐厅，这种集生产、观光或餐饮于一体的旅游型苗圃，取得的经济效益会更好一些。

3. 以植物盆景为依托的苗圃　这类苗圃以生产制作盆景所需的植物材料为主，以制作植物盆景为主要经营内容，兼有园林苗木的经营。

第二节　园林苗圃的市场风险与规避

园林苗圃经营活动与其他领域的经营活动一样，同样存在着经营风险，只有根据苗圃自身的特点和实际，仔细调查研究外部环境条件，对其进行科学的预测和分析，有效地规避这些可能存在的风险，才能使园林苗圃产生更大的经济效益、社会效益和环境效益。

一、经营风险的特征

经营风险有三个基本特征，即选择性、可测算性和动态性。

1. 选择性　在社会经济生活中到处都存在着风险障碍，但这些障碍是否能构成风险威胁，关键就在于人们的选择。甘愿冒险者一旦投入成本，就意味着选择了会出现风险障碍的行为方向和目标。选择性是经营风险的重要特征。即使人们在开始时做了风险选择，以后也还可以根据主观的判断与意志采取回避和退出风险的策略。因此，既要看到经营风险的偶然性、客观性和不可抗性，又要看到其可选择性。

园林苗圃的产品生产和经营方向的确立同样面临着许多的风险选择，较大的风险往往蕴含着较大的利润，风险意识来源于对内外环境的综合判断和正确的选择。例如，我国经过 1998 年洪灾以后，政府意识到我国生态环境的脆弱性和植树造林的紧迫性，于是提出了“退耕还林”政策，造成苗木尤其是速生造林苗木的紧缺，致使许多林业苗圃、农户和一些投机资金投入到造林苗木的生产上来。这时有些园林苗圃跟随生产大量的杨、柳等速生苗木，他们在追逐高效益的同时，就选择了高风险。

2. 可测算性 风险可测算性，其一是指构成风险要素的风险障碍形成发生的概率，亦即风险实现的概率是可以进行测算的。如五年、十年之内某一地区出现水灾或旱情的概率，可以根据过去的经验、水文、气象资料做出分析并进行预先测算。其二是指风险障碍对于风险成本的损害程度是可以进行测算的。其三是指风险成本自身的大小是可以进行测算的。上述三个方面决定着风险程度，因而，风险程度也是可以测算的。如根据一种苗木的生产周期和几年内的市场行情，可以初步测算出生产经营一定数量的该苗木的成本、理想的收益和最大的风险。当然，对于风险的测算总是带有一种趋势性和盖然性的色彩，很难做到非常精确，因为其中许多因素属不可控因素，并且在不断发展变化之中，而有些利益的损失又是难以用数量单位进行显示的。

3. 动态性 经营风险形成之后并非一成不变，而是始终处于一种动态的变化之中。园林苗圃的内部条件和外部条件都是在不断变化的，在一定时间内经营的风险小、效益高，并不意味着长期都是这样。如我国在实行“退耕还林”政策之初，杨树等速生造林苗木价格迅速提高，当时拥有大量苗木的企业、个人着实大赚了一把，但几年以后，生产过剩，大量苗木积压，加之国家“保护基本农田”政策的出台，更使造林苗木用量和价格急剧下降，经营风险凸显出来，原来计算是赚钱的买卖可能变成了赔钱的窟窿，这就是经营风险的动态性。

二、经营风险的来源

经营风险的来源从大的方面来讲只有两个方面：一个是人们赖以生存的大自然，另一个则是人类自己。

（一）自然风险

大自然既是人类的朋友又是人类的敌人。它给予了人们生存的空间和条件，又不断地制造出各种灾难，如地震、水灾、风灾、虫灾、旱涝灾害等，给人们的财产和生命安全带来巨大的损失。与此同时，人类也不断地为自己生产出各种“人造的自然风险障碍”。如对森林的乱砍滥伐，破坏湿地、围湖造田，过度放牧、破坏草原，以及对空气、水源的严重污染等都进一步地加重了自然风险的程度。自然风险虽具有较大的破坏力，但绝不是说人们就没有选择的余地，随着科技进步和生产力的发展，人类对自然界的认识能力和控制能力将日益提高，对自然风险的选择余地将越来越大。自然风险具有如下特征：

1. 不可控性 自然风险中障碍要素就是自然灾害。自然灾害的发生是自然规律发生作用的结果，一旦形成就不以人的意志为转移，具有不可控性。

2. 周期性　自然界本身的运动具有不可控性，但具有一定的规律性。而在这些规律下所出现的自然灾害就具有周期性的特点。

3. 共沾性　由于自然风险一般具有较大的覆盖面，其风险一旦实现，后果所及远不止某个人或某个企业，往往要涉及一个地区、一个国家，甚至具有世界性。

（二）社会风险

由社会因素构成某种风险障碍，从而形成的经济风险，称社会风险。人类社会是经营风险的第二发源地。战争、动乱、盗抢、欺诈、毁约等，会对人们的经济利益和生命财产构成直接的伤害；国家的经济战略、政策、法律及管理体制、方式、措施等方面的变化，也会对经营风险成本形成间接的威胁；而国家间、企业间及人与人之间的社会、经济利益的冲突和矛盾，人们的信仰、观念、习俗、生活方式和行为方式的变化，都会构成某种无形的风险障碍。源于社会的经营风险具有如下特征：

1. 人文性　源于社会的经营风险，其赖以构成的三个要素都是以人为主体或通过人的行为而形成的。风险成本是由人投入的，风险选择是由人做出的，风险障碍也是人的思想、观念和行为的结果。如曾经发生过对君子兰、芦荟、北海道黄杨、香花槐、乐昌含笑、杜英等花卉苗木的人为炒作，构成的人文风险严重影响了苗木产业的健康发展。

2. 领域性　源于社会的经营风险具有比较明显的领域性。这种领域性包括特定的空间领域、特定的时间领域、特定的经济领域、特定的社会领域。经营风险的这种领域性构成了它自身的广度、深度和时度。其广度就是它的地域性，亦即经营风险的覆盖面；其深度就是它的社会与经济的层次性，它表示风险纵向辐射半径的大小；其时度是指经营风险的有效时间，即从投入风险成本和做出风险选择起，至风险实现或风险消失时为止的周期时间。

3. 综合性　源于社会的经营风险的综合性特征，主要体现在风险障碍的形成上。其风险障碍不仅包括经济因素，还包括政治、军事、法律、习俗、观念等诸多因素。每种风险障碍的形成，都是这些因素交互作用的结果。

（三）市场风险

市场风险是指经营风险是由市场因素引起的。市场因素是社会因素的一部分，具有明显的社会性质。但社会风险不一定就是市场风险，而市场风险则一定是社会风险。对苗圃经营来讲，市场风险是最为重要和最为直接的经营风险，其他如政策方面、灾害方面的风险也是先影响到苗木市场，从而造成苗圃的经营风险的。

1. 宏观上市场风险障碍形成的主要决定因素

（1）**市场供求形势**　市场供求形势主要指供给与需求之间的比例与适应关系及其发展趋势。如果供给与需求严重失调或有不断恶化的趋势，将成为市场中所有供应者与消费者的风险障碍。供求失调的程度越严重，市场风险威胁越大。如 21 世纪初，我国造林苗木从极度短缺到严重积压，就是由供求严重失衡而带来的苗木经营风险。

（2）**市场性质**　市场性质是指由生产者和消费者的市场地位和作用所决定的市场竞争状态。在完全竞争市场中，生产者之间、消费者之间以及生产者与消费者之间都有平等的经济权利，在风险选择、风险调整和市场竞争方面具有充分的自由，因而风险的威胁较低。在完全垄断市场，垄断者不存在市场风险，而作为消费者则会面临着种种垄断所带来的风险，而对试图进入这一市场的中小企业来说也具有较大威胁。在计划经济时期，国营苗圃占据绝对的统治地位，对市场苗木的供应具有垄断作用，严重影响了苗木市场的发展和城市园林事业的进步。近些年，随着多种所有制成分进入苗木生产与经营领域，竞争日趋激烈，促使苗圃企业优胜劣汰，苗木品种增多，质量逐步提高，苗木价格降低和相对稳定。

（3）**市场竞争** 当今的园林苗圃正由苗木生产型向生产经营型转化，完全垄断很难找到，完全竞争市场也很难形成，而较为普遍存在的主要是垄断性竞争市场，并呈垄断因素减少、竞争因素增多的趋势。竞争越激烈、竞争规模越大或采取不正当的竞争方式，都会增加市场竞争风险。如某些郊区农民将农田改种苗木，由于土地不存在租金，自己的劳动力也不计算在苗木成本之中，只求“种树比种田效益高”就可以了，所以出售的苗木价格很低，甚至出现恶意竞争情况，对苗木市场的伤害极大。

（4）**市场结构** 市场结构是指宏观市场中，各种不同性质、不同类型的要素市场，在规模、容量、发育程度及行为方式等方面所形成的某种比例关系、协调关系和制约关系。如各要素市场（物资市场、资金市场、技术市场、劳动力市场、信息市场等）在规模上不相称，就无法实现资源的合理配置和有机结合；在容量上不相协调，就会导致资源或产品成本的提高；在市场上发育不健全，就会出现市场缺位；在行为方式上不统一、不规范，就会出现市场经营的无序无度状态。这些都会带来相应的风险。

（5）**市场开放度** 市场开放度，一是指市场开放的广度，即市场开放的地域范围和领域范围；二是指开放的深度，即市场行为选择的自由度。一般来说，市场开放度越大，市场风险发生的频率、程度越高。但随着市场开放向纵深发展，增加了企业和国家的市场行为能力和市场选择的自由度，因而也为其回避风险、分散风险和抑制风险提供了更大的回旋余地。

（6）**市场秩序** 市场秩序是人们按照某种法律规范、经济和行政管理的规章制度进行经济活动所形成的一种市场行为状态。混乱的市场秩序，会使市场上的经济行为主体无法处于一种平等的竞争地位，降低了市场的透明度和市场行为的可控性。如当今有些地方的园林工程没有实行招投标制度，靠关系、权力来运作，或即使表面实行工程招投标，而私下采用暗箱操作、权钱交易，都严重扰乱了市场秩序，为苗木的正常经营带来风险。

上述六个方面都可能成为导致市场风险的障碍，当然，这种风险障碍只有同成本投入与风险选择结合在一起，才能构成现实的市场风险。

2. 微观上企业经营活动面临的风险挑战

（1）**投资风险** 投资是企业经营行为的起点，而投资选择是企业首先要面临的风险考验。如果企业在投资选择上发生重大失误，将来的一切经营努力都将无济于事。近几年来，许多企业和个人通过各种途径长期承租大量土地，在等待土地增值的同时，不少人把种植苗木作为获利的希望所在，而他们并不懂苗木生产和经营，这种投资本身就存在着很大的风险。

（2）**技术风险** 一个现代企业，其生产与经营，生存与发展，都与企业的技术水平息息相关。企业在技术方面遇到的风险是企业经营管理风险的重要方面。现在的许多园林苗圃不把技术创新作为立圃之本，生产经营随大流，人云亦云，生产技术落后，带来苗圃经营风险。

（3）**生产风险** 生产是企业的主体活动，是企业经营的基础和先决条件。生产风险集中体现在成本的风险、质量的风险和劳动生产率的风险等方面。苗圃在生产过程中，经营管理滞后，致使职工劳动生产率低下，苗木质量降低，成本加大，盈利的概率下降，经营风险加大。

（4）**销售风险** 销售是企业经营活动的最后一个环节，也是至关重要的环节。销售风险主要由销售环境的风险、消费需求的风险和销售策略的风险等因素所引起。苗木销售渠道不畅通，售后服务体系不健全，销售风险大。

（5）**竞争风险** 竞争是企业经营在市场上所面临的最现实的、最经常的和多方面的挑战。竞争风险主要由竞争环境的风险、竞争实力的风险、竞争成本的风险、竞争策略的风险和竞争意识的风险等因素所引起。园林企业大多是中小企业，自身的竞争能力和管理水平都比较低下，抵御市场竞争风险的能力比较差。

（6）**信誉风险** 对于企业经营来说，信誉不仅是一种荣誉，也是一种资源和财富，是企业价值与发展潜力的体现。信誉来自产品质量、价格、外观、信守合同、遵纪守法以及多做善事等各个方面。园林苗木是一种有生命力的鲜活产品，它的形象和信誉除来自上述几方面外，保证苗木的成活率和后期良好的养护管理也是十分重要的信誉来源。

三、苗圃经营的市场风险规避策略

任何企业都不愿受到风险的威胁，更不愿承受风险损失。但企业内外环境是在不断变化的，经营风险无时不在，企业的经营选择几乎都是某种风险选择，只是风险的大小不同而已。因此，企业所能做到的只能是尽量地降低风险系数，最大限度地减少风险损失。园林苗圃经营中面临着许多的风险，要积极加以防范，采取相应的风险规避策略。

（一）风险适应策略

风险适应策略是指企业以其自身特定的经营方式和经营特点，尽量去适应风险环境，并根据风险的变动趋势相应地调节企业行为。这是一种以风险为中心的策略，企业各种规划、设计与行为方式的出发点都着眼于防范风险和适应风险。企业通过强化自身的灵活性、适应性和可塑性，巧妙地与风险“周旋”，在风险的威胁下生存，在风险的缝隙中发展。

园林企业抗风险能力差，为了适应经营中可能遇到的风险，在管理体制的设计上可灵活机动，不拘一格，不强调固定的模式；在企业规模上，可大可小；在投资方式上，不期望长线投资、一本万利，应具有灵活性和伸缩性；在经营目标上，不把经营目标看作一成不变的，而是根据风险环境的变化和形式的发展，随时对经营目标进行修改和校正，以保持其自身对风险的适应性；在产品质量上，不追求极端的质量，使质量达到消费要求，比竞争对手略高一筹即可，为自己的未来发展留有余地，而把着力点放在后续服务上。

（二）风险抑制策略

风险抑制策略是指企业采取各种有效的方式和措施，以抑制风险障碍的发生、异变或风险扩散和连锁反应。这种策略并不回避风险选择，也不轻易改变经营方向和经营目标，而是侧重风险防范、风险弱化和风险抑制。如园林苗圃可以通过增加苗木的种类来抑制风险，即生产经营既有乔木也有灌木，既有木本也有草本，既有速生苗木也有慢生苗木，既有常绿树种也有落叶树种，既有针叶树种也有阔叶树种，防止由于某种或几种苗木价格的大起大落，而给苗圃经营带来大的损失。

（三）风险分散策略

风险分散是指在风险环境既定、风险威胁既定和经营目标既定的情况下，将企业经营的总体风险分散和转移到各个局部，从而降低整体风险发生的概率，减小风险损害的程度，提高企业经营的保险系数。园林苗圃可通过实行层层目标责任制、承包经营制等措施将风险分散开来，保证整体的利益不受大的损失。

（四）风险回避策略

企业经营是在市场环境下展开的，而市场是充满风险的，也可以说，市场环境同时也是一种风险环境。这里讲的回避风险是一个相对的概念，要想完全地、绝对地回避风险是不可能的。园林苗圃在经营中可以采用一些策略来回避风险。

1. 无风险选择 无风险选择指企业对已经预测到和已经意识到的风险障碍采取完全回避的态度，而转向主观上认为没有风险威胁的经营方向或经营方式。实际上，要选择无风险几乎是不可能的，这种选择是基于决策者通过对市场环境的充分调查研究和对自己企业情况熟练掌握的基础上做出的“自以为是”的选择。如某苗圃经过周密的市场调查分析，得出某些苗木在未来一段时间内会出现供不应求的形势，售价较高，且这些苗木有成熟的生产技术和较低的成本，断定大量生产这些苗木没有风险，因而扩大生产，这种选择属于无风险选择。

2. 弱风险选择 弱风险选择指企业对覆盖面较小或损害程度较轻或出现的概率较低的风险进行的选择。弱风险选择可以不改变经营方向和经营的基本目标，但可变换不同的经营方式和经营策略，也可减少风险成本的投入和改变风险成本的投入方式。它既可以回避较大的风险，亦可追求一定的风险利益。弱风险选择可能没有十分可观的利润率，但是相对风险可能更小些、更稳妥些，应该是园林苗圃的普遍选择。

3. 异质风险选择 异质风险选择指企业对不同方向、不同性质的风险进行的选择。通过选择或回避某些风险，从而利用有利的经营形势并回避不利的经营形势。例如，不少苗圃在经营苗木的同时，将经营范围扩大到园林小品、山石、喷泉等，有的甚至通过生态旅游等来增加收益，这些都在一定程度上减小了经营风险。

第三节 园林苗木的市场营销

园林苗圃的主要产品是园林苗木。由于园林苗木这种产品具有公共性的特点，在计划经济时期，国营园林苗圃中生产出的苗木、花卉、草坪等产品，在数量、质量和应用上都具有较强的独占性和垄断性。这些国营苗圃的产品生产、销售和应用，多是按国家计划进行的，不需考虑产品销路问题。当时，私营苗圃数量很少、规模非常小，它们见缝插针，所产苗木大多物美价廉，因而也不必为销售发愁。但随着社会主义市场经济体制的建立和不断完善，社会生产力得到迅速的发展，园林苗圃的数量急剧增加，规模越来越大，生产出的苗木出现滞销现象，市场营销成为决定园林苗木企业生存和发展的重大因素。

市场营销是企业通过一系列手段，来满足现实消费者和潜在消费者需求的过程。企业常采用的手段包括计划、产品、定价、确定渠道、促销活动、提供服务等。园林苗木的市场营销是苗木市场需求与苗圃企业生产经营活动的纽带和桥梁。

一、产品消费环境分析

园林苗圃的产品即各类园林苗木、花卉、草坪、盆景等，最终都要像其他商品一样进行销售。生活在商品社会中的每一个人、每一个单位都是商品的消费者，他们又构成了产品销售的具体环境。虽然每一个消费者的购买目的和购买习惯各不相同，在不同条件下也会有很大差别，但在基本特征上仍存在着共同的规律。掌握这一规律，对产品的营销具有很大的帮助。

（一）影响消费者购买的内在因素

1. 消费需要　消费需要是消费者感到某种缺乏而形成期待的心理紧张状态。消费需要促使消费者产生购买行动，进而解决或缓冲所感受到的缺乏。人的需要是无止境的，在同一时间又可能是多种多样的。一般来说，人们总是先满足最基本的低级需要，再满足较高层次的需要。按照层次高低将其分成五类。

（1）**生理需要**　它是指人们为了维持自身的生存而产生的需要。为满足生理需要而进行的购买会产生求廉心理。生理需要是一种较低的需求，人们只有在吃饱穿暖以后，才会考虑去欣赏、去享受。在园林产品的营销中，这类群体不应是当前考虑的重点，但要看到其潜在的消费能力，做好市场培育与消费引导工作。

（2）**安全需要**　它是指人从长远考虑，为了更好地生存所产生的需要。这种为满足生理或心理安全需要而进行的购买会产生求实心理。在一些单位或个人的庭院中，栽植一些树篱、刺篱、花篱等，在新装修的房间布置一些吊兰、绿萝等吸收有害气体的植物，其重要功能便是满足安全与防范需要。

（3）**社会需要**　人在生理和安全需要得到满足以后，就要从社会交往中体现生存的意义，产生社会需要。社会需要会产生要实现某种效果的强烈愿望，因而购买会产生求美心理。花卉、盆景在人们交友、沟通、恋爱等社会交往中的作用日益显现，满足人们的社会需要，是花卉产品很重要的功能。

（4）**尊重需要**　它是指人们为了使自己在社会上能引起周围人的注意，受人重视、羡慕所产生的需要。尊重需要购买会产生求奇心理，而容易接受较高的商品价格。

（5）**自我实现需要**　它是指人们为了充分发挥自己的才能和实现自己的理想而产生的需要。这种需要会产生胜任感和成就感，人们往往不惜花重金来满足某种癖好。所以，为自我实现需要，购物会产生求癖心理。不少花卉盆景爱好者，通过自己创作造型，获得自己满意的作品，就是自我实现需要的体现。

2. 消费者个性　人的个性包括才能、气质、性格三个方面，从表现形式上个性可以分为下列几类：

（1）**信誉型** 这些人根据自己的消费经验，产生崇尚型购买倾向，在购买中满足自己的信赖感。其中有名牌信誉型、企业信誉型和营业信誉型等。花卉产业是新型产业，知名度高、信誉度好的企业还很少，名牌产品也不多，园林花卉企业只有依靠科技，狠抓特色，创造规模效益，才能树立信誉，创出品牌。而园林苗木的地域性信誉已经比较突出，如昆明的鲜切花，广州的观叶植物，江苏、浙江、福建的盆景等。

（2）**习惯型** 因某一类商品曾使购买者受益，消费者对此产生好感，形成条件反射，最后形成消费习惯。在园林苗木、花卉的营销过程中，要注重用良好的质量、适当的价格、优质的服务来面向市场、面向客户。让新客户对产品满意并形成消费习惯，等其成为回头客时，企业的销售业务就会得到稳步的发展。

（3）**情感型** 购买者易受销售者的情绪感染，强烈地要求受到尊重，在购买中把情感看得比商品本身更重要。在园林苗木的营销中，要用细致的工作、精彩的设计、优质的服务来打动决策者，从而为园林工程的实施和园林苗木的销售铺平道路。

（4）**选购型** 在购买过程中，会多方比较、反复挑选、精打细算，理智重于情感。选购型是一种理智的购物形式，对于这样的客户只有用过硬的产品质量、优惠的价格和周到的服务，才能打动其心。

（5）**随机型** 这类顾客并无预想的购买目的，只是根据自己的兴趣随意购买。随机型易受销售环境的影响。为随机型客户创造适宜的购物环境，强化产品包装，使其产生购买兴趣，是此时产品营销的成功所在。

（6）**冲动型** 这类人的情绪完全受环境的支配，购买商品存在很大的盲目性。由于冲动而购买了某类产品，过后往往要后悔。对这类客户，事先要把产品的特点和功用，尤其是产品的适用范围和缺点要逐一讲清楚。对较大的订单最好先签订合同，以保证产品销售成功。

（7）**执行型** 购买者在购买权限上受到限制，因是奉命行事，故购买动机调整的可能性很小。对于这种执行者也千万不可小视，他们虽然没有买与不买的决定权，但他们却可以传递信息，从而影响决策者。耐心细致地做好这些人的工作离成功营销也就不远了。

（二）影响消费者购买的外在因素

消费者生活在一定的社会环境中，其购买行为不但受到自身因素的影响，同时还受到外部环境的影响。

1. 家庭 家庭是一个基本消费决策单位。家庭的状况直接影响着消费者的购买活动。富足的家庭可以用大量的花卉盆景装饰自己的厅堂，甚至动用大量的花木来建设园林式庭院。就目前的发展趋势，新兴的别墅区应该是苗木营销的重点方向之一。

2. 参照群体 当人们把某个群体的行为规范和某人的行为作为自己的标准和目标时，那个群体或个人就成为参照群体。参照群体可以提供消费模式，提供信息评价，引起效仿的欲望，坚定消费者的信心，也可以产生一致化的压力，使人追逐潮流，促进消费。人们在现实生活中或在电视上，看到某些名人、明星、政要喜欢摆放某类名贵花木，便群起而效仿。从巴西木（香龙血树）、发财树（马拉巴栗）到金琥、开运竹等不一而足。看到别人庭院植物配置合理，景观丰富，而纷纷效仿。这都是参照群体所起的作用。

3. 社会等级 随着市场经济的发展，社会等级的差别迅速显现出来。社会等级的存在，必然引起消费的层次性和多样性。“物以类聚，人以群分”，不同阶层人群的喜好与追求不尽相同，经商者乐买发财树，文人墨客喜欢文竹与兰花，从政者恐怕更偏爱牡丹、开运竹之类的花卉。准确把握各阶层消费心理对园林苗木的营销具有重要作用。

4. 文化 这里所说的文化是指社会文化，也就是民族和社会的风俗、习惯、艺术、道德、宗教、信仰、法律等方面意识形态的总和。不同的审美观、价值观和民俗传统都会对消费产生很大影响。不同的民族、不同的宗教，对花卉产品的颜色和种类都有着不尽相同的喜好。如我国许多人喜欢红色、黄色，不喜欢白色，而西方许多国家则喜欢白色，有的民族则把黄色视为邪恶的颜色。在园林苗木的销售与应用中，一定要把握好花语内涵和人们对色彩的喜好，使营销活动更加顺利。

5. 促销活动 通过促销活动使消费者频繁接触某些信息，对消费者购买动机产生强烈的刺激作用，使其潜在的需求显现出来。近几年来，花卉产品的促销活动虽不像其他产品的促销那样普遍，但也有很大的进步。通过举办中国花卉博览会、世界园艺博览会以及各地的花卉展览和交易会等，都在社会上造成了很大的声势，为花卉产品的促销起到了很好的推动作用。

二、园林苗木的市场营销

（一）市场营销调研与市场信息的收集

1. 市场营销调研 市场营销调研就是运用科学的方法，有目的、有计划、系统地收集、整理和分析研究有关市场营销方面的信息，并提出调研报告，以便帮助管理者了解营销环境，成为市场预测和营销决策的依据。

（1）市场调研的基本思路

①调查市场供求情报资料：要调查一定时期内，某类园林苗木在市场上的可供量和市场对该产品的需求量之间的比较情况以及变化的趋势。

在调查市场需求量时要注意：第一，社会需求不等于市场需求，市场需求却包括社会需求。有时，社会上确实需要该类产品，并在社会上处于短缺状态，但暂时却形不成市场需求，因为市场需求还包括购买能力，只有社会需求而无购买能力，那只不过是一种愿望，还没有形成现实的需求。市场需求还包括购买欲望，购买者已经过一段时间的权衡和思考，产生了购买意向，并准备采取购买行动。第二，区别基本用户和其他用户的需求。所谓基本用户，是指大宗和传统购买本企业产品的用户，如大型园林绿化企业。其他用户是指小量和零散的用户。在确定基本用户之后，就要调查基本用户的需要和变化，以便更好地为其服务。同时，要努力寻找可争取的新基本用户，从而制定企业的市场竞争策略。在产品俏销的时候，要特别注意首先满足基本用户的需求，树立良好的企业信誉。第三，力求掌握现实需求和潜在需求。现实需求是目前社会上对本企业产品的需求，潜在需求是未来可能出现的一种新的需求。对潜在需求的调查是至关重要的。

在调查市场供应量时要注意：第一，调查某种产品的社会供应总量。第二，本企业在同行业中的地位。第三，本企业在市场竞争中的优劣势。第四，了解竞争对手生产产品的实力。

②调查产品质量情报资料：产品质量决定它在市场上是否有吸引力，这个产品质量应包括产品内在质量、外在质量、包装质量和服务质量。内在质量要求性能稳定，外在质量要求造型新颖，包装质量要求美观大方，服务质量要求周到及时。在质量调查的过程中，要树立满足用户需要才是好质量的观点，切忌以主观感受作为标准来确定质量的内涵。在质量调查的过程中，还要注意调查不同特点的客户对质量的特殊要求，要调查用户对产品质量的具体要求，还要调查竞争对手的质量。例如，园林从业者评判一种苗木的质量有着自己的专业标准，如株高、胸径、冠幅、分枝数、苗龄、色彩、病虫害等，而在市场上，用户可能不懂专业，他们可能从自己的喜好出发，从对苗木的直观感受出发来衡量好坏，决定是否购买，如同一种苗木，有的用户喜欢黄色的，有的喜欢红色的，有的则喜欢白色的、蓝色的；有的喜欢挺拔高耸，有的喜欢弯曲遒劲等。总之，客户的喜欢就是市场的需求，市场的需求就是苗木好的质量，就应该尽量满足。当然，作为园林专业人员，有着科普教育、引导消费的社会责任，逐步把专业知识在社会上推广普及，但要有一个过程。

③调查产品价格动向：价格是消费者十分敏感的问题，也是产品具有竞争力的重要因素。现实价格很容易调查，关键是要掌握价格动向，调查产品市场供求情况，生产该种产品的企业数量，竞争企业动向，消费者购买该类产品所满足的需求以及该产品的信誉如何等，才能把握竞争的主动权。

（2）**市场营销调研的方法**　市场营销调研的方法有观察法、深度小组访问法、调查法、试验法等。

①观察法：由调查人员或运用摄像等手段现场观察有关的对象和事物。它又可分为直接观察和测量观察两种。

②深度小组访问法：有选择地邀请数人，用几小时时间，对某一企业、产品、服务、营销等话题进行讨论，以期小组的群体激励能带来深刻的感知和思考，从中了解消费者的态度和行为。

③调查法：调查法是介于观察法和深度小组访问法的偶然性和严谨性之间的一类方法。它包括个案调查法、重点调查法、抽样调查法、专家调查法、全面调查法、典型调查法、学校调查法等。

④试验法：试验法是最正式的一种调研方法。它是通过小规模的市场进行试验，并采用适当方法收集、分析试验数据资料，进而了解市场的方法。它包括包装试验、新产品试验、价格试验等。

2. 市场信息的收集　信息即消息，是客观存在的，是事物发生、发展过程中发出的信号。市场信息是一种特定的信息，是企业所处的宏观和微观环境中各要素发展变化的真实反映，是反映它们的实际状况、特征、相关关系的各种消息、资料、数据、情报等的统称。企业的市场信息又分为内部信息和外部信息。企业内部的市场信息包括物资供应方面的市场信息、企业销售方面的信息等。企业外部的市场信息包括政治方面、经济方面、科技方面、人口方面、社会方面、文化方面、法律方面、自然方面、心理和其他方面的有关信息。

（二）市场预测方法

市场预测方法有很多，但归纳起来不外乎两大类，即定性预测法和定量预测法。

1. 定性预测法　定性预测主要是通过社会调查，采用少量的数据和直观材料，结合人们的经验加以综合分析，做出判断和预测。其主要优点是简便易行，易于普及和推广。定性预测常采用的方法有购买者意向调查法、销售人员意见综合法、专家意见法和市场试销法等。

2. 定量预测法　定量预测是依据市场调查所得的比较完备的统计资料，运用数学特别是数理统计方法，建立数学模型，用以预测经济现象未来数量表现的方法。它一般需要大量的统计资料和先进的计算手段。

（三）市场营销策划

所谓市场营销策划，是指通过企业巧妙的设计，指定出一定的策略，安排好推进的步骤，控制住每一个环节，实现企业经营目标的营销活动。营销策划不同于决策，也不同于建议和点子，其基本思路是将企业现有的经营要素按新的思路重新组合，从而实现新的经营目标的营销活动。营销策划是营销智慧的结晶，策划没有固定的模式，但策划是有规律的，总结大量成功经验会对策划有一定的参考和借鉴价值。

1. 在消费者心目中确立新的概念　随着营销向深层次发展和人的需要达到更高层次，购销产品就变成了一种载体，人们所追求的是通过购物而带来的精神满足。因此，营销决不仅是在推销产品，而是在向消费者陈述某种理由。当消费者接受了这种理由，并形成了新的概念，同时与自己的某种需求联系起来时，就产生了购买动机。

2. 提高营销策划的文化品位　人们的社会生活总是处在一定的文化氛围之中，社会越是进步，这种文化氛围越浓重。营销策划如能提高文化品位，就会使消费者在商品的使用价值之外获得某种精神上的享受。

3. 尽量隐蔽商业动机　任何商业活动背后都会有盈利的动机，但一心只想赚钱的商业活动往往以失败而告终。营销者盈利的动机暴露得越充分，消费者就越会产生“不值”的感觉。把购物过程与娱乐过程结合在一起，能达到隐蔽商业动机的目的。但这种营销策划不可有愚弄消费者的意思，不能使消费者感到上当受骗，自己赚了钱而又得到了人心，才是成功的营销策划。

4. 以人们关注的事件为主题　单纯的商业活动很难引起人们的广泛关注，但如果能与产生重大社会影响的事件联系起来，有意识地利用某一事件开展商业活动，往往会产生极好的效果。要想利用社会事件开展商业活动，就要保持对社会事件的敏感性，也可制造出某一事件，利用其达到商业的目的。

营销策划虽然十分重要，但也只能是企业营销战略的一部分，决不能抛弃实质性的内容去追求轰动效应，策划要提高企业的知名度，更重要的是赢得社会美誉度。因此，提高产品质量、提供周到服务、降低成本给用户更大实惠，才是屡试不爽的成功经验。

园林苗木与其他工业产品有很大的不同，它是活的有生命的产品。同品种、同体量产品的质量与其生长状况、病虫害情况、花色、花形、植株的丰满程度等因素有关。另外，园林苗木的营销工作受季节的限制较大，应充分考虑气候和地域情况对它的影响。还有，园林苗木这种产品，目前的应用范围仍集中在城市公共园林绿地、企事业单位庭院和居民区等场合。对于千家万户来说，则对花卉盆景的需求较多，而对绿化苗木的需求多集中在有独立庭院的别墅用户，普通的居民对绿化苗木的需求还是少之又少。园林苗木的营销是一项较新型的营销工作，没有成熟的经验可言。因而，园林苗木的营销既要广泛借鉴一般商品的营销经验，又不能照抄照搬其现有的模式。只有结合本行业的特点和企业自身的实际，才能创造出成功的园林苗木营销策略来。

（四）园林苗木的销售渠道

苗木的销售渠道是指苗圃把所生产的苗木转移到市场，实现销售的途径，建立通畅的销售渠道是确保苗木产业持续发展的关键。对苗圃而言，客户定位包括两方面：中间客户（经纪人）和终端客户（园林公司）。

1. 苗木产品销售渠道 园林苗圃的苗木产品销售主要有两种渠道：一种是园林苗圃直接卖给终端客户，另一种是通过中间商再转卖给终端客户。中间商按其是否拥有苗木的所有权，分为苗木经销商和苗木代理商。

（1）**苗木经销商** 苗木经销商是指拿钱购买苗木企业的苗木的中间商，他们买苗不是自己用，而是转手卖出去，他们关注的是利差，而不是实际的价格。如苗木经销公司。

（2）**苗木代理商** 苗木代理商是指从事苗木交易业务，接受苗圃委托，但不具有苗木产品所有权的中间商。如苗圃产品代理商、苗木产品经纪商。

① 苗圃产品代理商：苗圃产品代理商是受苗圃委托，签订苗木销售协议，在一定区域内负责代销苗圃苗木的中间商。本身不购买苗木，只负责推销苗木，由购买者直接向苗圃提取苗木。苗圃可同时委托若干个苗圃产品代理商，分别在不同地区推销苗木。

② 苗木产品经纪商：苗木产品经纪商既无苗木所有权，又无现货，只为买卖双方提供产品价格及一般苗木市场信息，为交易双方洽谈苗木销售业务起媒介作用。苗木产品经纪商与买卖双方无固定关系，与任何一方都不签订合同，不承担义务，但在交易过程中可代表买卖任何一方。交易达成后，从中提取一部分佣金。

2. 苗木产品销售方式 当前苗木产品主要的销售方式有以下几种：

（1）**向绿化工程公司直销** 绿化工程公司是绿化工程的施工者，是苗木的最终消费者，是苗圃苗木的主要销售对象。各个地区都有许多的绿化工程公司，苗圃可直接将苗木产品推销给绿化工程公司。

（2）**建立花卉苗木市场销售** 花卉苗木市场是苗木生产者、经营者和消费者从事苗木交易活动的场所。花卉苗木市场的建立，可以促进苗木的生产和经营活动的发展，促使苗木逐步形成产、供、销一条龙的生产经营网络。苗木产品可在花卉苗木市场找到销路。

（3）**建立苗木网站销售** 随着计算机的普及，运用计算机信息技术，以计算机网络作为平台，建立苗木销售网站，注意收集、分析市场信息，可以实现跨地域苗木交易，开拓苗木销售新方式，形成网络销售模式。

（4）**苗圃间销售** 不同苗圃之间存在对不同苗木品种、规格的相互销售，这也是苗木销售的重要方式。如大型苗圃在多年的发展中已建立了比较稳定通畅的销售网络，并且大型苗圃的主打品种与小型苗圃有所区别，小型苗圃的苗木可以作为大型苗圃的补充。一般在大型苗圃销售总量中，自产苗木占不到50%，其他苗木都是向其他苗圃采购的。

（5）**苗木经销商销售**　苗圃将苗木产品卖给苗木经销商（如苗木经销公司），再由苗木经销商卖给终端客户（如城市园林绿化公司、企事业绿化用苗单位等）。

（6）**苗木代理商销售**　苗圃通过苗木代理商将苗木卖给终端客户，也可通过苗木代理商将苗木产品卖给苗木经销商，再由苗木经销商卖给终端客户。

（7）**订单销售**　有特殊用途的苗木（如外贸加工出口苗木）以订单方式委托苗圃生产，成苗后，由委托单位或企业直接收回，实现销售。

（五）园林苗木的营销策略

苗木营销是指运用各种方式和方法，向消费者传递苗木信息，实现苗木销售的活动过程。苗木营销首先要正确分析市场环境，应根据企业实力来确定营销策略。

1. 传统营销策略　园林苗木产品的传统营销策略主要有以下三大类：

（1）**人员推销**　人员推销是指苗圃的从业人员通过与购买者直接进行人际接触来销售苗木的促销方法。

①苗圃派出推销人员：苗圃派出推销人员直接到园林绿化施工单位，与购买者直接面谈业务，向购买者介绍苗木种类、规格、价格等。双方达成协议后，由购买者向苗圃按预购绿化苗木树种、规格、数量预交货款，交款后签订购销合同。苗圃根据购买者所需的绿化苗木树种、规格、数量组织社会劳力进行起苗、打包，并负责送货上门。

一个合格的苗木推销人员，不仅要善于推销苗木产品，而且要持续提升服务满意度。这就要求苗木推销人员不仅业务水平要高，还要具备较高的自身素质。

②苗圃设立苗木销售门市部：在苗木销售门市部摆放苗木产品，介绍本苗圃生产的园林苗木种类、特色、效能等，帮助购买者决策，促进苗木产品销售。

（2）**广告宣传**　利用电视、网络、广播、报纸等媒体发布苗木销售信息，提高苗圃的知名度，为苗木业务联系提供信息，促进销售。

（3）**苗木展销**　参加苗木展销会和交易会，散发苗木产品宣传单，树立苗圃形象，扩大苗圃知名度，对销售苗木起到促进作用。

此外，苗木经营者之间可以建立苗木销售协会，充分利用可及的资源，采取合理的营销策略，以扩大苗木经营领域，拓展销售渠道，促进苗木的销售。

2. 新兴营销策略　近几年，受世界经济和国内经济宏观调控与结构调整、房地产市场萎缩、地方政府债务升高等因素影响，园林苗木行业陷入工程量剧减、回款困难、市场需求下降、行情回落下跌的低潮期。在经济新常态下，苗木生产经营要转型升级，就要有新的营销策略。

（1）**利用现代营销理念和信息化、智能化技术**　采用订单生产、定向培育、菜单式营销、体验营销（苗圃观光）、产销战略合作（连接生产商与客户端）、区域纵横向联盟、一站式配送服务、期货交易（如成都花木交易所平台）、整体出让等现代营销模式促使苗木产业转型升级。

（2）**苗木经营电商化** 在“互联网＋”新概念的主导下，传统苗木行业需主动与互联网对接，苗木“触电”乃大势所趋，势在必行。目前，在“互联网＋花卉苗木”形态下创建而成的园林苗木网站众多。此类网站根据花卉苗木产业的发展新形势，开创苗木产业营销新时代，通过线上推广以及线下沟通销售的方式，整合苗木合作社、苗木绿化公司、苗木种植基地等苗木企业，创建了苗木货源、苗木供应信息、苗木采购大厅等几块栏目，免费为供求双方发布苗木信息，在苗木企业、育苗大户等苗木种植供应公司与绿化、园林建设等公司之间架构起一道实现共赢的桥梁。同时，为了方便移动端微信、微博用户，依托微信、微博等社交平台搭建了苗木类供求双方的简易平台，只需在手机应用中依次点击或拍摄，就可以将自己的苗木供应、价格或需求发送到网络上面，让全国的用户都可以快速查询到相关信息。

（3）**苗木生产经营者要与设计师对接** 在园林绿化行业，苗木生产是基础，应用是目的，设计是关键。园林设计公司是这个行业的上游企业，园林设计师是规划、掌控苗木应用的领军人物。苗木生产者首先要与设计师沟通、交流，了解、确认将来绿化工程需求什么苗木，再有的放矢地组织生产，才能满足市场需求，获得经济收入，才能尽量避免盲目生产苗木。

（4）**苗木生产经营者要与甲方对接** 注重与政府建设部门、园林部门、房地产开发商对接，打通上下游通道，实现产供需无缝对接和产业链的有机融合。

（5）**苗圃经营管理信息化** 苗圃经营管理必须充分重视各类信息（国家经济发展和生态环境建设信息、造林绿化状况、苗木市场信息、苗木需求预测、科学技术预测、苗木培育和销售线上线下平台等）的收集、分析和利用，做到经营管理的信息化。必须重视苗木产业数据化，实现“数据→信息→资源→资产”的转化。同时，苗圃要注意通过行业协会和苗圃协作组织互通信息，以利用各自优势培育特色苗木，避免无用的竞争，达到互利共赢。

第四节 园林苗圃的管理

苗圃管理是对苗圃所拥有的资源进行有效整合，以达到既定目标与履行责任的动态创造性活动。其核心在于对资源的有效整合，即对人、财、物的优化配置，目的在于实现经营目标。苗圃管理涉及的内容很多，从大的方面可以归纳为对人力资源的组织管理和对钱财物品的经济管理。

一、园林苗圃的组织管理

组织是同类个体数目不少于两个，而且个体之间既有分化又有关联的相对稳定的群体，是人们为了实现一定的目标，而互相结合、指定职位、明确责任、分工合作、协调行动的人工系统及其运转过程。

（一）园林苗圃组织结构的基本模式

园林苗圃的组织结构大多比较简单，较大型的国有苗圃一般采用直线制（图 11-1），而一些股份制的苗圃则多采用事业部制（图 11-2）。一些小型的个人苗圃，组织结构松散，一人多职多能，没有固定的组织模式。

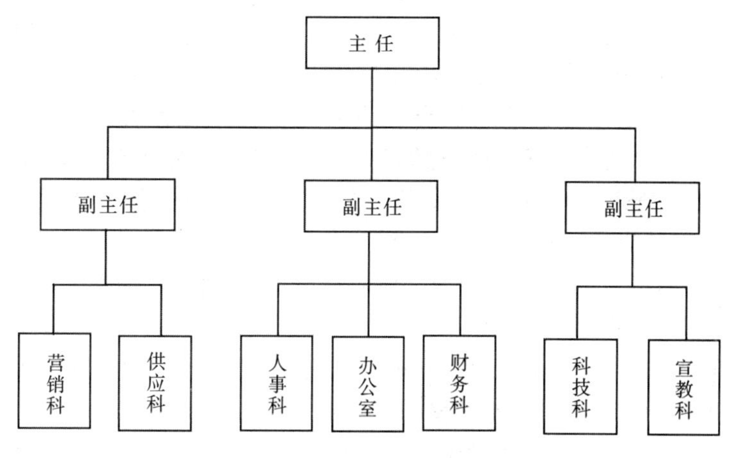

图 11－1　直线制组织结构形式示意图

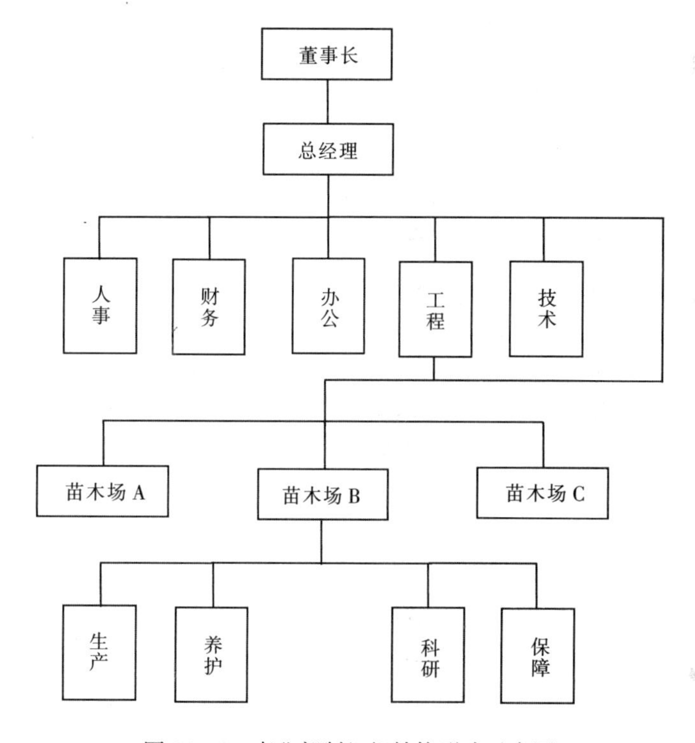

图 11－2　事业部制组织结构形式示意图

（二）园林苗圃的人力管理

人力管理是为了保证一定技术设备和资源条件下的劳动生产率，并使之有所提高所进行的程序制定、执行和调节。人力管理包括技能管理和知能管理两个方面。

1. 技能管理　技能管理是针对操作人员进行的。与技能管理密切相关的人文变量主要是体质、特长、经验和个人覆盖度。各种工具设备都对其操作人员有一定的体质要求，为了保证操作人员达到一定的时空符合度，在任用之前必须对其进行体格检查和面试。此外，人类体质随年龄、性别的不同而呈现出规律性的差异。因此，作为程序化的管理，在选用操作人员时，常附以年龄的限制，有时甚至也对性别加以限制。园林苗圃生产与施工中有不少人力操作工具和机械设备，并且在许多情况下是露天作业，以及在不同的气候条件下作业，故对职工体质的要求应与对智商的要求同等重视。"特长"通常是针对特定的工具或设备而言，要求操作人员的有关随机变量取值应超出社会中的平均值。在一般情况下，操作人员都要通过培训和考核才能做到有特长，且其特长会随着经验的积累而逐步提升。为了鼓励操作人员提高个人覆盖度（胜任多方面工作的能力），通常采用升级、调配工种、提高工资、进行奖励等刺激方式。升级有一定的年资要求，并附以功绩或考试考察；调配可开发某些人的经验优势，将其从一个工种调配到另一个更为适合的工种，如从花卉生产人员调配为树木花卉的管养人员等。一个操作人员所掌握的特长越多越精，其个人覆盖度就可能越大。

2. 知能管理 知能管理是为了保证并提高管理人员的工作效率，或为了保证并提高工艺流程的质量、调度水平及进度水平而进行的程序制定、执行与调节。与知能管理相关的人文变量主要是学历、资历、实绩、应变能力等。

从面向大多数管理人员的程序制定来看，必须对管理人员的学历提出一定的要求。同时，为那些通过勤奋好学达到一定学历水平者提供机会。就目前而言，大多数园林苗圃职工的整体学历水平较低，这在一定程度上制约了苗圃长远和科学的发展。当然，一定的学历只是管理人员的基本条件，也要经过试用考察之后方可正式任用。一般来讲，大多数管理人员会随着经验的积累而在管理水平方面有所提高。为调动管理人员的积极性，提高其工作效率，也常采用升级、调配工种、提高工资、进行奖励等方式。根据资历予以任用，并辅之以一定的评审措施，也是人员管理的重要内容之一。

一个管理人员的应变能力越强，其知识经验越可能发挥更大的作用。反之，其知识越多、越合理，经验越丰富，则其应变能力也会越强。应变能力的识别是知能管理的重要内容。园林苗圃的生产与施工会受到各种内外环境的影响，尤其园林植物是有生命的活体材料，它的生命力和景观效果会受到多种环境因素的影响，变数很大。因此，在园林生产和施工中，需要管理人员具有更强的应变能力，根据实际情况的变化，随时做出各种调整。

人力管理的关键在于搞好劳动力的优化配置，劳动力的关键在于使用，使用的关键在于提高效率，提高效率的关键是调动员工的积极性，调动积极性最好的办法是以人为本，进行思想沟通和恰当的精神与物质激励。当前，许多园林苗圃和园林企业雇用大量的临时或短期工人，大多数企业没有按照国家规定，给这些工人缴纳"三险"，即养老保险、医疗保险和失业保险，也没有按规定支付节假日加班补助费用，严重侵犯了工人的合法权益，挫伤了职工劳动积极性，最终危害到企业的效益。

（三）园林苗圃的人才管理

人才管理是为了使单位时间内的有效生产量大幅增长，或使无效消耗量大幅减少，提高效率和效益，而对特殊人员即人才所进行的程序制定、执行和调节。对人才的管理主要包括人才的发现、使用和控制。

传统的人才选拔是靠"伯乐相马"来实现的，具有一定的偶然性和机遇性。现在的识才是靠一种动态的人才选拔机制，即通过"赛马"而非"相马"来实现。在企业内部创造一种人才竞争的机制，使其在公开、公平、公正的环境下竞争并得到选拔和使用。

与人才的发现、选拔相比，人才的使用能更好地发挥人才的作用，在人才管理中具有更为重要的意义。对已经脱颖而出的人才，要为其提供各种有利的条件，在生活、住房、工资待遇等方面给予照顾，为其创造较好的工作环境，提供考察、进修的机会和较为充足的科研或管理经费，使其在较少的干扰中专注于科研、生产或经营工作。

对人才的控制包括制度约束和鼓励竞争。由于人才具有开拓与创新意识，往往不愿“循规蹈矩”“依附于人”，又由于人才的智力较高，知识较多，所以对人才的控制是一件很困难的事情。对人才实施较好的控制，要求管理者本人即是本行业一流的人才；制定完善、科学、合理的规章制度或与其签订相关的合同，对其行为进行约束，防止人才外流或经济犯罪；在人才使用上，要鼓励竞争，使能者上、庸者下，要建立人才梯队，减少对个别人的依赖，使人才在公平竞争的环境下发挥其更大的作用。

目前，大多数园林企业和苗圃对人才的选拔、使用和控制工作还做得很差，不重视发现和使用人才，认为这个行业科技含量低，谁都能做，重视传统技术技艺的继承，忽视技术创新。这严重挫伤了创新型人才的积极性，因此，园林苗圃的人才管理亟待加强。

二、园林苗圃的经济管理

园林苗圃是城市园林的重要组成部分，是繁殖和培育园林苗木的基地，其任务是用先进的科研手段，在尽可能短的时间内，以较低的成本投入，有计划地生产培育出园林绿化美化所需要的各类苗木或相关园林产品。随着我国社会主义市场经济的逐步建立，苗圃的所有制形式发生了巨大变化，呈现国有、集体、股份制等所有制成分并存的局面。园林苗圃的经营管理显得越来越重要，越来越复杂。园林苗圃的经济管理就是要充分运用关于自然的和人文的各种知识和信息，形成时间上和空间上的特定顺序和流程，减少无效劳动和浪费，鼓励相互配合与创新，从而“最经济地”进行苗圃的建设、生产和经营。

（一）园林苗圃的质量管理

质量管理是苗圃管理的重要组成部分，它是指导和控制苗圃内部与质量有关的相互协调的活动。全面质量管理是以质量为中心，全体成员积极参与，把专业技术、经营管理和思想教育结合起来，建立起产品的开发、生产、服务等全过程的质量管理体系，以最少的投入生产出高质量的苗木。

1. 质量管理的内容　“质”是一个事物区别于其他事物的特征。“质量”是有关特征的特异程度，即鲜明程度。质量的区分要借助于测量来把各种基本特征数量化，用测量单位与被测对象相比较。质量标准是根据人类需要而选定的某一数值或数值区间，正常情况下，仅用一个特征来评价某一事物是不够全面的，人们往往用几个特征来共同反映一个事物的质量，即用综合性的数量化方案来评价质量，就比较准确和全面。例如，评价一棵树的优劣，要通过它的株高、胸径、生长速度、枝干健壮与否、叶色是否正常、病虫害的多少、树形是否美观等各方面情况来综合评价，才能得出对该树更科学、更全面的质量评价。

质量管理就是为了达到一定的质量标准而进行的程序制定、执行和调节。要实行园林苗圃的全面质量管理，就必须把制定的有关程序层层分解到每一个已知的基础环节，在程序执行的过程中，及时发现问题，找出影响质量的原因，并通过信息反馈而对新的环节及特征加以数量化并纳入程序当中，从而给旧的特征拟定新的指标。

园林苗圃生产的质量管理包括四个环节，即确定生产规程、执行规程、检查执行规程情况、纠正违规或修订规程。规程，就是规范的程序，是人们在同类行为中的经验教训的总结，是技术发展的重要内容。一个生产单位或一个施工队伍的优劣，重要的判断标准就是看其执行什么样的规程和违规的多少。

园林苗圃生产中相应的规程主要包括种实的采收、制种、净种、种子储藏，选地、整地做床，播种、扦插、嫁接、压条、分株繁殖，圃地排灌水，中耕除草，制肥施肥，苗木的修剪造型，防治病虫害，以及掘苗出圃、种植施工等。这些规程的每一个环节都应有相应的质量标准与其相对应。

2. 全面质量管理法 目前，国内不少苗木推行全面质量管理方法，即“三全一多法”，取得了很好的效果。

（1）**全体员工的质量管理** 苗圃的全体员工质量管理是指苗圃必须把所有人员的积极性和创造性充分调动起来，不断提高劳动者自身素质，人人做好各自工作，人人关心苗木质量，全体员工都参与到质量管理活动之中。苗圃的全体员工质量管理可以从如下几个方面入手：①抓好全员的质量教育，增强质量意识，牢固树立质量第一的思想，自觉参加质量管理工作。②制定和实行质量责任制，明确每个人在质量责任制中的责任和权限，使全体职工各司其职，密切配合，层层严把质量关。③开展多种形式的群众性质量管理活动，充分发挥每个人的聪明才智，激发职工当家做主的进取精神和劳动热情，这是苗圃提高生产效率、保证产品质量的根本保证。

（2）**全过程的质量管理** 苗圃实行包括从市场调查、树种设计开发、生产、销售、施工直到后期养护管理服务等全过程的质量管理。把苗木生产、应用的全过程中的各个环节和有关质量形成因素严格监督控制起来，做到以预防为主，防检结合，把不合格苗木消灭在其形成过程之中，做到防患于未然。

（3）**全苗圃的质量管理** 全苗圃的质量管理就是要求苗圃各个管理层都有明确的质量管理活动内容。管理层侧重质量决策，制定苗圃的质量方针、质量目标、质量政策和质量计划并强化监督检查。要求苗圃职工要严格按照相关质量标准和操作规程进行生产，相互间进行分工与协作，积极鼓励职工开展合理化建议活动，畅通信息反馈渠道，不断修订和完善标准和规程，使其更科学合理地指导劳动作业。

（4）**多方法的质量管理** 影响苗木质量的因素很多、很复杂，既有自然因素，又有人为因素；既有技术因素，也有管理因素；既有苗圃内部因素，还有苗圃外部因素。要把这一系列因素系统地控制起来，全面管理好，就必须根据不同情况，区别不同的影响因素，广泛、灵活地使用多种多样的现代管理方法来解决质量问题。但不管采取哪种方法都要遵循计划、执行、检查、总结的工作程序。

“三全一多”都是围绕有效地利用人力、物力、财力、信息等资源，以最经济的手段生产出用户满意的苗木这一目标进行的，这是全面质量管理的基本要求。坚持质量第一，把用户的需要放在第一位，树立为用户服务、对用户负责的思想，是苗圃推行全面质量管理应贯彻的指导思想。实行全面质量管理还应特别注意下述几个方面的具体工作：

①严把苗木种子质量关，培育优良苗木：选择优良的繁殖材料是保证苗木质量的第一关。选择良种要注意它的时间性和地域性，要优先选择那些最新培育出来的发展前景很好的优良品种，同时要做到适地适苗，不可盲目引种。其次，要对种子的品质进行检验，做好播种前的选种、分级工作，不同等级的种子要分别分批播种育苗，确保发芽率高，出苗整齐，生长健壮。对插穗、接穗等繁殖材料要检验其生活力，即水分是否充足、粗度是否基本一致、是否有病虫等，确保扦插或嫁接苗木的成活率和整齐度。

②加强育苗各环节的监督管理：严格按照生产技术规程对苗圃整地、播种（扦插或嫁接）、浇水、施肥、中耕除草、间苗、病虫害防治及苗木调查和出圃等各生产过程进行经营管理。适度控制各个时期苗木的密度，强化间苗措施，控制单位面积合理的产苗量，提高一级苗出苗率。要根据土壤条件和所育苗木生物学特性制定合理的灌溉制度等。

③重视和抓好标准化工作：标准化就是一切生产经营活动都按既定的标准进行。标准不仅指苗木标准、检查标准、作业标准等技术标准，还包括管理工作方法、程序和权责等管理标准。苗圃标准化的目的在于使苗圃所有的工作人员职责分明，使各项工作有条理、有秩序，好检查、好评比、好奖惩。

（二）园林苗圃的数量管理

数量管理的目的是在一定的建设时期内，以较短的投入获取较高的产出，或在较短的时间内，以一定的投入获取较高的产出。要搞好园林苗圃的数量管理，必须对苗圃的人、财、物进行合理适当的调度，制定目标定额和科学的工作进度。

调度是指为了一定的目的对可支配的人力、物力（或财力）及相关行为进行空间上的分工、定位，以及对不同行为及其结果进行时间上的关联和事先安排。对于分工和时间不存在密切相关的简单行为，可用简单的指令而不用调度。而园林苗圃的生产、施工、养护各环节工序复杂繁多，给调度工作带来很大的难度，有时只能随机应变或现场指挥。对工作头绪较多、时间要求严格的园林工作进行调度时，可采用网络计划技术，即通过绘制网络图或横道图进行统筹规划。

1. 网络图　网络图是由表示工序的箭线，把表示工序起始时间及结束时间的节点连接起来所构成的图形，如图 11－3 所示。图中，在总开始的节点（源点）和总结束的节点（汇点）之间，路长最长的线路所表示的工期之和，就是整个工程的总工期。线路是从源点开始沿箭线方向依次达到汇点所经过的路径。路长是线路上各工序的工期之和。路长最长的线路称为关键线路。关键线路上的工序称为关键工序。不在同一线路上的工序叫平行工序，平行工序可同时分头进行，相互之间没有时间制约关系。

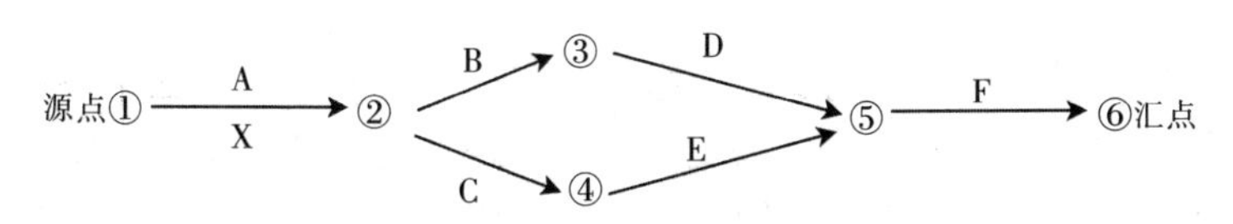

箭头线“⟶”表示施工作业

施工作业开始○ A（作业名称）/X（作业天数）→○施工作业结束，○中填入序号后则表示施工作业的流程图

图 11－3　网络计划示意图

网络图的绘制规则如下：①只有一个源点和一个汇点。②任何一对相邻的节点之间只有一条箭线。③没有循环回路，即没有首尾相接的箭线将若干节点连接起来。④没有曲线、交叉线和倒回箭线。⑤可以使用表示不含工序、不耗时间的虚箭线。如绿地建设网络示意图 11－4 中的节点 5 至节点 8、节点 4 至节点 7 即是。使用网络图可以清晰地显示各工序的先后关系和平行关系，以及若干工序同时制约后一工序的关系。网络图明显显示了有关建设项目的总工期、关键工序和机动时间，可以帮助调度人员争取最优的调度方案。

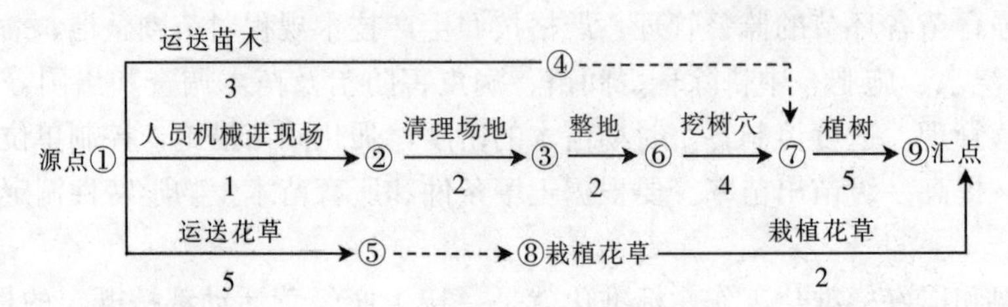

图 11－4　绿地建设网络示意图

2. 横道图　横道图是园林工程施工中常用的工程总进度控制性计划表达方式。它能比较直观、合理地确定每个独立系统及单项工程控制工期，并使它们相互之间最大限度地进行衔接。横道图表达形式如图 11－5 所示。

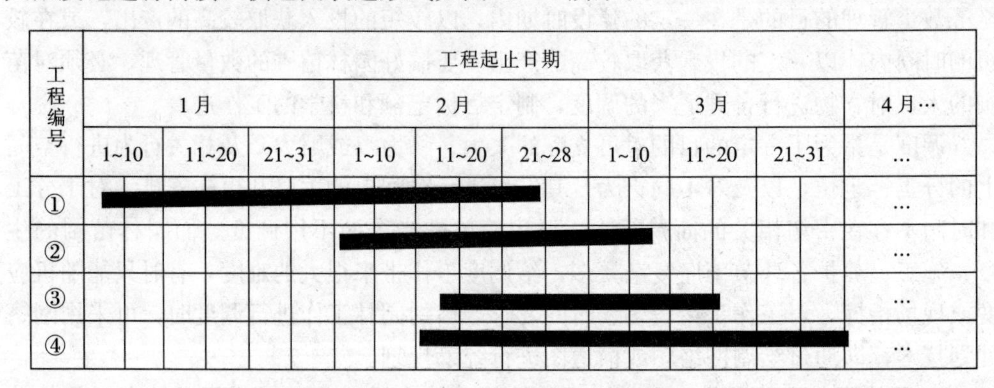

图 11－5　园林绿化横道计划示意图

在园林建设中，实施过细的分工难度很大，也不科学，因为花草、树木都是有生命的植物，受气候条件等诸多因素的影响很大，不可能像其他工业原料一样事先储备，以供流水作业。因此，对于工序分解不宜过细，以留出机动的余地。在进度安排时，对网络图和横道图中每一个工序所用时间的估算是关键的环节。它要依赖于管理者对生产施工单位自身人员素质、经验及数量，设备配套能力以及施工地的工程配套条件、经济文化背景、自然环境条件等都要有充分的了解，并对各工序的人员进行定额管理。定额的制定应以大多数员工能达到或超过，同时又能充分发挥工具设备的潜力为宜。定额时间除包括直接实现操作过程的“作业时间”之外，还应包括相关的结束和准备时间，中间休息、餐饮等时间。但就整个定额时间的组成来看，“作业时间”占有绝对大的比例，因而确定“作业时间”是定额管理的关键。确定“作业时间”应对若干测定对象测定若干次，一般应在上班后、收工前及两者之间各测一次，同时选定数名先进、落后和一般生产者测出平均值。对于较难分解和测定“作业时间”的工序，如整地、栽植花草树木、树木的整形修剪、养护管理等，常根据经验来估算，以确定时间定额，这需要定额编制者在完成该项工序上具有丰富的实践经验，也可通过“试工”来加以确定。如需“试工”可以将其作为一个工序纳入调度计划并绘入网络图或横道图中。

由于园林苗圃生产过程和园林工程施工过程多是在露天进行的手工操作或半机械化作业，受风霜雨雪、土壤结构、地形地势等因素影响很大，常常难以制定出准确的定额，因此提高劳动生产率的主要措施，常是以承包责任制或目标管理为主。无论实施标准化定额制还是承包责任制，都可能因为执行过程中的条件变化而出现误差，因而，还必须对园林建设的实际进度进行有效管理。对关键工序应定期检查进展情况，如实际进度没能达到计划进度，应及时采取补救措施，如增加施工人员、机械设备，对原方案进行修订或制定新的施工方案等。

（三）园林苗圃的物资管理

园林苗圃的物资管理是园林苗圃经济管理中不可缺少的重要组成部分，它包括对苗圃所需生产资料的管理和苗圃所生产出的苗木的管理。前者通常包括所需物资计划的制订，物资的采购、储备和使用等几个环节，后者则包括贮存、包装、定价、流通、售后服务和信息反馈等环节。

1. 物资的采购与储备　在园林苗圃中对于大的物资需求，一般在年初都要制订计划，并详细列出所需物资的品种、数量、规格、使用日期及最迟到货日期等，以便进行审批或组织采购；对于临时需要的小型物品，可以根据具体情况补充采购。物资采购可采用定点协作供应、物资部门合同供应、市场供应等形式。近几年来，大型国有苗圃的大宗物资采购，一般都规定以政府统一采购的形式来实现，有时也通过协作供应与合同供应的形式来采购。小型、小额物资则常采用市场供应的形式来完成。

物资储备管理包括制定储备定额和保证定额储备两方面。储备定额要根据物资进出等情况来制定，力争合理。保证定额储备，就是要把库存物资控制在最高储备量与最低储备量之间，防止物资积压和停工待料。在园林苗圃中，要储备的物资繁多零乱，仓库管理是物资储备管理的重要组成部分，它包括验收入库、登账立卡、定位摆放、防变质、防火、防水、防盗及定期清仓盘点等。验收时要核查采购手续和单据，以及物资数量与质量等。登账立卡及定位摆放通常采用分类分区法，即相同品种或规格的物品分为一类，放在一区，顺序编号，以保证物、位、卡、账相符。防止物资变质要通过一系列的技术措施来实现，对相应的技术措施最好制定相应的技术规程。防火、防水、防盗需要制定相应看护措施和规章制度。清仓盘点是为了查明库存情况，分析盘盈盘亏的原因，追究责任，堵塞漏洞，减少无效消耗。园林苗圃仓库储存的物品繁杂、质地不同、规格不一，管理难度很大，经常清仓盘点很难做到，但起码应做到一个季度或半年清仓一次，准确掌握家底。

2. 产品的储存与包装　园林苗圃产品的储存管理也是园林苗圃物资管理的重要组成部分。园林苗圃生产更多的是许多有生命的活产品，如园林苗木、花卉、种球、插穗、接穗、果品等。因而，在园林苗圃产品储存中，要保持产品的生命力和新鲜度，就要采用相应的技术措施，如苗木的假植、冷藏，种子的沙藏等。同时，将在储存中发现的问题及时反馈到生产和科研部门，以改进相应的生产和储存工艺。

包装既可以防止产品变质或受损，又可便于运输、销售和消费。好的包装设计又具有良好的广告效应，可提高产品的竞争力。利用产品的巧妙包装进行宣传是目前许多苗圃忽视的问题，亟待加强。

3. 设备管理 园林苗圃的机械设备管理也具有极其重要的作用。因在园林苗圃的建设、生产、施工中都需要各种各样的机械设备，如运输车辆、浇水车、喷药车、耕作机械、割灌机、草坪修剪机、草坪切根梳理机、草坪打孔机等。设备管理是指对设备运行全过程的管理，它包含设备运动的两种形式，即物质运动和资金运动。设备的物质运动是指设备的计划、购置、安装、调试、验收、使用、维护、修理、改造更新直到报废的全过程。而资金运动表现为设备的购置费用、维修费用、燃油费用、折旧费用、改造更新费用、管理费用等。

设备管理的主要任务是对设备进行综合管理，保持设备完好，充分发挥设备效能，不断改善和提高企业的装备素质，以设备的寿命周期作为设备管理的对象，力求设备在一生中消耗的费用最少，设备的综合效率最高，取得良好的投资效益。对设备安装调试要由专业技术人员，按照设备说明书载明的各项功能逐一检查调试，看是否达到要求。使设备高效运行是降低无效消耗、发挥设备潜力的有效途径，可节省管理费用和维修费用，保证设备始终处于良好的技术状态。搞好设备的更新与改造，可提高设备的现代化水平，但又要避免盲目引进大型设备和先进机械。有许多单位花巨资引进设备，如现代化连栋温室等，而不能使其高效运行甚至闲置不用，设备潜力不能很好发挥，造成了很大的经济损失。

（四）园林苗圃的财务管理

有关资金收支方面的事务叫财务。财务管理是组织财务活动、处理财务关系的一项经济管理工作。在当今多变、竞争的市场环境中，企业作为独立的商品生产经营者，按照财务管理原理去更好地生财、聚财、用财，是企业管理的核心所在。

财务收支管理分为预算、收入、支出、决算、监督等五项内容。

1. 预算管理 预算管理是相对独立的经济实体对于未来年度（或若干年）的收入和支出所列出的尽可能完整准确的数据构成。主要有员工工资及福利补贴、引种费、苗木费、水电费、肥料费、维修费、工具材料费、机械费、环卫费以及其他费用，将这些项目按劳动定额及物资消耗定额等加以汇总，可制定出经常养护支出定额。一般情况下，草地的养护费按面积（m^2）计算，而乔、灌木养护费用多以株或面积为单位计算。目前，全国或地方性的市政工程预算中都给出了相应的预算定额，在苗圃的实际工作中可参照执行。

2. 收入管理 园林苗圃的收入管理，重点是对企业在经营过程中所获得的收入及出售产品、对外施工或提供服务所获得的收入，以及政府部门的拨款、银行的贷款等进行管理。收入管理的主要措施是对每一项收入都建立相关的票据等凭证。开出凭据的人员或售票人员接纳的货币要与交出产品或提供服务的人员核收的票据等值，两者定期在财务部门汇总核对，如果收入与票据不等值，就要追查原因，堵塞漏洞，票据本身应连续编号，要防止伪造和涂改。

3. 支出管理 支出管理的主要措施也与收入管理相似，即每一项都要有收款人签章，除稳定性的支出（如工资）外，还要有票据等凭证，有主管人签章和付款人签章。支出汇总后与财务依据相符。支出管理人员要熟练掌握重要的开支标准，如差旅费报销标准、现金支付标准等都要按照国家和地方制定的标准严格执行。支出管理人员有权拒绝支付违反财务规定的资金，同时有义务向行政、业务主管部门提出建设性的“节流”建议和举报有关财务违纪违法行为。

4. 决算管理 决算是相对独立的经济实体对于过去年度（或几年）的实际收入和支出所列出的完整、详尽、准确的数据构成。决算与预算的差异，源于实际收入支出环节出现的各种条件变化以及预算外收支。决算结果比预算方案具有更强的实践性，可成为后续预算的重要参照。决算常采用决算表格的形式来表现，其中包括决算收支表、基本数字表、其他附表等三类。

第一类有收支总表、收入明细表、支出明细表、分级分区表、年终资金活动表、拨入经费增减情况表等。第二类是以机构、人员为主要项目列出的开支统计表。第三类是对本单位内部的不同组分所编制的收支决算表，如医疗支出、保险支出等。

决算完成后，一般要编写决算说明书，用文字将表内情况加以概括，分析成败得失，总结经验教训，提出改进意见等。

季度收支计划是介于预算与决算之间的计划形式，即对上一季度的收支情况逐项核算，及时扬长避短，争取全年平衡。这对受季节影响较强的园林经济实体来说，是尤其必要的。

5. 财务监督 财务监督是对金钱的监督。通过财务监督，堵塞财务漏洞，打击违法行为，促进货币的正常周转。财务监督的主要方式是定期清点对账，检查是否每一笔资金都有据可依、有人可证、有档可查。

审计机构是与财务机构并立的机构。审计机构的唯一职能就是对财务进行监督或审查，它具有独立性、公正性和权威性。审计的主要内容是：审查核算会计资料的正确性和真实性，审查计划和预算的制定与执行，经济事项的合法性与合理性，揭露经济违法乱纪行为，检查财务机构内部监控制度的建立和执行情况。

（五）园林苗圃的成本管理

成本管理是指对苗圃生产经营过程中发生的费用通过一系列的方法进行预测、决策、计划、控制核算、分析、考核等科学管理工作。成本管理的目的在于降低成本，提高苗圃的经济效益。

1. 成本管理的原则

（1）**集中统一与分散管理相结合的原则** 集中统一是指由专门领导和部门负责管理，分散管理是指每个人都按自己的职责分工对应负责的成本进行管理和控制。

（2）**技术与经济相结合的原则** 成本管理不仅仅是财务会计部门的事，技术因素占有重要的地位，技术革新会大大降低生产成本。

（3）**专业管理与群众管理相结合的原则** 除了专业人员管理，还必须调动全体职工的积极性，使开源节流、节约成本变成职工的自觉行动。

（4）**成本最低化的原则** 全面研究降低成本的各种可能性，并千方百计使其变为现实。

（5）**全面成本管理的原则** 成本管理涉及苗圃的方方面面和每一个员工，成本意识应贯穿到每一个组织和个人。

2. 成本管理的内容

（1）**成本预测** 成本预测是根据有关的历史成本资料及其他相关资料，通过一定的程序方法对以后一个期间的成本所做的估计。苗圃可以对某个品种苗木成本预测，也可以对苗圃总成本进行有效预测。通过预测，可以了解未来的成本水平，检查能否完成既定的成本计划。

（2）**成本决策** 成本决策是指在成本预测的基础上，通过对各种方案的比较、分析、判断，从中选择最佳方案的过程。正确的成本决策应考虑多种因素，进行多种方案的比较。

（3）**成本计划** 成本计划是根据计划期内所确定的目标，具体规定计划期内各种消耗定额、成本水平及完成相应计划成本所应采取的一些具体措施。

（4）**成本控制** 成本控制是以预先制定的成本标准作为各项费用消耗的限额，在生产经营过程中对实际发生的费用进行控制，及时发现实际发生的费用与成本标准的差异，对产生差异的原因进行分析，提出进一步改进的措施，消除差异，保证目标成本的实现。

（5）**成本核算** 成本核算是指对生产过程中发生的费用按一定的对象进行归集和分配，并采用适当的方法计算出总成本和单位成本的过程。成本核算是成本管理的核心，可了解成本计划的执行情况，揭示存在的问题。

（6）**成本分析** 成本分析是根据成本核算所提供的资料及其他有关资料，对实际的成本水平和成本构成情况采用一定的技术经济分析方法检查，计算其完成情况、差异额，分析产生差异的原因。

（7）**成本考核** 成本考核是将苗圃制定的成本计划、成本目标等指标分解成苗圃内部的各种成本考核指标，并下达到苗圃内部的各责任人，明确各责任人的责任，并定期进行考核的过程。成本考核应与一定的奖惩相联系。

3. 成本管理方法

（1）**强化成本意识** 园林苗圃要做到有效地控制成本，必须使苗圃所有人员对成本管理和控制有足够的重视，把成本意识贯穿到成本管理的各个方面，让成本意识深入人心。同时，要加强职工培训，促使职工树立投入产出观念、成本效益观念，自觉地置身于增产节约、增收节支活动中，让人人都懂得只有用最少的消耗和支出生产出最好的苗木，才能取得最大的利润，实现苗圃增效和个人增收。

（2）**实施成本控制** 苗圃虽小，成本控制牵涉面却很广，必须由财务部门或财务人员在有关部门或人员的协同下对整个生产过程中每一个成本形成环节逐一进行控制。

（3）**推行成本责任制** 成本责任的主要目的在于将苗圃的整体成本目标分解为不同层次的子目标，再把子目标分配给相应责任人，由责任人对其可控成本负责。

（4）**实行成本避免** 苗圃为了实现目标成本和责任成本，应尽可能避免无效成本的发生。如在园林苗圃的建设中要尽量避免固定资产（房屋等）的过度投资，同时，苗圃要通过强化检查和监督职能，及时监督和查处浪费行为，避免无效消耗，提高企业效益。

（5）**加强成本考核与分析** 成本管理是否达到预期目的，要通过成本考核来检验，根据考核结果进行分析、评价，为制定今后更加科学合理的成本考核方案提供实践依据。

（6）**积极争取和充分利用国家和地方的各种优惠政策**　如国家为鼓励农业生产出台了《免征自产自销农业初级产品增值税（暂行）》条例，对于自行生产并销售的农产品给予免税。园林苗圃所生产的种子、苗木、花卉、草坪也应属于这类农业产品，应积极申请优惠的税收政策，以节约苗圃的生产销售成本。

（六）园林苗圃的安全管理

安全生产是园林企业和苗圃最重要和最基本的要求。不仅在园林工程施工中存在安全问题，在日常的苗木生产、养护过程中也存在着许多安全问题和安全隐患，需要特别注意防范，一旦忽视会造成很大的经济损失甚至是人员伤亡。需要特别强调的是，在园林工具和机械设备的使用过程中存在着更多的安全隐患，并且危险一旦发生，造成的危害和后果可能更加严重，需要倍加警惕和防范。

在园林苗圃的安全管理中需要采取如下措施：

①建立健全苗圃安全生产监督管理组织，完善安全管理制度，落实安全责任制。坚持一把手为安全生产第一责任人的制度，使领导班子始终绷紧安全生产这根弦，使全体职工从思想上真正认识到“安全无小事”，没有安全就没有安宁，没有安全就没有效益，甚至没有一切。要把安全责任层层分解到班组、项目部，最终落实到每个人。

②制定苗木生产养护技术规范，确保在苗木的生产、养护管理、运输和种植施工中技术规范、安全措施到位。在农药喷洒、化学除草及苗木整形修剪、起挖、运输、吊装、栽植等过程中都容易出现安全事故，应特别加以防范。

③制定园林机械设备安全使用规程，在设备的使用过程中要杜绝超载超负荷运行，严格按照安全规程进行操作，避免事故发生，确保操作人员的人身安全和设备的安全运行。

④重视和加强机械设备的维修与保养工作，并定期检修，提前发现和及时排除安全隐患。适时进行机械设备的更新换代，避免陈旧设备超期服役，既提高了劳动生产率，又防止安全事故的发生。

⑤自觉利用现代科技手段进行安全监督和防范工作。如将电子监控系统引入，便可较好地起到防盗、防火等作用。

⑥建立健全奖惩制度，对在安全生产与监督管理中做出突出贡献的管理者和一线职工进行适当奖励，对违反安全生产规定进行违章操作的职工，对不认真履行安全监督管理职责的管理人员，要进行严肃处理和处罚，直至解除劳动合同甚至追究其法律责任。

三、园林苗圃的计划与周年生产管理

（一）园林苗圃计划管理

1. 园林苗圃计划管理的内涵　计划是根据苗圃内外条件的变化，确定目标，制定和选择方案，并对方案的实施制定战略，建立一个分层的计划体系等一系列统筹、规划活动的总称。因此，计划涉及目标，也涉及达到目标的方法。计划的目的在于明确方向，降低经营风险。通过周密预测，减少环境变化带来的冲击，减少重叠性和浪费性的活动，促进有效控制。计划的价值就是使偏离方向的损失减至最小。

园林苗圃的计划按照其重要程度和特点可划分为长远发展规划和近期规划。长远发展规划的特点是时间长、范围广、内容抽象。近期规划是指苗圃生产经营活动中具体如何运作的计划，主要是苗圃目标如何实现的具体实施方案和细节，特点是时间短、内容具体。

2. 园林苗圃计划工作程序

（1）**调查研究** 调查研究是确定园林苗圃计划的前提条件，内容包括：宏观社会经济环境，主要指国家政策，如林业、环境政策，税收、信贷政策等；市场环境，如市场需求及客户的变化等；竞争者，包括国内外竞争者、潜在竞争者；苗圃资源，如土地、资金、人员、技术、管理等。

（2）**确定目标** 计划目标就是计划的预期成果，它为所有工作确定了一个明确的方向。目标一定要适当，不能好高骛远，没有最好，只有恰好。目标确定后，应制定多种总体行动方案，并从中选择最合理的方案作为最终总体行动方案。行动方案的拟订必须集思广益，拓展思路，大胆创新，才能保证所制定方案的质量。

（3）**分解目标** 总目标确定后，需按空间和时间两个方面进行分解。空间分解是把总目标分解到苗圃内各个部门、各个环节直至每个人，形成目标的空间结构。时间分解是把总目标分解到各个时间阶段，形成目标的时间结构。通过对目标的合理分解，可以保证行动和目标的一致性，促进良好工作秩序的形成。

（4）**综合平衡** 综合平衡就是处理好计划与各种制约条件的协调关系及计划之间的相互衔接。经过综合平衡和协调后，将计划下达到各有关单位、部门执行。

（5）**目标管理** 目标管理是指苗圃自上而下地确定一定时期的工作目标，并自下而上地保证目标实现所进行的一系列组织管理工作的总称。目标管理最主要的特征是一切计划工作都围绕着目标开展，并在目标实施的全过程中始终强调自主管理和控制，积极主动地追求目标成果的实现。在目标制定和实施中，领导和下属应共同制定和实施各种目标，并定期对任务完成情况进行检查总结，根据结果进行评价，并以此作为报酬和奖励的依据。

（二）园林苗圃的周年生产管理

园林苗圃的生产与管理是一个周而复始而又不断变化的繁杂工作，它会因园林苗圃的地域不同、经营性质不同、规模大小不同、生产产品的不同等有着较大的区别。这里仅就一些共性的问题按照春、夏、秋、冬四季要做的主要计划和工作进行归纳，以期抛砖引玉之效果。

1. 春季 一年之计在于春，春季是播种希望的季节，更是园林苗圃十分繁忙的季节，这期间主要工作有：

①种子准备。按照苗圃生产计划准备种子、种苗、插穗、接穗等繁殖材料。对于自己储存的繁殖材料，要事先做好检查清点工作，及时做好病虫害的防治、消毒，适时进行种子的催芽工作。对于需要外购的种苗，要尽早联系好种（苗）源，最好先与供应方签订好购销合同，确保种苗质量和及时足量供应。

②化肥农药准备。对于本年度生产中所需要的化肥农药要及时购买储备，因为所

需要的化肥农药种类比较繁多，有的种类市场上可能紧缺，需要事先订购，以免误事。

③生产工具的清点、购置和机械设备的检修。

④防寒材料和防寒土的及时撤除和幼苗越冬成活率的调查统计。

⑤整地做床。根据生产需要进行整地，或将圃地做成高床、低床、畦、垄等以备生产之用。

⑥施肥。此时以施用底肥为主，多为农家肥、堆肥等，有时也施用化肥。

⑦进行适时的苗木生产。播种繁殖、硬枝扦插、枝接繁殖等。

⑧树木整形修剪。春季树木发芽前是对其实施整形修剪的最佳时期之一。早春园林生产工作相对较少，时间宽松，是树木整形修剪的一个有利时期。主要对绿篱和造型树进行整形和对园林树木进行修剪造型，使园林树木能够健康美观地生长。

⑨园林树木的起挖和种植施工。在许多地区春季是植树的主要季节，此时园林苗圃不仅要做好起苗、移植、苗木出售等工作，同时也会承揽一些园林绿化工程，进行绿化种植施工。

⑩做好苗圃的春季防火工作。

2. 夏季　夏季是园林苗圃中最为忙碌的季节，苗木生产主要集中在这个时期。这一时期的工作与春、秋季都有些交叉，不可截然分开，要根据当地天气和苗圃生产实际，分出轻重缓急灵活进行。这期间主要工作有：

①园林树木整形修剪。这时期主要以清膛剥枝为主，不可大量修剪，以免损伤树势。

②施肥。此时是施用叶面追肥的有利时期。

③中耕除草。采用人工与化学除草相结合的方式效果会更好。

④嫩枝扦插。此时采用半木质化枝条进行扦插。

⑤加强灌溉。夏季气温高，苗木水分蒸腾量大，需要及时灌溉补充水分。夏末秋初停止一切灌溉和追肥，促进苗木木质化，提高苗木抗寒能力。

⑥降温保湿。对较怕日灼伤苗木尤其是出土幼苗或扦插苗进行适度遮阴、喷雾等，对其进行有效保护。

⑦苗木移植。雨季又是苗木移植的季节，特别是常绿树种，雨季移植要采取带土球、搭遮阳网、喷水等技术措施。

⑧做好防雨、防洪排涝等工作。

⑨苗木嫁接。此时是苗木芽接的最佳时机。

3. 秋季　秋季是园林苗圃收获和生产收尾的季节。这期间主要工作有：

①采种、购种。多数树种种子在秋季成熟，要根据不同树种及时进行采种、调制、贮藏。需要外购的树种，要及时采购，或签订采购合同，为春季播种打好基础。有些春季扦插、嫁接的树种，需要在秋季采集插穗、接穗，湿沙贮藏越冬。

②防寒。防寒工作是苗圃秋季工作的重要组成部分，包括对幼苗的覆土保护，用草帘、无纺布、塑料膜、彩条布等保护，部分树木花卉移入温室、大棚等保护地进行保护，对边缘乔木树种进行生长点包扎保护等。

③设风障。在苗圃中易受冻害和风害的苗木上风口设置风障，常用彩条布围合成

挡风墙，也可以就地取材，用木栅栏、庄稼秸秆等，用这些材料挡风都是临时性的措施；长久的措施就是种植防护林，在苗圃上风向种植防风林，不仅可以对苗圃起到很好的保护作用，而且可以与苗圃生产相结合，与景观营造相结合，起到一举多得的效果。

④起苗假植。对于一些不能露地越冬的球根类花卉，需要将球茎或块茎等及时起挖出来进行储藏。有些来年需要分床或出售的苗木可以在秋季事先起挖、分级，然后按一定数量打捆假植以待翌年早春使用。

⑤整形修剪。秋季树木落叶后也是树木整形修剪的有利时期，可对春夏修剪没有达到预期效果的树木进行进一步的整形修剪工作。

⑥树木支撑。对于当年刚种植的大树，要检查其支撑是否牢固，对于松脱的支撑要及时加固，对于没有支撑的树木要及时设立支撑架，以防止风大时将树木刮倒。

⑦给大棚、温室等设施进行维修，安装或更换塑料膜、PVC板或玻璃等保温材料，以备花卉苗木的提前或延后生产以及有些苗木的安全越冬之用。

⑧准备煤炭、木材等燃料，检修供暖设备。

4. 冬季 我国冬季各地气温差别很大，苗圃生产管理状态可能有极大差别，但还有一些共性的东西，主要有如下方面：

①灌封冻水。在上冻前给苗木灌封冻水是保证苗木成活尤其是刚种植的树木成活的关键措施之一。

②对苗木进行保温和供暖。如温室锅炉供暖、苗床电热线加热供暖、温床酿热物发酵产热等。

③各类机械设备、园艺工具的入库保养及保存。

④职工培训。包括请国内外专家到苗圃讲课交流，也可请企业内部技术人员搞讲座或交流，包括派有关人员到大专院校、科研院所或兄弟单位进修学习，也可组织职工到工地现场参观等。

⑤做好各种内业。如当年的工程竣工图、工程决算、年度苗木销售情况总结等，又如对翌年的工作制订计划，对翌年的工程进行招投标工作，编制招投标文件，进行工程的规划设计和工程预算等。

⑥进行整个企业的年度财务收支决算，对本年度的生产经营情况进行全面总结，对落实各类责任制情况进行奖罚等。

⑦根据苗圃自身情况，适当安排职工轮流休假等，积极保护职工权益和身心健康，为翌年各项工作的顺利进行打下良好的基础。

四、苗圃经营手册实例

以某苗圃某年的经营手册为例。

（一）苗圃经营管理质量总体目标

①苗木成活率达到95%以上。

②病虫害发生率控制在5%以内。

③苗木生长量：常绿树增高20～40cm、乔木胸径增粗2～5cm、灌木蓬径增幅20～40cm。

④苗木品质或苗木可利用率在90%以上。

⑤保障园林景观苗木供给。

（二）苗圃经营工作内容

为了保证养护计划的具体落实，苗圃经营工作的具体内容包括：苗木种植、苗木进出、苗木浇水排水、施肥除草、整形修剪、病虫害防治以及园区内保洁等。

1. 苗木间苗移植　随着植株生长壮大，现有的空间已不能满足许多苗木的生长需求，植株密度过大，通风透光性差，易滋生病虫害，此时需进行苗木间苗移植，具体要求如下：

①春、冬两季重点对国槐、五角枫、刺槐、北美海棠、丝棉木、栾树等苗木进行间植。

②计划在3～5月对五角枫、刺槐、栾树、北美海棠、国槐等苗木间植1 200棵。

③计划在10～12月进行丝棉木、国槐、杜仲等的移植，移植数量为1 000棵。

2. 病虫害防治　病虫害防治是一项复杂的系统工程，由于苗圃中每一个品种的群体数量都比较大，一旦有病虫害的发生，极易在群体之间迅速传播蔓延，若不及时防治，必然导致群死群伤。这就要求防治工作必须做到全面、细致、彻底、一丝不苟。具体要求如下：

①预防为主，治疗为辅。对易感病虫害的苗木勤观测、常监控，重点防护与全面普防相结合。

②病虫害统防统治。采用两联或三联用药，农药交替使用，避免了病虫害的耐药性和抗药性。

③采取喷洒药剂、人工捕捉害虫、药剂注干、树干涂白等防治方法。

④冬季清园普防，喷洒石硫合剂杀灭越冬虫卵及病菌。

3. 整形及修剪

①苗木整形修剪是提高苗木品质的重要手段，是养护管理工作的重点之一。

②苗木修剪全年都可进行，生长季节修剪，可保活促壮，春冬季修剪整形造势，提高苗木的观赏效果，促进苗木的健康生长，加速繁茂长势。

③对所有死坏枝条进行剪除，尽可能做到枝条分布合理，树形美观，枝繁叶茂。

4. 浇水与排水　水分是植物的基本组成部分，植物体重量的40%～80%是水分。植物吸收水分主要靠根系部分。因此，及时进行合理的浇水，使土壤处于湿润状态极其重要，但各种植物对水分的要求又存在差异，这就要求对不同品种和立地条件的苗木进行大体分类，然后适期、适量地浇水。

①浇水周期及时间

春季：3～4月浇返青水。

夏季：高温少雨时节，一般每月浇水1次。

秋季：严重干旱浇水，秋季适当控水，避免苗木旺长而遭受冻害，有利于苗木越冬。

冬季：灌冻水。

②排积水、填低洼：雨季时防止积水，如遇积水应设法排除。如局部出现低洼，应回填种植土，并进行修复，保持土地平整。

5. 施肥 全年施肥两次，第一次施肥在早春3～4月，混合使用1∶1的尿素和复合肥，保证苗木均衡全面的营养。可以促进苗木的快速生长，增强苗木的抗病能力，减少病害的发生。第二次施肥在6～8月，单施复合肥，合理控制苗木生长，增强苗木的抗病、抗寒能力，避免冬季冻害的发生。

6. 中耕除草 杂草不仅消耗大量的水分和养分，而且会传播各种病虫害，故除草"宜早、宜小、宜了"，改善苗木生长环境。根据杂草生长情况，全年计划除草2～4次。除草方法有机械旋耕、机器打草、化学药剂除草（空地或大乔木下）、人工除草（灌木或小乔木下）等。

为了促进苗木快速生长，保持土壤疏松，提高土壤的蓄水蓄肥能力，每年要进行2～4次的中耕。结合中耕，也可以去除杂草。

7. 工程供苗 密切配合公司景观部绿化工程进度需要，调动一切力量，按时、按需、按规格、按标准提供高品质的苗木，尽可能做到苗木无损伤，时效不耽误。具体实施方案如下：

(1) 进行分组分工安排 提高认识，把工程供苗作为一项重要的工作来抓。制定工作实施方案，将施工工序细化分组，分为车辆机械组、起树打包组、装车运输组、后勤保障组等。各组之间相互协作、密切配合。各个环节环环相扣，进行程序化一条龙作业。

(2) 提高工作效率 将运作成本降低到最低限度，使工作效率最大化。

①尽可能区域化集中施工，减少人员、机械车辆的移动，避免不必要的时间浪费。

②尽可能将大小苗木搭配装运，使装车苗木量最大化。

③充分利用机械作业，降低工人的工作强度。

④对于不同品种和规格的苗木，采取不同的吊装方法，确保人、树安全与高效作业。

(3) 制定应急方案 集思广益，积极筹措，化解不利因素。面对不利天气或气候，制定应急方案：

①挖树：雨过后照常起树，保证充足的吊运苗木量。

②装车：雨天园区内道路不能行车，运用钩机从林区内将苗木吊到可以装车的地方进行装车。

③土地封冻：冬季土地封冻时，采用机械挖掘、人工辅助修整的办法。

思考题

1. 园林苗圃经营管理的根本任务是什么？
2. 园林苗圃经营的类型有哪些？
3. 如何规避园林苗圃经营中的市场风险？
4. 怎样做好园林苗木的市场营销？
5. 园林苗圃组织管理和经济管理的主要内容有哪些？
6. 园林苗圃周年生产管理的主要内容是什么？

第十二章 常见园林树木的繁殖与培育

［本章提要］本章分别介绍园林绿化中常用的常绿乔木类、落叶乔木类、常绿灌木类、落叶灌木类、绿篱和地被类、藤本类、竹类等树种的形态特征、生物学特性及苗木繁殖方法与技术要点。

第一节　常绿乔木类苗木的繁殖与培育

一、雪松 *Cedrus deodara*

1. 形态特征与分布　松科，雪松属。常绿乔木，大枝平展，不规则轮生，小枝略下垂。树皮灰褐色，裂成鳞片。叶在长枝上螺旋状散生，在短枝上簇生。叶针状，质硬，先端尖细，叶色淡绿至蓝绿。雌雄异株，稀同株，球花单生枝顶。球果椭圆形至椭圆状卵形，种子具翅。花期10～11月，球果次年9～10月成熟。原产喜马拉雅山西部，目前已在我国北京以南各城市的园林中广泛栽培。

2. 生物学特性　阳性树种，有一定耐阴能力；深根系，生长中速，寿命长，性喜凉爽、湿润气候；喜土层深厚、排水良好之土壤；怕低洼积水，怕炎热，畏烟尘。

3. 繁殖方法与技术要点　雪松常用播种、扦插、嫁接等方法繁殖。

（1）播种繁殖　一般春季播种，播种地应选择土层深厚、排灌方便、疏松肥沃的沙质壤土，做成高床，每667m^{2}施有机肥2 500～4 000kg，并施硫酸亚铁5～7.5kg，或70%敌克松粉0.5kg进行土壤消毒，施5%辛硫磷颗粒剂1.5～2.5kg，以消灭地下害虫。播种前2～3d灌足底水，每667m^{2}播种量5kg左右。先将种子用冷水浸种2d，待种皮稍晾干后即可播种。点播，株行距10cm×15cm，深度1～1.5cm，播后覆细土，用稻草或塑料薄膜覆盖苗床。播种后幼苗出土80%即可逐渐去掉覆盖物。幼苗出土2～3周后，每隔10～15d施腐熟人粪尿稀液1次，浓度逐次增大。如施化肥，每667m^{2}用2.5～5kg。

（2）扦插繁殖　选用健壮幼龄实生母树上的一年生粗壮枝条作为插穗，剪取插穗宜在早晨或阴天进行。剪好后用浓度为500mg/kg的萘乙酸水溶液或酒精溶液浸插穗基部5s，随即扦插。扦插以春插为主，夏插次之。春插以2～3月为宜；夏插一般在5月至6月上旬进行。采用高床扦插，扦插前将插穗按长度、粗度进行分级，分别扦插，株行距 5cm×10cm，开沟扦插或直插入苗床，入土深度一般为插穗长的 1/3 或 1/2。插后随即喷浇 1 次透水，使插穗与土壤密接。

4. 园林应用 雪松树体高大，树形优美，为世界著名的观赏树。印度民间视为圣树。最适宜孤植于草坪中央、建筑前庭之中心、广场中心、主要建筑物的两旁、园门入口等处，或列植于园路的两旁，极为壮观。

二、白皮松 *Pinus bungeana*

1. 形态特征与分布 松科，松属。常绿针叶乔木，高达 30m。幼树干皮灰绿色，光滑；大树干皮呈不规则片状脱落，形成白褐相间的斑鳞状。冬芽红褐色，小枝灰绿色，无毛。叶三针一束，叶鞘早落，针叶短而粗硬，长 5～10cm，针叶横切面呈三角形，叶背有气孔线。雌雄同株异花。球果圆卵形，种鳞边缘肥厚，鳞盾近菱形，横脊显著。种子卵圆形，有膜质短翅。花期 4～5 月，果两年成熟。主要分布于我国山西、河北等广大地区。

2. 生物学特性 喜光略耐半阴，能适应冷凉的气候，能耐－30℃的低温，在深厚、肥沃的钙质土上（pH 为 7.5～8.0）生长良好。生长较慢，具深根性，寿命长。抗二氧化硫和烟尘的能力较强。

3. 播种繁殖方法与技术要点

（1）种子处理 采种应选择 20～60 年生的健壮、干形好的母树，9～10 月球果由绿色变为黄绿色即可采收。采回的球果置通风干燥处摊晒，待果鳞开裂后，轻轻敲打种子即可脱出。种子干藏。

白皮松种壳坚硬，发芽迟缓，播种前应进行催芽。一般常用的催芽方法是：播前 30～45d，先用 40～60℃温水浸种一昼夜，然后混以 2～3 倍的湿沙催芽，定期进行检查，待有 30%种子裂嘴时，便可播种；也可浸种混湿沙后，置室内薄层堆积，上覆湿润的草帘，定期进行检查和补充水分。

（2）播种方法 条播，播幅 7～10cm，覆土厚度为 1.5cm，每 667m^2 的播种量为 40～50kg。幼苗带种壳出土，注意防鸟害。白皮松幼苗生长缓慢，一年生播种苗高 5cm 左右，当年可留床埋土越冬；二年生苗高可达 10cm 左右，可裸根移植；三年生以上的苗木，移植需带土球。8～10 年可培育成高 1.0～1.2m 的大苗。

4. 园林应用 白皮松干皮斑驳美观，针叶短粗亮丽，为传统的园林绿化树种，又是一种适应范围广泛、能在钙质土壤和轻度盐碱地生长良好的常绿针叶树种。孤植、列植均具有较高的观赏价值。

三、云杉 *Picea asperata*

1. 形态特征与分布 松科，云杉属。高约 45m，胸径 1m，树冠狭圆锥形。树皮灰色，呈鳞片状脱落。大枝平展，小枝上有毛，一年生枝黄褐色。叶四棱状条形，弯曲，呈粉状青绿色，先端尖，叶长 1～2cm，叶在枝上呈螺旋状排列，脱落后在小枝上留有木钉状叶枕。雌雄同株，5 月开花，10 月球果成熟。云杉为我国特有树种，以华北山地为主要分布区，东北的小兴安岭等地也有分布。

2. 生物学特性 耐阴，耐寒，喜欢凉爽湿润的气候和肥沃深厚、排水良好的微酸性沙质壤土。生长缓慢。浅根性树种。

3. 播种繁殖方法与技术要点

(1) **种子处理**　繁殖圃地要求肥沃、排水良好的沙壤土，播种前1～2个月用温水（40℃）浸种后，混湿沙催芽。种子发芽的有效温度为8℃，气温稳定在8℃以上便可播种。

(2) **播种方法**　一般采用春季高床条播，播幅5～7cm，条间距离12～15cm，覆土厚度为0.5cm左右。每667m^2播种量为15～20kg。

(3) **苗期管理**　播种后20～40d即可出苗，幼苗怕高温、忌强阳光，应搭设透光度为50%的荫棚。冬季要注意防霜、防寒。一年生苗高为4～5cm。二年生以上的幼苗属前期生长型，即地上部生长期较短，仅为1～2个月。为了促进苗木的高生长，除在生长期施以追肥外，在前一年秋季应施足基肥。在当年地上部停止生长以后，仍要加强土壤管理，做好松土除草工作，促进根系的生长发育，为来年的生长打下基础。云杉幼苗移植一般在土壤解冻后至萌动前进行，幼苗侧根发达，培育大苗可2～3年移植1次。

4. 园林应用　云杉树形端正，枝叶茂密，在庭院中既可孤植，也可片植。盆栽可作为室内的观赏树种，多用在庄重肃穆的场合，冬季圣诞节前后，多置放在饭店、宾馆和一些家庭中作圣诞树装饰。云杉叶上有明显粉白气孔线，远眺如白雾缭绕，苍翠可爱。作庭园绿化观赏树种，可与桧柏、白皮松配置，或作草坪衬景。

四、桧柏 *Sabina chinensis*

1. 形态特征与分布　柏科，圆柏属。常绿乔木，高达20m，胸径3.5m，树冠尖塔形或圆锥形。叶二型：幼树或基部徒长的萌蘖枝上多为三角状钻形，3叶轮生；老树多为鳞形叶，对生。花雌雄异株，雄球花秋季形成，次年开放，黄色；雌球花小，球果次年成熟。原产我国东北南部及华北等地；北至内蒙古及沈阳以南，南至广东、广西，东自海滨省份，西至四川、云南均有分布。

2. 生物学特性　性喜光，幼树耐阴，喜温凉气候，较耐寒。在酸性、中性及石灰质土壤上均能生长，以在中性、深厚肥沃而排水良好的沙质壤土上生长最佳，忌水湿。萌芽力强，耐修剪，寿命长；深根性，侧根也很发达。对多种有害气体有一定抗性，是针叶树中对氯气和氟化氢气体抗性较强的树种。

3. 繁殖方法与技术要点　繁殖方法有播种和扦插两种。

(1) **播种繁殖**　种子需层积沙藏1年，春、秋季节播种均可，撒播或条播。播种前2～3d灌1次透水，条距25～30cm，播幅10cm，播种深度1.0～1.5cm，覆土厚度1cm左右，播后轻轻压实，使土壤与种子密接，随后用稻草覆盖，经15～20d发芽出土。苗高2cm时宜进行第一次间苗，间苗后培土，厚0.5～1cm，亦能防止日灼。苗木速生期是培育壮苗的关键时期，除松土除草外，每隔10～15d灌水1次，并结合灌水施追肥2～3次。当苗木高3cm时定苗，株距15cm左右。苗木生长后期，为促进苗木木质化、形成健壮顶芽、防止徒长，不宜灌溉，可施钾肥。当年苗木高20cm左右。

(2) **扦插繁殖**

①硬枝扦插：桧柏扦插繁殖，一般在8～9月进行。插穗应从8～20年生的健壮

母树上采取，以树冠中、上部侧枝的顶枝较好。插穗粗 0.5～1.2cm，长 30～40cm，剪去下部 2/3 的侧枝。剪取后要注意遮盖，防止风吹日晒，尽量减少插穗水分蒸发，应随采、随剪、随插。

②软枝扦插：于 5～6 月采健壮的一二年生枝，扦插于粗沙床内，上覆盖塑料薄膜，荫棚遮阴，并每天喷水，一般 40～60d 即可生根。随后撤除覆盖物，进行正常管理。

4. 园林应用 桧柏为我国自古喜用的园林树种之一，可谓古典民族形式庭院中不可缺少的观赏树，宜与宫殿式建筑相配合。在民间尚习于用桧柏作盘扎整形之材料，又宜作桩景、盆景材料。

五、广玉兰 *Magnolia grandiflora*

1. 形态特征与分布 木兰科，木兰属。又名荷花玉兰。常绿乔木，高达 30m。树皮灰褐色，幼枝密生茸毛。叶厚革质，长圆状披针形或倒卵状长椭圆形，长 14～20cm，宽 4～9cm，背面有锈色短茸毛；叶柄长约 2cm，嫩时有淡黄色茸毛。花白色，荷花状，直径 15～20cm，芳香，花期 6 月；花柄密生淡黄色茸毛；花被片 9～12 个，倒卵形，长 7～8cm；心皮密生长茸毛。聚合果圆柱形，长 6～8cm，有锈色茸毛。原产北美东南部，我国长江流域及以南各省也有栽培。

2. 生物学特性 广玉兰喜光，幼树较耐阴；喜温暖湿润气候，也有一定的耐寒能力；喜肥沃、湿润、排水良好的酸性或中性土壤，不耐碱；生长速度中等；根系发达，较抗风；对烟尘、二氧化硫有一定抗性。

3. 繁殖方法与技术要点 繁殖方法有播种、嫁接、压条等。

(1) **播种繁殖** 果实采下后，放置阴处晾 5～6d，促使开裂，取出具有假种皮的种子，放在清水中浸泡 1～2d，擦去假种皮。若不立即播种，则需混沙层积贮藏。播种有随采随播（秋播）及春播两种。床面平整后，在床上开播种沟条播，沟深 5cm，沟宽 5cm，沟距 20cm 左右，将种子均匀播于沟内，覆土后稍加镇压。春播的需搭设荫棚。在幼苗具 2～3 片真叶时带土移栽。由于苗期生长缓慢，除草松土工作要经常进行。5～7 月，可用充分腐熟的稀薄粪水，施追肥 2～3 次。

(2) **嫁接繁殖** 嫁接常用木兰作砧木。木兰砧木用扦插或播种法繁殖，在其干径达 0.5cm 左右时即可嫁接。3～4 月采取广玉兰一年生带有顶芽的健壮枝条作接穗，接穗长 5～7cm，具有 1～2 个腋芽，剪去叶片，用切接法在砧木距地面 3～5cm 处嫁接。接后培土，微露接穗顶端，促使伤口愈合。也可用腹接法进行，接口距地面 5～10cm。有的地区用望春玉兰、天目木兰、凸头木兰等作砧木，嫁接苗木生长较快，效果更为理想。

4. 园林应用 广玉兰四季常绿，树姿雄伟，叶厚花大，芳香，宜孤植、丛植，是良好的城镇绿化观赏树种。

六、深山含笑 *Michelia maudiae*

1. 形态特征与分布 木兰科，含笑属。常绿乔木，高达 18～20m。树皮灰褐色，平滑不裂。芽和幼枝稍有白粉。叶互生，革质，全缘，长圆形或长圆状椭圆形，先端

急尖，叶面深绿色，有光泽，叶背淡绿色，有白粉。两性花，单生在枝梢叶腋，白色，芳香，花被9片，长倒卵形。花期3～4月，果期10～11月。原产我国东南部；主要分布于浙江、湖南南部、广东、福建北部、广西、贵州东部。

2. 生物学特性　喜温暖湿润、阳光充足的环境，但幼苗需庇荫。喜深厚、疏松、肥沃而湿润的酸性沙质壤土。根系发达，萌芽力强，生长快速。

3. 播种繁殖方法与技术要点

（1）**种子处理**　应在30年生以上的健壮母树上采种。于10月聚合果由绿色变为褐红色时采下果实，薄摊在阴凉通风的室内10d左右，或放在室外摊晒数天，待果实开裂后取出种子，放在沙中擦洗，擦掉种子外皮的蜡质层，或当假种皮软化后，放在清水中擦洗净假种皮，再摊在室内数天，然后用湿沙贮藏。

（2）**播种方法**　于早春2月中下旬条播，40～50d后发芽。

（3）**苗期管理**　除做好松土、除草、抗旱、间苗等管理工作，6月前施用腐熟稀薄液肥，以后每半月施1次，8月后停施。高温季节需搭棚遮阴。春季移植时，宜选深厚、疏松、肥沃及空气湿度较大的酸性沙壤地，株行距为6cm×7cm。苗木必须保持根系完整，带好土球，并作适当修剪。

4. 园林应用　深山含笑是早春优良观花树种，也是优良的园林和“四旁”绿化树种。

七、樟树 *Cinnamomum camphora*

1. 形态特征与分布　樟科，樟属。高达50m。树皮幼时绿色，平滑，老时渐变为黄褐色或灰褐色，纵裂。冬芽卵圆形。叶薄革质，卵形或椭圆状卵形，长5～10cm，宽3.5～5.5cm，顶端短尖或近尾尖，基部圆形，离基3出脉，近叶基的第一对或第二对侧脉长而显著，背面微被白粉，脉腋有腺点。圆锥花序腋生，花黄绿色。花期4～5月，果期10～11月。分布于我国长江以南及西南各省。

2. 生物学特性　较喜光，幼时稍耐阴；喜温暖湿润气候，耐寒性不强，在－18℃短暂低温时幼枝受冻；喜深厚、肥沃、湿润的微酸性至中性土壤，在地下水位较高的潮湿地也能生长，并能耐短期水淹；不耐干旱瘠薄；主根发达，属深根性树种，能抗风，萌芽力强，耐修剪。

3. 播种繁殖方法与技术要点

（1）**播种时间**　播种期各地不同，有随采随播，有冬季播种，也可春季播种。一般来讲，播种期提早一些可显著提高幼苗的生长量。冬季寒冷地区，常在2～3月进行春播，南方地区常采用秋冬播。

（2）**播种方法**　常用条播法，行距20cm，播种沟深2～3cm，宽5cm，播后覆土1～1.5cm。每667m^2播种量为10kg左右。

（3）**苗期管理**　播后20～30d开始发芽，在苗高10cm左右时进行间苗、定苗，株距10cm左右。为促使侧根生成，可在幼苗具2～5片真叶时，用利铲插入土中断根，能提高移栽成活率。樟树幼苗一般需经过1～2次移栽。一般在梅雨季节进行幼苗第一次移栽，移时将幼苗主根保留10～15cm长剪截，侧根保留，并多带宿土；翌年春季或秋季进行第二次移栽。

4. 园林应用 樟树四季常青，树姿雄伟，冠大荫浓，有香气，是城市绿化的良好树种，可作庭荫树、行道树，也可营造林带。孤植、丛植均可。

八、榕树 *Ficus microcarpa*

1. 形态特征与分布 桑科，榕属。常绿大乔木，高达20～30m，胸径可达2m。有气生根，多细弱悬垂，或垂及地面。树冠庞大，呈广卵形或伞状。树皮灰褐色。叶革质，椭圆形、卵状椭圆形或倒卵形，长4～10cm，全缘或浅波状，先端钝尖，基部楔形或心形，单叶互生。花序托单生或成对腋生。花期5～6月。分布于我国浙江南部、江西南部、福建、台湾、广东、广西、贵州、云南等地。印度、缅甸、马来西亚亦产。

2. 生物学特性 喜温暖多雨气候和肥沃、湿润、酸性土壤。在亚热带南部及热带地区的普通土壤上均能生长。怕旱。生长较快，寿命长达数百年至千余年。根系发达，地表处根部常明显隆起。对风害和煤烟有一定的抵抗能力。

3. 繁殖方法与技术要点 用播种或扦插繁殖均可，盆景用苗多采用大枝扦插法。北方可于早春在高温温室扦插，南方多在雨季于露地苗床扦插。扦插基质可采用河沙或蛭石、珍珠岩，插后应遮阴保湿，在25～30℃气温下，1个多月即可发根。为了加快生根，可用萘乙酸、吲哚丁酸或生根粉处理插穗后再插。为了促使榕树上长出气生根，可以在需要长根的位置用刀刻伤，蘸抹少许萘乙酸或生根粉，用塑料布包裹起来，形成一个湿度较大的小环境，同时注意通气，用这种方法很快便可长出许多不定根。

4. 园林应用 良好的行道树和庭荫树，树冠大，是能够独木成林的树种。

九、杜英 *Elaeocarpus decipiens*

1. 形态特征与分布 杜英科，杜英属。常绿乔木。树皮深褐色，平滑，小枝红褐色。叶薄革质，披针形或矩圆状披针形，顶端渐尖，基部渐狭，边缘有浅锯齿。总状花序腋生，花黄白色，下垂。核果椭圆形，暗紫色。花期6～8月，果期10～11月。产于我国浙江、福建、台湾、江西、广东、广西、贵州等地。越南、日本也有分布。

2. 生物学特性 亚热带树种，较速生。喜温暖湿润环境，多与常绿阔叶树混生于低山溪谷。最宜于排水良好的酸性黄壤土和红壤土中生长。较耐阴、耐寒。根系发达，萌芽力强，较耐修剪。

3. 繁殖方法与技术要点 播种、扦插繁殖均可。

（1）**播种繁殖** 采种母树应选择15年生以上、生长健壮和无病虫害的植株。可随采随播，或湿沙低温层积至翌年春播。进行湿沙层积催芽的，可分批选出已萌动种子播种。苗期喜阴耐湿，应选择日照时间短、排灌方便、具有疏松肥沃土壤的地方作圃地。条播行距约20cm，覆土厚约2cm，盖草保温。每667m^{2}播种量为4～5kg。有条件的最好先将种子播种于沙床内，当种子开始出苗形成真叶时，再及时进行芽苗移栽。

（2）**扦插繁殖** 夏初，从当年生半木质化的嫩枝剪取插穗，插穗长10～12cm。将下部叶片剪除，上部保留2～3个叶片，每个叶片剪去一半，用浓度为100mg/kg的萘乙酸，或浓度为50mg/kg的ABT生根粉溶液，浸泡基部2～4h。用蛭石或河沙作基质，插后浇足水，用塑料薄膜拱棚封闭保湿，遮阴降温。一般不需再喷水处理，每隔 1 周喷 0.1%高锰酸钾溶液，防止腐烂。

4. 园林应用 杜英四季苍翠，枝叶茂密，树冠圆整，霜后部分叶变红色，红绿相间，颇为美丽。宜于草坪、坡地、林缘、庭前、路口丛植，也可栽作其他花木的背景树，或列植成绿墙起隐蔽遮挡及隔声作用。

十、棕榈 *Trachycarpus fortunei*

1. 形态特征与分布 棕榈科，棕榈属。树干圆柱形，常残存有老叶柄及其下部的叶鞘。叶簇生于干顶，叶形如扇，掌状裂深达中下部。雌雄异株，圆锥状肉穗花序腋生，花小而黄色。核果肾状球形，蓝褐色，被白粉。花期 4～5 月，10～11 月果熟。原产我国，除西藏外，秦岭以南地区均有分布。

2. 生物学特性 棕榈为耐阴植物，苗期耐阴性更强；喜温暖气候，不耐严寒，成年树可耐−7℃短暂时期低温；喜排水良好、湿润、肥沃的中性及微酸性土壤，能耐轻度盐碱，也能耐一定的干旱和水湿，喜肥；对烟害及有毒气体的抗性较强，病虫害少；根系浅，须根发达，生长较慢。

3. 播种繁殖方法与技术要点

（1）**种子处理** 随采随播或春播均可。10～11 月种子成熟时将果枝割下，采取种子，用草木灰溶液浸泡 3～5d，搓去种子表皮的蜡质，或堆沤 3～4d 去蜡，即可播种。若进行春播，则可将种子铺成 10～15cm 厚摊晾 2～3d，阴干后，与湿沙混藏至翌春播种。

（2）**整地及播种方法** 选择排水良好的湿润土壤，施足基肥，整地作床。床面平整后，开沟条播，沟距 20cm，播后覆土 2～3cm，上盖稻草。苗床设在半庇荫处为好，有些地区利用苗圃内落叶乔木树种的大苗下进行间作，效果良好。每 667m^2 播种 15kg 左右。

（3）**苗期管理** 出苗后注意除草。间苗一次，使株距保持在 10cm 左右。施肥 2～3 次，可施用腐熟粪水。第二至三年春季进行移栽（秋季也可）。由于棕榈须根多，盘结成泥垛状，移栽时将泥垛挖起即可，栽植时切忌过深。

4. 园林应用 棕榈树栽于庭院、路边及花坛之中，树势挺拔，叶色葱茏，适于四季观赏。

十一、女贞 *Ligustrum lucidum*

1. 形态特征与分布 木犀科，女贞属。常绿小乔木。枝光滑，青灰色，较开展。叶对生，革质，卵形至卵状披针形，长 8～12cm，先端尖或锐尖，基部圆形或阔楔形，全缘，叶表面深绿色，有光泽，背面淡绿色。圆锥花序顶生，小花密集，白色，有芳香。核果椭圆形，紫黑色。花期 4～5 月，果期 10 月。原产于我国长江流域以南，陕西、甘肃有分布，日本亦有分布。

2. 生物学特性 喜光，也耐阴。较抗寒。深根性树种，根系发达，萌蘖、萌芽力强，耐修剪。适应性强，在湿润、肥沃的微酸性土壤上生长快，中性、微碱性土壤亦能适应。对二氧化硫抗性强，抗烟尘。

3. 繁殖方法与技术要点 播种、扦插、压条均可繁殖，以播种繁殖为主。冬季剪取果穗，捋下果实浸水，搓去果皮稍晾，将种子混在湿沙中低温湿藏，待早春播种。条播行距15～20cm，每667m^2 播种量7.5～10kg，覆土厚度1～1.5cm，一般4月中旬开始发芽出苗，苗出齐后及时间苗。作绿篱栽植的苗，在离地面15～20cm处截干，促进侧枝萌发。如用作行道树或庭院绿化树，需培养乔木，小苗分栽后再培养2～3年，苗高1.5～2m即可移植。造林的株行距以3m×3m为宜。如用作绿篱栽植，则株距以40～50cm为宜。

4. 园林应用 女贞枝叶茂盛，叶片浓绿，可作行道树，或丛植配置，也可修剪成高绿篱。由于其抗有毒气体的能力较强，是工厂绿化的优良树种。

十二、黑松 *Pinus thunbergii*

1. 形态特征与分布 松科，松属。常绿乔木。树皮灰黑色，裂成块片脱落。与油松的区别特征是黑松冬芽为银白色。枝条轮生，针叶二针一束。鳞脐微凹，有短刺，种子倒卵形，种翅灰褐色。花期4～5月，种子第二年10月成熟。原产日本及朝鲜南部海岸地区，在我国山东地区生长状况良好。

2. 生物学特性 阳性树种，喜光，耐寒冷，不耐水涝，耐干旱。适生于温暖湿润的海洋性气候区域。最宜在土层深厚、肥沃且排水良好的沙质土壤处生长。因其耐海雾，抗海风，也可在海滩盐土地方生长。

3. 繁殖方法及技术要点 生产上以播种繁殖为主。

10月下旬采收种子，暴晒并脱粒后进行干藏。春播宜早，选择土质松软透气，排水良好的土壤，先对土地进行消毒，然后施足基肥。用60℃左右的热水浸种一昼夜，种子可以与3倍沙土一起拌匀再播种。

4. 园林应用 黑松是著名的海岸绿化树种。由于它的姿态古雅，容易造型，是制作盆景的好材料。可以在山坡、林地及路边大片种植，园林中可以与梅、兰、竹、菊等混合栽植，也可以与假山搭配。抵抗氯气和二氧化硫的能力强，可用于厂矿区的绿化。

十三、油松 *Pinus tabulaeformis*

1. 形态特征与分布 松科，松属。常绿乔木。高达25m，胸径约1m。树皮灰棕色，呈鳞片状开裂，裂缝红褐色。枝平展或向下斜展，树冠在壮年期呈塔形或广卵形，在老年期呈盘状或伞形，小枝较粗，褐黄色，无毛。冬芽矩圆形，顶端尖，芽鳞红褐色，边缘有丝状缺裂。针叶二针一束，深绿色，粗硬，边缘有细锯齿，两面具气孔线。雄球花圆柱形，在新枝下部聚生成穗状。球果卵形或圆卵形，有短梗，向下弯垂，成熟前绿色，熟时淡黄色或淡褐黄色，常宿存于树上达数年之久。中部种鳞近矩圆状倒卵形，鳞盾肥厚，隆起或微隆起，扁菱形或菱状多角形，横脊显著，鳞脐凸起有尖刺。种子卵圆形或长卵圆形，淡褐色有斑纹。花期4～5月，球果第二年10月成熟。为我国特有树种，产东北、中原、西北和西南等地区。

2. 生物学特性 油松为喜光、深根性树种，喜干冷气候，在土层深厚、排水良好的酸性、中性或钙质黄土上均能生长良好。

3. 播种繁殖方法与技术要点 由于秋播种子易受鸟兽害，故一般进行春播，春播宜早不宜迟，在3月下旬至4月上旬播种即可。一般进行催芽处理使苗木出土整齐，方法是用0.5%的甲醛溶液消毒20min后，将种子浸入50～70℃的温水中一昼夜，然后取出放在温暖处，保持湿润状态，每天用25℃左右的温水淘洗1次，经3～4d即可萌动，此时播种后，经7～10d即可出土。

4. 园林应用 松树树干挺拔苍劲，四季常绿，可与快长树成行混交植于路边，其优点是：油松的主干挺直，分枝弯曲多姿，杨柳作它背景，树冠层次有别，树色变化多样，街景丰富。油松在古典园林中作为主要景物，以一株即成一景者极多，至于三五株组成美丽景物者更多；其他作为配景、背景、框景等用途屡见不鲜。在园林配置中，除了孤植、丛植、纯林群植外，亦宜行混交种植。

十四、赤松 *Pinus densiflora*

1. 形态特征与分布 松科，松属。常绿乔木。高达35m，胸径达1.5m，枝平展形成伞状树冠。树皮橙红色，裂成不规则的鳞片状块片脱落。一年生枝橙黄色，微被白粉。冬芽矩圆状卵圆形，栗褐色。叶二针一束，一年生球果种鳞先端有向外斜出的刺。产于我国黑龙江、吉林、山东半岛和苏北云台山区等地，日本、俄罗斯和朝鲜也有分布。

2. 生物学特性 喜阳光，强阳性，耐寒，喜微酸性至中性排水良好的土壤。深根性，抗风力强。

3. 繁殖方法与技术要点 播种繁殖。赤松播种时间一般为5月上旬。播种前进行催芽处理，先用清水浸种，待种子吸水膨胀后，用含水量为60%的湿沙与种子按体积比3∶1混合，并覆盖塑料布，待种子有1/3裂嘴后即可进行播种。播种后7d左右即可出苗。

4. 园林应用 赤松树皮橙红色，斑驳可爱，幼时树形整齐，老时虬枝蜿垂，是优良的观赏树木。适于对植或在草坪中孤植、丛植，也适与假山、岩洞、山石相配，均疏影翠冷、萧瑟宜人。最适于在台坡、草坪、园路及雕塑周围列植、丛植。也可以作庭荫树、风景林、园景树、行道树。

十五、日本五针松 *Pinus parviflora*

1. 形态特征与分布 松科，松属。常绿乔木，高10～30m。树冠圆锥形，树皮灰黑色，呈鳞片状不规则剥落。一年生小枝淡褐色，密生淡黄色柔毛。叶蓝绿色，五针一束，较短细，内侧两面有白色气孔线，边缘有细锯齿。冬芽长椭圆形，黄褐色。树脂道2，边生。叶鞘早落。球果卵圆形或卵状椭圆形。种鳞长圆状倒卵形，鳞脐凹下，种子具长翅。原产日本，我国华东地区常见栽培。

2. 生物学特性 耐阴性较强，对土壤要求不严，喜深厚、湿润且排水良好的酸性土，生长缓慢。

3. 繁殖方法与技术要点 播种、扦插或嫁接繁殖，其中以扦插和嫁接较为常用。日本五针松适宜在5～8月扦插，应在生长健壮、无病虫害的幼龄母树上选择粗壮、饱满、生长旺盛的半木质化嫩枝作插穗。为防止枝条失水，最好在清晨剪穗，做到即剪即激素处理。插穗要剪去基部叶片，保留其上部叶片，下切口要靠近腋芽。扦插深度以 1～3cm 为好，便于通气。

4. 园林应用 日本五针松树姿优美，枝叶密集，针叶细短而呈蓝绿色，望之如层云簇拥，为珍贵的园林树种。以其树体较小，尤适于在小型庭院中与山石、厅堂配置，常丛植。日本五针松也是著名的盆景材料。

十六、枇杷 *Eriobotrya japonica*

1. 形态特征与分布 蔷薇科，蔷薇属。常绿小乔木。高可达 10m，小枝密被锈色茸毛。叶片革质，倒披针状椭圆形，先端尖，基部楔形或渐狭成叶柄，上部边缘有疏锯齿，基部全缘；叶表面多皱有光泽，叶背密生灰棕色茸毛。叶柄短或几无柄。花白色，圆柱花序顶生，密被褐色茸毛，芳香。果近球形或梨形，熟时呈黄色或橙黄色。花期 10～12 月，果期第二年 5～6 月。枇杷在全国各地都有栽培，四川、湖北有野生者，但作为经济栽培的仅限于江苏省苏州地区洞庭东、西山，光福以及南通、扬州等地，洞庭东、西山的产量占全省 90%以上，是我国著名的枇杷果产区之一。

2. 生物学特性 喜光，稍耐阴，喜温暖气候和肥沃、湿润、排水良好的土壤。稍耐寒，不耐严寒。生长缓慢，适宜生长的平均温度在 12～15℃以上，冬季气温不低于−5℃，花期、幼果期气温不低于 0℃。

3. 繁殖方法与技术要点 以播种、嫁接繁殖为主，扦插繁殖次之，优良品种多采用嫁接繁殖。嫁接多采用枝接，多在春季进行，砧木用二年生石楠，茎粗 1～1.5cm。接穗从优质健壮树上选择发育充实的二至三年生枝条，截成 15cm 左右长的小段，在其下端削成长 2～3cm 的斜面，在斜面的另一面削成较短的斜面。砧木距地面 5cm 处去顶，依据接穗削面的长短，从砧木的断面上一侧稍带木质部垂直向下切一条缝，再把接穗的长削面向里，插入砧木的切口内，并将两者的形成层相互对准，然后把嫁接部位用薄膜条扎紧，培以土堆。

4. 园林应用 枇杷树形优美，冬花春实，花期长（12 月至翌年 2 月），花香浓郁；叶片四时不凋，婆娑可爱；果色金黄，点缀于万绿丛中，“树繁碧玉叶，柯叠黄金丸”，极富观赏价值。在园林中可以丛植、群植、林植的形式作为庭院观赏树、境界树。

十七、罗汉松 *Podocarpus macrophyllus*

1. 形态特征与分布 罗汉松科，罗汉松属。常绿乔木，主干耸直，高达 20m。枝平展密生，树冠广卵形。叶螺旋状互生，条状披针形，先端尖，基部楔形，两面中脉隆起，表面浓绿色，背面黄绿色，有时具白粉。5 月开花，雄球花穗状，常 3～5 簇生叶腋；雌球花单生叶腋，有梗。种子卵形，长 1～1.2cm，熟时蓝紫色，外被白粉；种托肉质膨大，红色。种子 8～9 月成熟。原产我国，长江流域及东南沿海各地广泛栽培。

2. 生物学特性 中性树种，较耐阴，喜温暖湿润气候，在排水良好、土层深厚、肥沃的沙质壤土上生长良好。耐寒性较弱。寿命长。

3. 繁殖方法与技术要点 繁殖方法有播种和扦插两种。

（1）**播种繁殖** 8 月下旬采种，除去种托，即可播种，唯越冬保暖较难，故也可阴干沙藏至翌年2～3月播种。行条播，覆土，盖草，搭棚庇荫，加强浇水、施肥、中耕除草。9月停止浇水与施肥，促使苗木木质化。幼苗留床1年，再移植培养大苗。

（2）**扦插繁殖** 扦插繁殖分春、秋两季进行。春插在3月中上旬，选取粗壮、无病虫害的一年生休眠枝，长8～12cm，去除一半叶片，插入土中4～6cm，行距12cm，株距5～6cm。秋插于7～8月，以半木质化嫩枝作插穗。不论何时扦插，插穗均需带踵，苗床亦需遮阴。在精细管理下，春插90d左右发根，秋插60d左右。入冬前用塑料小拱棚覆盖防寒。移植以3月最适宜，小苗带宿土，大苗需带土球。

4. 园林应用 罗汉松树形古雅，种子与种托组合奇特，惹人喜爱，南方寺庙、宅院多有种植。可门前对植，中庭孤植，或于墙垣一隅与假山、湖石相配。斑叶罗汉松可用于花台栽植，亦可布置花坛或盆栽陈设于室内欣赏。小叶罗汉松还可作为庭院绿篱栽植。

第二节 落叶乔木类苗木的繁殖与培育

一、银杏 *Ginkgo biloba*

1. 形态特征与分布 银杏科，银杏属。树皮灰褐色，深纵裂。树冠广卵形，枝有长枝、短枝之分。一年生长枝呈浅棕色，后则变为灰白色，并有细纵裂纹，短枝密被叶痕。叶扇形，有二叉状叶脉，顶端常2裂，互生于长枝或簇生于短枝上。雌雄异株。种子核果状，椭圆形，熟时呈淡黄色或橙黄色。花期4～5月，种子9～10月成熟。为我国特产的孑遗树种，分布广泛，在我国沈阳以南、广州以北均有分布。

2. 生物学特性 阳性树种，对气候条件的适应范围很广，耐寒性强，也能适应高温多雨气候；喜深厚、湿润、排水良好的土壤，较耐旱，不耐积水。深根性树种，抗风力强，但生长速度较慢，寿命长。

3. 繁殖方法与技术要点 银杏以播种和嫁接繁殖为主，也可用分蘖、扦插等方法繁殖。

（1）**播种繁殖** 种子应采自有数十年树龄的健壮母树，用于春播的种子可干藏或沙藏。每千克种子有300～350粒。大多数地区用随采随播的方法（即冬播），华北地区多用春播，春播前需混沙催芽。银杏种子种粒较大，常用点播法。先在床面上开播种沟，沟深4～5cm，沟距30～40cm，将种子按8～10cm的株距逐粒播放于沟内，应注意需将种子横放，便于幼苗出土。每667m^2播种量约50kg。播后覆土厚3～4cm，干旱地区覆盖稻草等保墒，幼苗出土后再将覆草移于行间。一般种子播后40～50d开始萌芽出土。

（2）**嫁接繁殖** 用雌株枝条作接穗嫁接，可提早开花结果，在果树生产上经常采用。园林上可采用雄株枝条作接穗嫁接，培养雄株，不结种子，不会造成种皮对环境的污染。嫁接的方法常为高部位的皮下接或劈接，时间为3～4月。

4. 园林应用 银杏树体高大，树干通直，姿态优美，春夏翠绿，深秋金黄，是理想的园林绿化、行道树种。可用于园林绿化、行道树、田间林网、防风林带等。被列为中国四大长寿观赏树种之一。

二、水杉 *Metasequoia glyptostroboides*

1. 形态特征与分布 杉科，水杉属。落叶乔木，高达35m，胸径达2.5m。树皮灰褐色或深灰色，裂成条片状脱落。小枝对生或近对生，下垂。叶交互对生，长1.3～2cm，宽1.5～2mm，上面中脉凹下，下面沿中脉两侧有4～8条气孔线。雌雄同株，雄球花单生叶腋，卵圆形，交互对生排成总状或圆锥状花序。球果下垂，当年成熟，近球形或长圆状球形。原产我国湖北、四川等省，是珍贵的孑遗植物，于1946年发现，现已在我国南北各地及世界上50多个国家引种栽培。

2. 生物学特性 阳性树种，幼苗期也耐阴；喜温暖湿润气候，适应性较强；喜深厚肥沃的酸性土，也耐轻度盐碱；对二氧化硫、氯气、氯化氢等有毒气体的抗性较强；生长迅速，病虫害较少。

3. 繁殖方法与技术要点 繁殖方法有播种和扦插两种。

(1) **播种繁殖** 11月种子成熟后采集球果，取出种子，晾晒、干藏。播种期在3～4月，条播，每667m^{2}播种量1～1.5kg。由于种子细小，不易操作，可加入10倍左右细土与种子拌匀后播种。播后盖一层细土或草木灰，以不见种子为度，然后盖草保墒，并视天气情况进行床面喷水，一般10～20d出苗。经常松土除草，6～8月进行施肥，当年苗高可达0.5～1m。

(2) **扦插繁殖** 常以春季硬枝扦插为主，也可在夏季进行嫩枝扦插。春插于3月中上旬进行，此时树液已开始流动，而芽尚未萌动，成活率最高。最好随剪随插，也可秋季剪取插穗，埋于湿沙中贮藏，春季扦插。插穗以一年生的枝条为好，二至三年生枝条也可用，但效果较差，剪取插穗的枝条应发育充实、冬芽饱满。插穗长度为10～15cm，用梢段的可长些。

4. 园林应用 水杉树干通直挺拔，高大秀颀，叶色翠绿，入秋后叶色金黄，是著名的庭院观赏树种。水杉可于公园、庭院、草坪中孤植、列植或群植，也可成片栽植营造风景林，并适配常绿地被植物；还可栽于建筑物前或用作行道树，效果均佳，也是工矿区绿化的优良树种。

三、白玉兰 *Magnolia denudata*

1. 形态特征与分布 木兰科，木兰属。又名玉兰。落叶乔木，高15m。冬芽密被黄绿色长茸毛，小枝灰褐色，枝上留有环状托叶痕。单叶互生，全缘，叶倒卵形或倒卵状矩圆形，先端突尖。花单生枝顶；花被片9，白色，排成3轮，芳香。花期3～4月，先叶开放。聚合蓇葖果发育不齐，外种皮肉质，鲜红色，种脐由细丝与胎座相连，成熟时种子悬于蓇葖之外。原产我国华东、华中各地山区。在黄河流域以南广泛栽培，北京等地需在避风向阳的小气候条件下才能良好生长。

2. 生物学特性 喜光，稍耐阴；适生于温带至暖温带气候，休眠期能抗－20℃低温。根肉质，忌积水，要求肥沃、湿润、排水良好的土壤，在pH 5～8的土壤上均能生长；有较强的萌芽力。不耐移植。

3. 繁殖方法与技术要点 可用播种和嫁接等方法繁殖。

(1) **播种繁殖** 在9月下旬至10月上旬采种，因外种皮含油脂易霉坏，故宜采后即播；或采种后堆放数日使其后熟，日晒脱粒，用草木灰擦洗除去外种皮，阴干后，层积贮藏至翌春播种。采用排水方便的高床播种，播后覆草，幼苗出土后稍遮阴。

（2）**嫁接繁殖**　通常用望春玉兰作砧木，宜采用切接或插皮接。所选砧木茎粗1.5～2cm，在离地面3～4cm处剪去地上部分；接穗选一至二年生枝条，截成10cm左右长的枝段，每段带1～2个芽，接穗切口下刀处最好离芽1～2cm。接后用较潮湿的土将接穗与砧木堆埋过冬，翌年3月中下旬接穗萌芽抽枝时将接穗上的土除去。为防止接穗被风折断，可缚一立柱保护。管理得好，当年可高达60～100cm。

4. 园林应用　白玉兰为我国传统名花。早春先叶开花，满树皆白，晶莹如玉，幽香似兰，故以玉兰名之。在庭园中不论窗前、屋隅、路旁、岩际，均可孤植或丛植，在大型园林中更可辟为玉兰专类园，则开花时玉树成林，琼花无际，必然更为诱人。民间传统的庭院配置中讲究"玉（玉兰）、堂（海棠）、春（迎春）、富（牡丹）、贵（桂花）"，其意为吉祥如意、富有和权势。

四、鹅掌楸 *Liriodendron chinensis*

1. 形态特征与分布　木兰科，鹅掌楸属。树皮灰色，纵裂；冬芽为2枚芽鳞状托叶所包被。单叶互生，叶片马褂状，长6～12cm，端平截或微凹，两侧各有1裂片，下面密被乳头状突起的白粉点。花被9，3轮，生枝顶，杯状，直径4.5～8cm，内面近基部有6～8条黄色条纹；雌蕊多数，雌蕊群超出花被。聚合果纺锤形。鹅掌楸自然分布于我国长江流域以南各省区，现北京以南各城市有栽培。

2. 生物学特性　鹅掌楸喜光，能耐半阴。喜暖凉湿润气候和深厚、肥沃、排水良好的微酸性沙壤土；具有一定的耐寒性，能耐－15℃的低温。根系发达、肉质，不耐水湿，亦不耐干旱。

3. 繁殖方法与技术要点　繁殖方法有播种和扦插两种。

（1）**播种繁殖**　采种于10月下旬聚合果呈褐色时进行，翌年3月中下旬播种。播前7d用冷水浸种，每天换水。选择沙质壤土播种，土壤消毒后整地筑床，施足基肥。条播，行距25cm左右。每667m^2播种量为25～30kg。播后覆土宜薄，经常喷水，保持苗床湿润。春播后约1个月发芽出土，要及时除草松土、酌施追肥，并注意灌溉排水。苗高4～5cm时进行间苗，7～8月苗木生长旺盛期适当追肥，夏秋高温干旱时及时浇水。一年生苗高30～40cm。

（2）**扦插繁殖**　扦插一年可进行两次。第一次于3月中旬，剪取去年生枝条进行硬枝扦插。第二次于夏初进行，选择健壮母树采集当年生枝条进行嫩枝扦插。每一插穗保留3～4个叶芽，插穗长15～20cm，插前用萘乙酸处理，扦插深度为插穗长度的1/2～2/3，插后加强水分管理。

4. 园林应用　鹅掌楸树干端直高大，生长迅速，材质优良，寿命长，适应性广，叶形奇特，树姿雄伟，是优美的庭园和行道绿化树种，也是良好的用材树种。

五、二球悬铃木 *Platanus acerifolia*

1. 形态特征与分布　悬铃木科，悬铃木属。高大乔木，高达30m。树冠阔钟形。干皮灰褐色至灰白色，呈薄片状剥落。幼枝、幼叶密生褐色星状毛。柄下芽。叶掌状

5～7裂，深裂达中部，裂片长大于宽，叶基阔楔形或截形，叶缘有齿牙，掌状脉；托叶圆领状。花序头状，黄绿色。聚花果球形，多2球成一串，宿存花柱长，呈刺毛状，果柄长而下垂。花期4～5月，果9～10月成熟。原产欧洲，印度、小亚细亚亦有分布，我国有栽培。

2. 生物学特性 喜光。喜湿润温暖气候，较耐寒。适生于微酸性或中性、排水良好的土壤，在微碱性土壤上虽能生长，但易发生黄化。根系分布较浅，抗空气污染能力较强，叶片具吸收有毒气体和滞积灰尘的作用。生长迅速，易成活，耐修剪。

3. 繁殖方法与技术要点 繁殖方法有播种和扦插两种。

（1）**播种繁殖** 采种可在11～12月进行。宜将采集的果穗经适当摊晒干燥后，在通风室内贮存。翌春播种前取出搓碎或用小木棒轻轻锤碎，取得小坚果。通常在春季3月至4月上旬播种，常采用撒播法，并适当密播，一般每667m^{2}播种10～15kg，播后薄土覆盖。种子萌发阶段要求湿润的土壤和较高的空气湿度，3～5d即可发芽。在幼苗期当幼苗展开4片真叶时开始间苗，苗木展开5～7片真叶时进行定苗，株行距20～25cm。在幼苗期也可结合第一次间苗，带土移植幼苗。在苗木生长过程中要及时松土除草。一年生苗高达1m，作行道树用一般需培养2～4年。

（2）**扦插繁殖** 采穗要选择生长健壮、抗病虫害能力强、少球的母树。如能用一年生播种苗或插条苗的苗木枝条作插穗则更为理想。插穗长15～20cm，一般以保留2个节3个芽为原则。下切口靠近节下，以利愈合生根，上切口距上芽1cm，以防顶芽失水枯萎。插穗剪好后，按粗细每50根捆成1捆，选排水良好、向阳的高燥地，挖深30～50cm的土坑，用疏松土或湿沙土埋藏。扦插密度15cm×30cm，直接插入土中，如果土质较黏或插穗贮藏过程中基部已形成愈伤组织和不定根，要开沟埋插穗。扦插的深度以插穗上端之芽露出地面即可。

4. 园林应用 世界著名的优良庭荫树和行道树。适应性强，抗有害气体能力强，又耐修剪整形，是优良的行道树种，广泛应用于城市绿化和厂矿绿化，在园林中孤植于草坪或旷地，列植于道路两旁，尤为雄伟壮观。

六、七叶树 *Aesculus chinensis*

1. 形态特征与分布 七叶树科，七叶树属。落叶乔木，高达25m。树皮灰褐色，片状剥落。掌状复叶对生，小叶7枚，倒卵状长椭圆形至长椭圆状倒披针形，长8～16cm，先端渐尖，基部楔形，缘具细锯齿，侧脉13～17对，仅背面脉上疏生柔毛，小叶柄长5～17mm。花小，花瓣4，白色，圆锥花序，长20～25cm。蒴果球形或倒卵形，黄褐色。原产我国黄河流域，陕西、河南、山西、河北、江苏、浙江等地多有栽培。

2. 生物学特性 深根性，喜光，稍耐阴，怕烈日照射。喜冬季温和、夏季凉爽的湿润气候，耐寒能力强，喜肥沃湿润及排水良好之土壤。适生能力较弱，在瘠薄及积水地上生长不良，酷暑烈日下易遭日灼危害。

3. 播种繁殖方法与技术要点

（1）**种子采集与处理** 选15～30年树龄、生长健壮、无病虫害的植株为采种母树。9月下旬果熟时敲落于地面拾取，阴干，去果壳。立即播种或沙藏阴凉处，并经常检查，以防霉烂。出种率 50%～60%，千粒重 12 000～16 000g，每千克种子 60～80 粒。发芽率 50%～70%。

（2）**播种方法及技术要点**　于 2～3 月点播。株行距 12～13cm，每 667m^2 播种量 300kg。播时种脐向下，覆土厚度 3～4cm，出苗前切勿灌水，以免表土板结。

（3）**苗期管理**　一般春播苗于 4 月初出苗，初期高生长十分迅速，其中 4 月高生长量占全年的 70%，5 月以后高生长锐减，7 月终止高生长，而径生长可延续至 8 月底 9 月初，9 月下旬叶变色，11 月上旬落叶。全年苗木高生长期约 100d，径生长期 140d。幼苗喜湿润，怕烈日照射，要加强苗木前期管理，高温干旱期应适当遮阴、灌溉。一般当年播种苗高 30～50cm，根径 0.8～1.2cm，每 667m^2 产苗约 1 万株，可出圃栽植。

4. 园林应用　七叶树树干耸直，树冠开阔，姿态雄伟，叶大而形美，遮阴效果好，初夏繁花满树，蔚然可观，是世界著名的观赏树种，最适宜栽作庭荫树及行道树。在建筑前对植、路边列植，或孤植、丛植于山坡、草地都很合适。

七、栾树 *Koelreuteria paniculata*

1. 形态特征与分布　无患子科，栾树属。落叶乔木，高达 15m，树冠近圆球形。树皮灰褐色，细纵裂；小枝稍有圆棱，无顶芽，皮孔明显。奇数羽状复叶。小花金黄色，花冠不对称。蒴果三角状卵形，成熟时橘红色或红褐色。花期 6～7 月，果期 9 月。原产我国北部及中部，多分布于低山区和平原。

2. 生物学特性　喜光，能耐半阴，耐寒。具深根性，产生萌蘖的能力强。耐干旱、瘠薄，但在深厚、湿润的土壤上生长最为适宜。能耐短期积水，对烟尘有较强的抗性。

3. 播种繁殖方法与技术要点

（1）**采种及种子处理**　种子 10～11 月成熟，采种要掌握好时机，采得过早，种子发芽率低，过晚种子已经脱落，不易采集。种子有隔年发芽的习性，所以应进行沙藏催芽。

（2）**播种技术要点**　播种苗床应选择土层深厚、排水良好、灌溉方便的微酸至微碱性土壤，施足基肥，精细整地。播种期以 3 月为宜，播种前需进行浸种催芽，可用 70℃左右的温水浸种，种子发芽率一般在 70%以上，且出苗整齐。大量繁殖时多采用垄播。

（3）**苗期管理**　种子发芽出土后，要加强养护，苗高 5～10cm 时可间苗 1 次，以每 10m^2 留苗 100 株左右为宜，要注意中耕除草、适时追肥，促使苗木旺盛生长。一年生的小苗，来年春季可进行移植养护，培育 3～4 年，养成大苗后出圃使用。

4. 园林应用　宜作庭荫树、行道树及园林景观树，也可用作防护林水土保持及荒山绿化树种。

八、枫杨 *Pterocarya stenoptera*

1. 形态特征与分布　胡桃科，枫杨属。落叶大乔木，高达 30m。干皮灰褐色，幼时光滑，老时纵裂。小枝灰色，有明显的皮孔，髓心片膈状。奇数羽状复叶，但顶叶常缺而呈偶数状，叶轴具翅和柔毛，小叶 5～8 对，无柄，叶背沿脉及脉腋有毛。雌雄同株，雄花柔荑花序状，雌花穗状。小坚果，两端具翅。花期 5 月，果熟 9 月。广泛分布于我国东北南部、华北、华中、华南和西南地区，尤以长江中下游地区最为常见。

2. 生物学特性 喜光，适应性强。深根性，在深厚肥沃的酸性至微碱性土壤上均能生长。速生，萌蘖力强。对二氧化硫和氯气抗性弱。耐湿润环境，但不耐长期积水和高水位。

3. 播种繁殖方法与技术要点

(1) **种子处理** 9 月果实成熟后及时采种、阴干，沙藏或干藏。沙藏的种子可于春季适时播种；干藏的种子春播时，可在播种前 1 个月用 80℃的温水浸种，然后混湿沙催芽，待 20%～30%的种子微露胚根时，即可播种。覆土厚度为 1.5～2cm。

(2) **播种时间及方法** 长江流域多行秋播，北方地区多采用春播。垄作或床作皆可。

(3) **苗期管理** 幼苗长出 3～5 片真叶后进行间苗、定苗，垄播时株距可为 10～15cm。6～8 月为速生期，在长江中下游可延至 9 月，生长期较长。一年生苗高可达 1m 左右，水肥条件较好可达 1.5m 以上。秋季落叶后，假植越冬，土壤湿度不宜过大，以防烂根。翌年春季移栽，可适当密植，以使主干生长通直。待苗高 3～4m 时再移植 1 次，扩大株行距，重点培养树冠。

4. 园林应用 树冠广展，枝叶茂密，生长快速，根系发达，为河床两岸低洼湿地的良好绿化树种，既可以作为行道树，也可成片种植或孤植于草坪及坡地，均可形成一定景观。

九、国槐 *Sophora japonica*

1. 形态特征与分布 豆科，槐属。落叶乔木，树冠圆形。小枝绿色，皮孔明显。奇数羽状复叶，互生，小叶卵形至卵状披针形，叶被有白粉和柔毛。圆锥花序，花冠蝶形，浅黄绿色。荚果串珠状，肉质。花期 7～8 月，果期 10 月。原产我国中部，沈阳及长城以南各地都有栽培。

2. 生物学特性 喜光，略耐阴、耐寒、耐旱；喜深厚土壤；深根性，根肉质，忌涝；萌芽力强，耐修剪；生长中速，寿命长；抗二氧化硫等有害气体。

3. 播种繁殖方法与技术要点

(1) **种子处理** 10 月至冬季均可采种，选取 20 年生以上健壮母树的种子，采收后用水浸泡，去果皮取出种子，洗净晾干，干藏。3 月上旬用 60℃水浸种 24h，捞出掺 2～3 倍重量的湿沙，置于室内或藏于坑内，厚 20～25cm，摊平盖湿沙 3～5cm，上覆盖塑料薄膜，以便保温保湿，促使种子萌动，注意经常翻动和喷水，使上下层种子温湿度一致，经 20d 左右种子开始发芽，待种子有 20%～30%发芽即可播种。

(2) **播种方法** 用低床条播，条距 35cm，播幅宽 10cm，深 2～3cm，每 667m^2 播种量 12.5～15kg。播后覆土压实，喷洒土面增温剂或覆盖草，保持土壤湿润。

(3) **苗期管理** 在播种后和出苗前，可进行喷灌水。幼苗出齐后，4～5 月间分两次间苗，按株距 10～15cm 定苗，每 667m^2 产苗 6 000～8 000 株。结合间苗可进行补苗，间苗后立即灌水。6 月进入生长旺季，要及时灌水追肥，每隔 20d 左右施追肥 1 次，每次每 667m^2 施硫酸铵 3～5kg；或将腐熟人粪尿 400～500kg 加 2～3 倍水施入。最好化肥与人粪尿交互使用，施后随即灌水 1 次，8 月底停止水肥。生长季每隔 20～30d 松土除草 1 次。当年苗高可达 1～1.5m。

4. 园林应用　国槐树冠宽广，枝叶繁茂，寿命长，适应城市环境，是良好的行道树和庭荫树。由于其耐烟毒能力强，也是矿区良好的绿化树种。

十、合欢 *Albizia julibrissin*

1. 形态特征与分布　豆科，合欢属。落叶乔木，高可达 20m，树冠呈伞状。树干浅灰褐色，树皮轻度纵裂。枝粗而疏生，幼枝带棱角。叶为二回偶数羽状复叶，小叶 10～20 对，镰刀状圆形，昼开夜合。头状花序，萼及花瓣均为黄绿色，5 裂，花丝细长，上部为红色或粉红色丝状，簇结成球，花期为 6～7 月。荚果，10 月成熟。我国黄河流域常见树种，华北与华南、西南均有分布。

2. 生物学特性　阴性树，具有一定的耐寒性，幼树易发生冻害；对土壤要求不严，耐干旱、瘠薄，不耐涝。根系较浅，具有能固氮的根瘤。

3. 播种繁殖方法与技术要点

（1）**种子处理**　合欢种皮坚硬，不易透水，为使种子发芽整齐、出苗迅速，可在播种前 10d 左右用 80℃的温水浸种，待冷凉后换清水再浸 24h，然后混湿沙置背风向阳处，经常检查并保持种沙的湿度，当种子有 30%左右微露胚根时便可播种。

（2）**播种方法**　垄播时，垄距可为 70cm 左右，在垄面上开沟条播，覆土厚度为 1cm，每 667m^2 播种量为 5kg 左右。

（3）**苗期管理**　播种后 10d 左右即可出苗，待幼苗长出 2～3 片真叶后，要及时进行间苗和定苗，定苗的株距为 20cm 左右。定苗后，每月可结合浇水施 1 次追肥。合欢幼苗生长较快，且常向一侧倾斜，可适当密植。一年生苗高可达 1.5～2m。幼苗抗寒性差，秋季落叶后可起苗假植，翌年春季再行栽植，并扩大株行距，培育大苗。

4. 园林应用　合欢是一种优良的观赏树种，适宜作公园、机关、庭院行道树及草坪、绿地风景树。由于合欢寓意“言归于好，合家欢乐”，且树香具有健身提神、解闷除郁的药疗保健作用，逐渐成为园林、庭院景观中一道亮丽的风景。

十一、元宝枫 *Acer truncatum*

1. 形态特征与分布　槭树科，槭属。落叶小乔木，株高可达 12m。树皮灰黄色，具浅纵裂。单叶对生，掌状 5 裂，裂片先端渐尖，基部截形，绿色。伞房花序顶生；小花黄绿色。翅果扁平。花期 4 月，果期 10 月。主要分布在我国华北地区，辽宁、江苏、安徽等省也有分布。

2. 生物学特性　幼树耐阴性较强，喜侧方庇荫；喜温凉气候，在－25℃环境条件下能正常生长。根系发达，具深根性，耐旱，抗风。适生于深厚、肥沃的酸性至微碱性沙壤土上。寿命较长，耐烟尘及有害气体。

3. 播种繁殖方法与技术要点

（1）**种子处理**　播种前种子应进行催芽。一般是在播种前 1 个月左右，先用

40℃的温水浸种，待自然冷凉后，换清水再浸24h，然后混湿沙催芽，30%左右的种子裂嘴时播种。

（2）**播种方法** 圃地宜选土层深厚、疏松的沙壤土，多行春季垄播繁殖，少量繁殖也可行床播。每667m^2 播种量为15～20kg，覆土厚度2cm左右。

（3）**苗期管理** 出苗后，苗高5～8cm时进行间苗、定苗工作。垄距为70cm时，株距10cm左右。6～8月幼苗生长旺期，可追施化肥2～3次。9月生长速率显著下降，要控制水肥，促进枝条木质化准备越冬。当年苗高可达80～100cm。

4. 园林应用 因秋季叶变成黄色或红色，为著名秋色叶树种。宜作庭荫树及行道树，可植于堤岸、湖边、草地、建筑物旁，与其他秋色叶树或常绿树配置，可增加秋季绿地色彩。

十二、白蜡 *Fraxinus chinensis*

1. 形态特征与分布 木犀科，梣属。落叶乔木，树冠卵圆形，树皮黄褐色。奇数羽状复叶，对生，小叶5～9枚，卵圆形或卵状披针形，长3～10cm，先端渐尖，基部狭，不对称。圆锥花序侧生或顶生于当年生枝上，大而疏松；花萼钟状；无花瓣。翅果倒披针形，长3～4cm。花期3～5月，果10月成熟。原产北美，我国天津栽种较多，黄河中下游及长江下游均有引种，内蒙古和辽宁南部近年也有引种栽培。

2. 生物学特性 喜光，属温带树种，较耐寒（－18℃），较耐水湿。对土壤要求不严，在壤土及黏土上均能生长，具有一定耐盐碱的能力，但以在土层深厚、肥沃、地下水位低、盐渍化程度轻的壤土上生长最好。耐二氧化硫和烟尘，能适应城市环境。

3. 繁殖方法与技术要点 繁殖方法有播种和扦插两种。

（1）**播种繁殖** 一般多在春季垄播，最好选土层深厚、肥沃、排水良好的沙壤土做垄。播种前30～40d，用40～50℃温水浸种后，混湿沙催芽，部分种子裂嘴时，即可播种。每667m^2 播种量为30kg，覆土厚2～3cm。出苗期要注意保墒，定苗株距为8～10cm。在正常管理情况下，一年生苗高可达1.2m左右。秋季落叶后假植越冬。第二年可按（40～50）cm×（100～120）cm的株行距进行移栽，培育大苗。

（2）**扦插繁殖** 选用健壮枝条，直径1～2cm，摘去叶片，剪成20cm长插穗，剪口倾斜。在插穗下段距切口约8cm处表皮刮几条痕迹，促其快长根、早发芽。插穗斜插，深度15cm，行距20cm，株距15cm，用手轻压周围土壤，使插穗与泥土紧密结合。扦插后如遇持续高温日晒，可用遮阳网遮阴。4～5月待苗长到20～30cm高时，追施壮苗肥。待一年后苗长到50～80cm高时就可起苗移栽或出售。

4. 园林应用 白蜡树形体端正，树干通直，枝叶繁茂而鲜绿，秋叶橙黄，是优良的行道树和庭荫树，亦可用于湖岸绿化和工矿区绿化。

十三、刺楸 *Kalopanax septemlobus*

1. 形态特征与分布 五加科，刺楸属。落叶乔木。小枝红褐色，有粗皮刺。叶掌状分裂，裂片有锯齿。花两性，排成伞形花序；萼5齿裂；花瓣5；子房下位，2室，花柱合生成一柱。核果，近球形，有种子2粒。我国东北、华北、华中、华南和西南地区均有分布。

2. 生物学特性　喜光，较耐阴，适应性强，适生于深厚、肥沃、湿润的酸性至中性土壤。不耐积水。生长较快，少病虫害。

3. 繁殖方法与技术要点　繁殖方法有播种和埋根两种，以播种繁殖为主。

（1）**种子处理**　秋季采种、阴干，混湿沙积层催芽。播种前取出检查，如已有30%～50%的种子裂嘴即可播种。如尚未发现裂嘴的种子或裂嘴的种子尚少，可将种子连同湿沙一起置背风向阳处的小拱棚，或温暖的室内进行催芽，待种子达到发芽要求后，立即播种。

（2）**播种方法**　一般多为春季高床条播，由于种子细小，为使种子均匀地播在床面，可将种子混以细沙，播种后轻轻镇压，覆盖约1cm厚的混有泥炭土的细沙，并覆草。每667m^2播种量为5～6kg。

（3）**苗期管理**　幼苗出土前经常喷水，保持床面湿润，幼苗出土后减少喷水次数，并逐步撤除覆草。幼苗长出1～2片真叶后进行间苗。土壤较干时，间苗前后可各灌1次水，株行距12～15cm，每667m^2产苗量为2万～3万株。

4. 园林应用　刺楸叶大干直，树形壮观。园林中常用作孤植树或庭荫树，是低山区造林的良好树种。

十四、柽柳 *Tamarix chinensis*

1. 形态特征与分布　柽柳科，柽柳属。落叶乔木或灌木。老枝暗褐红色，幼枝常开展而下垂。叶鲜绿色，钻形或卵状披针形。每年开花两三次，花期4～9月。春季开花时，总状花序侧生于去年生木质化的小枝上，花瓣5，粉红色。蒴果3裂。夏、秋季开花时，总状花序集生成顶生大圆锥花序，生于当年生幼枝顶端。原产于我国，分布广泛，长江流域至华南、西南各地以及华北均有栽培。

2. 生物学特性　耐高温、严寒，喜光，不耐阴。能耐烈日曝晒，耐干旱、水湿，抗风，耐盐碱。

3. 繁殖方法与技术要点　柽柳的繁殖主要有扦插、播种和压条等方法，扦插的繁殖方法比较常用。

（1）**扦插繁殖**　分为春插和秋插两种类型，秋插的成活率比较高。选用粗约1cm的当年生枝条，剪取长约20cm的插穗。秋插过冬应在上段埋土，翌春再扒开。春插在2～3月间进行，不必全埋，可露出地面3cm左右。

（2）**播种繁殖**　采种在8月进行，晒干后干藏，第二年春天播种。播种密度为每平方米10g带壳种子，然后覆上一层细土，3～4d种子即可发芽。柽柳在发芽期和幼苗期对土壤的湿度要求较高，在播种前应该先将苗床浇透水。等小苗长大以后需进行间苗，小苗当年可以生长到50cm以上。

4. 园林应用　柽柳适于在水滨、池畔、桥头、河岸、堤防旁边种植。

十五、榔榆 *Ulmus parvifolia*

1. 形态特征与分布　榆科，榆属。落叶或半常绿乔木。树皮呈不规则鳞片状剥落，露出红褐色内皮，小枝红褐色。叶小，质地厚，边缘从基部到先端有钝而整齐的单锯齿。花秋季开放，3～6 朵在叶腋簇生或排成簇状聚伞花序，花被上部杯状，下部管状，花被片 4，深裂至杯状花被的基部或近基部，花梗极短，被疏毛。翅果椭圆形或卵状椭圆形。花果期 8～9 月，果熟期 10～11 月。产自我国华北中南部至华东、华中及西南各地，日本、朝鲜也有分布。

2. 生物学特性 性喜光，比较耐阴。较耐干旱，在酸性、中性及碱性土上均能生长，但以气候温暖，肥沃、排水良好的中性土壤为最适宜的生境。对有毒气体和烟尘抗性较强。

3. 繁殖方法及技术要点 主要通过播种、扦插繁殖。但种子获取比较困难，一般扦插成活率也仅为 20%～40%。

扦插时插穗多采自多年生树桩盆景的一二年生枝条。对不同年龄的插穗使用不同药剂进行处理，以解决榔榆不易生根的问题。扦插基质要求洁净、保水性强和温差小，并需要具备良好的排水性和透气性。

4. 园林应用 榔榆可以孤植，也可几株种植于池畔、亭榭附近，与山石相配。萌芽力强，是制作盆景的好材料。也可作厂矿区绿化树种。

十六、山楂 *Crataegus pinnatifida*

1. 形态特征与分布 蔷薇科，山楂属。落叶乔木，树皮暗灰色或灰褐色，粗糙；常有刺，有时无刺。小枝圆柱形，当年生枝紫褐色，疏生皮孔，无毛或近于无毛，老枝灰褐色。冬芽先端圆钝，紫色无毛。叶片宽卵形，稀菱状卵形，先端短渐尖，基部截形至宽楔形，两侧常有羽状深裂片。裂片卵状披针形或带形，先端短渐尖，边缘有尖锐稀疏不规则重锯齿。叶柄无毛，托叶草质镰形，边缘有锯齿。伞房花序，总花梗和花梗均被柔毛，花后脱落减少；苞片早落；萼筒钟状，外面密被灰白色柔毛；萼片三角卵形至披针形，先端渐尖，全缘，约与萼筒等长，内外两面均无毛，或在内面顶端有髯毛；花瓣倒卵形或近圆形，白色。果近球形或梨形，红色，有白色皮孔。花期 5～6 月，果期 9～10 月。产自我国黑龙江、吉林、辽宁、内蒙古、河北、河南、山东、山西、陕西、江苏等地。朝鲜和俄罗斯西伯利亚地区也有分布。

2. 生物学特性 适宜海拔高度 100～1 500m，生于山坡林边或灌木丛中。耐旱，水分过多时，枝叶容易徒长。适应性强，喜凉湿的环境，耐寒、耐高温，在－36～43℃均能生长。喜光耐阴，一般分布于荒山秃岭、阳坡、半阳坡、山谷，坡度 15°～25°为好。对土壤要求不严格，但在土层深厚、质地肥沃、疏松、排水良好的微酸性沙壤土上生长良好。

3. 繁殖方法与技术要点

(1) 种子繁殖 成熟的种子需要经沙藏处理，挖 0.5～1m 的深沟，将种子与湿沙混匀放入沟内，再覆沙至地面，结冻前再盖土至高于地面 30～50cm，第二年 6～7 月翻倒种子，秋季取出播种，也可第三年春播。条播行距 20cm，开沟 4cm 深，宽 3～5cm，每米播种 200～300 粒，播后覆薄土，上再覆 1cm 厚沙，以防止土壤板结及水分蒸发。

(2) 扦插繁殖 春季选择 0.4～1.0cm 粗的根枝作为插穗，将其剪成 12～15cm 的小段，下端斜切成马耳形，扎成捆。首先以湿沙培放 6～7d，然后将插穗下端 1～

2cm处放入50μL/L吲哚丁酸水溶液中浸泡3h，最后取出斜插于苗床，可设拱架覆膜，2～3周可萌芽。

（3）**嫁接繁殖**　春、夏、秋季均可进行，用实生苗或分株苗作砧木，枝接或靠接，以芽接为主。播种苗10cm左右即可间苗，移栽株行距为（50～60）cm×（10～15）cm。结合秋耕施入有机肥，从开花到果实旺盛期可在叶面喷洒无机肥。

4. 园林应用　山楂树冠整齐，果实圆球形较鲜红可爱，是观花观果的良好绿化树种。可作庭荫树、园路树或绿篱。

十七、海棠花 *Malus spectabilis*

1. 形态特征与分布　蔷薇科，苹果属。落叶乔木，高可达8m。小枝圆柱形，幼时具短柔毛，逐渐脱落，老时红褐色或紫褐色。冬芽卵形，紫褐色，先端渐尖。叶片椭圆形，先端短渐尖或圆钝，基部近圆形或宽楔形；边缘有细锯齿，有时近全缘，幼叶两面具稀疏短柔毛；托叶膜质，窄披针形，全缘，先端渐尖，内面具长柔毛；叶柄具短柔毛。花序近伞形，花梗具柔毛；苞片膜质早落，披针形；萼筒外面无毛或有白色茸毛；萼片三角卵形，内面密被白色茸毛；花瓣卵形，白色，基部有短爪，在芽中呈粉红色。果实黄色近球形，萼片宿存，基部不下陷，梗洼隆起；果梗细长，先端肥厚。花期4～5月，果期8～9月。海棠花为我国著名观赏树种，华北、华东各地习见栽培。

2. 生物学特性　喜光，耐寒，耐干旱，忌水湿。在北方干燥地带生长良好。

3. 繁殖方法与技术要点　有播种、扦插、分株、压条等繁殖方法。

①播种：播种多在春季进行，前一年采收后的种子经低温层积沙藏过冬，翌年2～3月取出进行条播，播种沟深3cm，沟要直，沟底要平，播种后覆土、耙平并压实，2周左右可出苗。

②扦插：扦插在夏季进行更为合适，选二年生健壮枝条，剪成14～18cm的下端为斜切口的小段作插穗，剪去插穗下部叶片，用消毒水浸泡20min后取出晾干。扦插时将插穗下端7～9cm插入插床中，保持插床土壤湿润，1个月左右即可生根。

③分株：分株繁殖春、秋两季均可进行。挖出母株后，根据根的长势用利刀分株，每株有一干即可，然后分栽，浇足水，一般易成活。

④压条：压条繁殖在3月下旬至9月下旬进行。选择长而壮的枝条压入土中，用U形铁丝扣住枝条加以固定，其上再覆8～10cm厚的土壤并压实。1.5个月左右即可生根，再经2个月左右将压条从母株上割下，进行移栽。

4. 园林应用　春天开花，美丽可爱，为我国著名的观赏花木。植于门旁、亭廊周围、草地、林缘、庭院都很合适，也可作盆栽或者切花材料。

十八、黄栌 *Cotinus coggygria*

1. 形态特征与分布　漆树科，黄栌属。落叶小乔木或灌木，树冠圆形，高可达3～8m，树汁有异味，木质部黄色。单叶互生，全缘或具齿，倒卵形或卵圆形。聚伞圆锥花序顶生，疏松。花小，杂性；苞片披针形，早落；花萼裂片覆瓦状排列，宿存，裂片披针形；花瓣5枚，长卵圆形或卵状披针形；花柱3枚，分离，侧生而短，柱头小而退化。核果肾形扁平，干燥，侧面中部具残存花柱；外果皮薄，具脉纹，不开裂；内果皮角质。花期5～6月，果期7～8月。原产于我国西南、华北和浙江，南欧、叙利亚、伊朗、巴基斯坦及印度北部亦产。

2. 生物学特性　性喜光，耐半阴，不耐水湿。生长快，根系发达，萌蘖性强，宜植于土层深厚、肥沃、排水良好的沙质壤土中。耐寒，耐干旱瘠薄和碱性土壤。对二氧化硫有较强抗性。

3. 繁殖方法与技术要点　以播种繁殖为主，分株和根插也可。

(1) 播种繁殖　播种时间以3月下旬至4月上旬为宜。黄栌的果皮有坚实的栅栏细胞层，阻碍水分的渗透，需在播种前进行种子处理。在1月上旬将饱满洁净的种子放入清水中，用手揉搓几分钟，洗去种皮上的黏着物，重新换清水并加入适量的高锰酸钾或多菌灵浸泡3min，捞出掺入2倍的细沙，混匀后贮藏于背阴处，令其自然结冰进行低温处理。2月中旬选择背风向阳处挖坑进行低温层积催芽，待种子裂嘴露白时将其取出。用福尔马林或多菌灵对土壤进行消毒，灌足底水，待水干后开沟，将混沙的种子稀疏撒播。播种后覆土1.5～2cm，轻轻镇压、整平后覆盖地膜，2～3周苗木即可出土。

(2) 分株繁殖　黄栌萌蘖力强，春季发芽前，选择树干外围生长好的根蘖苗连须根掘起，之后可直接栽入圃地，然后定植。

(3) 扦插繁殖　硬枝扦插适宜时期在春季，需搭塑料拱棚来保持湿度和温度。在喷雾条件下，用带叶的嫩枝扦插，并用400～500μL/L吲哚丁酸处理剪口，30d左右即可生根。生根后可停止喷雾，待须根生长时移栽。

4. 园林应用　黄栌在园林造景中最适合在城市公园、山地风景区内群植成林，可与其他树种混交成林，也可以单纯成林。夏季赏紫烟，秋季观红叶，丰富园林景观的色彩。

十九、五角枫 *Acer pictum*

1. 形态特征与分布　槭树科，槭属。落叶乔木，高可达20m。树皮粗糙。冬芽近球形，鳞片卵形，边缘具纤毛。叶片纸质，掌状5裂，基部截形近于心脏形；裂片卵形，先端常渐尖，上面深绿色无毛，下面淡绿色无毛。顶生伞房花序，花多数，杂性，雄花与两性花同株，生于有叶的枝上，花开与叶的生长同时；萼片黄绿色，长圆形，花瓣淡白色，椭圆形或椭圆倒卵形；花药黄色，椭圆形；子房无毛或近于无毛。翅果嫩时紫绿色，成熟时淡黄色；小坚果压扁状，翅长圆形。5月开花，9月结果。分布于我国东北、华北和长江流域各省。俄罗斯西伯利亚东部、蒙古、朝鲜和日本也有分布。

2. 生物学特性　深根性，稍耐阴，喜温凉湿润气候，耐寒性强，在过于干冷及炎热地区生长不良。对土壤要求不严，在酸性、中性及石灰性土壤中均能生长，但以湿润、肥沃、土层深厚的土壤中生长最好。生长速度中等，病虫害较少，对二氧化硫、氟化氢的抗性较强，吸附粉尘的能力较强。

3. 繁殖方法与技术要点　主要用播种法繁殖。以春季播种为主，将种子用清水浸泡1d，或用湿沙层积催芽后播种，播种后2～3周即可发芽出土。从出苗开始至出苗结束后2周，每周喷施1次甲基托布津70%可湿性粉剂500倍液，可防苗木猝倒。

4. 园林应用　五角枫树形优美，也可观叶观果。入秋时叶色变为红色，可作山地及庭院绿化树种，也可与其他秋色叶树种或常绿树配置，彼此衬托掩映，可增加秋景色彩之美。也可作庭荫树、行道树或防护林。

二十、朴树 *Celtis sinensis*

1. 形态特征与分布　榆科，朴属。落叶乔木，树皮平滑不裂，灰色。小枝幼时有毛，后渐脱落。叶互生，宽卵形至狭卵形，先端急尖至渐尖，基部圆形或阔楔形，偏斜，中部以上边缘有浅锯齿，三出脉，上面无毛，下面沿脉及脉腋疏被毛。花杂性，生于当年枝的叶腋。核果近球形，红褐色，熟时黄色至橙红色；果柄较叶柄近等长；果核有穴和突肋，具4条肋，表面有网孔状凹陷。朴树分布于我国淮河流域、秦岭以南至华南地区，越南、老挝也有分布。主要培育繁殖基地有江苏、浙江、湖南、安徽等地。

2. 生物学特性　喜光，喜温暖湿润气候，多生于海拔100～1 500m处。对土壤要求不严，耐干旱瘠薄，亦耐水湿，对微酸性、微碱性、中性和石灰性土壤均能适应。对二氧化硫、氯气等有毒气体的抗性强。

3. 繁殖方法与技术要点　以播种繁殖为主，也可进行扦插繁殖。

(1) **播种繁殖**　种子采收堆放后熟。擦洗取净，阴干沙藏。冬播或湿沙层积到翌年春季播种。第二年春季可分床培育。要注意整形修剪，养成干形通直、冠形匀美的大苗。大苗移植要带土。要注意防治害虫，有沙朴棉蚜、沙朴木虱等。

(2) **扦插繁殖**　在母树上选择一年生枝条的上部半木质化枝条，剪成18～20cm长的插穗，将其基部用200mg/L的萘乙酸溶液浸泡3h后扦插，插后浇透水，生根率可达90%以上。

4. 园林应用　主要用于道路、公园、小区绿化等，在园林中可孤植，列植于街道两旁，尤为雄伟壮观。又因其对多种有毒气体抗性较强，具有较强的吸滞粉尘的能力，常被栽植于城市及工矿区。绿化效果体现速度快，移栽成活率高，造价低廉。朴树树冠圆满宽广，树荫浓密，农村“四旁”绿化都可用，也是河网区防风固堤树种。

二十一、石榴 *Punica granatum*

1. 形态特征与分布　石榴科，石榴属。落叶乔木或灌木。单叶，常对生或簇生。花朵近钟形，顶生或近顶生，单生、几朵簇生或组成聚伞花序，花瓣多皱褶，覆瓦状排列；胚珠多数。浆果球形，顶端有宿存花萼裂片，果皮厚，果熟期9～10月。种子多数，外种皮肉质半透明，多汁；内种皮革质。我国栽培石榴的历史悠久，可追溯至汉代，据陆巩记载是张骞从西域引入。我国南北都有栽培，以安徽、江苏、河南等地种植面积较大，并培育出一些较优质的品种，其中安徽怀远县是我国石榴之乡，“怀远石榴”为国家地理标志保护产品。

2. 生物学特性　适宜生长于海拔300～1 000m的高度。喜阳光，耐旱、耐寒、耐瘠薄，不耐涝和荫庇。对土壤要求不严，但最适宜的是排水良好的夹沙土。

3. 繁殖方法与技术要点 可采用扦插繁殖和压条繁殖。

（1）扦插繁殖

①短枝插：萌芽前，剪取品质优良的一二年生枝条作为种条，截成短插穗，插穗下端近节处剪成光滑斜面，剪截后将其浸入40%多菌灵300倍液或5%菌毒清300倍液中浸泡10～15s进行杀菌处理。之后把插穗下端放在生根粉水溶液中浸5s，或在0.05%吲哚乙酸溶液中浸2s，或在0.05%萘乙酸溶液中浸3s后扦插。按30cm×12cm的行株距，将插穗斜面向下插入土中，上端的芽眼距地1～2cm。插完一厢后立即浇水，厢面稍干划锄以提高地温。灌水后可用地膜或麦糠覆盖保墒。

②长枝插：插穗剪成80～100cm长。在定植点挖60～70cm宽、50～60cm深的栽植坑，坑外用腐熟土杂肥5kg左右，再与表层土混合备用。每个栽植坑插2～3支插穗，插穗与地面夹角为50°～60°，插入坑内40～50cm深，然后边填土边踏实，最后灌水并覆盖地膜或覆草保墒。

（2）压条繁殖 为促发生根，可在萌芽前将较好的萌蘖从基部环割造伤，然后培土保持湿度，秋后将生根植株断离母株成苗。也可将萌蘖条于春季弯曲压入土中10～20cm并用刀刻伤数处促发新根，上部露出顶梢并使其直立，之后切断与母株的联系，带根挖苗栽植即可。或在石榴生长季节，把石榴近地面的枝条向下弯曲，将其中的一段埋入土中，埋入土中的部分用刀刻伤，以促进生根，生根后切离母株即成一株新的石榴苗。压条时以埋入土中15cm左右为好，过深温度低，不利生根，过浅易风干，也不利生根。

4. 园林应用 孤植或丛植于庭院、游园，对植于门庭出口处，列植于道路、溪流边、坡地、建筑物之旁，也宜作桩景和瓶插花观赏。

二十二、榉树 *Zelkova serrata*

1. 形态特征与分布 榆科，榉属。落叶乔木，高达35m，胸径达80cm。树冠倒卵状伞形。树皮深灰色，不裂，老时薄鳞片状剥落后仍光滑。小枝细，有毛。叶薄纸质至厚纸质，卵状椭圆形，先端渐尖，基部广楔形，锯齿整齐，表面粗糙，背面密生淡灰色柔毛。托叶膜质，紫褐色，披针形。雄花具极短的梗，花被裂至中部，花被裂片6～7，不等大，外面被细毛，退化子房缺；雌花近无梗，花被片4～5，外面被细毛，子房被细毛。核果小，基歪且有皱纹。花期3～4月，果期9～11月。产自朝鲜半岛、日本及我国淮河及秦岭以南，长江中下游至华南、西南地区。西南、华北、华东、华中、华南等地区均有栽培。垂直多分布在海拔500m以下之山地、平原，在云南分布海拔可达1 000m。

2. 生物学特性 喜光、喜温暖，耐烟尘及有害气体。对土壤的适应性强，在酸性、中性、碱性土及轻度盐碱土上均可生长，喜深厚、肥沃、湿润的土壤。深根性，侧根广展，抗风力强。忌积水，不耐干旱和贫瘠。生长偏慢，寿命长。

3. 繁殖方法与技术要点 播种繁殖。可以在晚秋季节随采随播，或于翌春雨水至惊蛰期间播种。播前对种子进行消毒并低温层积处理，待种子裂嘴时采用条播法播种，行距20cm，覆土厚度0.5cm，播后盖草并浇透水，加盖遮光率为50%～75%的遮阳网。通常经过25～30d种子发芽出土，需及时揭草炼苗，并防治鸟害。

4. 园林应用　枝叶秀美，绿荫浓密，观赏价值比榆树高。在园林绿地中，孤植、丛植、列植皆可，同时也是行道树、厂区绿化和营造防风林的理想树种。

二十三、三角槭 *Acer buergerianum*

1. 形态特征与分布　槭树科，槭属。落叶乔木，高5～10m，稀达20m。树皮粗糙，褐色或深褐色。叶纸质，椭圆形或倒卵形，基部近于圆形或楔形；通常浅3裂，中央裂片三角卵形，侧裂片短钝尖或甚小，裂片边缘通常全缘；裂片间的凹缺钝尖；叶上面深绿色，下面黄绿色或淡绿色；初生脉3条，在上面不显著，在下面显著；侧脉通常在两面都不显著。花多数常成顶生被短柔毛的伞房花序；花瓣5，淡黄色，狭窄披针形或匙状披针形，先端钝圆。翅果黄褐色，小坚果特别凸起，翅张开成锐角或近于直立。花期4月，果期8月。产自我国山东、河南、江苏、浙江、安徽、江西、湖北、湖南、贵州和广东等省，日本也有分布。

2. 生物学特性　弱阳性树种，稍耐阴。耐寒，较耐水湿，喜温暖湿润环境及中性至酸性土壤。萌芽力强，耐修剪。根系发达，根蘖性强。生于海拔300～1 000m高度的阔叶林中。

3. 繁殖方法与技术要点　主要采用播种繁殖。秋季采种，去翅干藏。翌年春天播种，在播种前2周浸种、混沙催芽，也可于当年秋季播种。一般采用条播。幼苗出土后要适当遮阴。三角槭根系发达，裸根移栽不难成活，但大树移栽要带土球。

4. 园林应用　木材优良，可制农具。枝叶浓密，秀色可餐，宜孤植、丛植作庭荫树，也可作行道树及护岸树。在湖岸、溪边、谷地、草坪配置，或点缀于亭廊、山石间都很合适。其老桩常制成盆景，主干扭曲隆起，颇为奇特。此外，江南一带有栽作绿篱者，年久后枝条连接紧密，也别具风味。

二十四、紫叶李 *Prunus cerasifera* f. *atropurpurea*

1. 形态特征与分布　蔷薇科，李属。落叶乔木，高可达8m。单叶互生，叶椭圆形，极稀椭圆状披针形，先端急尖，基部楔形或近圆形，边缘有圆钝锯齿，色深绿或紫红，无毛。花1朵，稀2朵；萼筒钟状，萼片长卵形，先端圆钝，边缘有疏浅锯齿，与萼片近等长；花瓣白色，长圆形或匙形，边缘波状，着生在萼筒边缘。核果椭圆形或卵球形。花期4月，果期8月。产于我国新疆，中亚、伊朗、小亚细亚、巴尔干半岛均有分布。

2. 生物学特性　喜生长在温暖湿润、阳光充足的环境里，是一种耐水湿的植物。种植的土壤需要肥沃、深厚、排水良好，且富含黏质中性或酸性的物质，如沙砾土就是种植紫叶李的好土壤。

3. 繁殖方法与技术要点　可采用嫁接法、扦插法、压条法等。

（1）**嫁接繁殖**（芽接法）　可以用紫叶李的实生苗或者桃、山桃、毛桃、杏、山杏、梅、李等作为砧木。桃砧的生长势头足，叶子的颜色为紫绿色，但是怕涝；杏和梅寿命长，但也怕涝；李砧比较耐涝。华北地区以杏、毛桃和山桃作砧木最常见。嫁接的砧木一般选用二年生苗，最好是专门用来作砧木培养的苗木，嫁接前应先短截，只保留地上5～7cm的树桩。6月中下旬，挑选饱满、无干尖及病虫害的接芽。在选好作接穗的枝条上定好芽位，用消过毒的刀在芽下方2cm处呈30°向上方斜切入木质部，直至芽上方1cm处，然后在芽上方1cm的地方横向切一刀，把接芽轻轻取下，再在砧木距离地面3cm处，在树皮上切个T形切口，让砧木和接芽紧密结合，然后再用塑料薄膜条将其绑好即可。接芽7d左右没有蔫萎，说明其已成活，约25d就可以将塑料薄膜条拆除。

（2）**扦插繁殖** 9月秋分前后选择健壮母树上芽眼饱满、粗4～5mm的一年生且木质化程度较高的中下部枝条，剪成10～12cm长的插穗，插穗上部离芽1cm处平剪，下部靠近芽处剪成光滑的斜面，基部用500μL/L萘乙酸溶液浸泡12h后拿出晾干扦插。扦插后立即浇透水并注意防冻和病虫害。

4. 园林应用 紫叶李整个生长季节都为紫红色，宜栽植于建筑物前及园路旁或草坪角隅处。

二十五、红花槐 *Robinia hispida*

1. 形态特征与分布 豆科，刺槐属。落叶乔木，高达5m。奇数羽状复叶，小叶7～15，椭圆形、卵形、阔卵形至近圆形。总状花序腋生，花3～8朵；花萼紫红色，斜钟形；花冠红色至玫瑰红色，花瓣具柄，旗瓣近肾形，先端凹缺，翼瓣镰形，龙骨瓣近三角形，先端圆，前缘合生，与翼瓣均具耳。荚果线形。花期5～6月，果期7～10月。原产于北美洲，广泛分布于我国东北南部、华北、华东、华中、西南等地区。

2. 生物学特性 喜光，在光照弱的地方长势不好。耐寒性较强，喜排水良好的沙质壤土，有一定的耐盐碱力，在pH 8.7、含盐量0.2%的轻度盐碱土中能正常生长。

3. 繁殖方法与技术要点 大多用刺槐作砧木进行嫁接。

嫁接适宜时期一般在春季萌芽前，多切接。砧木应选择胸径6cm以上、经多次移栽的刺槐，砧木应树干通直、长势旺盛且无病虫害。接穗应选择健壮且无病虫害的植株剪取，一般选择二年生木质化程度较高的枝条作接穗，长度一般在8～10cm。嫁接时，接穗应削成楔形插入，使接穗和砧木的形成层对齐，然后用塑料带紧紧缠绕，勿使其松动。嫁接后用蜡密封，然后套上一个塑料袋进行保湿。20d左右伤口可愈合，接穗即可发芽抽条。

4. 园林应用 树冠浓密，花大色艳，散发芳香，适于孤植、丛植在疏林、草坪、公园或列植于高速公路及城市主干道两侧。它可与不同季节开花的植物分别组景，构成十分稳定的底色或背景，观赏价值较高。

第三节　常绿灌木类苗木的繁殖与培育

一、含笑 *Michelia figo*

1. 形态特征与分布 木兰科，含笑属。常绿灌木或小乔木，高2～5m。分枝紧密，小枝有锈褐色茸毛。叶革质，倒卵状椭圆形，长4～10cm，宽2～4cm；叶柄极短，长4mm，密被粗毛。花直立，淡黄色而瓣缘常晕紫，花径2～3cm，芳香。蓇葖果卵圆形，先端呈鸟嘴状。花期3～4月，9月果熟。原产我国华南山坡杂木林中，现华南至长江流域各省均有栽培。

2. 生物学特性　喜弱阴，喜暖热多湿气候及酸性土壤，不耐石灰质土壤。有一定耐寒力，在−13℃左右低温下虽然会掉落叶子，但不会冻死。

3. 繁殖方法与技术要点　繁殖方法有播种、扦插、压条、嫁接等。

（1）**播种繁殖**　9月中下旬采收种子后，立即沙藏到翌春播种，少量可用盆播或箱播，大量则需用苗床，播种床应选用渗透性能好的微酸性沙质壤土，并掺入适量的砻糠灰。盆播宜用点播，苗床可用条播，播后喷水，并用拱形塑料薄膜棚覆盖，保持温湿度，能促进提早出苗。

（2）**扦插繁殖**　春、夏、秋季均可。春插应选择去年生枝条，于3月初进行；夏插和秋插宜选用粗壮的半木质化当年生枝条，分别于6月和9月进行。秋插当年一般不发根。春插的插穗不必带踵，只要下端削平，上端仅留1～3对叶。夏插、秋插的插穗必须带踵，留叶数与春插相同。插后需搭棚遮阴，并经常喷水，保持叶面湿润。

（3）**压条和嫁接繁殖**　压条繁殖宜在发芽前和生长期用高压法进行。选择三至四年生枝，在枝条适当处环剥，用塑料袋套好，填入适量比例的山泥和砻糠灰，然后扎紧塑料袋的两端。嫁接繁殖，用一至二年生的木兰或黄兰作砧木，于3月底4月初腹接，容易成活，秋后新植株可达30～40cm。

4. 园林应用　含笑是我国重要而名贵的园林花卉，常植于江南的公园及私人庭院内。由于其抗氯气，也是工矿区绿化的良好树种。其性耐阴，可植于楼北、树下、疏林旁，或盆栽于室内观赏。

二、桂花 *Osmanthus fragrans*

1. 形态特征与分布　木犀科，木犀属。常绿小乔木，高达12m。芽叠生。叶革质，椭圆形至椭圆状披针形，长4～12cm，宽2～4cm，先端急尖或渐尖，基部楔形，全缘或上半部疏生浅锯齿，侧脉6～10对；叶柄长约2cm。花序聚伞状，簇生叶腋，花梗纤细；花冠橙黄色至白色，深4裂，芳香。果椭圆形，长1～1.5cm，紫黑色。花期9～10月，果翌年4～5月成熟。原产我国西南部，现广泛栽培于黄河流域以南各省区。

2. 生物学特性　喜光，稍耐阴；喜温暖和通风良好的环境，不耐寒；喜湿润、排水良好的沙质壤土，忌涝地、碱地和黏重土壤；对二氧化硫、氯气等有中等抵抗力。花芽多于当年6～8月间形成，有二次开花习性。

3. 繁殖方法与技术要点　常用扦插、嫁接等方法繁殖。

（1）**扦插繁殖**　扦插在春季发芽以前或梅雨季节进行，插穗长10cm，上部留2～3片叶插入苗床，其上搭荫棚，气温在25～27℃时，有利于生根。保持湿度，插后60d可生根。亦可在夏季新梢生长停止后，剪取当年嫩枝扦插。

（2）**嫁接繁殖**　砧木多用小叶女贞、小蜡、水蜡、女贞等。在春季萌发前，用切接法进行嫁接。用小叶女贞作砧木成活率较高，生长快，但寿命短；用水蜡作砧木，生长较慢，但寿命较长。嫁接时，将砧木距地面3～5cm处剪断，自断面一边下切2～3cm，接穗下端削成长2.5～3.0cm的斜面，反面削去一些皮层，两面切口均要平整，然后将接穗插入砧木，使两者皮层相互密接，在接口处抹以湿泥，最后用湿润沙土填封接穗下部，使上端露出2～3cm。注意勿使接穗松动直至嫁接成活。我国北方一些城市则喜用流苏树作砧木，优点是成活后生长速度增加1倍，且能增强桂花的抗寒能力。

4. 园林应用 常作园景树，可孤植、对植，也可成丛成林栽种。我国古典园林中，桂花常与建筑物、山、石相配，以丛生灌木型的植株植于亭、台、楼、阁附近。旧式庭园常用来对植，古称“双桂当庭”或“双桂留芳”。桂花对有害气体二氧化硫、氟化氢有一定的抗性，也是工矿区绿化的好花木。

三、石楠 *Photinia serrulata*

1. 形态特征与分布 蔷薇科，石楠属。常绿小乔木，枝繁叶茂，高4～12m。树冠球形。叶革质，长椭圆形，先端尾尖，基部圆形或宽楔形。新叶红色，后渐为深绿色，光亮。复伞房花序顶生，密生白色小花。梨果球形，紫红色，成熟时呈紫褐色。花期4～5月，果11月成熟。产于我国中部及南部，现北京以南各城市有栽培。

2. 生物学特性 温带树种，耐阴亦较耐寒。喜温暖湿润气候。常生于山坡、谷地杂木林中或散生于丘陵地。对土壤要求不严，以肥沃的酸性土最适宜。萌芽力强，耐修剪整形。

3. 繁殖方法与技术要点 繁殖方法有播种和扦插两种，以播种为主。

（1）**播种繁殖** 11月中上旬采种，堆放后熟，捣烂漂洗，取净晾干，沙藏。2～3月播种，宽幅条播，行距15cm，沟宽5～6cm，播种后覆土、盖草，约1个月发芽出土，分次揭草。苗期加强水肥管理，当年苗高约15cm，翌春分栽或留床培育。

（2）**扦插繁殖** 6月进行嫩枝扦插。选当年生粗壮的半木质化枝条，剪成10～12cm长的插穗，带踵，上部留叶2～3片，每叶剪去2/3，插后及时遮阴，浇透水。移植在2月下旬至3月中旬进行，秋末冬初亦可进行，小苗带宿土移植，大苗带土球，并去除部分枝叶。

4. 园林应用 石楠树冠圆整，叶片光亮，初春嫩叶紫红，春末白花点点，秋日红果累累，极富观赏价值，是著名的庭院绿化树种，抗烟尘和有毒气体，且具隔音功能。

四、山茶 *Camellia japonica*

1. 形态特征与分布 山茶科，山茶属。常绿灌木或小乔木，高达10～15m。叶卵形、倒卵形或椭圆形，长5～11cm，叶端短钝渐尖，叶基楔形。花单生于枝顶或叶腋，红色，径6～12cm，花瓣5～7，花瓣近圆形，顶端微凹。蒴果近球形，径2～3cm，无宿存花萼；种子椭圆形。花期2～4月，果秋季成熟。我国长江流域以南各省有露地栽培，北方则温室盆栽。

2. 生物学特性 喜温暖湿润气候和半阴环境，最好为侧方庇荫。在土层深厚、肥沃湿润、排水良好的微酸性土壤（pH 5～6.5）上生长良好，不耐碱性土。因山茶根为肉质根，如土壤黏重积水则易腐烂变黑而落叶甚至全株死亡。

3. 繁殖方法与技术要点 繁殖方法有播种、压条、扦插、嫁接等。

（1）**播种繁殖** 多在繁殖砧木时应用，在短期内即能获得大量苗木。种子成熟后最好随采随播，否则应沙藏。但因种子富含油脂，故也不耐久藏。播种后覆土2～

3cm，经4～6周可陆续发芽。幼苗期间应适当遮阴，但于早、晚应使之见阳光。一年生苗高可超过10cm。至次年春季移植1次，继续培养。

（2）**扦插繁殖**　6月下旬至7月选当年已停止生长呈半木质化的枝条作插穗。插穗长8～12cm，粗3～4mm，顶端带2片叶，下切口距节下1.5cm，应随剪随插。插床设遮阳网，床上应既能保持湿润又能排水良好。扦插株行距6cm×12cm。插后应注意保持基质的适当湿润和较高的空气相对湿度。约经1个月可产生愈伤组织，此后早、晚见阳光，再约经1个月即可生根。生根后可除去一层荫棚，逐渐增加光照以使苗木充实硬化，并有利于根系的发展。此外，在插穗缺少时可用单芽扦插，即插穗仅带有一片叶、一个芽，长度只有1.5～2cm。

（3）**嫁接繁殖**　为繁殖优良品种，或对一些不易生根的品种，多采用靠接法，通常在5～6月进行。砧木用实生苗或扦插苗。在长江以南地区，在嫁接的当年冬季应设霜棚（暖棚）防寒，次年晚霜后再拆除改为荫棚。

4. 园林应用　山茶树姿优美，四季常青，花大色艳，花期长，是冬末春初装饰园林的名贵花木。

五、杜鹃 *Rhododendron* spp.

1. 形态特征与分布　杜鹃花科，杜鹃属。落叶或半常绿灌木。小枝密被黄褐色平伏硬毛。叶卵状椭圆形或卵形，长2～6cm，宽1～3cm，先端急尖，基部楔形。花2～6朵簇生枝顶；花冠玫瑰红、鲜红和粉红色，宽漏斗状，径4～5cm。果卵圆形，长5～8mm，密被硬毛，有宿存花萼。花期3～4月，果6～7月成熟。我国长江流域及以南各省有分布，北方地区温室栽培。

2. 生物学特性　稍喜光，喜温暖湿润环境，以酸性或中性的沙质壤土或黏壤土为宜，在盐碱及积水地生长不良。

3. 繁殖方法与技术要点　常绿杜鹃常用播种繁殖，落叶杜鹃则用扦插、嫁接及播种繁殖。

（1）**播种繁殖**　常绿杜鹃类最好随采种子随播，落叶杜鹃类亦可将种子贮藏至翌年春播。杜鹃种子很小，故在盆内均匀撒播，上面覆一层薄土，播后盆面盖上塑料薄膜或玻璃，放在庇荫处，保持温度15～20℃，20d左右即可出苗。盆内基质一般为蛭石、珍珠岩、泥炭、粗沙等。种子发芽后不要阳光直晒，发芽10d后可移植分栽。春季播种，5～6月小苗2～3片真叶时分苗。常绿杜鹃多在秋后分苗，第二年分栽。3～4年可见花。

（2）**扦插繁殖**　5月下旬至6月下旬进行，此时枝条生长旺盛，气候温暖湿润。取当年生半木质化枝条，剪成10cm长插穗，带踵，剪去下部叶片，保留顶部3～5片叶。扦插基质可用兰花土、高山腐殖土、黄心土、蛭石等，扦插深度以穗长的1/3～1/2为宜，插完后及时喷透水，加盖薄膜保湿，给予适当遮阴，1个月内始终保持扦插基质湿润，毛鹃、春鹃、夏鹃约1个月即可生根，西鹃需60～70d。

（3）**嫁接繁殖**　5～6月间，采用嫩梢劈接或腹接法。选用二年生的毛鹃为砧木，粗细与接穗得当，品种以毛鹃‘玉蝴蝶’‘紫蝴蝶’为好。在西鹃母株上，剪取3～4cm长的嫩梢作接穗，去掉下部叶片，保留端部3～4片小叶，基部用刀片削成楔形，削面长0.5～1cm。在砧木当年生新梢2～3cm处截断，摘去该部位叶片，纵切1cm，插入接穗楔形端，形成层对齐，用塑料薄膜带绑扎接合部，套上塑料袋扎口保湿；置于荫棚下，忌阳光直射和暴晒。接后7d，只要袋内有细小水珠且接穗不萎蔫，即有可能成活；2个月后去袋，翌春再解去绑扎带。

4. 园林应用 杜鹃开花期长，其时“花团若锦，灿若云霞”，可群植于疏林下，或在花坛、树坛、林缘作色块布置。

六、红花檵木 *Loropetalum chinense*

1. 形态特征与分布 金缕梅科，檵木属。常绿灌木或小乔木，高4～9m。小枝、嫩叶及花萼均有锈色星状短柔毛。叶卵形或椭圆形，长2～5cm，基部歪圆形，先端锐尖，全缘，背面密生星状柔毛。花3～8朵簇生于小枝端，花瓣带状线形，浅黄白色，长1～2cm，苞片线形。蒴果褐色，近卵形。花期5月，果8月成熟。原产我国长江中下游及其以南、北回归线以北地区。现黄河流域以南各地有栽培。

2. 生物学特性 耐半阴，喜温暖气候，适应性较强。要求排水良好而肥沃的酸性至中性土壤，耐修剪。

3. 繁殖方法与技术要点 红花檵木可用扦插、嫁接等方法繁殖。

（1）**扦插繁殖** 早春剪取一年生枝作插穗，长10～15cm，插入黄心土或沙壤土中，保持插穗湿润，成活率可达80%；也可于花后6月采取半木质化枝作插穗，将其扦插于细沙与蛭石以1∶1的比例配制成的基质中，少量扦插可用花盆，罩塑料薄膜保湿，置放于半阴处，约1个月即可生根，成活率比春插更高。

（2）**嫁接繁殖** 可以檵木桩或檵木的实生苗为砧木，于早春进行切接或劈接，生长速度比扦插苗快。此法可用于制作大型红花檵木盆景。

4. 园林应用 红花檵木常年叶色鲜艳，枝繁叶茂，特别是开花时瑰丽奇美，极为夺目，是花、叶俱美的观赏树木。常用于色块布置或修剪成球形，也可作绿篱，又是制作盆景的好材料。

七、珊瑚树 *Viburnum odoratissimum*

1. 形态特征与分布 忍冬科，荚蒾属。常绿灌木或小乔木，树冠倒卵形，枝干挺直。单叶对生，叶长椭圆形，具波状钝齿，表面暗绿色，光亮，背面淡绿色。圆锥状花序顶生，6月间开白色钟状小花，芳香。核果椭圆状，初为红色，似珊瑚，后渐变黑色，10月成熟。产于我国华南、华东、西南等地区，北京以南各地有栽培。

2. 生物学特性 喜温暖湿润气候，在潮湿肥沃的中性壤土上生长迅速而旺盛，对酸性土、微碱性土亦能适应。喜光亦耐阴；根系发达，萌芽力强，耐修剪，易整形。

3. 繁殖方法与技术要点 繁殖方法有播种和扦插两种。

（1）**播种繁殖** 在10月下旬采种，堆放后熟，洗净阴干，湿沙层积或冬播。早春播种种子在5月下旬出土，幼苗畏强日照，应及时遮阴，当年苗高10cm左右。移植在3月中旬至4月上旬，需带土球。

（2）**扦插繁殖** 扦插在6月中旬，用半木质化枝，成活率高。9月上旬秋插发根慢，越冬时易受害。插穗应选择粗壮的上部枝，插穗长12～15cm，具2～3节，带踵扦插最好，留上部平展的一对叶，随剪随插，插入土中 3/5，插后充分浇水，搭棚遮阴，以后浇水掌握少量多次。插后 20d 开始发根，40d 叶芽伸长展开，逐渐增加光照。入冬注意防寒保暖，留床 1 年后分栽。根系质脆易断，分栽时需注意保护，并做到随挖随栽，及时浇水，加强养护管理。

4. 园林应用 珊瑚树枝叶繁茂，春季开出一串串白色小花，夏季红果累累，鲜艳诱人，常整修成绿墙、绿廊和绿门。

八、小叶蚊母树 *Distylium buxifolium*

1. 形态特征与分布 金缕梅科，蚊母树属。小枝与芽具垢状鳞毛。叶薄革质，倒披针形，全缘。花杂性，穗状花序；苞片线状披针形；萼筒极短，萼齿披针形；子房有星状毛。分布于我国浙江、福建、湖北、湖南及四川等地。

2. 生物学特性 喜温暖湿润气候。喜光，耐阴，耐高温，耐旱，耐贫瘠，对土壤的适应性强，可在盐碱土中生长。耐修剪，易控制高度。

3. 繁殖方法与技术要点 常用播种或扦插法繁殖。扦插基质选择河沙与林地腐叶以 1∶1 配制的混合土，调成微酸性土壤。扦插时间以春季 2～3 月和秋季 8～9 月为主，宜早不宜迟。嫩枝扦插选取半木质化的当年生枝条，尽量剪取枝条中部；而硬枝扦插以二年生以上的枝条为好。插穗可用浓度为 1 000mg/kg 的 ABT 生根粉浸泡基部 10min 左右，促进生根。在扦插后 20d，开始用 0.3%磷酸二氢钾水溶液进行叶面喷施，配合通风，每隔 7～10d 进行 1 次，连喷 5 次，一般在阴天或晴天下午进行，可以促进插穗的成活。

4. 园林应用 可作庭院、公路分车道及地被植物栽培。冬、春两季开花，是优良的常绿地被植物。

九、茉莉 *Jasminum sambac*

1. 形态特征与分布 木犀科，素馨属。常绿灌木，高 1～3m。幼枝绿色，单叶对生，叶片广卵形或椭圆形。花两性，聚伞花序，腋生或顶生，在当年生新枝上开花，每花序着生花 3～15 朵，花白色，芳香，自初夏到晚秋开花不绝。茉莉花原产于我国西部，中心产区在波斯湾附近，现广泛栽植于亚热带地区。

2. 生物学特性 性喜温暖湿润，在通风良好、半阴环境中生长最好。土壤以含有大量腐殖质的微酸性沙质壤土最为适合。大多数品种畏寒、畏旱，不耐霜冻、湿涝和碱土，冬季气温低于 3℃时，枝叶易遭受冻害，如持续时间长就会死亡。

3. 繁殖方法与技术要点 茉莉花繁殖多用扦插，也可压条或分株。

(1) 扦插繁殖 于 4～10 月均可进行，选取成熟的一年生枝条，剪成带有两个节以上的插穗，去除下部叶片，插在泥沙各半的插床，覆盖塑料薄膜，保持较高的空气湿度，经 40～60d 生根。

(2) 压条繁殖 选取较长的枝条，在节下部轻轻刻伤，埋入盛泥沙的小盆，经常保湿，20～30d 开始生根，2 个月后可与母株割离成苗，另行栽植。盆栽茉莉花，盛夏时每天要早、晚浇水，如空气干燥，需补充喷水；冬季休眠期，要控制浇水量，如盆土过湿，会引起烂根或落叶。生长期间需每周施稀薄饼肥 1 次。

4. 园林应用 茉莉花叶色翠绿，花色洁白，香味浓厚，为常见庭院及盆栽观赏芳香花卉。多用盆栽点缀室内，清雅宜人，还可加工成花环等装饰品。

十、南天竹 *Nandina domestica*

1. 形态特征与分布 小檗科，南天竹属。常绿灌木，高达 2m，干丛生而少分枝。叶互生，二至三回羽状复叶，总叶轴上有关节。小叶薄革质，椭圆状披针形，全缘，先端渐尖，光滑无毛，深绿色，冬季变红色，长 5～10cm。圆锥花序顶生，花小，白色，花期 5～7 月。浆果球形，鲜红色，果成熟期 9～10 月。产于我国长江流域及陕西、河北、山东等地，日本、印度也有分布。

2. 生物学特性 性喜半阴，在强光下也能正常生长，但叶色常发红。喜温暖气候及肥沃、湿润而排水良好的土壤，耐寒性不强。对水分要求不严，生长较缓慢。

3. 繁殖方法与技术要点 可用播种、扦插或分株繁殖。

（1）**播种繁殖** 每年在深秋后进行采种，去除果肉晾干收藏，待第二年春季进行点播。点播的深度为种粒的 2～3 倍，温度控制在 20℃以上，4 周后便可出苗。等到小苗长出 2～3 片真叶时，进入正常的肥水管理，第二年春季就可进行定植或移植。

（2）**扦插繁殖** 春季主干留最下 2 片叶片，上面的枝条全部截下作为插穗，插入准备好的苗床，早晚喷水，保持土壤及空气的湿度。5 周后叶腋萌发出芽条时，又可将上面的枝条截取作为插穗。第二年春季便可定植。

（3）**分株繁殖** 在 3～4 月萌发前，将植株的丛生根基部蘖生处分割成几个块根（根基上要带芽），或在萌发后分割块根，然后进行种植，保持土壤湿润。

4. 园林应用 盆栽、制作盆景，也可应用于花坛、花池、花境中，多配置于山石旁、房屋前后、院落角隅或花台之中。果枝可瓶插。

十一、六月雪 *Serissa japonica*

1. 形态特征与分布 茜草科，六月雪属。常绿或半常绿小灌木。分枝性强，枝叶繁茂，株高 1m 左右。一年生枝绿色，老枝褐色，且有皱纹。叶对生或簇生，卵形或披针形，全缘，革质，深绿色，有光泽。花极小，单生或簇生，白色。小核果近球形。花期 6～7月。

2. 生物学特性 阳性树种，也能耐阴；喜温暖气候，也耐寒冷。在排水良好、肥沃湿润的壤土中生长良好。萌芽力强，耐修剪。

3. 繁殖方法与技术要点 用扦插、分株繁殖。

（1）**扦插繁殖** 扦插繁殖全年都可进行，其中以春季 3～4 月（休眠枝）或 6～7 月的梅雨季节（半成熟枝）扦插成活率较高。剪取 6～8cm 长的健康枝条作为插穗，下切口剪成马蹄形，将下部 3～4cm 插入沙床中。扦插时注意遮阴和多喷水，1 个月后可生根。

（2）**分株繁殖** 分株在萌芽前的初春 3 月份前后或停止生长的秋末进行比较好。可选择丛生的老株或根蘖苗进行分株，将母株连根从土壤中挖出，用剪刀分割成若干小株丛，每 1 小株丛带 1～3 个枝条，下部带根，用这种方法移栽后成活率较高。

4. 园林应用 在南方园林中露地栽培，可作绿篱，在树桩盆景方面应用广泛。

十二、胡颓子 *Elaeagnus pungens*

1. 形态特征与分布　胡颓子科，胡颓子属。常绿直立灌木，高3～4m。枝上具刺，刺顶生或腋生，深褐色，长2～4cm，有时较短。幼枝微扁棱形，密被锈色鳞片，老枝鳞片状脱落，黑色，具光泽。叶革质，长5～10cm，宽1.8～5cm，椭圆形或阔椭圆形，稀矩圆形，边缘微反卷或皱波状，两端钝形或基部圆形；上面幼时具银白色和少数褐色鳞片，成熟后脱落，具光泽，干燥后褐绿色或褐色，下面密被银白色和少数褐色鳞片。果核内面具白色丝状绵毛。花期9～12月，果期次年4～6月。产自我国江苏、浙江、福建、安徽等地，日本也有分布。

2. 生物学特性　喜温暖湿润气候，抗寒力比较强，能忍耐－8℃左右的低温，生长适温为24～34℃，在华北南部可露地越冬，耐高温酷暑。喜光，耐阴性一般。对土壤要求不严，在中性、酸性和石灰质土壤上均能生长，耐干旱和瘠薄，不耐水涝，抗风性强。生于山地杂木林内和向阳沟谷旁。

3. 繁殖方法与技术要点　多采用播种繁殖与扦插繁殖。

（1）**播种繁殖**　每年5月中下旬将果实采下后堆起来，经过一段时间的成熟让果实自己腐烂，再将种子淘洗干净，之后立即播种。因为种子发芽率只有50%左右，因此应适当加大播种量。采用开沟条播法，行距15～20cm，覆土厚1.5cm，播后盖草保墒。播种后已进入夏季，气温较高，因此1个多月苗木可全部出齐，这时应立即搭棚遮阴，当年追肥2次，第二年早春分苗移栽，再培养1～2年即可出圃。

（2）**扦插繁殖**　扦插多在4月上旬进行，选取生长健壮、无病虫害的一至二年生枝条作插穗，截成12～15cm长，保留1～2枚叶片，下部插入土中5～7cm。如在露地苗床扦插需搭棚遮阴，盆插时应放在荫棚下养护，2个月左右生根后，可继续在露地苗床培养大苗，也可上盆培养。

4. 园林应用　株形自然，红果下垂，适于草地丛植，也可于树群外围作自然式绿篱。

十三、叶子花 *Bougainvillea spectabilis*

1. 形态特征与分布　紫茉莉科，叶子花属。常绿攀缘灌木。茎粗壮，枝下垂，无毛或疏生柔毛；枝有利刺，刺腋生。单叶互生，纸质，卵形或卵状披针形，顶端急尖或渐尖，基部圆形或宽楔形，上面无毛，下面微被柔毛。花顶生于枝端的3个苞片内，花梗与苞片中脉贴生，每个苞片上生1朵花；苞片叶状，紫色或洋红色，长圆形或椭圆形，纸质；花盘基部合生呈环状，上部撕裂状。瘦果有5棱，种子有胚乳。原产于巴西，在我国分布于福建、广东、海南、广西、云南等地。

2. 生物学特性　喜温暖湿润的气候和阳光充足的环境，光照不足会导致非正常落花。不耐寒，在我国南方地区可露地越冬，其他地区需盆栽或温室栽培。耐干旱瘠薄，以疏松、肥沃、排水良好的沙质壤土最为适宜。

3. 繁殖方法与技术要点　常用扦插繁殖的方法。

5～6月从健康母株上选择正常生长并已经开始木质化的向阳枝，剪成7～10cm的小段作为插穗，斜削底端使其截面与枝条保持45°，摘除下方叶片，仅保留顶部2～3片叶子，用生根水浸泡6～8h，然后将其下部4～5cm插入沙土中，注意保湿，

1个月左右可生根。

4. 园林应用 叶子花苞片大，色彩鲜艳，是美丽的观赏植物，可作盆景、绿篱及修剪造型植物，我国南方栽植于庭院、公园，北方栽培于温室。在巴西，妇女常用来插在头上作装饰，别具一格。欧美常用作切花。

十四、九里香 *Murraya exotica*

1. 形态特征与分布 芸香科，九里香属。常绿灌木或小乔木，高3～8m。老枝灰白色或灰黄色。奇数羽状复叶，小叶3～9，互生，叶变异较大，椭圆形、倒卵形至菱形，最宽部在叶中部以下，全缘，先端短钝，柄极短。聚伞花序腋生或顶生，花大而少，白色，极芳香，开时微反折；萼极小，5片，宿存；花瓣5，有透明腺点。果实长椭圆形，肉质，红色，内含种子1～2粒。花期4～9月，果期9～12月。产于我国华南各地，多生于近海岸向阳地区。广泛分布于亚洲热带和亚热带地区。

2. 生物学特性 喜温暖湿润气候，较喜光，也有一定耐阴能力。喜深厚肥沃、排水良好的土壤，不耐寒，耐旱。萌芽力强，耐修剪。

3. 繁殖方法与技术要点 常采用播种繁殖和扦插繁殖。

（1）播种繁殖 采摘成熟饱满的朱红色鲜果，在清水中揉搓，去掉果皮以及浮在水面上的杂质和瘪粒，晾干备用。春、秋季均可播种。一般多采用春播，时间在3～4月，5月亦可，气温16～22℃时，播种25～35d后发芽；秋播以9月至10月上旬为宜。播种前，选择水肥条件较好的地块作苗圃，深耕，碎土，耙平做畦，畦宽1～1.2m。撒播或条播均可。撒播则将种子与细沙混匀，均匀地撒在苗床上，播后覆土1.2cm厚，上面盖草，灌水；条播按行距30cm播种。出苗后要及时揭去盖草，当长出2～3片真叶时间苗，保留株距10～15cm，并相应地结合除草，追施人畜粪。苗高15～20cm时定植。

（2）扦插繁殖 扦插宜在春季或7～8月雨季进行，剪取组织充实、中等成熟、表皮灰绿色的一年生以上的枝条作插穗，当年生的嫩枝不宜采用。插穗长10～15cm，具4～5节；剪口要求平整。将其斜插于苗床内，苗床可撒1层清洁河沙，株行距为9cm×12cm，插后浇水，保持床内土壤湿润。春播苗当年即可定植，秋播者翌年定植。

4. 园林应用 树姿优美，四季常青，花朵白色而芳香，花期较长，而且果实红色，在华南可丛植观赏，栽于庭院、水边、草坪等地，也是优良的绿篱、花篱和基础种植材料。北方常室内盆栽。

十五、齿叶冬青 *Ilex crenata*

1. 形态特征与分布 冬青科，冬青属。常绿小灌木，多分枝，小枝有灰色细毛。叶小而密，厚革质，椭圆形至长倒卵形。花白色，雄花3～7朵排成聚伞花序生于当年生枝的叶腋，雌花单生。果球形，成熟时黑色。花期5～6月，果期8～10月。分布在我国长江下游至华南等地区，是常规的绿化苗木，产地主要集中在湖南、浙江、福建以及江苏等地。

2. 生物学特性 齿叶冬青是暖温带树种，喜温暖湿润气候，较耐寒，适应性强。

性喜光，稍耐阴。以湿润、肥沃的微酸性黄土最为适宜，在中性土壤上亦能正常生长。

3. 繁殖方法与技术要点　常采用扦插繁殖。

可用硬枝扦插和软枝扦插。硬枝扦插多在2～3月进行，利用一年生健壮枝条作插穗，插穗长6～8cm，剪去下部叶片，只留1～2枚上部叶片，插入土壤的深度为插穗长度的1/2，需要用沙土作为基质。插后搭棚遮阴，之后要经常喷水保持湿润，约1个月即可生根。因为扦插时插穗比较密集，为了能更好地吸收养分、长出更好的树冠，在苗长大后要立即移栽到田地，加大间距，这样才有利齿叶冬青的生长。

4. 园林应用　齿叶冬青质地细腻，修剪后轮廓分明，能够保持较长的时间，常作地被和绿篱，也常以彩块及彩条的形式作基础种植。也可作盆栽。园林中多植于树坛、花坛及园路交叉口，观赏效果均佳。

十六、铺地柏 *Sabina procumbens*

1. 形态特征与分布　柏科，圆柏属。常绿匍匐小灌木，高达75cm，冠幅逾2m。枝干贴近地面伸展，褐色，小枝密生，枝梢及小枝向上斜展。叶均为刺形叶，蓝绿色，3叶交叉轮生，条状披针形，先端渐尖成角质锐尖头；上面凹，表面有2条白色气孔带，下面基部有2个白粉气孔，气孔带常在上部汇合；绿色中脉仅下部明显，不达叶之先端，下面凸起，沿中脉有细纵槽；叶基下延生长。球果近球形，被白粉。产于我国新疆天山至阿尔泰山、宁夏贺兰山、内蒙古、青海东北部、甘肃祁连山北坡及古浪、景泰、靖远等地以及陕西北部榆林。模式标本采自欧洲南部。

2. 生物学特性　喜略微湿润至干爽的气候环境，耐寒，喜半阴。

3. 繁殖方法与技术要点　通常采用扦插繁殖。

进行嫩枝扦插时，在春末至早秋植株生长旺盛时，选用当年生粗壮健康的枝条作为插穗。将枝条剪下后，选取壮实的部位，剪成5～15cm长的一段，每段要带3个以上的节。插穗剪取要在最上一个叶节的上方约1cm处平剪，在最下面的叶节下方约0.5cm处斜剪，上下剪口都要平整（刀要锋利）。进行硬枝扦插时，在早春气温回升后，选取去年的健壮枝条作插穗。每段插穗通常保留3～4个节，剪取的方法同嫩枝扦插。

4. 园林应用　铺地柏匍匐有姿，是良好的地被树种，常植于坡地观赏，也可作基础种植，增加景观层次。耐旱性强，亦可作水土保持及固沙造林树种。

第四节　落叶灌木类苗木的繁殖与培育

一、蜡梅 *Chimonanthus praecox*

1. 形态特征与分布　蜡梅科，蜡梅属。落叶丛生灌木，在暖地叶半常绿，高达3m。小枝近方形。叶半革质，椭圆状卵形至卵状披针形，叶端渐尖，叶基圆形或广楔形。花单生，径约2.5cm；花被外轮蜡黄色，中轮黄色或带有紫色条纹，浓香。果托坛状，有光泽。花期12月至翌年3月，果8月成熟。产于我国湖北、河南、陕西等省，现各地有栽培。河南省鄢陵县为蜡梅苗木传统生产之中心。

2. 生物学特性 喜光亦略耐阴，较耐寒。耐干旱，忌水湿，花农有“旱不死的蜡梅”的经验，但仍以湿润土壤为好，最宜选深厚肥沃、排水良好的沙质壤土，如植于黏性土及碱性土上均生长不良。

3. 繁殖方法与技术要点 以嫁接繁殖为主，播种繁殖常用作培养砧木。

（1）**嫁接繁殖** 嫁接以切接法为主，靠接次之。切接多在3～4月进行，当叶芽萌动至麦粒大小时，进行嫁接。芽发得太大，接后很难成活。切接前1个月，从壮龄母树上选粗壮的一年生枝剪取接穗，接穗长6～7cm，截去顶梢，使养分集中，则有利于嫁接成活。砧木切口可略长，扎缚后的切口要涂以泥浆，并壅土覆盖，接后约1个月，即可扒开封土检查成活。当年苗高可达60～80cm。采用靠接法繁殖的蜡梅，多在5月前后进行，砧木多以实生或分株的狗蝇梅为主。

（2）**播种繁殖** 播种繁殖于7月采种，脱粒沙藏越冬或秋播。种子千粒重300g，每千克约3 200粒，发芽率为75%～85%。春播于2月下旬至3月中旬进行，条播行距20～25cm，每667m^2播种量15～20kg，覆土厚约2cm，播后20～30d出土，初期适当遮阴。

4. 园林应用 蜡梅冬季开花，花香浓郁，是著名的冬季观花灌木，最适于丛植于窗前、墙前、草坪等处，供庭院绿化之用。也可作切花、盆景。

二、梅 *Armeniaca mume*

1. 形态特征与分布 蔷薇科，杏属。树干褐紫色，有纵驳纹，具枝刺。小枝细而无毛，多为绿色。叶广卵形至卵形，长4～10cm，先端渐长尖或尾尖，基部广楔形或近圆形。花多每节1～2朵，具短梗，淡粉或白色，有芳香，在冬季或早春叶前开放，花瓣5枚，常近圆形；萼片5枚，多呈绛紫色。果球形，绿黄色，密被细毛，径2～3cm。果熟期5～6月。分布于我国西南山区，黄河流域以南地区可露地安全越冬。

2. 生物学特性 喜阳光，性喜温暖而略潮湿的气候，有一定耐寒力。较耐瘠薄土壤，亦能在轻碱性土中正常生长。梅最怕积水之地，要求于排水良好地栽植。又忌在风口处栽植。

3. 繁殖方法与技术要点 最常用的是嫁接法和扦插法，播种繁殖常用作培养砧木。

（1）**嫁接繁殖** 嫁接时可用桃、山桃、杏、山杏及梅的实生苗等作砧木。桃及山桃易得种子，作砧木嫁接也易成活，故目前普遍采用，但缺点是成活后寿命短，易感染病虫害，故实际上不如后三者作砧木为佳。至于在嫁接方法上，则因地区及目的而常有差异。在江南，多于春季发芽前行切接、腹接，或在秋分前后行腹接。在苏州，为了制作梅桩，多用果梅的老根行靠接法。在江南地区行盾形芽接梅花时，木质部虽带得较厚亦易成活。

（2）**扦插繁殖** 在江南地区扦插繁殖法多于秋冬季节进行，将一年生的充实枝条切成10～20cm长的插穗，采用泥浆扦插法，不必遮阴，对宫粉型等品种可获得80%以上的成活率。

4. 园林应用 可用于庭院绿化，也可作盆景或桩景或作切花瓶插供室内装饰用。

三、金丝桃 *Hypericum monogynum*

1. 形态特征与分布　藤黄科，金丝桃属。常绿、半常绿或落叶灌木，高 0.6～1m。小枝圆柱形，红褐色，光滑无毛。叶无柄，长椭圆形，长 4～8cm，先端钝，基部渐狭而稍抱茎，表面绿色，背面粉绿色。花鲜黄色，径 3～5cm，单生或 3～7 朵成聚伞花序；萼片 5，卵状矩圆形，顶端微钝；花瓣 5，宽倒卵形；雄蕊多数，5 束，较花瓣长；花柱细长，顶端 5 裂。蒴果卵圆形。花期 6～7 月，果熟期 8～9 月。原产我国中部及南部地区，黄河流域及以南地区均有栽培。

2. 生物学特性　常野生于湿润溪边或半阴的山坡下，喜光，喜温暖湿润气候，略耐阴。忌积水。较耐寒，对土壤要求不严，除黏重土壤外，在一般的土壤中均能较好地生长。

3. 繁殖方法与技术要点　繁殖方法有分株、播种和扦插三种。

（1）**分株繁殖**　宜于 2～3 月进行，极易成活。

（2）**播种繁殖**　宜在春季 3 月下旬至 4 月上旬进行。因种子细小，覆土宜薄，以不见种子为度，否则出苗困难。播后要保持湿润，3 周左右可以发芽，苗高 5～10cm 时可以分栽，翌年能开花。

（3）**扦插繁殖**　夏季用嫩枝带踵扦插效果最好，也可在早春或晚秋进行硬枝扦插。一般在梅雨季节行嫩枝扦插。扦插基质宜用清洁的细河沙与蛭石或珍珠岩以 1∶1 混合配制。将一年生粗壮的嫩枝剪成 10～15cm 长的插穗，顶端留 2 片叶片，然后插入苗床，扦插深度以插穗插入土中 1/2 为准。插后遮阴，保持湿润，第二年即可移栽。

4. 园林应用　若配置于林下，可延伸景观。也常作花境两侧的丛植，花时一片金黄，鲜艳夺目。也是良好的盆景与鲜切花素材。

四、月季 *Rosa* spp.

1. 形态特征与分布　蔷薇科，蔷薇属。常绿或半常绿直立灌木，通常具钩状皮刺。小叶 3～5，广卵形至卵状椭圆形，长 2.5～6cm，先端尖，缘有锐锯齿，两面无毛，表面有光泽；叶柄和叶轴散生皮刺和短腺毛；托叶大部分附生在叶柄上，边缘具腺毛；花深红、粉红至近白色，微香；萼片常羽裂，缘有腺毛；花梗多细长，有腺毛。果卵形至球形，红色。花期 4 月下旬至 10 月，果熟期 9～11 月。原产于我国长江流域及其以南地区，现全国各地普遍栽培。

2. 生物学特性　月季对环境适应性颇强；对土壤要求不严，但以富含有机质、排水良好而微酸性（pH 6～6.5）土壤最好。喜光，喜温暖气候，一般气温在 22～25℃最为适宜。

3. 繁殖方法与技术要点　有嫁接和扦插两种繁殖方法。

（1）**嫁接繁殖**　芽接、切接、根接均可，依接穗来源多少及技术而定，除盛暑、隆冬外均可进行。露地芽接在秋季较好，尤以 9 月至 10 月上旬较适宜，可在一株砧木上嫁接多个芽，成活后剪下分段扦插即各成一新植株。室内嫁接则可延迟到 12 月，接于蔷薇插穗上，接好后扦插则更为省工。但这种接插法要有一定经验及防寒设备，插后薄膜覆盖保温，接芽萌发后揭除薄膜透光炼苗，次年春季可移出室外。切接则在清明前芽开始膨大时进行。

（2）**扦插繁殖** 可分春插、秋插及梅雨季嫩枝插三种。

①春插：春插是结合修剪取具3～4个芽、10～12cm长的一年生硬枝作插穗，在芽萌发前进行扦插。据南京中山植物园报道，2月扦插的要60～80d才生根，5月扦插的14～23d即可生根，更晚则生根更快，但已不属春季硬枝扦插了。

②秋插：秋插方法基本同春插，但越冬要加强保温，最好在室内扦插。

③梅雨季嫩枝插：取当年生枝作插穗，扦插基质宜用清洁的细河沙与蛭石或珍珠岩按1∶1混合配制。扦插成活后及时移植于大田培养。

4. 园林应用 月季花大色美，在小庭院中的粉墙前点缀几株，配以山石，杂以其他芳草，美丽如画。盆栽于阳台，花叶繁茂，暗香袭人，也很适宜。月季还是瓶插、切花的重要材料。也宜编扎花篮，绮丽灿烂，五色缤纷。

五、棣棠 *Kerria japonica*

1. 形态特征与分布 蔷薇科，棣棠花属。落叶丛生小灌木，高1～2m。小枝绿色，叶卵形或三角状卵形，先端渐尖，叶缘重锯齿，基部截形或近圆形，叶背疏生短柔毛；托叶钻形，膜质，边缘具白毛。花单生于当年生侧枝顶端，花梗长1～1.2cm，无毛；花金黄色，萼筒无毛，萼裂片卵状三角形或椭圆形，全缘，两面无毛；花瓣长圆形或近圆形，长1.8～2.5cm，先端微凹。瘦果褐黑色，扁球形。花期4～5月，果期7～8月。产于中国、日本、朝鲜等亚洲国家，分布于我国华北南部及华中、华南各地。

2. 生物学特性 喜温暖和湿润的气候，较耐阴，不甚耐寒；对土壤要求不严，耐旱力较差。

3. 繁殖方法与技术要点 以分株、扦插繁殖为主，播种次之。

（1）**分株繁殖** 分株在春季萌芽前将母株掘起分出，或者在母株周围掘取萌条分栽，较易成活。

（2）**扦插繁殖** 休眠期扦插于3月进行，选取一年生健壮枝的中下段作插穗，长10～12cm，插入土中2/3，扦插后浇透水，以后经常保持土壤湿润，4月下旬搭棚遮阴，9月中下旬停止庇荫。生长期扦插以6月为宜，用当年生粗壮半木质化枝作插穗，长10cm左右，留2片叶片，插后及时遮阴、浇水，约20d发根，成活率较高。

（3）**播种繁殖** 播种在8月下旬采种，翌年2～3月条播，播后盖细焦泥灰0.5cm，出苗后搭荫棚。

4. 园林应用 丛植于路边、墙际、水畔、坡地、林缘及草坪边缘，或栽作花境、花篱，或以假山配置，景观效果极佳。

六、樱花 *Cerasus* spp.

1. 形态特征与分布 蔷薇科，樱属。落叶乔木，高可达4～16m。树皮淡紫褐色，平滑具横纹，老时变为灰褐色而粗糙。叶片多卵形，边缘重锯齿呈芒状，叶柄上常有3～5个腺体。花白或粉红色，也有黄色，花柄、萼筒及心皮无毛，花瓣顶端常内凹，伞房状总状花序。核果较小，紫褐色或近黑色。花期3月下旬至4月中旬。产于我国长江流域和云南，日本、朝鲜也有。我国栽培较多，日本更为普遍。

2. 生物学特性　喜光，喜肥沃、深厚而排水良好的微酸性或中性土壤，不耐盐碱。耐寒，喜空气湿度大的环境。根系较浅，忌积水与排水不良。对烟尘和有害气体的抵抗力较差。

3. 繁殖方法与技术要点　常用扦插及嫁接繁殖。

扦插宜在3～4月进行。扦插基质最好是珍珠岩、蛭石或河沙，以前者为佳。剪取一年生健壮枝条，长度以15～20cm为宜，先用吲哚乙酸等生根剂溶液浸泡，将其扦插于苗床中，插入深度为插穗的1/3～1/2，并淋透水，覆盖塑料薄膜保温保湿，温度控制在25～28℃即可。

4. 园林应用　樱花花繁叶茂，可作庭院绿化树、行道树。庭院绿化以群植为主，最宜行集团状群植，在各集团之间配置常绿树作衬托。

七、牡丹 *Paeonia suffruticosa*

1. 形态特征与分布　芍药科，芍药属。落叶小灌木，高1～2m，高者可达3m。叶片宽大，互生，二回三出羽状复叶，具长柄。顶生小叶卵圆形至倒卵圆形，先端3～5裂，基部全缘；侧生小叶为长卵圆形，表面绿色，具白粉，平滑无毛或有短柔毛。花顶生，直径10～30cm。花期4～5月。原产于我国西部及北部，秦岭、伏牛山有野生。河南洛阳、山东菏泽栽培历史悠久，享有盛誉。

2. 生物学特性　耐寒、耐旱，忌炎热多湿，喜背风、半阴，喜排水良好的微酸性沙壤土。在干热的地方生长不良。夏秋雨水过多，叶片早落，易发生秋季开花现象。种子有休眠习性。植株生长缓慢，每年新梢枯萎，故有"牡丹长一尺、退八寸"之说。

3. 繁殖方法与技术要点　繁殖方法有播种、分株、嫁接等。

（1）**播种繁殖**　如用播种法，可在秋季8月下旬种子成熟后随采随播，但不宜迟至10月后，否则发芽率甚低。播后保持土壤湿润，冬季注意地面覆盖防寒，第二年秋季可以移植，一般6年后开花。

（2）**分株繁殖**　分株在秋季10月进行，如为采收丹皮而结合分株时，可提早于8月下旬开始。

（3）**嫁接繁殖**　嫁接通常以牡丹根或芍药根进行根接。但牡丹根细而硬，嫁接不便，因而多用芍药根作砧木，芍药根直径以2～3cm为宜，于秋季9～10月进行。先将芍药根砧阴干2～3d，使稍萎蔫以便嫁接。接穗选取当年生光滑而节间短的枝，接穗要有1～2个芽。嫁接时切取根砧长10～15cm，接后栽植于苗床中，深度以接口深于地表6～10cm为度。栽植后再于其上覆以细土，以保持湿润并借以防寒越冬。第二年春暖时，逐渐将松土耙去，嫁接3年后，接穗下部已生出自生根，即可进行移植。

4. 园林应用　牡丹花大色艳、富丽堂皇、芳香宜人，可谓姿、色、香兼备，观赏价值较高，素有"国色天香"之誉。孤植或丛植于庭院，或室内盆栽观赏，也可用于切花。在公园或植物园中多以牡丹专类园出现。

八、连翘 *Forsythia suspensa*

1. 形态特征与分布 木犀科，连翘属。落叶灌木，高1～3m，基部丛生。枝条拱形下垂，棕色、棕褐色或淡黄褐色；小枝土褐色，稍四棱形，疏生皮孔，节间中空。单叶对生或羽状三出复叶，叶卵形或椭圆状卵形，长3～10cm，宽2～5cm，先端渐尖或急尖，基部圆形至宽楔形，叶缘除基部外具锐锯齿或粗锯齿。典型4数花，着生于叶腋，于每年3月左右先叶开放，金黄色；花梗长5～6cm，花萼4裂，绿色。蒴果卵圆形。主产于我国华北、东北、华中、西南等地区。

2. 生物学特性 喜光，较耐寒，适生于肥沃疏松、排水良好的壤土，也能耐适度的干旱和瘠薄，怕涝。

3. 繁殖方法与技术要点 繁殖方法有播种和扦插两种。

（1）**播种繁殖** 先用40℃的温水浸种，然后混湿沙催芽，经常翻倒，并补充水分，待有部分种子裂嘴时即可播种。也可用温水浸种后，再用清水浸24～48h，待种子充分吸水后进行播种，只是出苗期较前一方法略晚。播种后覆土宜薄，一般为1cm左右，覆草。出苗后逐步撤除覆草，苗高3～5cm时间苗、定苗，当行距为25～30cm时，株距可定为7～12cm。连翘幼苗怕涝，雨季应注意排水。在北京地区，当年苗高可达50cm左右。

（2）**扦插繁殖** 硬枝扦插或嫩枝扦插均易成活。

4. 园林应用 连翘早春先叶开花，花开香气淡雅，满枝金黄，艳丽可爱，是早春优良观花灌木。适宜于宅旁、亭阶、墙隅、篱下与路边配置，也宜于溪边、池畔、岩石、假山下栽种。因根系发达，可作花篱或护堤树栽植。

九、紫丁香 *Syringa oblata*

1. 形态特征与分布 木犀科，丁香属。落叶小乔木或灌木，高可达4～5m。树皮暗灰或灰褐色，有沟裂。枝粗壮，光滑无毛，灰色，二叉分枝，顶芽常缺。单叶对生，椭圆形或卵圆形，通常宽大于长，先端锐尖，基部心脏形，厚纸质，全缘。圆锥花序，花暗紫色，芳香。4～5月开花，果9～10月成熟。是我国华北、东北和西北地区的重要观花树种。

2. 生物学特性 喜光，稍耐阴。喜温暖、湿润气候，有一定的耐寒性和较强的耐旱力。对土壤要求不严，耐瘠薄，在肥沃、排水良好的土壤上生长良好。

3. 繁殖方法与技术要点 紫丁香的繁殖方法有播种、扦插、嫁接等。

（1）**播种繁殖** 可于春、秋两季在室内盆播或露地畦播。北方以春播为佳，于3月下旬进行冷室盆播，温度维持在10～22℃，14～25d即可出苗，出苗率40%～90%。若露地畦播，可于3月下旬至4月初进行。播种前需将种子在0～7℃的条件下沙藏2个月，播后半个月即可出苗，未经低温沙藏的种子需1个月或更长时间才能出苗。可开沟条播，沟深3cm左右。无论室内盆播还是露地条播，当出苗后幼苗长出4～5对叶片时，即要进行分盆移栽或间苗。露地可间苗或移栽1～2次，株行距为15cm×30cm。

（2）**扦插繁殖** 可于花后1个月，选当年生半木质化健壮枝条作插穗，插穗长

15cm左右，用50～100mg/kg的吲哚丁酸水溶液处理15～18h，插后用塑料薄膜覆盖，1个月后即可生根，生根率达80%～90%。扦插也可在秋、冬季取木质化枝条作插穗，一般于露地埋藏，翌春扦插。

4. 园林应用　植株丰满秀丽，枝叶茂密，且具独特的芳香，广泛栽植于庭院、机关、厂矿、居民区等地。常丛植于建筑前、茶室凉亭周围；散植于园路两旁、草坪之中；与其他种类丁香配置成专类园。也可用于盆栽、促成栽培、切花等。对二氧化硫有较强的吸收能力，可净化空气。

十、锦带花 *Weigela florida*

1. 形态特征与分布　忍冬科，锦带花属。高3m，枝条开展，树形圆筒状，有些树枝拱形弯曲，小枝细弱，幼时具2列柔毛。叶椭圆形或卵状椭圆形，长5～10cm，先端锐尖，基部圆形至楔形，叶缘有锯齿，表面脉上有毛。花冠漏斗状钟形，玫瑰红色，裂片5。蒴果柱形；种子无翅。花期4～6月。主产于我国东北南部的辽宁及华北各省。

2. 生物学特性　喜光，耐阴，耐寒；对土壤要求不严，能耐瘠薄土壤，但以深厚、湿润而腐殖质丰富的土壤生长最好，怕水涝。萌芽力强，生长迅速。

3. 繁殖方法与技术要点　繁殖方法有播种、扦插、分株和压条。

（1）**播种繁殖**　播种育苗于10月采种，日晒脱粒，取净后密藏，2月撒播或条播，覆土厚约0.5cm，播种后盖草，4月间出土。春、秋带宿土移栽，夏季需带土球。

（2）**扦插繁殖**　锦带花扦插较易成活，硬枝扦插或嫩枝扦插皆可。嫩枝扦插时，插床温度为27～29℃，空气相对湿度为90%左右，插后25d可陆续生根。

（3）**分株和压条繁殖**　分株在春季移栽时进行；压条在6月进行，发根快，而且成苗率高。

4. 园林应用　锦带花枝叶茂密，花色艳丽，花期可长达2个多月。适宜于庭院墙隅、湖畔群植；可在林缘作花篱，丛植配置；也可点缀于假山、坡地。

十一、紫荆 *Cercis chinensis*

1. 形态特征与分布　豆科，紫荆属。单叶互生，全缘，叶基心形，叶脉掌状，有叶柄；托叶小，早落。花簇生于老干上，先叶或与叶同时开放；花萼阔钟状；花两侧对称，假蝶形花冠；雄蕊10，分离；子房有柄。荚果扁平。花期4～5月。原产我国，现除东北寒冷地区外，均广为栽培。

2. 生物学特性　喜光。具有一定的耐寒性，在北京地区可安全越冬。耐修剪，萌蘖性强。怕涝，喜肥沃而排水良好的壤土。

3. 播种繁殖方法与技术要点

（1）**种子处理**　种子应行催芽处理。播种前40d左右，先用80℃的温水浸种，然后混湿沙催芽。也可用80℃的温水浸种后直接播种。

（2）**播种方法**　一般多采用春季床内条播的方式繁殖，播种行间的距离为30cm，覆土厚度为1.0～1.5cm。圃地应选肥沃、疏松的壤土。

（3）**苗期管理**　幼苗高3～5cm时进行间苗、定苗，最后的株距为10～15cm，在一般的管理条件下，当年秋季株高可达 50～80cm。冬季紫荆幼苗需防寒，一年生播种苗可假植越冬，翌年春季进行移植，二年生苗可用风障防寒。

4. 园林应用 紫荆先花后叶，花朵艳丽可爱，常常于庭院、建筑物前及草坪边缘丛植观赏。

十二、紫薇 *Lagerstroemia indica*

1. 形态特征与分布 千屈菜科，紫薇属。落叶灌木或小乔木。枝干多扭曲，小枝纤细具 4 棱，略成翅状。树皮平滑，灰色或灰褐色。叶纸质，互生或有时对生，椭圆形、阔矩圆形或倒卵形，顶端短尖或钝形，有时微凹，基部阔楔形，侧脉 3～7 对，小脉不明显。花色玫红、大红、深粉红、淡红色或紫色、白色，顶生圆锥花序；花萼外面平滑无棱，但鲜时萼筒有微凸起短棱，裂片 6；花瓣 6，皱缩，具长爪。蒴果椭圆状球形或阔椭圆形，幼时绿色至黄色，成熟时或干燥时呈紫黑色，室背开裂；种子有翅。花期 6～9 月，果期 9～12 月。原产于亚洲，现广泛植于热带地区。我国北至吉林，南至广西、广东均有栽培。

2. 生物学特性 喜光，略耐阴。喜肥，尤喜深厚肥沃的沙质壤土。喜生于略有湿气之地，亦耐干旱，忌涝，忌种在地下水位高的低湿地方。喜温暖，能抗寒，萌蘖性强。具有较强的抗污染能力，对二氧化硫、氟化氢及氯气的抗性较强。

3. 繁殖方法与技术要点 繁殖方法有播种和扦插。

（1）**播种繁殖** 9～11 月在果序基部收集已成熟的蒴果，储藏至次年 3 月播种。播种前种子要用 0.2%的高锰酸钾溶液浸泡 1～2d 进行催芽，然后用清水多次冲洗，冲洗干净后放入温度为 45～50℃的温水中浸泡 2～3d，浸泡后捞出种子稍微晾干再播种。

（2）**扦插繁殖**

①嫩枝扦插：嫩枝扦插适宜时期一般在 7～8 月，新枝生长旺盛，最具活力，此时扦插成活率高。选择半木质化的枝条，剪成 10cm 左右长的插穗，插穗上端保留 2～3 片叶子。扦插深度约为 8cm，插后灌透水。为保湿保温需在苗床覆盖一层塑料薄膜，然后搭建遮阴网进行遮阴，一般在 15～20d 便可生根。

②硬枝扦插：硬枝扦插适宜时期一般在 3 月下旬至 4 月初枝条发芽前。在长势良好的母株上选择粗壮的一年生枝条，剪成 10～15cm 长的插穗，扦插至 8～13cm 的深度，插后灌透水。为保湿保温需在苗床覆盖一层塑料薄膜，当苗木生长至 15～20cm 的时候可将薄膜掀开，搭建遮阴网。在生长期适当浇水，当年生枝条可长至 80cm 左右。

4. 园林应用 观花灌木，被广泛用于公园、庭院、道路、小区绿化中，在实际应用中可栽植于建筑物前、院落内、池畔、河边、草坪旁及公园中小径两旁。也是作盆景的好材料。

十三、迎春 *Jasminum nudiflorum*

1. 形态特征与分布 木犀科，素馨属。落叶灌木，直立或匍匐。枝条下垂，枝稍扭曲，小枝四棱形，棱上多少具狭翼，光滑无毛。叶对生，三出复叶，小枝基部常具单叶；叶轴具狭翼；小叶片卵形、长卵形或椭圆形、狭椭圆形，稀倒卵形，先端锐尖或钝，具短尖头，基部楔形。花单生于去年生小枝的叶腋，稀生于小枝顶端；苞片小叶状，披针形、卵形或椭圆形；花冠黄色，先端锐尖或圆钝。花期6月。产于我国甘肃、陕西、四川、云南西北部、西藏东南部，现世界各地普遍栽植。

2. 生物学特性　喜光、稍耐阴，喜温暖湿润气候，略耐寒，在河南鄢陵县和华北地区附近地域均可露地越冬。耐旱不耐涝，喜疏松肥沃和排水良好的沙质土，在酸性土中生长旺盛，碱性土中生长不良。根部萌发力强，枝条着地部分极易生根。大多生于山坡灌丛中，海拔800～2 000m。

3. 繁殖方法与技术要点　繁殖常用扦插、压条、分株法。

（1）**扦插繁殖**　春夏之交，选用当年新发的生长健壮、芽眼饱满的半木质化枝条，剪成10～12cm长的插穗，插穗上下切口各距离芽1cm，切口为平面。扦插深度为插穗的1/3～1/2，插后压实并遮阳保湿，约15～20d生根。

（2）**压条繁殖**　每年3～4月采用硬枝条压。将迎春的枝条一侧刻伤并埋在土壤中，使枝条的前端露出土壤，经过1个生长季就能长出新根，之后剪断重新栽植即可完成繁殖。

（3）**分株繁殖**　在春、秋两季进行分株，但以春季分株成活率最高。分株时将迎春起苗掘出，用利刀按每小丛2～3干从空隙处切断，然后分别栽植，极易成活形成新的植株。

4. 园林应用　迎春绿化效果突出，生长速度快，在冬末至早春先花后叶，在园林绿化中宜配置在湖边、溪畔、墙隅、草坪、林缘、坡地，房屋周围也可栽植，可供早春观花。

第五节　绿篱、地被类苗木的繁殖与培育

一、海桐 *Pittosporum tobira*

1. 形态特征与分布　海桐科，海桐属。小乔木或灌木，高2～6m；枝条近轮生。叶聚生于枝端，革质，狭倒卵形，长5～12cm，宽1～4cm，顶端圆形或微凹，全缘，无毛或近叶柄处疏生短柔毛。花序近伞形，密生短柔毛；花有香气，白色或带淡黄绿色；萼片5，卵形；花瓣5，雄蕊5；子房密生短柔毛。蒴果近球形，裂为3片，种皮红色。花期4～5月，果熟期8～10月。原产于我国华东、华南各省，现在长江以南各地庭院常见栽培。

2. 生物学特性　海桐喜光而又略耐阴；喜温暖湿润气候，不耐寒；喜肥沃湿润土壤，适应性较强；分枝力强，耐修剪；能抗二氧化硫等有毒气体。

3. 繁殖方法与技术要点　繁殖方法有播种和扦插两种。

（1）**播种繁殖**　果实成熟后蒴果开裂，露出红色种子，及时采收。采集的果实摊放数日，敲打取出种子，可用草木灰拌后立即播种。条播，行距20cm左右，条幅5cm，覆土约1cm，并覆草防寒，第二年春季即萌发出苗。也可将种子阴干后贮藏，第二年春季播种。

（2）**扦插繁殖**　扦插常在梅雨季节进行，取当年生半木质化枝，除去顶部，剪成

10cm 左右长的插穗，保留上部 4～5 片叶。将插穗插入土中，深至最下一叶露出地面为止，并搭棚遮阴，保持一定湿度，成活率高。

4. 园林应用 海桐枝叶茂密，叶色浓绿而有光泽，花有香气，果为红色，能自然形成疏松的球形。它是园林中优良的基础树种，常孤植或修剪成球形点缀，也可作绿篱、地被。

二、绣线菊 *Spiraea salicifolia*

1. 形态特征与分布 蔷薇科，绣线菊属。落叶灌木，高达 1.5m。枝细长，拱形，无毛。叶菱状披针形至菱状椭圆形，长 3～5cm，边缘自中部以上具缺刻状锯齿，羽状脉，两面光滑，表面暗绿色，背面青蓝色。花序为长圆形或金字塔形的圆锥花序，生于小枝顶端；花粉红色。花期 6～8 月，8～9 月果熟。原产于我国黑龙江、吉林、辽宁、内蒙古、河北等地。

2. 生物学特性 喜温暖湿润气候，但也耐寒。性强健，喜肥沃湿润土壤，也耐瘠薄。

3. 繁殖方法与技术要点 繁殖可用播种、扦插、分株等方法。

（1）**播种繁殖** 可盆播或露地播种，播前将土用水浸透，然后撒上种子，薄薄盖土一层，1 周左右就可萌发，移植 1 次后就可定植，三年生苗普遍开花。

（2）**扦插繁殖** 春季硬枝扦插，于 2 月下旬前采条贮藏，扦插必须遮阴、喷雾，很易成活。晚秋用当年生新梢行嫩枝扦插，插穗长 15cm，成活率 95%。用激素处理插穗效果良好。

4. 园林应用 枝繁叶茂，秋季叶变为橘红色，如羽毛，非常美丽。它在园林中用途很广，街道、草坪、公园、楼前等地均可栽植，是园林绿化中不可多得的观花、观叶树种。

三、冬青卫矛 *Euonymus japonicus*

1. 形态特征与分布 卫矛科，卫矛属。常绿灌木或小乔木，高达 5m；小枝近四棱形。叶片革质，表面有光泽，倒卵形或狭椭圆形，长 3～6cm，宽 2～3cm，顶端尖或钝，基部楔形，边缘有细锯齿。花绿白色，4 数，5～12 朵排列成密集的聚伞花序，腋生。蒴果近球形；种子棕色，假种皮橘红色。花期 6～7 月，果熟期 9～10 月。原产日本南部，我国南北各省均有栽培。

2. 生物学特性 性喜光，但亦能耐阴；喜温暖气候及肥沃湿润的土壤；耐寒性较差，温度低达－17℃时即受冻害。耐修剪，寿命长。

3. 扦插繁殖方法与技术要点

（1）**扦插季节** 硬枝扦插在春、秋两季进行，嫩枝扦插在夏季进行。

（2）**扦插方法** 常采用夏季嫩枝扦插。插穗选择当年生枝条，剪成 10～15cm，插穗上端留 2 枚叶片，在整好的床面上，按株行距 10cm×20cm 进行干插或湿插。湿插法即将苗床先灌透水，待水刚渗完，将插穗插入土中约 2/3，插后再灌 1 次大水，使插穗与土壤密接。

（3）**苗期管理** 扦插后立即搭棚遮阴，一般 40d 左右即可生根。如秋季扦插的，也需遮阴20d左右。成活率可达90%以上。

4. 园林应用　枝叶浓密，四季常青，浓绿光亮，极具观赏性，常用作绿篱或修剪成球形点缀等。对有毒气体抗性较强，抗烟尘能力也强，是污染区绿化的理想树种。

四、紫叶小檗 *Berberis thunbergii* var. *atropurpurea*

1. 形态特征与分布　小檗科，小檗属。多枝丛生灌木。嫩枝紫红至灰褐色，枝条木质部为金黄色，枝上有棘刺，单生，由叶芽变型而成。叶互生或在短枝上簇生，叶片光滑，全缘，叶色随阳光强弱而略有变化，春、秋鲜红，盛夏紫红。浆果鲜红色，经冬不落。原产我国及日本，目前各地广为栽培。

2. 生物学特性　紫叶小檗适应性强，喜凉爽湿润的气候，喜阳光，但也耐半阴。耐旱、耐寒。对土壤要求不严，但在肥沃、排水良好的土壤中生长旺盛。萌蘖性强，耐修剪。

3. 扦插繁殖方法与技术要点

（1）**扦插季节**　扦插繁殖在6～7月雨季最好。

（2）**扦插方法**　插穗选择一二年生芽眼饱满、生长健壮的枝条，忌用徒长枝。插穗剪成10～12cm枝段，剪好后用0.1%的高锰酸钾溶液浸泡基部16h，再用200～300mg/kg的吲哚丁酸浸渍处理2h，插穗上部叶片保留，下部叶片去掉，插于插床，扦插深度为7～8cm，然后遮阴，经常进行叶面喷水，保持土壤和空气湿润，成活率可达90%左右。

（3）**苗期管理**　移栽可于春季3月中上旬进行。移栽时要留宿土或带土球，裸根移栽也可，但要保持根系完整，随起、随栽、随浇水，大植株移栽后重剪，减少蒸腾量，集中养分于根部。栽后浇水4～5遍，每遍都要浇透，间隔7～10d。定植成活后的植株每年应修剪1～2次，特别是作为绿篱栽种的紫叶小檗，更应及时修剪整形，促发枝丛。

4. 园林应用　紫叶小檗枝细密而有刺，叶深紫色或红色，春季开小黄花，果熟后亦红艳美丽，是良好的观叶、观果和刺篱材料。与常绿树种搭配作模纹花坛色彩布置，效果较佳。亦可盆栽观赏或剪取果枝瓶插供室内装饰用。

五、水蜡树 *Ligustrum obtusifolium*

1. 形态特征与分布　木犀科，女贞属。高可达3m，树冠圆球形。树皮暗黑色。多分枝，呈拱形，幼枝有柔毛。单叶对生，叶纸质，椭圆形或矩圆状倒卵形，先端钝；叶柄长1～4mm，密被短柔毛。圆锥花序顶生，略下垂；花梗及萼片具短柔毛；花白色，芳香。核果椭圆形，黑色，稍被蜡状白粉。原产我国，广布于长江流域及南方各省，华北与西北地区也有栽培。

2. 生物学特性　喜阳光，耐阴。在湿润、肥沃的微酸性土壤上生长快速，亦能适应中性、微碱性土壤。深根性，根系发达，萌蘖、萌芽能力强，耐修剪整形。

3. 繁殖方法与技术要点　可采用播种、扦插和分根法繁殖。

（1）**播种繁殖**　种子播种前需进行催芽处理，在播种前约50d，将种子用干净的冷水浸泡 2～3d，每天换 1 次水，捞出再放入 0.5%的高锰酸钾溶液中消毒 4h，然后捞出洗净再混 3 倍干净的湿河沙，置于 10～20℃条件下，保持 60%的相对湿度，经常翻动，40d 后种子开始裂嘴，当有 1/3 种子裂嘴时就可播种。播后进行正常水肥管理，易成苗。

（2）**扦插繁殖**　于开花后或花末期剪萌条，或带顶芽的一至二年生半木质化枝条，长约 15cm。随采随插于床中，插穗只保留顶部少量叶片，其余剪掉，以减少蒸腾，放入 0.3%高锰酸钾溶液中消毒 10～20min，再放入清水中待插，扦插深度为插穗长度的 1/3，行距 6～10cm，株距 3～5cm，直插，先扎孔，插入压紧，浇透水，搭建塑料棚和遮阴棚，地温保持在 25℃以上，棚内气温略低于地温或与地温一致，不能高于 40℃，空气相对湿度保持在 90%。

（3）**分根繁殖**　分根于秋季落叶后上冻前或者春季解冻后发叶前进行。方法是将植株挖出，地上 1 个枝干分 1 株，注意使枝干与根相连，别弄断，若无枝干，将根分成若干株，分别定植也可。

4. 园林应用　可用于风景林、公园、庭院、草地和街道等处。可丛植、片植或作绿篱。

六、金叶女贞 *Ligustrum×vicaryi*

1. 形态特征与分布　木犀科，女贞属。高 50～100cm。叶对生，卵形、宽卵形、椭圆形或椭圆状卵形，叶片黄绿色或金黄色。圆锥花序顶生或腋生，花冠白色。我国华东地区多栽培。

2. 生物学特性　喜光，喜温暖湿润气候，耐高温，不耐干旱和庇荫。对大气污染抗性较强。

3. 繁殖方法与技术要点　可用播种、扦插和分株等方法繁殖。

（1）**播种繁殖**　10～11 月当核果呈紫黑色时即可采收，采后立即播种，也可晒后干藏至翌年 3 月播种。播种前将种子用温水浸泡 1～2d，待种子浸胀后即可播种。采用条播，条距 30cm，播幅 5～10cm，深 2cm，播后覆细土，然后覆以稻草。待幼苗出土后，逐步去除稻草，枝叶稍开展时可施以薄肥。当苗高 3～5cm 时可间苗，株距 10cm。实生苗一般生长较慢，二年生苗可作绿篱用。

（2）**扦插繁殖**　春季扦插，采用一至二年生金叶女贞新梢，最好用木质化部分，剪成 15cm 左右的插穗，将下部叶片全部去掉，上部留 2～3 片叶即可，上剪口距上芽 1cm，平剪，下剪口在芽背面斜剪成马蹄形。扦插基质用粗沙土，0.5%高锰酸钾溶液消毒 1d 后用来扦插，插后稍按实，扦插密度以叶片互不接触，分布均匀为宜。插后及时搭塑料拱棚。在生根前每天喷水 2 次，保持棚内温度 20～30℃，相对湿度在 95%以上，每天中午适当通风。夏季为防其腐烂，插后 3d 喷 800 倍多菌灵水溶液，10d 后再喷 1 次。插后 21d 左右两头小通风，2d 后早晚可揭去塑料膜，中午用苇帘遮阴，注意多喷水，3d 后全部揭去。炼苗 4～5d 后即可在阴天或傍晚时进行移栽。

4. 园林应用　金叶女贞是一种优良的绿篱地被植物，可用来布置花坛，或作高速公路两边的色叶绿化材料。

七、锦鸡儿 *Caragana sinica*

1. 形态特征与分布　豆科，锦鸡儿属。落叶灌木，高可达 2m。小枝细长有棱。偶数羽状复叶，顶端硬化呈针刺，小叶 2 对，倒卵形，无柄，顶端 1 对常较大，顶端微凹有短尖头；托叶 2 裂，硬化呈针刺。春季开花；花单生于短枝叶丛中，蝶形花，黄色或深黄色，凋谢时变褐红色。荚果稍扁，无毛。花期 4～5 月，果期 8～9 月。产于我国，分布在河北、陕西、河南、江苏、浙江、福建、江西、四川、贵州、云南等地。

2. 生物学特性　喜光，常生于山坡向阳处。根系发达，具根瘤，抗旱耐瘠，能在山石缝隙处生长，忌湿涝。萌芽力、萌蘖力均强。

3. 繁殖方法与技术要点　用播种或分株繁殖。

（1）**播种繁殖**　当荚果颜色发褐时，及时采收置箩筐中暴晒，秋播或春播均可。春播种子宜先用 30℃温水浸种 2～3d，待种子露芽时播下，出苗快而整齐。

（2）**分株繁殖**　分株通常在早春萌芽前进行，在母株周围挖取带根的萌条栽在园地。但需注意不可过多损伤根皮，以利成活。

4. 园林应用　锦鸡儿枝繁叶茂，花冠蝶形，黄色带红，展开时似金雀。在园林中可丛植于草地或配置于坡地、山石边，亦可作盆景或切花。

八、枸骨 *Ilex cornuta*

1. 形态特征与分布　冬青科，冬青属。常绿灌木或小乔木。树皮灰白色。叶四方形，有尖硬刺齿，硬革质，绿色，光亮，背面淡绿。聚伞花序，黄绿色，簇生于二年生小枝叶腋内。核果球形，熟时鲜红，宿存。花期 4～5 月，果期 10～11 月。分布于我国长江中下游地区，现各地庭院常有栽培。

2. 生物学特性　耐干旱。较耐寒，长江流域可露地越冬，能耐－5℃的短暂低温。喜阳光，也能耐阴。喜排水良好、湿润肥沃的酸性土壤，在中性及偏碱性土壤中也能生长。

3. 繁殖方法与技术要点　可用播种和扦插等法繁殖。

（1）**播种繁殖**　秋季果熟后采收，堆放后熟，待果肉软化后捣烂，淘出种子阴干。因枸骨种子有隔年发芽习性，故生产上常采用低温湿沙层积贮藏至第二年秋后条播，第三年春幼苗出土。

（2）**扦插繁殖**　一般多在梅雨季节用嫩枝带踵扦插。移栽可在春、秋两季进行，而以春季较好。移时需带土球。因枸骨须根稀少，操作时要特别防止散球，同时要剪去部分枝叶，以减少蒸腾，否则难以成活。

4. 园林应用　宜作基础种植及岩石园材料，也可孤植于花坛中心，对植于前庭、路口，或丛植于草坪边缘。同时又是很好的绿篱（兼有果篱、刺篱的效果）及盆栽材料。选其老桩制作盆景亦饶有风趣。果枝可供瓶插，经久不凋。

九、木槿 *Hibiscus syriacus*

1. 形态特征与分布　锦葵科，木槿属。落叶灌木或小乔木。株高 3～6m，茎直立，多分枝，稍披散，树皮灰棕色，枝干上有根须或根瘤。单叶互生，叶卵形或菱状卵形，而常3裂，基部楔形，下面有毛或近无毛，先端渐尖，边缘具圆钝或尖锐锯齿，叶柄长2～3cm。花单生于枝梢叶腋，花瓣5，花色有浅蓝紫色、粉红色或白色之别，花期6～9月。蒴果。在我国华北和西北大部分地区都能露地越冬，南方各地均有栽培。

2. 生物学特性 喜阳光也能耐半阴，耐寒，对土壤要求不严，较耐瘠薄，能在黏重或碱性土壤中生长，唯忌干旱。

3. 繁殖方法与技术要点 常用扦插和播种繁殖，以扦插为主。

扦插宜在早春枝叶萌发前进行，选无病虫害的健壮植株为母株，在母株上选取一至二年生、径粗1cm以上的中上部枝条为繁殖材料，将枝条剪成15～20cm长的插穗，清水浸泡4～6h后进行扦插。扦插要求沟深15cm，沟距20～30cm，株距8～10cm，插穗上端露出土面3～5cm或入土深度为插穗的2/3，插后培土压实，及时浇水。采用塑料大棚等保温设施，扦插苗一般1个月左右生根出芽。也可在秋季落叶后进行扦插，将剪好的插穗用100～200mg/L的萘乙酸溶液浸泡18～24h，插到沙床上，及时浇水，覆盖薄膜，保持温度18～25℃，相对湿度85%以上，生根后移到圃地培育。

4. 园林应用 木槿可作公共场所花篱、绿篱及庭院布置材料，也适宜于墙边、水滨种植。

十、火棘 *Pyracantha fortuneana*

1. 形态特征与分布 蔷薇科，火棘属。常绿灌木。具枝刺；叶倒卵形或倒卵状长圆形，长1.6～6cm，宽0.5～2cm，叶缘有圆钝锯齿，齿尖内曲。复伞房花序，有花10～22朵，花白色，直径1cm。果近球形，直径5～8mm，深红色。花期5～7月，果熟期9～12月。分布于我国黄河以南及广大西南地区。

2. 生物学特性 喜强光，耐贫瘠，抗干旱；黄河以南露地种植，华北需盆栽，在塑料棚或低温温室中越冬，温度可低至0～5℃或更低。

3. 繁殖方法与技术要点 常用播种、扦插和压条法繁殖。

（1）**播种繁殖** 育苗果实适宜在1～2月采收。将种子与细湿沙按1∶3比例进行混合。春季将种子和细沙一起均匀地撒播于冬季前准备好的苗床，覆盖细土，厚度以不见种子为宜，覆草。10d左右开始出苗，此时去除稻草，并视苗床湿度进行水分管理。苗期3个月内每天要查看温湿度，若低于20℃或高于30℃，均应采取升温或降温措施，每周浇水1次即可。雨季要注意防水、排水。

（2）**扦插繁殖** 春插一般在2月下旬至3月上旬，选取一二年生的健康丰满枝条，剪成15～20cm的插穗扦插。夏插一般在6月中旬至7月上旬，选取一年生半木质化带叶嫩枝，剪成12～15cm的插穗扦插，并用ABT生根粉处理，注意加强水分管理，一般成活率可达90%以上，翌年春季可移栽。

（3）**压条繁殖** 春季至夏季都可进行。在压条时，选取接近地面的一至二年生枝条，预先将要埋入土中的枝条部分刻伤至形成层或剥去半圈枝皮，让有机养分积蓄在此处以利生根，然后埋入土中10～15cm，1～2年可形成新株，然后与母株切断分离，于第二年春天定植。

4. 园林应用　果实橘红色至深红色，9月底开始变红，可保持到春节，是一种极好的春季观花、冬季观果植物。适宜作中小盆栽，或在园林中丛植、孤植于草地边缘。可作插花材料。

第六节　藤本类苗木的繁殖与培育

一、木香 *Rosa banksiae*

1. 形态特征与分布　蔷薇科，蔷薇属。常绿或半常绿攀缘灌木。枝绿色，疏生皮刺。羽状复叶，互生，小叶3～7枚，卵状披针形。伞房花序顶生，花白色，浓香；花期夏初。果红色。原产我国西南部，黄河以南各城市广泛栽培。

2. 生物学特性　性喜阳光，喜温暖气候，较耐寒；耐旱，怕涝，喜排水良好之土壤。

3. 繁殖方法与技术要点　用嫁接、扦插、压条等方法繁殖。

（1）**嫁接繁殖**　用野蔷薇或黄刺玫作砧木，切接、芽接或靠接均可。切接在2～3月进行。在木香母株上选一年生、生长充实的粗壮枝条，从中下部剪取接穗，长6～7cm，带2～3个芽；由接穗下部距剪口2cm左右处下刀，削至木质部，呈楔形，然后将砧木从地面上3cm处截断，在干的迎风向一侧下刀切开，切口长2cm，宽与接穗切口相同；将接穗插入砧木切口内，对准形成层，用塑料条绑扎紧，然后用潮湿细土封埋，埋土高出接穗1～2cm。接穗萌芽抽枝出土后去封土，解除绑扎。适时松土除草、灌水施肥，并及时除去砧木萌蘖。次年春季进行移植，两年后可出圃。

（2）**扦插繁殖**　8～9月，选生长充实的当年生枝条，剪取中下部作插穗。插穗长20～25cm，粗0.5～1cm，上端带1～2片小叶。在整好的苗床上，先浇透水，在床面呈泥浆状时进行扦插。株行距10cm×20cm，深为插穗的1/2～2/3。插后浇1次水，设荫棚遮阴，15d后撤除。插后7d松土或撒细土，再浇1次水，以后每隔2周浇水1次，保持土壤湿润。次年3月初进行移植，株行距30cm×70cm，5～8月追肥2～3次，每隔15d浇水1次，8月中旬停止水肥。第二年可再移植1次，第三年出圃。

（3）**压条繁殖**　一般在2～3月进行。当枝条发芽时，选二年生枝压条，压下的部位可用刀刻伤，也可用刀劈裂。压入土内5～6cm深，覆土压实，使枝条不能弹起。露出地面的枝梢用木桩缚直，如露出土面的枝条过长，可弯盘成圈，节省用地。压后经常浇水，90d后可生根，次年春季萌动前切离母株，进行移植或定植。

4. 园林应用　枝蔓长达10m左右，为园林中著名的藤本花木，尤以花香闻名。适宜垂直绿化，亦可作盆栽或作切花用。

二、紫藤 *Wisteria sinensis*

1. 形态特征与分布　豆科，紫藤属。树皮灰白色，有浅纵裂纹。靠枝条缠绕攀缘。奇数羽状复叶，互生；小叶7～13片，卵状长椭圆形，嫩叶有毛，老叶无毛。花大，紫色，芳香，总状花序，每轴着花20～80朵，呈下垂状。每年3月开始现蕾，4月开花。果熟期10～11月。原产于我国，国内外均有栽培。

2. 生物学特性 性喜光，略耐阴；较耐寒，能耐－25℃的低温；喜深厚、肥沃而排水良好的土壤，但亦有一定的耐旱、耐瘠薄和水湿能力；主根深、侧根少，不耐移栽，生长快，寿命长。

3. 繁殖方法与技术要点 繁殖用播种、分株、压条、扦插、埋根等方法均可。

（1）**播种繁殖** 当荚果由绿色变为褐色时采集，晾晒后取出种子，经阴干后装袋干藏。每千克种子约 1 000 粒。秋冬深耕圃地，每 667m^2 施入腐熟基肥 4 000kg。播前用 40～50℃温水浸种，经 1～2d，种子充分吸水膨胀，注意每天用清水冲洗，当种子有 1/3 破皮露芽时，即可播种。常采用大垄穴播，垄距 70～80cm，播种深度 3～4cm，穴距 10～12cm，每穴播入 2～3 粒种子。

（2）**扦插繁殖** 在 2 月下旬至 3 月下旬，选择无病虫害的健壮母株，采取一年生充实的藤条，剪成长 15cm 左右插穗，粗 1～2cm，上剪口平，下剪口斜，然后将插穗下部用清水浸泡 3～5d，每天换清水 1 次。在经过灌足底水的床（垄）面上，按株行距 35cm×75cm 进行扦插，扦插入土深 2/3，直插、斜插均可。

（3）**埋根繁殖** 2 月下旬至 3 月中旬在紫藤大苗出圃地或大母株周围，挖取 0.5～2cm 的粗根，剪成长 8～10cm 根段，上切口平，下切口为斜面，按株行距 35cm×75cm 埋入苗床，直埋、斜埋均可，但注意不要倒埋，上切口与地面平。

4. 园林应用 紫藤枝干盘龙状，老态龙钟；其枝叶繁茂，花穗大，花色鲜艳而芳香，是园林中垂直绿化的好材料，也可作盆景材料。

三、爬山虎 *Parthenocissus tricuspidata*

1. 形态特征与分布 葡萄科，爬山虎属。多年生大型落叶木质藤本植物。老枝灰褐色，幼枝紫红色，茎蔓粗壮，皮孔明显。卷须与叶对生，顶端有吸盘。掌状叶，有长柄，上有 3 浅裂，裂片先端尖，基部楔形。花多为两性，雌雄同株，聚伞花序着生在短枝上叶与叶之间，花期夏季。浆果球形，蓝黑色，10 月成熟。在我国分布很广，北起吉林，南至广东均有分布。

2. 生物学特性 性喜阴，耐寒，适应性很强，且生长快。

3. 繁殖方法与技术要点 繁殖方法有播种、扦插、压条和埋枝繁殖。

（1）**播种繁殖** 采收果实后去掉果肉，随即播种或洗净风干贮藏，翌春在播种前 2 个月用清水浸种 2d 后沙藏，临近播种期 5～7d 置于背风向阳处或室内，保湿催芽，待部分种子裂嘴时播种。床播、垄播均可，经精细管理，一年生苗高可达 1～2m。

（2）**扦插繁殖** 爬山虎扦插繁殖易成活，软枝、硬枝扦插均可，春、夏、秋三季都能进行。春、夏扦插在干旱地区可设荫棚进行床插，管理比较粗放。

（3）**压条繁殖** 压条繁殖生根较快，成活率高，多在雨季前进行，秋季可断离母体，成为新的植株，即可挖苗栽植，或假植至翌春栽植。

（4）**埋枝或埋根繁殖** 取母株枝条或侧根，粗 0.5～1cm，开沟平放，覆土 2～3cm，踏实，灌水保墒，使之生长出新的植株。翌春切断每株连接处，形成单独个体，此法春、夏、秋均可进行。

4. 园林应用 爬山虎是一种良好的攀缘植物，攀缘能力强，能借助吸盘爬上墙壁或山石。秋季叶色变为红色、黄色，是垂直绿化的良好材料。

四、凌霄 *Campsis grandiflora*

1. 形态特征与分布　紫葳科，凌霄属。落叶木质藤本植物，借气根攀缘其他物体向上生长，也可长成灌木状。小枝紫褐色；奇数羽状复叶，互生；小叶7～9枚，纸质，边缘有疏锯齿，叶面粗糙。聚伞花序生于枝顶，花大型，径5～7cm，呈唇状漏斗形，红色或橘红色。花期6～8月，10月果熟。原产于我国长江流域至华北一带，北京以南普遍栽培。

2. 生物学特性　喜阳，幼苗宜稍庇荫；喜温暖湿润气候，耐寒性较差；耐旱、忌积水；喜排水良好的微酸性、中性土壤。萌蘖力、萌芽力均强。

3. 繁殖方法与技术要点　可用播种、扦插、压条、分蘖等方法繁殖。

（1）**播种繁殖**　9～10月蒴果成熟，随即采收晾晒，脱粒净种，阴干后干藏。翌春播前用清水浸种2～3d，播种7d左右陆续发芽。北方多用低床，南方多雨地区用高床。穴播，每穴播种2～3粒，株行距15cm×40cm。

（2）**扦插繁殖**　硬枝扦插在11月中旬至12月上旬，采一至二年生粗壮枝条，剪成具有2～3节的插穗，用湿沙埋藏，翌年3月中旬取出进行扦插，株行距20cm×40cm，扦插深度为插穗长度的2/3。根插在3月中下旬挖取粗壮的一至二年生根系，截取长8～10cm的插穗，在已整好的床面上，先灌足底水，待能进行操作时，进行直埋或斜埋，注意不要倒插，上端与地面平，株行距15cm×40cm。在萌芽前不干旱时，应尽量少浇水。

（3）**压条繁殖**　春季2～3月，在母株周围，将一至二年生枝条每隔3～4节埋入土中1节，深4～5cm，经20～30d即可生根，自地上节处发芽、展叶抽枝。入秋后分段切离成独立植株，翌春即可移植继续培育。

4. 园林应用　凌霄攀缘能力强，是园林中垂直绿化的优良花木。常用于装饰棚架、墙垣、假山、花门，也可作盆景。

五、扶芳藤 *Euonymus fortunei*

1. 形态特征与分布　卫矛科，卫矛属。常绿匍匐或攀缘植物，茎节处生气生根。单叶对生，革质，卵形至椭圆状卵形，缘具粗钝锯齿。花两性，聚伞花序腋生，小花绿白色。蒴果，近球形，黄红色；种子棕红色，假种皮橘红色。花期6～7月，10月果熟。分布于我国黄河流域中下游及长江流域各省。

2. 生物学特性　性喜温暖、湿润环境，喜阳光，亦耐阴。适生温度为15～25℃。适宜于疏松、肥沃的沙壤土中生长。

3. 繁殖方法与技术要点　可用播种、扦插、压条法繁殖。

（1）**播种繁殖**　种子成熟后要立即采收，经晾晒后去掉杂质装入袋内，贮存在0～5℃的冰箱或冷柜内，可以长期保持生命力。播种多在春季进行，可以盆播，也可露地直播。苗高8～10cm时可以移植。

（2）**扦插繁殖**　春、秋季都可进行，基质可用细沙，也可用蛭石，保持湿润，1～2个月即可生根。

（3）**压条繁殖**　随时都可进行，将枝条一侧削去皮层，埋入土中，生根后剪离母体，另行栽植即可。苗木生长期，每半个月施1次追肥，有机肥如厩肥、鸡粪干等或复合化肥均可，用量要少，施肥后要立即灌水，否则肥料容易烧伤根系。

4. 园林应用 常用于覆盖地面及攀附假山、岩石、老树，是高速公路护坡的上佳材料。可以用作观叶地被，覆盖地面快，不但能美化环境，还能吸附粉尘。盆栽观赏，吊挂窗前，显得生机盎然。

六、忍冬 *Lonicera japonica*

1. 形态特征与分布 忍冬科，忍冬属。多年生常绿缠绕木质藤本植物。幼枝密被柔毛和腺毛，老枝棕褐色，呈条状剥离，中空。叶对生，卵形至长卵形，长3～8cm，宽1.5～4cm，初时两面有毛，后则上面无毛。花成对腋生，花梗及花均有短柔毛；花冠初开时白色，后变黄色，花冠筒细长；雄蕊5，伸出花冠外。浆果球形，熟时黑色。花期4～6月，果期7～10月。我国大部分地区有分布，日本和朝鲜也有分布。

2. 生物学特性 忍冬适应性强，生长迅速。喜光亦耐阴，耐寒、耐旱，对土壤要求不严，以湿润、肥沃、深厚的沙壤土生长最好。根系发达，萌蘖性强。

3. 繁殖方法与技术要点 以播种和扦插繁殖为主。

（1）**播种繁殖** 4月播种。将种子在35～40℃温水中浸泡24h，取出后混合3倍湿沙催芽，待种子裂口数量达30%左右时，在畦上按行距20cm开沟播种，播后覆土1cm，10d左右即可出苗。

（2）**扦插繁殖** 春、夏、秋季均可扦插。春插选择生长健壮、发育良好的一至二年生枝条，直径0.4～0.7cm；夏、秋插选择当年生新梢下部木质化程度较高的部分，剪成20cm长、含2～3对腋芽、腋芽上部留1～1.2cm的插穗。春插需经低温沙藏，夏插边剪边插，剪掉下部叶片，仅留上边的1对叶片即可。按株行距20cm×20cm造畦扦插，深度以刚露出上面1对芽为宜，覆土踏实，大水漫灌使插穗与土壤密接，成活率达90%以上。

4. 园林应用 忍冬是布置夏景的优良材料，适于篱垣、花架、花廊、门架处配置，在山坡、水边、林间树下作地被。老桩可作盆景。鲜花经晒干或按制绿茶的方法制干，即为金银花的成品。

七、洋常春藤 *Hedera helix*

1. 形态特征与分布 五加科，常春藤属。常绿藤本植物。茎蔓柔软而细长，最长可达30m，常攀绕在其他物体上生长。单叶互生，在同一株上有两种叶形：长在营养枝上的叶片有3～5浅裂，长4～10cm；长在花枝上的叶片卵形至菱形。叶薄革质，表面被有较薄的蜡质。由许多小花组成球状伞形花序，花期7～8月。洋常春藤原产欧洲、亚洲和非洲温暖地区，分布于我国华中、华南、西南及陕西、甘肃等地。

2. 生物学特性 耐寒力较强，不耐高温酷暑，庇荫环境下生长良好。对土壤要求不严，喜疏松的中性和微酸性土，也耐轻碱。不耐旱而耐水湿，怕干风侵袭。

3. 繁殖方法与技术要点 采用扦插法繁殖。春、夏、秋三季均可进行，适宜扦插时期是4～5月和9～10月。插穗一般选用一至二年生枝条，长约10cm，其上要有一至数个节，直接扦插至湿沙插床中，深度为 3～4cm；也可用 100mg/kg 萘乙酸处理后再扦插。扦插苗要适当遮阴，保持较高的空气湿度，温度保持在 20℃左右，2 周即可生根。生根后可在秋初或夏初上盆定植。匍匐于地的枝条可在节处生根并扎入土壤。

4. 园林应用　洋常春藤枝蔓茂密青翠，姿态优雅，可用其气生根扎附于假山、墙垣上，其枝叶悬垂，如同绿帘；也可种于树下，让其攀于树干上，另有一种趣味。也是室内盆栽观赏的良好材料。

第七节　竹类苗木的繁殖与培育

一、毛竹 *Phyllostachys heterocycla*

1. 形态特征与分布　禾本科，刚竹属。毛竹为大型散生竹类，秆高一般 8～15m。胸径 6～15cm，最粗可达 20cm 左右；最长节间可达 45cm，无枝节间圆筒形，秆环平，分枝节间一侧有沟槽，秆环突出，全秆各节的箨环均隆起，箨环下有一白粉圈。秆部开始分枝的第一节生 1～2 枝，往上每节生 2 枝。每小枝着生叶 2～4 片，二列状排列，叶片披针形。秆箨稍长于节间，背面具黑色或褐色晕斑，并密生褐色柔毛。在我国长江以南各地广泛分布。

2. 生物学特性　好光而喜凉爽，要求温暖湿润气候。在年平均温度不低于 15℃，年降水量不少于 800mm 的地区都能生长。对土壤要求不严，以土层深厚肥沃、湿润而排水良好的酸性土壤最宜。

3. 繁殖方法与技术要点　繁殖方法有播种、分株、埋鞭等。

（1）**播种繁殖**　播前用 0.3%高锰酸钾溶液浸种 2～4h，后用湿沙拌种催芽，保持湿润，待种实露白时，进行点播或条播。条播行距 30cm，点播株行距 20cm×30cm。每 667m^2 播种量 2～5kg。播后覆土 0.5cm，并覆草或地膜，保持土壤湿润，利于其发芽出土。竹苗出土后，分批揭草或及时撤除地膜，并及时喷药防止幼苗立枯病和日灼，同时要培土壅根，促进分蘖。干旱季节，要适量浇灌，雨季应及时排除圃地积水，加速竹苗生长。

（2）**分株繁殖**　于每年立春前后，将一年生实生苗成丛挖起，用小剪刀细心地将成丛幼苗的蔸部单株或双株分离，并剪去 1/3 的枝叶，立即用黄泥浆根，按株行距 20cm×26cm，单株或双株移植到苗圃中。在苗圃中培育 1 年后，幼苗又分蘖成丛，每丛有苗 10 株左右，第二年春初，又可将这些移植苗进行分株繁殖，年末又可培育出成丛的幼苗。以后每年春初可照此法连续进行分株繁殖，成活率可达 80%以上，幼苗的形态和高粗生长与用种子播种繁殖的一年生实生苗大致相似，只是有半数以上的幼苗生长有 20～30cm 的竹鞭。

（3）**埋鞭繁殖**　在立春前后，将挖掘一年生分植苗和留床苗时所截下的多余幼嫩竹鞭（径粗约 0.6cm），每 16cm 左右截为一段，进行埋鞭繁殖。苗圃地经精耕细作后，可起畦或用大田式均可，繁殖沟宽 12cm，深 10cm，沟距 26～33cm，然后将竹鞭平放沟内，鞭芽向两侧，盖土约 5cm，踩实再盖一层松土和茅草。幼笋出土后，可不揭除盖草，但若有病虫害，要立即揭除盖草，以利防治。不需搭荫棚，但要注意进行抗旱、除草、松土和追肥等工作。

4. 园林应用 一般在山地间或大面积园林地上栽植，不适宜小面积庭院种植，其竹秆、竹笋、竹林整体景观都有与众不同的观赏效果，可以毛竹营造纯林，或与针叶树或阔叶树营造混交林。

二、刚竹 *Phyllostachys viridis*

1. 形态特征与分布 禾本科，刚竹属。秆高16m左右，幼秆鲜绿色，老秆转为黄绿色。秆环和箨环均隆起，笋黑褐色。秆箨黄褐色，密被近黑色的斑点，疏生直立硬毛，两侧或一侧有箨耳，黄绿色。箨舌微隆起，先端有纤毛。箨叶带状至三角形，橘红色，边缘绿色，平直或微皱，下垂。叶带状披针形。分布于我国黄河流域至长江流域以南广大地区。

2. 生物学特性 常生于山地和冲积平原，好光而喜凉爽，要求温暖湿润气候。在年平均温度不低于15℃，年降水量不少于800mm的地区都能生长。喜酸性土，在pH 8.5左右的碱土和含盐0.1%的土壤上亦能生长。能耐－18℃低温。

3. 分株繁殖方法与技术要点

（1）选母竹 选一二年生生长正常、无病虫害、胸径在2～3cm、分枝点低的竹苗作母株。

（2）挖母竹 挖母竹时，如土壤较干，应提前2～3d浇透水，使母竹能多带宿土。用剪刀将成丛母竹蔸部单株或双株分离，一般每丛应有3～10条根。每丛竹蔸带土的直径不可小于40cm，以便能将竹鞭包在土内，要做到鞭不脱土。挖母竹时，不可用力摇晃竹秆，以防竹秆与竹鞭分离，影响成活。

（3）栽植 将母竹运到栽植地点后应立即栽植。栽植时，先去掉包扎物，将母竹小心地放入种植坑内，注意使竹蔸、竹鞭下部与土壤密接，保证鞭根舒展，竹蔸底部不可有空隙。要分层填土，分层踩实。栽竹的深度可比母竹原来土痕稍深1～2cm。栽后应立即立支柱并浇透水，待水渗下后，培土保墒。

4. 园林应用 刚竹姿态挺拔、秀丽，可供观赏。适于山间、园中栽植，江苏、浙江一带群众多于宅后植之，以供食用及园林绿化之用。

三、孝顺竹 *Bambusa multiplex*

1. 形态特征与分布 禾本科，簕竹属。丛生，秆高2～7m，直径2～4cm。箨鞘硬脆，厚纸质，绿色无毛；箨耳极小；箨叶直立，长三角形。分枝低，成束状，每小枝通常有5～10枚叶，叶质薄，披针形，长4～14cm，宽5～20mm，表面深绿色，背面具细毛。出笋期6～9月。我国华南、西南至长江流域各地均有分布。

2. 生物学特性 孝顺竹为暖地竹种，是丛生竹类中耐寒力较强的竹种之一。性喜温暖湿润、土层深厚的环境。

3. 繁殖方法与技术要点 主要用扦插和分株繁殖。

（1）扦插繁殖 在梅雨季节5～6月进行，选取健壮的基部带有腋芽的嫩枝3～5节，带部分叶片，斜插在土壤中，浇水保湿，经20d左右萌发出不定根，待新笋长出后再移植。

（2）**分株繁殖**　在早春 3～4 月进行，选取一至二年生健壮母株，将密集的植株从秆柄截断，竹鞭连秆取出，剪除顶梢及部分枝叶，或仅竹秆 1 支，栽植盆内，稍倾斜，秆柄弯头朝上，栽后覆土，压实，浇水，置温暖、湿润、稍阴处即可。

4. 园林应用　孝顺竹为丛生型竹，固定在原地生长，不致蔓延成片，适于在庭院中墙隅、屋角、门旁配置，可两侧列植、对植或散植于宽阔的庭院绿地。

四、菲白竹 *Pleioblastus fortunei*

1. 形态特征与分布　禾本科，赤竹属。小型竹，秆矮小，高 0.2～1.5m，直径 0.2～0.3cm，节间圆筒形，秆环平。笋绿色；秆箨宿存，无毛；无箨耳；箨舌不明显。每节具 1 分枝，秆上部节 3 分枝。叶鞘无毛；叶舌不明显；叶片小，披针形，叶两面具白色柔毛，背面较密，叶片绿色，具明显的白色或淡黄色纵条纹。笋期 5 月。原产日本，我国江苏和浙江等省有引种栽培。

2. 生物学特性　喜温暖湿润气候，好肥，较耐寒，忌烈日，宜半阴。在肥沃疏松、排水良好的沙质土壤上生长良好。

3. 繁殖方法与技术要点

（1）**分株繁殖**　同毛竹。

（2）**埋鞭繁殖**　在立春前后，将挖掘一年生分植苗和留床苗时所截下的多余幼嫩竹鞭（径粗约 0.6cm），每 16cm 左右截为一段，进行埋鞭繁殖。

4. 园林应用　良好的地被植物，可丛植于花坛中，或作镶边点缀植物，或大量露天栽培，独特的白色条纹叶片与其他植物呼应，营造出独特的景观效果。盆栽或制作石盆景，还可在庭院中、几案旁摆放或筑台植之，增添生活情趣，更显高雅别致。亦是与山石、建筑小品搭配的良好材料。

五、佛肚竹 *Bambusa ventricosa*

1. 形态特征与分布　禾本科，簕竹属。多秆丛生，具多数分枝。秆高 2.5～5m，粗 1.2～5.5cm，节间长 10～20cm；节间下粗上细如瓶状，略左右弯曲。箨鞘纸质，箨耳发达。小枝具叶 7～13 枚，叶长 12～21cm，背面具柔毛。分布于亚洲、非洲和大洋洲的热带至亚热带地区。

2. 生物学特性　性喜温暖湿润，喜阳光，不耐旱，也不耐寒，宜在肥沃疏松的沙壤土中生长。

3. 繁殖方法与技术要点　可利用秋发竹和主秆上的次生嫩枝来进行分株或扦插繁殖。

在梅雨季节，选取基部带有腋芽的嫩枝条 3～5 节作插穗，并带部分小叶，将插穗用 500mg/kg 萘乙酸浸泡基部 10s，然后斜埋入土壤或蛭石中，但不要太深，末端应露出土外，再用稻草覆盖，喷水保湿，有全光喷雾条件则更好，20d 就可萌发出不定根。新根长出后要减少喷水；土插者可留床养护，勤施薄肥，待第二批新笋萌发后再移植。如生根后立即上盆，则要放在背阴处养护半个月，才能逐步见阳光。

4. 园林应用　其节间膨大，状如佛肚，是良好的观秆植物。盆栽时以长方形或椭圆形的盆为佳，点缀小块湖石或石笋，景致显得自然秀美。佛肚竹为我国广东特产，是盆栽和制作盆景的良好材料。

六、慈竹 *Bambusa emeiensis*

1. 形态特征与分布 禾本科，簕竹属。分枝多而无明显较粗的主分枝。高5～10m，径3～6cm，幼时贴生灰白色或灰褐色小刺毛，秆下部节内常有一圈白毛环。秆环平，箨环明显。箨鞘革质，密集贴生棕黑色刺毛；箨叶卵状披针形，密生白色小刺毛。叶片薄，长10～30cm，宽1～3cm。分布于我国湖南、甘肃、贵州等地。

2. 生物学特性 阳性植物，喜温暖湿润气候及肥沃土壤，不耐寒。

3. 繁殖方法与技术要点

（1）**扦插繁殖** 通常选择基部有根点和生长健壮的主枝，用利刀从下向上拉一刀，再从上向下贴竹秆切取枝条，保留3～5个节，去掉梢部和多余的枝叶，将枝条斜插于苗床的育苗沟中，深度10cm左右，留1～2节露出地面，盖土后用脚轻踩使土壤与竹枝接触，然后淋水、盖草。

（2）**带蔸埋秆繁殖** 先在选好的母竹周围约30cm处挖环沟，掏空竹蔸下土找到与老竹连接处，剪断，连蔸挖取，尽可能把二至三年生的分成单株，新、老竹必须搭配，否则成活率不高。将竹梢用快刀削去，保留主枝和一条侧枝，再在竹秆每节1/2或1/3处切一小口，口的深度以达秆径1/3左右为宜，不得超过1/2。在苗床上纵向开沟，沟距20～30cm，将已作处理的母竹平放沟中，芽和枝置于两侧，相邻两株蔸头错开，蔸部切口向下，节间切口向上，向口中注入清水以后，盖土5～10cm，蔸部适当厚些，踩紧，浇足定根水，盖草。

4. 园林应用 可造林或丛植于花坛中，或作镶边点缀植物；盆栽或制作石盆景，还可在庭院中、几案旁摆放或筑台植之，是与山石、建筑小品搭配的良好选择。

七、阔叶箬竹 *Indocalamus latifolius*

1. 形态特征与分布 禾本科，箬竹属。高约1m，径约0.5cm，具1～3分枝。叶大型，腹面翠绿色，鞘口有缕毛。箨鞘具棕色小刺毛；箨耳及叶耳均不甚显著。圆锥花序顶生。原产日本，我国有引种栽培，分布于华东、华中及秦岭。

2. 生物学特性 适应性强，较耐寒，喜湿耐旱，喜光，耐半阴。对土壤要求不严，在轻度盐碱土中也能正常生长。

3. 繁殖方法与技术要点 可播种、分株、埋鞭繁殖。

（1）**播种繁殖** 用经催芽的种子播种，播后要经常淋水，防止"回芽"烂种。一般采用条播或穴播。穴播种子用量少，竹苗分布均匀，生长整齐，管理也方便。株行距一般为30cm。每穴均匀点播8～10粒种子，用细土覆种约1.5cm，然后盖一层稻草，淋透水。条播时，条沟间距约为30cm，条沟要与苗床垂直。在气温20～25℃时，播后15～20d即陆续发芽出土。竹苗出土后要分批适量揭去盖草，大部分播种穴见苗时揭去覆草1/2，再过1周左右全部揭除。

（2）**分株繁殖** 春、秋两季挖取母竹进行分株，修剪小株下部枝叶，注意勿伤鞭芽、鞭根，然后带宿土重新移植，移植时要做到：深挖穴，浅栽竹，不拥紧，上松盖。母竹根盘表面比种植穴面低 3～5cm，移植穴深 10cm。移植后压紧、踏实，浇足“定根水”，进一步使根土密接。新笋发生后要注意保护，防止损伤。

4. 园林应用　茎秆低矮，叶片绿中夹有白条纹，雅致可爱，在园林中常用来配置于疏林、篱边或建筑物旁，作观赏地被或覆盖物。也可盆栽观赏。

思考题

区分常绿乔木类、落叶乔木类、常绿灌木类、落叶灌木类、绿篱和地被类、藤本类和竹类等常用绿化树种。各列举 1 种简述其苗木繁育技术要点。

附　表

附表一　主要园林树种开始结实年龄、开花期、种子成熟期与质量标准

树　种	开始结实年龄/年	开花期/月	种实成熟期/月	种子千粒重/g	发芽率/%	主要栽培和引种地区
常绿树种						
桧柏 *Sabina chinensis*	20	4	11～12*	20～30	50～70	华北、东北南部
侧柏 *Platycladus orientalis*	5～6	3～4	9～10	20～25	70～85	黄河及淮河流域
柏木 *Cupressus funebris*	7	2～3	7～11*	3～3.5	50～70	长江以南
红松 *Pinus koraiensis*	80～100	5～6	9～10*	500	80～90	东北
樟子松 *Pinus sylvestris*	20～25	5～6	9～10*	6～7	70	东北、西北
油松 *Pinus tabulaeformis*	15	5	10*	25～49	85～90	华北、西北、东北南部
白皮松 *Pinus bungeana*	8～15	4～5	10*	140～165	70	华北、西北南部
华山松 *Pinus armandii*	10～15	4	9～10*	300	80	西南
马尾松 *Pinus massoniana*	6～10	4	10～11*	10	70～90	秦岭、淮河以南
雪松 *Cedrus deodara*	20～30	10～11	10～11*	85～130	50～90	西南、长江黄河流域
云杉 *Picea asperata*	20～50	4	9～10	4～5	40～70	西南、西北
红皮云杉 *Picea koraiensis*	20～30	6	9～10	5～7	80	内蒙古、东北
辽东冷杉 *Abies holophylla*		5～6	9	50	30～60	东北

（续）

树　种	开始结实年龄/年	开花期/月	种实成熟期/月	种子千粒重/g	发芽率/%	主要栽培和引种地区
冷杉 *Abies fabri*	40～50	5	9～10	10～14	10～34	西南
油杉 *Keteleeria fortunei*	10～15	2～3	10～11	90～120	30～80	长江以南
南洋杉 *Araucaria cunninghamii*	15～20	10～11	7～8*	240	30	广东、广西、海南、福建
杉木 *Cunninghamia lanceolata*	4～7	3～4	10～11	8	30～40	秦岭、淮河以南
柳杉 *Cryptomeria fortunei*	10	3	10～11	3～4	20	华南、河南、山东
紫杉 *Taxus cuspidata*	10	5～6	9～10	90～100	90	东北、华北
竹柏 *Podocarpus nagi*	10	4～5	10～11	450～520	90	广东、广西、福建、浙江
广玉兰 *Magnolia grandiflora*	10	5～6	9～10	66～86	85	长江以南、兰州、郑州
樟树 *Cinnamomum camphora*	5	4～5	11	120～130	70～90	长江流域及其以南
女贞 *Ligustrum lucidum*	8～12	6～7	10～11	36	50～70	秦岭、淮河以南
银桦 *Grevillea robusta*	5	4～5	6～7	11～13	70	福建、广东、广西、云南
木荷 *Schima superba*	8～10	4～5	9～10*	6	65	长江流域及其以南
柠檬桉 *Eucalyptus citriodora*	3～5	3～4 10～11	6～7* 9～11*	5	70～85	福建、广东、广西、云南
桂花 *Osmanthus fragrans*	10	9～10	4～5*	260	50～80	云南、四川、广东、广西
南洋楹 *Albizia falcataria*	4～5	4～5	7～9	17～26	80	海南、广东、广西、福建
相思树 *Acacia confusa*	20	4～5	7～8	20～31	80	台湾、福建、广东、江西
棕榈 *Trachycarpus fortunei*	8～10	4～5	10～11	350～450	50～70	秦岭以南、长江中下游

（续）

树　　种	开始结实年龄/年	开花期/月	种实成熟期/月	种子千粒重/g	发芽率/%	主要栽培和引种地区
乐昌含笑 *Michelia chapensis*	11	3～4	9～10	96	82	贵州、江西、湖南、广东
石楠 *Photinia serrulata*		4～5	10～11	5～6	45	秦岭以南
十大功劳 *Mahonia fortunei*	4～5	10	12	60		华中、华南
落叶乔木						
银杏 *Ginkgo biloba*	20	3～4	9～10	2 600	80～95	江苏、广州、沈阳
水杉 *Metasequoia glyptostroboides*	25～30	3	10～11	2	8	湖北、湖南、四川、辽宁
水松 *Glyptostrobus pensilis*	5～6	2～3	10～11	11～15	50～60	长江流域及其以南
池杉 *Taxodium ascendens*	10	3～4	10～11	74～118	30～60	长江以南、河南、陕西
白玉兰 *Magnolia denudata*	5	3～4	9～10	135～140		华中、华东、华北
鹅掌楸 *Liriodendron chinense*	15～20	4～5	9～10	33	5	长江流域及其以南
檫木 *Sassafras tsumu*	6	3	6～8	50～80	70～90	长江以南、西南
合欢 *Albizia julibrissin*	15～20	6～8	9～10	40	60～70	华北、华南、西南
国槐 *Sophora japonica*	30	6～9	10～11	120～140	70～85	华北为主，全国有栽培
刺槐 *Robinia pseudoacacia*	5	4～5	7～9	16～25	70～90	华北、银川、西宁、沈阳
喜树 *Camptotheca acuminata*	6～7	6～7	10～11	40	70～85	长江流域以南、西南
二球悬铃木 *Platanus acerifolia*		4～5	10～11	1.4～6.2	10～20	长江和黄河中下游
毛白杨 *Populus tomentosa*		3～4	4～5			黄河中下游、江苏、宁夏
小叶杨 *Populus simonii*		3～4	4～5	0.4	90	东北、华北、华中、西北

（续）

树　种	开始结实年龄/年	开花期/月	种实成熟期/月	种子千粒重/g	发芽率/%	主要栽培和引种地区
旱柳 *Salix matsudana*		3～4	4～5	0.17		东北、华北、西北、华东
白桦 *Betula platyphylla*	15	4～5	8	0.4	20～35	东北、华北、西北
枫杨 *Pterocarya stenoptera*	8～10	4～5	8～9	80～100	70～90	长江和淮河流域
榆树 *Ulmus pumila*	5～7	3～4	4～5	6～8	65～85	华北、东北、西北、华中
榉树 *Zelkova serrata*	10～15	3～4	10	12～16	50～80	淮河、秦岭以南
桑 *Morus alba*	3	4	5	1～2	80～90	长江流域、黄河中下游
杜仲 *Eucommia ulmoides*	6～8	3～4	10～11	75～85	60～85	西南、湖北、陕西、山东
紫椴 *Tilia amurensis*	15	6～7	9～10	35～40	60～90	东北、华北
梧桐 *Firmiana simplex*		6～7	9～10	120～150	85～90	华北中部、华南、西南
木棉 *Bombax malabaricum*	5～6	2～3	6～7	60	70	西南、华南、福建
乌桕 *Sapium sebiferum*	3～4	5～7	10～11	130～180	70～80	长江流域及其以南
臭椿 *Ailanthus altissima*		5～6	9～10	翅果 32	70～85	华北、西北
楝树 *Melia azedarach*	3～4	4～5	11	700	80～90	华北南部、华南、西南
香椿 *Toona sinensis*	7～10	6	10～11	翅果 15	80	黄河与长江流域
七叶树 *Aesculus chinensis*		5～6	9～10	14 000～17 800	70～80	黄河中下游、江苏、浙江
栾树 *Koelreuteria paniculata*		6～7	9	150	60～80	华中、华北
元宝枫 *Acer truncatum*	10	4～5	9～10	翅果 150～190	80～90	华北、吉林、甘肃、江苏
黄连木 *Pistacia chinensis*	8～10	3～4	9～10	90	50～60	华北、华南

（续）

树　　种	开始结实年龄/年	开花期/月	种实成熟期/月	种子千粒重/g	发芽率/%	主要栽培和引种地区
白蜡树 *Fraxinus chinensis*	8～9	4～5	10	30～36	50～70	东北、华北、华南、西南
毛泡桐 *Paulownia tomentosa*	8	4～5	10～11	0.2～0.4	70～90	黄河流域、辽宁南部
楸树 *Catalpa bungei*	10～15	4～5	9～10	4～5	40～50	长江及黄河流域
落叶灌木						
山荆子 *Malus baccata*	5	4～5	9～10	5～6		东北、华北、甘肃
梅 *Armeniaca mume*	2～3		6	1 400	60	长江流域、西南
山桃 *Amygdalus davidiana*	2～3	3～4	7	2 090	80～90	黄河流域
榆叶梅 *Amygdalus triloba*	2～3	4	5～7	470	80	东北、华北、江苏、浙江
华北珍珠梅 *Sorbaria kirilowii*		6～9	9～10	0.9		华北
贴梗海棠 *Chaenomeles speciosa*		3～4	9～10	38～130		黄河流域以南、华北
海棠花 *Malus spectabilis*	10	4～5	9			全国各地
太平花 *Philadelphus pekinensis*	3～4	5～6	8～9	0.5		辽宁、内蒙古、河北、山西
蜡梅 *Chimonanthus praecox*		12	6～7*	220～320	85	湖北、四川、陕西
紫荆 *Cercis chinensis*	3	4～5	9～10	24～30	80～90	黄河流域及其以南
紫穗槐 *Amorpha fruticosa*	2	5～6 8～9	9～10	9～12	80	东北、华北
金银木 *Lonicera maackii*	2～3	5～6	9～10	5～6		东北、华北、西北、西南
牡丹 *Paeonia suffruticosa*	4～5	4～5	7～8	250～300	50	山东、河南、北京、四川

（续）

树　　种	开始结实年龄/年	开花期/月	种实成熟期/月	种子千粒重/g	发芽率/%	主要栽培和引种地区
木槿 *Hibiscus syriacus*		6～9	9～10	21	70～85	华北、华中、华南
紫薇 *Lagerstroemia indica*	1～2	6～9	10～11	2	85	华北中部以南
卫矛 *Euonymus alatus*		5	9～10	28	80～90	东北、华北、西北
黄栌 *Cotinus coggygria*		4～5	6～7	6～12	65	华北、华中、西南
连翘 *Forsythia suspensa*	2～3	3～4	8～9	5～8	80	华北、东北、华中、西南
小檗 *Berberis thunbergii*		4～5	9～10	12	50	东北南部、华北、秦岭
紫丁香 *Syringa oblata*	3～4	4～5	9～10	8		华北、东北、西北
枸杞 *Lycium chinense*	2～3	5～10	6～11	2	20～30	东北的西南、华南、西南
锦带花 *Weigela florida*		4～6	10			华北
棣棠 *Kerria japonica*		4～5	8			长江流域、秦岭山区
其他						
锦熟黄杨 *Buxus sempervirens*	5～8	4	7	14		北京
小叶黄杨 *Buxus sinica*		4	7			华中
冬青卫矛 *Euonymus japonicus*		6～7	9～10			华北、华中
紫藤 *Wisteria sinensis*		4～5	10～11	500～600	90	东北的南部至华南
凌霄 *Campsis grandiflora*		6～8	10	8	30～50	东北的南部至华南
爬山虎 *Parthenocissus tricuspidata*			10	28～34	80	东北的南部至华南

* 指翌年。

附表二　主要园林树种的种实成熟采集、调制与贮藏方法

（仿自刘学忠，1988）

树　种	种实成熟期	种实成熟特征	种实采集与调制方法	出种率/%	贮藏法
银杏 *Ginkgo biloba*	9～10月	肉质果实橙黄色	击落，收集，捣烂，淘洗，阴干	20～30	湿藏，干藏
冷杉 *Abies fabri*	9～10月	球果紫褐色	采集，摊晒，脱粒，筛选	5	干藏
雪松 *Cedrus deodara*	10～11月	球果褐色	采集，摊晒，脱粒，筛选		干藏
落叶松 *Larix gmelinii*	8月下旬至9月	球果黄褐色	采集，摊晒，脱粒，筛选	3～6	密封干藏
云杉 *Picea asperata*	9～10月	球果浅紫或褐色	采集，摊晒，脱粒，筛选	3～5	干藏或密封干藏
华山松 *Pinus armandii*	9～10月	球果浅绿褐色	摘果，摊晒，脱粒，筛选	7～10	干藏
白皮松 *Pinus bungeana*	10月	球果浅绿褐色	摘果，摊晒，脱粒，筛选	5～8	干藏
马尾松 *Pinus massoniana*	10～11月	球果黄褐色微裂	采集，脱脂，摊晒，脱粒，筛选	3	干藏
油松 *Pinus tabulaeformis*	10月	球果黄褐色微裂	采集，摊晒，脱粒，筛选	3～5	干藏
樟子松 *Pinus sylvestris*	9～10月	球果灰绿鳞片隆起	采集，摊晒或人工加热，脱粒，筛选	1～2	干藏
云南松 *Pinus yunnanensis*	11～12月	球果黄褐色	采集，摊晒，脱粒，筛选	1～2	干藏
思茅松 *Pinus kesiya*	12月	球果黄褐色	采集，摊晒，脱粒，筛选	1～2	干藏
黄山松 *Pinus taiwanensis*	11月	球果黄褐色	采集，脱脂，摊晒，脱粒，筛选	2～3	干藏
黑松 *Pinus thunbergii*	10月	球果黄褐色微裂	采集，摊晒，脱粒，筛选	3	干藏
湿地松 *Pinus elliottii*	9月中下旬	球果黄褐色	采集，摊晒，脱粒，去翅，筛选	3～4	密封干藏
红松 *Pinus koraiensis*	9～10月	球果浅绿褐色	摘果，摊晒，脱粒，筛选	10	湿藏，干藏
金钱松 *Pseudolarix amabilis*	10月中下旬	球果淡黄色	采集，摊晒，脱粒，筛选	12～15	干藏

（续）

树　种	种实成熟期	种实成熟特征	种实采集与调制方法	出种率/%	贮藏法
杉木 *Cunninghamia lanceolata*	10～11月	球果黄色微裂	采集，摊晒，脱粒，筛选	3～5	密封干藏
水杉 *Metasequoia glyptostroboides*	10～11月	球果黄褐色微裂	采集，摊晒，脱粒，筛选	6～8	干藏
柳杉 *Cryptomeria fortunei*	10～11月	球果黄褐色微裂	采集，摊晒，脱粒，筛选	5～6	干藏
池杉 *Taxodium ascendens*	10～11月	果实栗褐色	采集，摊晒，脱粒，筛选	9～12	干藏
柏木 *Cupressus funebris*	7～11月	果实暗褐微裂	采集，摊晒，脱粒，筛选	13～14	干藏
侧柏 *Platycladus orientalis*	9～10月	球果黄褐色	采集，摊晒，脱粒，筛选	10	干藏
桧柏 *Sabina chinensis*	11～12月	果实紫色具白霜	采集，捣烂，淘洗，阴干，筛选	25	湿藏
冲天柏 *Cupressus duclouxiana*	9～10月	球果暗褐微紫，鳞片微裂	摘果，摊开暴晒，脱粒，筛选	2	干藏
竹柏 *Podocarpus nagi*	10～11月	果实紫黑色	采摘，忌暴晒，不宜久藏		干沙分层贮藏
铅笔柏 *Sabina virginiana*	10～11月	果实蓝绿具白霜	采集，捣烂，淘洗，阴干，筛选	20～26	湿藏
红豆杉 *Taxus chinensis*	10～11月	果实红色	采摘，揉烂，淘洗，阴干，筛选	20	湿藏
枫杨 *Pterocarya stenoptera*	8～9月	翅果黄褐色	采集，摊晒，去翅，筛选		干藏，湿藏
白桦 *Betula platyphylla*	8月	果穗黄褐色	采果穗，摊晒阴干，揉出种子	10～15	密封干藏
栗 *Castanea mollissima*	9～10月	刺苞枣褐色微裂	收集，去刺苞，阴干	35～60	湿藏
麻栎 *Quercus acutissima*	9～10月	坚果黄褐色有光泽	击落收集，水选或粒选，阴干	70	湿藏
青檀 *Pteroceltis tatarinowii*	8～9月	翅果黄褐色	摘取翅果，阴干，去翅		干藏
大果榆 *Ulmus macrocarpa*	5月上旬	翅果黄绿色	摘取翅果，阴干，去翅		密封干藏

（续）

树　种	种实成熟期	种实成熟特征	种实采集与调制方法	出种率/%	贮藏法
榆树 *Ulmus pumila*	4～5月	翅果黄白色	地面扫集，阴干，去翅		密封干藏或干藏
构树 *Broussonetia papyrifera*	7～9月	瘦果突出，鲜红色	摘果或地面收集，揉烂，淘洗，阴干，筛选		干藏，湿藏
桑 *Morus alba*	5月	果紫黑色或乳白色	摘果或地面收集，揉烂，淘洗，阴干，筛选	2～3	密封干藏
小檗 *Berberis thunbergii*	9～10月	果实红色或紫红色	摘果，揉烂，淘洗，晾干		干藏
南天竹 *Nandina domestica*	9～10月	果实橘红、鲜红色	摘果，揉烂，淘洗，阴干		低温干藏
白玉兰 *Magnolia denudata*	9～10月	聚合果褐色或紫红色	摘果堆放，开裂脱粒阴干		湿藏
鹅掌楸 *Liriodendron chinense*	9～10月	果实褐色	采集果枝，阴干后摊晒脱粒		干藏
蜡梅 *Chimonanthus praecox*	6～7月	果实褐色	采果，晒干脱粒，筛选		干藏，湿藏
大花溲疏 *Deutzia grandiflora*	9～10月	果实灰绿色	采果，晒干，捣碎，筛选		干藏
太平花 *Philadelphus pekinensis*	8～9月	果实黄褐色	采果，晒干，捣碎，筛选		干藏
杜仲 *Eucommia ulmoides*	10月	翅果黄褐或淡棕色	采果或击落收集，阴干，筛选		干藏，湿藏
悬铃木 *Platanus occidentalis*（一球） *Platanus acerifilia*（二球） *Platanus orientalis*（三球）	10～11月	坚果黄褐色	采集，摊晒，脱粒，筛选		干藏
木瓜 *Chaenomeles sinensis*	10月	梨果暗黄色	采摘，剥开脱粒，阴干，筛选		干藏，湿藏
贴梗海棠 *Chaenomeles speciosa*	9～10月	梨果黄色或黄绿色	采摘，剥开脱粒，阴干，筛选		干藏，湿藏
水栒子 *Cotoneaster multiflorus*	9～10月	梨果鲜红色	采摘，沤烂，淘洗，晾干		干藏，湿藏
山楂 *Crataegus pinnatifida*	10月	梨果深红色具光泽	击落收集，捣烂，淘洗，阴干	20	湿藏

（续）

树　种	种实成熟期	种实成熟特征	种实采集与调制方法	出种率/%	贮藏法
白鹃梅 *Exochorda racemosa*	9～10月	蒴果黄褐色	采摘，摊晒，脱粒		干藏
海棠花 *Malus spectabilis*	9月	果实红色	采摘，捣烂，淘洗，阴干	<1	干藏，湿藏
山荆子 *Malus baccata*	9～10月	果实黄色或红色	采摘，捣烂，淘洗，阴干	3	干藏，湿藏
山桃 *Amygdalus davidiana*	7月中旬	果实淡黄或黄绿色	采摘，剥除果皮，阴干	30	干藏，湿藏
麦李 *Cerasus glandulosa*	6～7月	果实红色或深红色	采摘，揉烂，淘洗，阴干		干藏，湿藏
郁李 *Cerasus japonica*	9月	果实红色具光泽	采摘，揉烂，淘洗，阴干		干藏，湿藏
榆叶梅 *Amygdalus triloba*	5～7月	果实橘红或橘黄色	采摘，阴干，去皮		干藏，湿藏
鸡麻 *Rhodotypos scandens*	7～10月	果实黑色具光泽	采摘果实，晾干		干藏，湿藏
玫瑰 *Rosa rugosa*	8～9月	果实红色光滑	采摘，揉烂，淘洗，阴干		干藏，湿藏
华北珍珠梅 *Sorbaria kirilowii*	9～10月	蓇葖果黄褐色	采果穗晒干，脱粒，筛选		干藏
花楸 *Sorbus pohuashanensis*	9～10月	果实红色或红褐色	采摘，沤烂，淘洗，阴干		干藏，湿藏
三裂绣线菊 *Spiraea trilobata*	9～10月	蓇葖果深褐色	采集果穗晒干，脱粒		干藏
紫穗槐 *Amorpha fruticosa*	9～10月	果实棕褐色	采集，摊晒，脱粒，筛选	70	干藏
紫荆 *Cercis chinensis*	9～10月	荚果黄褐色	采集，摊晒，脱粒，筛选	25	干藏
皂荚 *Gleditsia sinensis*	10月	荚果暗紫色	采果，摊晒，脱粒，筛选	25	干藏
合欢 *Albizia julibrissin*	9～10月	荚果黄褐色	采果，摊晒，脱粒，筛选	20	干藏
红花锦鸡儿 *Caragana rosea*	5～6月	荚果褐色	采摘，沙袋内摊晒，筛选		干藏
胡枝子 *Lespedeza bicolor*	10月	荚果黄褐色	采集，摊晒，脱粒，筛选	28	干藏

（续）

树　　种	种实成熟期	种实成熟特征	种实采集与调制方法	出种率/%	贮藏法
刺槐 *Robinia pseudoacacia*	7~9月	荚果暗褐色，皮干枯	采集，摊晒，脱粒，筛选	10~20	干藏
国槐 *Sophora japonica*	10~11月	果皮皱缩，黄绿色	采集，捣烂，淘洗，晾干，筛选	20	干藏
紫藤 *Wisteria sinensis*	10~11月	荚果灰色，皮硬干枯	采集，摊晒，脱粒，筛选		干藏
黄檗 *Phellodendron amurense*	8~9月	果实蓝褐色至黑色	采集，浸水捣烂，淘洗，晾干	8~10	干藏，湿藏
臭椿 *Ailanthus altissima*	9~10月	翅果淡黄色或淡红褐色	采集，摊晒，去翅，筛选		干藏
楝树 *Melia azedarach*	11月	果橙黄色，有皱纹	采集，浸水捣烂，淘洗，阴干	20~45	干藏，湿藏
香椿 *Toona sinensis*	10~11月	蒴果深褐色，微裂	采集，摊晒，脱粒，筛选	4~6	干藏
小叶黄杨 *Buxus sinica*	7月	蒴果深褐色，微裂	采摘，沙袋中晾干，筛选		干藏
黄栌 *Cotinus coggygria*	6~7月	果实浅灰色或褐色	采集，摊晒，筛选	20~30	干藏，湿藏
盐肤木 *Rhus chinensis*	10~11月	果实红色或暗红色	采果穗，摊晒，去皮筛选		干藏，湿藏
火炬树 *Rhus typhina*	9月	果实鲜红或红褐色	采果穗，摊晒，去皮筛选		干藏，湿藏
漆树 *Toxicodendron vernicifuum*	7~8月	果实黄褐或灰褐色	采果穗，摊晒，去皮筛选	60	干藏，湿藏
南蛇藤 *Celastrus orbiculatus*	9~10月	蒴果黄色，开裂	采摘，去皮，洗去假种皮，晾干		干藏，湿藏
卫矛 *Euonymus alatus*	9~10月	蒴果紫褐色	采摘，去皮，洗去假种皮，晾干		干藏，湿藏
丝棉木 *Euonymus maackii*	9~10月	蒴果粉红色	采摘，去皮，洗去假种皮，晾干		干藏，湿藏
茶条槭 *Acer ginnala*	8~9月	翅果暗褐色	采集，摊晒，去翅，筛选		干藏，湿藏

（续）

树　　种	种实成熟期	种实成熟特征	种实采集与调制方法	出种率/%	贮藏法
复叶槭 *Acer negundo*	8～9月	翅果黄褐色	采集，摊晒，去翅，筛选		干藏，湿藏
元宝枫 *Acer truncatum*	9～10月	翅果黄褐色	采集，摊晒，去翅，筛选	50	干藏，湿藏
栾树 *Koelreuteria paniculata*	9月	蒴果红褐色	采果穗，晒干，脱粒，筛选		干藏
文冠果 *Xanthoceras sorbifolia*	7～8月	蒴果黄褐色微裂	采摘，晒干，脱粒，筛选		干藏，湿藏
鼠李 *Rhamnus davurica*	10月	浆果黑色	采摘，揉烂，淘洗，晾干		干藏
爬山虎 *Parthenocissus tricuspidata*	10月	浆果紫黑色	采果，揉烂，淘洗，晾干		干藏，湿藏
紫椴 *Tilia amurensis*	9～10月	果实淡紫褐色，多毛	采集，摊晒，筛选	60	干藏，湿藏
糠椴 *Tilia mandshurica*	9月	果实黄绿或黄褐色	采集，摊晒，筛选		干藏，湿藏
软枣猕猴桃 *Actinidia arguta*	9月	果实黄绿色	采摘，揉烂，淘洗，阴干		干藏，湿藏
中华猕猴桃 *Actinidia chinensis*	9～10月	果实棕褐色	采摘，揉烂，淘洗，阴干		干藏，湿藏
梧桐 *Firmiana simplex*	9～10月	蓇葖果开裂，种子黄色有皱纹	采摘后稍阴干		湿藏
沙枣 *Elaeagnus angustifolia*	9～10月	果实黄褐或灰白色	采摘，揉烂，淘洗，阴干	30～40	湿藏，干藏
紫薇 *Lagerstroemia indica*	10～11月	蒴果深褐色或棕褐色	采果，摊晒，脱粒，筛选		干藏
刺楸 *Kalopanax septemlobus*	9～10月	浆果状核果黑紫色	采果穗，揉烂，淘洗，阴干		湿藏
红瑞木 *Cornus alba*	8～9月	果实白色或蓝白色	采果，揉烂，淘洗，晾干		干藏，湿藏
山茱萸 *Cornus officinalis*	9月	果实红色	采果，揉烂，淘洗，晾干		干藏，湿藏

（续）

树　种	种实成熟期	种实成熟特征	种实采集与调制方法	出种率/%	贮藏法
君迁子 *Diospyros lotus*	10～11月	果实黄色变成黑色	击落收集，揉烂，淘洗，晾干		干藏，湿藏
流苏 *Chionanthus retusus*	8～9月	果实暗蓝或黑色	击落收集，揉烂，淘洗，晾干		干藏，湿藏
雪柳 *Fontanesia fortunei*	9～10月	果实黄褐色或褐色	采集，摊晒，筛选		干藏
连翘 *Forsythia suspensa*	8～9月	蒴果褐色或深褐色	采集，摊晒，去皮，筛选		干藏
白蜡树 *Fraxinus chinensis*	10月	翅果黄褐或紫褐色	采集，摊晒，筛选	40	干藏
水曲柳 *Fraxinus mandschurica*	9～10月	翅果黄褐色	采集，摊晒，筛选		干藏，湿藏
小叶女贞 *Ligustrum quihoui*	10月中旬	果实黑紫色	采摘，捣烂，淘洗，阴干	60	干藏，湿藏
紫丁香 *Syringa oblata*	9～10月	果实棕褐色	采集，摊晒，脱粒，筛选	40	干藏
海州常山 *Clerodendrum trichotomum*	10月	果实蓝紫色或黑色	采摘，揉烂，淘洗，晾干		干藏，湿藏
毛泡桐 *Paulownia tomentosa*	10～11月	蒴果褐色	采摘，摊晒，脱粒，筛选		干藏
糯米条 *Abelia chinensis*	11月	瘦果绿褐色	采摘，摊晒，揉碎，筛选		干藏
猬实 *Kolkwitzia amabilis*	7～8月	果实深褐色具刚毛	采摘，摊晒，揉碎，筛选		干藏
忍冬 *Lonicera japonica*	7～10月	果实黑色	采摘，揉烂，淘洗，晾干		干藏，湿藏
金银木 *Lonicera maackii*	9～10月	果实红色	采摘，揉烂，淘洗，晾干		干藏，湿藏
接骨木 *Sambucus williamsii*	6～7月	果实红转紫黑色	采摘，揉烂，淘洗，晾干		干藏
荚蒾 *Viburnum dilatatum*	9～10月	果实红色	采摘，揉烂，淘洗，晾干		干藏，湿藏
锦带花 *Weigela florida*	10月	蒴果褐色	采集，摊晒，脱粒，筛选		干藏

附表三　林木种子质量分级表（GB 7908—1999）

树　种	一　级				二　级				三　级				各级种子含水量不高于/%
	净度不低于/%	发芽率不低于/%	生活率不低于/%	优良度不低于/%	净度不低于/%	发芽率不低于/%	生活率不低于/%	优良度不低于/%	净度不低于/%	发芽率不低于/%	生活率不低于/%	优良度不低于/%	
刺槐 *Robinia pseudoacacia*	95	80			90	70			90	60			10
侧柏 *Platycladus orientalis*	95	60			93	45			90	35			10
油松 *Pinus tabulaeformis*	95	85			95	75			90	65			10
白皮松 *Pinus bungeana*	95	70	75		95	55	60		90	50	50		10
华山松 *Pinus armandii*	97	75			95	70			95	60			10
日本落叶松 *Larix kaempferi*	97	45			93	40			90	35			10
华北落叶松 *Larix principis-rupprechtii*	98	60			95	50			90	40			10
马尾松 *Pinus massoniana*	96	75			93	60			90	45			10
黑松 *Pinus thunbergii*	98	80			95	70			95	60			10
银杏 *Ginkgo biloba*	99	85		90	99	75		80	99	65		70	25～20
红豆杉 *Taxus chinensis*	98			95	95			85					20
紫杉 *Taxus cuspidata*	98			95	95			85	90			80	20
元宝枫 *Acer truncatum*	95			80	90			65					10
香椿 *Toona sinensis*	90	75			90	65			85	55			10
臭椿 *Ailanthus altissima*	95	65			90	55			90	45			10

（续）

树　种	一　级				二　级				三　级				各级种子含水量不高于/%
	净度不低于/%	发芽率不低于/%	生活率不低于/%	优良度不低于/%	净度不低于/%	发芽率不低于/%	生活率不低于/%	优良度不低于/%	净度不低于/%	发芽率不低于/%	生活率不低于/%	优良度不低于/%	
合欢 *Albizia julibrissin*	98	80			95	70							10
紫穗槐 *Amorpha fruticosa*	95	70			90	60			85	50			10
团花 *Neolamarckia cadamba*	90	60			85	50			80	40			8
喜树 *Camptotheca acuminata*	98	70			95	60			90	50			12
油茶 *Camellia oleifera*	99	80			99	70			99	60			20～15
小叶锦鸡儿 *Caragana microphylla*	97	75			90	65			85	55			9
锥栗 *Castanea henryi*	98			90	95			80	95			70	30～25
栗 *Castanea mollissima*	98			85	96			75	96			65	30～25
山楂 *Crataegus pinnatifida*	98			60	95			40	95			30	8
君迁子 *Diospyros lotus*	98	80			98	70			88	55			10
杜仲 *Eucommia ulmoides*	98	75			98	65			98	55			10
梧桐 *Firmiana simplex*	95	80			90	70							12
白蜡树 *Fraxinus chinensis*	95			75	95			55	90			35	11
皂荚 *Gleditsia sinensis*	98	75		80	98	65		70					11
沙棘 *Hippophae rhamnoides*	90	80			85	70			85	60			9

（续）

树　种	一　级				二　级				三　级				各级种子含水量不高于/%
	净度不低于/%	发芽率不低于/%	生活率不低于/%	优良度不低于/%	净度不低于/%	发芽率不低于/%	生活率不低于/%	优良度不低于/%	净度不低于/%	发芽率不低于/%	生活率不低于/%	优良度不低于/%	
核桃 *Juglans regia*	99	80			99	70							12
胡枝子 *Lespedeza bicolor*	95	90			93	75			90	65			10
女贞 *Ligustrum lucidum*	95			85	95			75					12
枸杞 *Lycium chinense*	98	90			95	80			95	70			8
山荆子 *Malus baccata*	95		80		90		65		90		50		10
海棠花 *Malus spectabilis*	95			80	90			70	90			60	10
楝树 *Melia azedarach*	98			95	98			85					10
桑 *Morus alba*	95	80			90	70			90	60			12
山杏 *Armeniaca sibirica*	99		90		99		80		99		70		10
山桃 *Amygdalus davidiana*	99		90		99		80		99		70		10
杜梨 *Pyrus betulifolia*	95		80		90		70		90		60		10
麻栎 *Quercus acutissima*	99	80	80	85	97	65	65	70	95	50	55	60	30～25
栓皮栎 *Quercus variabilis*	99	80	85	85	97	65	70	75	95	50	55	65	30～25
国槐 *Sophora japonica*	95	80			90	70			90	60			10
漆树 *Toxicodendron vernicifuum*	98			80	98			70					12～10

（续）

树种	一级				二级				三级				各级种子含水量不高于/%
	净度不低于/%	发芽率不低于/%	生活率不低于/%	优良度不低于/%	净度不低于/%	发芽率不低于/%	生活率不低于/%	优良度不低于/%	净度不低于/%	发芽率不低于/%	生活率不低于/%	优良度不低于/%	
花椒 *Zanthoxylum bungeanum*	90	75			90	65			90	55			12
榆树 *Ulmus pumila*	90	85			85	75			80	65			8
冷杉 *Abies fabri*	75	18			65	10							10
杉木 *Cunninghamia lanceolata*	95	50			90	40			90	30			10
柏木 *Cupressus funebris*	95	40			95	30			90	20			12
落叶松 *Larix gmelinii*	95	50			95	40			90	30			10
黄花落叶松（长白落叶松） *Larix olgensis*	95	55			95	40			90	30			10
西伯利亚落叶松 *Larix sibirica*	96	70			93	55			90	40			10
水杉 *Metasequoia glyptostroboides*	90	13			85	9			85	5			10
鱼鳞云杉 *Picea jezoensis*	95	80			90	70			85	60			10
红皮云杉 *Picea koraiensis*	95	80			93	70			90	60			10
白杄 *Picea meyeri*	95	80			90	70			90	60			10
青杄 *Picea wilsonii*	95	80			90	70			90	60			10
湿地松 *Pinus elliottii*	99	85			99	70			96	60			10
红松 *Pinus koraiensis*	98		90		96		75		94		60		12～8

（续）

树　　种	一　级				二　级				三　级				各级种子含水量不高于/%
	净度不低于/%	发芽率不低于/%	生活率不低于/%	优良度不低于/%	净度不低于/%	发芽率不低于/%	生活率不低于/%	优良度不低于/%	净度不低于/%	发芽率不低于/%	生活率不低于/%	优良度不低于/%	
樟子松 *Pinus sylvestris*	98	85			93	75			90	60			10
火炬松 *Pinus taeda*	99	80			99	70			96	60			10
相思树 *Acacia confusa*	98	80			95	70			95	60			10
水曲柳 *Fraxinus mandschurica*	96		80		93		65		90		50		11
坡垒 *Hopea hainanensis*	95	90			95	80			95	60			35
梭梭 *Haloxylon ammodendron*	95	80			90	75			85	65			8
紫椴 *Tilia amurensis*	98		70		95		60		95		50		12

主要参考文献

安徽农业大学，1998. 林业基础与实用技术．合肥：安徽科学技术出版社．

白涛，王鹏，2010. 园林苗圃．郑州：黄河水利出版社．

包满珠，李如生，1998. 浅谈园林建设与生物多样性保护的关系．中国园林，14（1）：8-10.

北京林学院，1980. 造林学．北京：中国林业出版社．

北京市园林局，2002. 新北京、新奥运城市园林绿化行动计划．北京园林，1.

布里克尔，2012. 世界园林植物与花卉百科全书．杨秋生，李振宇，译．郑州：河南科学技术出版社．

曹恭，梁鸣早，2001. 平衡栽培体系中的六大因素平衡Ⅱ（上）．土壤肥料（6）：I001.

曹恭，梁鸣早，2002. 平衡栽培体系中的六大因素平衡Ⅲ（中）．土壤肥料（1）：C001.

曹恭，梁鸣早，2002. 平衡栽培体系中的六大因素平衡Ⅳ（下）．土壤肥料（2）：47.

陈超，1998. 园林苗圃基地在教学科研中的作用．华南热带农业大学学报，4（2）：44-47.

陈剑慧，曹一平，许涵，等，2002. 有机高聚物包膜控释肥氮释放特性的测定与农业评价．植物营养与肥料学报，8（1）：44-47.

陈瑁，1984. 苗木培育．北京：中国林业出版社．

陈树国，李瑞华，杨秋生，1991. 观赏园艺学．北京：中国农业科技出版社．

陈新平，李志宏，王兴仁，等，1999. 土壤、植株快速测试推荐施肥技术体系的建立与应用．土壤肥料（2）：6-10.

陈耀华，秦魁杰，2002. 园林苗圃与花圃．北京：中国林业出版社．

陈永盛，谷凤坤，1994. 林木种子与苗木活力．哈尔滨：黑龙江科学技术出版社．

陈有民，1990. 园林树木学．北京：中国林业出版社．

成仿云，2012. 园林苗圃学．北京：中国林业出版社．

程红焱，2005. 种子超干贮藏技术研究的背景和现状．云南植物研究，27（2）：113-142.

程金水，刘青林，2012. 园林植物遗传育种学．北京：中国林业出版社．

高俊平，姜伟贤，2000. 中国花卉科技二十年．北京：科学出版社．

高祥照，马文奇，杜森，等，2001. 我国施肥中存在问题的分析．土壤通报，32（6）：258-261.

龚信田，2002. 螯合态多元复合微肥．植物营养学报，8（1）：127.

龚学坤，耿玲悦，柳振亮，1995. 园林苗圃学．北京：中国建筑工业出版社．

龚雪，1995. 园林苗圃学．北京：中国建筑工业出版社．

郭学望，1992. 看图学嫁接．天津：天津教育出版社．

郭学望，包满珠，2002. 园林树木栽植养护学．北京：中国林业出版社．

国家林业局国有林场和林木种苗工作总站，2001. 中国木本植物种子．北京：中国林业出版社．

国家质量技术监督局，1999. 林木种子检验规程：GB 2772—1999. 北京：中国标准出版社．

韩俊银，2015. 园林苗圃建设探讨．现代园艺（24）：65.

韩庆祥，1999. 市场营销学．北京：高等教育出版社．

韩玉林，2008. 现代园林苗圃建设需要重视解决的几个问题．安徽农学通报，14（17）：153-154.

韩玉林，2008. 现代园林苗圃生产与管理研究 . 北京：中国农业出版社 .
汉斯·迈耶尔，1989. 造林学 . 北京：中国林业出版社 .
和太平，李云贵，1998. 广西榕属观赏树木资源及其利用 . 广西科学院学报，14（2）：7 - 10.
河北农业大学，1987. 果树栽培学 . 北京：农业出版社 .
胡晋，2001. 种子贮藏加工 . 北京：中国农业大学出版社 .
胡晋，2006. 种子生物学 . 北京：高等教育出版社 .
花晓梅，1996. 林木菌根研究 . 北京：中国科学技术出版社 .
皇甫桂月，2002. 银杏优质大苗的培育 . 林业实用技术（5）：13.
贾生平，2013. 园林树木栽培养护 . 北京：机械工业出版社 .
贾梯，1998. 庭院种花 . 北京：中国农业出版社 .
姜远茂，2002. 果树施肥新技术 . 北京：中国农业出版社 .
金继运，1998. “精准农业”及其在我国的应用前景 . 植物营养与肥料（4）：1 - 7.
金久宏，2002. 水涝对苗圃的危害及处理方法 . 林业实用技术（5）：26.
孔德政，李永华，2006. 切花栽培技术 . 郑州：中原农民出版社 .
孔德政，李永华，杨红旗，等，2007. 庭院绿化与室内植物装饰 . 北京：中国水利水电出版社 .
雷加富，2001. 全国森林培育实用技术指南 . 北京：中国环境科学出版社 .
李继华，1977. 植物的嫁接 . 上海：上海人民出版社 .
李建中，1998. 现代企业管理 . 西安：西北工业大学出版社 .
李明智，王克涵，2011. 浅谈园林苗圃的建设 . 天津科技，38（2）：58 - 60.
李绍华，罗正荣，刘国杰，等，1999. 果树栽培概论 . 北京：高等教育出版社 .
李铁华，文仕知，喻勋林，等，2008. 楠木种子活力变化机制的研究 . 中国种业（8）：49 - 51.
李湛东，任建武，2018. 转型期城市园林苗圃发展模式探析 . 中国园艺文摘（1）：165 - 166.
李峥嵘，2011. 浅析园林苗圃生产现状及发展趋势 . 四川林勘设计（3）：79 - 81.
连兆煌，2000. 无土栽培原理与技术 . 北京：中国农业出版社 .
梁玉堂，龙庄如，1993. 树木营养繁殖原理和技术 . 北京：中国林业出版社 .
林成谷，1998. 土壤学 . 北京：中国农业出版社 .
林爵平，2002. 园林大树移植与管护技术 . 林业实用技术（5）：20.
刘光峰，魏仁坚，2000. 网络营销 . 北京：人民交通出版社 .
刘国权，2013. 浅谈园林苗圃规划设计与管理 . 天津农林科技（6）：24 - 26.
刘宏涛，2005. 园林花木繁育技术 . 沈阳：辽宁科学技术出版社 .
刘克锋，2001. 土壤肥料学 . 北京：气象出版社 .
刘学忠，刘金，1988. 植物种子采集手册 . 北京：科学普及出版社 .
刘勇，Seebauer M，王淑京，等，1999. 苗木质量调控理论与技术 . 北京：中国林业出版社 .
刘勇，2000. 我国苗木培育理论与技术进展 . 世界林业研究，13（5）：43 - 49.
柳振亮，2001. 园林苗圃学 . 北京：气象出版社 .
卢圣，2002. 植物造景 . 北京：气象出版社 .
卢学义，2001. 园林树种育苗技术 . 沈阳：辽宁科学技术出版社 .
芦建国，1999. 苗圃生产与管理 . 苏州：苏州大学出版社 .
鲁如坤，1998. 土壤—植物营养学原理和施肥 . 北京：化学工业出版社 .
骆文坚，2009. 林木种质资源保育及利用 . 杭州：浙江科学技术出版社 .
迈克尔比尔，1998. 管理人力资本 . 程化，潘洁夫，译 . 北京：华夏出版社 .
毛春英，1998. 园林植物栽培技术 . 北京：中国林业出版社 .
南京林产工学院，1984. 苗圃施肥 . 北京：中国林业出版社 .

齐明聪，1992. 种苗学．哈尔滨：东北林业大学出版社．

阮积惠，徐礼根，2006. 地被植物图谱．北京：中国建筑工业出版社．

桑红梅，彭祚登，李吉跃，2006. 我国林木种子活力研究进展．种子，25（6）：55-59.

沈海龙，2009. 苗木培育学．北京：中国林业出版社．

盛能荣，刘昭息，丁林，1996. 乐昌含笑的分布与引种．浙江林业科技，16（3）：24-30.

石迎，2011. 我国园林苗圃生产现状及发展策略．现代农业科技（12）：241-242.

史喜兵，刘杰，周小娟，2011. 郑州市城郊园林苗圃的现状及发展趋势．黑龙江农业科学（12）：155-156.

施振周，刘祖祺，1999. 园林花木栽培新技术．北京：中国农业出版社．

宋松泉，程红焱，江孝成，2008. 种子生物学．北京：科学出版社．

宋廷茂，张建国，刘勇，等，1993. 大兴安岭地区主要针叶树种苗木活力的研究．北京林业大学学报，15（增刊 1）：1-17.

苏金乐，2003. 园林苗圃学．北京：中国农业出版社．

孙健，2002. 海尔的人力资源管理．北京：企业管理出版社．

孙时轩，1985. 林木种苗手册．北京：中国林业出版社．

孙时轩，2001. 造林学．北京：中国林业出版社．

孙时轩，2004. 林木育苗技术．北京：金盾出版社．

唐来春，1999. 园林工程与施工．北京：中国建筑工业出版社．

仝月澳，1982. 果树营养诊断法．北京：中国林业出版社．

汪民，和敬章，2015. 苗圃经营与管理．北京：中国林业出版社．

王大平，李玉萍，2014. 园林苗圃学．上海：上海交通大学出版社．

王淑敏，1991. 植物营养与施肥．北京：中国农业出版社．

王小德，孙晓萍，戴乐云，2000. 园林苗圃可持续发展的问题与对策．浙江林业科技，20（3）：86-88.

王艳洁，刘祖伦，2000. 城市园林苗圃可持续发展的对策．中国园林，16（5）：84-86.

王毅，2016. 园林苗圃的现状及改良技术措施．农业与技术，36（6）：222.

吴少华，2001. 园林花卉苗木繁育技术．北京：科学技术文献出版社．

吴亚芹，2005. 园林植物栽培养护．北京：化学工业出版社．

吴泽民，2003. 园林树木栽培学．北京：中国农业出版社．

冼日明，游汉明，1998. 市场筹谋．北京：中国友谊出版公司．

熊德中，1998. 肥料施用新技术．福州：福建科学技术出版社．

熊济华，1996. 观赏树木学．北京：中国农业出版社．

许再富，1994. 榕树——滇南热带雨林生态系统中的一类关键植物．生物多样性，2（1）：21-23.

薛华，薛艳芳，2013. 园林苗圃的生产现状及发展趋势．现代园艺（12）：26-27.

闫永庆，2005. 园林植物生产、应用技术与实训．北京：中国劳动社会保障出版社．

颜启传，2001. 种子学．北京：中国农业出版社．

杨晓红，2004. 园林植物遗传育种学．北京：气象出版社．

俞玖，2001. 园林苗圃学．北京：中国林业出版社．

喻方圆，徐锡增，2000. 苗木生理与质量研究进展．世界林业研究，13（4）：17-24.

张德兰，1991. 园林植物栽培学．北京：中国林业出版社．

张华平，1998. 植物生长调节剂和化学物质在观赏园艺中的应用．热带植物研究（2）：63-72.

张祥平，1996. 园林经济管理．北京：中国建筑工业出版社．

张小红，2015. 园林苗木繁育．北京：化学工业出版社．

湛国喜，王人友，2012. 园林苗圃经营浅析 . 科技创新与应用（16）：104－105.

赵传君，1989. 风险经济学 . 哈尔滨：黑龙江教育出版社 .

中国风景园林学会园林经济与管理专业委员会，1999. 园林经济与管理学术论文汇编（第三集）.

中国林学会，1984. 林木育苗技术 . 北京：中国林业出版社 .

中国农业百科全书编辑部，1989. 中国农业百科全书・林业卷（上、下）. 北京：中国农业出版社 .

中国农业百科全书编辑部，1996. 中国农业百科全书・观赏园艺卷 . 北京：中国农业出版社 .

周云龙，2001. 植物生物学 . 北京：高等教育出版社 .

朱天辉，2007. 园林植物病虫害防治 . 北京：中国农业出版社 .

邹长松，1988. 观赏树木修剪技术 . 北京：中国林业出版社 .

左燕平，龙栋至，2010. 浅析我国园林苗圃业发展现状及趋势 . 黑龙江农业科学（11）：133－135.

Binder W D，et al，1995. Heat damage in boxed white spruce voss seedlings：its preplanting detection and effect on field performance. New Forests，9：237－257.

Cannell M G R，et al，1990. Stike spruce and douglas fir seedlings in the nursery and in cold storage：Root Growth Potential，Carbohydrate content，Dormancy，Forest hardiness and Mitotic index，Forestry，63（1）：1－27.

Cornelissen J H C，Castro Diez P，Hunt R，1996. Seedling growth，allocation and leaf attributes in a wide range of woody plant species and types. Journal of Ecology，84：755－765 .

David G，Simpsom，et al，1997. Does RGP predict field performance? A debate，New Forests，13（1－3）：253－277.

Liu Y，1993. Root growth potential and energy sources for new root growth of three conifer species in northern China. Journal of Beijing Forestry University，2（1）：12－22 .

Mexal J G，South D B，1991. Bareroot seedling culture. In：Duryea ML，Dougherty PM（eds.），Forest Regeneration Manual. Kluwer Academic Publishers，89－115 .

Rose N，Selinger D，Whitman J，2001. Growing Shrubs and Small trees in Cold Climats. Chicago：Contemporary Books.

Saverimuttu T，Westoby M，1996. Components of variation in seedling potential relative growth rate：phylogenetically independent contrasts. Oecologia，105：281－285.

Steven K O，et al，1994. Fall lifting and longterm freezer storage of ponderosa pine seedlings：effects on starch. root growth，and field performance. Canada Journal of Forestry Research，24：624－637.

图书在版编目（CIP）数据

园林苗圃学／李永华主编．—3版．—北京：中国农业出版社，2020.2（2024.7重印）
普通高等教育“十一五”国家级规划教材　普通高等教育农业农村部“十三五”规划教材　全国高等农林院校“十三五”规划教材
ISBN 978-7-109-26510-3

Ⅰ.①园…　Ⅱ.①李…　Ⅲ.①园林—苗圃学—高等学校—教材　Ⅳ.①S723

中国版本图书馆CIP数据核字（2020）第008405号

园林苗圃学
YUANLIN MIAOPUXUE

中国农业出版社出版
地址：北京市朝阳区麦子店街18号楼
邮编：100125
责任编辑：戴碧霞　　文字编辑：史　敏
版式设计：张　宇　　责任校对：刘丽香
印刷：中农印务有限公司
版次：2003年6月第1版　　2020年2月第3版
印次：2024年7月第3版北京第3次印刷
发行：新华书店北京发行所
开本：787mm×1092mm　1/16
印张：26
字数：566千字
定价：55.00元